国家游泳中心（水立方）

高速列车

通信卫星

迪拜太阳能光伏建筑

热连轧带钢生产线

车身焊接机器人

晶体生长

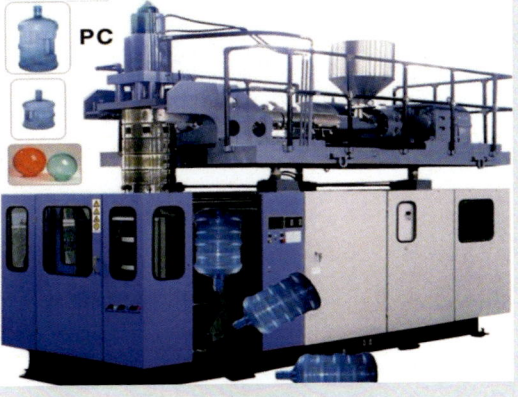
吹塑成型

bcc	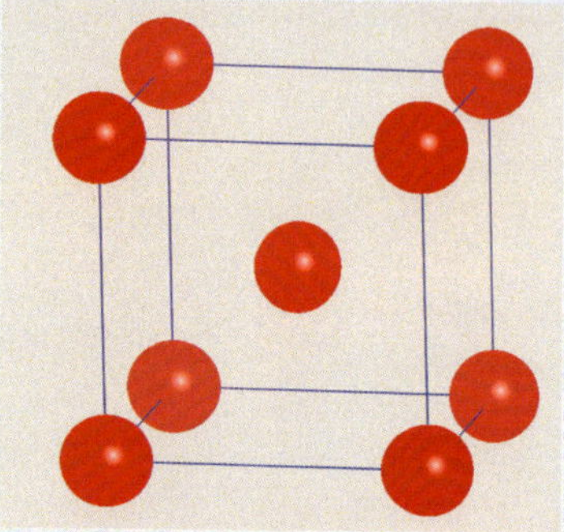 (a) 晶胞结构模型	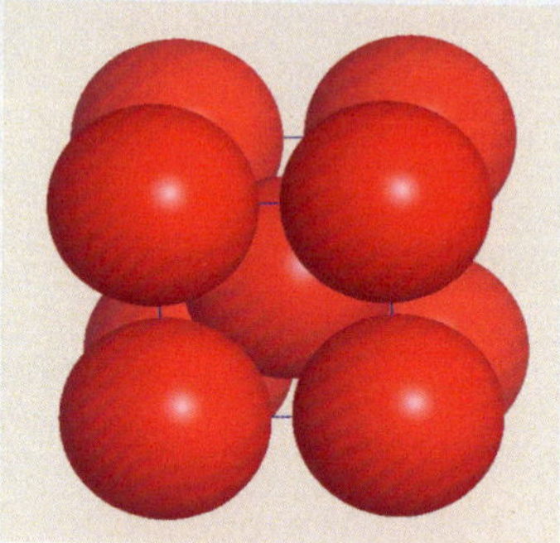 (b) 球体堆积模型	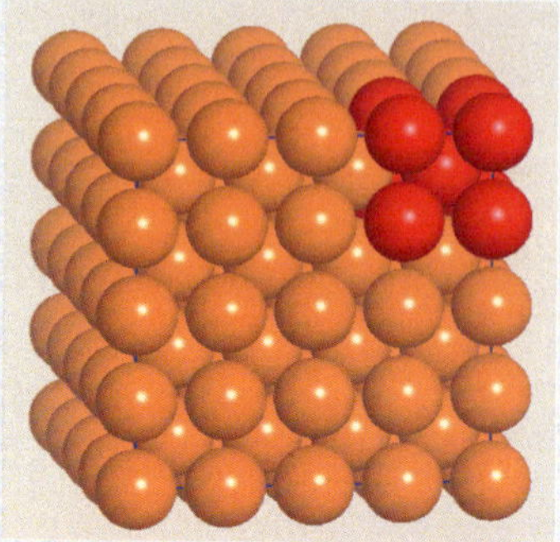 (c) 三维空间排列模型
fcc	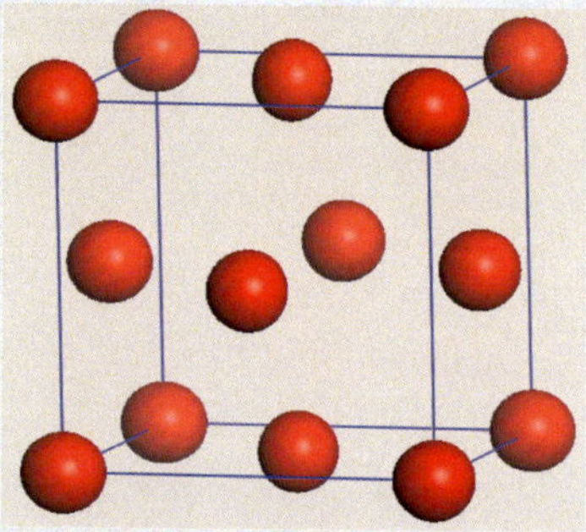 (d) 晶胞结构模型	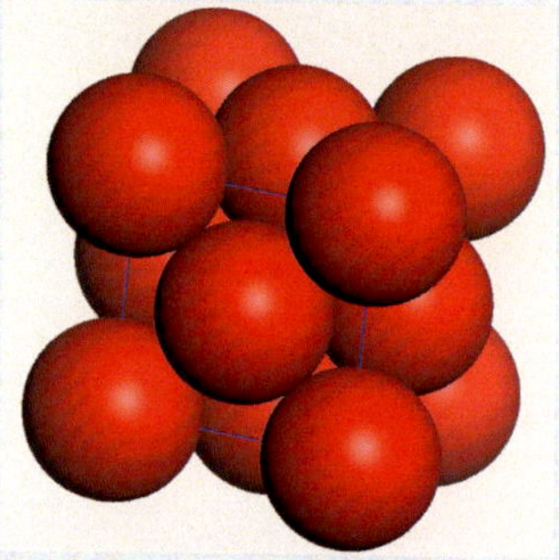 (e) 球体堆积模型	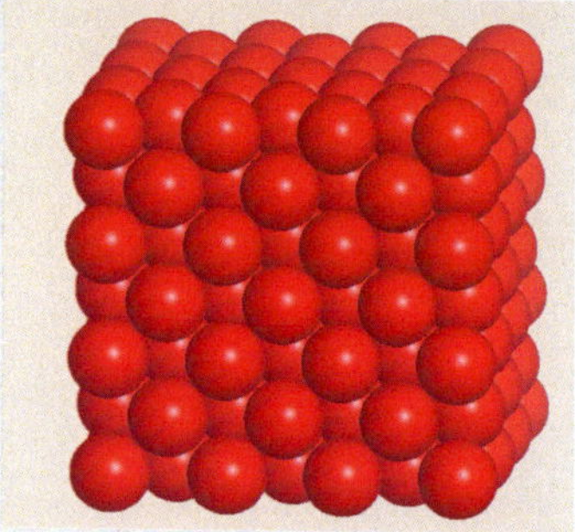 (f) 三维空间排列模型
NaCl	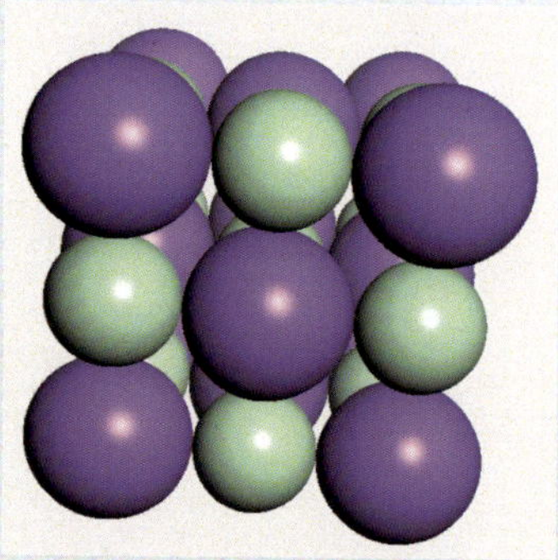 (g) 球体堆积模型	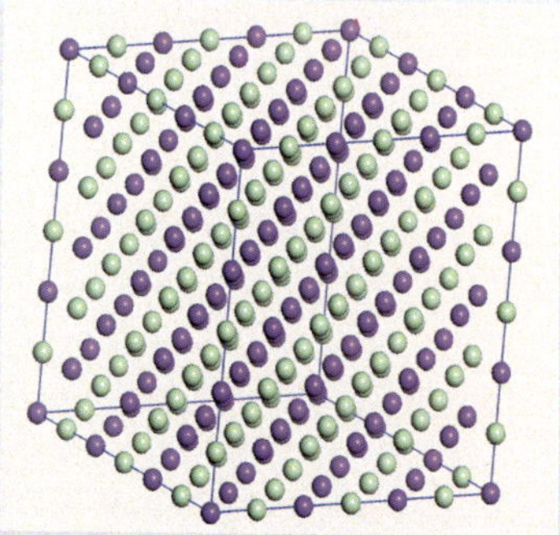 (h) 三维空间排列模型	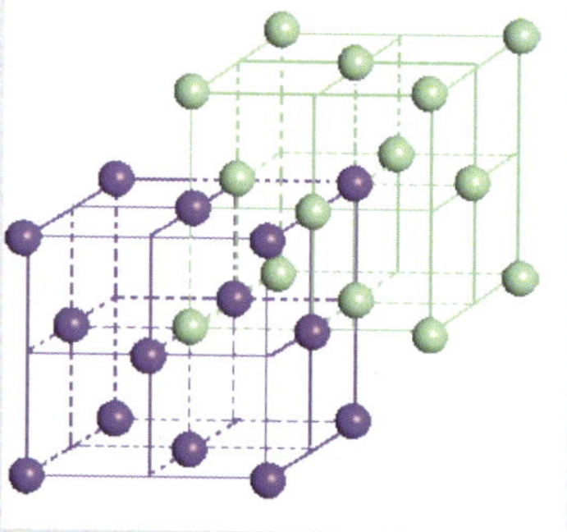 (i) 穿插形成示意图

彩图 2　晶体结构的原子排列模型

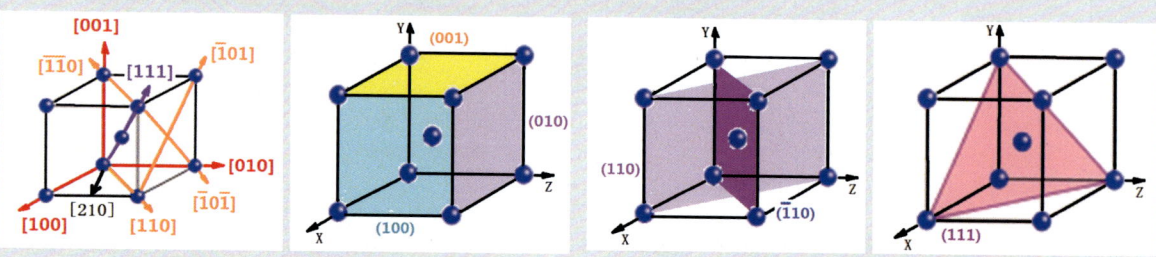

彩图 3　晶体中的晶向　　　　　　　　　彩图 4　晶体中的晶面

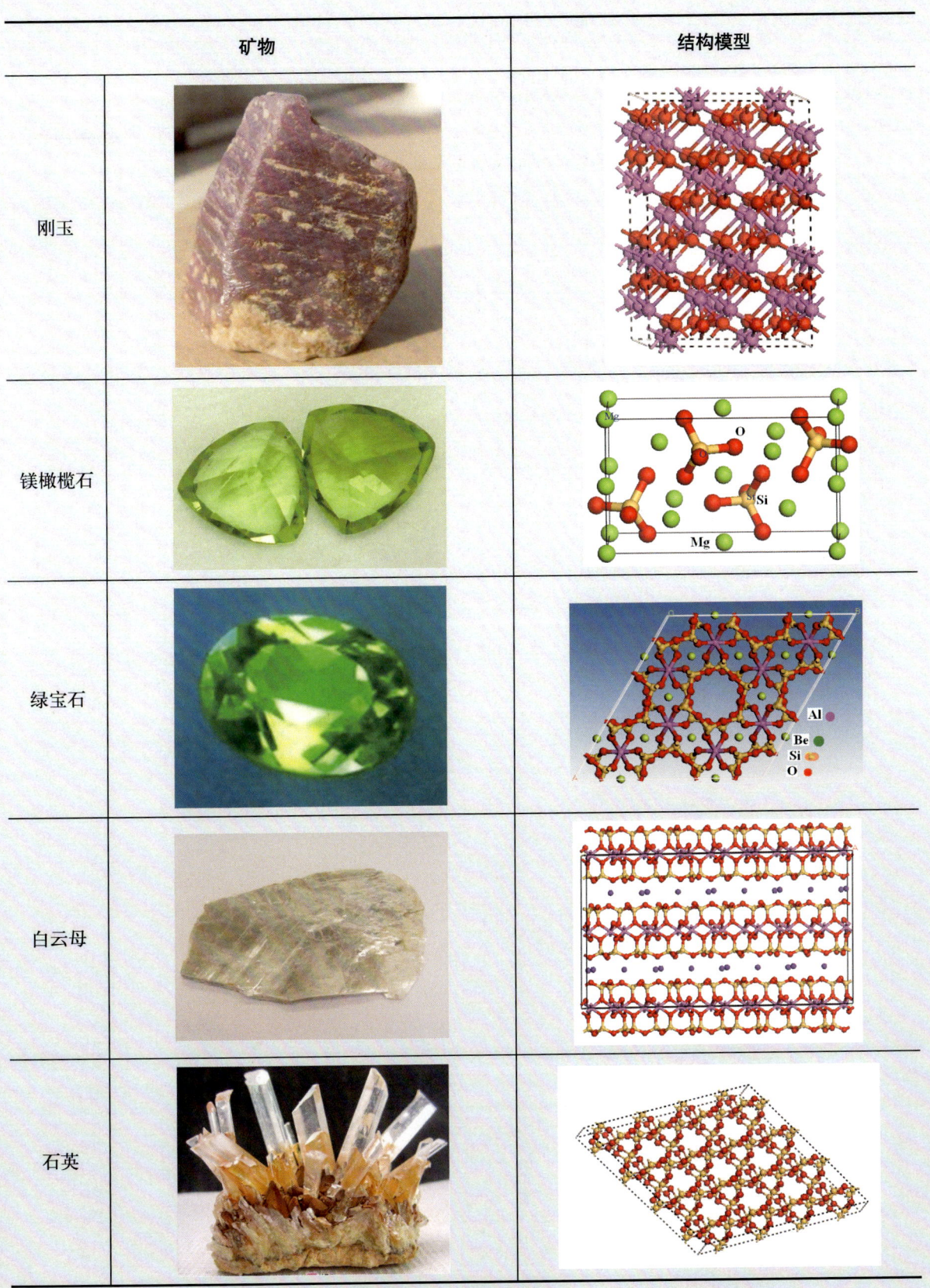

彩图 5 典型的矿物结构

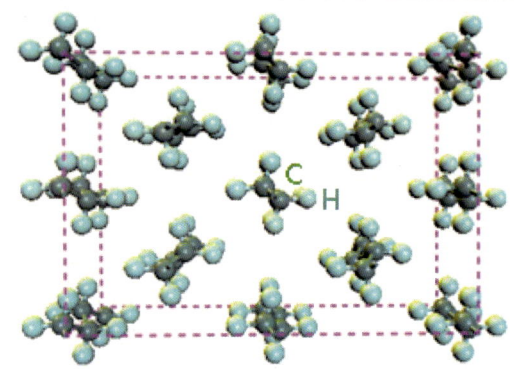

彩图 6 聚乙烯晶体结构模型

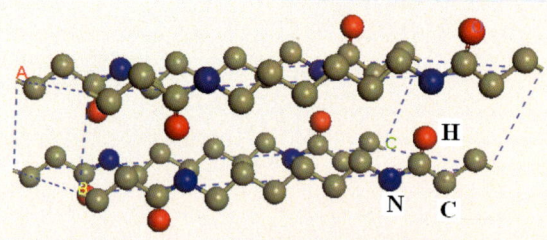

彩图 7 α 尼龙 66 晶体结构模型

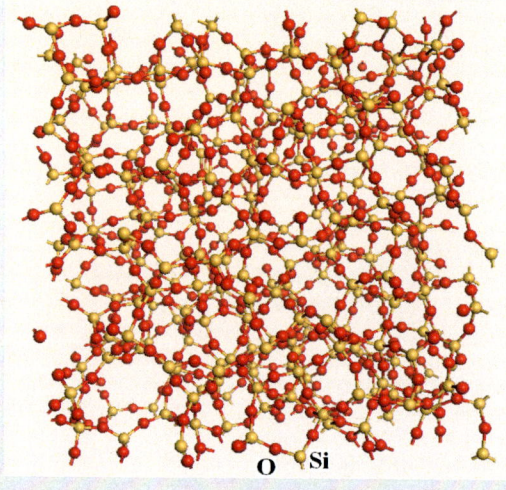

(a) SiO_2 玻璃

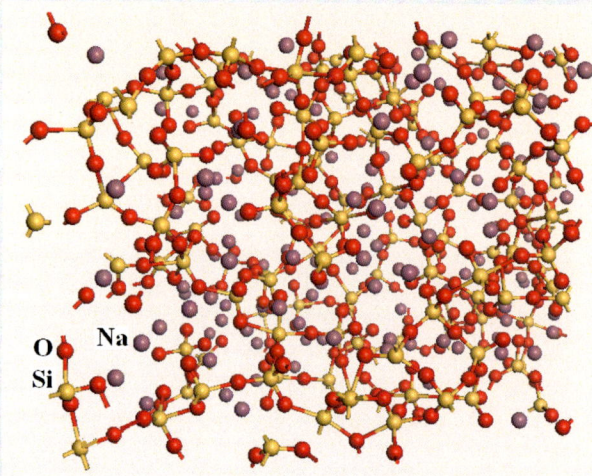

(b) $Na_2Si_2O_5$ 玻璃

彩图 8 玻璃结构模型

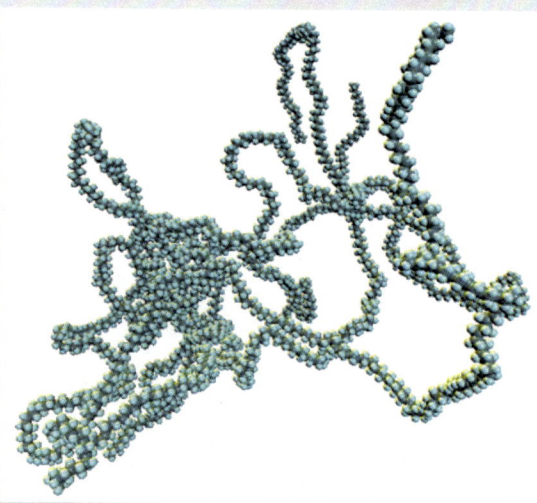

彩图 9 聚乙烯非晶结构模型

彩图 10 Penrose 周期性拼砌模型

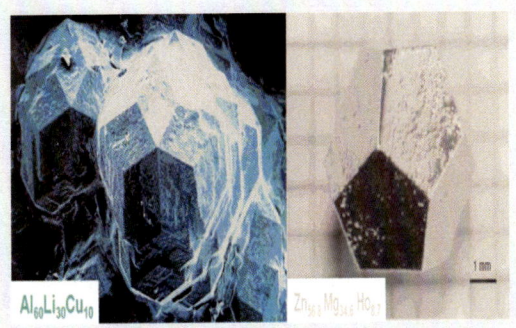
(a) 准晶体

(b) 可能来自太空的准晶体(俄罗斯)

彩图 11　准晶体

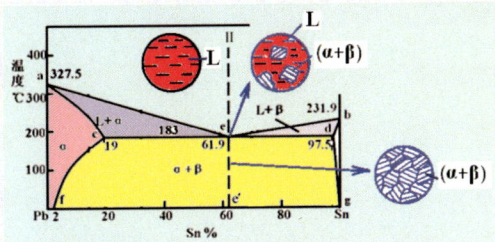

彩图 12　Pb-Sn 共晶合金的结晶过程

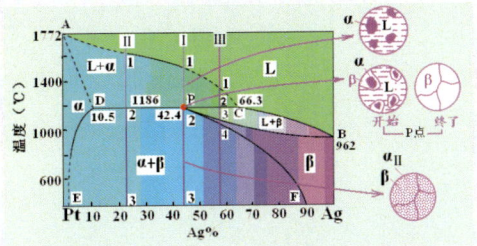

彩图 13　Pt-Ag 包晶合金结晶过程

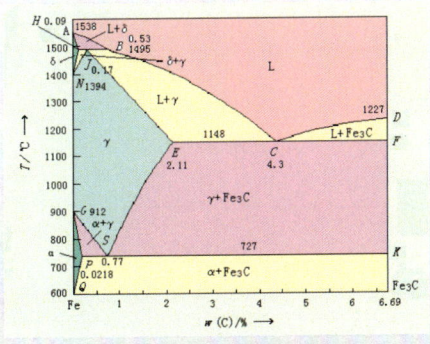
(a) 标注相的铁碳相图

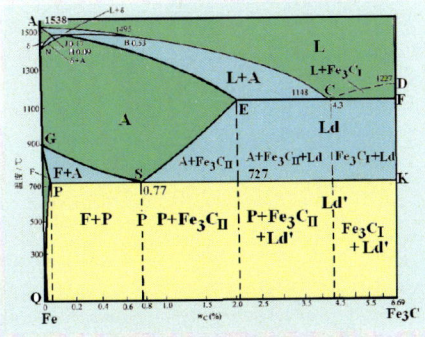
(b) 标注组织的铁碳相图

彩图 14　Fe-Fe$_3$C 合金平衡相图

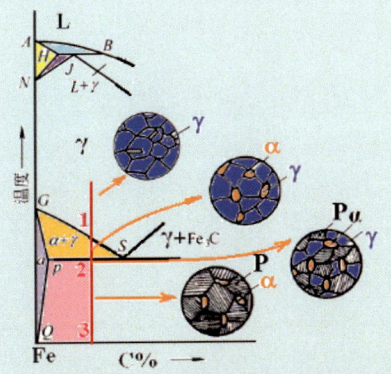

彩图 15　亚共析钢平衡结晶过程

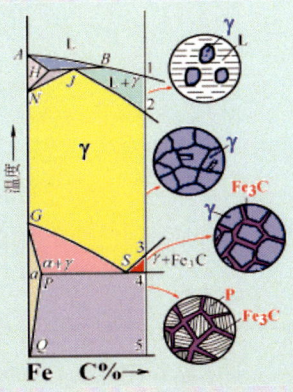

彩图 16　过共析钢平衡结晶过程

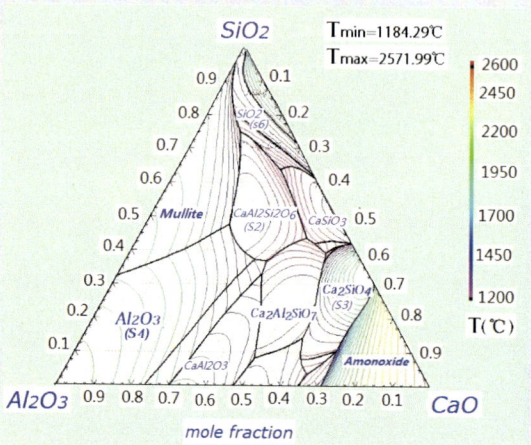

彩图 17　CaO-Al$_2$O$_3$-SiO$_2$ 系统相图

彩图 18　雪—H$_2$O 晶体

彩图 19　CBr$_4$ 的平面树枝晶生长
（掺入 1% 红色油脂）

彩图 20　具有旋光性的硅酸镓镧 (LGS) 晶体

三硼酸锂 LBO (LiB$_3$O$_5$)

硼酸钡 BBO (β-BaB$_2$O$_4$)

氟代硼铍酸钾 KBBF (KBe$_2$BO$_3$F$_2$)

彩图 21　中国产人工生长的非线性光学晶体

北大社·"十三五"普通高等教育本科规划教材
高等院校材料专业"互联网+"创新规划教材

材料科学基础

主　编　付　华　张光磊
参　编　秦国强　于　刚　杨晋辉
　　　　蒋晓军　张希清　赵田臣
　　　　张会芳
主　审　廖　波　[美]鲁红兵

内 容 简 介

本书主要介绍材料科学的基础理论，以材料的结构为核心，以结构与成分、工艺、性能和应用的关系为主线，主要包括金属、陶瓷、高分子三大类材料的微观结构及其形成的基础理论。全书内容分为上、下两篇，共11章。上篇是材料结构，包括：原子结构与结合键、晶体学基础、晶体结构、晶体缺陷、非晶体与准晶结构；下篇是相图与相变，包括：相图、固体扩散、凝固与结晶、烧结与聚合、固态相变。

本书可作为材料类专业的本科生教材，也可作为机械类、土木类、交通类等相关专业的参考书。本书也可供从事材料研究、生产和使用的科研人员及工程技术人员参考使用。

图书在版编目(CIP)数据

材料科学基础/付华，张光磊主编．—北京：北京大学出版社，2018.1
（高等院校材料专业"互联网+"创新规划教材）
ISBN 978-7-301-28510-7

Ⅰ.①材… Ⅱ.①付…②张… Ⅲ.①材料科学—高等学校—教材 Ⅳ.①TB3

中国版本图书馆 CIP 数据核字（2017）第 149008 号

书　　　名	材料科学基础 CAILIAO KEXUE JICHU
著作责任者	付　华　张光磊　主编
责 任 编 辑	童君鑫
数 字 编 辑	刘志秀　刘　蓉
标 准 书 号	ISBN 978-7-301-28510-7
出 版 发 行	北京大学出版社
地　　　址	北京市海淀区成府路 205 号 100871
网　　　址	http://www.pup.cn　新浪微博：@北京大学出版社
电 子 邮 箱	编辑部 pup6@pup.cn　总编室 zpup@pup.cn
电　　　话	邮购部 010-62752015　发行部 010-62750672　编辑部 010-62750667
印 刷 者	北京虎彩文化传播有限公司
经 销 者	新华书店 787 毫米×1092 毫米　16 开本　24.75 印张　彩插 3　588 千字 2018 年 1 月第 1 版　2025 年 7 月第 6 次印刷
定　　　价	59.00 元

未经许可，不得以任何方式复制或抄袭本书之部分或全部内容。
版权所有，侵权必究
举报电话：010-62752024　电子邮箱：fd@pup.cn
图书如有印装质量问题，请与出版部联系，电话：010-62756370

高等院校材料专业"互联网+"创新规划教材

编审指导与建设委员会

成员名单 （按拼音排序）

白培康（中北大学）	陈华辉（中国矿业大学）
崔占全（燕山大学）	杜彦良（石家庄铁道大学）
杜振民（北京科技大学）	耿桂宏（北方民族大学）
关绍康（郑州大学）	胡志强（大连工业大学）
李　楠（武汉科技大学）	梁金生（河北工业大学）
林志东（武汉工程大学）	刘爱民（大连理工大学）
刘开平（长安大学）	芦　笙（江苏科技大学）
裴　坚（北京大学）	时海芳（辽宁工程技术大学）
孙凤莲（哈尔滨理工大学）	孙玉福（郑州大学）
万发荣（北京科技大学）	王春青（哈尔滨工业大学）
王　峰（北京化工大学）	王金淑（北京工业大学）
王昆林（清华大学）	卫英慧（太原理工大学）
伍玉娇（贵州大学）	夏　华（重庆理工大学）
徐　鸿（华北电力大学）	余心宏（西北工业大学）
张朝晖（北京理工大学）	张海涛（安徽工程大学）
张敏刚（太原科技大学）	张　锐（郑州航空工业管理学院）
张晓燕（贵州大学）	赵惠忠（武汉科技大学）
赵莉萍（内蒙古科技大学）	赵玉涛（江苏大学）

前言

　　人类社会发展的历史证明，每一种重要材料的出现和广泛应用，都会把人类支配和改造自然的能力提高到一个新的水平，使社会生产力产生巨大变化，把社会的物质文明和精神文明推进一大步。因此，材料是人类赖以生存并得以发展的基础和柱石，是社会进步的物质基础与里程碑，推动着时代的发展。材料科学与工程在世界各国都是重点发展的专业。

　　近年来，随着高等教育改革的不断深入，教育部一方面加强基础理论教育，以培养高素质研究人才和工程技术专家为目标；另一方面，也大力调整各学科体系，拓宽专业知识面，以提高综合素质为目标。对于材料类专业，将原来分属不同系别的相关专业进行整合重组，按材料科学与工程一级学科进行专业教育，有必要在教学体系及教学内容上进行大幅度改革。

　　材料科学基础是材料科学与工程一级学科的专业基础学位课，以物理学、物理化学、化学等为基础，是后续专业课程材料性能学、材料现代分析方法、固体物理、金属材料学、高分子材料、无机材料物理化学、高分子物理、复合材料学等的理论基础，要求该课程涵盖各种材料（金属材料、无机非金属材料、高分子材料）的微观结构和宏观结构规律等共同的理论基础，使学生获得比较全面系统的材料成分、结构、组织与性能的基础理论及知识，为材料的生产、研究、应用和发展新材料、新工艺奠定良好的理论基础。该课程内容较为庞杂，具有"四多一抽象"的特点，即内容头绪多、原理规律多、概念定义多、相关学科多，微观结构抽象。

　　材料科学基础课程是随着材料学科的发展演变而来，虽然国内外同类及相关教材较多，但大多数是从传统的金属学教材演变而来，是以金属材料为主，服务于金属材料专业。因此，目前的教材内容大多比较陈旧，一方面突出金属材料，缺少无机非金属材料以及高分子材料的基础理论；另一方面，教材难度较大，课程内容多而散，思路不清晰，不利于本科学生的理解。同时，材料的构成要素——成分、结构、合成与制备工艺、固有性能和使用性能这些关系的表达最早用于金属材料，有关金属的基础理论也最成熟，关于研究金属的思路和方法甚至一些理论，也正在移植或渗透到其他学科中去，也同样适用于其他材料。在这种趋势下，材料科学基础课程内容及相关教材已难以适应新的需求。加之专业面拓宽以后，理论课教学时数并未增加，反而有相应缩减的趋势。因此编写一本适应新形势需要的综合性《材料科学基础》教材已成为当务之急。

本书以材料结构和制备的基础理论为主要内容，分成了上、下两篇。上篇是材料结构，包括原子结构与结合键、晶体学基础、晶体结构、晶体缺陷、非晶体与准晶结构；下篇是相图与相变，包括相图、固体扩散、凝固与结晶、烧结与聚合、固态相变。

本书具有以下编写思想。

(1) 强调材料类专业共性的基础知识与理论。增加了无机非金属与高分子材料科学的基础理论。

(2) 凝练课程内容、优化课程体系，删除了"材料的变形与再结晶"相关内容，加入到材料性能学课程中。

(3) 紧密围绕材料的结构，层层深入，由浅入深，基础理论与实际应用相结合。

(4) 例题、基础练习和拓展练习相结合，强化理论知识的活学活用。

(5) 二维码素材、"导入案例""阅读材料""应用实例"以及"英文注释"增加了教材的应用性和新颖性，有助于激发读者的阅读兴趣。

学习本书需具备以下方法。

(1) 树立系统的学习思想。以结构与成分、制备工艺、性能和应用的关系为主线，从应用的角度学习理论，理论与实践相结合。

(2) 抓住主线条，删繁就简，不钻牛角尖。牢固建立结构决定性能的分析思路，熟悉常用术语和基本概念。以能力为主，学习知识为辅。

(3) 多归纳总结，多沟通，多讨论，多看结构模型和图片，多翻阅相关参考书，多讲专业语言，多留心从专业角度看或讨论身边的现象。

本书可作为材料类专业的本科生教材，也可作为机械类、土木类、交通类等相关专业的参考书。本书也可供从事材料研究、生产和使用的科研人员和工程技术人员参考使用。

本书由石家庄铁道大学材料科学与工程学院组织编写。付华和张光磊担任主编并统稿，设计了编写提纲和撰写模块结构，并修订了全部章节内容。二维码素材的整理工作由付华(第0、1、5、9、10章)、蒋晓军(第4、6、7、8章)和秦国强(第2、3章)完成。章节编写分工：秦国强(第1章)、张会芳(河北建筑工程学院，第2章)、张光磊(第3、5章)、张希清(第6章)、付华(第0、4、7章)、于刚、杨晋辉(第8、9章)、赵田臣(第10章)。本书由燕山大学的廖波教授和美国德克萨斯大学达拉斯分校的鲁红兵教授主审。

编者在编写本书时参考和引用了一些学者的书籍和图片及视频资料，在此一并致以谢意。同时，还要特别感谢百度文库(http://wenku.baidu.com)、维基百科(http://www.wikipedia.org)、道客巴巴(http://www.doc88.com)、中国电子材料网(http://www.c-e-m.com)、中国科技情报网(http://www.chinainfo.gov.cn)和中国数字科技馆(http://amuseum.cdstm.cn)等网站提供的共享资料。

由于编者学识水平所限，书中疏漏和欠妥之处在所难免，敬请读者批评指正。

【资源索引】

编 者
2017.12

本书课程思政元素

本书课程思政元素从"格物、致知、诚意、正心、修身、齐家、治国、平天下"中国传统文化角度着眼,再结合社会主义核心价值观"富强、民主、文明、和谐、自由、平等、公正、法治、爱国、敬业、诚信、友善"设计出课程思政的主题,然后紧紧围绕"价值塑造、能力培养、知识传授"三位一体的课程建设目标,在课程内容中寻找相关的落脚点,通过案例、知识点等教学素材的设计运用,以润物细无声的方式将正确的价值追求有效地传递给读者,以期培养大学生的理想信念、价值取向、政治信仰、社会责任,全面提高大学生缘事析理、明辨是非的能力,把学生培养成为德才兼备、全面发展的人才。

每个思政元素的教学活动过程都包括内容导引、展开研讨、总结分析等环节。在课程思政教学过程,老师和学生共同参与其中,在课堂教学中教师可结合下表中的内容导引,针对相关的知识点或案例,引导学生进行思考或展开讨论。

页码	内容导引	思考问题	课程思政元素
24	第一性原理	1. 原子结构与结合键的基本概念。 2. 如何从原子尺度进行材料结构设计和性能预测?	科学素养 终身学习 科技发展
32/36	晶体学发展、布拉维点阵	1. 晶体和晶胞的概念是如何提出的? 2. 如何推导出14种布拉维点阵?	全面发展 科学素养 创新精神
41	密勒指数	1. 晶向和晶面密勒指数的表示方法是什么? 2. 晶面指数的几何学意义是什么?晶向和晶面密勒指数是如何统一的?	科学素养 终身学习 创新精神
81	鲍林规则	鲍林规则的五个规则蕴含的意义?	科学精神 创新意识
90	TiO_2 结构	1. TiO_2 结构特点有哪些? 2. TiO_2 有哪些性能特点?应用领域有哪些? 3. 分析 TiO_2 在化妆品美白防晒、甲醛和氮氧化物催化分解中的作用。	科技发展 专业与国家 创新意识
93	钙钛矿型结构	1. 钙钛矿型结构特点有哪些?有哪些钙钛矿型晶体类型? 2. 钙钛矿型结构有哪些性能特点?原因是什么? 3. 说明钙钛矿型晶体在催化材料和太阳能电池领域的应用。	科学创新 学以致用 专业与国家

续表

页码	内容导引	思考问题	课程思政元素
124	晶体缺陷与晶体生长	1. 晶体缺陷有哪些？ 2. 晶体缺陷对材料性能有哪些影响？如何利用晶体缺陷改变材料性能？	辩证思维 科学创新 专业与国家
128	半导体材料	1. 什么是点缺陷？ 2. 点缺陷对材料性能有哪些影响？如何利用点缺陷改变材料性能？	科学创新 专业与国家 能源意识
172	准晶体的发现	1. 准晶体的结构特征是什么？ 2. 准晶体的形成条件和性能特点有哪些？ 3. 准晶体的发现到被认可经历了哪些过程？	辩证思维 创新意识 科技发展
180	金属玻璃	1. 金属玻璃的形成条件有哪些？ 2. 金属玻璃的结构特点和性能特点有哪些？	辩证思维 创新意识
190	显微组织	1. 结晶的组织特征有哪些？组织分析的仪器有哪些？ 2. 材料微观结构与自然生命之美。	辩证思维 科学之美 生命之美
220	铁碳相图的发展历史	1. 铁碳合金的组元和基本相有哪些？ 2. 如何分析铁碳相图？有哪些特征转变（转变温度和特征成分点）？ 3. 铁碳相图的绘制和修订经历了哪些过程和阶段？	科学素养 国际合作
230	铁碳平衡图与钢铁材料	1. 典型铁碳合金的平衡结晶过程及组织分析。 2. 碳含量对室温平衡组织、力学性能、工艺性的影响。 3. 我国钢铁行业发展经历了哪些时期？	专业与国家 团队合作 家国情怀 国之重器 国家竞争
234、235	铸铁的石墨化、球墨铸铁管	1. 石墨化条件及影响石墨化的主要因素。 2. 石墨形态对铸铁性能有何影响？ 3. 球墨铸铁管的实际应用有哪些？	专业与社会 行业发展
261	金展鹏——中国的霍金	1. 三元相图的成分表示方法有哪些？ 2. 三元相图的结晶过程和组织分析方法。	科学创新 爱岗敬业
314	单晶的制取	1. 同多晶比较，单晶的性能特点有哪些？ 2. 单晶的制备工艺有哪些？ 3. 单晶的应用领域有哪些？	科学创新 团队合作 国之重器 国家竞争
315	高纯材料的制取——区域熔炼	1. 区域提纯的原理是什么？ 2. 如何利用区域提纯？	科学创新 团队合作 国之重器 国家竞争

续表

页码	内容导引	思考问题	课程思政元素
317	太空微重力晶体生长	1. 说明结晶的热力学条件。 2. 说明结晶过程。 3. 新型晶体生长技术有哪些？	科学创新 团队合作 国之重器 国家竞争
328	陶瓷热障涂层	1. 烧结进行的基本动力是什么？ 2. 说明烧结组织转变过程。 3. 陶瓷耐热涂层应用在哪些领域？	专业水准 科技发展 创新意识 民族自豪感 国之重器
357	马氏体组织的命名	1. 马氏体相变的特点与机制。 2. 马氏体组织形态。 3. 马氏体的强化机制与性能特点。	科学素养 职业精神 个人成长
372	贝氏体转变机制之争	1. 贝氏体转变的特点与机制。 2. 贝氏体性能特点及在钢铁中的应用。 3. 我国马氏体和贝氏体钢的发展与应用。	科学精神 创新意识 工匠精神 团队合作 国之重器
372	柯俊：切变学派	1. 贝氏体相变理论。 2. 马氏体相变动力学。 3. 我国马氏体和贝氏体钢的发展与应用。	科学精神 创新意识 工匠精神 团队合作 国之重器 国家竞争

注：教师版课程思政内容可以联系出版社索取。

目录

第 0 章　绪论 ················· 001
　0.1　材料的发展与人类文明 ········· 002
　0.2　材料的分类 ················· 003
　0.3　材料科学的建立与发展 ········· 003
　0.4　材料科学与工程的内涵 ········· 005
　0.5　材料科学的研究内容 ··········· 007
　0.6　材料工程的研究内容 ··········· 009
　【习题】························· 010

上篇　材料结构

第 1 章　原子结构与结合键 ······· 012
　1.1　原子结构模型 ················ 014
　1.2　核外电子的排布规律 ·········· 015
　1.3　原子的电离能、电子亲和能及
　　　 电负性 ···················· 017
　1.4　结合键 ····················· 018
　【习题】························· 029

第 2 章　晶体学基础 ············· 030
　2.1　空间点阵 ···················· 034
　2.2　晶向指数与晶面指数 ·········· 040

　2.3　晶体投影 ···················· 049
　2.4　晶体的对称性 ················ 051
　【习题】························· 058

第 3 章　晶体结构 ··············· 061
　3.1　晶体化学 ···················· 063
　3.2　金属的晶体结构 ·············· 067
　3.3　无机非金属材料结构 ·········· 080
　3.4　高分子的晶态结构 ············ 107
　【习题】························· 118

第 4 章　晶体缺陷 ··············· 123
　4.1　点缺陷 ······················ 126
　4.2　线缺陷 ······················ 129
　4.3　面缺陷 ······················ 154
　【习题】························· 166

第 5 章　非晶体与准晶结构 ······· 171
　5.1　非晶态结构 ·················· 174
　5.2　准晶态结构 ·················· 184
　【习题】························· 188

下篇　相图与相变

第 6 章　相图 190
- 6.1 相图的基本知识 192
- 6.2 单元相图 197
- 6.3 二元相图 198
- 6.4 三元相图 236
- 6.5 相图热力学 256
- 【习题】 262

第 7 章　固体扩散 267
- 7.1 扩散的宏观规律——扩散定律 270
- 7.2 扩散机制 276
- 7.3 扩散系数 277
- 7.4 扩散驱动力 280
- 7.5 反应扩散 281
- 7.6 影响扩散的因素 282
- 【习题】 285

第 8 章　凝固与结晶 288
- 8.1 凝固与结晶的基础理论 290
- 8.2 固溶体合金的结晶 302
- 8.3 共晶合金的结晶 310
- 8.4 无机非金属材料的液-固相变 317
- 8.5 高分子材料的凝固 319
- 【习题】 321

第 9 章　烧结与聚合 326
- 9.1 烧结 328
- 9.2 聚合 338
- 【习题】 351

第 10 章　固态相变 353
- 10.1 固态相变的分类和特点 355
- 10.2 马氏体相变 357
- 10.3 贝氏体转变 369
- 10.4 钢的过冷奥氏体转变 373
- 【习题】 380

参考文献 382

第0章 绪 论
Chapter 0　Introduction

>>> 材料是人类生存与发展、征服和改造自然的物质基础。

【参考图文】

道生一，一生二，二生三，三生万物；
万物负阴而抱阳，冲气以为和。
——老子

0.1 材料的发展与人类文明
(Material Development and Human Civilization)

材料是用来制造各种物品、器件、构件、机器等的有某种特性的物质实体,是人类生存与发展、征服和改造自然的物质基础。人类社会现代文明的发展史,就是一部利用材料、制造材料和创造材料的历史。表0-1是人类历史的发展阶段、材料及其制备技术和相关的学科理论的发展进程。

表 0-1 人类历史阶段、材料及其制备技术和相关学科理论的发展进程

时代	制备技术	材料与相关产业发展	涉及学科理论
石器时代	简单手工加工技术	(1) 天然石材; (2) 简单粗糙的工具	
陶器时代	(1) 黏土配置成形; (2) 烧结	(1) 陶器; (2) 瓷器	烧结理论
青铜器时代	(1) 铜的冶炼; (2) 铸造技术	(1) 天然矿石冶炼金属铜; (2) 兵器、生活器皿发达; (3) 农业、畜牧业的发展	有色金属冶金, 凝固理论
铁器时代	(1) 铁的冶炼技术;木炭还原优质铁矿石生产铁; (2) 铸造技术; (3) 锻造技术;半熔状态下锻造器具和武器	(1) 大规模铸铁器皿、工具; (2) 武器的发达; (3) 低熔点合金的钎焊; (4) 混凝土等	冶金(冶炼), 凝固理论, 固态相变理论 (热处理)
钢铁与合金化时代	(1) 高炉技术的发展和成熟:块炼钢、生铁脱碳钢、炒钢、百炼钢、平炉炼钢、转炉炼钢、电炉炼钢; (2) 纯金属的精炼和合金化	(1) 大量钢结构(桥梁、船、车、建筑等); (2) 蒸汽机、内燃机、机床等,机械行业迅速发展; (3) 不锈钢、铜、铝等有色合金行业的发展	冶金, 凝固理论, 塑性成形理论 (锻造\压力加工等), 焊接冶金理论, 固态相变理论 (热处理)
电子信息时代	合成材料时代: (1) 功能陶瓷、合金的合成与制备; (2) 高分子材料的合成制备技术:酚醛树脂、尼龙、橡胶等的合成技术	(1) 电子管、二极管、三极管、硅、锗半导体材料;信息技术、电子计算机技术的成熟发展; (2) 航空航天、原子能、农业、民用等领域的迅速发展	区域提纯理论, 晶体生长理论, 外延生长理论, 气相沉积理论, 聚合反应理论
新材料时代	(1) 新材料的设计(成分、性能、工艺设计); (2) 新材料的合成、制备与精密加工技术; (3) 材料复合技术	(1) 结构、功能一体化材料; (2) 高性能复合材料; (3) 单晶、微晶、纳米晶\非晶等特殊性能材料; (4) 薄膜、超晶格、量子(阱、点、线)微结构、线材、材料等特殊性能材料	化学合成法, 外延生长法, 气相沉积法, 溶胶-凝胶, 电沉积, 高能球磨理论, 材料设计理论

注:加下画线者为本课程主要涉及内容。

材料科学的发展促进了人类文明的进步，成为衡量一个国家科学技术发展的重要标准，新材料是现代建筑、铁路、航天等各领域的物质基础。材料、能源、信息被誉为现代文明社会经济发展的三大支柱。

0.2 材料的分类 (Classification of Materials)

传统材料有数十万种，新材料的品种也正以每年5%左右的速度增长。材料的分类方法如图0.1所示。

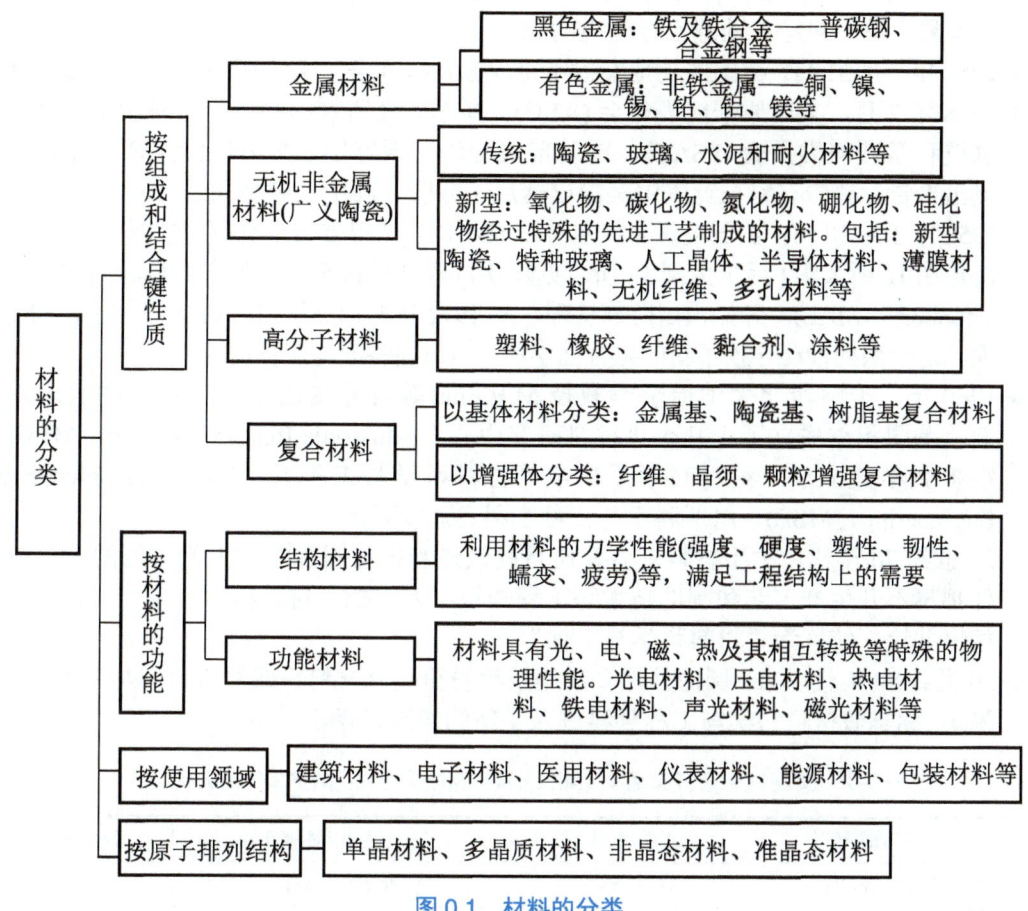

图 0.1 材料的分类

0.3 材料科学的建立与发展 (Establishment and Development of Materials Science)

尽管材料的历史几乎和人类社会一样古老，但材料科学与工程学科的发展历史却非常短暂。材料是早已存在的名词，但材料的研究最早是分属冶金、陶瓷、有机化学等各专业，且均以物理或化学为基础，如冶金是以化学为主，金属结构和性能是以物理为主。

材料科学的建立起源于20世纪美国和苏联冷战背景下的对太空的争夺战。

1956年苏联第一颗人造地球卫星的发射成功使美国认识到材料的重要性，提出了"材料科学"、"材料科学与工程"的概念，并在大学相继成立"材料科学研究中心"、"材料科学系"、"材料科学与工程系"，开始采用先进的科学理论和实验方法对材料进行深入研究，使材料科学与工程学科得到迅速发展。历史上涉及材料发展的一些典型事件如下：

➤ 1957年10月4日，苏联发射了重83.6kg的人类第一颗人造卫星SputnikⅠ，每90min绕地球一周，揭开了人类向太空进军的序幕，引起美国举国上下一片震惊。

➤ 1957年11月3日，苏联又发射了重达到508kg、载有小狗"莱伊卡"(俄语名Kudjrawka)的SputnikⅡ人造卫星，这是世界上第一颗生物实验卫星，"莱伊卡"是世界上第一只进入地球运行轨道的狗。

➤ 1958年1月31日，美国成功地发射了重仅8.22kg的第一颗"探险者"1号人造卫星。

➤ 1958年2月，美国原子能委员会(AEC)、海军研究所(ONR)、国家科学院(NAS)、总统科学顾问委员会(PSAC)、国防部(DOD)、国家宇航局(NASA)等联合向总统提出报告，警告在科技竞争中美国已落后于苏联，其中关键是先进材料的研究。

➤ 1958年3月18日，美国艾森豪威尔总统通过科学顾问委员会发布"全国材料规划"，决定在12所大学(后扩大到17所，见表0-2)成立材料研究实验室(Materials Research laboratory，MRL)，开始由国防部管理，从1972年转由美国自然科学基金会(NSF)管理。这一系列行动导致了新的综合性学科——材料科学与工程的诞生。

➤ 1960年，美国西北大学冶金学教授M.E.Fine等首先提出了材料科学的概念。随后，美国相继成立了十几个"材料研究中心"(Materials Research Center，MRC)；很多大学建立了"材料科学系"或"材料科学与工程系"(Materials Science and Engineering，MSE)。材料科学与工程学科迅速发展。

➤ 20世纪70年代，由于材料制备、质量的改进和把材料加工成人们可用的器具或构件都离不开生产工艺和制造技术等工程知识，人们把"材料科学"与"材料工程"相提并论，统称为"材料科学与工程"。

➤ 20世纪80年代以来，国内外许多高等院校纷纷建立材料系或材料科学与工程系(学院)，标志着材料科学与工程学科进入了新的发展时期。

表 0-2　美国材料研究实验室(MRL)和材料研究中心(MRC)的建立时间

大学 (MRL/MRC)	建立时间	(MRL/MRC)	建立时间
康奈尔 (Cornell)	1960年	普渡 (Purdue)	1961年
宾夕法尼亚 (Pennsylvania)	1960年	斯坦福 (Stanford)	1961年
西北 (Northwestern)	1960年	伊利诺伊 (Illinois)	1962年
布朗 (Brown)	1961年	卡内基梅隆 (Carnegie Mellon)	1973年
芝加哥 (Chicago)	1961年	马萨诸塞 (massachustts)	1973年
哈佛 (Harvard)	1961年	宾夕法尼亚州立 (State)	1974年
马里兰 (Maryland)	1961年	凯斯西储 (Case Westwen Reserve)	1974年
麻省理工学院 (MIT)	1961年	俄亥俄州立 (Ohio State)	1982年
北卡罗来纳 (North Carolina)	1961年		

随着现代科学技术的飞速发展,新材料不断涌现,把各类材料分别作为独立学科或从属于某一学科进行研究的方法已不能适应新的历史时代的要求,只有把各类材料和有关合成加工技术及现代分析测试技术作为一个整体考虑,形成材料的"大学科",才能满足材料科学与工程发展的要求,这正是现代科学技术发展的必然结果。

(1) **基础学科的发展奠定了材料科学的基础**。量子力学、固体物理、无机化学、有机化学、物理化学等基础学科的发展为材料科学奠定了重要基础。冶金学、金属学、陶瓷学、高分子科学等自身的发展也使人们对材料的本质认识大大系统化,为学科发展打下了坚实的基础。

(2) **材料分析测试技术及工艺技术的交叉融合,加深了对材料结构和物理化学性质的理解**。材料结构与性能的表征参数相通,如光学显微镜、电子显微镜、表面测试及物理性能测试等。材料制备与加工中,许多工艺相通,如挤压用于金属材料成形或冷加工硬化,对高分子材料,通过挤压成丝可使有机纤维的比强度和比刚度大幅度提高。粉末冶金和现代陶瓷制造已经很难找出明显的区别;溶胶-凝胶法最早是一种玻璃制备工艺,现已应用于各种纳米材料的制备,其基本原理就是利用金属有机化合物的水解得到纳米高纯氧化物粒子。马氏体相变是金属学家首先提出的,是钢铁材料热处理的理论基础,后来在其他材料中也发现了马氏体类型的相变,如在氧化锆陶瓷中发现的这一现象,被成功用于陶瓷增韧。

(3) **现代材料技术从单一化、多样化走向一体化、复合化、精细化、超高性能化、高功能化、生态环境化和智能化**。材料的发展打破了单一材料间的界限,许多不同类型材料相互代替和补充,充分发挥各种材料的优越性。金属基础理论最成熟,研究金属的思路和方法渗透到其他学科中,在更深层次上研究结构与性能的关系。例如,复合材料是不同类型材料的组合,如果对不同类型材料没有一个较全面的认识,对复合材料的设计及性质的理解必然受到影响。

0.4 材料科学与工程的内涵
(Connotation of Materials Science and Engineering)

"材料科学"(Materials Science)包括材料本质的发现、分析和解释等方面的研究,目的在于提供材料结构的统一描绘或模型,解释材料结构与性能之间的关系。

"材料工程"(Materials Engineering)着重把材料科学的基础知识应用于材料的研制、生产、改性和应用,以完成特定的社会任务,解决技术、经济、社会及环境上不断出现的问题。

1986年,由美国麻省理工学院学者主编的《材料科学与工程百科全书》(第1部)中给出了"材料科学与工程"(Materials Science and Engineering,MSE)的概念。

材料科学与工程是研究材料成分与结构(Composition-structure)、制备工艺流程(Synthesis/Processing)、材料性能(Properties)和使用效能(Performance)之间的关系的知识及应用。

Materials Science: A scientific discipline which is primarily concerned with the search for basic knowledge about the internal structure, properties, synthesis and processing of materials.

> **Materials Engineering:** An engineering discipline which is primarily concerned with use of fundamental and applied knowledge of materials so that they can be converted into products needed or desired by society. An engineering oriented field that focuses on how to translate or transform materials into a useful device or structure.
>
> **Materials Science and Engineering (MSE)** is the knowledge and application of the relationship between material composition and structure, synthesis/processing, properties and performance. An interdisciplinary field concerned with inventing new materials and improving previously known materials by developing a deeper understanding of the microstructure-composition-synthesis-processing relationships between different materials.

材料科学与工程实际上是一个经过多种学科与现代技术相互交叉、渗透、综合而形成的材料大学科，是从科学到工程的一个连续领域，"材料工程"和机械工程、宇航工程、土木工程、电机工程、电子工程、化学工程、生物工程等紧密联系。

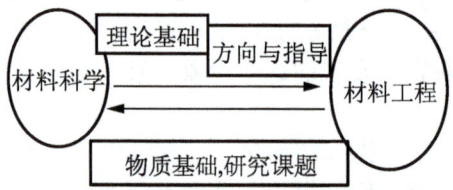

图0.2 材料科学与材料工程的关系

材料科学与材料工程的关系如图0.2所示。材料科学为材料工程提供设计依据，为更好地选择材料、使用材料、发展新材料提供理论基础，材料工程为材料科学提供丰富的研究课题和物质基础。

材料科学研究"为什么"，材料工程解决"怎样做"。材料科学和材料工程紧密相连，它们之间没有明显的界限。在解决实际问题中，不能将科学因素和工程因素独立考虑。因此，人们常将二者合称为材料科学与工程。

1. 四要素

国内外材料界一般把构成材料的组分(成分与结构)、工艺(合成与制备)、性能、使用效能视为材料科学与工程的内涵，常称为材料科学与工程的"四要素"。它们之间的关系用四面体表示(图0.3(a))。材料的成分不同，则组织结构不同，其性能也不同。

2. 五要素

随着对材料研究的逐渐深入，认识到尽管材料的成分相同，但加工过程不同也会导致材料的组织结构不同，性能也不同。从而，材料科学与工程的内涵由四要素变为五要素，即成分、结构、工艺(合成与制备)、性能、使用效能(图0.3(b))。

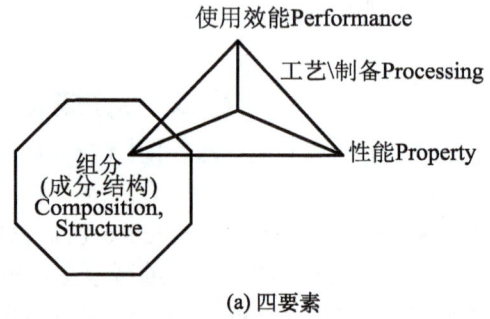

(a) 四要素

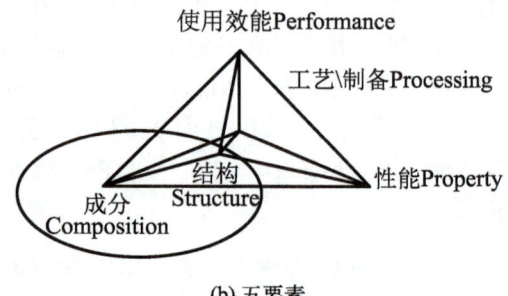

(b) 五要素

图0.3 材料的要素

3. 六要素

随着材料与制备工艺理论的发展，以及材料的计算机设计与模拟研究的深入，我国材料学家师昌旭认为成分与结构同等重要，制备与合成相关联，同时将"材料与工艺理论及设计"也列入了材料科学与工程的要素之一，从而提出了材料科学与工程的六要素(图0.3(c))。

师昌绪
中国科学院、中国工程院资深院士 2010年度国家最高科学技术奖

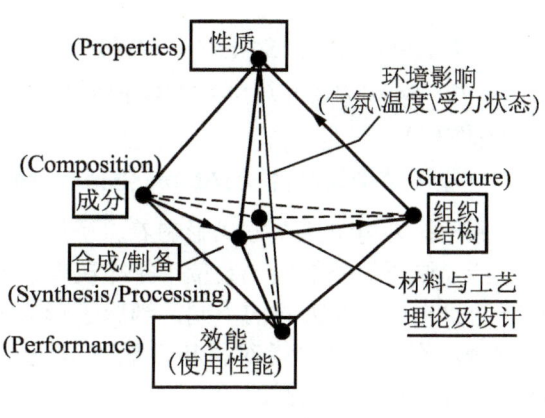

(c) 六要素

图 0.3 材料的要素（续）

0.5 材料科学的研究内容
(Research Content of Materials Science)

材料科学的核心问题是**材料的结构和性能**的关系。结构在不同层次上的差别对性能的影响是不同的，一般可分为**原子结构**(Atomic Structure)、**原子的空间排列**(Spatial Arrangements of Atoms)、**显微组织**(Microstructure)**三个层次**(图0.4)。

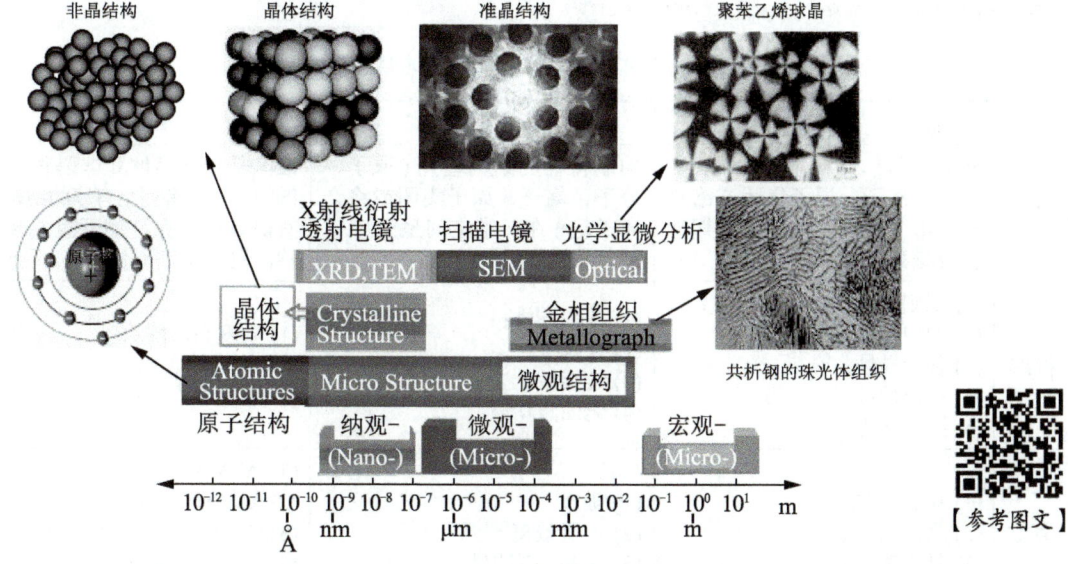

图 0.4 材料的结构水平

> **Atomic Structure:** All atoms and their arrangements that constituent the building blocks of matter.
> **Spatial Arrangements of Atoms:** How the basic particles (ions, atoms or molecules, etc..) of materials are arranged in space? The spatial arrangement styles are crystal, noncrystal and quasicrystal.

> *Microstructure:* Structure of a material at a length-scale of 10 to 1000nm, including fe atures as average grain size, grain size distribution, grain orientation and defects in materials.

1. 原子结构与结合键 (Atomic Structure and Binding Bond)

原子核外电子排布方式影响着原子结合方式，决定着材料类型及力学、电、磁、光和热性能。原子核外的电子数量、排布决定了原子核对其价电子吸引能力的大小。正是由于原子对价电子占有方式的不同，当原子形成材料时，产生了离子键、共价键、金属键、分子键等。不同的结合键对材料性能有着根本的影响，可据此将材料分成金属、无机非金属、高分子材料三大类。

2. 原子的空间排列 (Spatial Arrangement of Atoms)

构成材料的基本质点(离子、原子或分子等)的结合与排列方式表明材料的构成方式。在组成元素相同、结合键类型相同的情况下，原子排列方式的不同会形成完全不同的材料。根据材料的结构基元(原子、分子、离子或络合离子等)在三维空间的排列特点，材料的结构类型分为晶体(Crystal)、非晶体(Noncrystal)与准晶体(Quasicrystal)三种(表0-3)。

> *Crystal:* The atoms or ions form a regular repetitive grid-like pattern in three dimensions. Any solid that has an essentially discrete diffraction diagram.
> *Noncrystal:* Materials exhibit only a short-range order but no long-range order of atoms and ions.
> *Quasicrystal:* Quasicrystal structure is between the crystalline and amorphous solid structure, having a completely ordered structure, five-fold rotational symmetry, but not having the translational symmetry and periodicity.

表 0-3 晶体、非晶体与准晶体的概念及特点

	晶体	非晶体	准晶体
定义	构成材料的结构基元(原子、分子、离子、原子集团或络合离子等)在三维空间按周期性重复排列(彩图2)	构成材料的结构基元(原子、分子、离子、原子集团或络合离子等)在三维空间呈无序排列，又称为无定形体	准晶是介于晶体和非晶体之间的固体；具有完全有序的结构，有晶体所不允许的五重旋转对称，但不具有晶体的平移周期性
特点	(1) 规则外形和宏观对称性； (2) 均匀性； (3) 各向异性； (4) 稳定性； (5) 固定熔点	(1) 各向同性； (2) 介稳性； (3) 连续性； (4) 无固定熔点	(1) 硬度高，耐磨； (2) 有一定弹性； (3) 无黏着力，低导热性
类型	(1) 晶态金属； (2) 晶态陶瓷； (3) 晶态高聚物	(1) 玻璃； (2) 金属玻璃； (3) 非晶态高聚物	(1) Al-Mn 合金； (2) $Al_{65}Cu_{23}Fe_{12}$； (3) $Cd_{57}Yb_{10}$； (4) $Al_{70}Pd_{21}Mn_9$； (5) Ti-V-Ni

3. 材料的显微组织 (Microstructure of Materials)

显微组织是借助于显微镜观察到的材料的微观组成与形貌。组成元素相同、结合键相同、原子排列方式相同的材料，其性能也会因组织不同而差别很大。

组织对材料的强度、塑性等有重要影响。组织比原子结合键及原子排列方式更易随加工工艺而变化,因此组织是一个非常敏感而重要的结构因素。

0.6 材料工程的研究内容
(Research Content of Materials Engineering)

材料工程属技术范畴,目的在于采用经济的、而又能为社会所接受的生产工艺、加工工艺控制材料的结构、性能和形状以达到使用要求。材料工程研究材料在制备、加工处理过程中的工艺、设备等各种工程问题。

材料制备过程中要考虑到与生态环境的协调共存,控制环境污染。材料工程水平的提高可以大大促进材料的发展(彩图1)。

人类社会的发展历史就是一部制造和利用材料的技术历史,材料技术主要包括制备技术(如粉体制备技术和高分子材料合成等)、成形与加工技术(如凝固成形、塑性加工和连接技术等)、改质改性技术(如各种热处理和三束改性技术等)、防护技术(如涂镀层处理技术等)、评价表征技术、模拟仿真技术以及检测与监控技术7类。

不同类材料的基本加工工艺如图0.5所示。

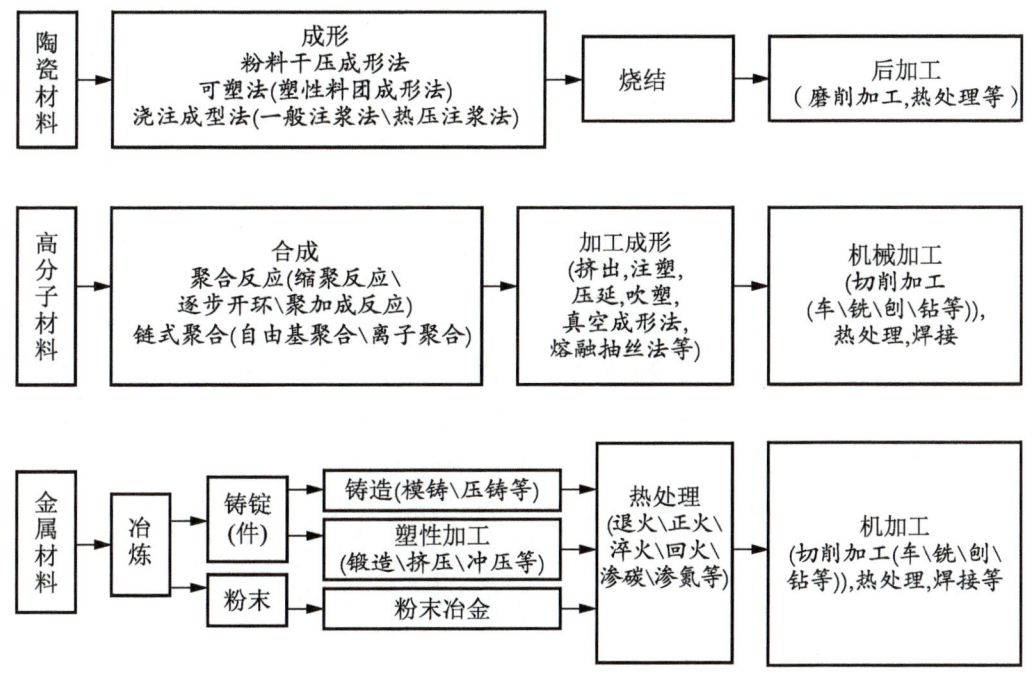

图 0.5　材料的基本加工工艺

【习题】Question

一、填空题

1. 材料科学研究的核心问题是_____和_____的关系。
2. 材料的结构是理解和控制性能的中心环节，结构的三个层次是_____、_____和_____。
3. 根据材料的性能特点和用途，材料分为_____和_____两大类。根据原子之间的键合特点，材料分为_____、_____、_____和复合材料四大类。

二、思考题

1. 结合自己身边的材料，谈谈材料对社会发展的作用。
2. 举例说明材料学家对科技进步的贡献。

上篇

材料结构
Material Structure

第1章 原子结构与结合键
Chapter 1　Atomic Structure and Binding Bond

第2章 晶体学基础
Chapter 2　Basis of Crystallography

第3章 晶体结构
Chapter 3　Crystal Structure

第4章 晶体缺陷
Chapter 4　Crystal Defect

第5章 非晶体与准晶结构
Chapter 5　Amorphous and Quasicrystal Structure

第 1 章 原子结构与结合键
Chapter 1　Atomic Structure and Binding Bond

>>> 原子之间是如何结合的？

本章知识构架

```
                                    ┌─ 卢瑟福模型
                    ┌─ 原子结构模型 ─┼─ 玻尔模型
                    │               └─ 电子云结构模型
                    │
                    │                 ┌─ 泡利不相容原理
                    ├─ 基态原子电子组态 ┼─ 能量最低原理
                    │                 └─ 洪特规则
          原子结构 ─┤
                    │                 ┌─ 原子的电离能
                    ├─ 原子参数基本性质 ┼─ 电子亲和能
                    │                 └─ 原子的电负性
                    │
                    │          ┌─ 原子间的结合能
                    │          ├─ 离子键
                    ├─ 结合键 ─┼─ 共价键
                    │          ├─ 金属键
                    │          ├─ 范德华力
                    │          └─ 氢键
                    │
                    └─ 第一性原理
```

第 1 章　原子结构与结合键

> **导入案例**　原子结构的发现 (Discovery of Atomic Structure)

1803 年，英国科学家道尔顿 (J. Dalton, 1766—1844) 提出了原子是坚实不可再分的实心球模型。在 19 世纪，原子一直被认为是不可分割的最小物质单元。

1897 年，英国物理学家汤姆逊 (J.J.Thomson, 1856—1940) 通过气体导电实验发现了电子。他提出：既然原子内部存在带负电的电子，而原子又呈现中性，就还应有带正电的不明粒子。汤姆逊提出了类似果仁面包 (也称枣糕模型、西瓜模型) 的原子结构模型：带正电的粒子均匀分布并充满原子内部，同样多带负电的电子镶嵌其中，如图 1.1 所示。

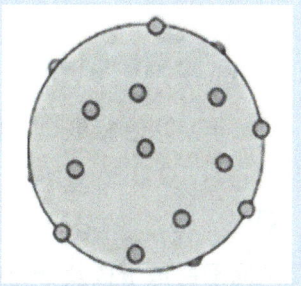

图 1.1　原子结构的枣糕模型

1903 年，汤姆逊的学生、英国物理学家卢瑟福 (E.Rutherford, 1871—1937) 用射线轰击原子，发现了带正电的原子核。1911 年，卢瑟福提出了原子的太阳系行星结构模型：在原子的中心有一个很小的核，称为原子核，原子核犹如太阳系中的太阳，带负电的电子在核外空间里如行星一样围绕原子核运转，如图 1.2 所示。

图 1.2　原子的太阳系行星结构

后来，卢瑟福和他的学生、英国物理学家查德威克 (J.Chadwick, 1891—1974) 又分别发现了原子核中带正电的质子和中性的中子。

此后，丹麦物理学家玻尔 (N.Bohr, 1885—1962) 和德国物理学家薛定谔 (E.Schrödinger, 1887—1961) 分别用量子理论和量子力学阐释电子的运动规律，为原子结构模型提供了理论基础。

原子结构的发现标志着人类对材料微观世界的探索进入了亚原子时代，极大地推动了人类对材料微观结构的认识，从而使材料的研究和开发进入了飞速发展的时期。

道尔顿　　　汤姆逊　　　卢瑟福　　　查德威克　　　玻尔　　　薛定谔

材料科学的核心问题是研究结构和性能的关系。材料的微观结构是决定材料性质最为本质的内在因素，一般可分为原子结构、原子的空间排列、显微组织三个层次。原子的电子结构决定着原子间键合本质，产生了离子键、共价键、金属键和分子键等。根据原子间的结合键，一般将材料分成金属材料、无机非金属材料和有机高分子材料三大类。

本章首先介绍其中最微细的水平，即组成材料的原子结构与结合键。

1.1 原子结构模型 (Atomic Structure Model)

1.1.1 卢瑟福模型 (Rutherford Model)

1911年，卢瑟福通过 α 粒子散射实验提出了"行星绕太阳"的原子结构模型，如图1.2所示。

观点
- 原子由原子核及分布在核周围的电子所组成。
- 原子核内有中子和质子，核的体积很小，却集中了原子的绝大部分质量。原子核直径约为 10^{-15}m(原子直径 10^{-10}m)，每个质子和中子的质量约为 $1.67×10^{-24}$g，电子的质量约为 $9.11×10^{-28}$g。
- 电子绕原子核运动。
- 质子具有正电荷，与一个电子所带电荷相等，电性相反；中子不带电。

缺点
- 不能解释从原子光谱获得的实验数据。

1.1.2 玻尔模型 (Bohr Model)

【参考动画】

1913年，玻尔在普朗克量子假说和爱因斯坦光子学说基础上提出了电子在核外的量子化轨道，定性地解释原子的稳定性(定态的存在)和线状原子光谱，解释了原子发光现象，解决了原子结构的稳定性问题。玻尔模型是卢瑟福模型的继承和发展。能量的分立性和角动量的量子化条件，就是玻尔理论的基本内容。

观点
- 电子不能在任意半径的轨道上运动，只能在原子核外空间的一些特定的半径为确定值 r_1、r_2、…的轨道上绕核做高速的圆周运动。把在确定半径的轨道上运动的电子状态称为定态。每一定态(即每一个分立的 r 值)对应着一定的能量 E(E= 电子的动能 + 电子与核之间的势能)。由于 r 只能取分立的数值，故能量 E 也只能取分立的数值，称为能级的分立性。
- 处于定态的电子，其角动量 L 只能取分立值，且必须为 $(h/2\pi)$ 的整数倍，即 $L=|r×m\mu|=k\left(\dfrac{h}{2\pi}\right)$，式中 m 和 μ 分别为电子的质量和速度，k 为整数。此式即为角动量的量子化条件。
- 当电子在这些可能的轨道上运动时原子不发射也不吸收能量，只有当电子从一个轨道跃迁到另一个轨道时原子才发射或吸收能量，而且发射或吸收的辐射是单频的。当电子从能量为 E_1 的轨道跃迁到能量为 E_2 的轨道上时，原子发出(当 $E_1>E_2$ 时)或吸收(当 $E_1<E_2$ 时)频率为 ν 的辐射波，ν 值符合爱因斯坦公式。$E_1-E_2=h\nu$，式中 h 为普朗克常数。

缺点

- 在细节和定量方面与实验事实有很大差别。
- 将电子视为服从牛顿力学的经典粒子,只能解释氢原子及一些单电子离子(或类氢离子 He^+、Li^{2+}、Be^{3+} 等)的光谱,不能解释电子衍射现象,无法解释精细结构和多原子、分子或固体的光谱。
- 给牛顿力学硬性附加了能量的分立性和角动量的量子化两个限制条件,从理论上是不严密的。

1.1.3 电子云结构模型 (Structural Model of the Electron Cloud)

现代量子力学认为原子中的电子具有显著的波动性,不存在明确的运动轨迹,不可能得知某一瞬间电子出现在什么位置,只可能知道电子的大致运动范围和电子出现在原子核周围空间的概率密度(可能性)。因此,提出了电子云结构模型。

观点

- 用连续分布的"电子云"表示单个电子出现在各处的概率,电子云密度最大的地方就是电子出现概率最大的地方。甲烷的电子云形状如图 1.3 所示。
- 微观粒子具有波动性,是位置和时间的函数,称为**波函数**。波函数的解,描述了电子在核外空间各处出现的概率,相当于给出了电子运动"轨道",取代经典物理中圆形的轨道。这一轨道可由 4 个量子数确定。

图 1.3 甲烷的电子云形状

- 主量子数 n:表示电子离核远近和能级高低的主要参数,取值 1、2、3、…。
- 角量子数 l(次量子数):反映了轨道的形状。$l=0$、1、2、3、…,代表能量水平不同的亚壳层,习惯上分别以 s、p、d、f、…表示。
- 磁量子数 m:确定轨道的空间取向,s、p、d、f、…依次有 1、3、5、7、…种空间取向。
- 自旋量子数 m_s:在每个状态下可以存在自旋方向相反的两个电子。

1.2 核外电子的排布规律
(Arrangement Law of Extra-nuclear Electron)

核外电子的分布不仅决定了单个原子的行为,也对材料内部原子的结合以及材料的许多性能起着决定性的作用。原子核外电子的分布与四个量子数有关(表1-1),且服从三个基本原理或规则。

1.2.1 泡利不相容原理 (Pauli Exclusion Principle)

在费米子组成的系统中,不能有两个或两个以上的粒子处于完全相同的状态。

泡利不相容原理在原子中表现为不能有两个或两个以上的电子具有完全相同的四个量子数。由这个原理可计算得到不同电子壳层轨道的电子数,从理论上说明了周期表的结构特点。

1.2.2 能量最低原理 (Lowest Energy Principle)

在不违背泡利不相容原理的条件下，电子优先占据能量低的轨道，使系统处于最低的能量状态。

原子核外的电子是按能级高低而分层分布的，在同一电子层中电子的能级依s、p、d、f的次序增大。核外电子在稳定态时，电子总是按能量最低的状态分布，即从1s轨道开始，按照每个轨道中只能容纳两个自旋相反的电子这一规律，依次分布在能级较低的空轨道上，一直加到电子数等于原子的核电荷数Z为止。

1.2.3 洪特规则 (Hund's Rule)

在能级高低相等的轨道上，电子尽可能分占不同的轨道，且电子自旋平行排列，电子自旋平行比自旋反平行有利于系统能量降低。

洪特规则特例：**全充满$p^6/d^{10}/f^{14}$，半充满$p^3/d^5/f^7$稳定**。

注意：化学反应一般只涉及**原子的外层电子**，即对物质性质有较明显影响的电子分布式。对于主族元素即为最外层电子，对于副族元素指最外层的s电子和次外层的d电子，对于镧系和锕系元素还须考虑外数第三层f电子。

表 1-1 电子壳层的轨道和电子数

主量子数壳层	次量子数亚壳层状态	磁量子数规定的数目	自旋量子数确定的状态数目	完整壳层的最大电子数
K	1s	0	2	2
L	2s 2p	0 −1,0,1	2 6	8
M	3s 3p 3d	0 −1,0,1 −2,−1,0,1,2	2 6 10	18
N	4s 4p 4d 4f	0 −1,0,1 −2,−1,0,1,2 −3,−2,−1,0,1,2,3	2 6 10 14	32

【**例题1-1**】写出原子序数为24的元素的核外电子排布、价电子构型、元素符号、元素名称以及此元素在周期表中的位置。

解：$1s^22s^22p^64s^13d^5$；$4s^13d^5$（或$3d^54s^1$） Cr；铬；第四周期；ⅥB族

【**例题1-2**】氧原子中有8个电子，试写出各电子的四个量子数。

解：O：$1s^22s^22p^4$

  $1s^2$：1，0，0，±1/2；
  $2s^2$：2，0，0，±1/2；
  $2p^4$：2，1，0，±1/2；2，1，1，+1/2或−1/2；2，1，−1，+1/2或−1/2。

1.3 原子的电离能、电子亲和能及电负性 (Ionization Energy, Electron Affinities and Electro-negativity)

1.3.1 原子的电离能 (Ionization Energy)

气态原子失去电子成为正离子所需的最低能量称为原子的电离能(IE)。

根据失去电子的数量,依次称为第一电离能、第二电离能等。逐级电离时,有效核电荷数变大,因此逐级电离能是:$IE_1 < IE_2 < IE_3 < IE_4$。元素的第一电离能见表1-2。

电离能的大小可以衡量原子在气态时失去电子的难易程度,可以用于衡量元素金属活泼性的强弱。E越小,越易失去电子,金属活泼性越强;反之亦然。碱金属电离能最小,最活泼。惰性气体电离能最大,最不活泼。

1.3.2 电子亲和能 (Electron Affinities)

一个基态气态原子获得电子成为负离子时所吸收(取正值)或释放的能量,称为电子亲和能(EA)。

与电离能类似,依次也有第一、第二电子亲和能等。电子亲和能的绝对数值一般约比电离能小一个数量级,元素的电子亲和能数据负得越多,体系放出能量越多,原子越易获得电子,非金属性越强。元素的第一电子亲合能见表1-2。

表 1-2 元素的第一电离能 (kJ/mol)、电子亲和能 (kJ/mol) 和电负性

	1 H	2 He
IE	1312	2372
EA	72.8	-60.2
EN	2.20	3.89

	3 Li	4 Be	5 B	6 C	7 N	8 O	9 F	10 Ne
IE	520	900	801	1087	1402	1314	1681	2081
EA	59.62	-18.4	26.99	121.78	4.6	141.0	328.2	-54.8
EN	0.98	1.57	2.04	2.55	3.04	3.44	3.98	3.67

	11 Na	12 Mg	13 Al	14 Si	15 P	16 S	17 Cl	18 Ar
IE	496	738	578	787	1012	1000	1251	1521
EA	52.87	0	41.86	134.1	72.03	200.4	356.1	-60.2
EN	0.93	1.31	1.61	1.90	2.19	2.58	3.16	3.3

	19 K	20 Ca	21 Sc	22 Ti	23 V	24 Cr	25 Mn	26 Fe	27 Co	28 Ni	29 Cu	30 Zn	31 Ga	32 Ge	33 As	34 Se	35 Br	36 Kr
IE	419	590	633	659	651	653	717	763	760	737	746	906	579	762	947	941	1140	1351
EA	48.38	2.37	18	8.4	51	65.2	*	14.6	64.0	111.6	119.24	*	41.0	118.94	78.5	194.97	342.54	*
EN	0.82	1.00	1.36	1.54	1.63	1.66	1.55	1.83	1.88	1.91	1.90	1.65	1.81	2.01	2.18	2.55	2.96	3.00

	37 Rb	38 Sr	39 Y	40 Zr	41 Nb	42 Mo	43 Tc	44 Ru	45 Rh	46 Pd	47 Ag	48 Cd	49 In	50 Sn	51 Sb	52 Te	53 I	54 Xe
IE	403	550	600	640	652	684	702	710	720	804	731	868	558	709	834	869	1008	1170
EA	46.9	5.02	30	41	86	72.3	*	101.0	110.3	54.24	125.86	*	39	107.3	101.1	190.2	304.1	*
EN	0.82	0.95	1.22	1.33	1.6	2.16	1.9	2.2	2.28	2.20	1.93	1.69	1.78	1.96	2.05	2.1	2.66	2.67

续表

	55 Cs	56 Ba	57 La	72 Hf	73 Ta	74 W	75 Re	76 Os	77 Ir	78 Pt	79 Au	80 Hg	81 Tl	82 Pb	83 Bi	84 Po	85 At	86 Rn
IE	376	503	538	659	761	770	760	840	880	870	890	1007	590	716	703	812	890	1037
EA	45.51	13.95	45	*	31	79	*	104.0	150.9	205.04	222.75	*	36	35	90.92	*	*	*
EN	0.79	0.89	1.10	1.3	1.5	2.36	1.9	2.2	2.20	2.28	2.54	2.00	1.62	2.33	2.02	2.0	2.2	2.2

电子亲和能的大小涉及核的吸引和核外电荷相斥两个因素。随原子半径减小，一方面，核的吸引增大，使电子亲和能增大；另一方面，电子间的排斥力强，使电子亲和能减小。所以同一族和同一周期的电子亲和能都没有单调变化规律。

1.3.3 原子的电负性 (Electro-negativity)

电负性是元素的原子在化合物中吸引电子能力的标度。

电负性是相对值，没有单位，以希腊字母χ表示，又称相对电负性，可以更科学地比较各种元素的原子得失电子的难易程度，表示两个不同原子形成化学键时吸引电子的能力。

由于计算方法不同，电负性有20多种标度，如鲍林(Pauling)标度、密立根(Mulliken)标度、桑德森(Sanderson)标度、阿莱-罗周(Allred-Rochow)标度、杰夫(Jaff)标度、阿伦(Allen)标度等。每一种方法的电负性数值都不同，所以利用电负性值时，必须是同一套数值进行比较。最常用的是鲍林标度，表1-2中的电负性为鲍林标度值。

鲍林标度是根据热化学数据和分子的键能，指定氟的电负性为3.98，锂的电负性为0.98，根据经验公式(1-3)计算其他元素的相对电负性。

$$D_{AB} = \sqrt{D_{AA}D_{BB}} + 96.5 \times (X_A - X_B)^2 \tag{1-3}$$

式中，D_{AB}是物质AB的键能，D_{AA}、D_{BB}分别是物质A、B的键能，X_A和X_B分别是元素A和B的电负性，其中一个是氟，并人为指定氟的电负性为3.98，依次计算出其他元素的相对电负性。

电负性的应用主要如下。

(1) **判断元素的金属性和非金属性**。一般认为，电负性大于1.8的是非金属元素，小于1.8的是金属元素，在1.8左右的元素既有金属性又有非金属性。

(2) **判断化合物中元素化合价的正负**。电负性数值小的元素在化合物中吸引电子的能力弱，元素的化合价为正值；电负性大的元素在化合物中吸引电子的能力强，元素的化合价为负值。

(3) **判断分子的极性和键型**。电负性相同的非金属元素化合形成化合物时，形成非极性共价键，其分子都是非极性分子；电负性差值小于1.7的两种元素的原子之间形成极性共价键，相应的化合物是共价化合物；电负性差值大于1.7的两种元素化合时，形成离子键，相应化合物为离子化合物。

1.4 结合键 (Binding Bond)

1.4.1 原子间的结合能 (Binding Energy between Atoms)

物质中相邻的原子间存在着强烈的相互作用。

原子间的相互作用力 f 与原子间距离 r 的关系如图1.4(a)所示。当原子间相互距离为无限时，彼此间不存在相互作用，当相互靠近时，原子间发生吸引和排斥作用。吸引力来自于异号电荷的库仑作用；排斥力一方面来自同号电荷的库仑作用，另一方面来自于泡利不相容原理决定的电子间相互作用。原子间的结合力也称<u>键合力</u>。

在原子间距 r_0 处，原子间的吸引力与排斥力大小相等，方向相反，互相抵消，原子间结合力 $f=0$，原子处于平衡位置。

原子间的相互作用能 U 与原子间距离 r 的关系如图1.4(b)所示，吸引与排斥的综合作用与距离的关系存在着极小值，在原子间距 r_0 处，能量最低，称为<u>势能谷</u>。热力学上，能量最低的状态是最稳定存在的状态，这个能量即原子的<u>结合能</u>。

由于作用力的不同，产生不同的原子结合方式，即<u>结合键</u>。根据电子围绕原子的分布方式，可以将结合键分为5类，即：<u>离子键</u>、<u>共价键</u>、<u>金属键</u>、<u>范德华力</u>和<u>氢键</u>。

虽然不同的键对应着不同的电子分布方式，但它们都满足一个共同的条件，即键合后各原子的外层电子结构要成为稳定的结构，也就是惰性气体原子的外层电子结构。$(ns)^2(np)^6$ 结构是最普遍、最常见的稳定电子结构。

<u>离子键、共价键、金属键结合中伴随着电子的交换，称为化学键(Chemical Bond)或主价键(Primary Interatomic Bond)</u>。<u>分子键、氢键结合中不产生电子的交换，称为物理键(Physical Bond)或次价键(Secondary Bond)</u>，但这两类结合原子之间的吸引力仍属于电场力作用。各种键在键合时将伴随能量的改变(放出或吸收)，每摩尔放出能量的大小表示结合的强弱(表1-3)。

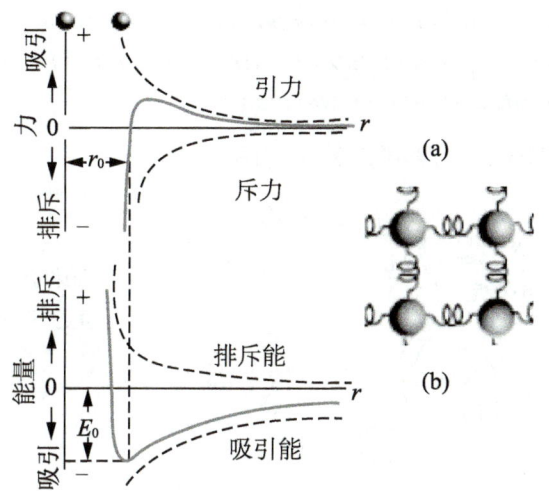

图 1.4　力和势能与原子间距离的关系曲线

表 1-3　各种键型的键能 (kcal/mol)

键	物质	键能	能量类别
离子键	NaCl NaF KCl	184.6 217.5 168.6	键合能
共价键	金刚石 SiC 硼	170 283 115	凝聚能
金属键	Na Fe Au W	25.9 94 68.0 120	升华热
范德华力	H_2 He O_2	2.44 0.052 1.74	升华热
氢键	H_2O NH_3	12.2 8.4	

1.4.2　离子键 (Ionic Bond)

<u>离子键</u> (Ionic Bond)是由原子核释放出最外壳层的电子变成带正电荷的原子（正离子），与接收其放出的电子变成带负电荷的原子（负离子）相互之间的吸引作用（库仑引力）所形成的一种结合。

> **Ionic Bond:** *The ionic bond is an electrostatic attraction between positively and negatively charged ions. These bonds are formed by the transfer of electrons from one atom with a low electro-negativity to a different atom with a high electro-negativity. Valence electrons transferred between two atoms.*

图1.5为NaCl中的离子键的示意图。

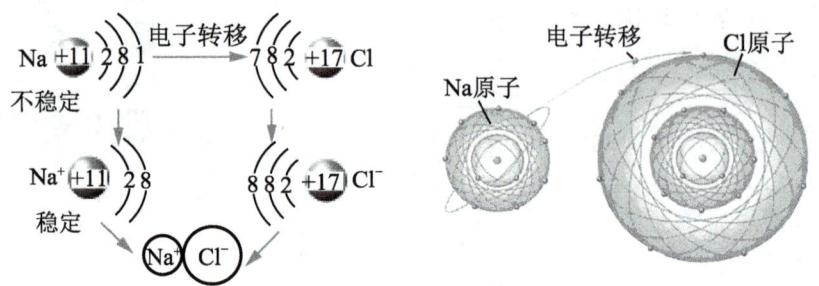

图 1.5　NaCl 中的离子键

典型的离子键化合物如下。

➢ AB 型离子化合物主要是碱金属的卤化物、氧化物、硫化物、硒化物、碲化物，如 NaCl、MgO、CuO 等离子晶体。

➢ AB_2 型离子化合物主要是氟化物和氧化物。

➢ AB_3 型离子化合物主要是 BiF_3 型、ScF_3 型和 UCl_3 型。

➢ A_2B_3 型离子化合物主要是金属氧化物，如 Al_2O_3、Cr_2O_3 等。

这是因为，ⅠA、ⅡA族金属在满壳层外有少数价电子，很容易逸出；ⅥA、ⅦA族非金属原子的外壳只缺少 1～2 个 e 便成为稳定的电子结构。

离子键的特点如下。

➢ 离子键没有方向性和饱和性，正负离子的电子云呈球形对称。

➢ 离子键强度相当高，正负离子间的吸引能约几个电子伏特。

➢ 离子键中电荷的迁移是以整个离子的运动进行的，而离子不像电子容易运动。

➢ 离子键主要来源于核外电荷，在一定条件下可通过电场作用产生离子极化。离子极化造成键能加强、键长缩短，使离子键向共价键过渡，影响离子化合物的性质。

离子键对材料结构和性能的影响如下。

➢ 离子晶体的结构可看作不等径球的堆积。正负离子尽可能地与异号离子多接触，采取最密堆积。

➢ 离子晶体有相当高的强度、硬度及很高的熔点。

➢ 离子键材料导电性很差。

1.4.3　共价键 (Covalent Bond)

> 共价键 (Covalent Bond) 是两个或多个电负性相差不大的原子共有最外层电子而形成的化学键。
>
> 当共有电子对对称地分布于两个原子之间，此种共价键称为**非极性共价键**。当共用电子对不对称地分布于两个原子之间，靠近某一原子，此种共价键称为**极性共价键**。

> **Covalent Bond:** *The covalent bond is formed by a sharing of electrons between two adjacent atoms. Valence electrons shared between two atoms.*

共价键在亚金属(碳、硅、锡、锗等)、聚合物和无机非金属材料中均占有重要地位,如金刚石、CO_2、O_2、Si、N_2、CH_4、C_2H_5OH等。

这是因为对于ⅣA、ⅤA族元素,离子化比较困难,但相邻原子间可以共同组成一个新的电子轨道,由两个原子各提供最外层电子共用,以实现共用电子云的最大重叠,达到稳定的电子结构。

共价键理论有共用电子对理论、分子轨道理论和杂化轨道理论。

共价键的特点如下。

➢ 共价键既有饱和性,又有方向性。饱和性是指一个原子只能与一定数目的原子相键合,形成一定数目的共价键。

➢ 共价键强度高,并随原子中参与键合的电子数增多而增强,即三键、双键要比单键强度高。

从电子的运动空间看,s态电子绕原子核成球形对称运动,但三对p电子的运动则分别成互相垂直的"棒槌状"。因此共价键若含有p电子,就具有方向性。例如,每个硅原子通过四个共价键与四个邻近原子结合(图1.6),每个共价键间的夹角是109°(图1.7),电子位于这些共价键附近的概率要比位于原子核周围的其他地方高得多。

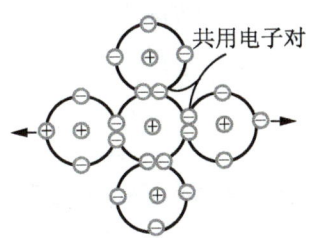

图1.6 硅原子四个价键

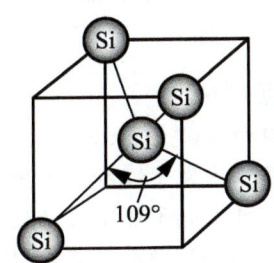

图1.7 硅的键角

共价键对材料结构和性能的影响如下。

➢ 共价键材料具有高熔点、高硬度、低塑性和电绝缘性等(图1.8)。

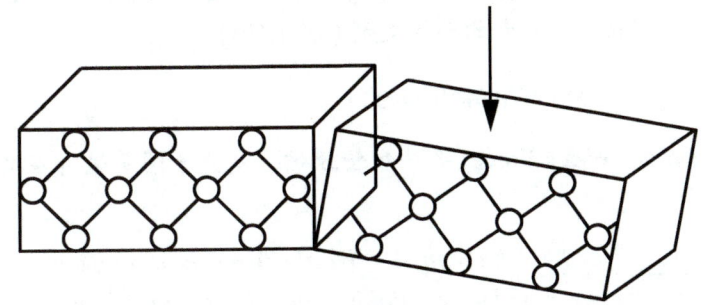

图1.8 共价键的断裂

【参考动画】

1.4.4 金属键 (Metallic Bond)

金属键 (Metallic Bond) 是指不属于任何一个原子的自由电子与离子之间的库仑相互作用而形成的化学键。

Metallic Bond: The metallic bond is formed between atoms that have a low value of electronegativity and easily give up their outer (valence) electrons. The shared valence electrons form a highly mobile electron sea.

金属元素的电负性小，第一电离能较非金属元素小得多，价电子很容易摆脱原子核的束缚成为"自由电子"，失去了价电子的原子形成离子占据了晶体的阵点，并不停地振动，自由电子为所有金属原子所共有，在离子之间运动，形成了近似均匀分布的电子气，即金属键(图1.9)。元素周期表中，金属占了约2/3。

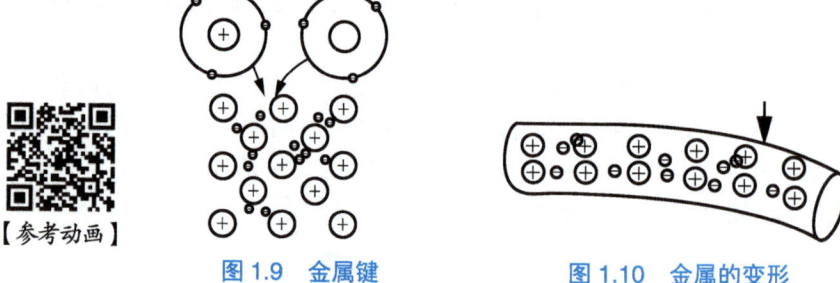

图 1.9 金属键　　　　图 1.10 金属的变形

金属键的特点如下。
➢ 金属键无饱和性，无方向性。
➢ 金属键强度低于离子键和共价键。
➢ 金属键中公自由电子能很容易地自由运动，是金属导电和导热的主要方式。

金属键对材料结构和性能的影响如下。
➢ 金属键中每个原子能同更多的原子相结合，形成低能量的密堆结构。
➢ 金属的熔点低、硬度低。
➢ 金属有良好的导电性及导热性。
➢ 金属材料有良好的强度及塑性。正离子之间改变相对位置并不会破坏电子与正离子间的结合力，可以经受较大的塑性变形(图1.10)。

1.4.5 范德华力 (Van der Waals Force)

范德华力 (Van der Waals Force) 是一种物理键，是分子间普遍存在的相互作用，又称分子键。

Van der Waals Force: The Van der Waals force is a weak bond that forms by electrostatic attraction between molecules. Polarization due to bond structure causes attractive and repulsive force between molecules.

范德瓦华力是分子偶极间的静电引力，来源于分子的极化，其形成过程如图1.11所示。

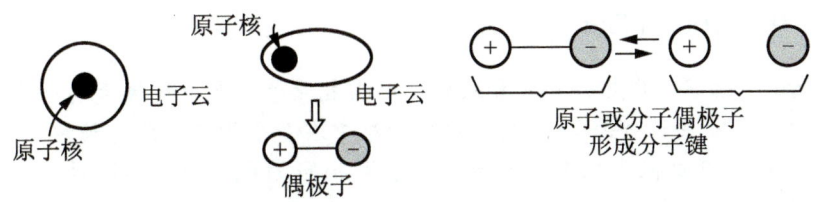

图 1.11 范德华力的形成过程

范德华力的类型如下。
- 静电力 (Electrostatic force) 是极性分子的固有偶极间因取向而产生的引力（图 1.12(a)），也称取向力。这是 1921 年荷兰物理学家 W. H. Keesom 从量子力学得出的，故又称葛生力 (Keesom force)。
- 诱导力 (Induction force) 是固有偶极和诱导偶极（极性分子作为电场使非极性分子变形而产生）间的吸引力（图 1.12(b)）。这是 1911 年荷兰物理学家 P. J. W. Debye 在研究电解现象时首先提出的，故也称德拜力 (Debye force)。
- 色散力 (Dispersion force) 是瞬时偶极引发的诱导偶极子间的相互作用力（图 1.12(c)）。由于这种相互作用说明了光通过物质发生色散的现象，故称为色散力。这是 1930 年英国物理学家 F. W. London 从量子力学得出的，故又称伦敦力 (London force)。

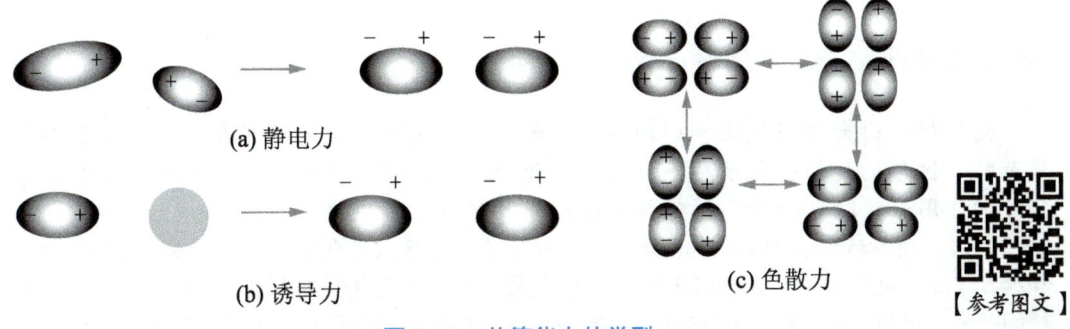

图 1.12 范德华力的类型

量子力学计算表明，除极性特别强的分子间的作用力外，分子间的范德华力都是色散力。色散力存在于一切分子之间，其强度与分子的大小有关，随分子量的增大而增大。非极性分子间只存在色散力。非极性与极性间存在色散力和诱导力。极性分子之间存在色散力、诱导力和静电力。当分子的极性很大(如H_2O)时，以静电力为主，诱导力一般较小。

范德华力的特点如下。
- 键很弱，比化学键小 1～2 个数量级。例如，H_2O 中，分子间力为 47.28 kJ/mol，而 E(OH) = 463kJ/mol。
- 是近距离力。在 300～500pm 有效，与 r^7 成反比。
- 没有方向性和饱和性。

范德华力对材料性能的影响如下。
- 熔点很低，硬度很低，绝缘性良好。
- 结合力很小，在外力的作用下，易产生滑移，造成大的形变。

1.4.6 氢键 (Hydrogen Bond)

氢键 (Hydrogen Bond) 是另一种物理键，是指氢原子与电负性较大的原子（如F、O、N、S、P、Cl等）以共价键结合，电子倾向于集中在非氢原子一端，使氢核暴露在外，当通过库仑作用与电负性大的另一原子Y(与X相同的也可以)接近时，在X与Y之间以氢为媒介，生成X-H…Y形式的键。

Hydrogen Bond: *A Keesom interaction(a type of van der Waals bond) between molecules in which a hydrogen atom is involved(e.g.bonds between water molecules).*

HF分子中氢键如图1.13所示。冰、磷酸二氢钾及某些蛋白质分子等都是靠氢键结合的。

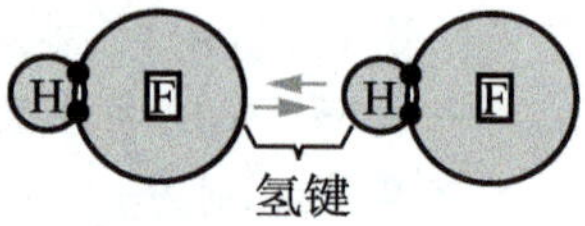

氢键的特点如下。

图 1.13 HF 的氢键

- 具有方向性和饱和性。
- 是弱键，大多为 25～40kJ/mol。键能小于25kJ/mol属于较弱氢键，在25～40kJ/mol的属于中等强度氢键，大于40kJ/mol的氢键则是较强氢键。但是，个别的氢键也会比较强。HF 中的氢键大约为 169kJ/mol，甲酸和氟离子间的氢键高达 200kJ/mol。

氢键对材料性能的影响如下。

- 氢键的形成对物质的物理性能影响很大。对结构相似的同系物，若分子间存在氢键，其结合力比色散力强，会使熔点、沸点显著升高。

阅读材料　第一性原理 (First Principles)

宏观材料由大量微观原子堆积而成，因此理论上可以从原子尺度入手，设计搭建出具有特定性质的材料。原子水平上的材料设计，在现代材料科学技术的发展中起到举足轻重的作用，同时也对当今材料科学理论和计算提出了挑战。

目前，对材料物性的表征，也逐渐深入到分子、原子以及电子层次，许多先进材料的制备和加工过程，也已进入"原子级水平"。单个原子聚合成簇或形成零维、一维、二维、三维材料的研究与应用，被称为"原子工程"。第一性原理是目前应用最广泛的"原子工程"工具之一。

第一性原理是根据原子核和电子互相作用的原理及其基本运动规律，运用量子力学原理，从具体要求出发，经过一些近似处理后直接求解薛定谔方程，得到材料的电子结构。

第一性原理计算只需要告诉原子和它们的位置，不需要其他实验的、经验的或者半经验的参量，因此具有很好的移植性，对材料基态性质的研究比较可靠，可以在电子层次上研究材料的性能，是目前应用最为广泛的电子结构计算方法之一。

目前第一性原理有狭义和广义两种。狭义的第一性原理计算专指从头算起（ab initio）计算，是指不使用任何的经验参数，只用电子质量、光速、质子、中子质量等少数实验数据去做量子计算。广义的第一性原理计算包含以 Hartree-Fork 自洽场计算为基础的从头算起法，也包括密度泛函理论 (Density Functional Theory，DFT) 计算。

利用第一性原理计算方法，不仅能够在原子、分子层次解释现有的物理现象，而且能够指导新型高功能材料的开发研制，其广泛应用于能源材料、超硬材料、环境材料、工业催化、纳米材料、光电材料、自组装薄膜、生物材料、晶体生长等诸多领域。

应用一：透明导电氧化物薄膜

透明导电薄膜 (Transparent Conducting Film) 是指对可见光（波长 λ=380～760 nm）

的透射率高且电导率高的薄膜,一般要求可见光的平均透光率 $T>80\%$、电阻率 $<10^{-3}\ \Omega\cdot cm$(电导率 $>10^3\ S\cdot cm^{-1}$)。透明导电薄膜在光电池和液晶显示等多方面有广泛的应用。

但是,材料的透明性和导电性是一对矛盾。按照能带理论,在费米球及其附近的能级(带)分布密集时,即电子占据的能级(带)和空能级(带)之间不存在能隙(能带隙)或能隙较低,导电性高;但是,当能隙低时,光入射进材料后,很容易激发电子而产生内光电效应,入射光的能量降低而衰减,材料的透光性降低。因此,材料的透光性要求材料的禁带宽度大于光子能量(能带隙宽度 $E_g>3.1\ eV$),材料的导电性要求材料具有一定的载流子浓度(导电粒子),禁带宽度要小。

透明导电薄膜的设计思路是:在保证禁带宽度的同时,利用掺杂粒子实现导电性。目前的透明导电薄膜主要有金属膜、金属氧化物膜、其他化合物膜、高分子膜、复合膜等,其中应用范围最为广泛的是前两种。

透明导电氧化物(Transparent Conducting Oxide,TCO)薄膜是综合性能最优异和最有开发潜力的透明导电薄膜,其导电性主要是通过本征氧空位和外部掺杂进行调节,主要分为 n 型和 p 型两种。目前研究最为广泛的是 n 型,具有优异的导电性和很好的透光性;而 p 型透明导电氧化物薄膜的研究较少,其透明性和导电性都比 n 型低。

例如,Sn 掺杂 In_2O_3(ITO)、Al 掺杂 ZnO(AZO)和 Sb/F 掺杂 SnO_2 等系统的透明导电薄膜大多属于 n 型金属氧化物透明导电薄膜。ITO 薄膜的禁带宽度在 $3.5\sim4.3eV$ 之间,在紫外区的吸收率 $>85\%$,红外区 ($\lambda=1\sim2\ \mu m$) 的反射率可达 80%。通过在 In_2O_3 中掺杂高价 Sn^{4+} 和获得氧空穴来提高载流子密度,降低电阻率,其电导率可接近金属导体。掺杂态 SnO_2 的电阻率为 $10^{-2}\sim10^{-4}\Omega\cdot cm$,可见光透过率可达 90%,紫外吸收为 90%。

为了实现在智能窗、透明 p-n 结和 UV-LED 等方面的应用,需要研究高性能的 p 型(空穴电导)透明导电氧化物材料。日本的 Hiroshi Kawazoe 等研究者从原子结构层次提出了满足高 p 型电导的 TCO 材料应具备的三个条件如下。

> 阳离子应具有紧密壳层的价电子态结构,其能量应与氧的 2p 电子态能量相似,以避免着色效应。首选具有 $d^{10}s^0$ 电子结构的 Cu^+、Ag^+ 和 Au^+ 三种阳离子。
> 氧化物的晶体结构应能够增强阳离子和氧离子之间的共价耦合,应尽量选取四角配位结构。
> 为了提高可见光的透过率,应调整原子结构以降低 Cu^+ 离子之间的交叉耦合。

Hiroshi Kawazoe 等建立了铜铁矿结构的 $CuAlO_2$ 结构模型,如图 1.14 所示。利用第一性原理计算结果表明其为 p 型电导宽禁带半导体。

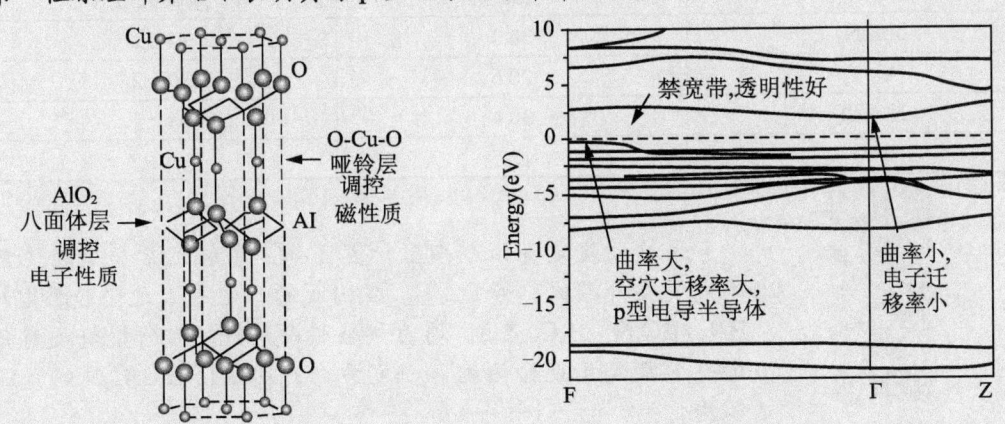

图 1.14 铜铁矿结构的 $CuAlO_2$ 原子结构示意图及能带结构

在此基础上，1997年利用脉冲激光沉积方法制备得到了$CuAlO_2$多晶薄膜，经测试其禁带宽度约为 3.5 eV，室温电导率为 0.95×10^{-1} S·cm^{-1}（比 ITO 低 3～4 个数量级），霍尔迁移率为 10cm^{2}V^{-1}S^{-1}（与 ITO 相近，正值表明 p 型电导）。2000年该组制得的 $CuAlO_2$ 薄膜的室温电导率已经达到 3.4×10^{-1} Scm^{-1}，在可见光范围内的透过率也较高（波长为 500 nm 时透过率约为 70%）。

除了 $CuAlO_2$ 外，人们还发现了 $CuGaO_2$ 和 $SrCu_2O_2$ 等具有 p 型电导的 TCO 材料。但与 n 型 TCO 材料相比，p 型电导的 TCO 材料的性能还有待进一步提高。

应用二：材料硬度计算和超硬材料探索

金刚石是已经发现的世界上最硬的材料，但其价格昂贵，高温下易氧化，切削加工困难。那么，有硬度超过金刚石的材料吗？目前发展的硬度理论无法对材料硬度作出合理解释和准确预测，实验上仍然无法获得硬度超越金刚石的材料。

2003年，燕山大学的田永君课题组首次提出材料的硬度与化学键的种类和极性密切相关，建立了共价晶体的硬度定量预测模型。认为，共价晶体的硬度是其本征属性，在数值上等于单位面积上每根化学键对压头的抵抗力的总和。对于极性共价键，化学键中离子性部分与共价性部分对材料硬度的贡献不同。极性晶体共价材料硬度（H_V）与化学键极性的对应关系式为

$$H_V(GPa)=556\frac{N_a e^{-1.191 f_i}}{d^{2.5}}$$

式中，d 是化学键的长度（埃）；f_i 为采用 Phillips 标度计算得到的化学键的极性因子。公式中所用到的键长、键密度和离子性等参数均可由第一性原理计算直接给出或推导出，因此可以通过理论计算的方法来检验和预测共价晶体的硬度。

几种共价晶体维氏硬度的理论计算与实验值见表 1-4。

表 1-4 几种共价晶体维氏硬度的理论计算与实验值

晶体	计算值	实验值
金刚石	93.6	96±5
β-BC$_2$N	78	76±4
c-BN	64.5	63±5
B$_4$C$_3$	63	未制备出
β-Si$_3$N$_4$	30.3	30±2
Al$_2$O$_3$	20.6	20±2
超石英	30.4	33±2
BeO	12.7	13

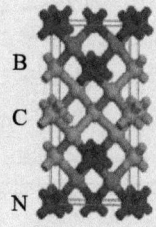

图 1.15 BC$_2$N 的预测结构

通过硬度定量预测模型计算可知，由轻元素和超轻元素构成的共价晶体，如 B、C、N 构成的二元或三元化合物（如 BN、BC$_2$N、B$_4$C$_3$ 等），均为超轻超硬材料，为新型超硬材料的制备提供了理论依据和研究方向，图 1.15 是 BC$_2$N 的预测结构。

第1章 原子结构与结合键

表1-5 元素周期表 (Periodic Table of Elements)

【参考图文】

图例说明：

- 原子序数 → 26 Fe ← 元素符号
- 元素名 → 铁
- 相对原子质量 → Iron
- 55.85
- 3d⁶4s² ← 外围电子层排布，括号指可能的电子层排布
- 1538
- A2(~1538)/
- A1(~1394)/
- 熔点 → A2(~912) ← 不同温度下晶体结构

状态图例： 气态 / 液态 / 固态 / 人造元素

晶体结构符号：
- ⊠ 面心立方　○ 六方　◇ 金刚石结构
- □ 简单立方　● 密排六方
- ⊡ 体心立方　◇ 菱方　▲ 单斜
- □ 四方　+ 正交　▶ 三斜
- ✢ 体心四方　( ) = 未定

---

1 H 氢 Hydrogen 1.01 1s¹ -259								
3 Li 锂 Lithium 6.94 2s¹ 181 ⊠ -195	4 Be 铍 Beryllium 9.01 2s² 1277 (□) ●							
11 Na 钠 Sodium 22.99 3s¹ 98 ⊡ -237 ⊠	12 Mg 镁 Magnesium 24.31 3s² 650 ●							
19 K 钾 Potassium 39.10 4s¹ 64 ⊡	20 Ca 钙 Calcium 40.08 4s² 838 ⊠ 440 ⊡ ●	21 Sc 钪 Scandium 44.96 3d¹4s² 1539 ●	22 Ti 钛 Titanium 47.88 3d²4s² 1668 ● 885 ○	23 V 钒 Vanadium 50.94 3d³4s² 1900 ⊡	24 Cr 铬 Chromium 52.00 3d⁵4s¹ 1875 ⊠ ⊡	25 Mn 锰 Manganese 54.94 3d⁵4s² 1245 □1138 ⊠1095 β727 ⊡	26 Fe 铁 Iron 55.85 3d⁶4s² 1538 ⊠(~1538) ⊡~(1394)/ ⊠(~912)	27 Co 钴 Cobalt 58.93 3d⁷4s² 1495 ⊠ 440 ●
37 Rb 铷 Rubidium 85.47 5s¹ 39 ⊡	38 Sr 锶 Sprontium 87.62 5s² 768 ⊠ 540 ⊡ 235 ●	39 Y 钇 Yttrium 88.91 4d¹5s² 1509 ● 1475 ⊠	40 Zr 锆 Zirconium 91.22 4d²5s² 1852 ● 852 ⊡	41 Nb 铌 Niobium 91.22 4d⁴5s¹ 2468 ⊡	42 Mo 钼 Molybdenum 95.94 4d⁵5s¹ 2610 ⊡	43 Tc 锝 Technetium (98.91) 4d⁵5s² 2140 ●	44 Ru 钌 Ruthenium 101.07 4d⁷5s¹ 2500 ●	45 Rh 铑 Rhodium 102.91 4d⁸5s¹ 1966 ⊠
55 Cs 铯 Cesium 132.91 6s¹ 29 ⊡	56 Ba 钡 Barium 137.33 6s² 714 ⊡ (□)/(○)	71 Lu 镥 Lutetium 174.97 4f¹⁴5d¹6s² 1652 (?)	72 Hf 铪 Hafnium 178.49 5d²6s² 2222 ● 1310 ⊡	73 Ta 钽 Tantalum 180.95 5d³6s² 2996 ⊡	74 W 钨 Tungsten 183.85 5d⁴6s² 3410 ⊡	75 Re 铼 Rhenium 186.21 5d⁵6s² 3180 ●	76 Os 锇 Osmium 190.20 5d⁶6s² 3050 ●	77 Ir 铱 Iridium 192.22 5d⁷6s² 2454 ⊠
87 Fr 钫 Francium (223.0) 7s¹ (27)	88 Ra 镭 Radium 226.03 7s² 700	103 Lr 铹* Lawrencium (262.1) (5f¹⁴6d¹7s²)	104 Rf 钅卢 Rutherfordium (261.1) (6d²7s²)	105 Db 钅杜 Dubnium (262.1) (6d³7s²)	106 Sg 钅喜 Seaborgium (263.1) (6d⁴7s²)	107 Bh 钅波 Bohrium (264.1) (6d⁵7s²)	108 Hs 钅黑 Hassium (265.1) (6d⁶7s²)	109 Mt 䥑 Meitnerium (268)

	57 La 镧 Lanthanum 138.91 5d¹6s² 920 □⊠/○	58 Ce 铈 Cerium 140.12 4f¹5d¹6s² 795 ⊠/⊡/○	59 Pr 镨 Praseodymium 140.91 4f³6s² 935 ○	60 Nd 钕 Meodymium 144.24 4f⁴6s² 1024 ○	61 Pm 钷 Prometheum (145) 4f⁵6s² (1027)	62 Sm 钐 Samarium 150.36 4f⁶6s² 1072 (⊡)/◇
	89 Ac 锕 Actinium (227) 6d¹7s² 1050 ⊠	90 Th 钍 Thorium 232.04 6d²7s² 1750 ⊠ □	91 Pa 镤 Protactinium 231.04 5f²6d¹7s² (1230) □	92 U 铀 Uranium 238.03 5f³6d¹7s² 1132 □/+	93 Np 镎 Neptunium (237.05) 5f⁴6d¹7s² 637 ⊡/□/+	94 Pu 钚 Plutonium (244) 5f⁶7s² 640 ⊠/□/+/▲/▲

续表

										2 He 氦 Helium 4.00 $1s^2$ -269.7
				5 B 硼 Boron 10.81 $2s^22p^1$ (2030)	6 C 碳 Carbon 12.01 $2s^22p^2$ (3550)	7 N 氮 Nitrogen 14.01 $2s^22p^3$ -210	8 O 氧 Oxygen 16.00 $2s^22p^4$ -219	9 F 氟 Fluorine 19.00 $2s^22p^5$ -220	10 Ne 氖 Neon 20.18 $2s^22p^6$ -249	
				13 Al 铝 Aluminum 26.98 $3s^23p$ 660	14 Si 硅 Silicon 28.09 $3s^23p^2$ 1410	15 P 磷 Phosphorus 30.97 $3s^23p^3$ 44	16 S 硫 Sulfur 32.06 $3s^23p^4$ 119	17 Cl 氯 Chlorine 35.45 $3s^23p^5$ -101	18 Ar 氩 Argon 39.95 $3s^23p^6$ -189	
28 Ni 镍 Nickel 58.70 $3d^84s^2$ 1453	29 Cu 铜 Copper 63.55 $3d^{10}4s^1$ 1083	30 Zn 锌 Zinc 65.38 $3d^{10}4s^2$ 420	31 Ga 镓 Gallium 69.72 $4s^24p^1$ 30	32 Ge 锗 Germanium 72.59 $4s^24p^2$ 937	33 As 砷 Arsenic 74.91 $4s^24p^3$ 817	34 Se 硒 Selenium 74.91 $4s^24p^4$ 217	35 Br 溴 Bromine 79.90 $4s^24p^5$ -7	36 Kr 氪 Krypton 83.80 $4s^24p^6$ -157		
46 Pd 钯 Palladium 106.42 1552	47 Ag 银 Silver 107.87 961	48 Cd 镉 Cadmium 112.41 321	49 In 铟 Indium 114.82 156	50 Sn 锡 Tin 118.69 232	51 Sb 锑 Antimony 121.75 631	52 Te 碲 Tellurium 127.60 450	53 I 碘 Iodine 126.90 114	54 Xe 氙 Xenon 131.29 -112		
78 Pt 铂 Platinum 195.08 $5d^96s^1$ 1769	79 Au 金 Gold 196.97 $5d^{10}6s^1$ 1063	80 Hg 汞 Mercury 200.59 $5d^{10}6s^2$ -38	81 Tl 铊 Thallium 204.38 $6s^26p^1$ 303	82 Pb 铅 Lead 207.20 $6s^26p^2$ 327	83 Bi 铋 Bismuth 208.98 $6s^26p^3$ 271	84 Po 钋 Polonium (209) $6s^26p^4$ 254	85 At 砹 Astatine (210) $6s^26p^5$ (302)	86 Rn 氡 Radon (222) $6s^26p^6$ (-71)		
110 Uun	111 Uuu	112 Uub		114 Uuq		116 Uuh		118 Uuo		

63 Eu 铕 Europium 151.96 $4f^76s^2$ 828	64 Gd 钆 Gadolinium 157.25 $4f^75d^16s^2$ 1312	65 Tb 铽 Terbium 158.93 $4f^96s^2$ 1356	66 Dy 镝 Dysprosium 162.50 $4f^{10}6s^2$ 1407	67 Ho 钬 Holmium 164.93 $4f^{11}6s^2$ 1461	68 Er 铒 Erbium 167.26 $4f^{12}6s^2$ 1497	69 Tm 铥 Thulium 168.93 $4f^{13}6s^2$ 1545	70 Yb 镱 Ytterbium 173.04 $4f^{14}6s^2$ 824
95 Am 镅* Americium (243) $5f^77s^2$ 994	96 Cm 锔* Curium (247) $5f^76s^17s^2$ (1340)	97 Bk 锫* Berkelium (247) $5f^97s^2$	98 Cf 锎* Californium (251) $5f^{10}7s^2$	99 Es 锿* Einsteinium (254) $5f^{11}7s^2$	100 Fm 镄* Fermium (257) $5f^{12}7s^2$	101 Md 钔* Mendelevium (285) $(5f^{13}7s^2)$	102 No 锘* Nobelium (259) $(5f^{14}7s^2)$

【习题】Question

一、填空题

1. 金属材料中原子结合以_____键为主,陶瓷材料(无机非金属材料)以_____和_____结合键为主,聚合物材料以_____和_____键为主。
2. 根据原子间的结合力可分为一次键与二次键,其中一次键可分为_____、_____和_____三种。二次键可分为_____、_____两种。
3. 高分子材料中的C—H化学键属于_____。
4. 化学键中通过共用电子对形成的是_____。
5. 同时具有方向性和饱和性的结合键的是_____和_____。

二、判断题

1. 离子键的正负离子相间排列,具有方向性,无饱和性。（　　）
2. 共价键通过共用电子对而成,具有方向性和饱和性。（　　）
3. s电子轨道是绕核旋转的一个圆圈,p电子是走∞字形。（　　）
4. 电子云图中黑点越密之处表示那里的电子越多。（　　）
5. 主量子数为4时,有4s,4p,4d,4f四条轨道。（　　）
6. 多电子原子轨道能级与氢原子的能级相同。（　　）

三、简答题

1. 试比较下列各对原子或离子半径的大小。
   H与He；Ba与Sr；Sc与Ca；Cu与Ni；Zr与Hf；
   La与Gd；S^{2-}与S；Na与Al^{3+}；Fe^{2+}与Fe^{3+}；Pb^{2+}与Sn^{2+}
2. 比较Si,Ge,As三元素的金属性、电离能、电负性、原子半径。
3. 在氢原子中3s和3p的能级相同,而在氯原子中的3s的能级却比3p能级低,这是为什么？

第 2 章　晶体学基础
Chapter 2　Basis of Crystallography

>>> 如何描述晶体结构的规律性和对称性？

本章知识构架

晶体学基础
- 材料的结构类型：晶体、非晶体与准晶体
- 晶系与布拉维点阵
  - 空间点阵与晶胞 — 空间点阵，结构基元，等同点的基本概念；晶胞的概念及其选取原则
  - 晶系与布拉维点阵 — 十四种布拉维点阵的获得方法，晶体结构、空间点阵与晶胞的关系
- 晶向指数与晶面指数
  - 立方晶系的晶向和晶面指数 — 米勒指数的标定方法，立方晶系米勒指数的特点
  - 六方晶系的晶向和晶面指数 — 四指数的标定方法，六方晶系米勒指数的特点
  - 晶带定律 — 晶带和晶带轴的基本概念
  - 晶面间距 — 晶面间距的规律与计算
  - 晶向和晶面间的夹角
- 晶体投影
  - 球面投影-极射赤平投影 — 球面投影，极射赤平投影的方法；确定投影图中晶向、晶面、晶带之间的分布关系
- 晶体的对称性
  - 宏观对称元素 — 对称中心，对称面，对称轴，旋转反伸轴，旋转反映轴；8种独立的宏观基本对称要素
  - 微观对称元素 — 平移轴，滑移面，螺旋轴
  - 点群与空间群 — 点群的表示方法，空间群的表示方法；晶族、晶系到空间群的演变

第 2 章 晶体学基础

导入案例　晶体的外形与各向异性 (Crystal Shape and Anisotropy)

自然界中有着千千万万种不同的天然晶体 (图 2.1(a)~(d))。矿物中有 98% 都是晶体，如晶莹剔透的宝石、玉石，不像晶体的岩石、沙砾、泥土等；日常生活中的食盐、冰糖、雪花等；动物骨骼、毛发中也有结晶组织；奎宁、青霉素和脱离了营养介质的病毒都是结晶组织。

人类对晶体结构和性质的认识经历了漫长的过程。我国西汉时期就提出 "雪花六出"，1611 年德国天文学家开普勒 (J. Kepler) 提出疑问 "天上为什么不飘落五角和七角的雪花？"，这一貌似简单的问题在 200 年后才由法国结晶学家布拉维 (A. Bravais) 解决。目前，随着晶体生长技术的发展，可以在实验室和工厂中生长 "人工晶体" (图 2.1(e)~(f))。

(a) 立方体外形黄铁矿

(b) 八面体外形金刚石

(c) 六方柱形水晶

(d) 墨西哥奈卡天然晶体洞

(e) 人工生长偏硼酸钡 (BBO) 激光晶体

(f) 人工生长 KBBF 晶体

图 2.1　晶体的规则外形

【参考图文】

根据晶体的外形，可判别晶体的生长方向。
- [111] 方向生长的单晶，外表面有明显对称的三条棱；
- [100] 方向生长的单晶有对称的四条棱；
- [110] 方向生长的单晶有六条分布不对称的棱。

根据晶体的各向异性，可以合理使用材料。以金刚石单晶为例。
- 磨削率：当作用应力相同时，(110) 晶面最易破损，因此磨削率高；(111) 晶面次之；(100) 晶面最不易破损；
- 强度、耐蚀和抗热能力：(100) 晶面最高；
- 制作高强度金刚石刀具：一般情况下，用单晶金刚石刀具时，如果要求金刚石刀具获得最高的强度，应选用 (100) 晶面作为刀具的前、后刀面，可刃磨出高质量的刀具刃口，不易产生微观崩刃；
- 要求金刚石刀具抗机械磨损，则选用 (110) 晶面作为刀具的前、后刀面；
- 要求金刚石刀具抗化学磨损，可采用 (110) 晶面作为前刀面，(100) 晶面作后刀面，或者前、后刀面都采用 (100) 晶面。

这些性能要求的实现都需要借助晶体定向技术来实现。

背景知识

现代晶体学的发展

现代晶体学始于对自然界矿物晶体的外形研究，17世纪以后，形成了晶体学。

1. 关于晶体外形的研究

1669年，丹麦学者斯丹诺(Niels Stensen，拉丁文 Nicolas Steno)通过对石英(SiO_2)和赤铁矿(Fe_2O_3)晶体的研究，发现同种物质晶体大小和形态虽然不同，但对应晶面间的夹角是守恒的。从而提出了晶体的面角守恒定律：在相同温度\压力下，成分\构造相同的所有晶体，对应晶面间的夹角恒等。

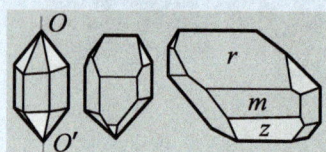

1780年，学者克兰乔(Carangeot)发明了接触测角仪。他的老师，法国学者罗美德利尔(Romé De L'Isle)利用这种测角仪20多年测量了500多种矿物晶体的形状，肯定了面角守恒定律的普遍意义。

1784年，法国学者赫羽依(René Just Haüy)发表了晶体对称定律，1801年，他发表了著名的晶面整数定律(赫羽依定律，有理指数定律)，即晶体中任一晶面在晶轴上的截距系数之比为一简单整数比。该定律解释了晶体外形与其内部构造间的联系，对现代晶体构造理论的形成有重大启示作用，是矿物学发展中的一个里程碑。

1809年，英国学者乌拉斯顿(William Hyde Wollaston)设计出了第一台反射测角仪，精度比接触测角仪有很大提高，获得了大量天然矿物和人工晶体的实验数据。

2. 关于晶体宏观对称性的研究

在晶体宏观对称性的研究中，关于对称群的数学理论起了很大作用。

1809年，德国学者魏斯(C.S.Weiss，1780—1856)研究晶体外形的对称性，提出了晶体对称和晶带定律，有6大晶系；有1，2，3，4和6次旋转对称轴，不可能有5次和高于6次的旋转对称轴存在。

1830年，德国学者赫塞尔(J.F.Ch.Hessel，1796—1872)推导晶体外形对称元素的一切可能组合方式，也就是晶体宏观对称类型共有32种，即晶体的32种点群。按晶体对称元素的特征将晶体分为立方晶系、六方晶系等7个晶系。

1855年，法国学者布拉维(A.Bravais，1811—1863)严密数学推导14种点阵，奠定了晶体结构空间点阵理论(即空间格子理论)的基础。

1867年，俄国学者加多林用数学方法推导32点群，解释晶体外形和宏观对称性。

3. 关于晶体微观对称性的研究

德国学者松克(L.Sohncke，1842—1897)提出晶体全部可能的微观对称类型共有230种(称为230个空间群)。

1885—1890年间，俄国结晶学家弗多罗夫、德国学者熊夫利斯和英国学者巴罗，完成了230个空间群的严格的推引工作，找出了晶体结构内部的原子及离子间的对称关系。在19世纪的最后十年中，几何晶体学理论已全部完成了。

4. 关于晶体内部构造的研究

19世纪末，几何晶体学虽然已成为系统的学说，但尚未被科学实验证实。它的抽象理论并未引起物理学家和化学家的注意，他们中不少人认为晶体中原子、分子是无规则分布的。

1895年，德国物理学家伦琴(W. C. Roentgen, 1845—1923)发现X射线。当时没有一个科学家想到把X射线和几何晶体学这两件几乎同时出现的重大科学成就联系起来。人们没有料到，在晶体学、物理学和化学这三个不同学科领域的结合部，一个重大突破正在酝酿之中。

亨利·布拉格　　劳伦斯·布拉格

1912年，德国学者劳厄(Von Laue, 1879—1960)提出X射线是极短的电磁波，而晶体是原子(离子)的有规则的三维排列。只要X射线波长和晶体中原子(离子)间距具有相同数量级，当用X射线照射晶体时就能观察到干涉现象。在劳厄的鼓励下，德国物理学家索末菲(Sommerfeld, 1868—1951)的助教弗里德里奇(Friedrich)和伦琴的博士生尼平(Knipping)把一个垂直于晶轴切割的平行晶片(闪锌矿)放在X射线源和照相底片之间，在照相底片上显示出了规则的斑点群，科学界称其为"劳厄图样"。X射线在晶体中的衍射现象间接证实了晶体中原子的规则排列，初步揭露了晶体的微观结构；同时确定了X射线是电磁波，解决了X射线的本性问题。

1913年，法国学者亨利·布拉格(Henry Bragg, 1862—1942)和劳伦斯·布拉格(Lawrence Bragg, 1890—1971)父子测定了第一个晶体结构——NaCl晶体结构，提出了X射线波长和晶面间距之间的定量关系公式，既可测定X射线波长，又可作为探索晶体结构特征的有力工具，奠定了X射线结构分析的基础。1915年，两人同获诺贝尔物理学奖，当时劳伦斯·布拉格年仅25岁，是历史上最年轻的诺贝尔物理学奖获奖者。他们创立了一个极重要的科学分支——X射线晶体学，从理论及实验上证明了晶体结构的周期性和几何对称性，为深入研究物质内部结构开辟了可靠的途径。此后，随着超高分辨电子显微镜的出现，可以直接观察原子的排列。晶体研究领域从无机物扩大到有机化合物、金属、合金以至生物学，推动了X射线光谱分析、晶体学及分子生物学的发展。

现代材料科学的发展在很大程度上依赖于对材料结构与微观组织的理解。科学技术的迅速发展，使人们对材料结构的测试与研究不断深入，对晶体结构和性质的研究理论也最丰富和系统。晶体的性质是由其内部的结构决定的，是晶体对称性和周期性的体现。

本章介绍如何描述晶体结构的规律性和对称性，本章的学习将为理解材料结构奠定理论基础。

2.1 空间点阵 (Space Lattice)

2.1.1 空间点阵与晶胞 (Space Lattice and Unit Cell)

晶体内有大量的原子、离子、分子、原子集团或络合离子等，如何方便地研究这些结构基元在空间的排列规律，即如何描述晶体结构的规律性？

下面分别以Cu和NaCl的晶体结构分析为例，介绍空间点阵与晶胞的相关基本概念，见表2-1和表2-2。

表 2-1 Cu 的结构分析

序号	示意图	分析流程	重要概念
(a) 原子排列模型		每一个球代表一个Cu原子，是Cu晶体中周期性规律重复排列的最小单元，称为**结构基元** (Basis)	**1. 等同点** (b)中，由结构基元抽象成的几何点，在晶体结构中占据相同的位置，具有相同的化学组成、几何环境和物理环境，满足平移重合，称为**等同点**(Equivalent Point)。 **2. 结点和阵点** 处于空间点阵中的等同点，一般称为**结点**或**阵点**(Lattice Point)。 **3. 晶格的特点** 晶格是晶体结构周期性的**数学抽象**，忽略了晶体结构的具体内容，保留晶体结构的周期性。 **等同点的选取原则**：等同点位置不限于质点中心。(a)中可以选Cu原子的中心作为等同点，也可以选球中的任一点，只要它们具有相同的物理和几何环境。因此，等同点的选取不是唯一的，可以是基元中的任意等同位置。但是，不论等同点如何选取，它们构成的空间点阵是相同的。 **晶胞的选取原则**：应依次顺序满足条件：①能充分反映整个空间点阵的对称性与周期性；②具有尽可能多的直角；③体积最小
(b) 空间点阵		将每一个Cu原子抽象成一个几何点(位于原子中心)，这些点在三维空间的周期性排列所形成的三维阵列称为**空间点阵** (Space Lattice)，简称**点阵** (Lattice)	
(c) 晶格		将结点用一系列相互平行的直线连接起来形成空间格架，称为**晶格** (Crystal Lattice)	
(d) 晶胞		从晶格中抽取的最具有代表性的基本单元，是晶体构造的最小体积单位，称为**晶胞** (Unit Cell)。研究晶胞的结构特点就可方便地研究晶体结构的规律性	

Basis: A group of one or more atoms, located in a particular way with respect to each other and associated with each lattice point, is known as the basis or motif. We obtain a crystal structure by adding the lattice and basis (i.e., crystal structure= lattice+basis).

Lattice: A lattice is a collection of points, called lattice points, which are arranged in a periodic pattern so that the surroundings of each piont in the lattice are identical.

Unit Cell: The simplest repeating unit of any structure that can be stacked to fill space is the unit cell. The subdivision of a lattice still remains the overall characteristics of the entire lattice. By stacking the identical unit cells, the entire lattice can be constructed.

表 2-2　NaCl 的结构分析

序号	示意图	分析要点	重要概念
(a) 结构模型			**1. 结构基元** 结构基元是晶体中周期性规律重复排列的最小单元，是由各种原子、离子、分子、原子集团或络合离子等组成。
(b) 等同点与结构基元		**等同点的选取**：根据等同点的概念和选取原则，Na^+ 中心点是一类等同点，Cl^- 中心点也是一类等同点，其他如 Na^+ 和 Cl^- 相接触的 X 点也是一类等同点。但 Na^+ 中心点、Cl^- 中心点和 X 点彼此不是等同点。 **结构基元**：NaCl 分子。	**2. 点阵常数 (Lattice Parameter)** 晶胞的一般形状为平行六面体(图2.2)，确定该平行六面体的参数为**三个棱长 a、b、c 和三个夹角 α、β、γ**，称为点阵常数。点阵常数决定了晶胞尺寸和形状。
(c) 晶胞			 图 2.2　平行六面体

【参考图文】

2.1.2 晶系与布拉维点阵 (Crystal System and Bravais Lattice)

根据6个点阵常数间的关系，可以得到7种空间点阵类型，即7大**晶系**(Crystal Systems)(表2-3)。1848年法国晶体学家布拉维(A. Bravais)用数学方法推导出反映空间点阵全部结构特征和对称性的单位平行六面体，只有14种类型，即14种**布拉维点阵**(Bravais Lattices)(表2-3)。

初基P单胞(Primary Unit Cell)是指只在平行六面体的8个顶点上有结点的简单晶胞(如三斜、简单正交、简单立方等)。由于每个顶点处的结点又分属于8个相邻单胞，故一个简单单胞只含有一个结点，也称**原始格子**、**初基单胞**、**P单胞**。

14种布拉维点阵的获得方法：在初基P单胞中加入阵点，构成新的点阵，而且不破坏原点阵的对称性，如图2.3所示，有**体心化**、**面心化**和**底心化**三种构成方式，各晶系可能具有的布拉维点阵见表2-4。

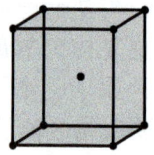 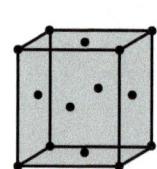 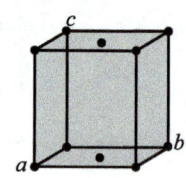

(a)体心化(Body Centering)   (b)面心化(Face Centering)   (c)底心化(Base Centering)

在初基P单胞体对角线的中心加新阵点。点阵用符号I表示。

在初基P单胞各面的中心上加新阵点。点阵用符号F表示。

只在一对面的中心上加新阵点，即单面心化(One-Face Centering)。点阵符号用a、b、c(面的法线方向)表示。

图 2.3　新阵点的加入方式

【参考动画】

表 2-3　7大晶系与 14 种布拉维点阵

晶系	棱边与棱边夹角	布拉维点阵		
三斜晶系 (Triclinic)	$a \neq b \neq c$ $\alpha \neq \beta \neq \gamma$	三斜 Triclinic		
单斜晶系 (Monoclinic)	$a \neq b \neq c$ $\alpha=\beta=90°\neq\gamma$	简单单斜 Simple Monoclinic		底心单斜 Base-centered Monoclinic

续表

晶系	棱边与棱边夹角	布拉维点阵			
正交晶系 (Orthorhombic)	$a \neq b \neq c$ $\alpha=\beta=\gamma=90°$		简单正交 Simple Orthorhombic		体心正交 Body-centered Orthorhombic
			底心正交 Base-centered Orthorhombic		面心正交 Face-centered Orthorhombic
四方（正方） (Tetragonal)	$a=b \neq c$ $\alpha=\beta=\gamma=90°$		简单四方 Simple Tetragonal		体心四方 Body-centered Tetragonal
六方晶系 (Hexagonal)	$a=b \neq c$ $\alpha=\beta=90°$ $\gamma=120°$		简单六方 (Simple Hexagonal)		
菱方晶系 (Rhombohedral)	$a=b=c$ $\alpha=\beta=\gamma \neq 90°$		简单菱方 (Simple Rhombohedral)		

晶系	棱边与棱边夹角	布拉维点阵		
立方晶系 (Cubic)	$a=b=c$ $\alpha=\beta=\gamma=90°$	简单立方 Simple Cubic	体心立方 Body-centered Cubic	面心立方 Face-centered Cubic

表2-4 各晶系具有的布拉维点阵

晶系	初基P	底心	体心I	面心F
三斜晶系	√	同P点阵	同P点阵	同P点阵
单斜晶系	√	√	同底心	同底心
正交晶系	√	√	√	√
四方（正方）	√	同P点阵或不可能	√	同I点阵
六方晶系	√	不可能	不可能	不可能
菱方晶系	√	不可能	不可能	不可能
立方晶系	√	不可能	√	√

【例题2-1】分析四方晶系通过有心化形成新点阵的方法。

解：如图2.4所示，分析如下。

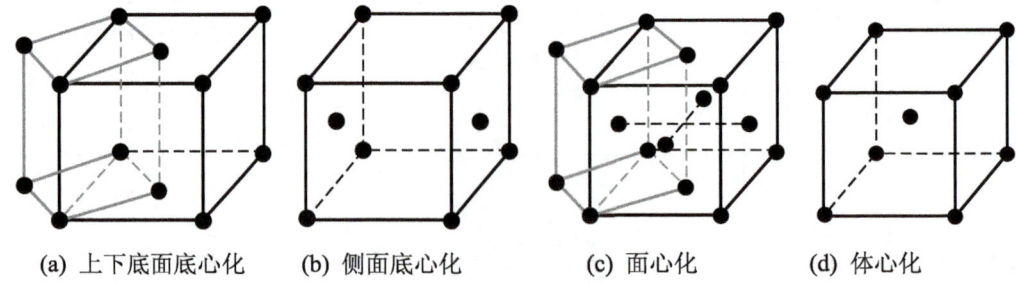

(a) 上下底面底心化　　(b) 侧面底心化　　(c) 面心化　　(d) 体心化

图2.4 四方晶系的有心化图

➢ 图2.4(a)中四方晶系上下底面底心化，可以取晶胞体积更小的简单正方点阵。
➢ 图2.4(b)中在侧面底心化后，破坏了四方晶系的对称性，是不可能存在的。
➢ 图2.4(c)中面心化后可以取晶胞体积更小的体心正方点阵。

第 2 章 晶体学基础

➢ 图 2.4(d) 中体心化后是一个新点阵，保持了原点阵的对称性。因此，四方晶系只有体心化后可构成**新点阵——体心四方**。

【例题2-2】分析晶体结构、空间点阵、晶胞与基元的关系。

解： 晶体结构＝空间点阵＋结构基元。

基元不同，可以有相同的空间点阵，如图2.5所示。

➢ **基元**是周期性重复排列的最小单元。
➢ **空间点阵**是等同点在三维空间的周期性排列，种类只有有限的 14 种。
➢ **晶体结构**是构成材料的具体物质粒子的排列分布，种类有无限多。
➢ 晶体结构中最小的结构单元为**晶胞**。

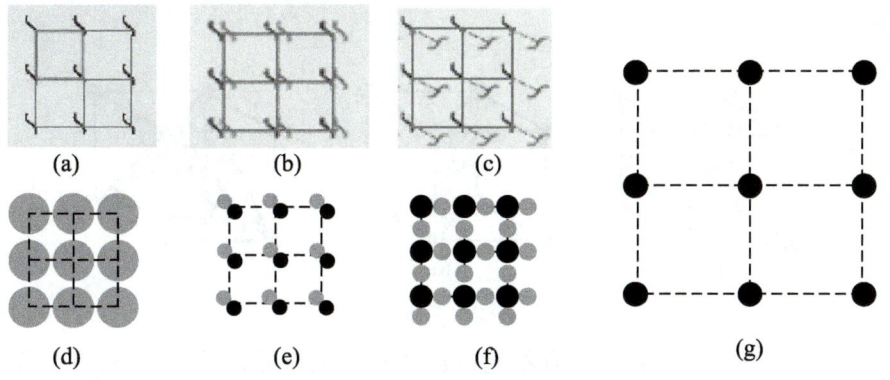

图 2.5　基元 ((a) ～ (f)) 与空间点阵 ((g)) 的关系

【例题2-3】分析 Cu、NaCl、金刚石、Cr 和 CsCl 的晶体结构特点。

解： 它们的结构特点如下所示。

Cu(fcc)	NaCl(fcc)	金刚石晶胞 (fcc)	Cr 晶胞 (bcc)	CsCl 晶胞 (sc)
结构基元是 Cu 原子，属于**面心立方点阵**	结构基元是 NaCl 分子，属于**面心立方点阵**	金刚石结构中有 C 和 C' 两类碳原子 (几何环境不同，不属于等同点)。可以将 C—C' 看作是一个结构基元，构成**面心立方点阵**	结构基元是 Cr 原子，属于**体心立方点阵**	Cs^+ 和 Cl^- 不是等同点，等同点可选 Cs^+ 中心，或 Cl^- 中心等，结构基元是 CsCl，为**简单立方点阵**

要点

➢ Cu、NaCl、金刚石的晶体结构不同，但它们属于同一空间点阵——面心立方点阵。
➢ Cr 和 CsCl 晶体结构相似，但它们属于不同的空间点阵。

2.2 晶向指数与晶面指数
(Indices of Crystallographic Orientation and Plane)

晶体中的结构基元在三维空间按周期性重复排列，从而形成无数的方向和面。

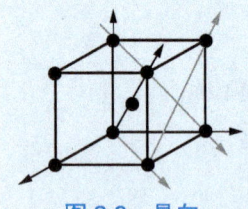

晶体空间点阵中任意两结点连线的方向，称为**晶向**(Crystallographic Directions)(图 2.6)。

晶体空间点阵中不在同一直线的任意三个阵点构成的平面，称为**晶面**(Crystallographic Plane)(图 2.7)。

图 2.6 晶向

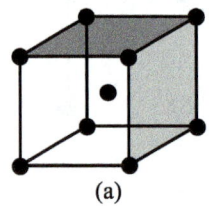 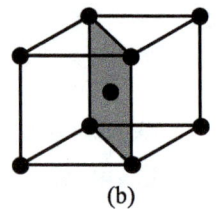 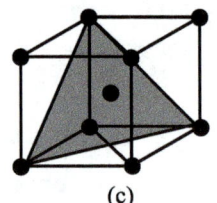

(a)　　　　　　　　(b)　　　　　　　　(c)

图 2.7 晶面

一方面，不同的晶向和晶面具有不同的原子排列情况(原子间距、密度、原子间作用力、与周围其他原子的关系等)和不同的位置取向(位向)，构成了晶体在不同晶向和晶面上的**各向异性**。

➢ 图 2.6 中，棱边、面对角线和体对角线方向，其原子间距离不同，原子间作用力不同，引起许多性质 (如物理、力学、相变、X 射线衍射和电子衍射等) 的差异。例如，体心立方的纯铁单晶，其体对角线方向上的弹性模量是棱边方向上的 2 倍。

原子排列相同，但在空间的取向不同的一组晶向或晶面，分别称为**晶向族** (Directions of a Form) 和**晶面族** (Planes of a Form)。

晶向族和**晶面**族中的晶向或晶面具有相同的性能。

➢ 图 2.6 中，棱边、面对角线、体对角线的各晶向，其原子排列情况相同，只是在空间的位向不同，分别为不同的晶向族；

➢ 图 2.7 中，所有的外表面，其原子排列情况相同，只是在空间的位向不同，为同一晶面族；而图 (a)、(b)、(c) 中的画出的晶面分属不同的晶面族。

Directions of a Form: Groups of equivalent directions, that all have the same characteristics, although their orientations are different.

Planes of a Form: Groups of equivalent planes, that all have the same characteristics, although their orientations are different.

➢ 晶体中有无数的晶向和晶面，材料的许多性质 (物理、化学、力学行为及相变等) 都和晶面、晶向密切相关。那么，如何方便地表征晶体中的晶向和晶面？如何描述不同晶向之间、晶面之间、晶向和晶面之间的关系？

晶向和晶面的表征方法

> **解析法**：在坐标系中用一组 (3 或 4 个) 数字表征晶向或晶面，称为晶向指数 (Indices of Direction) 或晶面指数 (Indices of Plane)。它是 1839 年英国学者密勒 (Miller) 提出的，又称**密勒指数** (Miller Indices)，是材料科学工作者的国际通用语言。

> **图示法**：晶向和晶面及它们间的关系是三维空间的立体关系，用立体图形表示很不方便，可以用投影法把这些关系用平面图形表示，即**晶体投影图**。常用的是把晶向和晶面关系在一个球面上表示，即**球面投影**。

2.2.1 立方晶系的晶向指数与晶面指数 (Miller Indices of Directions and Planes in Cubic System)

立方晶系的晶向指数与晶面指数的表示方法及特点见表2-5。

表 2-5 立方晶系的晶向指数与晶面指数的表示方法及特点

	晶向指数	晶面指数
标定方法	(1) 建坐标系：可选晶胞结点为原点，棱边为坐标轴，以棱边长度 (即晶格常数) 为单位，将待定晶向平移至过原点； (2) 找出该晶向上任一点 (除原点) 的坐标 x、y、z； (3) 化 x、y、z 成互质整数比，得到 u、v、w	(1) 建立坐标系，令坐标原点不在待标晶面上，三棱为方向，点阵常数为单位； (2) 晶面在三个坐标轴上的**截距** x, y, z； (3) 取**截距的倒数** $1/x$, $1/y$, $1/z$； (4) 化成最小互质整数比 $h:k:l$
表示符号	$[uvw]$ > 数值间不加逗号，负号记在数值上方 > 如 [111]、[100]、[110] 等	(hkl) > 数值间不加逗号，负号记在上方。 > 如 (111)
特点	(1) 与原点位置无关； (2) 每一指数对应一组平行的晶向； (3) 若晶体中两直线相互平行但方向相反，则它们的晶向指数的数字相同，而符号相反。如 $[2\bar{1}1]$ 和 $[\bar{2}1\bar{1}]$ 就是两个相互平行、方向相反的晶向	(1) 与原点位置无关； (2) 每一指数对应一组平行的晶面； (3) h、k、l 分别表示沿三个坐标轴单位长度范围内所包含的该晶面的个数，即晶面的线密度。例如，(123) 表示在 X、Y、Z 轴的单位长度内分别有 1、2、3 个该晶面

在立方晶系中，具有相同指数的晶向和晶面必定是相垂直的，即 $[hkl]$ 垂直于 (hkl)。例如，[100] 垂直于 (100)，[110] 垂直于 (110)。晶面 (hkl) 的法线与晶向 $[hkl]$ 的方向平行，这就是晶面指数的几何意义。但是，此关系不适用于其他晶系。

晶向族用尖括号 $<uvw>$ 表示；**晶面族**用花括号 $\{hkl\}$ 表示。

立方晶系中，任意交换指数的位置和改变符号后的所有指数，构成了一个晶向族或晶面族。相同指数的晶向是晶面的法线方向，因此，晶向族的表示与晶面族一样，只是括号不同而已。

例如，<100> 晶向族包括 [100]、[010]、[001] 三个等价晶向。

例如，{100} 晶面族包括 (100)、(010)、(001) 三个等价晶面。

【例题2-4】 写出图2.8中给出的晶向和晶面的指数。

解： 图2.8(a)中，分析如下。

X、Y、Z轴方向上：

分别取一点的坐标为：1,0,0；0,1,0；0,0,1；

化成互质整数；

X、Y、Z轴方向上的晶向指数分别为[100]、[010]、[001]。

OA、OB方向上：

分别取一点的坐标为：1,1,0；1,1,1；

化成互质整数；

OA、OB方向上的晶向指数分别为[110]、[111]。

CD方向上：

CD方向不过原点，先将其平移至过原点，

其上一点的坐标为 $-\frac{1}{2},0,1$；

化成互质整数-1,0,2；

CD方向上晶向指数为[$\bar{1}$02]。

或者，用D点坐标 $\frac{1}{2},0,0$ 减去C点坐标0,0,1，得到 $-\frac{1}{2},0,1$。化成互质整数-1, 0, 2，CD方向上晶向指数为[$\bar{1}$02]。

图2.8(b)中，分析如下。

晶面A：

三个坐标轴上的截距分别为∞,1,∞；

取截距的倒数为 $\frac{1}{\infty},1,\frac{1}{\infty}$，即0,1,0；

晶面A的晶面指数为(010)。

晶面B：

晶面B在三个坐标轴上的截距分别为1,1,1；

取截距的倒数为1,1,1；

晶面B的晶面指数为(111)。

图2.8(c)中，分析如下。

晶面C：

晶面C在三个坐标轴上的截距分别为 $\frac{1}{2},\frac{1}{2},1$；

取截距的倒数为2,2,1；

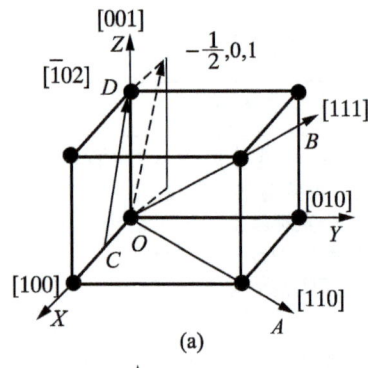

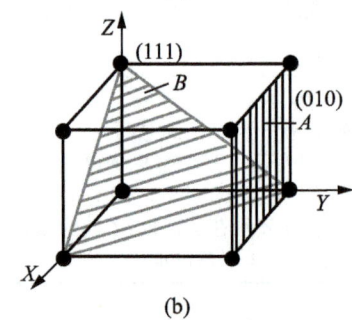

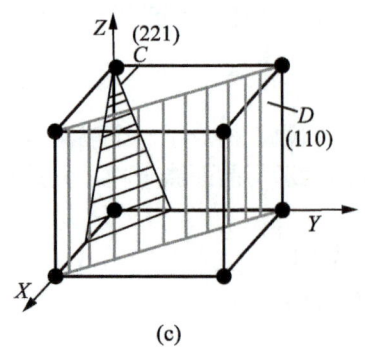

图 2.8 晶向指数和晶面指数的标定

晶面 C 的晶面指数为 (221)。

晶面 D：

晶面 D 在三个坐标轴上的截距分别为 $1,1,\infty$；

取截距的倒数为 $1,1,\dfrac{1}{\infty}$，即 $1,1,0$；

晶面 D 的晶面指数为 (110)。

【例题2-5】画出立方晶系中 {100}、{110}、{111} 晶面族，说明它们的规律性。并写出 {123} 晶面族包括的晶面。

解：{100} 包括 (100),(010),(001) 3组等价面，如下图所示。

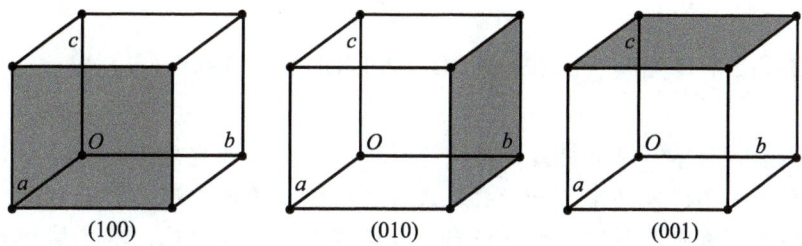

{111} 包括 (111),($\bar{1}$11),(1$\bar{1}$1),(11$\bar{1}$) 4组等价面，如下图所示。

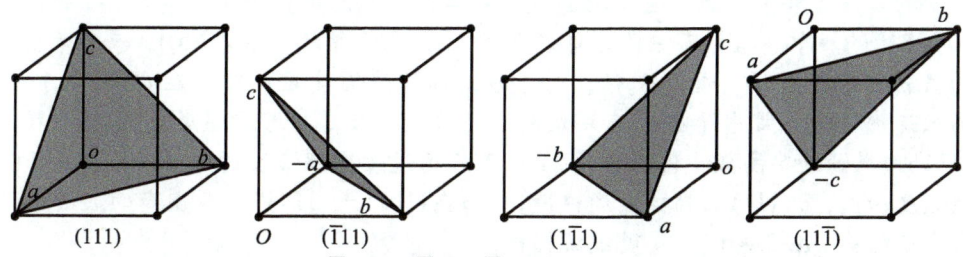

{110} 包括 (110),(101),(011),($\bar{1}$10)($\bar{1}$01),(01$\bar{1}$) 6组等价面，如下图所示。

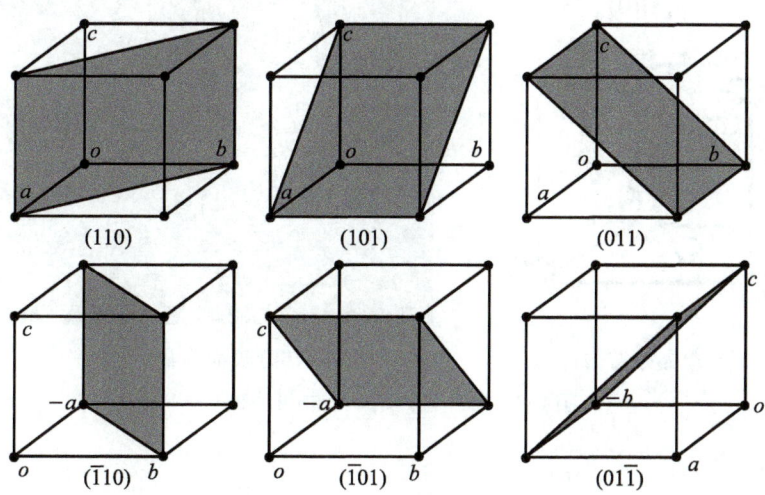

规律：在立方晶系中，某一指数的晶面族是任意交换指数的位置和改变符号后的所有晶体指数。

所以，{123}晶面族包括(123),(132),(231),(213),(312),(321)；($\bar{1}$23),($\bar{1}$32),($\bar{2}$31),($\bar{2}$13),($\bar{3}$12),($\bar{3}$21)；(1$\bar{2}$3),(1$\bar{3}$2),(2$\bar{3}$1),(2$\bar{1}$3),(3$\bar{1}$2),(3$\bar{2}$1)；(12$\bar{3}$),(13$\bar{2}$),(23$\bar{1}$),(21$\bar{3}$),(31$\bar{2}$),(32$\bar{1}$)共24组晶面。

晶向指数——练习

晶面指数——练习

【参考图文】

阅读材料2-1　单晶硅绒面 (Single Crystal Silicon Suede)

单晶硅绒面的制备。 单晶硅是制造半导体器件、太阳能电池等的基材。单晶硅太阳能电池片的制备工艺比较复杂，一般要经过硅片检测、表面制绒、扩散制结、去磷硅玻璃、等离子刻蚀、镀减反射膜、丝网印刷、快速烧结等主要步骤。其中绒面的制备是利用单晶硅的各向异性腐蚀特性，在表面形成微观的四面方锥体(金字塔)结构。有效的绒面结构有助于提高其光伏性能和效率。

绒面的制备是利用单晶硅各个晶面在特定条件下的腐蚀速率不同的特性(各向异性腐蚀)来进行的。单晶硅具有金刚石形的面心立方(fcc)结构(图2.9(a))。一般来说，晶面间的共价键密度越高，越难腐蚀。对于硅，碱溶液温度较高时，在(100)面和(111)面的腐蚀速度相似，常用于去除硅片表面的机械损伤层；碱溶液温度较低时，(100)面可比(111)面腐蚀速率高数十倍以上。因此，可以通过改变碱溶液的温度和浓度，使(100)的腐蚀速度加快，而(111)面腐蚀速度较慢，从而在(100)表面形成许多密布的表面为(111)面的金字塔结构(图2.9(b))，实现绒面制作。

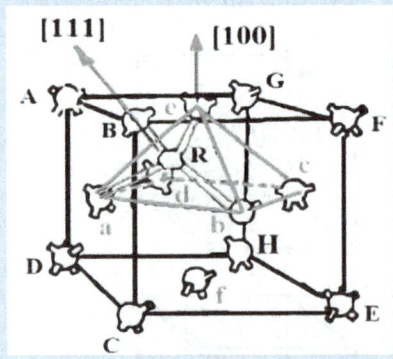

(a) 单晶硅结构

(b) (100)表面的金字塔结构

图2.9　单晶硅片的表面制绒原理

2.2.2 六方晶系的晶向指数与晶面指数 (Miller Indices of Directions and Planes in Hexagonal System)

> 能否用三指数法表示六方晶系的晶面和晶向？会出现什么情况？

如图2.10中，六方晶系6个柱面为等价晶面，属于同一晶面族。在图中的三轴坐标系中，6个柱面的晶面指数分别为(100)、(010)、($\bar{1}$10)、($\bar{1}$00)、(0$\bar{1}$0)、(1$\bar{1}$0)。这6个面是同类型的晶面，但其晶面指数中的数字却不尽相同，无规律。

同样地，晶向[100]和[110]是等同晶向，属于同一晶向族，但晶向指数却不相同，无规律。

因此，如果用3个指数表示六方晶系的晶面和晶向，晶体学上等价的晶面和晶向不具有类似的指数。

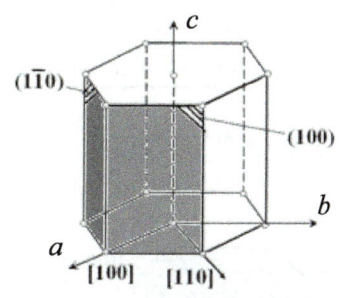

图 2.10 六方晶系的三指数表示

为了使晶体学上等价的晶面或晶向具有类似的指数，采用**四指数法**表示六方晶系的晶向和晶面。

四指数法是基于4个坐标轴：a_1、a_2、a_3和c轴(图2.11)，其中c轴与a_1、a_2、a_3轴垂直，a_1、a_2、a_3轴之间的夹角均为120°。

六方晶系的晶向指数与晶面指数表示方法及特点列于表2-6中。

表 2-6 六方晶系的晶向指数与晶面指数表示方法及特点

	晶向指数 [uvtw]	晶面指数 (hkil)
四指数的特点	根据几何学可知，三维空间独立的坐标轴最多不超过3个，因此，前3个指数中只有2个是独立的。满足：$u+v+t=0$，$h+k+i=0$	
标定方法	坐标系法： (1) 平移晶向(或坐标)，通过原点，取另一点的坐标 $uvtw$。 (2) 满足 $u+v+t=0$，或 $t=-(u+v)$，即当沿着平行于 a_1、a_2、a_3 轴方向确定 a_1、a_2、a_3 坐标值时，必须使沿 a_3 轴移动的距离等于沿 a_1、a_2 轴移动的距离之和的负数。 (3) 化成最小互质整数比 u、v、t、w； (4) 放入方括号，不加逗号，负号记在上方。晶向指数记为 [uvtw]。	(1) 建立坐标系 a_1、a_2、a_3、c，令坐标原点不在待标晶面上，点阵常数为单位； (2) 晶面在 4 个坐标轴上的截距 a_1、a_2、a_3、c； (3) 取截距的倒数； (4) 化成最小整数比 $h:k:i:l$； (5) 放在圆括号，数值不加逗号，负号记在上方。晶面指数记为 (hkil)。
标定方法	解析法： (1) 先求出晶向在 a_1、a_2 和 c 3 个轴下的指数 U、V、W； (2) 按以下公式算出四轴指数 u、v、t、w： $u=(2U-V)/3$，$v=(2V-U)/3$，$t=-(u+v)$，$w=W$ 同一晶向在不同坐标系有： $OA=ua_1+va_2+ta_3+wC=Ua_1+Va_2+Wc$ $a_1+a_2+a_3=0$ $t=-(u+v)$ 得： $U=2u+v$，$V=2v+u$，$w=W$	指数间存在以下关系： $h+k+i=0$ 即 $i=-(h+k)$

	晶向指数 [uvtw]	晶面指数 (hkil)
特点	(1) 与原点位置无关； (2) 每一指数对应一组平行的晶向(面)	
族	(1) 同一族的晶向或晶面具有等同的效果； (2) 三个水平方向(a_1, a_2, a_3 轴)具有等同的效果，指数的交换只能在它们之间进行，Z 轴只能改变符号；改变符号时，前三项要满足 $p+q+r=0$ 的相关性要求	

【例题2-6】写出图2.11中给出的晶向a_1，a_2，OA和晶面M，N，Q，H，B的指数。

解：

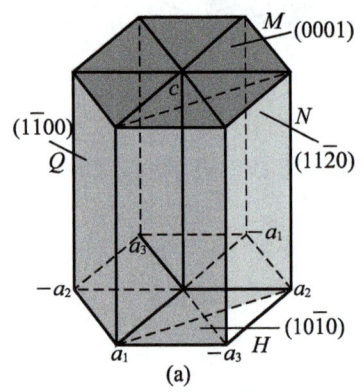

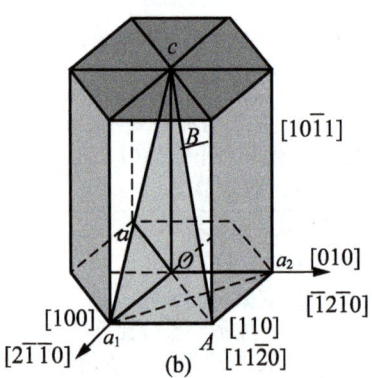

图 2.11 六方晶系的四指数表示

【参考图文】　【参考图文】

晶面	截距	截距的倒数	整数比	晶面指数
M	$\infty, \infty, \infty, 1$	$\frac{1}{\infty}, \frac{1}{\infty}, \frac{1}{\infty}, 1$	0,0,0,1	(0001)
Q	$1, -1, \infty, \infty$	$1, -1, \frac{1}{\infty}, \frac{1}{\infty}$	1,-1,0,0	($1\bar{1}00$)
H	$1, \infty, -1, \infty$	$1, \frac{1}{\infty}, -1, \frac{1}{\infty}$	1,0,-1,0	($10\bar{1}0$)
N	$1, 1, -\frac{1}{2}, \infty$	$1, 1, -2, \frac{1}{\infty}$	1,1,-2,0	($11\bar{2}0$)
B	$1, \infty, -1, 1$	$1, \frac{1}{\infty}, -1, 1$	1,0,-1,1	($10\bar{1}1$)

晶向 a_1，a_2，OA 的指数采用解析法。

(1) 先求出晶向在 a_1，a_2 和 c_3 轴下的指数 U，V，W；

(2) 按以下公式算出四轴指数 u，v，t，w：
$u=(2U-V)/3$，$v=(2V-U)/3$，$t=-(u+v)$，$w=W$；

(3) 化成最小互质整数比。

晶向	三轴指数	四指数	整数比	晶向指数
a_1	[100]	$u=\frac{2}{3}, v=-\frac{1}{3},$ $t=-\left(\frac{2}{3}-\frac{1}{3}\right)=-\frac{1}{3}$ $w=0$	2,-1,-1,0	[$2\bar{1}\bar{1}0$]
a_2	[010]	$u=-\frac{1}{3}, v=\frac{2}{3},$ $t=-\left(-\frac{2}{3}-\frac{1}{3}\right)=-\frac{1}{3}$ $w=0$	-1,2,-1,0	[$\bar{1}2\bar{1}0$]
OA	[110]	$u=\frac{1}{3}, v=\frac{1}{3},$ $t=-\left(\frac{1}{3}+\frac{1}{3}\right)=-\frac{2}{3}$ $w=0$	1,1,-2,0	[$11\bar{2}0$]

2.2.3 晶向和晶面间的关系 (Relationship of Crystallographic Orientation and Plane)

1. 晶带定律 (Zone Law)

相交或平行于某一晶向的所有晶面的组合称为**晶带** (Crystal Zone)，此晶向叫做它们的**晶带轴** (Zone Axis)。

Zone and Zone Axis: All planes parallel to common axis constitute a crystal zone, the axis is the zone axis.

- 如图 2.12 所示，所有和 Z 轴 [001] 相交和平行的晶面，都是以 [001] 为晶带轴的晶带。
- 晶带用晶带轴的晶向指数表示。如 [100] 晶带、[001] 晶带、[111] 晶带等。

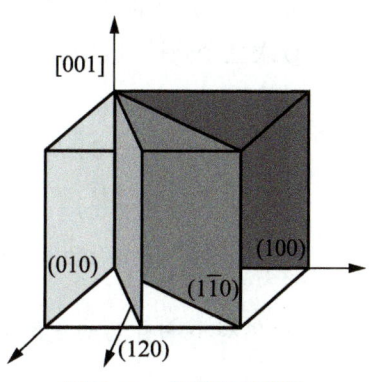

图 2.12　晶带和晶带轴

晶面 (hkl) 和其晶带轴 [uvw] 的指数之间满足关系：$hu+kv+lw=0$。凡满足此关系的晶面都属于以 [uvw] 为晶带轴的晶带，此关系式称作**晶带定律** (Zone Law)。

- **晶带定律**是德国学者魏斯 (Christian Samuel Weiss) 于 1805—1809 年间所确定的，又称魏斯定律 (Weiss Zone Law)。
- 晶体上任一晶面至少属于两个晶带。如 (100) 晶面既属于 [001] 晶带，又属于 [010] 晶带。
- 晶带定律具有普遍性，适用于所有晶系。晶带定律描述的是正空间与倒空间之间的普遍关系，可以方便地表征晶面间的关系，是理解 X 射线和电子衍射理论的基础，将在材料分析方法课程中论述。

【例题2-7】 晶带定律的应用。

解： ① 求晶面 $(h_1k_1l_1)$ 和晶面 $(h_2k_2l_2)$ 所在的晶带轴。

$h_1u + k_1v + l_1w = 0$，$h_2u + k_2v + l_2w = 0$；

解出：$u:v:w = \begin{vmatrix} k_1 & l_1 \\ k_2 & l_2 \end{vmatrix} : \begin{vmatrix} l_1 & h_1 \\ l_2 & h_2 \end{vmatrix} : \begin{vmatrix} h_1 & k_1 \\ h_2 & k_2 \end{vmatrix}$

② 求由晶向 $[u_1v_1w_1]$ 和晶向 $[u_2v_2w_2]$ 所确定的晶面。

$hu_1 + kv_1 + lw_1 = 0$，$hu_2 + kv_2 + lw_2 = 0$；

$h:k:l = \begin{vmatrix} v_1 & w_1 \\ v_2 & w_2 \end{vmatrix} : \begin{vmatrix} w_1 & u_1 \\ w_2 & u_2 \end{vmatrix} : \begin{vmatrix} u_1 & v_1 \\ u_2 & v_2 \end{vmatrix}$

③ 已知属于同一晶带的两个晶面 $(h_1k_1l_1)$ 和 $(h_2k_2l_2)$，求此晶带上另一晶面指数。

由：$h_1u + k_1v + l_1w = 0$，$h_2u + k_2v + l_2w = 0$

有：$(h_1+h_2)u + (k_1+k_2)v + (l_1+l_2)w = 0$

即：(h_1+h_2)，(k_1+k_2)，(l_1+l_2) 为此晶带上另一可能晶面的晶面指数。

或：先由两个晶面求出晶带指数，再依规律写出属于此晶带的其他晶面。

④ 求三个点阵直线 $[u_1v_1w_1]$、$[u_2v_2w_2]$、$[u_3v_3w_3]$ 共面 (hkl) 的条件。

$$\begin{cases} h_1u+k_1v+l_1w=0 \\ h_2u+k_2v+l_2w=0, \\ h_3u+k_3v+l_3w=0 \end{cases} h、k、l\text{有非零解的条件是} \begin{vmatrix} u_1 & v_1 & w_1 \\ u_2 & v_2 & w_2 \\ u_3 & v_3 & w_3 \end{vmatrix}=0$$

2. 晶面间距 (Interplanar Spacing)

> 相邻两个平行晶面之间的距离，称为**晶面间距**。

同一晶面族的原子排列方式相同，晶面间距相同；不同晶面族的晶面间距不同。

➤ 晶面上原子排列越密集，即晶面原子密度越大，晶面间距越大。如图 2.13 中，对比 (320)、(120) 和 (100) 晶面，(320) 面上原子排列密度最小，晶面间距也最小；(100) 面上原子排列密度最大，晶面间距最大。

➤ 最密排面的晶面间距大，非密排面的晶面间距小。

➤ 一般地，低指数晶面的晶面间距大，高指数晶面的晶面间距小。

图 2.14 中，ABC 为距离原点 O 最近的晶面，法线 ON 与 a、b、c 轴夹角分别为 α、β、γ。

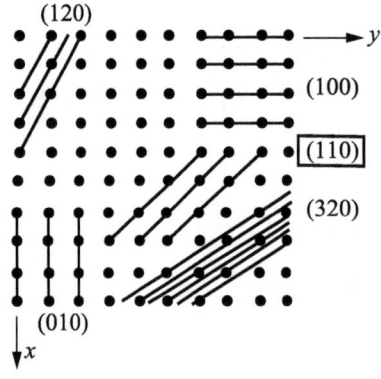
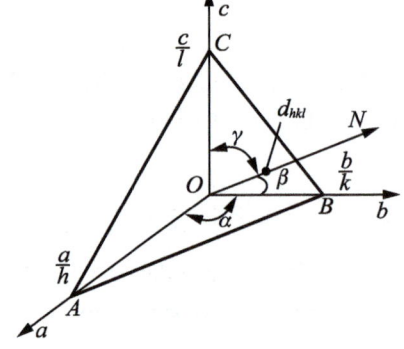

图 2.13　晶面间距　　　　图 2.14　晶面间距的推导

在直角坐标系中

$$d_{hkl}=\frac{a}{h}\cos\alpha=\frac{b}{k}\cos\beta=\frac{c}{l}\cos\gamma$$

$$d_{hkl}^2\left[\left(\frac{h}{a}\right)^2+\left(\frac{k}{b}\right)^2+\left(\frac{l}{c}\right)^2\right]=\cos^2\alpha+\cos^2\beta+\cos^2\gamma$$

简单正交晶胞：$\cos^2\alpha+\cos^2\beta+\cos^2\gamma=1$，因此，$d_{hkl}=\dfrac{1}{\sqrt{\left(\dfrac{h}{a}\right)^2+\left(\dfrac{k}{b}\right)^2+\left(\dfrac{l}{c}\right)^2}}$。

简单立方晶胞：$d_{hkl}=\dfrac{a}{\sqrt{h^2+k^2+l^2}}$ (最常用)。

简单六方晶胞：$d_{hkl} = \dfrac{1}{\sqrt{\dfrac{4}{3}\left(\dfrac{h^2+hk+k^2}{a}\right)+\left(\dfrac{l}{c}\right)^2}}$。

复杂立方晶胞：$d_{hkl} = \dfrac{1}{m} \cdot \dfrac{a}{\sqrt{h^2+k^2+l^2}}$。fcc和bcc晶体中$m$一般为2，需具体分析。

3. 晶向和晶面间的夹角 (Angle between Directions and Planes)

在立方晶系中，按矢量关系，晶向$[u_1v_1w_1]$与$[u_2v_2w_2]$之间的夹角满足

$$\cos\phi = \frac{u_1u_2+v_1v_2+w_1w_2}{\sqrt{u_1^2+v_1^2+w_1^2}\sqrt{u_2^2+v_2^2+w_2^2}}$$

晶面之间的夹角就是其法线的夹角，用对应的晶向同样可以求出。

2.3 晶体投影 (Crystal Projection)

虽然用解析法能准确表征晶体中的晶向和晶面，并能计算出晶向和晶面间的关系，但此方法对晶向和晶面间的关系表达是三维空间的立体关系，尤其是对复杂的晶面关系用立体图形表示很不方便和不直观。如何更加直观、全面地确定晶向、晶面、晶带之间的分布关系？可以用**投影方法**。

晶体投影就是按照一定的规则把三维晶体中的晶向和晶面的位置关系和数量关系投影到二维平面上来，其目的是用二维图形方便地研究晶向、晶面、晶带和对称元素之间的分布关系。

晶体投影方法有正投影、极射赤平投影和心射切面投影。其中，极射赤平投影是晶结构分析中最常用的投影方法，包括**球面投影**和**极射赤平投影**两个步骤。

2.3.1 球面投影 (Spherical Projection)

图2.15中，以晶体的中心为球心，作一个包围整个晶体的大球，所有的晶向和晶面都通过球心。

晶向的表示：某一晶向与球面的交点即代表该晶向。

晶面的表示：由球心引各晶面的法线，晶面法线与大球的交点，称为**晶面极点**，代表该晶面的投影点。

因此，大球上的每一点既代表晶向又代表晶面，统称为**极点**。

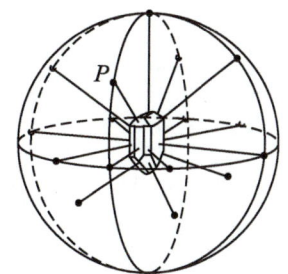

图 2.15 晶面的球面投影 (极点 P)

2.3.2 极射赤平投影 (Polar Stereographic Projection)

极射赤平投影是以赤道平面为投影面，将球面上的极点进行投影。图2.16中，以南极S(或北极N)为目测点，NS为投影轴，Q为赤道平面，球面上极点A与S的连线与赤道平面交于一点A'，即为该极点的投影点，也就是该极点所代表的晶面的极射赤平投影点。**晶体**

上所有晶面和晶向的分布规律反映在赤平面上对应点的分布规律上。

图2.16中，极点A在球面上的极距角为ρ，方位角为φ。在极射赤平投影上，极距角ρ为投影点距圆心的距离OA'，方位角φ在投影面和大球相交形成的基圆上测量，即RT的弧度。

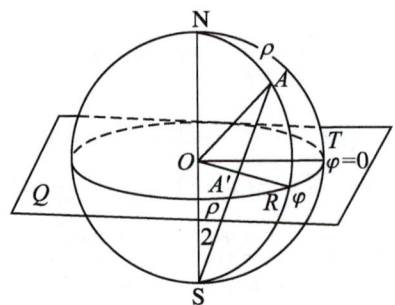

图2.16　晶面A的极射赤平投影

2.3.3　标准投影 (Standard Projection)

为了清晰地表示晶体中所有重要晶面(或晶向)的相对取向，选择晶体中对称性高的低指数晶面，如(001)、(011)等面作为投影面，将晶体中其他重要晶面的极点投影到所选投影面上，这样的投影图称为**标准投影图**。

图2.17是立方晶系的(001)标准投影图，(001)极点在基圆中心，以[001]为晶带轴的晶带极点都在基圆圆周上。

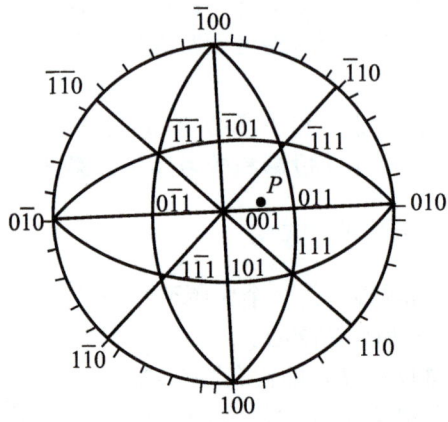

图2.17　立方晶系 (001) 标准投影图（简图）

阅读材料2-2　晶体投影的应用 (Applycation of Crystal Projection)

1. 求晶面（向）之间的夹角

如图2.18所示，若求极点P_1与P_2的夹角，即OP_1与OP_2夹角φ，过P_1、P_2与球心O作一大圆，P_1P_2的弧度即为极点P_1与P_2的夹角。因此，两个极点间的角度是过两个极点的经线来量度。

2. 晶体绕轴旋转后新的极点位置

如图 2.19 所示，极点 P 绕 NS 轴旋转 α 角到 P' 位置，即 P 沿着垂直于 NS 转轴的小圆运动，PP' 的弧度为 α 角。

3. 投影图上极点密勒指数的确定

一个晶面在空间的取向可以由它的法线与三个晶轴 [100]、[010] 及 [001] 的夹角确定，在投影图上极点的坐标可通过其与三轴的夹角 ρ、σ、τ 度量（图 2.20），即

$$h:k:l=a\cos\rho:b\cos\sigma:c\cos\tau \tag{2-1}$$

因此，可以方便地求出极点的 (hkl)。

依此原理，可采用计算机绘制任意投影面的标准投影图。

4. 晶带与晶带轴

同一晶带的不同晶面的极点分布在一个大圆弧上（图 2.17(b)）。

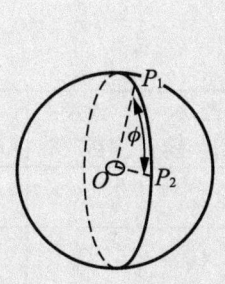
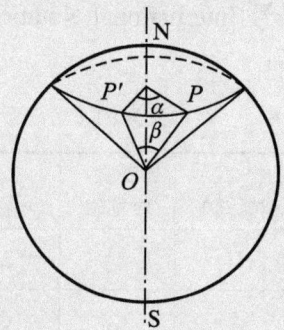
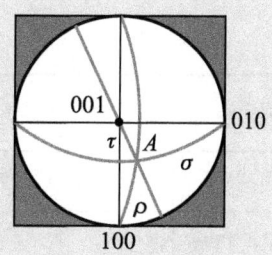

图 2.18　晶面（向）之间的夹角　　图 2.19　晶体绕轴旋转　　图 2.20　投影图上极点的密勒指数

5. 极点间角度的测量方法——吴氏网

俄国晶体学家 Wulff 提出，将球面经线和纬线网格进行极射赤平投影，称为吴氏网 (Wulff Net)（图 2.21）。吴氏网一般直径 20cm，角度间隔 2°。

> 吴氏网是分析晶体投影的工具，最基本的是利用它在极射赤平投影图上直接测量面和晶向间的夹角。
> 使用时，在描图纸上画出和吴氏网同样大小的基圆，描出极点位置，使投影基圆和吴氏网同心重叠，相对吴氏网同心转动投影图到合适位置进行测量。

图 2.21　吴氏网

2.4　晶体的对称性 (Crystal Symmetry)

晶体中的晶面、晶棱和角顶，以及晶体物理、化学性质在不同方向或位置上有规律地重复出现，称为**晶体的对称性**。

晶体的理想外形和内部结构都具有特定的对称性。晶体的对称性包括**宏观对称性**和**微观对称性**。

晶体的宏观对称性 (Macroscopic Symmetries) 是指晶体的有限外形所包围的点阵结构呈现的对称性，反映了晶体几何外形和宏观性质的对称性，来源于晶体内部点阵结构的对称性。

晶体的微观对称性 (Microscopic Symmetries) 是指晶体内部原子在空间无限排列所具有的对称性，包含晶体内部阵点位置的平移性。

对称变换 (Symmetry Conversion) 是指使对称物体中的各个相同部分，作有规律重复的变换动作，也称**对称操作 (Symmetry Operation)**，包括宏观对称变换和微观对称变换。

对称元素 (Symmetry Element) 是指在进行对称变换时所凭借的几何要素，如点、线、面等，包括宏观对称元素和微观对称元素。宏观对称元素包括对称中心、对称面、对称轴、旋转反伸轴和旋转反映轴。微观对称元素包括平移轴、滑移面和螺旋轴。

对称元素符号主要有国际符号(International Notation)、习惯符号和熊夫里斯符号(Schoenflies Notation)符号，见表2-7。

表2-7 对称元素的符号表示

对称元素	对称中心	对称面	一次对称轴	二次对称轴	三次对称轴	四次对称轴	六次对称轴	次旋转反伸轴
习惯符号	C	P	L^1	L^2	L^3	L^4	L^6	L_i^6
夫里斯符号	i	σ	E	C_2	C_3	C_4	C_6	I_4
国际符号	$\bar{1}$	m	1	2	3	4	6	$\bar{4}$

2.4.1 宏观对称元素 (Macroscopic Symmetry Element)

1. 对称中心 (Center of Symmetry)

对称中心是晶体中心的假想几何点，如图2.22(a)中的 c 点。以此点为中心的对称变换称为**反伸（反演）**。

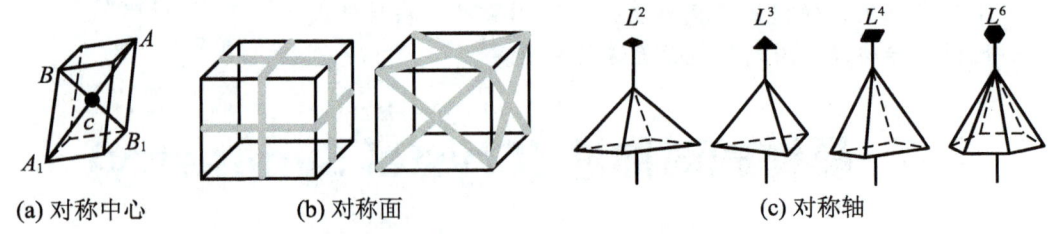

(a) 对称中心　　(b) 对称面　　(c) 对称轴

图2.22 具有宏观对称性的图形

2. 对称面 (Symmetry Plane)

对称面是晶体中一假想的平面，对称变换称为对此平面的反映（镜面对称）。在图 2.22(b) 中，立方晶体有 9 个对称面 (3 个 {100}，6 个 {110})。

3. 对称轴 (Symmetry Axis)

对称轴是经过晶体中心一假想的直线，对称变换是围绕对称轴旋转使相同部分重复。

旋转一周重复的次数称为轴次 n。使相同部分重复需要的最小旋转角称为基转角 α。$n = 360°/\alpha$。在图2.22(c)中，轴次依次为2、3、4、6。

【例题2-8】分析轴次 n 的取值有哪些？

解：如图2.23所示，有1、2、3、4、6次对称轴的面网，能够无间隙地布满整个平面，构成空间格子。而5、7、8次对称轴所形成的面网，不能无间隙地布满整个平面，违背了空间格子的构造规律，因此，不存在5次及高于6次的对称轴。

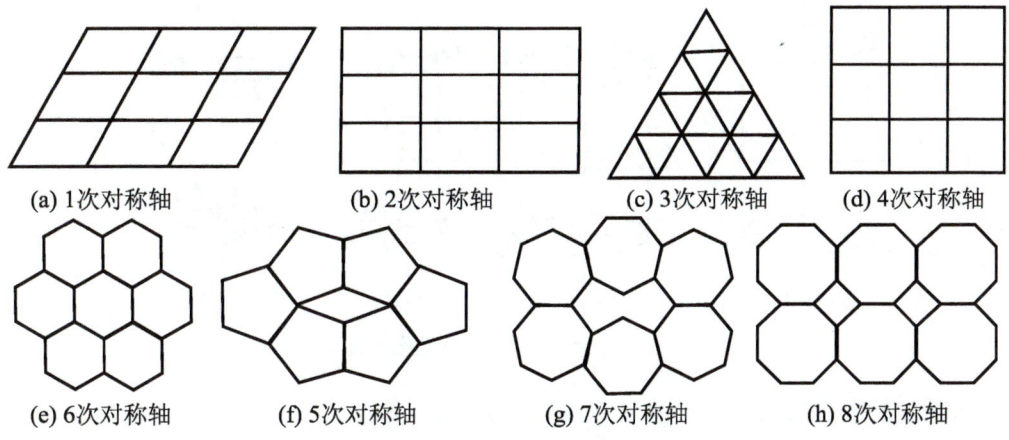

图 2.23　轴次 n 的取值

因此，轴次 n 的取值有1、2、3、4和6。

晶体对称定律 (Law of Crystal Symmetry)：在晶体中，只可能出现 1、2、3、4 和 6 次对称轴，不可能存在 5 次及高于 6 次的对称轴。

4. 旋转反伸轴 (Rotoinversion Axis)

- 旋转反伸轴是复合的对称要素，符号 L_i^n，n 为轴次，i 为反伸，也称反演轴 (Inversion Axis)。
- 对称要素：一根直线和此直线上的一个定点。
- 对称变换：绕直线旋转一定的角度，对定点反伸。

如图2.24所示，通过对称变换，只有 L_i^4 是独立的复合对称要素。$L_i^6 = L^3 + P$，由于 L_i^6 提高了轴的轴次，习惯上仍应用 L_i^6。

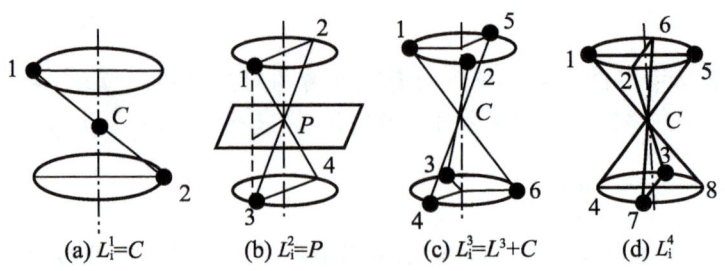

(a) $L_i^1=C$　(b) $L_i^2=P$　(c) $L_i^3=L^3+C$　(d) L_i^4

图 2.24　旋转反伸轴图解

5. 旋转反映轴 (Rotoreflection Axis)

➢ 旋转反映轴是复合的对称要素，符号 L_s^n，n 为轴次，s 为反映。
➢ 对称要素：一根直线和垂直于此直线的平面。
➢ 对称变换：绕直线旋转一定的角度及对平面的反映。

如图 2.25 所示，通过对称变换，$L_s^6=L^3+C=L_i^3$，在晶体的宏观对称中没有独立的旋转反映轴，都可以由其他的等效对称要素替代。

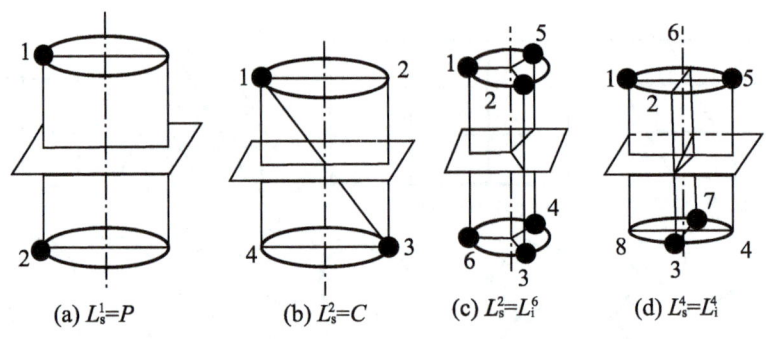

(a) $L_s^1=P$　(b) $L_s^2=C$　(c) $L_s^2=L_i^6$　(d) $L_s^4=L_i^4$

图 2.25　旋转反映轴的图解

综上独立的宏观基本对称要素只有8种，即1、2、3、4、6、i、m、$\bar{4}$。

2.4.2　微观对称元素 (Microscopic Symmetry Element)

1. 平移轴 (Shift Axis)

质点平行于平移轴按一定周期移动后重复。a、b、c 是基本的平移轴。平移轴的存在是其他微观对称要素(滑移面和螺旋轴)的基础。

2. 滑移面 (Slip Plane)

> 滑移面是一假想的平面，质点对此平面镜面反映后，在平行此平面的方向上移动一定距离(图 2.26)。先平移后反映，效果相同。

滑移面按滑移方向和滑移距离有轴向滑移 a、b、c、对角线滑移 n 和金刚石滑移 d 五种类型。

轴向滑移a,b,c：$\frac{1}{2}\vec{a}$，$\frac{1}{2}\vec{b}$，$\frac{1}{2}\vec{c}$。

对角线滑移n：$\frac{1}{2}(\vec{a}+\vec{b})$，$\frac{1}{2}(\vec{b}+\vec{c})$，$\frac{1}{2}(\vec{c}+\vec{a})$。

金刚石滑移d：$\frac{1}{4}(\vec{a}+\vec{b})$，$\frac{1}{4}(\vec{b}+\vec{c})$，$\frac{1}{4}(\vec{c}+\vec{a})$。

3. 螺旋轴 (Screw Axis)

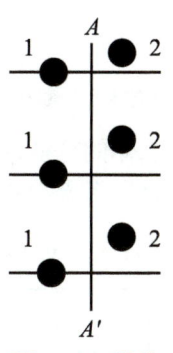

图 2.26 滑移面

螺旋轴为一假想直线，质点绕此直线旋转一定角度，再沿此直线方向平移一定距离（等效于先平移后旋转）(图 2.27)。

螺旋轴按旋转方向分为左旋、右旋和中性3种；按基转角分为2次、3次、4次和6次；按移动距离与结点间距T的变化有11种螺旋轴：2_1、3_1、3_2、4_1、4_2、4_3、6_1、6_2、6_3、6_4、6_5。

【例题2-9】分析宏观对称性与微观对称性的关系。

解：(1) 宏观对称要素(对称中心、对称面、对称轴、旋转反伸轴和旋转反映轴)都通过晶体的中心，没有平移操作。

(2) 宏观对称性是微观对称性的外在表现，微观对称性是宏观对称性的基础。

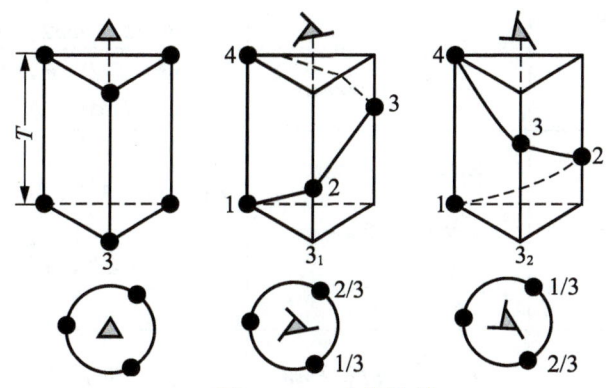

图 2.27 三次螺旋轴

2.4.3 点群与空间群 (Point Group and Space Group)

宏观晶体的几何外形多种多样，对称要素也不同。把晶体中的全部对称要素(或变换)集合起来，称为对称群。它包含了宏观晶体中全部对称要素的总和及它们相互间的组合关系。对称群一般分为点群和空间群两种。

点群 (Point Group) 是指宏观对称变换时，晶体中至少有一个点不变的对称群。根据宏观对称要素的种类及其组合规律，经过数学推导，晶体中只有32种点群。

空间群 (Space Group) 是指晶体中宏观和微观对称操作的全部可能的组合。理论证明一共有230个空间群，分属于32个点群。

1. 晶族与晶系

对称性最高的对称元素叫做**特征对称元素**。

晶系就是根据晶体的**特征对称元素**来划分的。根据高次轴(3，4，6)的多少，晶体可划分出**三大晶族**和**七大晶系**(表2-8)。

表2-8 晶族、晶系、点群和部分空间群

晶族 (3)(特点) 晶系 (7) (对称性特点)		主要晶向	点群	空间群（部分）
			国际符号	
低级晶族 （无高次轴）	三斜 （只有1次轴）	无	1	P1
			$\bar{1}$	$P\bar{1}$
	单斜 （有1个2次轴）	b	2	$P2$，$P2_1$，$C2$
			m	Pm，Pc，Cm，Cc
			$\dfrac{2}{m}$	$P\dfrac{2}{m}$，$P\dfrac{2_1}{m}$，$C\dfrac{2}{m}$，$P\dfrac{2}{c}$，$P\dfrac{2_1}{c}$，$C\dfrac{2}{c}$
低级晶族 （无高次轴）	正交 （2个或2个以上2次轴）	a,b,c	222	$P222$，$P2_12_12$，$C222$，$I222$，$I2_12_12_1$ 等 9 个
			2mm	$Pmc2_1$，$Cmc2_1$，$Ccc2$，$Abm2$，$Fda2$，$Iba2$，$Ima2$ 等 22 个
			$\dfrac{2}{m}\dfrac{2}{m}\dfrac{2}{m}$ (mmm)	$Pmmm$，$Pccm$，$Pban$，$Cmca$，$Fddd$，$Ibca$ 等 28 个
中级晶族： （只有1个高次轴）	四方 （正方） （唯一的高次轴为4次轴）	c,a,a+b	4，$\bar{4}$，$\dfrac{4}{m}$，422，4mm，$\bar{4}2m$，$\dfrac{4}{m}\dfrac{2}{m}\dfrac{2}{m}\left(\dfrac{4}{m}mm\right)$	$P4$，$P\bar{4}$，$I\dfrac{4_1}{a}$，$I4_1$，$P4_2 2$，$P4_3 22$，$P\bar{4}c2$，$I\dfrac{4_1}{a}cd$ 等 68 个
	六方 （唯一的高次轴为6次轴）	c,a,2a+b	6，$\bar{6}$，$\dfrac{6}{m}$，622，6mm，$\bar{6}2m$，$\dfrac{6}{m}\dfrac{2}{m}\dfrac{2}{m}\left(\dfrac{6}{m}mm\right)$	$P6$，$P6_1$，$P6_4$，$P\bar{6}$，$P6_522$，$P6_3cm$，$P\dfrac{6_3}{m}mc$ 等 27 个
	菱方 （唯一的高次轴为3次轴）	c,a,2a+b	3，$\bar{3}$，32，3m，$\dfrac{2}{m}\bar{3}(m\bar{3})$	$P3$，$P3_1$，$R3$，$R\bar{3}$，$P3_112$，$R\bar{3}m$ 等 25 个
高级晶族 （1个以上高次轴）	立方 （必定有4个3次轴）	a,a+b+c,a+b	23，$\dfrac{2}{m}\bar{3}(m\bar{3})$，432，$\bar{4}3m$，$\dfrac{4}{m}\bar{3}\dfrac{2}{m}(m\bar{3}m)$	$P23$，$Fm3$，$Ia3$，$I4_132$，$Pm\bar{3}n$，$Ia\bar{3}d$，$Fd\bar{3}c$ 等 36 个

【例题2-10】 立方晶系的对称要素有哪些？立方晶系的主要对称要素是什么？

解： 立方晶系的对称要素：4个3次轴，3个4次轴，6个2次轴，9个对称面和一个对称中心。立方晶系的全部对称要素表达为$3L^4 4L^3 6L^2 9PC$。

立方晶体可以没有4次旋转轴，但一定有3次轴。 如图2.28(a)所示，该图形为立方体，有3次轴，但无4次轴。

晶体的对称性中，只要有2个3次轴，就可推导出立方晶体结构。如图2.28(b)中，若OD和CE是2个3次轴，根据立体几何知识，可以证明该单胞是立方晶胞。

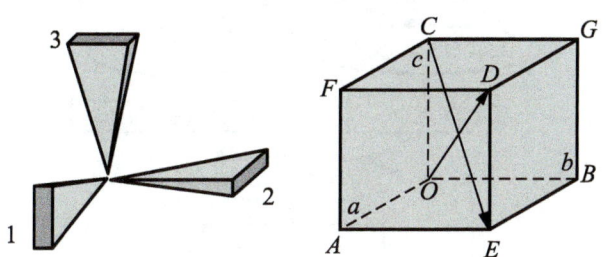

(a) 有3次轴，无4次轴　　(b) 2个3次轴可推导出立方结构

图 2.28　立方晶系的主对称元素

本质上，决定立方晶系的主要对称要素是4个体对角线方向的3次轴3($C3$)。

2. 点群的表示方法

点群的国际符号由对称要素按不同晶系规定的主要晶向(不超过3个，见表2-8)的顺序依次排列。如六方晶系的3个主要晶向依次为c、a、$2a+b$，沿c方向的对称要素有一个6次轴，1个对称面(对称面法线方向与c重合)；沿a方向有1个2次轴，1个对称面；沿$2a+b$方向也有1个2次轴，1个对称面。其点群记作$\frac{6}{m}\frac{2}{m}\frac{2}{m}$($\frac{6}{m}mm$)(括号中为简写)。

3. 空间群的表示方法

空间群的国际符号由**布拉维点阵类型＋对称元素**构成(表2-8)。第一个字母代表布拉维点阵类型(表2-9)，后面紧跟某一晶系3个主要晶向上相对应的对称要素。

表 2-9　空间群的国际符号中布拉维点阵类型符号

点阵类型	简单	侧心 (100)	侧心 (010)	侧心 (001)	体心	面心	菱形
符号	P	A	B	C	I	F	R

【例题2-11】 金刚石结构的空间群符号如何表示？

解： 用$Fd3m$表示。F表示面心立方点阵，d表示在与(100)晶面相平行的方向上有滑移面，其平移距离为$(a_0+b_0)/4$或$(b_0+c_0)/4$或$(a_0+c_0)/4$；3表示在[111]方向有3次旋转轴；m表示(110)晶面为反映对称面。

目前已知晶体结构大都属于230个空间群中的100个左右,有将近80个空间群没有找到例子。重要的空间群只有30个,其中特别重要的只有16个。

4. 晶族、晶系到空间群的演变

晶族、晶系到空间群的演变如图2.29所示。

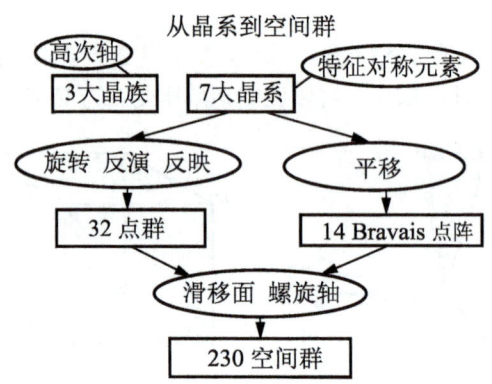

图 2.29 晶族、晶系到空间群的演变

晶体结构的对称性不可能超出230个空间群范围,其外形的对称性和宏观对称性也不可能超出32个点群的范围。属于同一点群的各种晶体可以隶属于若干个空间群。

【习题】Question

基础练习

一、填空题

1. 晶体是_____。
2. 晶体与非晶体的最根本区别是_____。
3. 晶胞是_____。
4. 根据晶体的对称性,晶体有_____大晶族,_____大晶系,晶体的空间点阵型式有_____种布拉维点阵,晶体的点对称性共有_____种点群,晶体的空间对称性共有_____种空间群。
5. 立方晶系的特征对称元素为_____。
6. 属于立方晶系的晶体可抽象出的布拉维点阵类型有_____、_____和_____,属于正交晶系的晶体可抽象出的布拉维点阵类型有_____、_____、_____和_____。
7. 晶体的宏观对称要素有_____、_____、_____。
8. 表征晶体中晶向和晶面的方法有_____和_____法。
9. 晶体的宏观对称操作集合构成_____个晶体学点群,晶体的微观对称操作集合构成_____个空间群。

二、分析计算题

1. (1)晶面A在x、y、z轴上的截距分别是2a、3b和6c，求该晶面的密勒指数；(2)晶面B在x、y、z轴上的截距分别是a/3、b/2和c，求该晶面的密勒指数。

2. 在立方晶系的晶胞中画出下列密勒指数的晶面和晶向，每一组画在同一个晶胞中，并说明每一组晶面和晶向的关系。

(001)与[2$\bar{1}$0]，(111)与[11$\bar{2}$]，(1$\bar{1}$0)与[111]，($\bar{3}$22)与[236]，(257)与[11$\bar{1}$]，(123)与[1$\bar{2}$1]，(100)与[011]，(110)与[1$\bar{1}$1]，(111)与[1$\bar{1}$0]。

3. 写出立方晶系中晶面族｛100｝、｛110｝、｛111｝包含的等价晶面。写出<112>晶向族包含的等价晶向。

4. 求 (1)晶面(121)和(100)的晶带轴指数；晶面(100)和(010)的晶带轴指数；(2)晶向[001]和[111]确定的晶面指数；包含[010]和[100]晶向的晶面指数。

5. (1)$a\neq b\neq c$、$\alpha=\beta=\gamma=90°$的晶体属于什么晶族和晶系？ (2)$a\neq b\neq c$、$\alpha\neq\beta\neq\gamma=90°$的晶体属于什么晶族和晶系？ (3)能否据此确定这两种晶体的布拉维点阵？

拓展练习

一、选择题（单项选择）

1. 引入空间点阵的目的是为了(　　)。
   A. 描述晶体中原子的稳定性　　　　B. 描述晶体中原子排列的周期性
   C. 描述晶体中原子排列的对称性　　D. 描述晶体中原子排列的致密性

2. 引入晶面指数的目的是为了(　　)。
   A. 晶面上的原子结构　　　　　　　B. 描述晶面的取向
   C. 描述晶面的间距　　　　　　　　D. 描述晶面和晶向之间的相对关系

3. 引入极射赤平投影的目的是(　　)。
   A. 表示晶体结构的周期性　　　　　B. 表现晶体中原子排列的对称性
   C. 表示晶面之间或晶向之间的取向关系　D. 表征晶体中阵点或原子的投影位置

4. 在六方晶体中与($\bar{1}$ 2 3 2)等同的晶面有(　　)。
   A. (1 $\bar{3}$ 2 2)　　B. ($\bar{3}$ 1 2 2)　　C. ($\bar{1}$ $\bar{2}$ 2 3)　　D. ($\bar{2}$ 1 2 3)

5. 在下列晶面中属于[110]晶带的晶面是(　　)。
   A. (1 1 0)　　B. (1 0 1)　　C. (0 1 1)　　D. (0 0 1)

6. 在正方晶系中与(1 1 2)等同的晶面是(　　)。
   A. (1 2 1)　　B. (2 1 1)　　C. ($\bar{1}$ $\bar{1}$ 2)　　D. (1 2 $\bar{1}$)

7. 指出下列4个六方晶系的晶面指数中，错误的是(　　)。
   A. (2 $\bar{3}$ 1 2)　　B.($\bar{1}$ 1 0 2)　　C.(3 $\bar{1}$ $\bar{2}$ 2)　　D. ($\bar{1}$ $\bar{1}$ 1 2)

8. 下列晶体结构中，(　　)不属于14种布拉维空间点阵？
   A. 简单立方　　B. 面心立方　　C. 体心立方　　D. 密排六方

9. 如果某一晶体中若干晶面同属于某一晶带，则(　　)。

A. 这些晶面必定是同族晶面　　　　　　B. 这些晶面必定相互平行
C. 这些晶面上原子排列相同　　　　　　D. 这些晶面之间的交线互相平行

10. (211)晶面表示了晶面在晶轴上的截距为(　　)。
    A. $2a$，b，c　　　　　　　　　　B. a，$2b$，$2c$
    C. a，b，c　　　　　　　　　　　D. $2a$，b，$2c$
    E. $2a$，$2b$，c

11. 两晶体的空间点阵相同，则(　　)。
    A. 两晶体具有相同的晶体结构　　　　B. 两晶体所具有的对称性相同
    C. 两晶体所具有的周期性规律相同　　D. 两晶体所属的空间群相同

12. 六方晶系中和$(11\bar{2}1)$等同的晶面(同族晶面)是(　　)。
    A. $(21\bar{1}1)$面　　B. $(111\bar{2})$面　　C. $(12\bar{1}1)$面　　D. $(1\bar{2}11)$面

二、计算题

1. 计算立方晶系中[321]与[1̄20]晶向之间的夹角。
2. 计算立方晶系中(111)与$(11\bar{1})$晶面之间的夹角。

第3章　晶体结构
Chapter 3　Crystal Structure

>>> 为什么同一类材料的性质千差万别？

🌐 **本章知识构架**

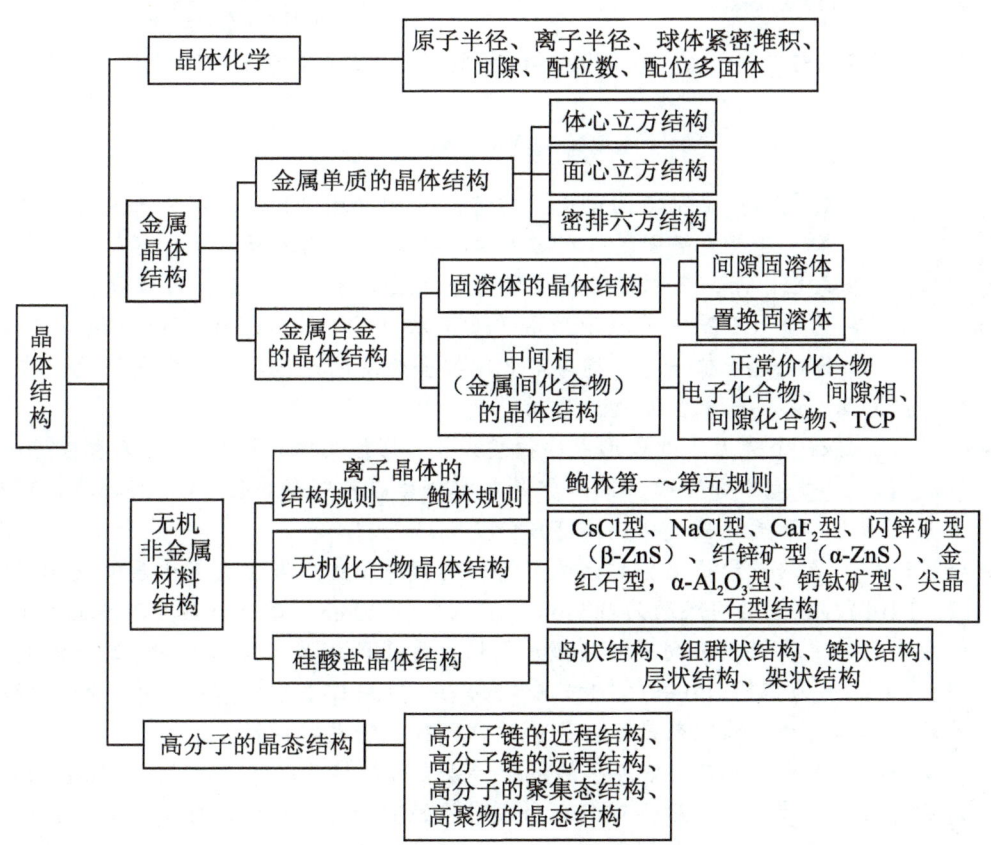

导入案例 碳的结构与性能 (Carbon Structure and Property)

碳是地球上化合物种类最多的元素,是生命世界的栋梁之材。碳单质的晶体结构有金刚石、石墨、C_{60}、碳纳米管、石墨烯等(图3.1),碳的不同晶体结构特点决定着它们不同的力学、电学和化学性能。

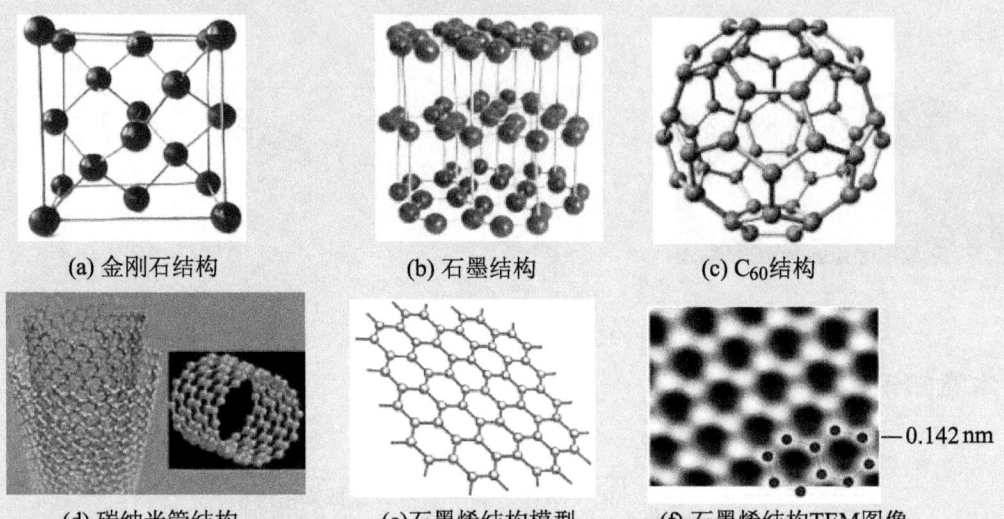

(a) 金刚石结构　　　(b) 石墨结构　　　(c) C_{60}结构

(d) 碳纳米管结构　　(e) 石墨烯结构模型　(f) 石墨烯结构TEM图像

图3.1　碳的几种结构

➢ **金刚石**:金刚石为面心立方(fcc)结构(图3.1(a)),碳原子呈空间网状结构,是最为坚固的一种碳结构。因此,金刚石硬度大、活性差。在生物毒性方面,金刚石粉末磨蚀胃壁导致胃坏死、出血,可致命。

【参考视频】➢ **石墨**:石墨中碳原子形成平面层状结构(图3.1(b)),层内碳原子间以共价键键合在一起,层与层之间键合为弱的范德华力,容易滑动。在生物毒性方面,石墨粉末,无毒,质软。

➢ **C_{60}**:C_{60}由60个碳原子结合形成的稳定分子,形似足球(图3.1(c)),又称富勒烯、足球烯。C_{60}质地十分坚硬,掺以少量某些金属后具有超导性。C_{60}有剧毒,可携带多种物质,干扰细胞膜功能,可致命。

➢ **碳纳米管**:碳纳米管是主要由六边形排列的碳原子构成数层到数十层的同轴圆管(图3.1(d)),层与层间距约为0.34nm,直径2~20nm,是一种具有特殊结构(径向尺寸为纳米量级,轴向尺寸为微米量级、管子两端基本上都封口)的一维量子材料。其强度为钢的100倍,重量只有钢的1/6,可用作坚韧的增强纤维、分子导线、纳米半导体材料、催化剂载体、分子吸收剂和近场发射材料等。

➢ **石墨烯**:石墨烯是由单层碳原子组成的六方点阵蜂巢状二维结构(图3.1(e)、(f)),是目前世界上最薄的物质,可以卷曲成零维的富勒烯、一维的碳纳米管,并堆积成三维的石墨,它们共同组成了一个完整的碳系家族,石墨烯是基本构筑单元。英国曼彻斯特大学安德烈·盖姆(Andre Geim)和康斯坦丁·诺沃肖罗夫(Konstantin

Novoselov) 因在二维空间材料石墨烯 (Graphene) 方面的开创性实验而获 2010 年诺贝尔物理学奖。石墨烯是目前世界上已知的强度最高的材料,可做"太空电梯"缆线。石墨烯结构非常稳定,各碳原子之间的连接非常柔韧,可弯曲变形。石墨烯中的电子迁移速率可达硅材料的上百倍,是目前电子传导速率最快的材料,可取代硅用于高性能集成电路和新型纳米电子器件。石墨烯具有室温量子隧道效应、反常量子霍尔效应、双极性电场效应等一系列独特的电学性质,在复合材料、微电子、光学、能源、生物医学等领域有广阔的应用前景。

同一类材料由于原子(分子、离子)在三维空间排列的空间结构的不同,性能差异很大。

> 同为金属,Cu、Al、Au 有很好的塑性,Mg、Zn 的塑变能力较差。
> 陶瓷材料中,仅少数在室温下有塑性,LiF 单晶弯曲不断裂,AgCl 晶体可冷轧变薄,而 SiC、金刚石、Al_2O_3、MgO、CaO 等都难以变形。
> 金属材料的晶体结构比较简单,且熔融时的黏度小,易结晶而获得晶体。
> 陶瓷材料大多可进行结晶,晶体结构一般比较复杂。
> 高聚物材料的结晶过程比较难进行,大多数易得到非晶结构。

本章将讨论典型金属材料、无机非金属材料和高分子材料的晶体结构特点,为材料性能、材料表征和材料加工等学科的学习奠定基本的理论基础。

3.1 晶体化学 (Crystal Chemical)

晶体化学起源于晶体学向化学的渗透,主要研究晶体在原子水平上的结构理论,揭示晶体的**化学组成**、**结构和性能**三者之间的内在联系。

晶体化学首先涉及键型、构型及其变化规律,研究组成晶体结构的原子、离子的数量关系、大小关系和作用力的本质及其变化等,研究某一物质能否存在和其稳定性。

现代**晶体化学**建立在大量**晶体结构**信息的基础上,对材料科学、合成化学、生物化学、地球化学和矿物学等学科起重要的指导作用。

3.1.1 原子半径与离子半径 (Atomic Radius and Ionic Radius)

根据波动力学的观点,单个粒子核外电子绕核运动,形成球形电磁场,球形的半径就是原子半径或离子半径。

原子或离子的中心间距是两个原子或离子的半径之和。

原子(离子)有效半径是其结构中最近邻原子间距的一半。

原子或离子半径本身只是一个近似的概念。 原子或离子半径与其**化合环境**和**结合键**密切相关。原子(离子)所处环境、极化情况的变动,均会使原子(离子)半径不同。

原子间距可以用**电子衍射**及**X射线衍射**等方法测出。

3.1.2 球体紧密堆积与间隙 (Ball Close-packaged and Interstice)

1. 紧密堆积原理

晶体中的质点在空间排列服从最紧密堆积原理，即质点之间的作用力会尽可能使它们占有最小的空间，此时系统的内能最小，形成的结构最稳定。

假设把质点近似地看成圆球，球体的最紧密堆积分为等径球体堆积和不等径球体堆积。若晶体由同一种质点组成，如 Cu、AS、Au 等单质晶体，为等径球体堆积方式；若由不同的质点组成，如 NaCl、MgO 等，则为不等径球体堆积。

2. 等径球体堆积

等径球体逐层堆垛，有密排六方和面心立方两种最紧密堆积方式，构成两种晶体结构。

图 3.2(a) 中，圆球在平面上 A 位的排列是一种最紧密堆积，在排列到第二层时，圆球放在 B 位上(或 C 位)才能得到最紧密堆积。再排到第三层时，有两种方式：①第三层原子不与第一层相对，堆在 C 位上(图 3.2(b))，并依次按 ABCABC…… 规律重复时，称为立方密堆。面心立方点阵中的密排面(111)面就是在[111]方向按这个次序堆积的。②第三层原子位置与第一层完全重合，都堆在 A 位上，成为 ABABAB…… 的堆积(图 3.2(c))，形成密排六方密堆结构。

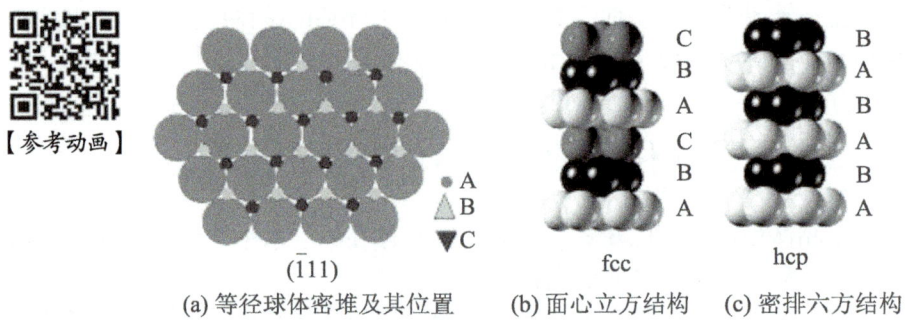

(a) 等径球体密堆及其位置　(b) 面心立方结构　(c) 密排六方结构

图 3.2　等径球体的两种最紧密堆积方式

由于球体之间是刚性点接触堆积，即使在最紧密堆积时也必然存在间隙。如图 3.3 所示，从形状上看，间隙有 2 种：①四面体间隙(Tetrahedral Interstice)：由 4 个球体围成；②八面体间隙(Octahedral Interstice)：由 6 个球体围成。

 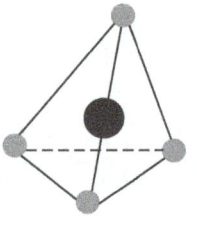  

(a) 四面体间隙　　　　　　　　(b) 八面体间隙

图 3.3　四面体间隙和八面体间隙

3. 不等径球体堆积

对于尺寸相差不大的异性离子，如图3.4(a)中的排列会导致同号离子间有很大的排斥力，结构不稳定。而图3.4(b)排列的紧密程度虽然降低，但结构更稳定。

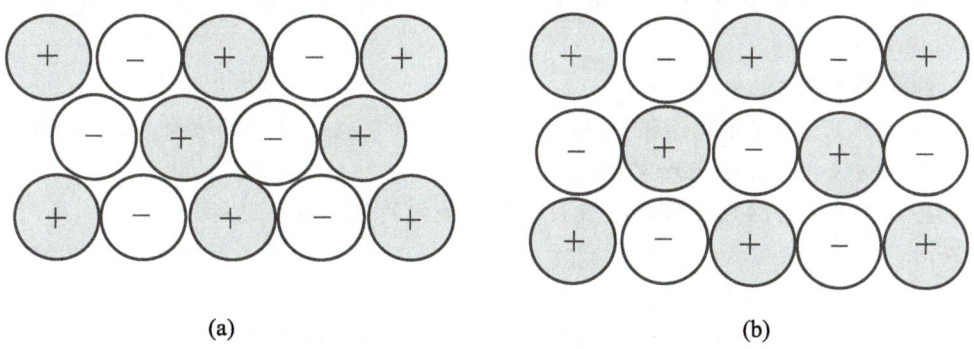

(a)　　　　　　　　　　　　(b)

图 3.4　尺寸相近的异号离子在平面上排列

在实际离子晶体中，正负离子的半径往往相差很大，可以看作较大的球体(负离子)做最密堆积，而较小的球体(正离子)填充其中的间隙。这种填隙可能使负离子之间的距离均匀地撑开一些，甚至改变堆积方式，这样既可以提高空间利用率，也满足异号离子相间排列的要求，如NaCl、CsCl等典型离子晶体。

3.1.3　配位数与配位多面体 (Coordination Number and Polyhedron)

> 配位数：与中心原子(离子)直接相邻结合、距离最短的原子(或异号离子)的个数。

- 在单质中，一个原子最邻近的原子数即为配位数。
- 在离子晶体中，正负离子交错排列，配位数是指最邻近的异号离子数。每一个正离子周围尽可能紧密堆满负离子，负离子周围尽可能堆满正离子，以满足最小内能原理。由于离子半径的差异，正负离子的配位数不一定相等。

> 配位多面体：晶体中最邻近的配位原子(离子)所组成的多面体。

常见离子配位多面体的形状如图3.5所示，正离子处在配位多面体的中心，负离子中心在配位多面体顶角上。

配位数、配位多面体和正负离子半径比有一定的关系，参见鲍林第一规则。

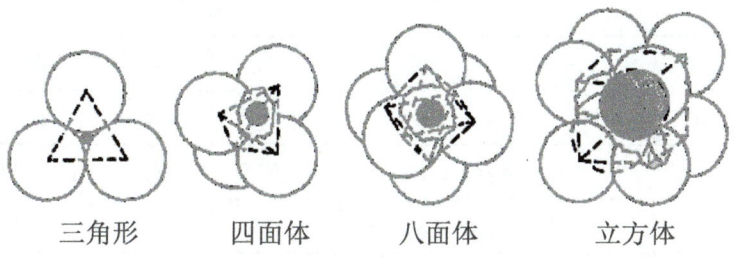

三角形　　　四面体　　　八面体　　　立方体

图 3.5　常见的离子配位多面体

阅读材料　晶体结构符号 (Crystal Structure Symbol)

晶体学中常用的表示晶体结构的符号有结构符号 (Structure Symbol) 和皮尔逊符号 (Pearson Symbol) 两种。

1. 结构符号 (Structure Symbol)

1931 年开始出版《结构通报》，报道从 1913 年以来测定的晶体结构。从 1940 年开始，改名为《结构报告》(*Structure Reports*)。

- 晶体结构报告按原子种类、数目，参照晶体的化学性质进行分类。
- 用"大写英文字母 + 数字"表示。"大写英文字母"表示结构的类型，"数字"为顺序号，表示不同的结构 (表 3–1)。
- 每一小类都代表着许多结构基元排列相同、空间群相同的晶体。

表 3–1　晶体结构符号

符号	晶体类型	符号	晶体类型
A	纯组元： A1 面心立方 (Cu)；A2 体心立方 (W)； A3 密堆六方 (Mg)；A4 金刚石结构……	E~K	复杂化合物
B	AB 型化合物： B1 NaCl 型结构；B2 CsCl 型结构； B3 闪锌矿型结构；B4 纤锌矿型结构	L	合金
C	AB_2 型化合物： C1 萤石及反萤石结构 (CaF_2)； C2 黄铁矿 FeS_2；C3 赤铜矿 (Cu_2O)	O	有机化合物
D	A_mB_n 型化合物	S	硅酸盐

2. 皮尔逊符号 (Pearson Symbol)

皮尔逊符号是晶体学中描述晶体结构的一种方法，由里奥·布鲁尔·皮尔逊创立。

根据国际纯粹化学与应用化学联合会出版的无机化学命名法，由"晶系 (小写斜体字母) + Bravais 点阵 (大写斜体字母) + 单胞原子数"组成 (表 3–2)。例如，金刚石型结构符号为 $cF8$，金红石型结构为 $tP6$。

表 3–2　Pearson Symbol 中字母的意义

晶系	三斜	单斜	正交	四方	六方	菱方	立方
符号	*a*	*m*	*o*	*t*	*h*	*h*	*c*
点阵类别			*C*：侧面心；*F*：面心；*I*：体心；*R*：菱形；*P*：简单				
符号	*aP*	*mP,mC*	*oP,oC,oF,oI*	*tP,tI*	*hP*	*hR*	*cP,cF,cI*

> 皮尔逊符号不能唯一地表示晶体结构的空间群。例如，氯化钠型结构（空间群：$Fm3m$）和金刚石型结构（空间群：$Fd3m$）的皮尔逊符号都是 $cF8$。

3.2 金属的晶体结构 (Crystal Structure of Metals)

3.2.1 单质金属的晶体结构 (Crystal Structure of Pure Metals)

结构特点：由于金属键的性质，使金属晶体形成对称性较高的密排结构。单质金属的典型晶体结构是**体心立方**(Body-centered Cubic，bcc)、**面心立方**(Face-centered Cubic，fcc)和**密排六方**(Close-packed Hexagonal，hcp)3 种结构。

1. 体心立方 (bcc)

➢ **晶胞的构成**：原子位于立方体的 8 个顶角和 1 个体中心位置，如图 3.6 和彩图 2 所示。

➢ **晶胞原子数 (Number of Atoms Per Unit Cell)**：一个顶角上原子为 8 个晶胞共有，只有 1/8 个属于该晶胞；一个体中心原子为晶胞独有。因此，晶胞原子数是 2。Pearson 符号是 $cI2$。

➢ **密排方向和密排面 (Close-packed Directions and Planes)**：由图 3.6(b) 可以看出，密排方向为体对角线方向 <111>，密排面为 {110}。

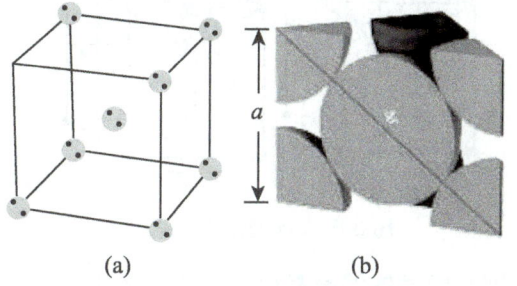

【参考视频】

图 3.6 体心立方结构

➢ **原子半径 (Atomic Radius)**：原子半径 r 是两个相互接触的原子中心距离的一半，在体对角线（最密排方向）上两个原子相互接触，即 $4r=\sqrt{3}a$，所以，原子半径 $r=\dfrac{\sqrt{3}}{4}a$。

➢ **原子配位数 (Coordinate Number，CN)**：如图 3.7 所示，取体中心原子，它有 8 个最近邻原子（深灰色原子位置），配位数 (CN) 是 8。由于体心立方结构不是等径球的最密排堆积，浅灰色位置(1~6) 与体心位置的距离和深灰色位置的差别不大，因此，体中心原子的次近邻原子（浅灰色位置）有 6 个，所以，配位数也记为 8+6。

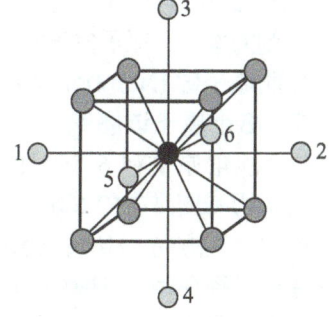

图 3.7 bcc 结构的原子配位数

➢ **致密度 η (堆积系数 K)(Packing Factor)**：bcc 晶格常数为 a，晶胞体积为 a^3，晶胞内含 2 个原子，因此，致密度 η 为

$$=\frac{2\times\frac{4}{3}\pi r^3}{a^3}=\frac{2\times\frac{4}{3}\pi\left(\frac{\sqrt{3}}{4}a\right)^3}{a^3}=\frac{\sqrt{3}}{8}\pi=0.68$$

➢ **间隙 (Interstice)**：包括八面体间隙和四面体间隙。

(1) **八面体间隙**：如图3.8(a)所示，八面体间隙位置在面心(6个)和棱中点(12个)，其中面心位置的间隙属于2个晶胞共有，只有1/2属于该晶胞，棱中点位置的间隙属于4个晶胞共有，只有1/4属于该晶胞，因此，属于该晶胞的八面体间隙有6个(12/4 + 6/2)。间隙半径为 $r_{八面体}=\frac{1}{2}(a-2r)=\frac{1}{2}\left(\frac{4}{\sqrt{3}}r-2r\right)=0.155r$

(2) **四面体间隙**：如图3.8(b)所示，四面体间隙位置在侧面中心线1/4和3/4处(共24个)，属于2个晶胞共有，只有1/2属于该晶胞，因此，有12个四面体间隙。间隙半径为

$$r_{四面体}=\sqrt{\left(\frac{1}{2}a\right)^2+\left(\frac{1}{4}a\right)^2}-r=0.559a-r=0.559\times\frac{4}{\sqrt{3}}r-r=0.291r$$

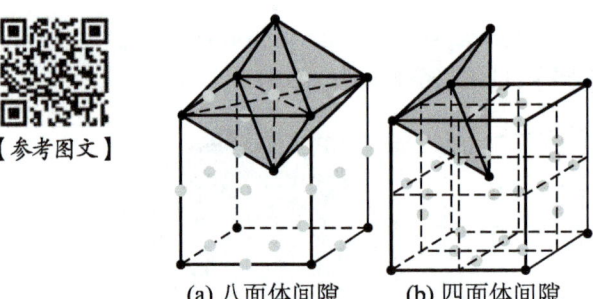

(a) 八面体间隙   (b) 四面体间隙

图 3.8 bcc 结构的间隙

体心立方结构的八面体及四面体间隙都比面心立方的小，在体心立方结构中可能填入的杂质或溶质原子数比面心立方结构少，但这不意味着体心立方结构致密。因为体心立方结构的间隙数量多而分散，总的间隙体积大于面心立方。

具有bcc结构的元素有：α-铁(<910℃)、钒、铌、钽、钼、钡、β-钛(>880℃)等。

2. 面心立方结构(fcc)

➢ **晶胞的构成**：原子位于立方体的 8 个顶角和 6 个侧面中心，如图 3.9 和彩图 2 所示。

➢ **晶胞原子数 (Number of Atoms Per Unit Cell)**：一个顶角上原子为 8 个晶胞共有，只有 1/8 属于该晶胞；一个面中心原子为 2 个晶胞共有，只有 1/2 属于该晶胞。因此，8 个顶角原子和 6 个面心原子属于该晶胞的是 4 个原子。Pearson 符号是 $cF4$。

➢ **密排面和密排方向 (Close-packaged Directions and Planes)**：密排方向为晶胞外表面的面对角线方向 <110>，密排面为 {111}。

➢ **原子半径 (Atomic Radius)**：原子半径 r 是两个相互接触的原子中心距离一半。面对角线(密排方向)长度是原子直径的 2 倍 (图 3.9(b))。即：$4r=\sqrt{2}a$，所以，原子半径 $r=\frac{\sqrt{2}}{4}a$。

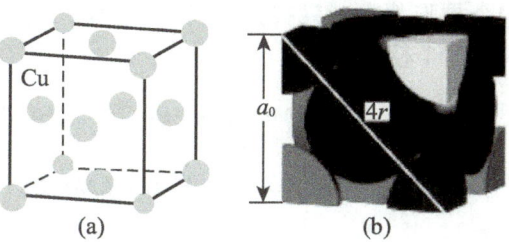 

图 3.9　面心立方结构

- **原子配位数 (Coordination Number，CN)**：配位数是指晶体结构中与任一个原子最近的原子的数目。取面中心原子，每个原子有 12 个最近邻原子，即配位数是 12。
- **致密度 η (堆积系数 K，Packing Factor)**：致密度是指晶胞中原子所占体积与晶胞体积之比。fcc 晶格常数为 a，晶胞体积为 a^3，晶胞内含 4 个原子，因此，致密度 η 为

$$\eta = \frac{4 \times \frac{4}{3}\pi r^3}{a^3} = \frac{4 \times \frac{4}{3}\pi \left(\frac{\sqrt{2}}{4}a\right)^3}{a^3} = \frac{\sqrt{2}}{6}\pi = 0.74$$

致密度和配位数一样可表征晶胞中原子排列的紧密程度。
- **间隙 (Interstice)**：fcc 结构的间隙有八面体间隙 (图 3.10) 和四面体间隙 (图 3.11)。

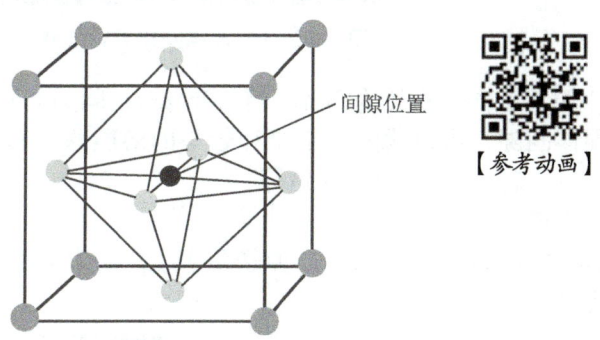

图 3.10　fcc 结构的八面体间隙

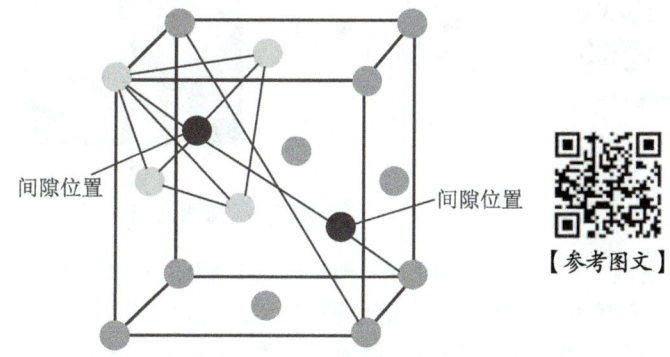

图 3.11　fcc 结构的四面体间隙

(1) **八面体间隙**：位置在体心(1个)和棱中点(12个)，其中体心位置的间隙属于该晶胞，

棱中点位置的间隙属于4个晶胞共有，只有1/4属于该晶胞，因此，属于该晶胞的八面体间隙数量有4个(12/4 + 1)。间隙半径为

$$r_{八面体} = \frac{1}{2}(a - 2r) = \frac{1}{2}(2\sqrt{2}r - 2r) = 0.414r$$

(2) 四面体间隙：位置在晶胞内每条体对角线的1/4和3/4处，因此，有8个四面体间隙。间隙半径为

$$r_{四面体} = \frac{\sqrt{3}}{4}a - r = \frac{\sqrt{3}}{4}a - \frac{\sqrt{2}}{4}a = 0.225r$$

金属单质的fcc结构是一种等球最紧密堆垛，是以最密排面{111}按…ABCABC….重复堆垛的(图3.12)。

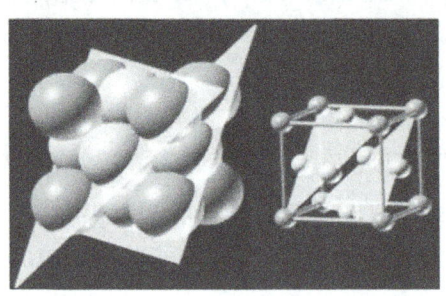

图 3.12　fcc 晶胞刚球堆垛模型

fcc晶胞中原子所占体积比为74%，剩余26%的空间为间隙。面心立方结构中八面体间隙远大于四面体间隙，可以优先容纳半径较小的溶质原子和杂质原子。具有fcc结构的元素有金、银、铜、铝、铅、γ-铁、β-钴等。

3. 密排六方结构(hcp)

> **晶胞的构成**：如图 3.13 所示，原子位于 12 个顶角、2 个上下底心和体内中心 3 个位置处。

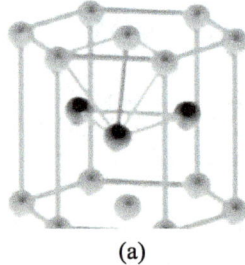

(a)　　　　(b)

图 3.13　密排六方结构

> **晶胞原子数 (Number of Atoms Per Unit Cell)**：一个顶角上原子为 6 个晶胞共有，只有 1/6 个属于该晶胞；一个底心原子为 2 个晶胞共有，只有 1/2 个属于该晶胞；一个体中心原子为晶胞独有。因此，晶胞原子数是 6(n=12×1/6 + 2×1/2 + 3=6)。

特别说明：hcp结构的Pearson符号是$hP2$，其布拉维晶胞应属于P单胞，是图3.14中深色六面体部分，即为六面棱柱体的1/3。hcp单胞含有2个原子，而且这2个原子位置不是等同点。

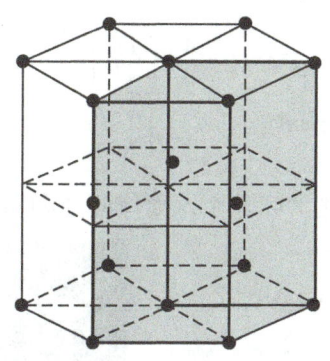

图 3.14 hcp 布拉维单胞的选取

由于hcp单胞不能直观地显示晶体的对称性，所以常取3个P单胞即六面棱柱体为hcp晶胞，以显示其3次旋转对称性。

➤ **密排方向和密排面 (Close-packaged Directions and Planes)**：由图 3.13(b) 可以看出，密排面为 $\{0001\}$，密排方向为 a 轴方向 $<11\bar{2}0>$。

➤ **原子半径 (Atomic Radius)**：a 轴方向原子最密排，原子半径 $r = \frac{1}{2}a$。

➤ **原子配位数 (Coordination Number，CN)**：如图 3.13 所示，hcp 结构是一种等球最紧密堆垛，它和 fcc 结构的 $\{111\}$ 有相同的最紧密排列方式，配位数也是 12。但 hcp 结构是以最密排面 $\{0001\}$ 按…ABABAB…. 重复堆垛的 (图 3.2(c))。

【例题3-1】求hcp结构理想紧密堆垛时的轴比。

解：如果(0001)面的每层原子球都相切，则其配位数和致密度和fcc结构完全一样，即配位数CN=12，致密度η=0.74，如图3.15所示，12个深灰色原子是黑色原子的最近邻，此时满足$d=a$，而由图中浅灰色直角三角形的关系可知，$d^2 = \frac{c^2}{4} + \frac{a^2}{3}$，所以，$c/a = \sqrt{8/3} = 1.633$，即hcp结构理想紧密堆垛时的轴比为$c/a$为1.633。

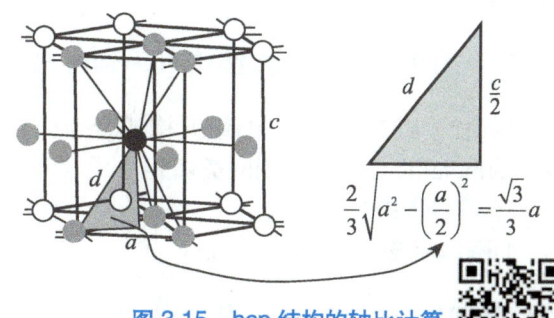

图 3.15 hcp 结构的轴比计算

实际上，大多 hcp 结构金属的轴比在 1.57(铍)~1.89(镉) 之间。具有密排六方结构的金属有铍(Be)(c/a=1.567)、镁(Mg)(c/a=1.623)、锌(Zn)(c/a=1.856)、镉(Cd)(c/a=1.885)、α-锆(c/a=1.593)、α-钛(c/a=1.587)等。因此，$d \neq a$，CN 变为 6+6(次近邻原子)，致密度小于 0.74。

➤ **致密度 η (Packing Factor)**：按 hcp 布拉维单胞计算。一个晶胞内含 2 个原子，晶胞体积为 $ca^2\sin 60°$，理想密排时 $c/a = \sqrt{8/3}$。因此，致密度 η 为

$$\eta = \frac{2 \times \frac{4}{3}\pi r^3}{ca^2 \sin 60°} = \frac{2 \times \frac{4}{3}\pi \left(\frac{1}{2}a\right)^3}{\sqrt{\frac{8}{3}} \times a^2 \times \frac{\sqrt{3}}{2}} = \frac{\sqrt{2}}{6}\pi = 0.74$$

➢ **间隙 (Interstice)**：hcp 结构的间隙由八面体间隙和四面体间隙（图3.16）构成。

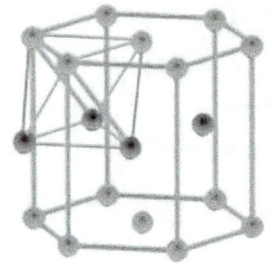
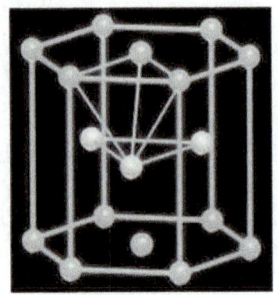

(a) 八面体间隙　　　　(b) 四面体间隙

图 3.16　hcp 结构的间隙

(1) **八面体间隙**：位置在 $\left(\frac{2}{3},\frac{1}{3},\frac{3}{4}\right)$ 及其等效位置。一个hcp布拉维单胞有2个八面体间隙。

(2) **四面体间隙**：位置在 $\left(\frac{2}{3},\frac{1}{3},\frac{7}{8}\right)$ 及其等效位置。一个hcp布拉维单胞有4个八面体间隙。

理想密排六方结构的间隙半径和原子半径间的关系和fcc结构完全一样，即 $r_{八面体}=0.414r$，$r_{四面体}=0.225r$。

3.2.2　金属合金的晶体结构 (Crystal Structure of Alloys)

当由2个或2个的以上的组元构成合金时，可形成**固溶体**(Solid Solution)和**金属间化合物**(Intermetallic Compound)两类新相。

1. 固溶体的晶体结构

1) 基本概念

> **固溶体** (Solid Solution) 是以某一组元为溶剂，在其晶体点阵中溶入其他组元原子（溶质原子）所形成的均匀混合的固态溶体。

2) 基本特征

固溶体的晶体结构和溶剂相同，如图3.17所示。

如图3.17(a)所示，少量锌Zn溶解于铜Cu中，形成以铜为基的α固溶体，具有溶剂铜Cu的面心立方fcc点阵。如图3.17(b)所示，少量铜Cu溶解于锌Zn中，形成的以锌Zn为基的η固溶体，具有锌Zn的密排六方hcp点阵。

3) 类型

➢ 按溶质原子在晶格中的位置，分为间隙固溶体与置换固溶体；
➢ 按组元在固溶体中的溶解度，分为有限固溶体和无限固溶体；

➤ 根据溶质原子在溶剂中的分布特点，分为有序固溶体和无序固溶体。

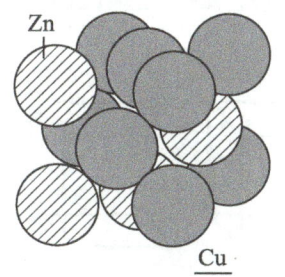

(a) α黄铜-fcc结构

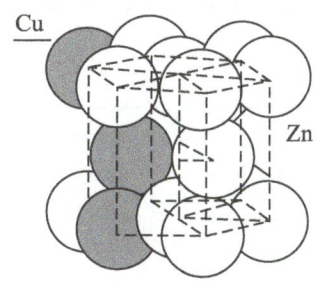
(b) η固溶体-hcp结构

【参考图文】

图 3.17　固溶体的结构特点

(1)间隙固溶体与置换固溶体(Interstitial and Substitution Solid Solution)。间隙固溶体(Interstitial Solid Solution)是小溶质原子(H，B，C，N)进入晶格的间隙位置形成的固溶体(图3.18)。置换固溶体(Substitution Solid Solution)是溶质原子(离子)取代了溶剂原子(离子)后形成的固溶体(图3.19)。

MgO晶体内常含有FeO或NiO，即Fe^{2+}离子置换了晶体中Mg^{2+}(图3.19(c))，组成为$Mg_{1-x}Fe_xO(x=0 \sim 1)$。其他如$Cr_2O_3$和$Al_2O_3$、$ThO_2$和$UO_2$、钠长石和斜长石以及许多尖晶石等都能形成置换型固溶体。

【参考动画】

图 3.18　间隙固溶体

(a) 大溶质原子置换

(b) 小溶质原子置换

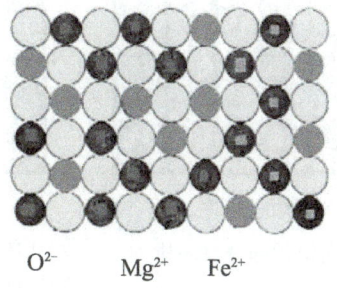
O^{2-}　　Mg^{2+}　　Fe^{2+}
(c) 离子置换(Fe^{2+}置换Mg^{2+})

【参考动画】

图 3.19　置换固溶体

(2)有限固溶体和无限(连续)固溶体。组元在固溶体中的溶解度极限称为固溶度。有限固溶体(Limited Solid Solution)：固溶度小于100%的固溶体。无限固溶体(Unlimited Solid Solution)：任一组元的成分范围均为0% ～ 100%，又称连续固溶体(图3.20)。

无限固溶体形成条件：**晶体结构类型相同，离子半径差<15%，电负性相近**。例如，Cu-Ni系、Mo-W系、Ti-Zr系等在室温下都能无限互溶，形成连续固溶体。**无限固溶体一定是置换固溶体**。

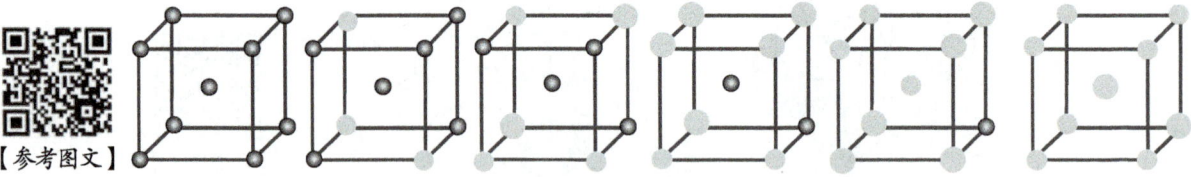

图 3.20　无限固溶体固溶度的变化

(3)有序固溶体和无序固溶体。**无序固溶体(Disordered Solid Solution)**：各组元原子随机无规分布。**有序固溶体(Ordered Solid Solution)**：各组元分别占据各自位置，是由各组元的分点阵组成的复杂点阵，也称超点阵或超结构(图3.21)。

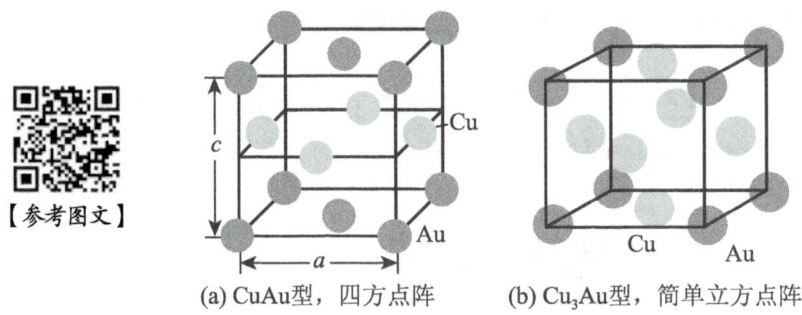

(a) CuAu型，四方点阵　　　　(b) Cu₃Au型，简单立方点阵

图 3.21　Cu–Au 合金的有序固溶体

有序固溶体类型：包括短程有序、长程有序和**偏聚**(图3.22)。

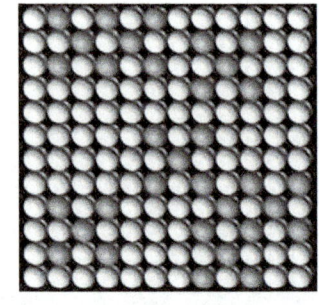
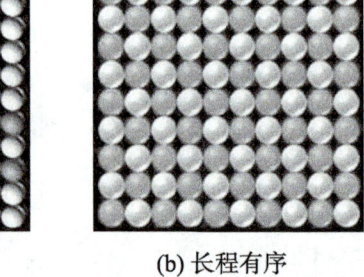
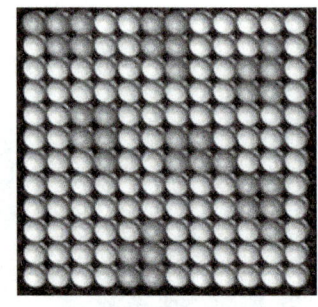

(a) 短程有序　　　　　　　　(b) 长程有序　　　　　　　　(c) 偏聚

（固溶体内组元部分有序排列）　（固溶体内组元完全有序排列，这是因为异类原子间结合能大于同类原子间结合能）　（由于**同类原子间结合能大于异类原子间结合能**，形成的同类原子聚集的状态）

图 3.22　有序固溶体

4) 影响固溶体结构的因素

(1) **尺寸大小**：两离子半径差<15%，可形成连续(无限)固溶体；两离子半径差在15%～30%，只形成有限固溶体；两离子半径差>30%，则形成中间相或化合物。

(2) **晶体结构类型**：两组元的晶体结构相同能形成连续固溶体。MgO和FeO、Al_2O_3和Cr_2O_3、Mg_2SiO_4和Fe_2SiO_4的晶体结构类型相同，两种离子半径差<15%，可形成连续固溶体。BeO(α-ZnS)和CaO(NaCl)晶体结构型不同，不能形成固溶体。

(3) **电负性的影响**：组元间的电负性相近，有利于形成固溶体；电负性相差大，易形成中间相或化合物。

(4) **电子浓度因素**：电子浓度指合金相中各组元价电子总数与原子数之比。固溶体的溶解度受电子浓度控制，固溶体达到最大溶解度时的电子浓度有极限值，称为极限电子浓度。一价金属的极限电子浓度近似等于1.4。因此，溶质元素的原子价越高，其溶解度就越小，如锌(+2)、镓(+3)、锗(+4)、砷(+5)在一价铜中的最大固态溶解度分别为38%、20%、12%、7%。此外，极限电子浓度与溶剂的晶体结构类型有关，如一价fcc结构金属的极限电子浓度为1.36，一价bcc结构金属的极限电子浓度为1.48。

5) 固溶体对材料性能的影响——固溶强化

无论形成间隙固溶体还是置换固溶体，都可引起点阵畸变(图3.23)，改变了原子(离子)间的作用力，使材料物理与力学性能发生变化。通过形成固溶体而产生晶格畸变，使材料强度和硬度提高的现象称为固溶强化(Solid Solution Strengthening)。固溶强化是晶体材料强化的重要方式之一。固溶体的综合力学性能较好，常作为结构合金的基体相。

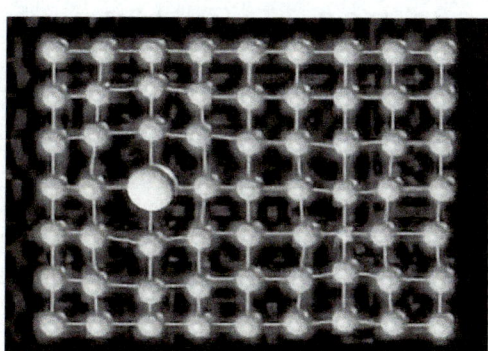

(a) 间隙固溶体 (b) 置换固溶体

图 3.23　固溶体的点阵畸变

2. 金属间化合物的晶体结构

1) 中间相(Intermediate Phase)

合金中除了形成固溶体外，当超过固溶体的溶解限度时还可形成晶体结构不同的新相，它们在系统的平衡相图上总是位于中间位置，称为中间相 (Intermediate Phase)。这些新相一般具有金属性质，又称金属间化合物 (Intermetallic Compound)。

2) 中间相的分类

按照结合键的类型，中间相可以分为离子化合物、共价化合物和金属化合物；按照形

成规律，分为

> 服从原子价（离子键特征）的正常价化合物，受控于电子浓度的电子化合物，受原子尺寸因素控制的间隙相和间隙化合物、拓扑密堆相等。
> 中间相可以是化合物，也可以是以化合物为基的固溶体（第二类固溶体或二次固溶体）。

(1)正常价化合物(Normal Valence Compounds)。符合化合物原子价规律，晶体结构与相应分子式的离子化合物相同，如NaCl、CaF_2等。

(2)电子化合物(Electron Phase)。电子化合物是指组元间不符合化学价规律，而按一定的电子浓度形成一定晶格类型的化合物，也称电子相。

> 电子化合物的价电子浓度分别为 $\frac{21}{14}$、$\frac{21}{13}$、$\frac{21}{12}$，各对应化合物的结构相同。
> 电子化合物首先在贵金属Au、Ag、Cu与Zn、Al、Sn等形成的合金中发现，后来在过渡族元素合金系中（Fe-Al、Ni-Al、Co-Zn等）发现了这类化合物（表3-3）。
> 电子化合物的熔点和硬度都很高，塑性较差，是合金组织中的一种重要组成相，尤其是有色金属中的重要强化相。

表3-3 常用合金中电子化合物及结构类型

电子浓	3/2(21/14)			21/13	4(21/12)
结构	体心立方 bcc	β-Mn(复杂立方)	密排六方 hcp	γ 黄铜(复杂立方)	密排六方 hcp
合金	CuZn	Ag_3Al	Cu_3Ga	Cu_3Sn_8	$CuZn_3$
	Cu_3Sn	Au_3Al	Cu_5Ge	Cu_5Zn_8	Cu_3Sn
	Cu_3Al	$CoZn_2$	AgZn	Cu_9Al_4	Cu_5Al_3
	Cu_3Si	Cu_5Si	AgCd	Cu_5Cd_8	Cu_3Si
	CoAl		Ag_3Al	$Cu_{31}Sn_8$	$AgZn_3$
	AgCd		Ag_7Sb	Ag_5Zn_8	$AgCd_3$
	Ag_3Al		Au_3Sn	Ag_5Hg_8	Ag_5Al_3
	AuMg			Ag_5Cd_8	$AuCd_3$
	AuZn			Ag_9In_4	$AuZn_3$
	FeAl			Fe_5Zn_{21}	Au_3Sn
	CoAl			Ni_5Cd_{21}	$AuAl_3$
	NiAl			Pt_5Be_{21}	Au_5Al_3

(3)间隙相和间隙化合物(Interstitial Phase and Compound)。间隙相和间隙化合物是由过渡族金属元素 *M*(Fe、Mn、Cr、Ti等)与原子半径很小的非金属元素 *X*(C、N等)形成的金属间化合物。

> 当组元之间原子半径之比 $r_X/r_M<0.59$ 时，形成结构简单的间隙相。
> 当 $r_X/r_M>0.59$ 时，形成复杂晶格的间隙化合物。

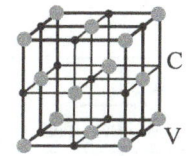

图 3.24　间隙相 VC 结构

间隙相的类型见表 3-4，其中 VC 间隙相的结构如图 3.24 所示，为 fcc 结构。

表 3–4　间隙相的类型

类型	化学式	格类型
M_4X	Fe_4N，Nb_4C，Mn_4C	fcc
M_2X	Fe_2N，Cr_2N，W_2C，Mo_2C	hcp
MX	TaC，TiC，ZrC，VC	fcc
	TiN，ZrN，VN	bcc
	MoN，CrN，WC	简单六方
MX_2	VC_2，CeC_2，ZrH_2，TiH_2，LaC_2	fcc

间隙化合物有 M_3C、M_7C_3、$M_{23}C_6$、M_6C 等类型。钢中常见间隙化合物有 Fe_3C、$(Cr、Fe、W、Mo)_{23}C_6$、Cr_7C_3、Cr_3C_2 等。

> Fe_3C 结构：复杂的正交结构（图 3.25），一个单胞内有 16 个原子（12Fe+4C）构成一个结构基元，是 P 单胞。
> $M_{23}C_6$ 结构：复杂立方，24 个 C，92 个金属原子。分为 8 个亚胞，十四面体和正六面体交替分布于顶角上。C 原子在亚胞棱边的中点。
> M_6C 结构：共有 112 个原子，其中 16 个 C 原子。

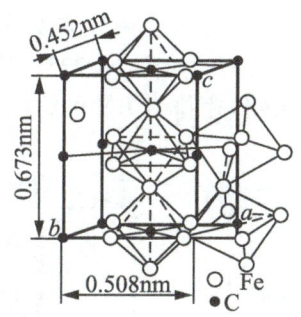

【参考视频】

图 3.25　间隙化合物 Fe_3C 的结构示意图

间隙相和间隙化合物的性能特点见表 3-5，间隙相和间隙化合物具有高硬度和高熔点，脆性较大，是钢中重要的强化相之一。

表 3-5　间隙相和间隙化合物的性能

类型	间隙相							间隙化合
化学式	TiC	ZrC	VC	NbC	TaC	WC	MoC	Fe_3C
硬度 HV	2850	2840	2010	2050	1550	1730	1480	950～1050
熔点 /℃	3080	3472±20	2650	3680±50	3980	2785±5	2527	1227

(4)拓扑密堆相(Topological Close Packed Phase，TCP)。由大小不等的原子通过适当配合形成具有高配位数和高致密度结构的中间相，具有拓扑学特点，称为拓扑密堆相。

拓扑密堆相的特点如下。

①受原子尺寸因素影响，大小不等的原子按一定比例搭配，有固定的原子比。

②呈层状结构：小原子构成密排面，大原子嵌镶其中。这些密排层按一定顺序紧密堆垛，形成只有四面体间隙的密排结构。

③满足TCP相的配位多面体的每个面都是三角形，而且是凸形的，多面体每一个角和5~6个棱相连接，这些多面体称卡斯珀(Kasper)配位多面体，如图3.26所示。Kasper配位多面体只有4种，即配位数为CN=12、14、15、16。

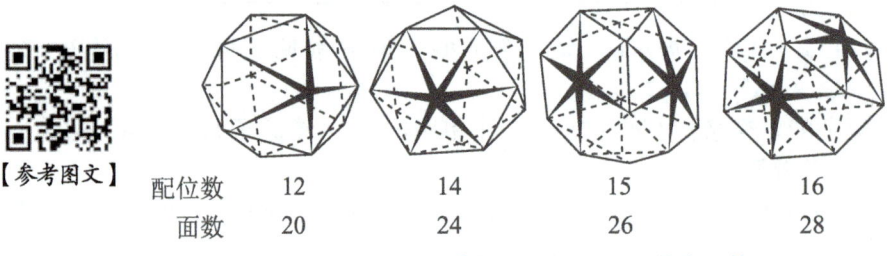

| 配位数 | 12 | 14 | 15 | 16 |
| 面数 | 20 | 24 | 26 | 28 |

图 3.26　卡斯珀 (Kasper) 配位多面体

拓扑密堆相的类型如下。

① **拉弗斯(Laves)相：结构通式为AB_2**，在较常见的 125 种 AB_2 型化合物中有 82 种属于 Laves 相。理论上两原子的半径比为 $r_A/r_B=1.225$(实际在1.05~1.68)。其典型代表为$MgCu_2$(fcc)、$MgZn_2$(密排六方)、$MgNi_2$(密排六方)3种结构。最多的是$MgCu_2$结构(图3.27)。

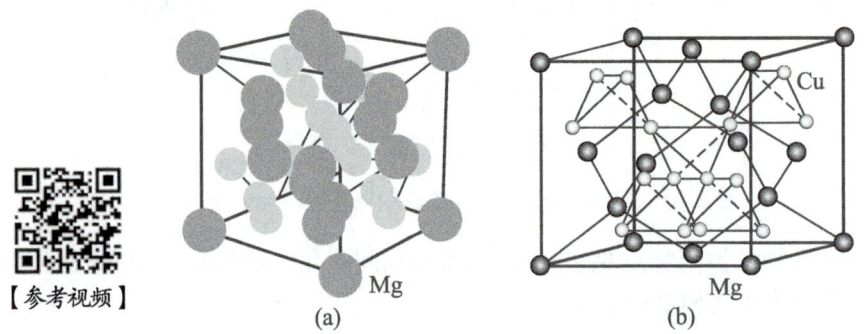

图 3.27　拓扑密堆相 –$MgCu_2$ 结构

➢ $MgCu_2$ 结构特点：Pearson 符号 *cF*24，为立方面心点阵，晶胞中有 24 个原子 (16个 Cu 原子，8个 Mg 原子)。Mg 原子作类似金刚石的排列，4 个 Cu 原子形成四面体，相互之间共用顶点连接起来，较大的 Mg 原子镶嵌在四面体间隙中。Mg 原子的配位数 CN=16(4 个 Mg 原子和 12 个 Cu 原子)，Cu 原子的配位数 CN=12(6 个 Mg 原子和 6 个 Cu 原子)。可以看作<u>由 CN12 和 CN16 配位多面体堆垛起来</u>的。
- 若把 $MgCu_2$(111) 面中的 AB 两种原子各两层的排列称为 α 层，则 $MgCu_2$ 结构可用 αβγαβγ……层序来表示；如果排列成 αβαβ……，则形成密排六方晶系的 $MgZn_2$ 结构；如果排列为 αβαγαβαγ……，则形成密排六方晶系的 $MgNi_2$ 结构。
- **性能特点**：在不锈钢和高温合金中的 Laves 相会损害合金的性能，需通过成分设计和热处理抑制 Laves 相析出。某些情况下也利用 Laves 相，如奥氏体耐热钢中常利用 Laves 相做强化相。

②**σ相**：分子式为 <u>AB 型</u>或 A_xB_y，有一定的成分范围，如 FeCr、FeV、FeW、FeMo、CrCo、MoCrNi、$(Cr/Mo/W)_x(Fe/Co/Ni)_y$ 等。经验表明：出现σ相的两组元之一必为体心立方 bcc 点阵，另一个为面心立方 fcc 或密排六方 hcp 点阵。
- **σ 相结构特点**：复杂四方结构，$c/a≈0.52$，Pearson 符号为 $tP30$，每个单胞有 30 个原子，处于 5 种不同的位置，沿 [001] 方向以 4 层重复排列，高度分别为 $c/4$、$c/2$ 和 $3c/4$(图 3.28)。

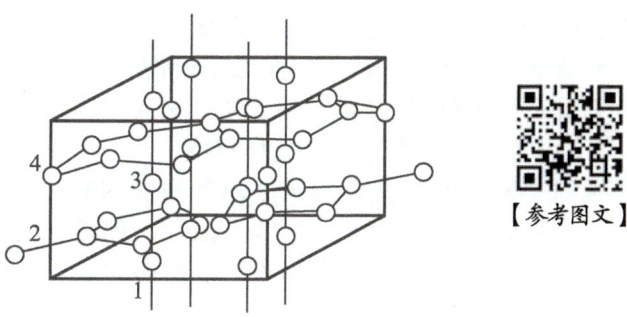

图 3.28 拓扑密堆相 -σ 相结构

- **σ 相性能特点**：σ 相硬度高、脆性大。在不锈钢、耐热钢和高温合金中出现σ相会降低材料的塑性和韧性，一般应避免σ相的析出。

③ <u>Cr_3Si 型相</u>：如 Cr_3Si、Nb_3Sn、Nb_3Sb 等。

④ **其他**：μ相(Fe_7W_6、Fe_7Mo_6 等)、R相($Cr_{18}Mo_{31}Co$)、P相($Cr_{18}Ni_{40}Mo_{42}$) 等。

3) 中间相的性质

一些中间相的性质见表3-6。

表 3-6 中间相的性质

性质	材料
超导	Nb_3Ge，Nb_3Al，Nh_3Sn，V_3Si，Cr_3Si，NbN 等
电学性质	InTe-PbSe，GaAs-ZnSe 等，半导体材料
强磁性，优异的永磁性能	稀土元素 (Ce，La，Sm，Pr，Y 等) 和 Co 的化合物
储氢材料，储能和换能材料	$LaNi_5$，FeTi，R_2Mg_{17} 和 $R_2Ni_2Mg_{15}$ (R 代表稀土 La，Ce，Pr，Nd 或混合稀土)

续表

性质	材料
耐热特性，高温强度和高温塑性	Ni_3Al，$NiAl$，$TiAl$，Ti_3Al，$FeAl$，Fe_3Al，$MoSi_2$，$NbBe_{12}$，$ZrBe_{12}$
优异耐蚀性能	某些金属的碳化物，硼化物、氮化物和氧化物
形状记忆效应、超弹性和消震性	$TiNi$，$CuZn$，$CuSi$，$MnCu$，Cu_3Al 等

3.3 无机非金属材料结构
(Crystal Structure of Inorganic Non-metallic Materials)

无机非金属材料(Inorganic Nonmetallic Materials)是以硅酸盐、铝酸盐、磷酸盐、硼酸盐以及某些元素的氧化物、碳化物、氮化物、卤素化合物、硼化物等物质组成的材料。是除有机高分子材料和金属材料以外的所有材料的统称。

无机非金属材料可分为传统和新型两大类。

(1)传统无机材料主要以**陶瓷、玻璃、水泥**和**耐火材料**4大类硅酸盐材料为主，其他如搪瓷、磨料(碳化硅、氧化铝)，铸石(辉绿岩、玄武岩等)，碳素材料，非金属矿(石棉、云母、大理石等)也都属于传统的无机非金属材料。

(2)新型无机材料主要指具有**特殊性质**和**用途**的**氧化物、碳化物、氮化物、硼化物等材料**，如压电、铁电、导体、半导体、磁性、超硬、高强度、超高温、生物工程材料及无机复合材料等。主要有先进陶瓷、非晶态材料、人工晶体、无机涂层、无机纤维等。

陶瓷(Ceramics)是一种多晶态无机材料，是粉末烧结体，一般由结晶相、玻璃相和气相(气孔)交织而成。从微观结构来看，陶瓷材料可以看作是各种形状的晶粒(颗粒状、针状、片状、纤维状等)及晶界、气孔、包裹物等组合而成的集合体。陶瓷概念的外延不断扩大，广义的陶瓷概念与无机非金属材料的概念含义相同。本书的陶瓷概念指广义的陶瓷。

> **晶相**：主要有硅酸盐、氧化物和非氧化物3种。主晶相的性能往往能表征材料的基本特性，习惯上用主晶相来命名陶瓷。例如，以刚玉 ($\alpha\text{-}Al_2O_3$) 为主晶相的陶瓷叫做刚玉瓷。

> **玻璃相**：陶瓷中的玻璃相是一种非晶态低熔物，可以把分散的结晶相黏结在一起，降低烧成温度，抑制晶体长大，阻止多晶转变，填充气孔空隙，促使坯体致密化。玻璃相的数量，随不同陶瓷而异，在固相烧结的瓷料中几乎不含玻璃相，在有液相参加烧结的陶瓷中则存在较多的玻璃相。

> **气孔**：气孔在一般陶瓷材料中均不可避免地存在，含量可以在0%～99%之间变化，通常的残留气孔量为5%～10%(体积百分率)。气孔的含量、形状、分布影响陶瓷材料的机械、热学、光学和电学等一系列性能。一方面，气孔使材料强度降低、导热率下降、介电损耗增大、抗电击穿强度降低。气孔还可使光线散射而降低陶瓷透明

度，1%的气孔率变动可使陶瓷从透明变为半透明。另一方面，为了制成比重小、绝热性能好的陶瓷，则希望含有尽可能多的、大小一致且分布均匀的气孔。

无机非金属材料结构中，主要含有离子键、共价键和它们的混合键，分别形成离子晶体和共价晶体。典型的离子晶体是元素周期表中ⅠA族的碱金属元素Li、Na、K、Rb、Cs和ⅦB族的卤族元素F、Cl、Br、I之间形成的化合物晶体。典型的共价晶体有金刚石、硅、氮化硅、氧化硅等。其中，以氧化硅结构为主的硅酸盐晶体是构成地壳的主要矿物，不仅是制造水泥、陶瓷、玻璃、耐火材料的主要原料，也是这些材料中的主要晶相。

3.3.1 离子晶体的结构规则 (Structure Rules of Ionic Crystals)

离子间的结合力和结合能、离子半径、离子的堆积以及离子晶体的结构规则等是离子晶体结构的基本知识。

1928年，鲍林(Pauling)根据当时已测定的晶体结构数据和晶格能公式所反映的关系，提出了关于离子晶体结构稳定性的规则，总结出5条规则，即**鲍林规则**(Pauling's Rule)。

1. 鲍林第一规则——负离子配位多面体规则 (Coordinated Polyhedron of Anions)

> 在离子晶体中，正离子周围形成一个负离子配位多面体，正负离子间平衡距离取决于离子半径之和，正离子的配位数取决于正负离子的半径比。

配位多面体的形状见表3-7。第一规则是对晶体结构的直观描述。配位多面体是离子晶体的真正结构基元。

表 3-7 正负离子半径比与配位数和配位多面体

r^+/r^-	~0.155	0.155~0.225	0.225~0.414	0.414~0.732	0.732~1.000
正离子配位数	2	3	4	6	8
负离子多面体	直线形 	三角形 	四面体 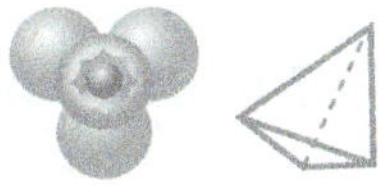	八面体 	立方体 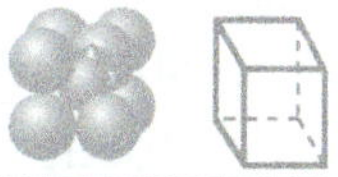
实例	干冰 CO_2	B_2O_3	SiO_2	NaCl、MgO、TiO_2	ZrO_2、CaF_2、CsCl

负离子半径一般比正离子半径大，因此，正离子处于负离子的多面体间隙中，正、负离子之间的平衡距离$r_0=r^++r^-$时，是能量最低、结构最稳定的状态。如图3.29所示，当正离子半径大于或等于间隙半径时，结构稳定(图3.29(a)、(b))；当正离子半径小于间隙半径时，晶体处于较高能量状态而不稳定(图3.29(c))。

因此，离子晶体结构应满足条件：正、负离子半径之和等于平衡距离。多面体类型不同，间隙也不同，其大小是负离子半径的函数。因此，每一种负离子多面体都有一个r^+/r^-的最小值(表3-7)。

【参考图文】

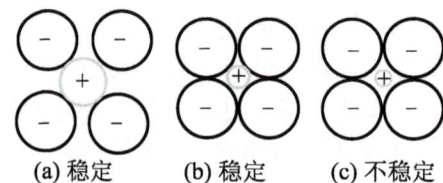

(a) 稳定　　　(b) 稳定　　　(c) 不稳定

图 3.29　配位结构示意图

注意：离子极化可以改变正、负离子间的距离和结合键的性质，使配位数改变，不再满足表3-7关系，如ZnS的结构。

【例题3-2】计算配位数为3的最小正负离子半径比。

【参考图文】

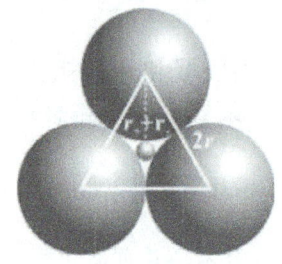

图 3.30　三角形配位多面体

解：如图3.30所示，小的正离子与3个负离子两两相切形成等边三角形的负离子多面体，是配位数为3时的最小正负离子半径，则有

$r_+ + r_- = \dfrac{2}{3}(2r_- \cdot \sin 60°)$，即 $r_+ + r_- = \dfrac{2}{\sqrt{3}}r_- = 1.155r_-$，

$r_+/r_- = 0.155$

因此，配位数为3的最小正负离子半径比0.155。

2. 鲍林第二规则——电价规则(Electrostatic Valence Rule)

在一个稳定的离子晶体结构中，每一个负离子电荷数等于或近似等于相邻正离子分配给这个负离子的静电键强度的总和，其偏差≤1/4价。

静电强度 $S = \dfrac{\text{正离子电荷数}Z^+}{\text{正离子配位数}n}$，负离子电荷数 $Z^- = \sum_i S_i = \sum_i \dfrac{Z_i^+}{n_i}$。

电价规则的用途：①判断晶体是否稳定；②规定了共用同一配位多面体顶点的多面体数。

3. 鲍林第三规则——配位多面体连接方式规则 (Coordination Polyhedra Connection Mode)

在一个配位结构中，共用棱，特别是共用面的存在会降低这个结构的稳定性。其中高电价，低配位的正离子的这种效应更为明显。

如图3.31所示，共面时，中心正离子距离小，斥力大，不稳定。

【参考图文】

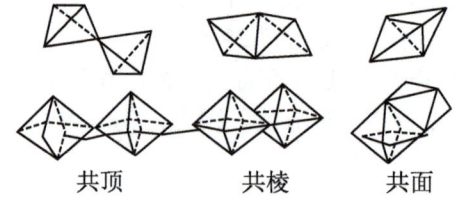

共顶　　　共棱　　　共面

四面体

八面体

图 3.31　配位多面体连接方式

配位多面体连接方式中，**稳定性：共顶>共棱>共面**。

4. 鲍林第四规则——不同配位多面体连接规则(Different Coordination Polyhedra Connection Rule)

含有两种以上正负离子的晶体中，高电价、低配位的多面体之间，有尽量互不连接的趋势。

四面体不直接连接，通过八面体相连，以减小斥力，使结构更稳定。

5. 鲍林第五规则——节约规则 (Conservation Rules)

在同一晶体中，组成不同的结构基元的数目趋于最少。

同种离子的配位多面体应最大限度地趋于一致，配位多面体的种类趋向最少。

鲍林规则高度概括了离子晶体中配位多面体及其连接方式的规律，对阐明晶体化学、地球化学领域涉及的复杂离子化合物(如硅铝酸盐等)的结构有重要的指导意义。

阅读材料 鲍林——20世纪的科学怪杰 (Pauling——Science Geek in 20th Century)

莱纳斯·卡尔·鲍林(Linus Carl Pauling，1901—1994)是与20世纪同行的美国生物化学家，美国现代化学的奠基人之一，被喻为"科学怪杰"，他既是在众多领域都颇有建树的科学大师，又是世界和平运动的斗士。他曾荣获1954年度诺贝尔化学奖和1962年度诺贝尔和平奖，是迄今为止世界上唯一一位两次单独问鼎诺贝尔奖的科学家。

受药剂师父亲的影响，鲍林从12岁就迷上化学，15岁建立自己的实验室，18岁时对价键的电子理论发生兴趣。1922年获得化学工程学士学位后，进入加州理工学院做研究生并兼任助教，于1925年获得博士学位。1926年，他以博士后身份到慕尼黑跟随德国理论物理大师索末菲工作了一年。第二年他回到加州理工学院任教。1963年后他在加州圣巴巴拉民主学院研究中心担任了四年的物理学和生物学教授。1969—1973年，鲍林在斯坦福大学任教授。1973年以后，他担任了以其名字命名的科学和医学研究所的研究教授。

鲍林选择了将物理学与化学结合起来的研究方向，用量子力学方法研究化学，成为该领域之先驱，在科学界被推崇为领军式人物。他参与了20世纪科学史上许多重大发现。他首次全面描述化学键的本质；发现蛋白质的结构；揭示镰刀状细胞贫血症的病因；参与揭示DNA结构的研究；主持第二次世界大战期间的一些军工科研项目；推进X射线结晶学、电子衍射学、量子力学、生物化学、分子精神病学、核物理学、麻醉学、免疫学、营养学等学科的发展。鲍林首先用波动力学原理解释了碳的四面体配位和过渡金属的正方和八面体配位；首先提出化学键可能有一种混合特性，即既含有共价性，又含有离子性；第一个提出"电负性"概念，并确定了元素的电负性值；把"共振"这个术语用于化学键理论；第一个提出蛋白质分子具有螺旋状结构等。他的价键理论使原子间距与键能之间建立了关系，成功地解释了众多有机物的化学性质，建立起了结构化学学派。他撰写的《量子力学导论》一书于 1935 年出版，是化学史上的经典著作，把化学从一个主要是现象学的学科转变成一个以扎实的结构和量子力学原理为基础的学科。

1928 年，鲍林以离子的电荷和半径为基础，假设电荷的局部中和，提出了解释硅酸盐和其他许多矿物结构的简单配位规则——鲍林规则 (Pauling's Rule)，使整个化学领域有了一个理性的基础。

鲍林还积极投身于反对核武器、核战争的运动，为维护世界和平做出了贡献。1955 年英国哲学家罗素起草了一份反对核武器的宣言，爱因斯坦在临终前几天签了名，鲍林和其他几位著名的科学家也签了名，促成了第一次帕格沃什会议的召开，讨论了降低核战争危险的措施。1958 年，鲍林出版了《不再有战争》，并将一份有 9235 位科学家签名的请愿书交给了联合国秘书长，强烈要求签订停止核武器试验的国际协议。1961 年鲍林在奥斯陆组织了一次由 40 位科学家参加的呼吁核裁军的会议，带领数百人举行了反对核战争的火炬游行。他的反核行动和他的化学演讲一样具有号召力，为 1963 年最终实现禁止大气核试验做出了重大贡献。他因此获得了诺贝尔和平奖。

鲍林桀骜不驯的个性也让世人对他褒贬不一。他也有因过于自信招致的失误，也有受人冷落和误解的怨恨，更有横遭政治诋毁和迫害的痛苦，联邦调查局对他的调查长达 24 年。当年他面对强大的反对力量身先士卒倡导大剂量服用维生素 C 以预防甚至治疗感冒和癌症等疾病，至今仍是医学界争论不休的话题。他个人的荣辱和起落，几乎都与 20 世纪美国政治和科学上许多重大事件紧密相关。

资料来源：[美]特德·戈策尔，本·戈策尔. 科学与政治的一生：莱纳斯·鲍林传. 刘立，译. 上海：东方出版中心，2002.

[美]托马斯·哈格. 20 世纪的科学怪杰——鲍林. 周仲良，郭宇峰，郭镜明，译. 上海：复旦大学出版社，1999.

3.3.2 典型的离子晶体结构 (Typical Crystal Structure of Ionic Crystals)

晶体结构的分类，按化学式可分为单质、二元化合物(如 AB 型、AB_2 型、A_2B_3 型等)和多元化合物(如 ABO_3 型、AB_2O_4 型等)。对于化学成分不同，但晶体结构类同的化合物通常以某些典型结构来命名，如 MgO、KCl、NaCl 等的结构通称为 NaCl 型结构。典型的无机化合物结构见表 3-8。

表 3-8 无机化合物的结构

序号	合物结构分	结构类型
1	AB 型	(1)CsCl 型结构； (2)NaCl 型结构； (3) 立方 ZnS 型结构； (4) 六方 ZnS 型结构
2	AB_2 型	(1) CaF_2(萤石) 型； (2)TiO_2(金刚石) 型； (3)β-方石英型结构
3	A_2B_3 型	α-Al_2O_3 刚玉型结构
4	ABO_3 型	(1)$CaTiO_3$(钙钛矿) 型结构； (2) 方解石 ($CaCO_3$) 型结构
5	AB_2O_4 型	尖晶石 ($MgAl_2O_4$) 结构

1. CsCl型结构

CsCl型结构是离子晶体结构中最简单的一种，如图3.32所示。具有此结构的还有CsBr、CsI、TiCl、NH₄Cl等。CsCl熔点为645℃，极易溶于水，易溶于乙醇、甲醇，不溶于丙酮，在空气中吸湿潮解。氯化铯在原子能工业中和氯化铊配对，熔盐电解制备金属铊；在生物研究上广泛用于离心分离病毒和其他分子；也用于铝钎焊用钎剂。

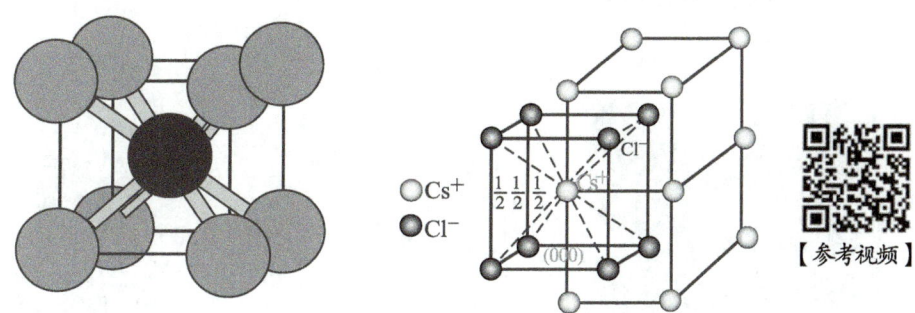

图3.32　CsCl型结构

- 结构符号：Pearson 符号为 $cP2$，点群 $m3m$，空间群 $Pm3m$。
- 结构的形成：正、负离子均构成简单立方体，相互为对方立方体的体心，有2套等同点。因此，CsCl结构是由两个简单立方晶格彼此沿对角线位移1/2的长度套构而成。
- 晶胞的构成：一个晶胞中含有1个 Cs^+ 和1个 Cl^-，即含有1个 CsCl 分子 (z=1)。
- 结构基元：CsCl 分子。
- 质点的坐标：Cl^-:000；Cs^+:$\frac{1}{2}\frac{1}{2}\frac{1}{2}$。
- 配位数：由于，$r_{Cs^+}=0.174$nm，$r_{Cl^-}=0.181$nm。$r_{Cs^+}/r_{Cl^-}=0.96$，由表3-7可知，Cs^+ 的配位数为8，根据化学式，Cs^+ 和 Cl^- 的个数比为1:1，Cl^- 的配位数也为8。
- 配位多面体：[CsCl 8] 或 [ClCs8] 立方体。
- 晶格常数：平衡时正、负两离子的最短间距是两个离子的半径之和。

CsCl结构中离子半径和晶格常数的关系可从体对角线方向上获得。

体对角线的长度是正、负离子半径之和的2倍：即 $\sqrt{3}a=2(r_{Cs^+}+r_{Cl^-})$。

$$a=\frac{2(r_{Cs^+}+r_{Cl^-})}{\sqrt{3}}=\frac{2(0.181+0.174)}{\sqrt{3}}=0.410\text{nm (nm)}$$

- 致密度：CsCl 晶胞中含有1个 Cs^+ 和1个 Cl^-，致密度为

$$\eta=\frac{\frac{4}{3}\pi(r_{Cs^+}^3+r_{Cl^-}^3)}{a^3}=\frac{\frac{4}{3}\pi(0.181^3+0.174^3)}{0.410^3}=0.68$$

2. NaCl型结构

自然界有几百种化合物都属于NaCl型结构：氧化物MgO，CaO，SrO，BaO，CdO，

MnO、FeO、CoO、NiO；氮化物TiN、LaN、ScN、CrN、ZrN；碳化物TiC、VC、ScC等；碱金属硫化物和卤化物(CsCl、CsBr、CsI除外)。

➤ **结构符号**：Pearson 符号为 $cF8$，点群 $m3m$，空间群 $Fm3m$。
➤ **结构的形成**：如图 3.33 和彩图 2 所示，原子半径较大的 Cl^- 作 fcc 堆积，Na^+ 填充其八面体间隙。正、负离子均构成面心立方 fcc 结构，两个 fcc 晶格彼此沿棱边位移 1/2 晶胞长度穿插而成。

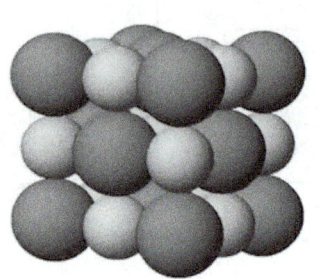 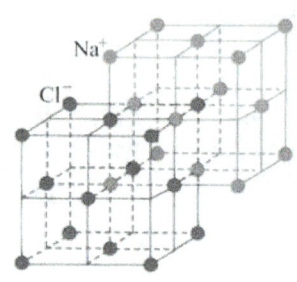 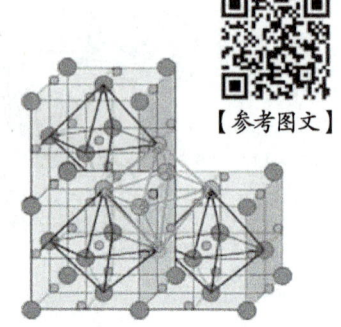

(a) NaCl型结构晶胞　　(b) NaCl型结构模型　　(c) NaCl型结构八面体连接方式

图 3.33　NaCl 型结构

➤ **晶胞的构成**：晶胞中含 4 个 Na^+，4 个 Cl^-，即含有 4 个 NaCl 分子 ($z=4$)。
➤ **结构基元**：NaCl 分子。
➤ **质点的坐标**：Cl^-：$000, \frac{1}{2}\frac{1}{2}0, \frac{1}{2}0\frac{1}{2}, 0\frac{1}{2}\frac{1}{2}$；$Na^+$：$00\frac{1}{2}, \frac{1}{2}00, 0\frac{1}{2}0, \frac{1}{2}\frac{1}{2}\frac{1}{2}$。
➤ **配位数**：由于，$r_{Na^+} = 0.102nm$，$r_{Cl^-} = 0.181nm$。$r_{Na^+}/r_{Cl^-} = 0.56$，由表 3-7 可知，Na^+ 配位数为 6，根据化学式，Na^+ 和 Cl^- 的个数比为 1：1，所以 Cl^- 配位数也为 6。
➤ **配位多面体**：$[NaCl_6]$ $[ClNa_6]$ 八面体。
➤ **晶格常数**：NaCl 结构中沿棱边方向正、负离子紧密相切（图 3.33(a)），正、负离子半径和晶格常数的关系可从棱边方向上获得。
棱边长度是正、负离子半径之和的2倍，即

$$a = 2(r_{Na^+} + r_{Cl^-}) = 2(0.181 + 0.102) = 0.566nm \text{ (nm)}$$

➤ **致密度**：NaCl 晶胞中含有 4 个 Na^+ 和 4 个 Cl^-，致密度为

$$\eta = \frac{4 \times \frac{4}{3}\pi(r_{Na^+}^3 + r_{Cl^-}^3)}{a^3} = \frac{4 \times \frac{4}{3}\pi(0.181^3 + 0.102^3)}{0.566^3} = 0.65$$

注意：在具有NaCl结构的碱土金属氧化物CaO、SrO、BaO中，由于正离子半径比较大，Ca^{2+}、Sr^{2+}、Ba^{2+}与O^{2-}的半径比分别为0.803、0.902和1.08，大于0.732，因此，氧离子的密堆已产生畸变，结构变得比较开放。若在瓷料中含有这些氧化物，易于吸水而使性能变坏。

NaCl型结构的晶体中，LiF、KCl、KBr和NaCl等晶体是重要的光学材料。LiF晶体能

用于紫外光波段，KCl、KBr和NaCl等晶体适用于红外光波段，制作窗口和棱镜等。PbS等晶体是重要的红外探测材料。

> 描述晶体结构的三种方法。
> (1) 坐标系方法：给出单胞中各个质点的空间坐标，就能清楚地了解晶体的结构。此方法是最规范的。缺点是对稍复杂的晶体结构不直观。
> (2) 球体紧密堆积方法：适用于金属晶体和部分离子晶体。金属原子常常紧密堆积排列，离子晶体中的负离子也常紧密堆积排列，而正离子处于其间隙中。该方法描述晶体结构比较直观。
> (3) 配位多面体方法：以配位多面体及其连接方式描述晶体结构。该方法尤其适用于结构复杂的晶体。例如，在硅酸盐晶体结构分析中常使用该方法。但对于结构简单的晶体，该方法并不方便。

3. CaF_2型结构

自然界的氟化钙矿物为萤石(Fluorite)或氟石，萤石熔点低，是陶瓷材料、钢铁冶炼和有色金属冶炼中的助熔剂，水泥生产中的矿化剂。常见萤石结构的晶体有BaF_2、HgF_2、ZrF_2、PbF_2、SnF_2、CeO_2、ZrO_2、$PtSn_2$、$PtIn_2$等。

➢ 结构符号：Pearson 符号 $cF12$，点群 $m3m$，空间群 $Fm3m$。
➢ 结构的形成：如图 3.34 所示，与 CsCl 和 NaCl 结构不同，CaF_2 结构是以正离子 Ca^{2+} 呈面心立方 fcc 紧密堆积，F^- 位于 fcc 全部四面体间隙中（四面体间隙位置在晶胞内每条体对角线的 1/4 和 3/4 处）。

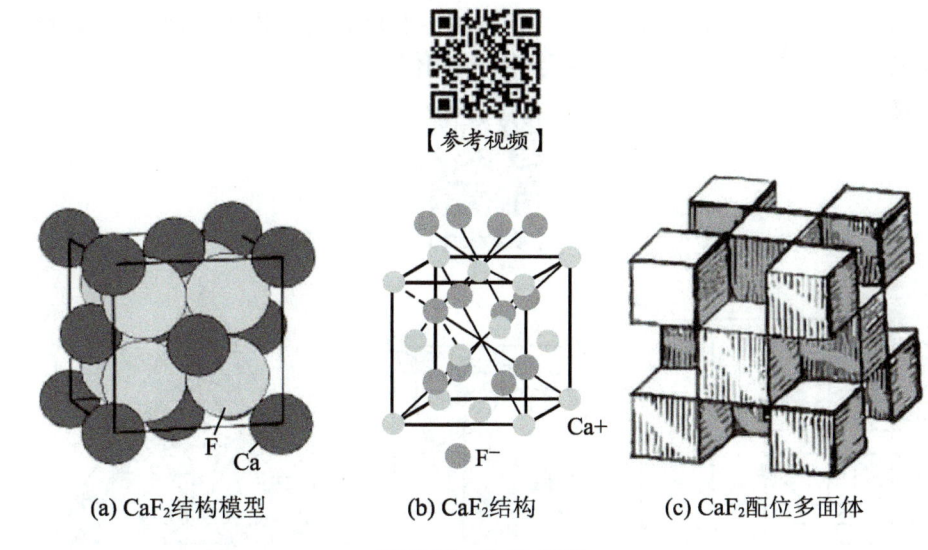

(a) CaF_2结构模型　　(b) CaF_2结构　　(c) CaF_2配位多面体

图 3.34　CaF_2 结构

➢ 晶胞的构成：晶胞中含有 4 个 Ca^{2+}，8 个 F^-，共 12 个原子，即有 4 个 CaF_2 分子。
➢ 结构基元：CaF_2 分子。
➢ 质点的坐标：Ca^{2+}：$000, \frac{1}{2}\frac{1}{2}0, \frac{1}{2}0\frac{1}{2}, 0\frac{1}{2}\frac{1}{2}$；

F^-: $\frac{1}{4}\frac{1}{4}\frac{1}{4}$, $\frac{3}{4}\frac{3}{4}\frac{1}{4}$, $\frac{3}{4}\frac{1}{4}\frac{3}{4}$, $\frac{1}{4}\frac{3}{4}\frac{3}{4}$, $\frac{3}{4}\frac{3}{4}\frac{3}{4}$, $\frac{1}{4}\frac{1}{4}\frac{3}{4}$, $\frac{1}{4}\frac{3}{4}\frac{1}{4}$, $\frac{3}{4}\frac{1}{4}\frac{1}{4}$。

> **配位数**：$r_{Ca^{2+}}=0.112nm$, $r_{F^-}=0.131nm$，$r_{Ca^{2+}}/r_{F^-}=0.85$，Ca^{2+} 的配位数为 8，根据化学式 CaF_2，F^- 的配位数为 4。

> **配位多面体**：$[CaF_8]$ 立方体 $[FCa_4]$ 四面体。

> **晶格常数**：$a=0.545nm$。

反萤石结构Anti-CaF₂：晶体结构与萤石相同，只是阴阳离子的位置完全互换，即正离子占据的是F⁻的位置，负离子占据的是Ca²⁺的位置。Li_2O、Na_2O、K_2O、Li_2S、Na_2S、K_2S、Li_2Se、Na_2Se、K_2Se、Li_2Te、Na_2Te、K_2Te等化合物具有此结构。

4. 闪锌矿型(β-ZnS)结构

ZnS主要以闪锌矿和纤锌矿的形式存在，这两种结构都为宽禁带半导体材料，闪锌矿结构在300K时的禁带宽度为3.54eV；纤锌矿结构禁带宽度为3.91eV。纯的闪锌矿型在1020°C时转变为纤锌矿型。硫化锌尤其是其纳米材料因为其出色的物理特性，如能带隙宽、高折射率、在可见光范围内的高透光率、优良的荧光效应及电致发光功能等，广泛应用于光学、电学、光电子器件、磁学、力学和催化等领域，可用于制备光电子器件、白色颜料及玻璃、发光粉、橡胶、塑料、发光油漆等。

具有闪锌矿型(Zinc Blende β-ZnS)结构的有CdS，CdSe，ZnO，ZnSe，ZnS，CaSb，β-SiC等。

> **结构符号**：Pearson 符号 $cF8$，点群 $\bar{4}3m$，空间群 $F\bar{4}3m$。

> **晶格常数**：$a=0.540nm$。

> **结构的形成**：如图 3.35 所示，S^{2-} 形成 fcc 面心立方点阵，Zn^{2+} 交错填充于 4 个四面体间隙中。也可看作 Zn^{2+} 和 S^{2-} 各形成一套面心立方格子，两者沿体对角线方向相对位移 1/4 构成。其结构与金刚石结构相似。

【参考视频】

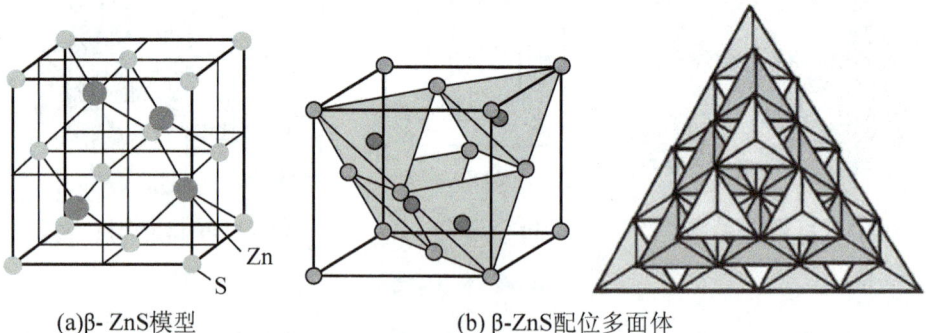

(a) β-ZnS模型　　　　　　(b) β-ZnS配位多面体

图 3.35　β-ZnS 结构

> **晶胞的构成**：晶胞中含有 4 个 Zn^{2+}，4 个 S^{2-}，共 8 个原子，即有 4 个 ZnS 分子，$z=4$。

- **质点的坐标**：S^{2-}：$000, \frac{1}{2}\frac{1}{2}0, \frac{1}{2}0\frac{1}{2}, 0\frac{1}{2}\frac{1}{2}$；$Zn^{2+}$：$\frac{1}{4}\frac{1}{4}\frac{3}{4}, \frac{1}{4}\frac{3}{4}\frac{1}{4}, \frac{3}{4}\frac{1}{4}\frac{1}{4}, \frac{3}{3}\frac{3}{4}\frac{3}{4}$。
- **配位数**：$r_{Zn^{2+}} = 0.083\text{nm}, r_{S^{2-}} = 0.174\text{nm}$，$r_{Zn^{2+}}/r_{S^{2-}} = 0.477$，理论上 Zn^{2+} 的配位数应为 6，但由于 Zn^{2+} 具有 18 个外层电子，S^{2-} 离子的极化率高，易于变形，从而改变了正、负离子间的距离和键的性质，即离子极化使离子间距离缩短，r^+/r^- 降低，配位数降低，Zn-S 键的共价键性增强，因此，ZnS 结构中正、负离子的配位数均为 4。
- **配位多面体**：$[ZnS_4]$ 和 $[SZn_4]$ 四面体。

5. 纤锌矿型(α–ZnS)结构

具有纤锌矿型(Wurtzite α-ZnS)结构的有 ZnO、BeO、AlN、GaN、InN、CdS、CdSe、CuH 以及很多本征半导体，如 GaAs、GaSb、InSb、AlP 等。

- **结构符号**：纤锌矿晶体结构属于六方晶系，**Pearson 符号为 *hP*4**，点群 6*mm*，空间群 $P6_3mc$。
- **结构的形成**：如图 3.36 所示，S^{2-} 离子按六方紧密堆积排列，Zn^{2+} 填充一半的四面体间隙。也可看作 Zn^{2+} 及 S^{2-} 各自构成密排六方 **hcp 点阵**，两个点阵**沿 *c* 轴错开** $\frac{3}{8}c$，或每个点阵占据另一点阵的四面体间隙。

【参考视频】

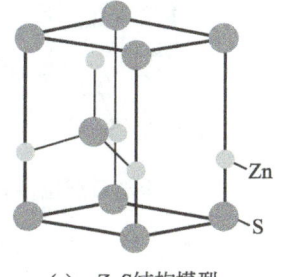
(a) α-ZnS结构模型

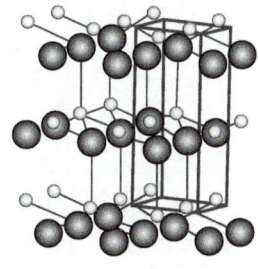
(b) α-ZnS结构

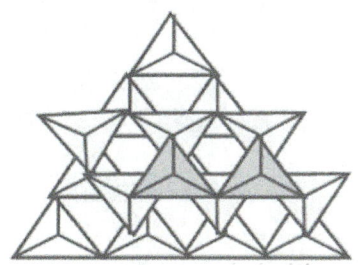
(c) α-ZnS配位多面体

图 3.36　α–ZnS 结构

- **晶胞的构成**：晶胞中含有 2 个 Zn^{2+}，2 个 S^{2-}，共 4 个原子，即有 2 个 ZnS 分子，z=2。
- **质点的坐标**：S^{2-}：$000, \frac{2}{3}\frac{1}{3}\frac{1}{2}$；$Zn^{2+}$：$00\frac{7}{8}, \frac{2}{3}\frac{1}{3}\frac{3}{8}$。
- **配位数**：同 β-ZnS 结构一样，由于离子极化，稳定结构的离子半径比在 0.255~0.414 之间，正、负离子的配位数都是 4。
- **配位多面体**：$[ZnS_4]$ 和 $[SZn_4]$ 四面体。
- **晶格常数**：a_0=0.382nm，c_0=0.625nm。

6. 金红石型结构

TiO_2 有3种不同的结构：金红石(Rutile)、板钛矿、锐钛矿。其中，金红石是**稳定型结构**。同结构的晶体有 SnO_2、PbO_2、MnO_2、MoO_2、WO_2、MnF_2、MgF_2 和 VO_2 等。TiO_2 具有高的折射率和介电系数，是制备高折射率玻璃的原料。金红石是陶瓷电容器瓷料中的主晶相。

- **结构符号**：Pearson 符号为 $tP6$，点群 $\dfrac{4}{m}mm$，空间群 $P\dfrac{4_2}{m}mm$。

- **结构的形成**：如图 3.37 所示，金红石为简单**四方晶系**。Ti^{4+} 离子位于四方晶格8个顶点位置和体中心，O^{2-} 离子在晶胞上下底面的对角线上各有2个，在晶胞半高的另一个面对角线方向也有2个，构成八面体的4个 O^{2-} 与中心距离较近，2个距离较远。**体中心的 Ti^{4+} 离子和四方晶格8个顶点位置的 Ti^{4+} 离子周围的环境不同，不是等同点，不能形成一个四方体心格子，而是2套四方原始格子**。金红石结构也可以看作 O^{2-} 离子做变形的六方紧密堆积，Ti^{4+} 处在由 O^{2-} 构成的稍有变形的八面体中心。$[TiO_6]$ 八面体以共棱方式排列成链状，链与链之间 $[TiO_6]$ 八面体共顶连接。

【参考视频】

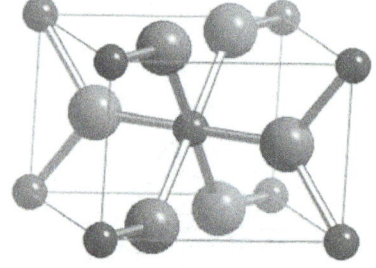 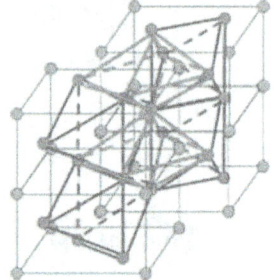 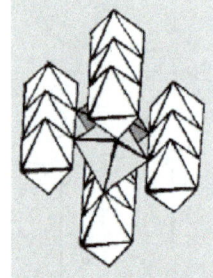

(a) 金红石结构模型　　(b) 金红石结构　　(c) 金红石配位多面体

图 3.37　金红石结构

- **晶胞的构成**：一个晶胞中含有2个 Ti^{4+}，4个 O^{2-}，共6个原子，即有2个 TiO_2 分子，$z=2$。

- **质点的坐标**：Ti^{4+}：$000, \dfrac{1}{2}\dfrac{1}{2}\dfrac{1}{2}$；$O^{2-}$：$uu0, (1-u)(1-u)0, \left(\dfrac{1}{2}+u\right)\left(\dfrac{1}{2}-u\right)\dfrac{1}{2}, \left(\dfrac{1}{2}-u\right)\left(\dfrac{1}{2}+u\right)\dfrac{1}{2}$；其中，$u=0.31$。

- **配位数**：$r_{Ti^{4+}} = 0.064\text{nm}, r_{O^{2-}} = 0.132\text{nm}$，$r_{Ti^{4+}}/r_{O^{2-}} = 0.485$，$Ti^{4+}$ 配位数为6，O^{2-} 配位数为3。

- **配位多面体**：$[TiO_6]$ 八面体，$[OTi_3]$ 平面三角形。

- **晶格常数**：$a_0 = 0.459\text{nm}$，$c_0 = 0.296\text{nm}$。

7. α-Al_2O_3 刚玉型结构

刚玉Al_2O_3的同素异构主要有α-Al_2O_3、β-Al_2O_3、γ-Al_2O_3 3种变体，根据X射线衍射分析还有η-Al_2O_3(等轴晶系)、ρ-Al_2O_3(晶系不确定)、χ-Al_2O_3(六方晶系)、κ-Al_2O_3(六方晶系)、δ-Al_2O_3(四方晶系)、θ-Al_2O_3(单斜晶系)。

> α-Al_2O_3呈三方晶系，自然条件下最稳定，是最多的一种。α-Al_2O_3的形成温度间距大，在500～1500℃。
> β-Al_2O_3呈六方晶系，高温下稳定，在1500～1800 ℃，α-Al_2O_3转变为β-Al_2O_3。
> γ-Al_2O_3呈四方晶系(假等轴晶系)，人工焙烧铝土矿950℃形成。

属于刚玉型结构的有α-Fe_2O_3、Cr_2O_3、Ti_2O_3、V_2O_3等氧化物。

> **结构符号**：α-Al_2O_3刚玉晶体结构属三方晶系，空间群$R\bar{3}c$。
> **晶格常数**：$a_0=0.517$nm，$\alpha = 55°17'$。
> **结构的形成**：如图3.38所示，α-Al_2O_3的结构可以看成O^{2-}离子按六方紧密堆积hcp排列，即ABAB…二层重复型，Al^{3+}填充于2/3的八面体空隙，因此，在同一层和层与层之间，Al^{3+}离子之间的距离应保持最远，这样才符合鲍林规则。

【参考视频】

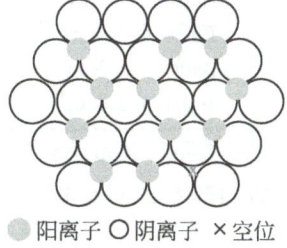

● 阳离子 ○ 阴离子 × 空位

(a) 正离子的排列

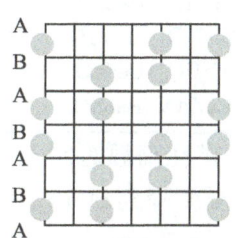

(b) 阳离子填充八面体间隙时在c轴上的排列

图3.38 α-Al_2O_3的结构特点

> **晶胞的构成**：一个晶胞中含有4个Al^{3+}，6个O^{2-}，共10个原子，即有2个Al_2O_3分子，$z=2$。
> **配位数**：Al^{3+}配位数为6，O^{2-}配位数为4。
> **配位多面体**：$[AlO_6]$八面体。

氧化铝是刚玉-莫来石瓷及氧化铝瓷中的主晶相。纯度在99%以上的半透明氧化铝瓷，可以做高压钠灯的灯管及微波窗口。掺入不同的微量杂质可使Al_2O_3着色，如掺铬的氧化铝单晶即红宝石，可做仪表、钟表轴承，也是一种优良的固体激光基质材料。

$FeTiO_3$、$MgTiO_3$等也具有刚玉结构，只是刚玉结构中的2个铝离子，分别被2个不同的金属离子所代替。如$FeTiO_3$中，Fe^{2+}和Ti^{4+}取代Al^{3+}离子后交替成层分布于c轴方向(图3.39)。而铌酸锂$LiNbO_3$结构中，Li^+和Nb^{5+}取代Al^{3+}离子后，在同一层内交替并成层分布于c轴方向(图3.40)。

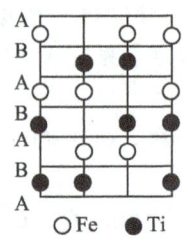
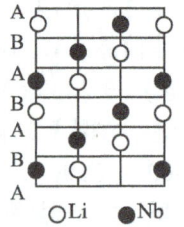

图 3.39　FeTiO₃ 结构中阳离子在 c 轴上的排列　　图 3.40　LiNbO₃ 结构中阳离子在 c 轴上的排列

8. 钙钛矿型结构

钙钛矿(灰钛石，Perovskite)是以 $CaTiO_3$ 为主要成分的天然矿物，钙钛矿型结构在电子材料中十分重要，很多具有铁电性质的晶体都属此类结构，如 $BaTiO_3$、$PbTiO_3$、$SrTiO_3$ 等。

钙钛矿结构通式为 ABO_3，是一种复合氧化物结构。一般地，A代表二价金属正离子，B代表四价金属正离子。但是A、B离子的价数不局限于二价和四价，见表3-9，具有钙钛矿型结构的晶体十分丰富，A、B离子的价数可以分别是1价和5价、3价和3价等。

表 3-9　具有钙钛矿型结构的晶体

氧化物 (1+5)	氧化物 (2+4)		氧化物 (3+3)		化物 (1+2)
$NaNbO_3$	$CaTiO_3$	$SrZrO_3$	$CaCeO_3$	$YAlO_3$	$KMgF_3$
$KNbO_3$	$SrTiO_3$	$BaZrO_3$	$BaCeO_3$	$LaAlO_3$	$KNiF_3$
$LiNbO_3$	$BaTiO_3$	$PbZrO_3$	$PbCeO_3$	$LaCrO_3$	$KZnF_3$
$NaWO_3$	$PbTiO_3$	$CaSnO_3$	$BaPrO_3$	$LaMnO_3$	
	$CaZrO_3$	$BaSnO_3$	$BaHfO_3$	$LaFeO_3$	

➢ **结构符号**：钙钛矿在高温时属于简单立方晶系，Pearson 符号 $cP5$，点群 $m3m$，空间群 $Pm3m$。在温度降到 600℃ 以下后结构畸变，对称性下降，转变为正交晶系。点群 mmm，空间群 $Pcmm$。

➢ **结构的形成**：如图 3.41 所示，O^{2-} 离子与较大的正离子 $A(Ca^{2+})$ 作面心立方密堆，较小的正离子 $B(Ti^{4+})$ 填入 1/4 的八面体间隙中。

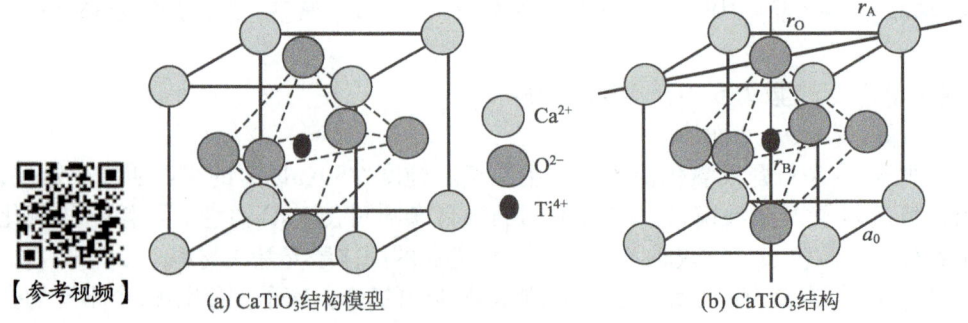

图 3.41　$CaTiO_3$ 结构

➢ **晶胞的构成**：每个晶胞中包含 1 个 Ca^{2+}，1 个 Ti^{4+}，3 个 O^{2-} 离子，共有 5 个离子，即有一个 $CaTiO_3$ 分子，$z=1$。

- **质点的坐标**：$Ca^{2+}:000, Ti^{4+}:\frac{1}{2}\frac{1}{2}\frac{1}{2}; O^{2-}:\frac{1}{2}\frac{1}{2}0,\frac{1}{2}0\frac{1}{2},0\frac{1}{2}\frac{1}{2}$。

- **配位数**：$r_{Ti^{4+}}=0.064nm, r_{Ca^{2+}}=0.106nm, r_{O^{2-}}=0.132nm$，$r_{Ti^{4+}}/r_{O^{2-}}=0.485$，在 0.414~0.732 范围，$Ti^{4+}$ 的配位数为 CN=6；$r_{Ca^{2+}}/r_{O^{2-}}=0.803$，在 0.732~1.000 范围，$Ca^{2+}$ 的配位数理论上为 8，但实际上配位数为 CN=12；根据化学式 $CaTiO_3$，O^{2-} 离子的配位数为 CN=6。

- **配位多面体**：$[TiO_6]$ 八面体，$[CaO1_2]$ 立方八面体。

- **晶格常数**：600℃以上简单立方晶系：$a_0=0.385nm$；600℃以下正交晶系：$a_0=0.537nm$，$b_0=0.764nm$，$c_0=0.544nm$。

理想情况下，钙钛矿型结构中3种离子间半径存在几何关系(图3.41(b))。

在晶胞侧面上有： $\quad 2(r_A+r_O)=\sqrt{2}a_0$；

在八面体内有： $\quad 2(r_B+r_O)=a_0$；

所以， $\quad \sqrt{2}(r_B+r_O)=r_A+r_O$。

A、B 离子半径在一定范围内波动时，$t\sqrt{2}(r_B+r_O)=r_A+r_O$。$t$ 为 **容差因子**。

- 实际钙钛矿型结构中，t 值为 0.77~1.1。$t=1$ 时，为理想型，$t>1$ 时，r_A 过大，r_B 过小；$t<1$ 时则相反。

- $t\leq 0.77$ 时，ABO_3 型化合物以 钛铁矿型 ($FeTiO_3$) 存在。钛铁矿型结构材料与 $\alpha-Al_2O_3$ 类同，所不同的只是 $\alpha-Al_2O_3$ 中的三价铝离子被钛铁矿型中的二价和四价正离子(或一价及五价正离子)相间替换，晶体结构的对称性降低。属于这种类型的材料在电子材料中比较重要的是铌酸锂及钽酸锂两种电光、声光晶体材料。

- $t>1.1$ 时，ABO_3 型化合物以 方解石型 ($CaCO_3$) 或文石存在。方解石型结构为菱形(三方)晶系，可以看成是在立方 NaCl 结构中，Ca^{2+} 离子代替了 Na^+ 离子的位置，而 $[CO_3]^{2-}$ 离子代替了 Cl^- 的位置，然后再沿 [111] 方向挤压，使面交角为 101°55′，即得方解石的菱形晶格。方解石型结构包括二价金属离子的碳酸盐，方解石 $CaCO_3$、菱镁矿 $MgCO_3$、菱锌矿 $ZnCO_3$、菱铁矿 $FeCO_3$ 和菱锰矿 $MnCO_3$ 等。$CaCO_3$ 的文石结构为正交晶系。

钙钛矿在降温时对称性下降，发生结构畸变，如果在1个轴向畸变，就由立方晶系转变为四方晶系；如果在2个轴向畸变，就转变为正交晶系；如果在体对角线[111]方向畸变，则转变为三方晶系。这3种畸变，在不同组成的钙钛矿型结构中存在。由于这种晶格畸变，一些钙钛矿型结构的晶体产生自发偶极矩，发生自发极化，并随压力或外电场而变，成为压电或铁电体，得到广泛应用。

9. 尖晶石型结构

尖晶石(Spinel，$MgAl_2O_4$)是 AB_2O_4 型晶体的代表。一般地，A代表二价金属正离子，B代表三价金属正离子，也可以 A 离子为四价，B 离子为二价。AB_2O_4 型晶体结构有 正型尖晶石结构、反型尖晶石结构 和 混合尖晶石 结构3种。$MgAl_2O_4$ 是正型尖晶石结构。

- **结构符号**：$MgAl_2O_4$ 为面心立方 fcc 结构，Pearson 符号 $cF56$，点群 $m3m$，空间群 $Fd3m$。
- **结构的形成**：如图 3.42 所示，$MgAl_2O_4$ 结构中，O^{2-} 作面心立方密堆，Mg^{2+} 位于四面体空隙，Al^{3+} 位于八面体空隙。八面体间共棱相连，八面体与四面体间共顶相连，使 Al^{3+} 与 Al^{3+} 之间和 Al^{3+} 与 Mg^{2+} 之间斥力最小，结构最稳定。

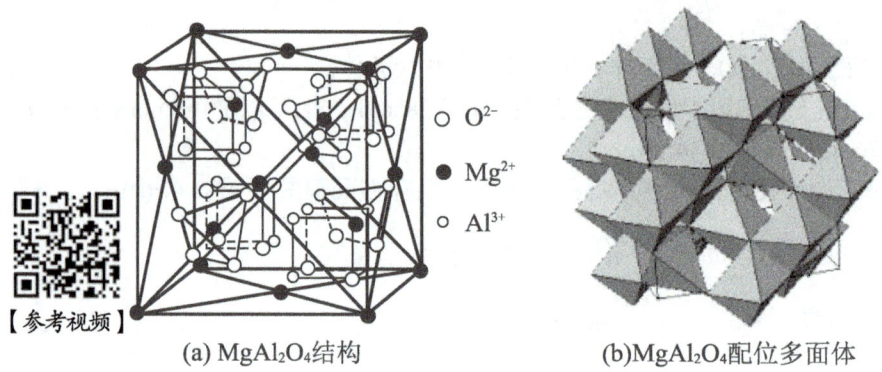

(a) $MgAl_2O_4$ 结构　　(b) $MgAl_2O_4$ 配位多面体

图 3.42　尖晶石 $MgAl_2O_4$ 结构

- **晶胞的构成**：晶胞中含有 32 个 O^{2-}，8 个 Mg^{2+}，16 个 Al^{3+}，共 56 个离子，8 个尖晶石分子，即 $8(MgAl_2O_4)$，$z=8$。
- **配位数**：Mg^{2+} 的配位数为 CN=4，Al^{3+} 的配位数为 CN=8，O^{2-} 的配位数为 CN=4。
- **配位多面体**：$[AlO_6]$ 八面体，$[MgO_4]$ 四面体。
- **晶格常数**：$a=0.808nm$。

属于尖晶石结构的化合物有100多种(表3-10)。其中用途最广的是铁氧体磁性材料。

表 3-10　尖晶石型结构晶体

氟化物 氰化物	氧化物				硫化物
$BeLi_2F_4$ $MoNa_2F_4$ $ZnK_2(CN)_4$ $CdK_2(CN)_4$ $MgK_2(CN)_4$	$TiMg_2O_4$ VMg_2O_4 MgV_2O_4 ZnV_2O_4 $MgCr_2O_4$ $FeCr_2O_4$	$ZnCr_2O_4$ $CdCr_2O_4$ $ZnMn_2O_4$ $MnMn_2O_4$ $MgFe_2O_4$ $FeFe_2O_4$	$ZnFe_2O_4$ $CoCo_2O_4$ $CuCo_2O_4$ $FeNi_2O_4$ $GeNi_2O_4$ $TiZn_2O_4$	$MgAl_2O_4$ $MnAl_2O_4$ $FeAl_2O_4$ $MgGa_2O_4$ $CaGa_2O_4$ $MgIn_2O_4$	$MnCr_2S_4$ $CoCr_2S_4$ $FeCr_2S_4$ $CoCr_2S_4$ $FeNi_2S_4$

(1) **正型尖晶石结构**：A离子填充四面体间隙，B离子填充八面体间隙，如$MgAl_2O_4$、$CoAl_2O_4$、$ZnFe_2O_4$等。

(2) **反型尖晶石结构**：反型尖晶石结构中，A^{2+}离子填充8个八面体间隙，B^{3+}离子一半填充8个四面体间隙，一半填充8个八面体间隙，即$B(AB)O_4$，如很多铁氧体材料$Fe(MgFe)O_4$、$Mg(TiMg)O_4$，磁铁矿Fe_3O_4可看成是$Fe^{2+}(Fe^{3+})_2O_4$。

(3) **混合尖晶石结构**：介于正、反尖晶石之间，既有正尖晶石，又有反尖晶石。如$CuAl_2O_4$、$MgFe_2O_4$等。

根据晶体场理论，尖晶石结构的确定取决于A、B离子的八面体择位能的大小。若A离子的八面体择位能小于B离子的八面体择位能，则形成正型尖晶石结构，反之为反型尖晶石结构。

尖晶石型结构的性能特点：尖晶石结构中Al-O、Mg-O均形成较强离子键，结构牢固，硬度大(8)，熔点高(2135℃)，比重大(3.55)，化学性质稳定，无解理，是重要的耐火材料。

尖晶石是典型的磁性非金属材料，具有强磁性、高电阻、低松弛损耗等特性。在实际应用中，与钙钛矿型结构占有同等重要的地位。常用作电子元件、计算机中的记忆元件、微波器件中的永久磁石等。

阅读材料　尖晶石 (Spinel)

尖晶石，源自希腊文"Spark"，意思是"红色或橘黄色的天然晶体"。也可能来自拉丁文"Spinella"，意思是"荆棘"。

宝石级尖晶石主要是指镁铝尖晶石$MgAl_2O_4$，有红、橘红、蓝紫、蓝色尖晶石等。红色尖晶石与红宝石十分相似，区别在于：红宝石有二色性，颜色不均匀，有丝绢状包裹体。尖晶石是均质体，无二色性，颜色均匀，固态包体为八面体。人造尖晶石颜色浓艳，均一，包裹体少，偶而有弧形生长线，折光率高。

尖晶石自古以来就是世界上最迷人的宝石之一，一直把它误认为是红宝石。目前世界上最具有传奇色彩、最迷人的重361克拉的"铁木尔红宝石"(Timur Ruby)和1660年被镶在英国国王王冠上重约170克拉的"黑色王子红宝石"(Black Prince's Ruby)，直到近代才鉴定出它们都是红色尖晶石。在我国清代皇族封爵和一品大员帽子上用的红宝石顶子，几乎全是用红色尖晶石制成的，尚未见过真正的红宝石制品。世界上最大、最漂亮的红天鹅绒色尖晶石，重398.72克拉，是1676年俄国特使奉命在北京用2672枚金币卢布买下的，现存于俄罗斯莫斯科金刚石库中。

3.3.3　硅酸盐晶体结构 (Silicate Crystal Structure)

构成硅酸盐晶体的基本结构单元是**硅氧四面体**(图3.43)。

硅氧四面体$[SiO_4]$或$[SiO_4]$簇构成的络阴离子团与其他阳离子连接形成**硅酸盐结构**。

硅氧四面体$[SiO_4]$中Si^{4+}离子位于O^{2-}离子形成的四面体中心，Si—O—Si键是一条夹角不等的折线，一般在145°左右。由于氧的电负性大于硅，所以Si—O键具有极性，据估计离子键和共价键大约各占一半。

硅氧四面体$[SiO_4]$中离子取代经常发生，如Al^{3+}取代Si^{4+}、F^-取代O^{2-}等，使硅酸盐晶体种类繁多、结构复杂，性质变化很大。硅酸盐的化学组成比较复杂，除了硅和氧外，组成中的各种阳离子多达50多种。

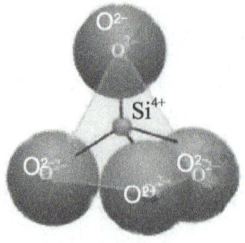
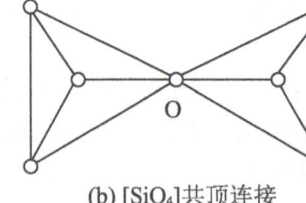

(a) [SiO₄]结构模型　　　　　　(b) [SiO₄]共顶连接

图 3.43　硅氧四面体 [SiO₄] 结构

硅氧四面体的连接规则如下。

(1)按照鲍林(Pauling)第二规则，硅氧四面体[SiO₄]的每个顶点，即每个O^{2-}最多只能为2个硅氧四面体[SiO₄]共用，即连接2个[SiO₄]四面体。

(2)按照鲍林(Pauling)第三规则，两个相邻的硅氧四面体 [SiO₄]之间只能共顶连接，而不共棱、不共面连接。

四面体群中连接2个离子的氧称为桥氧。由于氧的电价饱和，又称非活性氧。四面体群中只有一侧与Si^{4+}连接的氧称为非桥氧。由于氧的电价未饱和，又称活性氧。

硅酸盐晶体的表示方法通常有化学式(氧化物)和结构式(无机络盐)两种。

(1)化学式：将构成硅酸盐晶体的所有氧化物按一定顺序和比例全部写出来，即先顺序书写1价、2价、3价金属氧化物，最后写SiO_2和H_2O，也称氧化物表示法。

例如：钾长石的化学式写作$K_2O \cdot Al_2O_3 \cdot 6SiO_2$，高岭土的化学式写作$Al_2O_3 \cdot 2SiO_2 \cdot 2H_2O$，绿宝石的化学式写作$3BeO \cdot Al_2O_3 \cdot 6SiO_2$。

(2)结构式：将构成硅酸盐晶体的所有离子按一定顺序和比例全部写出来，再把相关的络阴离子用中括号[ ]括起来，也称无机络盐表示法。即先顺序书写1价、2价金属离子，其次是Al^{3+}和Si^{4+}离子，最后写O^{2-}和OH^-。

例如：钾长石的结构式写作$K[AlSi_3O_8]$，高岭土的结构式写作$Al[Si_2O_5](OH)_4$，绿宝石的结构式写作$Be_3Al_2[Si_6O_{18}]$。

化学式(氧化物)表示法可以一目了然地反映晶体的化学组成，可以按此配料进行晶体的实验室合成。结构式(无机络盐)表示法可以直观地反映晶体所属的结构类型，可以预测晶体结构和性质。两种表示方法可以互换。

按硅氧四面体[SiO₄]在硅酸盐晶体中结合与排列方式的不同，典型的硅酸盐结构包括岛状、组群状、链状、层状及架状结构，表3-11是其结构类型与结构特点。

表 3-11 硅酸盐晶体结构类型与结构特点

结构类型	$[SiO_4]^{4-}$ 共用 O^{2-}	形状	面体结合方式	络阴离子	Si/O	实例
岛状	0	四面体	SiO_4^{4-}	$[SiO_4]^{4-}$	1:4	镁橄榄石 $Mg_2[SiO_4]$ 锆石 $Zr[SiO_4]$ 莫来石 $Al_6[SiO_4]_2O_5$
	1	双四面体	$Si_2O_7^{6-}$	$[Si_2O_7]^{6-}$	2:7	硅钙石 $Ca_3[Si_2O_7]$ 铝方柱石 $Ca_2Al[AlSiO_7]$ 镁方柱石 $Ca_2Mg[Si_2O_7]$
组群状	2	三节环	$Si_3O_9^{6-}$	$[Si_3O_9]^{6-}$	1:3	蓝锥矿 $BaTi[Si_3O_9]$
	2	四节环	$Si_4O_{12}^{8-}$	$[Si_4O_{12}]^{8-}$	1:3	柱状星叶石 $Na_2FeTi[Si_4O_{12}]$ 斧石 $Ca_2Al_2(Fe,Mn)BO_3[Si_4O_{12}](OH)$
	2	六节环	$Si_6O_{18}^{12-}$	$[Si_6O_{18}]^{12-}$	1:3	绿宝石 $Be_3Al_2[Si_6O_{18}]$
链状	2	单链		$[Si_2O_6]^{4-}$	1:3	透辉石 $CaMg[Si_2O_6]$ 顽火辉石 $Mg_2[Si_2O_6]$ 硬玉（翡翠）$NaAl[Si_2O_6]$
	2, 3	双链		$[Si_4O_{11}]^{6-}$	4:11	透闪石 $Ca_2Mg_5[Si_4O_{11}]_2(OH)_2$ 斜方角闪石 $(Mg, Fe)_7[Si_4O_{11}]_2(OH)_2$ 阳起石 $Ca_2(Mg,Fe)_5[Si_4O_{11}]_2(OH)_2$
层状	3	平面层		$[Si_4O_{10}]^{4-}$	4:10	滑石 $Mg_3[Si_4O_{10}](OH)_2$ 高岭石 $Al_4[Si_4O_{10}](OH)_8$

续表

结构类型	$[SiO_4]^{4-}$ 共用 O^{2-}	形状	面体结合方式	络阴离子	Si/O	实例
架状	4	骨架		$[SiO_2]^0$		石英 SiO_2
				$[AlSi_3O_8]^{1-}$	1:2	钾长石 $K[AlSi_3O_8]$ 钠长石 $Na[AlSi_3O_8]$ 钙长石 $Ca[Al_2Si_2O_8]$ 钡长石 $Ba[Al2Si_2O_8]$
				$[AlSiO_4]^{1-}$		方钠石 $Na[AlSiO_4]_{4/3}H_2O$ 霞石 $Na_2K[AlSiO_4]$

1. 岛状结构(Island Structure)

镁橄榄石($Mg_2[SiO_4]$)为典型的岛状结构硅酸盐(图3.44和彩图5)。

【参考视频】

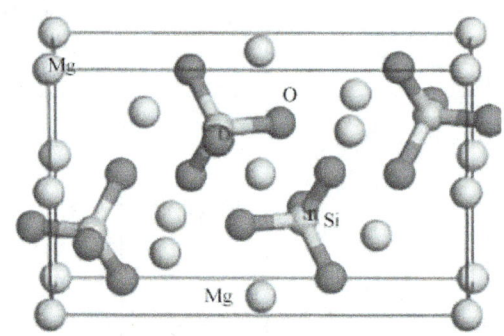

图 3.44 镁橄榄石结构

结构特点：镁橄榄石($Mg_2[SiO_4]$)为斜方(正交)晶系，空间群 $Pbnm$。晶格常数 $a=0.476nm$，$b=1.021nm$，$c=0.599nm$，晶胞分子数 $z=4$。镁橄榄石($Mg_2[SiO_4]$)有2种多面体，为 $[SiO_4]$ 四面体 和 $[MgO_6]$ 八面体。孤立的 $[SiO_4]^{4-}$ 由 Mg^{2+} 连接。

性能特点：镁橄榄石($Mg_2[SiO_4]$)中每个 O^{2-} 离子同时和1个 $[SiO_4]$ 和3个 $[MgO_6]$ 相连接，O^{2-} 电价饱和，晶体结构稳定。Si—O和Mg—O键合力强且在各个方向分布均匀，因此，镁橄榄石有较高的硬度，没有明显的解理，破碎后呈粒状，熔点高达1890℃，是镁质耐火材料中的主要矿物组成。

当镁橄榄石($Mg_2[SiO_4]$)结构中的 Mg^{2+} 位置换成 Ca^{2+}，就是水泥熟料中 γ-C_2S(Ca_2SiO_4)的结构，其中 Ca^{2+} 的配位数为6。另一种 β-C_2S(Ca_2SiO_4)也属于岛状结构，单斜晶系，其中 Ca^{2+} 的配位数有8和6两种，由于其配位不规则，化学性质活泼，使 β-C_2S(Ca_2SiO_4)的活性

增大，易与水发生水化反应。而γ-C₂S(Ca₂SiO₄)配位规则，在水中几乎是惰性的。

其他岛状硅酸盐晶体还有蓝晶石 Al₂(SiO₄)O、镁铝石榴石 Al₂Mg₃[SiO₄]₃、钙铝榴石 Ca₃Al₂[SiO₄]₃、钙铬榴石 Ca₃Cr₂[SiO₄]₃、钙铁榴石、Ca₃Fe₂[SiO₄]₃等。

2. 组群状(环状)结构 (Group and Ring Structure)

组群状结构是2个、3个、4个或6个[SiO₄]通过共用氧连接形成单独的硅氧络阴离子团，分别称为双四面体单元、三节环单元、四节环单元和六节环单元。硅氧络阴离子团再通过其他金属离子连接。

绿宝石Be₃Al₂[Si₆O₁₈]为典型的六节环状结构(图3.45和彩图5)。

绿宝石Be₃Al₂[Si₆O₁₈]的结构特点：六方晶系，空间群$P\dfrac{6}{m}cc$，晶格常数a=0.921nm，c=0.917nm，晶胞分子数z=2。

- 绿宝石的基本结构单元是6个[SiO₄]形成的六节环，六节环中的1个Si⁴⁺和2个O²⁻处在同一高度，环与环相叠。
- 图3.45(a)中黑线的六节环标高100，在上面，红线的六节环标高50，在下面。上下两层环错开30°，六节环之间靠Al³⁺和Be²⁺离子连接。
- Be²⁺离子位于4个O²⁻形成的四面体间隙中，形成[BeO₄]配位四面体。Be²⁺标高75，2个O²⁻标高65，2个O²⁻标高85，即Be²⁺同时连接4个[SiO₄]四面体。
- Al³⁺位于6个O²⁻形成的八面体间隙中，形成[AlO₆]配位八面体（图3.45(b)）。Al³⁺标高75，3个O²⁻标高65，3个O²⁻标高85。[AlO₆]八面体和[BeO₄]四面体共用标高65、85的2个O²⁻，即共棱连接。

【参考视频】

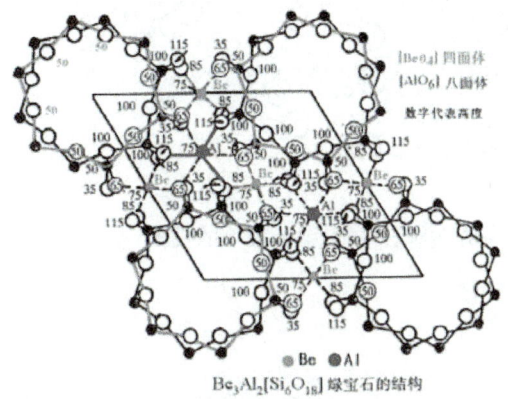

(a) 绿宝石晶胞在(0001)面上的投影

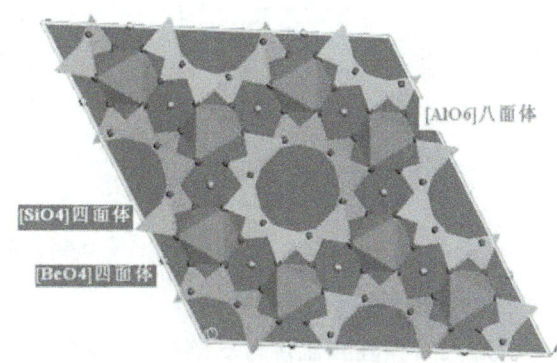

(b) 绿宝石结构中的配位多面体

图3.45 绿宝石结构

绿宝石Be₃Al₂[Si₆O₁₈]的性能特点：绿宝石结构的六节环内没有其他离子存在，形成环形空腔。该空腔可储有电价低、半径小的K⁺、Na⁺离子及H₂O分子，在电场作用下，成为离子导电的载体。当晶体受热时，大的空腔使晶体热膨胀降低。在结晶学方面，绿宝石晶体常呈现六方或复六方柱晶形。

3. 链状结构 (Chain Structure)

[SiO_4]通过共用的氧离子O^{2-}连接，在一维方向无限延伸形成链状结构。根据[SiO_4]共用顶点数目的不同，分为**单链**和**双链**两类结构。

1) 单链硅酸盐

辉石类硅酸盐结构中含有单链，如透辉石$CaMg[Si_2O_6]$、顽火辉石$Mg_2[Si_2O_6]$、锂辉石$LiAl[Si_2O_6]$等。单链间常通过金属正离子Ca^{2+}、Mg^{2+}连接，也可被Fe^{2+}、Fe^{3+}、Al^{3+}、Na^+等取代。

透辉石$CaMg[Si_2O_6]$属于单斜晶系，空间群$C\frac{2}{c}$，晶胞分子数$z=4$，晶格常数$a=0.971nm$，$b=0.889nm$，$c=0.524nm$。其结构如图3.46所示。硅氧单链$[Si_2O_6]_n^{4n-}$平行于c轴方向伸展，单链之间依靠Ca^{2+}、Mg^{2+}连接。Ca^{2+}的配位数为8，4个活性氧，4个非活性氧。Mg^{2+}的配位数为6，均为活性氧。

若透辉石结构中的Ca^{2+}全部被Mg^{2+}取代，则形成斜方晶系的顽火辉石$Mg_2[Si_2O_6]$。

【参考视频】

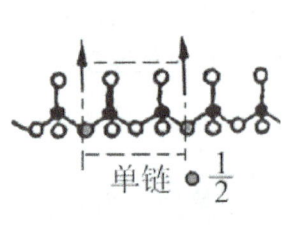
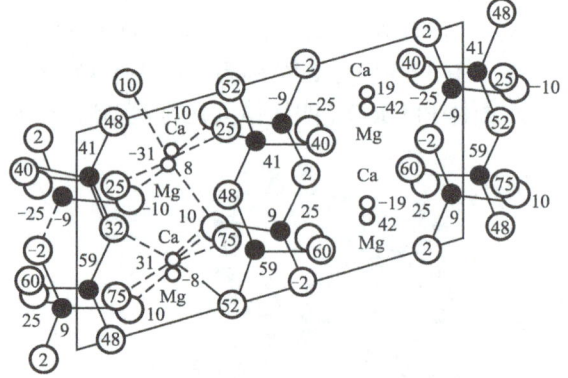

(a) 单链结构单元及 Si:O 比评　　　　(b) 透辉石结构 (010) 面上的投影

图 3.46　单链结构特点

2) 双链硅酸盐

角闪石类硅酸盐含有双链结构，两个相邻[SiO_4]，一个共用2个顶点，另一个共用3个顶点，在一维方向无限延伸，形成双链状结构络阴离子团(图3.47)。

透闪石$Ca_2Mg_5[Si_4O_{11}]_2(OH)_2$、斜方角闪石$(Mg, Fe)_7[Si_4O_{11}]_2(OH)_2$等也具有双链结构。**链状结构硅酸盐的性能特点**如下。

(1)介电性质：辉石类晶体的离子堆积和结合比绿宝石类晶体紧密，因此，具有良好的电绝缘性，如顽火辉石和锂辉石，是高频无线电陶瓷和微晶玻璃的主晶相。另外，当结构中存在变价的正离子时，局部电荷不平衡，晶体会呈现显著的电子电导。

(2)解理性：链状结构的硅酸盐中，链内是强极性共价键Si-O，链间是离子键M-O，链内键合较强而链间键合较弱。因此，链状硅酸盐矿物很容易沿链间结合较弱处劈裂成柱状或纤维状。如石棉解理为细长纤维状。由于链的构成和链间性质的不同，解理面间的夹角也不同，可以通过测定解理角的大小来区别矿物。反之，在结晶时晶体也会形成柱状或纤维状结晶。

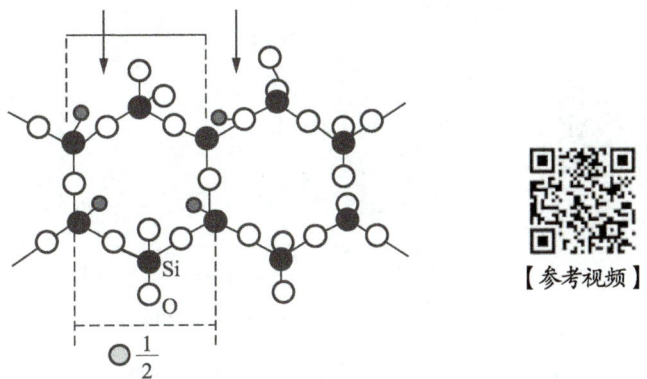

图 3.47 双链结构络阴离子团单元

4. 层状结构 (Layer or Sheet Structure)

层状结构中硅氧四面体[SiO$_4$]通过3个桥氧连接，在二维方向无限延伸形成六节环状的硅氧层，另一个非桥氧共同朝一个方向(图3.48)。可分为单网层结构和复网层结构。

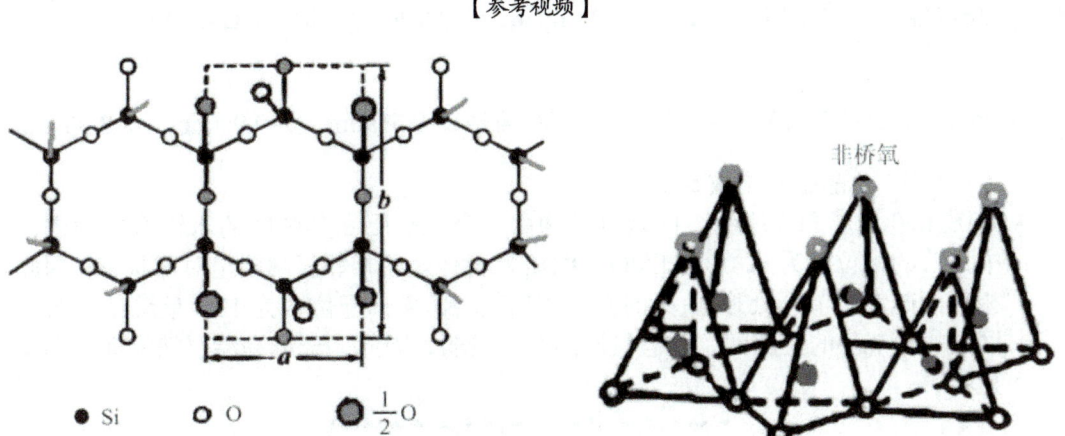

图 3.48 层状结构络阴离子团单元

1) 单网层结构

如图3.49所示，高岭石Al$_4$[Si$_4$O$_{10}$](OH)$_8$为单网层结构，由一层[SiO$_4$]加一层[AlO$_6$]/[MgO$_6$]八面体交互排列而成，基本结构单元是硅氧层和水铝石层构成的单网层。水铝石层中Al^{3+}、2个O^{2-}和4个OH形成[AlO$_2$(OH)$_4$]八面体，Al^{3+}配位数为6。

高岭石属于三斜晶系，空间群$C1$，晶胞分子数$z=1$。晶格常数$a=0.514$nm、$b=0.893$nm、$c=0.737$nm，$\alpha=91°36'$，$\beta=104°48'$，$\gamma=89°54'$。

【参考图文】

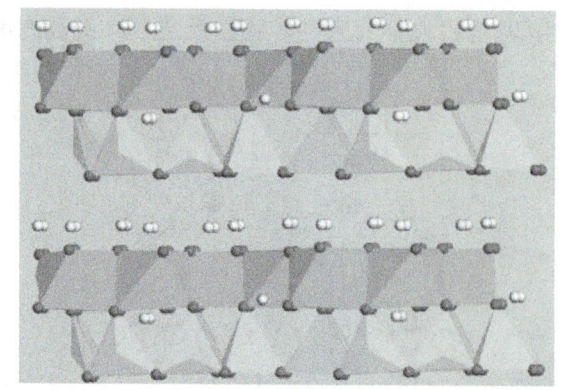

图 3.49　高岭石结构

高岭石性能特点：高岭石单网层中O^{2-}电价平衡，层内是电中性的，所以，层间靠物理键结合，结合力较弱，**易在层间解理为片状晶体**。由于单网层在平行叠放时水铝层内的OH^-与硅氧层内的O^{2-}相接触，故层间的结合键为氢键。由于氢键结合力大于分子键，水分子不易进入单网层之间，晶体**不因含水量增加而膨胀，无滑腻感**。高岭石结构**不易发生离子取代**，阳离子交换容量低，因此，高岭石质地较纯，熔点较高，是陶瓷、水泥、涂料的主要原料。

2)复网层结构

三层型(2∶1)型。由两层$[SiO_4]$加一层$[AlO_6]/[MgO_6]$八面体交互排列而成。如**白云母**$KAl_2[AlSi_3O_{10}](OH)_2$、金云母$KMg_3[Si_3AlO_{10}](OH,F)_2$、黑云母$K(Mg,Fe)_3[Si_3AlO_{10}](OH,F)_2$、**滑石**$Mg_3[Si_4O_{10}](OH)_2$、绿泥石$(Mg,Al,Fe)_6[(Si,Al)_4O_{10}](OH)_8$和叶腊石$Al_2[Si_4O_{10}](OH)_2$等。

(1)白云母。

> **结构**：**属于单斜晶系，空间群**$C\dfrac{2}{c}$，晶格常数$a=0.519nm$，$b=0.900nm$，$c=2.004nm$，$\beta=95°11'$。晶胞分子数$z=2$。

> 如图 3.50 和彩图 5 所示，白云母结构由 2 个硅氧层和其中间的水铝石层构成，其中Al^{3+}的配位数为 6，形成$[AlO_4(OH)_2]$八面体。两相邻复网层呈对称状态，因此，相邻两硅氧六节环处形成一个巨大的空隙。K^+离子配位数为 12，呈统计分布于复网层的六节环的空隙间，与硅氧层结合力较弱，因此，云母易沿层间解理，剥离成片状。

【参考视频】

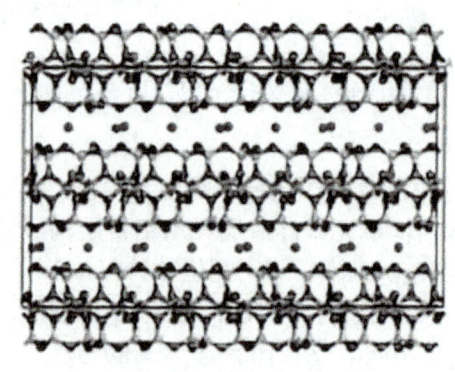

图 3.50　白云母结构

- **离子取代**：白云母 $KAl_2[AlSi_3O_{10}](OH)_2$ 中的正负离子几乎都可以被其他离子不同程度地取代，形成一系列云母族矿物。如形成金云母 $KMg_3[AlSi_3O_{10}](OH)_2$，人工合成氟金云母 $KMg_3[AlSi_3O_{10}]F_2$，黑云母 $K(Mg,Fe)_3[AlSi_3O_{10}](OH)_2$，珍珠云母 $CaAl_2[Al_2Si_2O_{10}](OH)_2$ 等。
- **云母类矿物的用途**：云母陶瓷具有良好的抗腐蚀性、耐热冲击性、机械强度高、高温介电性能好，是新型的电绝缘材料。云母微晶玻璃具有高强度、耐热冲击性、可切削性等，广泛用于国防和现代工业中。

(2) 滑石。

- **结构分析**：滑石 $Mg_3[Si_4O_{10}](OH)_2$ 属于单斜晶系，空间群 $C\dfrac{2}{c}$，晶格常数 $a=0.525nm$，$b=0.910nm$，$c=1.881nm$，$\beta=100°$。

如图3.51所示，滑石结构中连接2个硅氧层的为中间的镁氢氧层(水镁石层)，由1个 Mg^{2+}、4个 O^{2+} 和2个 OH 形成 $[MgO_4(OH)_2]$ 八面体，Mg^{2+} 离子的配位数为6。

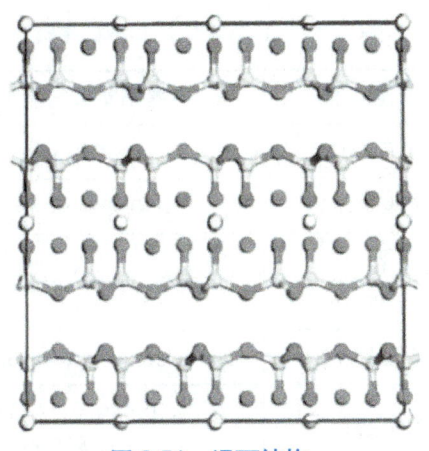

【参考视频】

图 3.51 滑石结构

- **性质特点**：滑石晶体中复网层内电价饱和，单元层之间依靠较弱的分子力(范德华力)结合，易解理为片状，滑腻感强，是爽身粉的主要原料。进行单、双杠器械运动时，滑石等常用作**固体润滑剂**。

离子取代：用2个 Al^{3+} 取代滑石中的3个 Mg^{2+}，则形成叶腊石 $Al_2[Si_4O_{10}](OH)_2$ 结构，叶腊石同样有良好的片状解理和滑腻感。

脱水效应：滑石和叶腊石中都含有 OH^-，加热时产生脱水效应。滑石 $Mg_3[Si_4O_{10}](OH)_2$ 脱水后变成斜顽火辉石 $\alpha\text{-}Mg_2[Si_2O_6]$，叶腊石 $Al_2[Si_4O_{10}](OH)_2$ 脱水后变成莫来石 $3Al_2O_3\cdot2SiO_2$。它们都是陶瓷和玻璃工业的重要原料。

5. 架状结构 (Frame Structure)

石英 SiO_2 晶体及其变体具有典型架状结构。$[SiO_4]$ 所有4个顶角氧均为桥氧，$[SiO_4]$ 之间共顶连接，在三维空间形成规则的架状网络(图3.52)。

当 Al^{3+} 取代 Si^{4+} 时，O^{2-} 电价不饱和，结构中有剩余负电荷，一些电价低、半径大的阳离子 (K^+、Na^+、Ca^{2+}、Ba^{2+}等) 进入结构中，形成长石族、霞石和沸石类晶体，也属于架状硅酸盐结构。

【参考图文】

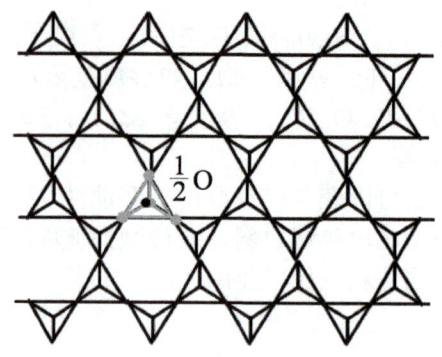

图 3.52 架状结构

1)石英晶体结构

石英晶体具有多种变体，常压下分为石英、鳞石英和方石英3个系列，共有7种变体。它们的转变关系如图3.53所示，结构参数见表3-12。

表 3-12 石英变体及其结构参数

变体	晶系与空间群	晶格常数与晶胞分子数	稳定性
α-方石英	立方 $Fd3m$	$a=0.713$nm, $z=8$	高于1470℃
β-方石英	四方（假立方）	$a=0.497$nm, $c=0.692$nm	低于270℃
α-鳞石英	六方 $P\dfrac{6_3}{m}mc$	$a=0.504$nm, $c=0.825$nm, $z=4$	高于870℃
β-鳞石英（存争议）	正交（假六方）	$a=1.845$nm, $b=0.499$nm, $c=2383$nm	低于160℃
γ-鳞石英	正交 $C222$	$a=0.874$nm, $b=0.504$nm, $c=0.824$nm, $z=8$	低于117℃
α-石英	六方 $P6_422$ 或 $P6_222$	$a=0.501$nm, $c=0.547$nm, $z=3$	高于570℃
β-石英	三方 $P3_221$ 或 3_121	$a=0.491$nm, $c=0.540$nm, $z=3$	低于268℃

【参考图文】

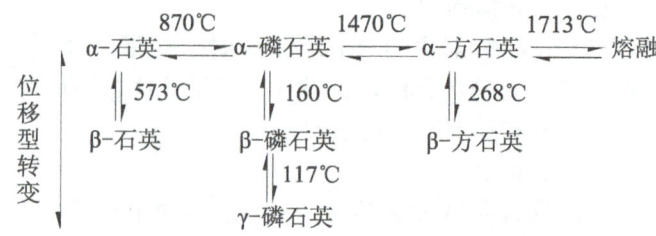

图 3.53 SiO$_2$ 石英晶体的 7 种变体

(1)纵向转变：同一系列之间的转变不涉及晶体结构中键的破裂和重建，仅是键长、键角的调整，所需转变温度低，转变迅速可逆，称为位移型转变。

(2) 横向转变: 不同系列(α-石英、α-鳞石英和α-方石英)之间的转变涉及键的破裂和重建，所需转变温度较高，转变过程缓慢，称为重建型转变。

α-石英、α-鳞石英和α-方石英在结构上的主要差别在于[SiO₄]四面体之间的连接方式不同(图3.54)。

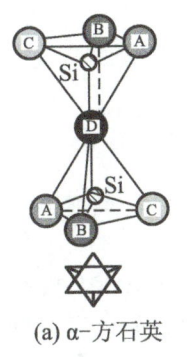
(a) α-方石英

两个对顶连接的[SiO₄]四面体以共用氧为对称中心

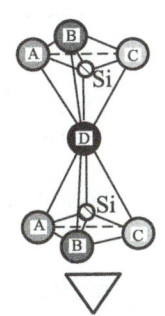
(b) α-鳞石英

两个[SiO₄]四面体之间是对称面关系

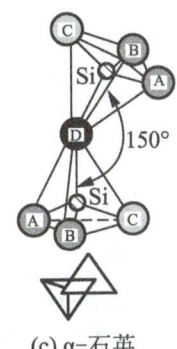
(c) α-石英

在α-方石英结构基础上，2个[SiO₄]四面体中的Si-O-Si键由180°变为150°

【参考图文】

图 3.54　重建型[SiO₄]之间的结合方式

(1) α-方石英结构。

α-方石英属于面心立方晶系，空间群$Fd3m$，晶格常数$a=0.713$nm，晶胞分子数$z=8$，结构如图3.55所示。Si^{4+}的排列方式与金刚石结构完全相同，Si^{4+}位于立方晶胞顶角、面心位置和立方体内相当于8个小立方体中的4个。在距离最近且完全等距离的每2个Si^{4+}之间插入O^{2-}，就构成了α-方石英的结构。

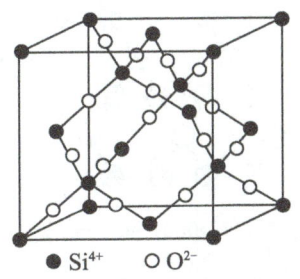

图 3-55　α-方石英结构

[SiO₄]交错地指向相反方向，组成六节环状硅氧层(不同于层状结构中的硅氧层，该硅氧层内四面体取向一致)，以3层为一周期平行于(111)面叠放，形成架状结构。叠放时，两平行的硅氧层中的四面体错开60°，共顶连接，并以共顶的形成对称中心(图3.54(a))。

(2) α-鳞石英结构。

α-鳞石英属于六方晶系，空间群$P\dfrac{6_3}{m}mc$，晶格常数$a=0.504$nm，$c=0.825$nm，晶胞分子数$z=4$。结构如图3.56所示。由交错地指向相反方向的[SiO₄]组成六节环状硅氧层平行于(0001)面叠放，形成架状结构。平行叠放时，硅氧层中的四面体共顶连接，并且共顶的2个四面体处于镜面对称状态(图3.54(b))。

【参考图文】

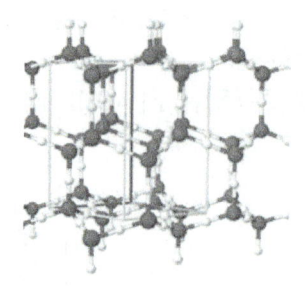
(a) α-磷石英结构

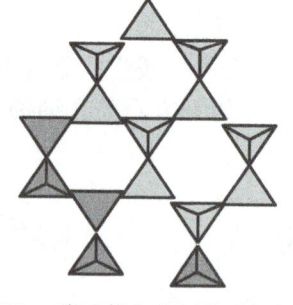
(b) α-磷石英六节环状硅氧层

图 3.56 α- 磷石英结构

(3) α–石英结构。

α–石英为六方晶系，存在6次螺旋轴，围绕螺旋轴的硅离子在(0001)投影图上连接成正六边形。根据螺旋轴的旋转方向不同，α-石英有左形和右形之分，其空间群分别为 $P6_422$ 和 $P6_222$。Si-O-Si 夹角为150° (图3.57)。

β-石英结构中 Si-O-Si 夹角为137°，6次螺旋轴蜕变为3次旋转轴。围绕3次螺旋轴的 Si^{4+} 在(0001)面上的投影是复三角形(图3.57)。

【参考视频】

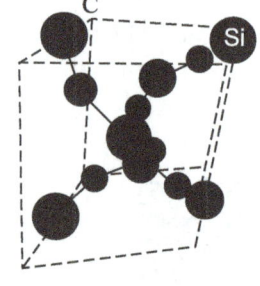
(a) α-石英

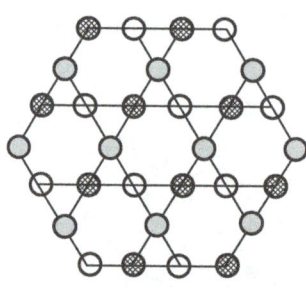
(b) α-石英中 Si^{4+} 在(0001)面上投影

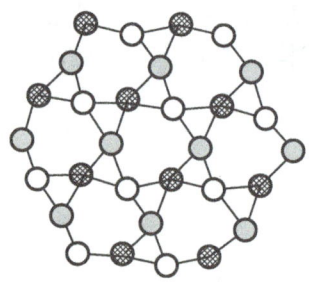
(c) β-石英中 Si^{4+} 在(0001)面上投影

图 3.57 α- 石英和 β- 石英结构

石英结构与性质的关系：SiO_2 结构中，Si-O 键强度很高，键合力在三维空间比较均匀，因此，SiO_2 晶体的熔点高、硬度大、化学稳定性好，无明显解理。

2) 长石晶体结构

类 型：钾长石 $K[AlSi_3O_8]$，钠长石 $Na[AlSi_3O_8]$，钙长石 $Ca[Al_2Si_2O_8]$，钡长石 $Ba[Al_2Si_2O_8]$。

基本组成：Si^{4+} 被 Al^{3+} 置换，为保持电中性，引入 K^+、Na^+、Ca^{2+}、Ba^{2+} 等进入结构。

硅氧比：(Al+Si):O=1:2。

基本特征：$[SiO_4]$ 连接成四元环，2个四面体顶角向上，2个向下。四面体共顶连接成曲轴状的链，链与链之间在三维空间连接成架状结构(图3.58)。

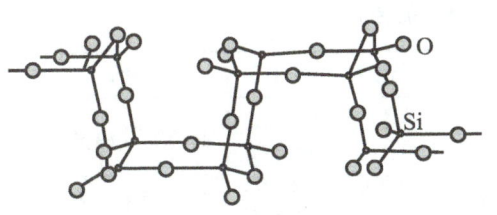 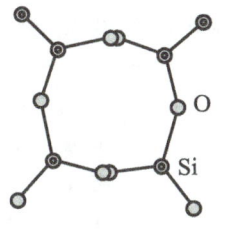 

(a) 曲轴状的结构链　　　　(b) 四节环　　　　(c) 钾长石骨架结构

图 3.58　长石结构

性质特点：长石是陶瓷和玻璃的重要原料之一。

(1) **各向异性**：长石结构的四节环链内结合强度高，链间虽然也有桥氧连接，但有一部分是靠金属离子和 O^{2-} 键合，结合较弱。因此，长石在平行于链的方向上有较好的解理。

(2) **吸附作用**：由于铝硅硅酸盐结构中骨架的开放性，有许多孔径均匀的孔道和内表面很大的空穴，特别是含水分子的结构，通过加热把空穴内的水排出，可起到吸附剂的作用。

(3) **分子筛**：直径比孔道小的分子能进出空穴，直径大的不能进入，可以用作分子筛，如沸石 $Ca_2[Al_4Si_8O_{24}] \cdot 13H_2O$ 就是有名的分子筛。

3.4　高分子的晶态结构
(Crystalline Structure of Polymers)

高分子的结构分为高分子链结构与高分子的聚集态结构两个组成部分。

(1) **高分子链结构**：指单个分子的结构和形态，分为近程结构和远程结构。

近程结构属于**化学结构**，又称**一级结构**，包括**构造**和**构型**。构造是指高分子的形状，构型是指分子中原子在空间的集合排列。近程结构的主要内容有结构单元的化学组成、结构单元的键接方式、高分子链的几何形状(支化与交联)、结构单元的立体构型与空间排列等。**远程结构**又称**二级结构**，包括高分子的大小与形态、链的柔顺性及分子在各种环境中所采取的构象。

(2) **聚集态结构**：指高分子材料整体的内部结构，包括晶态结构、非晶态结构、取向态结构、液晶态结构以及织态结构。**晶态结构**、**非晶态结构**、**取向态结构**和**液晶态结构**描述高分子聚集态中的分子之间是如何堆砌的，又称**三级结构**。

本节介绍高分子的链结构和晶态结构。

3.4.1　高分子链的近程结构 (Short-range Structure of Polymer Chain)

1. 高分子链结构单元的化学组成

高分子材料是由 C、H、O、N、P、S 等以共价键组成大分子链，根据主链的原子构成，主要分为碳链高分子(聚合物)、杂链高分子(聚合物)、元素有机高分子(聚合物)和无机高分子(聚合物)，见表3-13。

表 3-13 高分子链的化学组成类型及其性能特点

类型	碳链高分子	杂链高分子	元素有机高分	无机高分子
主链	C 原子以共价键连接。 —C—C—C—C— —C—C=C—C—	主链除 C 外，还有 O、N、P、S 等其他元素。如： —C—C—O—C— —C—C—H—C— —C—C—S—C—	主链由 Si、Ti、Al、Ti、As 等原子和 O 原子构成，侧基一般为有机基团。 —O—Si—O—Si—O—	主链纯粹由其他元素构成，无 C 原子和有机基团。 — P = N — P=N—
常见材料	聚乙烯(PE)，聚丙烯(PP)，聚苯乙烯(PS)，聚氯乙烯(PVC)，聚甲基丙烯酸甲酯(PMMA)、聚乙烯醇(PVA)、聚丙烯腈(PAN)等。大多由加聚反应制得。	聚酯，聚甲醛，聚醚，聚酰胺，聚砜，聚氨酯等。 由缩聚反应或开环聚合制得	有机硅树脂、有机硅橡胶等	
性能特点	可塑性好，易加工成形。耐热性差，易燃烧和老化。PE、PP、PS 仅含 C 和 H 元素，是非极性高聚物，具有较好的介电性能。PE 结构简单、对称性好，是典型的结晶性高聚物；PS 的苯环侧基体积大、对称性差，是典型的非晶高聚物。PVC、PVA、PAN 是极性高聚物，介电性能较差	较高的机械强度，较高的耐热性，通常用作工程塑料。分子主链上带有极性基团，易水解、醇解或酸解	一般具有无机物的高热稳定性和耐磨性，并有机物高弹性和可塑性	原子成链能力较弱，分子量低，易水解

2. 高分子链结构单元的键接方式

1) 均聚物结构单元键接

具有不对称取代的均聚物，其结构单元的键接方式有**头–头键接**、**尾–尾键接**、**头–尾键接**3种(图3.59(a))。其中**头–尾连接结构最规整、强度最高**。

烯类高聚物绝大多数是头–尾键接(85%以上)，但也可能杂有头-头或尾-尾键接，其程度取决于聚合反应的条件。如果聚合温度高，生成头-头或尾-尾键接的概率增加。

2) 共聚物结构单元键接

键接方式有无规共聚物、交替共聚物、嵌段共聚物和接枝共聚物(图3.59(b))。

【参考图文】

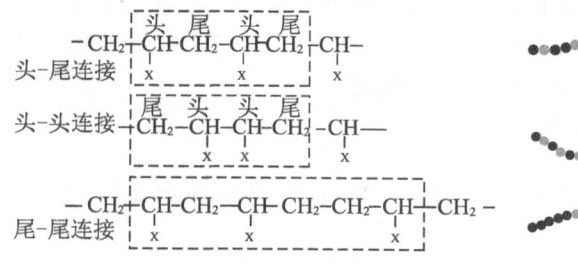
(a) 不对称取代的加聚物键接方式

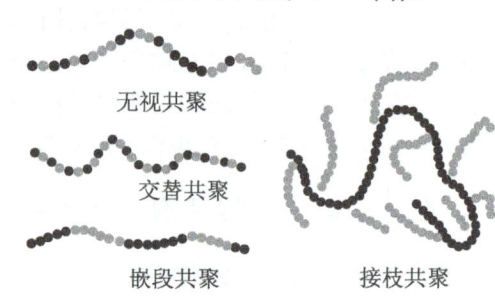
(b) 共聚物结构单元键接方式

图 3.59 高分子链结构单元的键接方式

3. 高分子链的几何形状

高分子链的几何形状有线形高分子、支链形高分子和交联(网状)高分子，其性能特点见表3-14。

表 3–14　高分子链的几何形状及其性能特点

类型	线形高分子	支链形高分子	交联（网状）高分子
几何形状	由许多链节组成的长链，通常是卷曲成线团状，也可以伸展成直线	在主链上带有长短不一的支（侧）链，形状有树枝形、星形、梳子形等	主链之间通过化学键或支化链交联，呈三维网状结构
材料	无支化的聚乙烯，聚氯乙烯，天然纤维素，未硫化的天然橡胶，缩聚物（聚酯、聚酰胺、尼龙等）等	高压聚乙烯 (HPEF)	酚醛树脂、环氧树脂、羊毛、硫化橡胶等
性能特点	大分子链间无化学链连接，弹性、塑性好，柔软，硬度低。能溶解于适当溶剂中。加热时，分子链间相互位移，可以拉丝和成膜，可以反复热塑成各种形状的制品，称为热塑性高聚物	在溶剂中溶解，加热时能被熔融。属于可溶可熔的热塑性高聚物。支化使材料的密度降低，结晶度降低，强度和硬度低，耐热性和耐蚀性降低	交联高分子是不溶不熔的，当交联程度不大时才能在溶剂中溶胀。优良耐热性、硬度高、耐溶剂性能及尺寸稳定性，可用作特种高分子材料，耐烧蚀的酚醛树脂可作火箭的外壳材料。但脆性大、无弹性和塑性，是热固性高聚物

4. 高分子链的空间构型

高分子链的空间构型是指由化学键固定的原子在空间的几何排列，如图3.60所示，主要有全同立构、间同立构和无规立构3种。

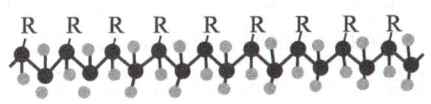
(a) 全同立构：取代基R在主链的同一侧

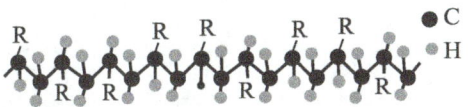
(b) 间同立构：取代基R相间地分布在主链的两侧

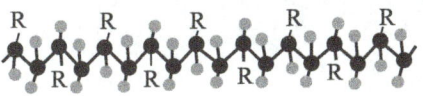
(c) 无规立构：取代基R不规则地分布在主链的两侧

图 3.60　高分子链的空间构型

全同立构和间同立构的高聚物统称为有规(或等规)立构高聚物。等规度是指高聚物中有规聚合的百分含量。等规聚合物的结晶度和熔点较高，不易溶解。

高分子的空间构型对材料的性能影响很大。例如，全同或间同立构的聚丙烯，结构比较规整，容易结晶，可以纺丝制成纤维(丙纶)。而无规立构的聚丙烯是一种橡胶状的弹性体。

通常以自由基聚合方式得到的高聚物是无规立构的，只有用特殊的催化剂才能制得有规立构的高聚物，这种聚合方法称为定向聚合。

3.4.2 高分子链的远程结构 (Long-range Structure of Polymer Chain)

1. 高分子的大小

除了有限的几种蛋白质及核酸以外，高聚物一般都是由许多分子量不同的大分子混合而成的。分子量不是均一的，具有一定的分布，称为多分散性。如分子量为10万的聚乙烯，可能是由分子量2万~20万大小不同的聚乙烯分子组成的，各种分子量的大分子链的重量是不同的。因而高聚物的分子量只有统计的意义，只能用统计平均值来表示。

- 数均相对分子量：按分子数为统计权重的统计平均，定义为 $\overline{M}_n$。
- 重均相对分子量：按重量为统计权重的统计平均，定义为 $\overline{M}_w$。

$$\overline{M}_n = \frac{\sum_i n_i M_i}{\sum_i n_i} \qquad \overline{M}_w = \frac{\sum_i n_i M_i^2}{\sum_i n_i M_i}$$

式中，M_i 为第 i 组分子的相对分子质量；n_i 为第 i 组分子的摩尔数。

聚合物的分子量及其分布对材料的物理、机械性能起重要作用。高聚物的分子量达到某一数值后，才能具有适用的机械强度，这一值称为临界聚合度。材料的抗张强度、冲击性能以及加工过程的流动性、成膜性和纺丝性能等都与分子量分布密切相关。聚合物加工前的分子量分布取决于聚合反应机理，在加工和使用过程中分子量分布的变化取决于降解机理。因此，通过研究和控制聚合物分子量的分布，研究聚合与降解动力学，改进产品的性能。

2. 高分子链的构象

单键是由 σ 电子组成，电子云分布是轴对称的，因此高分子在运动时单键可以绕轴旋转，称为内旋转(图3.61)。由单键内旋转引起的原子和基团在空间占据不同位置所构成的分子链的各种形象，称为高分子链的构象(图3.62)。由统计规律可知，高分子呈伸直链构象的概率是极小的，除非受到特殊相互作用的阻碍，通常呈蜷曲构象，呈现无规线团链、折叠链和螺旋链等。

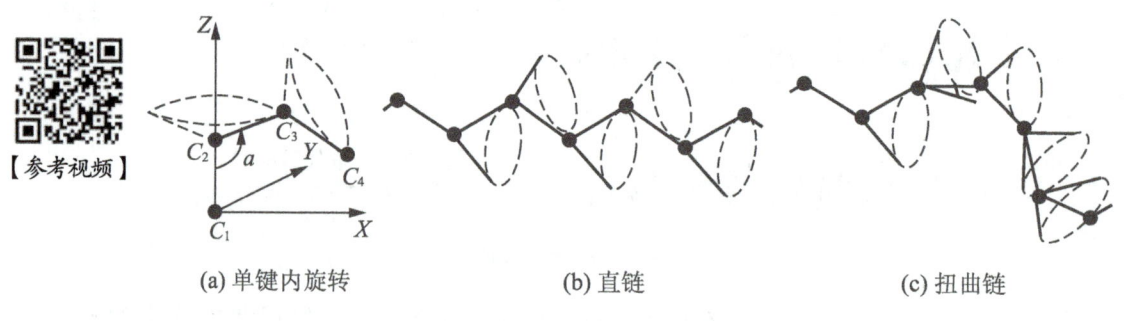

(a) 单键内旋转　　(b) 直链　　(c) 扭曲链

图 3.61　单键内旋转

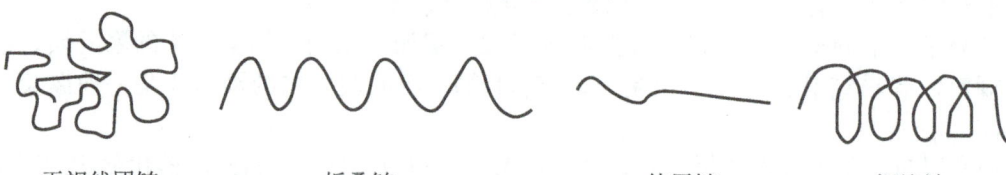

无视线团链　　折叠链　　伸展链　　螺旋链

图 3.62　高分子链的构象

3. 高分子链的柔顺性

高分子链能改变其构象、获得不同蜷曲程度的特性，称为高分子链的柔顺性。柔顺性是高聚物许多性能不同于低分子物质的主要原因。

根据统计热力学，熵是度量体系无序程度的热力学函数，当高分子链取伸直形态时，构象只有一种，熵等于零；当高分子链取蜷曲形态，构象数目越大，构象熵值就越大，分子链蜷曲越厉害。由熵增原理可知，孤立的高分子链在没有外力的作用下总是自发地采取蜷曲形态，使构象熵趋于最大，这是高分子链柔顺性的实质。大分子的蜷曲程度是用其两个端点间的直线距离——末端矩 h 来衡量(图3.63)。末端矩越短，蜷曲越厉害。

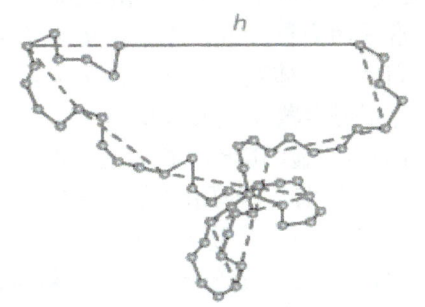

【参考视频】

图 3.63　柔性大分子链末端距和链段示意图

高分子链的柔顺性与单键内旋转难易程度有关，主链结构、侧基的性质、分子链的长短等都会影响高分子链的柔顺性。在常见的3大类主链结构中：

① 柔顺性以 Si—O 键最好，C—O 键次之，C—C 键最差。

② 主链中含有芳香环时，它不能自旋，柔顺性很低，刚性较好，能耐高温。

③ 主链中含有孤立双键时，双键本身不能自旋，但两C原子各减少一个侧基或氢原子，使非键合基团或原子间距增大，单键内旋阻力减小，柔顺性增大。

④ 侧基(取代基)的极性强弱/体积/分布对柔顺性有影响。侧基的极性越强，使分子间作用力增大，内旋受阻，柔顺性降低。因此，聚氯乙烯(PVC)的柔顺性比聚乙烯(PE)的差。对于非极性侧基，侧基体积越大，空间位阻越大，对内旋转越不利，链的刚性增大。如PE、PP、PS的柔顺性是依次减小的。然而对于聚异丁烯，每个链节上有两个对称的甲基，使主链之间的距离增大，分子链间的作用力减小，内旋转容易，柔顺性增大，所以它的柔顺性比PE的还要好，可以用作橡胶。

⑤ 如果分子链很短，内旋转的单键很少，构象数也很少，呈现刚性，所以小分子无柔性可言。如果链的长度较大，可有很多构象，分子具有柔性。当分子量达到一定数值，对柔顺性的影响不大，构象服从统计规律。

3.4.3　高分子的聚集态结构 (Aggregation Structure of Polymers)

高分子的聚集态结构是指高分子链之间的几何排列状态和堆砌结构。晶态与非晶态是高分子最重要的两种聚集态。聚合物的晶态总包含一定量的非晶相，100%结晶的情况很罕见。

(1) 背景：高分子的聚集态结构取决于高分子链的化学构成、立体构型和构象或形态，决定于分子间力，强烈地依赖于加工成型和后处理工艺。高分子的聚集态结构直接影响材料的性能，因此，研究高分子聚集态结构的目的就在于了解高分子聚集态结构特征、形成条件及其与材料性能之间的关系，以便人为地控制生产条件，得到具有预定结构和性能的材料，同时为高聚物的物理改性和材料设计建立科学基础。

(2) 高分子间的作用力：高分子的聚集态结构取决于高分子间的作用力。高分子链之间以范德华力或氢键结合，键虽弱，但因分子链很长，结构单元很多，分子之间互相邻近的范围很大，链间总作用力为各链节作用力与聚合度之积，因而大大超过链内共价键。因此高分子的聚集态只有固态和液态，无气态。即高分子在未气化之前，其化学键就断裂了。

分子间作用力的大小通常采用内聚能或内聚能密度来衡量。内聚能定义为克服分子间的作用力，把一摩尔液体或固体分子移到其分子间的引力范围之外所需要的能量。对于低分子化合物，其内聚能近似等于恒容蒸发热或升华热。

内聚能密度对高聚物的性质有明显的影响：内聚能密度较小时，分子链上不含极性基团，分子间作用力主要是色散力，分子间相互作用较弱，分子链的柔顺性较好，材料易于变形，富有弹性，可用作橡胶（聚乙烯除外，由于它易于结晶而失去弹性，只能用作塑料）；内聚能密度大的高聚物，分子链上有强极性基团，或分子链间形成氢键，分子间作用力大，分子链结构比较规整，易于结晶、取向，具有较好的机械强度和耐热性，成为优良的纤维材料。

3.4.4　高聚物的晶态结构 (Crystalline Structure of Polymers)

高分子晶体的基本结构单元是分子链构象周期重复的"分子链链段"，晶胞尺寸与其重复单元的构象有密切关系。

C—C 单键内旋转形成的 8 种构象(图3.64)，主要有平面锯齿形构象、螺旋形构象和滑移面对称型构象。

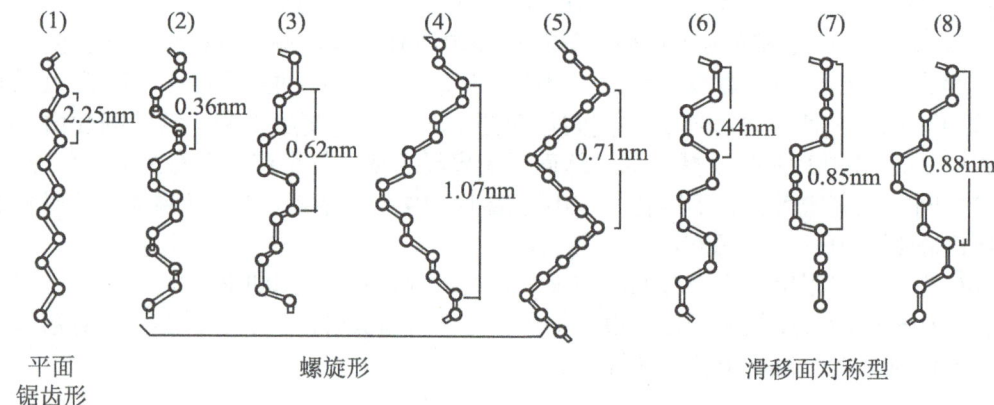

图 3.64　C—C 单键内旋转形成的 8 种构象

分子链在晶体中的构象主要取决于分子内的相互作用能。在晶态高分子中，高分子链在晶体中的排列遵循能量最低原则，作紧密而规整的排列。

聚乙烯、间规聚氯乙烯、聚酯、聚酰胺等分子链呈平面锯齿形。聚四氟乙烯链呈螺旋形构象，使碳链骨架四周被氟原子包围起来而呈螺旋硬棒状结构，具有极好的化学稳定性；由于分子链间氟原子的相互排斥作用，分子间易于滑动，又具有润滑作用及冷流性质。

1. 晶态结构模型

高分子晶体有常见的缨状微束(两相结构)、折叠链和插线板3种晶态结构模型。

1)缨状微束模型(Fringed–micelle Model)

这个模型又叫两相结构模型(如图3.65(a))。

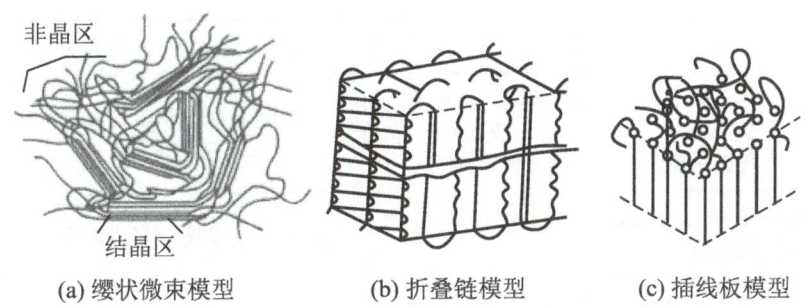

(a) 缨状微束模型　　　(b) 折叠链模型　　　(c) 插线板模型

图 3.65　三种晶态聚合物结构模型

(1)高聚物只能部分结晶，晶区和非晶区互相穿插，同时存在。

(2)在晶区中，分子链互相平行排列形成规整的结构，而在非晶区中，分子链的堆砌是完全无序的。

(3)晶区的尺寸很小(10nm左右)，晶区在通常情况下是无规取向的。

(4)一根分子链可以同时穿过几个晶区和非晶区。

缨状微束模型能解释许多实验事实，如晶区部分具有较高的强度，而非晶部分有较低的密度，提供了形变的自由度等。

2)折叠链模型(Folded–chain Model)

Keller 提出，在高分子晶体中，大分子链以折叠的形式堆砌形成结晶(如图3.65(b))。

(1)伸展的分子链可以互相聚集在一起形成链束，链束是由多条分子链组成的。

(2)分子链规整排列的链束，会自发地折叠成带状结构。

(3)结晶链束在已形成的晶核表面折叠生长，形成单层片晶，使晶体被分成了若干扇区，不同的扇区中折叠链的方向是不同的。

3)插线板模型(Switchboard Model)

插线板模型是Flory等于20世纪60年代初提出的。

(1)结晶中高分子折叠链部分是由多条链组成的，任意排列，不作规整折叠，相邻链属于不同的分子链。

(2)形成多层晶片时，一条分子链可以从一个晶片，通过非晶区进入另一个晶片中去。其排列方式与老式电话交换台的插线板相似(如图3.65(c))，分子链进入晶格时局部调整。

按此模型结晶的有聚乙烯\聚丙烯、等规聚苯乙烯等。

3 种模型的比较如下。

(1) 折叠链模型适用于解释单晶的结构。

(2) 缨状微束模型和插线板模型更适合解释快速结晶得到的晶体结构。

对各种模型的不同观点还在争论中。对非晶态，争论焦点是完全无序还是局部有序；对于晶态，焦点是有序的程度，是大量的近邻有序还是极少近邻有序。

2. 结晶形态

常见的高聚物结晶形态有：**折叠链片晶(单晶、树枝晶和球晶等)，串晶，纤维晶和伸直链片晶等**，其形成条件见表3-15。

表3-15 高分子主要结晶形态的形状结构和形成条件

名称	形状和结构	形成条件
单晶	厚10～50nm的薄板状晶体，有菱形、平行四边形、长方形、六角形等形状。分子呈折叠链构象，分子垂直于片晶表面	长时间结晶，从0.01%溶液得单层片晶，从0.1%溶液得多层片晶
球晶	球形或截顶的球晶，由晶片从中心往外辐射生长组成	从熔体冷却或从>0.1%溶液结晶
树枝晶	在突出的棱角等特定方向上择优生长成树枝状晶体	溶液浓度较大(0.01%～0.1%)，温度较低
串晶	以纤维状晶作为脊纤维，上面附加生长许多折叠链片晶而成	受剪切应力(如搅拌)，后又停止剪切应力时
纤维晶	"纤维"中分子完全伸展，总长度大大超过分子链平均长度	受剪切应力(如搅拌)，应力还不足以形成伸直链片晶时
伸直链片晶	厚度与分子链长度相当的片状晶体，分子呈伸直链构象	高温和高压(通常需几千大气压以上)

1)折叠链片晶 (Folded Chain Lamellae)

➢ **形成条件**：聚合物溶液和熔体无扰动状态下结晶，形成折叠链片晶结构。
➢ **形态**：有单晶、树枝晶和球晶等形态。

(1)单晶(Single crystal)。

➢ **形成条件**：1957年凯勒(Keller)首先用支化聚乙烯(Marlex)溶于三氯甲烷或二甲苯中，配制成0.01%浓度的溶液，于电镜下观察到，每边长为数微米而厚度为10nm左右的菱形薄片状晶，它一般是在极稀的溶液中(浓度为0.01%～0.1%)缓慢结晶形成的。在适当的条件下，聚合物单晶可以在熔体中形成。结晶生长是沿螺位错中心盘旋生长而变厚。

➢ **特征**：整块晶体具有短程和长程有序的单晶结构，呈现多面体规整的几何外形和宏观各向异性。片晶的厚度均在10nm左右，分子链垂直于晶面，长达几百纳米的分子链只能以折叠方式规整地排列。

(2)球晶(Spherulite)：球晶是结晶高分子中最常见的一种结晶形态。

➢ **形成条件**：在无应力或流动的状态下，从熔体冷却结晶或从浓溶液中析出而形成的。
➢ **生长过程**：球晶的生长经历了如图3.66(b)所示的各个阶段。成核初始形成一个多层片晶，然后以小角度的分叉不断生长，经捆束状形式，最后形成填满空间的球状外形，最后形成的球晶通常要大得多。
➢ **特征**：为直径0.5～100μm(也可达到厘米尺度)的球状，是由许多径向发射的长条扭曲晶片组成的多晶聚集体，具有径向对称晶体的性质，在正交偏光显微镜下呈现典型的 Maltase 黑十字消光环。在晶片之间和晶片内部存在部分由连接链组成的非晶区。

(3)树枝晶 (Dendrite)。
- **形成条件**：溶液浓度较大(一般为 0.01% ~ 0.1%)、温度较低的条件下结晶时，高分子的扩散成为结晶生长的控制因素，此时在突出的棱角上要比其他邻近处的生长速度更快，从而倾向于树枝状地生长，最后形成树枝状晶体(图 3.66(c))，如聚乙烯在 0.1% 二甲苯溶液中的结晶。
- **特征**：组成树枝晶的基本结构单元也是折叠链片晶，它是在特定方向上择优生长的结果。

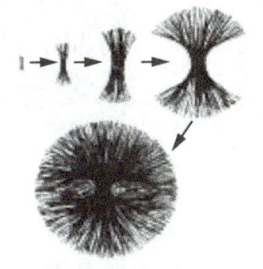
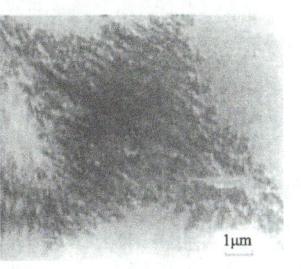

(a) 单晶　　　　　(b) 球晶的生长过程　　　　(c) 树枝晶

【参考图文】

图 3.66　折叠链片晶形成的高聚物晶态结构

2)串晶和纤维状晶 (String and Fibrous Crystal)
- **形成条件**：具有足够分子链长度的聚合物溶液和熔体在强烈的流动场作用下，如在较高的应变速率和温度下，可以形成串晶和纤维状晶结构(图 3.67)。

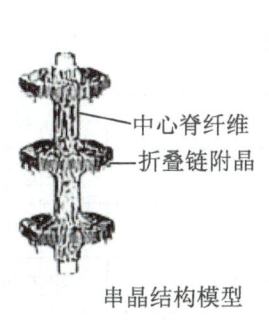

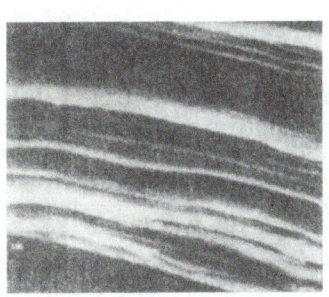

(a) 串晶结构模型　　(b) 聚乙烯串晶　　　　(c) 纤维状晶

【参考视频】

图 3.67　高聚物的串晶和纤维状晶结构

- **特征**：
  ①串晶：由伸直链纤维状晶为脊纤维(直径约30nm)和附生的间隔的折叠链片晶组成的状似羊肉串的形态，故称为串晶。
  ②纤维状晶：折叠链片晶在纤维状晶表面附生发展形成(其尺寸不大于1μm)，两者具有分子间的结合。
- **性能**：由于串晶和纤维状晶特殊的形态结构，其力学性能要优于普通的折叠链结构。例如，聚乙烯串晶的断裂强度为 388MPa，延伸率为 22%，杨氏模量达 2.1GPa，相当于普通聚乙烯纤维拉伸 6 倍时的模量。

3) 伸直链片晶 (Extended Chain Lamellae)

➤ **形成条件**：聚合物在高压和高温下结晶时，得到厚度与其分子链长度相当的晶片；聚合物球晶在低于熔点的温度下加压热处理也可得到伸直链晶体。聚乙烯在 226℃于 4800 大气压 (1 atm=101.325kPa) 下结晶 8h 得到伸直链晶片 (图 3.68)。

图 3.68　聚乙烯的伸直链晶片 (226℃，4800 大气压，结晶 8h)

3. 高分子晶体的晶系

➤ 高分子晶体在 7 个晶系中只有 6 个，不会出现立方晶系。因为高聚物结晶时，只能采取与主链中心轴平行的方向排列，其他方向是弱的分子间作用力，高分子链的各向异性很大。

➤ 高分子晶体常见的是低级和中级晶系，属于高级晶系的很少，如正交晶系 (聚乙烯) 和单斜晶系 (聚丙烯)，各均占 30%。

➤ 高分子链在晶胞中主要呈现两种构象，即平面锯齿形构象 (PE) 和螺旋形构象 (PP)。部分高聚物的结晶结构参数见表 3-16，聚乙烯和 α 尼龙 66 晶体结构模型如图 3.69 (彩图 6 和 7) 所示。

表 3-16　部分高聚物的结晶结构参数

高聚物	晶系	晶格常数	构象
聚乙烯	正交	a=0.740nm，b=0.493nm，c=0.253nm	平面锯齿形
聚氯乙烯	正交	a=1.060nm，b=0.540nm，c=0.510nm	平面锯齿形
聚乙烯醇	单斜	a=0.781nm，b=0.252nm，c=0.551nm，β=91.7°	平面锯齿形
聚酰胺-7	三斜	a=0.490nm，b=0.540nm，c=0.985nm，α=49°，β=77°，γ=68°	平面锯齿形
天然纤维素	单斜	a=0.820nm，b=1.030nm，c=0.790nm，β=83.3°	平面锯齿形
聚四氟乙烯	六方	a=0.561nm，c=1.95nm	螺旋形 $H13_6$
聚苯乙烯	三方	a=2.190nm，b=2.190nm，c=0.663nm	螺旋形 $H3_1$
聚丙烯	单斜	a=0.665nm，b=2.096nm，c=0.650nm，β=99.3°	螺旋形 $H3_1$
聚乙醛	正方	a=1.463nm，c=0.479nm	螺旋形 $H4_1$

续表

高聚物	晶系	晶格常数	构象
尼龙66-α型	三斜	a=0.490nm，b=0.540nm，c=1.720nm，α=48.5°，β=77.0°，γ=63.5°	平面锯齿形

注：螺旋结构 Hm_n 符号，H 表示螺旋；m 为一个周期中的重复单元数(不一定是链节数)；下标 n 为一个周期中的螺旋圈数，如 $H13_6$ 表示一个周期有13个重复单元，6个螺旋。

【参考视频】

(a) 聚乙烯单胞　　　　(b) 聚乙烯超晶胞　　　　(c) α尼龙66

图 3.69　高聚物的晶体结构

4.聚合物的结晶度(Polymer Crystallinity)

> 聚合物的结晶度是指结晶高分子中结晶部分所占的百分数，是一个重要的超分子结构参数。

聚合物的结晶度对聚合物的力学性能、密度、光学性质、热性质、耐溶剂性、染色性以及气透性等均有明显的影响。

(1)力学性能：结晶度提高，拉伸强度增加，伸长率及冲击强度趋于降低；相对密度、熔点、硬度等物理性能也有提高。一般来说弹性模量也随结晶度的提高而增加。但冲击强度则不仅与结晶度有关，还与球晶的尺寸大小有关，球晶尺寸小，材料的冲击强度要高一些。

(2)光学性能：因为晶区与非晶区的界面发生光散射，结晶聚合物通常呈乳白色，不透明。例如，非消光聚对苯二甲酸乙二酯切片，在高温真空干燥过程中会逐渐由透明变为"失透"就是由于结晶的缘故。减小球晶尺寸到一定程度，不仅能提高强度(减小了晶间缺陷)而且能提高透明性(当尺寸小于光波长时不会产生散射)。

(3)热性能：聚合物的结晶度高达40%以上时，由于晶区相互连接，贯穿整个材料，因此它在 T_g 以上仍不软化，其最高使用温度可提高到接近材料的熔点，结晶使塑料的使用温度从 T_g 提高到 T_m，这对提高塑料的热形变温度是有重要意义的。

(4)耐溶剂性、渗透性：晶体中分子链的紧密堆砌能更好地阻挡各种试剂的渗入，提高了材料的耐溶剂性；但是对于纤维材料来说，结晶度过高不利于它的染色性。因此结晶度的高低要根据材料使用的要求来适当控制。

【习题】Question

基础练习

一、填空题

1. 金属常见的晶格类型有_____、_____、_____。
2. 面心立方晶格中，晶胞原子数为_____，原子半径与晶格常数的关系为_____。
3. fcc晶体的最密排方向为_____，最密排面为_____，最密排面的堆垛顺序为_____。
4. fcc晶体的致密度为_____，配位数为_____，原子在(111)面上的原子配位数为_____。
5. bcc晶体的最密排方向为_____，最密排面为_____，致密度为_____，配位数为_____。
6. 体心立方晶格中，晶胞原子数为_____，原子半径与晶格常数的关系为_____。
7. CsCl型结构属于_____，NaCl型结构属于_____，CaF_2型结构属于_____。
8. MgO晶体具有_____型结构，晶族是_____，晶系是_____，其对称型是_____，晶体的结合键是_____。
9. 硅酸盐晶体结构中的基本结构单元是_____。
10. 几种硅酸盐晶体的络阴离子分别为$[Si_2O_7]^{6-}$、$[Si_2O_6]^{4-}$、$[Si_4O_{10}]^{4-}$、$[AlSi_3O_8]^{1-}$，它们的晶体结构类型分别为_____，_____，_____和_____。

二、分析计算

1. Ni为面心立方结构，原子半径$r=0.1243$nm，求Ni的晶格常数和密度。
2. 铁的点阵常数是2.86埃，原子量是55.84，计算其密度。
3. Mo为体心立方结构，晶格常数$a=0.3147$nm，求Mo的原子半径r。
4. CsCl中铯与氯的离子半径分别为0.167nm、0.181nm。试问(1)在CsCl内离子在<100>或<111>方向是否相接触？ (2)每单位晶胞内有几个离子？ (3)各离子的配位数是多少？ (4)密度ρ和堆积系数(致密度)K为多少？
5. MgO具有NaCl型结构。Mg^{2+}的离子半径为0.072nm，O^{2-}的离子半径为0.140 nm。试求MgO的密度ρ和堆积系数(致密度)K。
6. 下列硅酸盐化合物属于什么结构类型？

$(MgFe)_2[SiO_4]$，$Zn_4[Si_2O_7](OH)_2$，$BaTi[Si_3O_9]$，$Be_3Al_2[Si_6O_{18}]$，$Ca_3[Si_3O_9]$，$KCa_4[Si_4O_{10}]_2F_8H_2O$，$Ca[Al_2Si_2O_8]$，$K[AlSi_2O_6]$

第3章 晶体结构

拓展练习

一、填空题

1. 体心立方晶胞中八面体间隙个数为_____，四面体间隙个数为_____，具有体心立方晶格的常见金属有_____。

2. 面心立方晶胞中八面体间隙个数为_____，四面体间隙个数为_____，具有面心立方晶格的常见金属有_____。

3. 密排六方晶格中，晶胞原子数为_____，原子半径与晶格常数的关系为_____，配位数是_____，致密度是_____，密排晶向为_____，密排晶面为_____，具有密排六方晶格的常见金属有_____。

4. NaCl型晶体中Na^+离子填充了全部的_____空隙，CsCl晶体中Cs^+离子占据的是_____空隙，萤石中F^-离子占据了全部的_____空隙。

二、单项选择题

1. 密排六方和面心立方均属密排结构，他们的不同点是(　　)。
   A. 选取方式不同　　　　　　　　　B. 原子配位数不同
   C. 密排面上，原子排列方式不同　　D. 原子密排面的堆垛方式不同

2. 关于晶体中间隙原子的说法，正确的是(　　)。
   A. 晶体中间隙尺寸明显小于原子尺寸，所以平衡时晶体中不应该存在间隙原子
   B. 间隙原子总是与空位对称存在
   C. 间隙原子形成能较空位形成能大得多
   D. 只有杂质原子才可能成为间隙原子

3. 体心立方(bcc)晶体中间隙半径比面心立方(fcc)中的小，但bcc的致密度却比fcc的小，这是因为(　　)。
   A. bcc中原子半径小
   B. bcc中的密排方向<111>上的原子排列比fcc密排方向上的原子排列松散
   C. bcc中的原子密排面{110}的数量太少
   D. bcc中原子的配位数比fcc中原子配位数低

4. 组成固溶体的两组元完全互溶的条件是(　　)。
   A. 两组元的电子浓度相同　　　　B. 两组元的晶体结构相同
   C. 两组元的原子半径相同　　　　D. 两组元电负性相同

5. 间隙固溶体溶解度的大小取决于(　　)。
   A. 电子浓度，电子浓度越大，溶解度越高
   B. 溶质和溶剂的结构，若两者结构相同，则溶解度大
   C. 取决于溶质原子与溶剂原子半径之比(r_B/r_A)，比值越大，溶解度越高，其中r_B表示溶质半径，r_A表示溶剂半径
   D. 取决于溶质原子与溶剂原子半径之比(r_B/r_A)，比值越小，溶解度越高

6. 离子晶体和正常价化合物都符合化合物规律，但它们分属不同的晶体类型，原因是(　　)。

　　A. 离子晶体的密度高于正常价化合物

　　B. 离子晶体的致密度与正常价化合物不同

　　C. 离子晶体的电子浓度与正常价化合物不同

　　D. 离子晶体具有陶瓷的性能特征，正常价化合物属金属间化合物

7. 在描述纯元素和离子晶体的结构时引入了配位数的概念，它们的物理意义(　　)。

　　A. 完全不同

　　B. 不同，在纯元素的晶体结构中配位数是指每个原子周围最邻近的原子数，而离子晶体则是指每个离子周围最邻近的异种离子数

　　C. 不同，在纯元素的晶体结构中配位数是指每个原子周围最邻近的原子数，而离子晶体则是指每个离子周围最邻近的同种离子数

　　D. 不同，在纯元素的晶体结构中配位数是指每个原子周围最邻近和次邻近的原子数，而离子晶体则是指每个离子周围最邻近的同种离子数

8. 以下不具有多晶型性的金属是(　　)。

　　A. 铜　　　　　　B. 锰　　　　　　C. 铁

9. fcc、bcc、hcp3种单晶材料中，形变时各向异性行为最显著的是(　　)。

　　A. fcc　　　　　B. bcc　　　　　C. hcp

10. 氯化钠具有面心立方结构，其晶胞分子数是(　　)。

　　A. 5　　　　　B. 6　　　　　C. 4　　　　　D. 3

11. NaCl单位晶胞中的Na^+填充在Cl^-所构成的(　　)空隙中。

　　A. 全部四面体　　　　　　　　B. 全部八面体

　　C. 1/2四面体　　　　　　　　D. 1/2八面体

12. CsCl单位晶胞中的Cs^+填充在Cl^-所构成的(　　)空隙中。

　　A. 全部四面体　　　　　　　　B. 全部八面体

　　C. 全部立方体　　　　　　　　D. 1/2八面体

13. MgO晶体属NaCl型结构，由一套Mg的面心立方格子和一套O的面心立方格子组成，其一个单位晶胞中有(　　)个MgO分子。

　　A. 2　　　　　B. 4　　　　　C. 6　　　　　D. 8

14. 萤石晶体可以看作是Ca^{2+}作面心立方堆积，F^-填充了(　　)。

　　A. 八面体空隙的半数　　　　　B. 四面体空隙的半数

　　C. 全部八面体空隙　　　　　　D. 全部四面体空隙

15. 萤石晶体中Ca^{2+}的配位数为8，F^-配位数为(　　)。

　　A. 2　　　　　B. 4　　　　　C. 6　　　　　D. 8

16. CsCl晶体中Cs^+的配位数为8，Cl^-的配位数为(　　)。

　　A. 2　　　　　B. 4　　　　　C. 6　　　　　D. 8

17. 硅酸盐晶体的分类原则是(　　)。

　　A. 正负离子的个数　　　　　　B. 结构中的硅氧比

　　C. 化学组成　　　　　　　　　D. 离子半径

18. 锆英石Zr[SiO₄]和镁橄榄石Mg₂[SiO₄]具有相同的(　　)结构。
   A. 岛状结构　　　B. 层状结构　　　C. 链状结构　　　D. 架状结构
19. 根据鲍林(Pauling)规则，离子晶体MX₂中二价阳离子的配位数为8时，一价阴离子的配位数为(　　)。
   A. 2　　　　　　B. 4　　　　　　C. 6　　　　　　D. 8
20. 构成硅酸盐晶体的基本结构单元[SiO₄]四面体，两个相邻的[SiO₄]四面体之间只能(　　)连接。
   A. 共顶　　　　　　　　　　B. 共面
   C. 共棱　　　　　　　　　　D. A+B+C
21. 形成固溶体后对晶体的性质将产生影响，主要表现为(　　)。
   A. 稳定晶格　　　　　　　　B. 活化晶格
   C. 固溶强化　　　　　　　　D. A+B+C
22. 固溶体的特点是掺入外来杂质原子后原来的晶体结构不发生转变，但点阵畸变，性能变化。固溶体有有限和无限之分，其中(　　)。
   A. 结构相同是无限固溶的充要条件
   B. 结构相同是无限固溶的必要条件，不是充分条件
   C. 结构相同是有限固溶的必要条件
   D. 结构相同不是形成固溶体的条件
23. 间隙式固溶体也称填隙式固溶体，其溶质原子位于点阵的间隙中。讨论形成间隙型固溶体的条件须考虑(　　)。
   A. 杂质质点大小　　　　　　B. 晶体(基质)结构
   C. 电价因素　　　　　　　　D. A+B+C

三、多项选择题

1. 晶体区别于其他固体结构的基本特征有(　　)。
   A. 原子呈周期性重复排列　　B. 长程有序
   C. 具有固定的熔点　　　　　D. 各向同性　　　E. 各向异性
2. 以下具有多晶型性的金属是(　　)。
   A. 铜　　　　　B. 铁　　　　　C. 锰
   D. 钛　　　　　E. 钴
3. 以下(　　)等金属元素在常温下具有密排六方晶体结构。
   A. 镁　　　　　B. 锌　　　　　C. 镉
   D. 铬　　　　　E. 铍
4. 铁具有多晶型性，在不同温度下会形成(　　)等晶体结构。
   A. 面心立方　　B. 体心立方　　C. 简单立方
   D. 底心立方　　E. 密排六方
5. 具有相同配位数和致密度的晶体结构是(　　)。
   A. 面心立方　　B. 体心立方　　C. 简单立方
   D. 底心立方　　E. 密排六方

四、判断题

1. 溶质和溶剂晶体结构相同，是形成连续固溶体的充分必要条件。（ ）
2. 复杂晶胞与简单晶胞的区别是，除在顶角外，在体心、面心或底心上有阵点。（ ）
3. 晶体结构的原子呈周期性重复排列，即存在短程有序。（ ）
4. 立方晶系中，晶面族{111}表示正八面体的面。（ ）
5. 立方晶系中，晶面族{110}表示正十二面体的面。（ ）
6. 晶向指数$<uvw>$和晶面指数(hkl)中的数字相同时，对应的晶向和晶面相互垂直。（ ）
7. 晶向所指方向相反，则晶向指数的数字相同，但符号相反。（ ）
8. bcc的间隙不是正多面体，四面体间隙包含于八面体间隙之中。（ ）
9. 溶质与溶剂晶体结构相同是置换固溶体形成无限固溶体的必要条件。（ ）
10. 非金属和金属的原子半径比值$r_R/r_M>0.59$时，形成间隙化合物，如氢化物、氮化物。（ ）
11. 晶体中的原子在空间呈有规则的周期性重复排列；非晶体中的原子则是无规则排列的。（ ）
12. 选取晶胞时，所选取的正方体应与宏观晶体具有同样的对称性。（ ）
13. 空间点阵是晶体中质点排列的几何学抽象，只有14种类型，而实际存在的晶体结构是无限的。（ ）
14. 形成置换固溶体的元素之间能无限互溶，形成间隙固溶体的元素之间只能有限互溶。（ ）
15. 只有置换型固溶体的元素间有可能无限互溶，形成间隙固溶体的元素之间只能有限互溶。（ ）
16. 间隙固溶体的溶解度不仅与溶质原子大小有关，还与晶体结构中间隙的形状、大小等有关。（ ）
17. 氯化钠因氯离子做面心立方密堆积，所以其空间利用率为74.1%。（ ）

第4章 晶体缺陷
Chapter 4　Crystal Defect

>>> 实际的晶体是完美无缺的结构吗？

本章知识构架

- 晶体缺陷
  - 点缺陷
    - 点缺陷的分类
      - 空位
      - 间隙原子
      - 置换原子
    - 点缺陷的浓度
      - 平衡空位浓度，过饱和空位浓度
    - 点缺陷对材料性能的影响
  - 线缺陷
    - 位错的类型
      - 刃位错
      - 螺位错
      - 混合位错
    - 位错性质的描述——柏氏矢量
      - 柏氏矢量的确定方法及其物理意义
      - 柏氏矢量的表示方法
      - 柏氏矢量与位错类型的关系
      - 柏氏矢量的守恒性
    - 位错的运动
      - 位错的滑移
      - 位错的攀移
    - 位错的应力场
      - 螺位错、刃位错的应力场
      - 位错的应变能、位错的线张力
    - 位错与晶体缺陷间的交互作用
      - 位错间的交互作用
      - 位错与点缺陷的交互作用
    - 位错的增殖与塞积
      - Frank-Read 位错增殖源
      - 位错塞积模型
    - 实际晶体中的位错
      - 全位错，不全位错
      - 位错反应，扩展位错
  - 面缺陷
    - 晶体表面
      - 表面能，断键数，
      - 表面结构，晶体外形
    - 晶界结构与能量
      - 小角晶界结构与能量
      - 大角晶界结构与能量
    - 单相多晶体中的晶粒形貌
    - 晶界偏析与晶界迁移
      - 晶界偏析\迁移驱动力
      - 晶界迁移的结果
    - 相界面
      - 共格\半共格\非共格相界\
      - 多相组织形貌

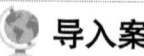

导入案例　晶体缺陷的提出——位错 (Puting forward Crystalline Defect– dislocation)

1926年，苏联物理学家雅科夫·弗兰克尔 (Yakov Frenkel) 计算了晶体的理论强度。理想完整晶体的切变模型如图4.1所示，在外加切应力作用下，晶体的上下两部分沿某一面（滑移面）进行整体刚性滑移，即所有原子同步平移，如原子1平移到2位置（滑移矢量 *b*），在此过程中移到3对应的位置时需要克服很高的能垒，按此模型计算的不同晶体的理论切变强度和实际晶体的变形强度见表4-1。

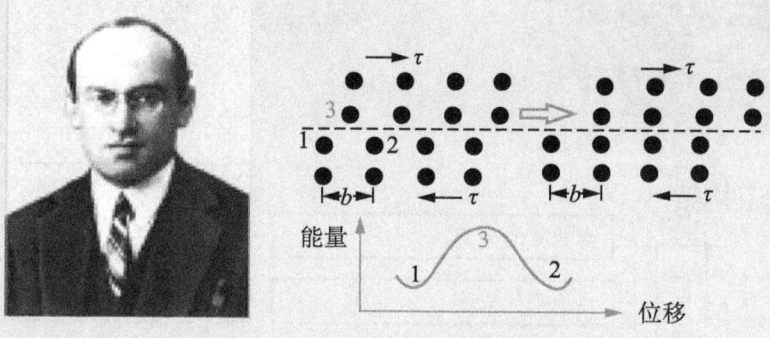

图 4.1　弗兰克尔 (1894—1952) 和理想晶体刚性滑移模型

表 4-1　一些晶体的理论切变强度和实际切变强度

晶体	Ag	Al	Cu	Ni	Fe	Mo
理论切变强度 /MPa	2.64×10^3	2.37×10^3	4.10×10^3	6.70×10^3	7.10×10^3	11.33×10^3
实际切变强度 /MPa	0.37	0.78	0.49	3.2~7.35	27.5	71.6
理论切变强度 / 实际切变强度	≈7000	≈3000	≈8000	≈2000	≈300	≈200

对比可知，理想晶体的切变强度比实际晶体的切变强度大许多，说明理想完整晶体的刚性滑移模型不符合实际。那么，实际晶体是如何变形的？

1934年，泰勒 (G.I.Taylor)、奥罗万 (E.Orowan) 和波兰伊 (M.Polanyi) 几乎同时提出了晶体中存在位错的假设，特别是泰勒把位错与晶体塑性变形过程联系起来，认为晶体在切应力作用下通过位错滑移的方式进行塑性变形，如图4.2中，原子滑移 *b* 距离时，只需通过位错附近的原子移动 *c*（原子间距的几分之一）即可。

此时，晶体的滑移是逐步进行的，位错附近的原子只需移动一小步，所需的切应力大大降低，该运动方式类似于毛毛虫的爬行运动，凸起相当于位错，毛毛虫的爬行运动是通过凸起向前逐步传递的。

位错概念提出后，在相当长的时间里被怀疑为唯心主义的臆想，直到1956年以后，直接在透射电子显微镜 (TEM) 下在各种材料中观察到了大量组态各异的位错（图4.3），不仅从实验上肯定了位错理论，确定了实际晶体的变形方式主要是通过位错滑移进行的，而且进一步推动了晶体缺陷的研究。

晶体缺陷的存在对晶体的性质会产生有害和有利的影响，使材料世界纷繁复杂。位

第 4 章　晶体缺陷

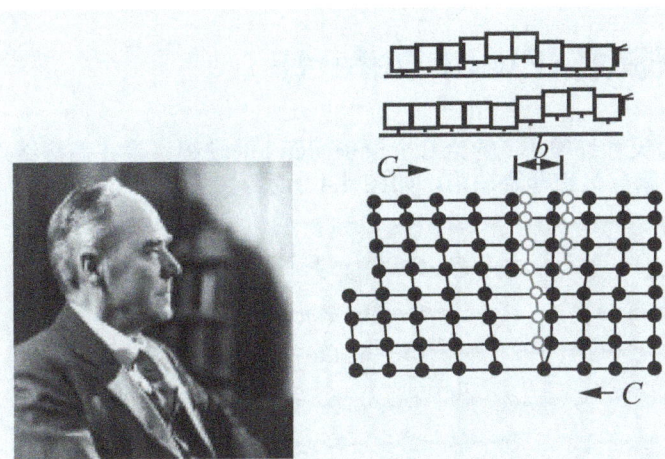

图 4.2　泰勒 (1886—1975) 和位错的运动模型

图 4.3　不锈钢中的位错

错的存在，使材料易于断裂，降低强度、物理和化学性能。同时，位错的运动使材料表现出高的塑变能力，使人类获得了各种形状和性能用途（板材、带材、线材、丝材及各种异型材等）的材料。

除理想晶体外，实际晶体中都存在缺陷。

晶体缺陷(Crystalline Defect，Imperfection)是原子的排列偏离了完整周期性点阵结构(理想晶体结构)的区域。**晶体缺陷破坏了晶体的对称性和周期性**。

晶体缺陷是在晶体的形成及使用过程中，由于能量起伏，原子(离子、分子)的热运动而偏离平衡位置造成的，主要有热缺陷、杂质缺陷和非化学计量(如$Fe_{1-x}O$、$Zn_{1+x}O$等)缺陷。一般按照缺陷的大小分为点缺陷(Point Defect)、线缺陷(Line Defect)和面缺陷(Surface Defect)3类。

虽然晶体缺陷(位错)是为了说明材料的强度提出的，但后来的研究表明，晶体缺陷与晶体的生长、扩散、相变、塑性变形、再结晶、氧化、烧结等工艺过程有着密切关系，对材料的屈服强度、断裂强度、塑性、电阻率、电磁性能、晶体的光学及超导性质等结构敏感的性能有很大的影响。关于晶体缺陷的研究深入到了金属、陶瓷、高分子等材料，以及地质学、矿石学、生物学等领域。

Crystalline defect or Imperfection: A lattice irregularity having one or more of its dimensions on the order of an atomic diameter. A deviation from perfection, normally applied to crystalline materials wherein there is a deviation from atomic/molecular order and/or continuity. "It is the defects that make materials so interesting, just like the human being." "Defects are at the heart of materials science."

Point Defect: A crystalline defect associated with one or, at most, several atomic sites.

Line Defect: Defects such as dislocations in which atoms or ions are missing in a row.

Surface Defects: Imperfections, such as grain boundaries, that form a two-dimensional plane within the crystal.

本章将分别深入讨论点缺陷、线缺陷和面缺陷的类型及结构特征，为理解晶体缺陷对材料加工工艺和性能的影响奠定基本的理论基础。

4.1 点缺陷 (Point Defect)

点缺陷是指在空间三维方向上的尺寸都很小（约为几个原子间距）的缺陷，是在晶格结点上或邻近区域偏离正常结构的一种缺陷，又称零维缺陷，如图4.4所示。

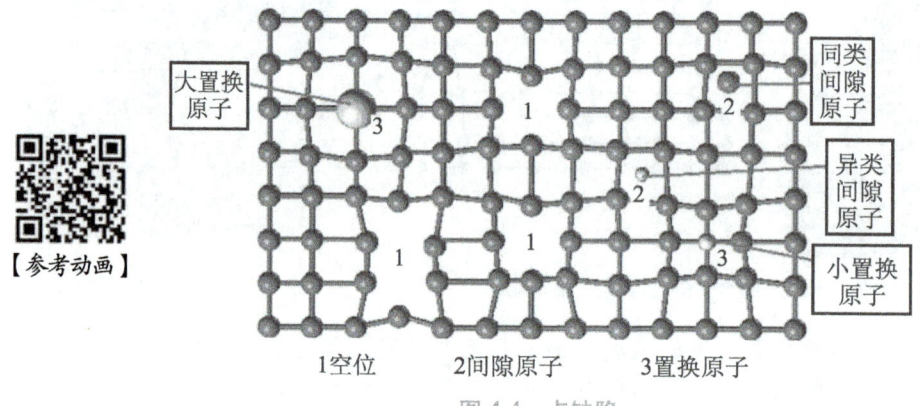

图 4.4 点缺陷

4.1.1 点缺陷的类型 (Type of Point Defect)

根据缺陷位置，点缺陷主要包括：空位(Vacancy)、间隙原子(Interstitial Atom)和置换原子(Substitutional Atom)(表4-2)。点缺陷是最简单的晶体缺陷。

表 4-2 点缺陷的类型

名称	空位		间隙原子		置换原子	
基本概念	晶体中的原子克服周围原子的约束力，跳到别的位置而在原有位置留下空的结点，即晶格点阵中未被占据的原子位置，称为空位		在晶体点阵的间隙位置出现的原子称为间隙原子		异类原子取代了原有晶体中的原子处于晶体点阵的结点位置，称为置换原子	
类型	根据原子的去处	(1) 形成 Schottky 空位：原子迁移到表面或晶界留下的空位	根据间隙原子的性质	(1) 同类间隙原子	根据置换原子的大小	(1) 小置换原子
		(2) 形成 Frankel 空位：原子挤入点阵间隙形成的空位，此时形成一个空位和一个间隙原子对		(2) 异类间隙原子：异类间隙原子多是半径很小的异类原子		(2) 大置换原子
		(3) 跑到其他空位上使空位消失或移位				

Vacancy: An atom or an ion missing from its regular crystallographic site.

Interstitial Atom: A point defect produced when an atom is placed into the crystal at a site that is normally not a lattice point.

Substitutional Atom: A point defect produced when an atom is removed from a regular lattice point and replaced with a different atom, usually of a different size.

为保持电中性，离子晶体中形成两类点缺陷。

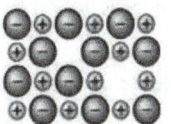
(a)Schottky空位

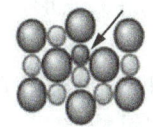
(b)Frankel空位

图 4.5　离子晶体中的点缺陷

Walter H.Schottky

(1) Schottky缺陷：形成一个正离子和一个负离子空位对(图4.5(a))，以德国物理学家沃尔特·肖脱基(Walter H.Schottky)命名。

(2) Frankel缺陷：形成一个空位和一个间隙离子对(图4.5(b))，以苏联物理学家雅科夫·弗兰克尔而得名。

4.1.2　点缺陷的浓度 (Concentration of Point Defects)

晶体中的点缺陷在一定温度下有一定的平衡数目，此时的点缺陷浓度称为该温度下的热力学平衡浓度。这是由两个互为矛盾的因素而引起的。

- 一方面，点缺陷破坏了周围原子结合状态，使晶格畸变，内能升高，增大了晶体的热力学不稳定性。
- 另一方面，点缺陷使原子排列的混乱程度增加，增加了组态熵；点缺陷改变了周围原子间的作用力和振动频率，使晶体的振动熵增大。熵值越大，晶体越稳定。因此，点缺陷是热力学稳定的缺陷，点缺陷的平衡浓度随温度变化。

1. 平衡空位浓度

晶体中的空位处在不断产生和消失的过程中。

平衡空位浓度 (Equilibrium Vacancy Concentration) 是体系的自由能最低时，晶体处于平衡稳定状态时的空位浓度。

空位平衡浓度C_e可用统计热力学方法计算。

$$C_e = e^{\frac{-(E_V - T\Delta S_f)}{kT}} = e^{\frac{-E_V}{kT}} e^{\frac{\Delta S_f}{k}} = A e^{\frac{-E_V}{kT}} \tag{4-1}$$

式中，k为波尔兹曼常数；T为绝对温度；E_V为空位形成时高出的能量，即空位形成能；A是由组态熵(ΔS_f)决定的系数，在1～10之间。

按类似的方法可以推出间隙原子和置换原子的平衡浓度。

由于空位引起的晶格畸变较小，空位形成能E_V小于间隙原子和置换原子的形成能，所以，空位平衡浓度远大于间隙原子和置换原子的平衡浓度，空位为主要点缺陷。

2. 过饱和点缺陷

过饱和点缺陷 (Supersaturated Point Defects) 是指晶体中点缺陷浓度大大超过了平衡浓度。

产生过饱和点缺陷的方法如下。

(1)淬火法：晶体加热到高温，形成大量空位，然后急冷到低温(淬火)，使空位来不及移出晶体而被"冻结"下来，空位浓度远远超出该温度下的平衡浓度，称为淬火空位。

(2)辐照法：高能粒子(中子、质子、电子、α粒子等)辐照晶体时，它们与点阵中的原子碰撞，形成数量相等的空位和间隙原子(Frankel缺陷)，此缺陷区域呈较大的梨形，中间是空位，外围是间隙原子。

(3)塑性变形法：在晶体的塑性变形过程中，如金属的冷加工变形，通过位错的相互作用(交割等)也会产生过饱和点缺陷。

过饱和点缺陷的存在是一种非平衡状态，是不稳定的，在热力学上有恢复到平衡态的趋势，如在加热过程中通过运动而消失，在动力学上需要时间过程。

4.1.3 点缺陷对材料性能的影响 (Effection of Point Defects on Properties)

点缺陷使附近的原子稍微偏离原结点位置才能平衡，造成小区域的**晶格畸变，对材料的力学性能、物理性能和工艺性能都有重要的影响**。

(1) 点缺陷不断运动，加快了原子的扩散迁移。空位可作为原子运动的周转站，是原子扩散的重要方式之一(图4.6)。

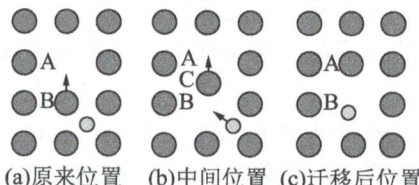

(a)原来位置　(b)中间位置　(c)迁移后位置

图 4.6　空位的迁移

(2) 形成其他晶体缺陷。

过饱和空位集中形成空洞，集中塌陷形成位错(图4.7)。

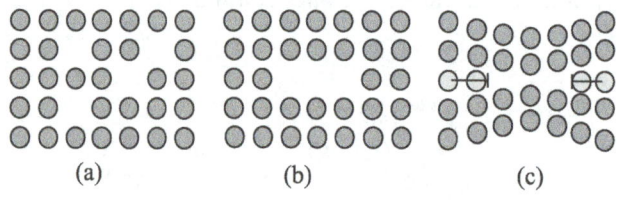

(a)　　　　　(b)　　　　　(c)

图 4.7　空位聚集形成位错

(3) 改变材料的力学性能，使材料的强度提高，塑性下降。

一般情况下，点缺陷对金属力学性能影响较小，点缺陷通过和位错交互作用，阻碍位错运动使晶体强化。在高能粒子辐射下，形成大量点缺陷，引起晶体显著硬化和脆化。

(4) 对导电性的影响。一般地，电子在点缺陷处受到非平衡力，增加运动阻力，电阻率升高。

半导体材料和发光材料中掺杂的杂质也是一类点缺陷，它破坏了晶体的理想点阵排列。半导体材料的导电性对某些微量杂质极敏感。纯度很高的半导体在常温下其电阻率很高，是电的不良导体。在高纯半导体材料中掺入适当杂质后，由于杂质原子提供导电载流子，使材料的电阻率大为降低。因此，适量的某些点缺陷的存在可以大大增强半导体材料的导电性和发光材料的发光性，起到有益的作用。

4.2 线缺陷 (Line Defects)

> 线缺陷是指在某一方向上的尺寸与晶体或晶粒的线度相当，而在其他方向上的尺寸可以忽略的一类缺陷。线缺陷就是各种类型的位错 (Dislocation)。
> 位错是晶体内有一列或若干列原子发生有规律错排的现象。

位错的滑移运动是材料进行塑性变形的主要方式，而晶体的塑性变形是金属制品制造(锻造、轧制、挤压、拉拔等成形工艺)的重要手段。

4.2.1 位错的类型 (Dislocation Type)

位错的类型有**刃型位错**(Edge Dislocation)、**螺位错**(Screw Dislocation)和**混合位错**(Mixed Dislocation)。它们的形成特点与分类见表4-3～表4-5。

Dislocation: A linear crystalline defect around which there is atomic misalignment.

Edge Dislocation: A dislocation introduced into the crystal by adding an " extra half plane" of atoms.

Screw Dislocation: A dislocation produced by skewing a crystal so that one atomic plane produces a spiral ramp about the dislocation.

Mixed Dislocation: A dislocation that contains partly edge components and partly screw components.

表 4-3 刃位错的形成特点与分类

	要点	示意图
形成	如图 4.8 所示，在切应力作用下，晶体沿滑移面 ABCD 相对滑动，产生的多余半原子面 BCEF 使 ABCD 滑移面上下两部分原子错排。BCEF 像一把刀插入晶体，该刀刃状的多余半原子面的"刃口" BC 称为刃型位错 (简称刃位错)	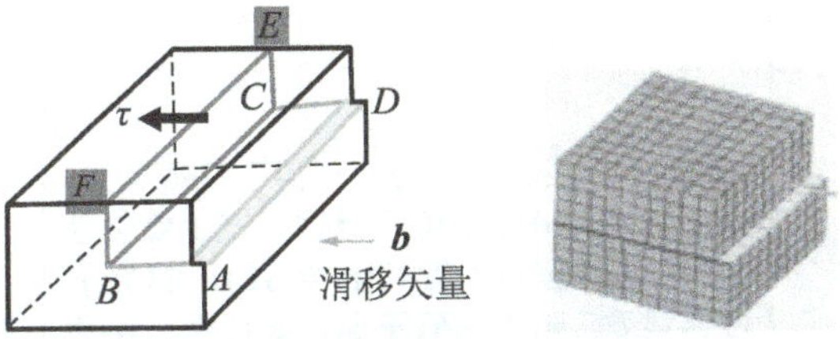 图 4.8 刃位错的形成过程 【参考视频】

续表

	要点	示意图
特点	(1) 刃位错是滑移区与未滑移区的分界线 (*BC* 线)。 (2) 刃位错的滑移矢量 *b* 与位错线 (*BC*) 垂直。 (3) 刃位错中多余半原子面的存在,引起晶格畸变 (图 4.9),晶体体积膨胀或收缩。 (4) 刃位错的畸变区是沿位错线为中心的一个管道,直径为 3~4 个原子间距,长几百到几万个原子间距。 (5) 刃位错中心的晶格畸变最大,远离位错中心,畸变逐渐减小至零。	图 4.9 刃位错畸变区
分类	(1) 正刃位错：习惯上把多余半原子面在滑移面以上的刃位错称为正刃位错,用符号"⊥"表示 (图 4.10)。 (2) 负刃位错：多余半原子面在滑移面以下的刃位错称为负刃位错,用符号"⊤"表示 注意：正、负刃位错的划分只是相对的,晶体旋转,同一位错的正负号会改变。	图 4.10 正刃位错和负刃位错

表 4-4 螺位错的形成特点与分类

	要点	示意图
形成	如图 4.11 所示,在切应力作用下扭转晶体,使上下两部分原子依次错排,产生螺旋状的原子错排通道 (图 4.12 中 *BCEF* 区域),位错线 *BC* 附近的原子面为螺旋形,称为螺型位错 (简称螺位错)	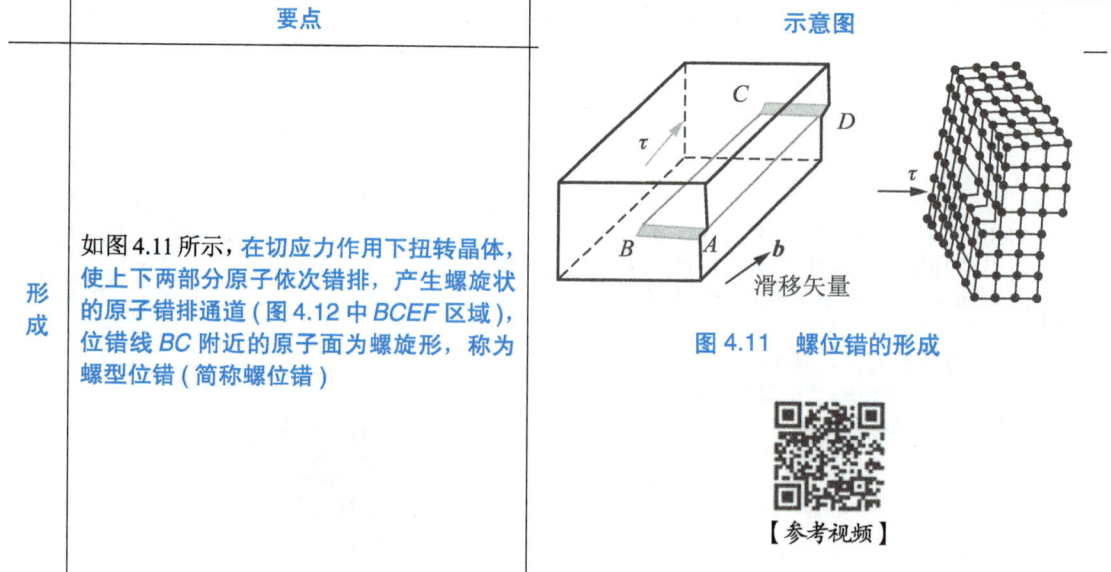 图 4.11 螺位错的形成 【参考视频】

续表

	要点	示意图
特点	(1) 螺位错也是滑移区与未滑移区的分界线（*BC*）。 (2) 螺位错的滑移矢量 *b* 与位错线平行（*BC*）。 (3) 螺位错的畸变区为原子面呈螺旋排列的螺旋管道（图 4.12）。 (4) 螺位错无多余半原子面，原子错排区为螺旋状，在晶体中只引起剪切畸变，不引起体积膨胀或收缩。 (5) 螺位错中心的晶格畸变最大，远离位错中心，畸变逐渐减小至零	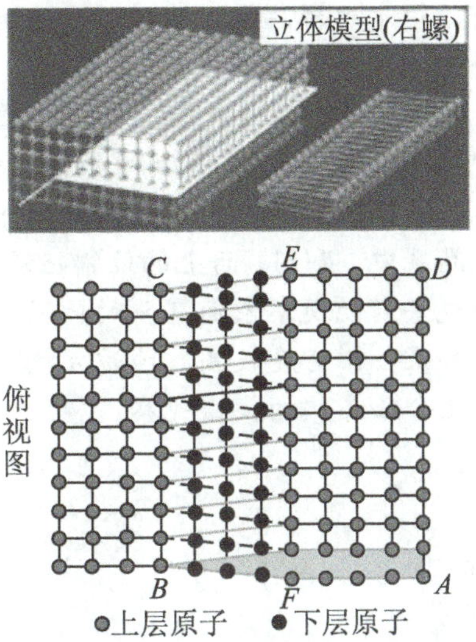 立体模型(右螺) 图 4.12 螺位错畸变区——螺旋管道
分类	(1) 右螺旋位错：螺旋面的旋转方向符合右手法则，即以右手拇指代表螺旋面前进方向，其他四指代表螺旋面的旋转方向。 (2) 左螺旋位错：螺旋面的旋转方向符合左手法则。 注意：螺位错的左、右不是相对的，不管如何旋转晶体，都不会改变螺位错的左、右性质。	

刃位错与螺位错的形成比较。

【参考图文】

表 4–5 混合位错的形成与特点

	要点	示意图
形成	如图 4.13 所示，晶体滑移过程中，滑移矢量与位错线交成一定角度，称为混合位错。混合位错是一种更普遍的位错	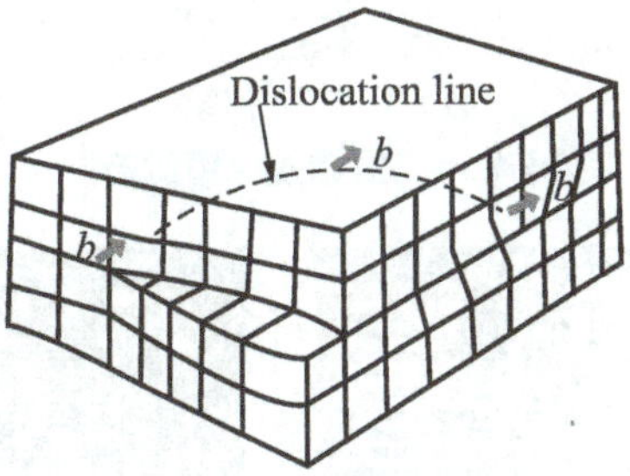 图 4.13 混合位错形成模型 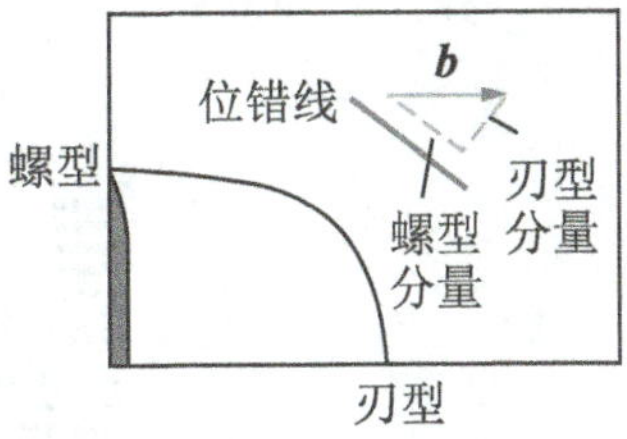 图 4.14 滑移矢量与位错线的关系
特点	(1) 混合位错也是滑移区与未滑移区的分界线。 (2) 滑移矢量 *b* 与位错线成一定角度，每一段位错线可分解为刃型位错和螺型位错两个分量（图 4.14）。	

> **阅读材料**　位错的观察及位错组态 (Observation and Configuration of Dislocations)

目前，用于观察晶体中位错的方法有浸蚀坑技术和透射电镜技术两种。

1. 浸蚀坑法

由于位错周围的点阵畸变，原子能量高，而且杂质原子在位错处聚集，使位错处的腐蚀速率比基体快，化学浸蚀时易出现较深的浸蚀坑（图 4.15），借助金相显微镜或扫描电子显微镜(SEM)可以观察晶体中位错分布。位错的蚀坑具有规则的几何外形和分布。如在立方晶系中，{111}面上的位错蚀坑呈三角形（图 4.15(b)），{100}面上呈四方形。

浸蚀坑法只能观察表面露头的位错，无法显示晶体内部位错，只适合位错密度很低的晶体，如果位错密度较高，蚀坑互相重叠，难以彼此分开，因此，浸蚀坑法只用于高纯金属或化合物晶体的位错观察。

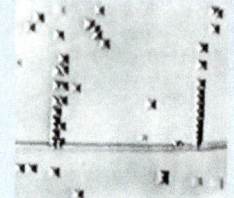
(a) LiF 表面位错蚀坑

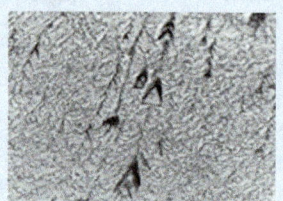
(b) 单晶硅 (111) 晶面位错蚀坑

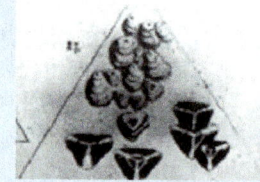
(c) 方解石表面位错露头的浸蚀坑

图 4.15　位错浸蚀坑

2. 透射电镜法

在透射电子显微镜(TEM)下，位错线呈现为黑色线条，可以直接观察到位错之间的交互作用形成的位错塞积、位错缠结、位错胞和位错网络等丰富的位错组态（图 4.16），或通过高分辨电子显微镜(HRTEM)直接观察位错的原子组态（图 4.17）。

透射电镜法可直接观察内部位错组态，比蚀坑法直观，即使在高位错密度下，仍能清晰看到位错的分布特征；若在电子显微镜下施加应力，还可看到位错的运动及交互作用。

(a) Ti$_3$Al 的位错网

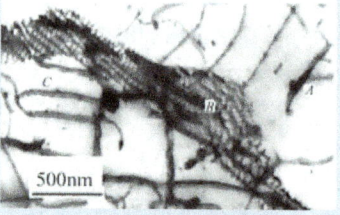
(b) SiO$_2$ 中的位错

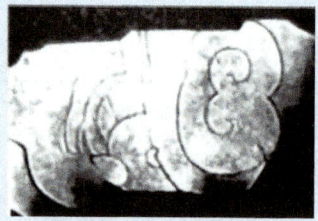
(c) 甲苯胺的双螺位错

图 4.16　位错的电镜组态

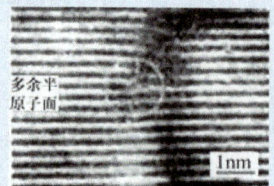
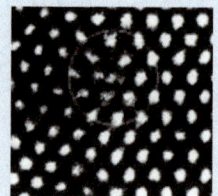

图 4.17　Ge 晶体刃位错的高分辨电镜观察

因此，目前广泛应用透射电子显微镜(TEM)技术直接观察晶体中的位错。图 4.18 是 AlN 高温变形后的位错 TEM 像，图 4.19 是分子束外延生长自组装量子点 InAs 中的位错。

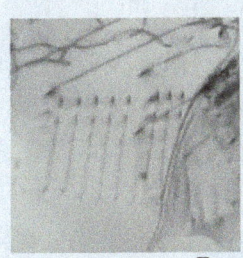  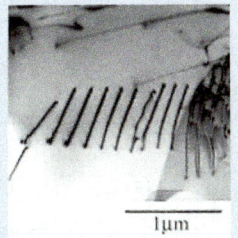

(a) $g = 0002, BD = [1\bar{2}10]$ (b) $g = 01\bar{1}\bar{1}, BD = [1\bar{2}13]$ (c) $g = 1\bar{1}03, BD = [1\bar{2}10]$

图 4.18 AlN 中的位错 TEM 像 (变形量为 9.8%，变形速率为 5×10^{-6} /s，T=1920 K)

(文献：M. Azzaz，etc., Materials Science and Engineering，B71 (2000): 30-38。)

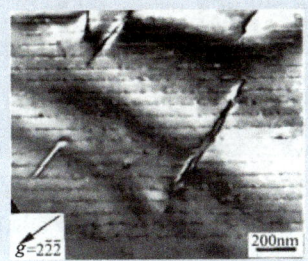

图 4.19 分子束外延生长自组装量子点 InAs 的位错 TEM 像

(文献：Ken-ichi Shiramine，etc., Journal of Crystal Growth, 205 (1999): 461-466。)

4.2.2 柏氏矢量 (Burgers Vector)

柏氏矢量是描述位错性质的一个重要物理量，1939年由Burgers提出，故称该矢量为"柏格斯矢量"或"柏氏矢量"，用 b 表示。

Burgers Vector：*A vector that denotes the magnitude and direction of lattice distortion associated with a dislocation.*

1. 柏氏矢量的确定方法及物理意义

刃位错和螺位错柏氏矢量的确定过程分别如图4.20和图4.21所示。

(1) 分别选含位错的实际晶体和无位错的理想晶体为参考。

(2) 在实际晶体的位错区，从任一原子出发，围绕位错(避开位错线)以一定方向和步数作闭合回路，称为柏氏回路(Burgers Circuit)，这个回路包含了位错发生的畸变区。

(3) 在理想晶体中，按同样方向和步数作相同的回路，则该回路不封闭。

(4) 由理想晶体回路终点向始点引一矢量，使回路闭合，该矢量是实际晶体中位错的柏氏矢量，用 b 表示。

注意：刃位错柏氏矢量在二维晶格中确定；螺位错柏氏矢量只能在三维晶格中确定。

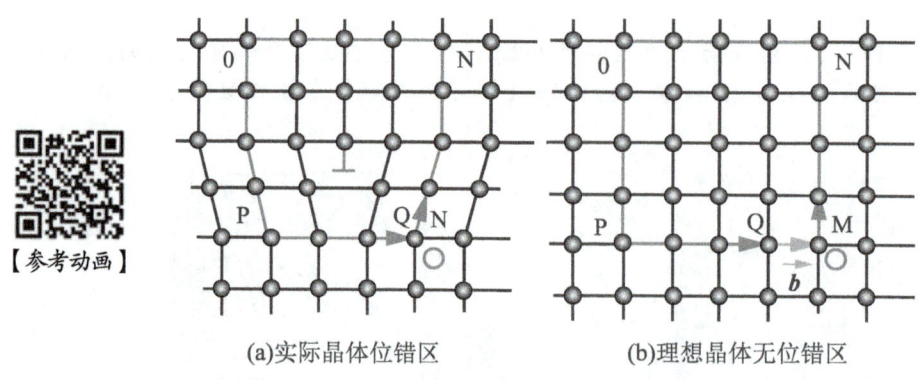

(a)实际晶体位错区　　　　(b)理想晶体无位错区

图 4.20　刃位错中柏氏矢量的确定

(a) 实际晶体的螺位错区　　　(b) 理想晶体无位错区

图 4.21　螺位错中柏氏矢量的确定

柏氏矢量的物理意义如下：
- 位错附近的原子，都不同程度地偏离其平衡位置，位错的存在引起晶格畸变，远离位错中心，偏离(畸变)量逐渐减小。
- 柏氏回路将这些**偏离量(畸变量)叠加**起来，其总量的大小和方向即为**柏氏矢量**。
- 位错引起的晶格畸变越大，柏氏矢量越大。
- 位错的柏氏矢量就是晶体已滑移区的**滑移矢量**。

> 柏氏矢量反映了位错引起的晶格畸变(或点阵畸变)的大小和方向，是晶体的滑移矢量，这是柏氏矢量的物理意义。

2. 柏氏矢量的表示方法

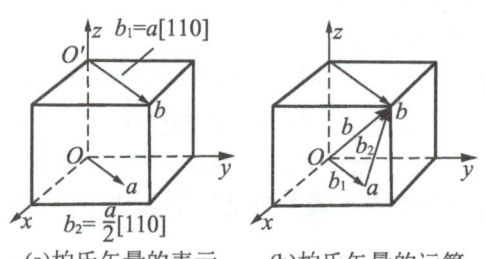

(a)柏氏矢量的表示　(b)柏氏矢量的运算

图 4.22　柏氏矢量的表示和运算

柏氏矢量可用晶向指数表示，可以进行矢量运算(图4.22)。**柏氏矢量的模表示畸变的程度，称为位错强度**，即

$$b = ka[uvw], \quad |b| = ka\sqrt{u^2 + v^2 + w^2}$$

3. 柏氏矢量 b 与位错类型的关系

柏氏矢量表征着位错的性质，根据柏氏矢量 b 与位错线的关系，可以容易地判断位错的类型(表4-6)，使位错研究的许多复杂问题变得简单。

表 4-6 柏氏矢量 *b* 与位错类型的关系

类型	刃型位错		螺型位错	混合位错
特点	刃位错柏氏矢量 *b* 与位错线垂直	（多余半原子面，L 位错线，*b*，滑移面，滑移方向=柏氏矢量方向）	螺位错的柏氏矢量 *b* 与位错线平行	*b* 与位错线成一定角度
分类	分为：正刃位错与负刃位错。右手法则——食指指向位错线方向，中指指向柏氏矢量 *b* 方向，则拇指代表多余半原子面方向。规定：拇指向上（在滑移面之上）为正刃型位错，反之为负刃型位错	（拇指：多余半原子面；中指：柏氏矢量方向；食指：位错线方向。L *b* L *b* 正 负 刃位错）	右螺旋位错：*b* 和位错线同向平行。左螺旋位错：*b* 和位错线反向平行。L L *b* *b* 右 左 螺位错	每一段位错线可分解为刃位错和螺位错两个分量。L *b*₁ *b* *b*₂ 混合位错
滑移面	唯一		不唯一	唯一

【例题4-1】 晶体中有一位错环，柏氏矢量和位错环的关系如图4.23所示，假设位错环逆时针方向为正，分析位错环上各点的性质。

解：弧线位错线上各点的方向为此点的切线方向(图4.24)，根据位错线方向和柏氏矢量 *b* 的关系，可以判断：A点为右螺旋位错，C点为左螺旋位错，B点为负刃型位错，D点为正刃型位错，其余各点为混合位错。

 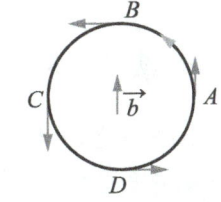

图 4.23 位错环　　图 4.24 位错环性质的确定

4. 柏氏矢量的守恒性

在确定柏氏矢量时，只规定了在晶体原子排列的正常区内选取柏氏回路，而对回路的形状、大小和位置未作限制。因此，只要规定了位错线的正向，按右手螺旋法则确定回路，只要避开了位错线，不和位错线相遇，无论回路怎样扩大、缩小或移动，由此定出的柏氏矢量是唯一的，这就是**柏氏矢量的守恒性**，是柏氏矢量最重要的性质。

由柏氏矢量的守恒性，可以推导出位错具有的以下重要特点。

➢ **一条位错线的柏氏矢量是唯一的**。一条位错线的形态（直线、折线或弧线等）可以改变，各处的位错类型（刃位错、螺位错或混合位错）也可以改变，但其各部分的柏氏矢量都相同，即柏氏矢量唯一且不变。

➢ **柏氏矢量决定晶体滑移的结果**。不管位错以怎样的形态滑过晶体，晶体滑移的结果（滑移矢量，畸变量）是一样的，由柏氏矢量 *b* 决定。

➢ **位错柏氏矢量的叠加性。** 如图 4.25 所示，当位错相交于一点（位错结点）时，指向结点的各位错线的柏氏矢量之和等于离开结点的各位错线的柏氏矢量之和。

➢ **位错的连续性：** 位错不可能终止于晶体的内部，只能终止到表面、晶界和其他位错。若终止于内部，必和其他位错线相交接，或自成封闭的位错环（图 4.26）。

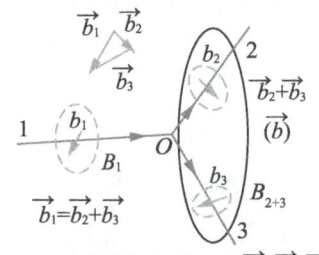

(a) 位错相交于一点 $\vec{b_1}=\vec{b_2}+\vec{b_3}$

(b) 位错线都指向结点 $\sum \vec{b_i}=0$

（图 4.25a）中，位错线 1 分叉为 2、3 两条位错线时，选取包含位错 2、3 的柏氏回路为 B_{2+3}，其柏氏矢量为 $\vec{b}=(\vec{b_2}+\vec{b_3})$，是两个位错 2、3 畸变的总和。位错线 1 的柏氏回路 B_1 向右移动并扩大时，与回路 B_{2+3} 重合，即位错 $\vec{b}=\vec{b_2}+\vec{b_3}$ 与 $\vec{b_1}$ 在 O 点连接，是位错线 $\vec{b_1}$ 的延伸，可以把它们看做一条位错线，因此，$\vec{b_1}=\vec{b}=\vec{b_2}+\vec{b_3}$。图 4.25(b) 中，若所有位错线都指向（或离开）结点，则柏氏矢量之和为零。

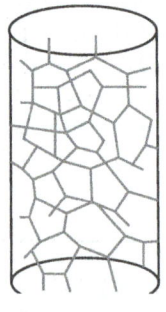

图 4.25 位错柏氏矢量的叠加性　　　图 4.26 位错网络

阅读材料　位错的发展历史 (History of Dislocation Development)

位错研究是以晶体力学性质的研究开始的。1907 年 Volterra 解决了一类弹性体中的内应力不连续的弹性问题，把它称为位错，并讨论了位错的应力场。

1934 年，M.Polanyi、E.Orowan 和 G.1.Taylor 几乎同时独立地从晶体学角度提出有关晶体缺陷（位错）的模型，特别是 Taylor 明确地把 Volterra 位错引入晶体。把位错和晶体塑性变形联系起来，开始建立并逐步发展位错理论模型。位错理论解释了金属的理论强度和实际强度的巨大差异，提出了金属的塑性变形方式。

约菲用正交的尼科耳镜观察岩盐形变，看到岩盐形变时有亮线从晶体一侧传播到另一侧，说明晶体形变滑移时局部地区有应力集中，并说明滑移是从一侧传播到另一侧的。Taylor 注意到这种实验现象，根据设想的位错排列形状，计算了位错运动所产生的晶体硬化曲线。

1939 年，柏格斯 (J.M.Burgers) 提出了螺位错的概念，同时引入描述位错的一个重要特征量——柏氏矢量，使位错的概念普遍化，并发展了位错应力场的一般理论。

1940 年，派尔斯 (Peierls) 提出位错点阵模型，1947 年由纳波罗 (Nabarro) 修正。它突破了一般弹性力学范围，提出了位错宽度的概念，估算了位错开动的临界切应力 (P-N 力)，这一应力和实际晶体屈服应力是同一数量级。

1947年，英国冶金和物理学家柯垂尔(A.H.Cottrell，1919—2012)在英国国际强度会议上报告了溶质原子和位错的交互作用，用碳原子钉扎位错(Cottrell气团)来解释低碳钢的屈服现象，第一次成功地使从假设出发的位错理论在解决金属机械性能的具体问题上获得成功。Shockley描绘了面心立方形成扩展位错的过程。

1950年，Frank和Read共同提出了位错的增殖机制。此时，对于单个位错的运动规律，位错的交互作用等理论基本已经解决。

1953—1954年，Nye和Bilby以及以后的krner提出的无限小位错连续分布模型，为研究更复杂位错组态提供了方法。

1939年，Burgers提出位移公式。1950年，Peach和krner提出应力场公式和位错受力公式。1955年，Blin提出交互作用能公式。基本上解决了任意形状的位错线的性质。

1956年，鲍曼(Bollman)在不锈钢中，Menter在铂钛花青晶体中，赫许(P.B.Hirsch)在铝中用透射电镜(TEM)观察到位错和位错的运动，同时还有很多关于位错的实验结果。

随计算机技术的发展，位错核心组态及复杂结构中位错的研究取得很多成果。

晶体物理学的研究迅速开展起来，如位错与点缺陷、溶质原子及第二相粒子间的相互作用；交变应力下，位错与杂质原子交互作用的弛豫与内耗；位错在金属断裂中的重要作用；压电及铁电晶体中的位错形态，金属中的位错与电阻的关系，位错的磁效应等。对晶体力学性质的了解起了重要作用。

位错理论不但本身发展得根深叶茂，还深入到旁支学科之中，如高分子、地质学、矿石学以及生物分子等方面，有了更强大的生命力。

4.2.3 位错的运动 (Motion of Dislocations)

 问题的提出

(1)晶体的塑性变形是通过位错的滑移进行的，那么，位错还有其他的运动方式吗？
(2)位错的类型(如刃位错、螺位错、混合位错)对位错的运动有影响吗？
(3)位错的形态(如直线、弧线等)对位错的运动有影响吗？

基本概念——滑移和攀移

(1) 位错的基本运动形式有**滑移(Slip)**和**攀移(Climb)**两种。

(2) **滑移**：在切应力作用下，位错沿滑移面和此面上的一个滑移方向上的运动。

(3) 滑移系：滑移面和此面上的一个滑移方向组成一个滑移系。**滑移面是位错线和柏氏矢量确定的平面(晶面)**。滑移面和滑移方向一般为晶体的最密排面和最密排方向。例如，fcc晶格的密排面为{111}，有4个；密排方向为<110>，每个(111)面上有3个密排方向，因此，fcc晶体的滑移系为12个。

(4) **攀移**：刃位错在垂直于滑移面方向上的运动。相当于半原子面的伸长或缩短。通常把半原子面缩短称为正攀移，反之为负攀移。

1. 位错的滑移

位错最重要的性质之一是位错在晶体中的运动，而滑移又是位错最重要的运动方式。不同类型位错的滑移过程和特点见表4-7和图4.27。

表 4-7 位错的滑移运动

类型	刃型位错	螺型位错	混合位错
	如图 4.27(b) 所示， (1) 在外加切应力 τ 的作用下，位错运动，位错附近的原子移动原子间距的几分之一即可； (2) 刃位错滑移的方向和位错线垂直； (3) 刃位错扫过区域发生了 b 大小的相对运动(滑移)； (4) 刃位错移出晶体表面时在表面上产生 b 大小的台阶 (图 4.27(e))	如图 4.27(c) 所示， (1) 在外加切应力 τ 的作用下，位错运动； (2) 螺位错滑移的方向和位错线垂直； (3) 螺位错扫过的区域晶体发生了 b 大小的相对运动 (滑移)； (4) 螺位错移出晶体表面时在表面上产生 b 大小的台阶 (图 4.27(e))	如图 4.27(d) 所示， (1) A、B 为异号刃位错，后部的半原子面在上方向后移动；前部的半原子面在下方，向前运动； (2) C、D 为异号螺位错，左边向左，右边向右运动； (3) 其他为混合位错，均向外运动； (4) 所有位错移出晶体，整个晶体上部移动了 b 大小的台阶 (图 4.27(e))
滑移过程	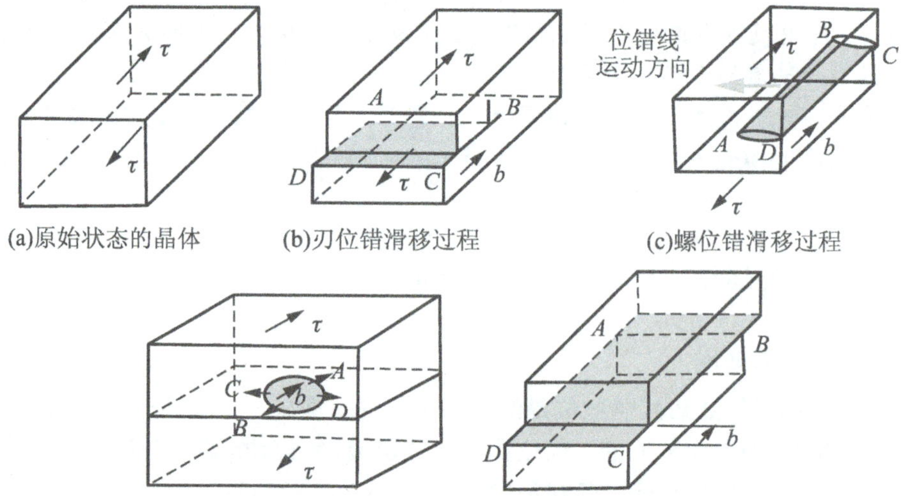 (a)原始状态的晶体　(b)刃位错滑移过程　(c)螺位错滑移过程 (d)位错环的滑移过程　(e)滑移结果 图 4.27　具有相同柏氏矢量的不同类型位错的滑移 【参考动画】　【参考图文】		
滑移结果	(1) 对于具有相同柏氏矢量的位错而言，无论其为哪种类型 (刃位错、螺位错、混合位错)，最后的滑移效果都是一样的，与位错线的移动方向无关，只取决于柏氏矢量； (2) 位错的运动都将使扫过的区间两边的原子层发生 b 的相对滑动		

类型	刃型位错	螺型位错	混合位错
滑移特点	(1) 刃位错有唯一确定的滑移面； (2) 刃位错不可交滑移； (3) 刃位错可以攀移 (图4.29)	(1) 螺位错的滑移面不唯一； (2) 螺位错在某一滑移面 (1$\bar{1}$1) 的滑移受阻时，位错可离开原滑移面到与其相交的其他滑移面 (111) 继续滑移，称为交滑移 (图4.28)；如果交滑移后的位错再转回和原滑移面平行的滑移面 (111) 上继续运动，为双交滑移； (3) 螺位错无多余半原子面，无攀移	柏氏矢量与位错线成一定角度，具有唯一滑移面

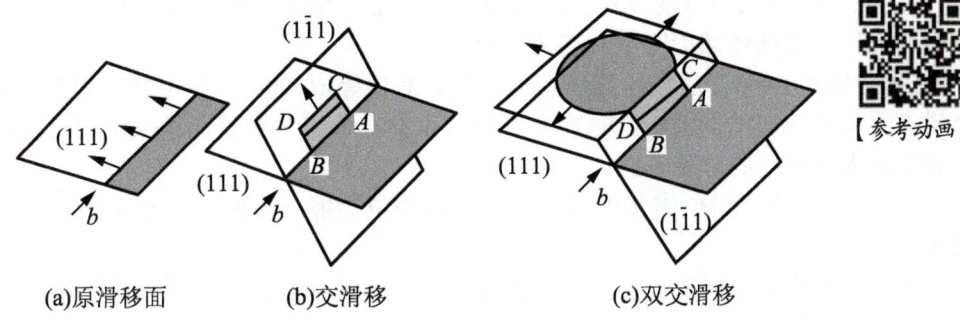

(a)原滑移面　　(b)交滑移　　(c)双交滑移

图 4.28　螺位错的交滑移

2. 位错的攀移

如图4.29 (a) 所示，刃位错的正攀移是原子面缩短，有原子多余，大部分是空位运动到位错线上，造成空位消失；

图4.29(b) 中刃位错的负攀移是原子面伸长，需要外来原子(间隙原子)，或在晶体中产生新的空位。

位错攀移的特点如下。

(1) **刃位错攀移一般发生在温度较高时**。由于攀移伴随着物质的迁移，需要原子的扩散，比位错滑移需要更高的能量，因此位错攀移需要热激活，在室温下很难进行。

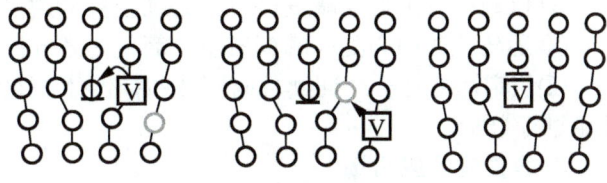

(a)空位运动引起的攀移

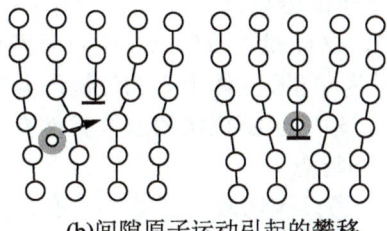

(b)间隙原子运动引起的攀移

图 4.29　刃位错的攀移

(2)外加应力对攀移的影响。切应力对刃位错的攀移是无效的，正应力的存在有助于攀移。

- 垂直于原子面的拉应力有助于原子扩散到位错处，使半原子面扩大，发生负攀移；
- 压应力有助于空位扩散到位错线附近，促进正攀移。

应力对攀移的总体作用甚小，主要受温度的影响大。

(3) **螺位错无多余半原子面，无攀移运动。只有刃位错才能攀移。**

(4) 体积的变化。
- 位错滑移：不涉及原子扩散，晶体的体积不变，称为"恒运动"；
- 位错攀移：必须借助原子扩散，晶体的体积会有变化，也称"非守恒运动"。

(5) 攀移的作用：攀移不是材料塑性变形的主要机制，但刃位错在原滑移面上的滑移运动受阻时(如被杂质或第二相颗粒钉扎等)，可通过攀移运动，避开障碍物，到新滑移面上继续滑移。因此，位错的攀移可影响滑移的进行，从而影响材料的塑性变形能力。

4.2.4 位错的应力场 (Stress Field of Dislocation)

1. 研究背景及内容

(1) 位错附近晶格畸变，产生应力场和应变能。例如，刃位错多余半原子面处产生压应力，螺位错圆柱体螺旋区域有切应力存在。

(2) 位错与其他缺陷(点缺陷、其他位错、晶界等)的交互作用是通过应力场实现的。对位错应力场和应变能的分析，是研究位错与位错、位错与其他晶体缺陷间交互作用，进而研究晶体力学性能的理论基础。

(3) 位错总能量与位错长度成正比，为减少位错能，位错线应尽可能短，因而产生了线张力。

本节主要介绍位错的应力场、弹性应变能和位错线张力的基本概念和特点。

2. 分析思路

(1) 把晶体分为两个区域。
① 位错中心附近：畸变严重，必须直接考虑晶体结构和原子之间的相互作用。
② 远离位错中心处：畸变较小，简化为各向同性连续弹性介质。

(2) 假定晶体是一个连续各向同性的弹性体，忽略位错中心点阵结构的影响，用线弹性理论进行分析。

3. 螺位错的应力场

➤ 螺位错的连续弹性介质模型的建立

(1) 半径为 R 的圆柱体沿纵向由表面切至中心，使切缝两侧沿纵向(Z方向)相对位移 b 距离，然后粘合起来，这样就"造"出一个位于圆柱体中心轴线的螺位错；

(2) "挖"去半径为 r_0 的圆柱体中心的位错严重畸变区。

如图4.30(a)所示，建立了螺位错的连续弹性介质模型。

➤ 螺位错的应力场特点

(1) **螺位错的应力场只有切应力分量，没有正应力分量**。根据螺位错的连续弹性介质模型的建立过程，圆柱筒壁只有Z方向的相对位移，因此只有两个切应变分量，没有正应变分量(图4.31)。G为剪切弹性模量，则圆柱体产生的切应变为

$$\varepsilon_{\theta Z} = \varepsilon_{Z\theta} = \frac{b}{2\pi r} \tag{4-2}$$

相应的切应力为

$$\tau_{\theta Z} = \tau_{Z\theta} = G\varepsilon_{\theta Z} = \frac{Gb}{2\pi r} \tag{4-3}$$

(2) 应变及应力分量只与距位错中心的距离 r 有关，与 r 成反比。距位错中心越远，应力场越小。当 r 趋于零时，应力场趋于无穷大，显然与实际情况不符，因此，制造连续介质模型时需挖掉中心部分，一般 r_0 取 0.5~1nm。

4. 刃位错的应力场

➢ 刃位错的连续弹性介质模型的建立

(1) 半径为 R 的圆柱体，"挖"去半径为 r_0 的圆柱体中心；

(2) 沿纵向由表面切至中心，使切口两侧沿径向 X 方向(或圆柱坐标 r 轴)相对位移 **b** 距离，然后粘合起来。

如图 4.30(b)所示，建立了柏氏矢量为 **b** 的刃位错的连续弹性介质模型。

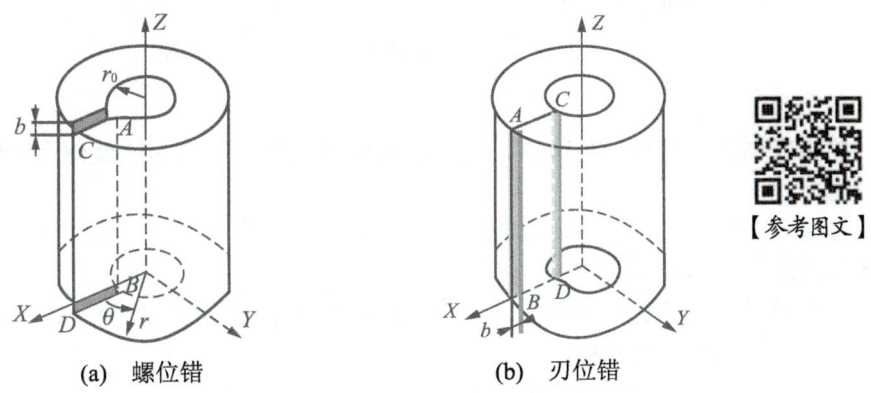

图 4.30　位错的连续介质模型

应用弹性力学可以求出空心圆柱体的应力分布，其直角坐标表达式为

$$\sigma_{xx}=-D\frac{y(3x^2+y^2)}{(x^2+y^2)^2}\ ;\quad \sigma_{yy}=D\frac{y(x^2-y^2)}{(x^2+y^2)^2}\ ;\quad \sigma_{zz}=\nu(\sigma_{xx}+\sigma_{yy}) \tag{4-4}$$

$$\tau_{xy}=\tau_{yx}=D\frac{x(x^2-y^2)}{(x^2+y^2)^2}\ ;\quad \tau_{xz}=\tau_{zx}=\tau_{yz}=\tau_{zy}=0 \tag{4-5}$$

其中，$D=\dfrac{Gb}{2\pi(1-\nu)}$，$\nu$ 为泊松比。

2) 刃位错的应力场特点

如图 4.31 所示。

(1) 有正应力和切应力分量。

(2) 应力与距位错线的距离 r 成反比，与 z 无关。

(3) y=0 时，只有切应力，正应力为 0。x=0 时，切应力为 0。

(4) y=±x 时，只有 σ_{xx}；y>0 时，$\sigma_{xx}<0$，即滑移面上方受压应力；y<0 时，$\sigma_{xx}>0$，滑移面下方受拉应力。

注意：一对平行刃位错和螺位错的应力场无相同的应力分量。

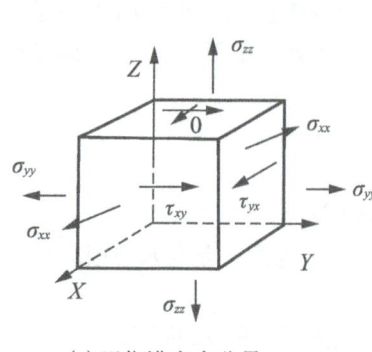
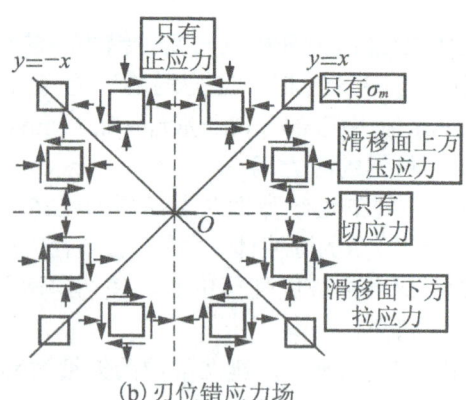

(a) 刃位错应力分量　　　　　(b) 刃位错应力场

图 4.31　刃位错的应力分量与应力场

5. 位错的应变能

位错周围原子偏离平衡位置，处于较高能量状态；高出的能量称为<u>位错的应变能</u>，简称<u>位错能</u>。

<u>位错应变能包括两部分</u>：位错中心区域应变能E_0和由公式计算的位错应力场引起的弹性应变能E_e，即$E=E_0+E_e$。

➢ 位错中心，畸变严重，不能用线弹性理论计算，据估计，E_0占总应变能的 $1/10 \sim 1/15$，常忽略。

➢ <u>位错应变能主要是弹性应变能 E_e。</u>

➢ <u>螺位错弹性应变能</u>

<u>单位体积弹性能=(应力×应变)/2</u>

单位长度的圆柱弹性能为

$$E_e = \frac{1}{2}\int_{r_0}^{R} \frac{Gb}{2\pi r} \cdot \frac{b}{2\pi r} \cdot 2\pi r dr = \frac{Gb^2}{4\pi} \cdot \ln\frac{R}{r_0} \tag{4-6}$$

式中，R为晶体的外径；r_0为位错核心的半径。若 $\alpha = \frac{1}{4\pi}\ln\frac{R}{r_0}$，则

$$E_e = \alpha G b^2 \tag{4-7}$$

式中，G为材料的剪切模量；α为常数，螺位错取0.5，刃位错取1.0。

➢ <u>刃位错的弹性应变能</u>

<u>它比螺位错大50%。</u>

刃位错弹性应变能为

$$E_e = \frac{\alpha G b^2}{1-\nu}$$

结论：(1)E_e为单位长度位错的弹性应变能，和b^2成正比。

(2)柏氏矢量**b**最小的地方E_e最小，位错越稳定或最易形成位错。滑移最易在密排方向上发生，就是由于此方向上**b**比较小。

6. 位错的线张力

1)位错线张力的产生

(1)为减小应变能，位错柏氏矢量**b**尽量小。

(2)为减小总弹性应变能,位错趋向于缩短,弯曲的位错线有变直的趋向,好像沿位错线两端作用了一个线张力**T**。位错环在线张力的作用下会收缩,甚至消失。

2)位错线张力的大小

线张力和位错的能量在数量上是等价的,即

$$T = E = \alpha G b^2$$

如图4.32所示,假设R是位错线曲率半径,曲线的张力是T,使位错弯曲的应力为τ,则有

$$2T\sin\frac{\mathrm{d}\theta}{2} = \mathrm{d}F \cdot \mathrm{d}S = \tau b \cdot R\mathrm{d}\theta$$

那么

$$T = \tau b R$$

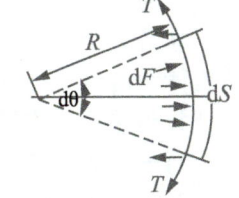

图 4.32 位错的线张力

根据 $T = E = \alpha G b^2$,对于弯曲位错线,$\alpha = 0.5$,则 $\tau = \dfrac{Gb}{2R}$。

因此,使位错弯曲的应力τ和曲率半径R成反比和剪切模量G及柏氏矢量b成正比。

【例题4-2】刃位错与螺位错有什么异同点?

解:刃位错与螺位错的比较见表4-8。

表 4-8 刃位错与螺位错的比较

		刃位错	螺位错
不同点	位错线方向和柏氏矢量的方向关系	垂直; 刃型位错的滑移线不一定是直线,可以是折线或曲线	平行; 螺位错的滑移线一定是直线
	有无交滑移	刃位错的滑移面只有一个; 无交滑移(位错线和柏氏矢量垂直所以其构成的平面,不能改变)	螺位错的滑移面不是唯一的; 有交滑移(位错线和柏氏矢量平行,滑移可以从一个滑移面到另一个滑移面,滑移面可以改变)
	应力场	刃位错周围的应力场既有切应力,又有正应力	螺位错只有切应力而无正应力
	有无攀移	有(有多余半原子面)	无(无多余半原子面)
相同点	都是线缺陷 位错的运动都将使扫过的区间两边的原子层发生b的相对滑动,晶体两部分的相对移动量只决定于b的大小和方向		

4.2.5 位错与晶体缺陷间的相互作用 (Interaction between Dislocations and Crystal Defects)

 问题的提出

➢ 实际晶体中,含有多种晶体缺陷(空位、间隙原子和置换原子等点缺陷,大量位

错),它们之间要发生相互作用,甚至相互转化,对材料的成形工艺和性能有着重要影响。

> 实际晶体中,含有大量位错,每条位错线周围存在应力场,它们之间必然会通过弹性应力场进行复杂的交互作用,从而影响位错的运动和分布。

> 了解位错与其他晶体缺陷间的相互作用,是理解晶体塑性变形物理本质的理论基础。

本节只介绍几种最简单、最基本的位错间的交互作用情况,从而了解位错间交互作用的规律和特点,进而理解它们对材料性能的影响。

1. 位错间的交互作用

1)一对平行螺位错的交互作用

如图4.33(a)所示,位于坐标原点O和M点(r, θ)处的两个平行于Z轴的螺位错,其柏氏矢量分别为b和b'。坐标原点位错b在M点(r, θ)处的切应力为:$\tau_{\theta z} = \dfrac{Gb}{2\pi r}$,则$M$点处的位错在作用下受到的力为:$F = \tau_{\theta z} b'$,即$F = \dfrac{Gbb'}{2\pi r}$。$F$沿$r$方向,两平行螺位错的共有面可作为滑移面。同样,$O$点的位错在$M$点位错应力场的作用下,也将受到一个大小相等、方向相反的作用力。

如图4.33(b)所示,当两位错b和b'方向相同时,F为正,作用力为斥力,即同号螺位错相斥;

如图4.33(c)所示,当两位错b和b'方向相反时,F为负,作用力为引力,即异号螺位错相吸。

> 两平行螺位错间相互作用的结果是:同号相斥,异号相吸(甚至中和而消失),从而降低位错能。

2)一对平行刃位错的交互作用

如图4.34(a)所示,两平行于Z轴的刃位错,相距$r(x, y)$,柏氏矢量b和b'与X轴同向,位错b的位错线与Z轴重合。位错b'的滑移面平行于XZ平面,因此,位错b的各应力分量中,只有切应力分量τ_{yx}和正应力分量σ_{xx}对位错b'起作用,τ_{yx}使位错b'

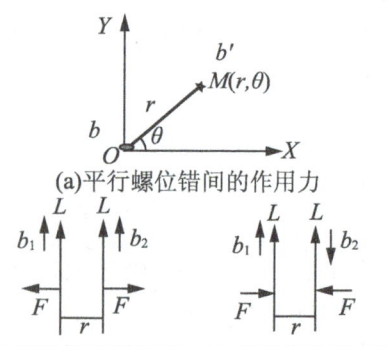

(a)平行螺位错间的作用力

(b) 同号螺位错相斥　　(c) 异号螺位错相吸

图 4.33 一对平行螺位错的交互作用

沿X轴方向滑移,$F_x = \pm \tau_{yx} b'$;σ_{xx}使其沿Y轴攀移,$F_y = \pm \sigma_{xx} b'$。b和b'方向相同时取正号,作用力为斥力;相反时取负号,作用力为引力。

代入式(4-4)和式(4-5)并分析可知

> 两平行刃位错间相互作用的结果。

(1)如图4.34(b)所示,位于相互平行滑移面上的同号刃位错,将沿着与其柏氏矢量垂直的方向排列起来,即沿其多余半原子面方向排列,形成位错墙组态。而异号刃位错将沿45°方向排列。

(2)如图4.34(c)所示,位于同一滑移面上的同号刃位错相斥,异号相吸,甚至中和而消失。

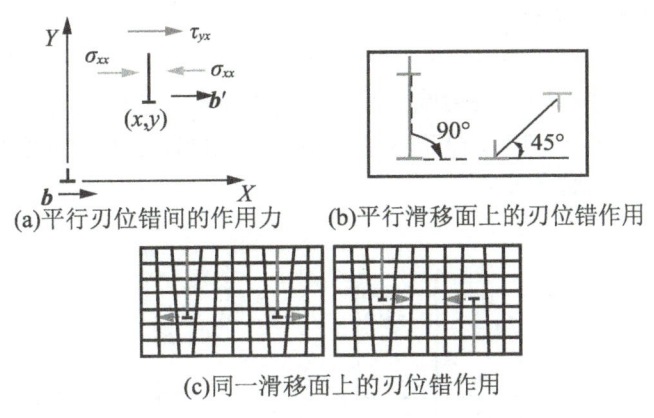

(a) 平行刃位错间的作用力　(b) 平行滑移面上的刃位错作用

(c) 同一滑移面上的刃位错作用

图 4.34　一对平行刃位错的交互作用

位错交互作用的其他情况：一对平行刃位错和螺位错无相同的应力分量，因此它们之间无相互作用。对于混合位错间的交互作用可分解为2个刃位错和2个螺位错间的相互作用的叠加。

3) 位错的交割

两个位错相遇并相互切过的过程，称为**位错交割**。**交割是位错间的短程交互作用**。

(1) 两个垂直刃位错的交割。

如图4.35所示，柏氏矢量为b_1的刃位错AB在切应力作用下沿滑移面Ⅰ向下滑移，与滑移面Ⅱ上的柏氏矢量为b_2的刃位错CD切割。

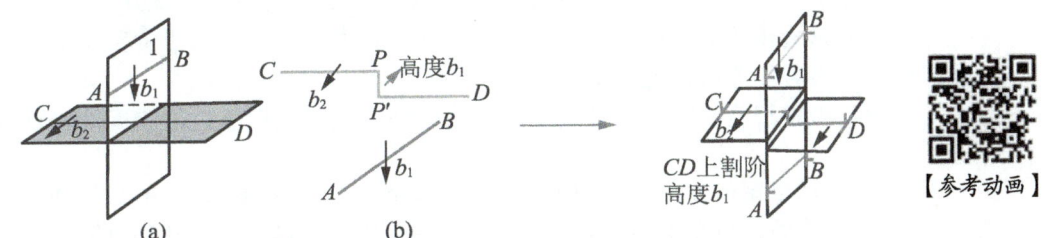

图 4.35　两个垂直刃位错的交割

交割的结果如下。

① 根据位错柏氏矢量的性质和位错滑移的结果，刃位错AB的滑移将使滑移面Ⅰ左右两边原子层发生b_1大小和方向的相对滑动。因此，AB切割CD后，会在CD上产生一个台阶PP'，其大小和方向与b_1相同，即$PP'=b_1$。

② 位错CD上的台阶PP'的滑移面是Ⅰ，不是CD的原滑移面Ⅱ。这种**不位于原滑移面上的位错台阶称为割阶**。割阶使位错CD的能量升高，成为位错运动的阻碍。

③ CD上产生PP'割阶，根据柏氏矢量的守恒性和唯一性，位错的性质不变，即位错$CDPP'$的柏氏矢量仍是b_2。

④ 由于b_2平行于位错线AB，位错CD的滑移不使AB产生割阶。

位错交割后的变化规律：两个位错交割后，会产生位错台阶，自身的柏氏矢量不变，台阶大小取决于另一位错的b值。

(2) 两个平行刃位错的交割。

如图4.36所示，两个柏氏矢量平行的刃位错交割后，CD上产生一个台阶$PP' = b_1$，AB上产生一个台阶$QQ' = b_2$；(PP')的柏氏矢量仍是b_2，$AQ'QB$的柏氏矢量仍是b_1。由于$PP' // b_2$，$QQ' // b_1$，因此PP'和QQ'都为螺位错。它们仍在原来的滑移面上滑移。这种仍在原滑移面上的位错台阶称为扭折。

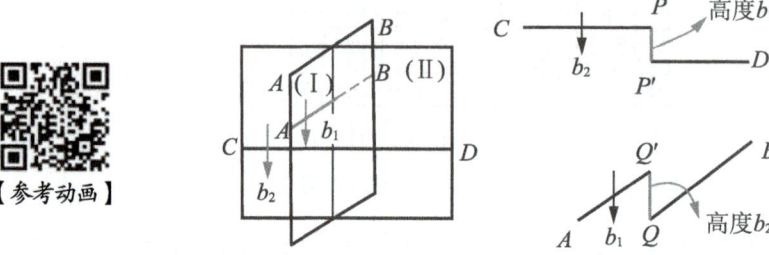

图4.36 两个平行刃位错的交割

为了降低位错能，在线张力作用下，扭折PP'和QQ'会自动消失，位错CD和AB恢复直线，或以相同滑移方向一起滑移。

位错交割的规律如下：
① 两位错交割，会产生台阶，自身柏氏矢量b不变，台阶大小取决于另一位错的b值。
② 不位于原滑移面上的位错台阶为割阶。割阶成为位错运动的阻碍。
③ 仍在原滑移面上的位错台阶为扭折。在线张力作用下，扭折会自动消失，恢复直线，或以相同滑移方向一起滑移。
④ 割阶和扭折使位错线长度增加，能量增加。交割过程成为位错运动的阻碍。

2. 位错与点缺陷的交互作用 (Interaction between Dislocations and Point Defects)

交互作用原因：点缺陷引起点阵畸变，产生的应力场与位错的应力场发生弹性交互作用，使点缺陷与位错特定分布，以减小畸变，降低系统的自由能。

位错与点缺陷的交互作用主要有3种情况：刃位错附近形成的Controll气团、螺位错附近形成的Snoeck气团和层错附近形成的铃木气团。

本节只简单分析刃位错附近形成的Controll气团。

Controll气团是指溶质原子在刃位错附近聚集，形成的小原子集团。Controll采用一个简化模型处理此问题。该模型的假定条件为：①晶体是连续弹性介质；②溶质原子为刚性小球，其引起的畸变是球形对称。

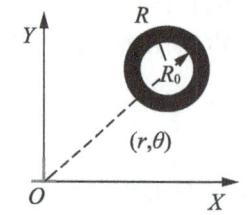

图4.37 位错与溶质原子作用

如图4.37所示，假设晶体内O点有一刃位错b，在(r, θ)处挖掉一半径为R_0的小洞(基体溶剂或间隙半径)，填入一半径为R的刚性溶质原子。此时沿半径方向引起的错配度$\varepsilon = (R - R_0)/R_0$，引起的体积变化近似为：$\Delta V = 4\pi \varepsilon R_0^3$。

在产生径向位移的过程中位错应力场做功。由于溶质原子溶入引起的径向位移垂直球面，是球对称畸变，即只引起半径改变，球的形状不变，故只有位错应力场中的正应力分量做功，而切应力分量不做功。

螺位错应力场没有正应力分量，因此只考虑刃位错情况。

在球形对称变形下，做功的球形对称正应力为：$\sigma_m = (\sigma_{xx} + \sigma_{yy} + \sigma_{zz})/3$，位错与溶质原子的相互作用能为：$U = \sigma_m \cdot \Delta V = A\dfrac{\sin\theta}{r}$，其中 $A = \dfrac{4(1+\nu)}{3(1-\nu)} Gb\varepsilon R_0^3$。

讨论：

(1)若交互作用能$U<0$，表示位错和溶质原子相互吸引；若交互作用能$U>0$，表示位错和溶质原子相互排斥。

(2)**置换原子**：当溶质原子的半径大于溶剂时，即$R>R_0$，则$\varepsilon>0$，$A>0$。当$0<\theta<\pi$，即溶质原子处在滑移面上方时，则$U>0$；当$\pi<\theta<2\pi$，即溶质原子在滑移面下方时，$U<0$，位错和溶质原子相互吸引。因此，**大溶质原子位于滑移面下方(即正刃位错的拉应力场部分)是稳定的状态**。相反地，**小溶质原子位于滑移面上方(刃位错的压应力场部分)比较稳定，如图4.38(a)与(b)所示**。

(3)**间隙原子**：一般地，间隙原子半径大于间隙半径，即$R>R_0$，$\varepsilon>0$，会聚集在位错的拉应力场区(图4.38(c))。

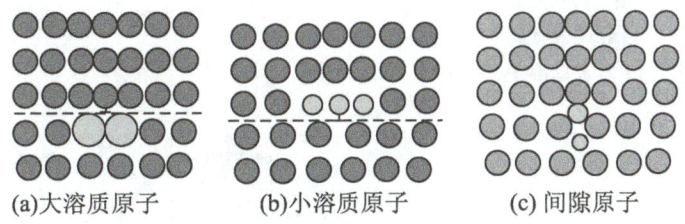

(a)大溶质原子　　(b)小溶质原子　　(c)间隙原子

图 4.38　溶质原子与位错的交互作用

位错与溶质原子的交互作用结果：溶质原子云集在位错线附近，形成小原子集团，称为Cottrell气团(柯氏气团)。

Cottrell气团的作用：位错运动时，要挣脱气团的束缚，或者拖着气团一起前进，都需要做更多的功，因此，Cottrell气团对运动的位错起钉扎作用，降低了位错的运动性，提高了材料的强度。例如，钢中的C和N在位错周围就形成Cottrell气团，提高了钢的强度。

4.2.6　位错的增殖与塞积 (Proliferation and Pile-up of Dislocations)

1. 位错的增殖

问题的提出

根据位错滑移的过程和结果，晶体每滑移一个b，就应该有一个位错消失。晶体塑性变形时有大量位错滑出晶体，因此变形后晶体中的位错密度ρ应减小。但实际上晶体变形后位错密度ρ随变形量的增加而增加，在剧烈变形后甚至增加4～5个数量级(图4.39)。

此现象表明，变形过程中位错能够不断增殖，能增殖位错的地方成为位错源。

位错的增殖机理有多种，除前面介绍的双交滑移增殖机制和空位聚集形成位错机理外，目前被普遍接受的最重要的位错增殖机制是1950年弗兰克Frank和瑞德Read提出的并在试验中观察到的位错增殖机理，称为弗兰克–瑞德(Frank–Read)源，简称F–R源。

(Frank–Read)源模型：如图4.40(a)所示，晶体中某滑移面上有一段柏氏矢量为 b 的刃位错 DD' ，其两端点被杂质、第二相或位错网结点等钉扎住。

图4.40(b)中，在外加切应力作用下，位错运动并弯曲成曲线，并继续在切应力作用下沿法线方向向外运动，不断扩大(图4.40(c)、(d))。

根据位错柏氏矢量的唯一性，虽然位错线从直线变成曲线，但位错的柏氏矢量仍为 b 。假设位错线的正方向为从 D 指向 D' ，图4.40(d)中 m 处位错线方向向下，为左螺位错，而与之对应的 n 处为右螺位错。

随滑移的进行，异号的 m、n 位错相遇并相互抵消(图4.40(e))，形成两部分位错：外部产生一位错环，继续滑移，直至到达晶体表面；内部的一段在线张力作用下恢复成 DD' 段。此过程反复进行，放出大量位错环，造成位错的增殖。

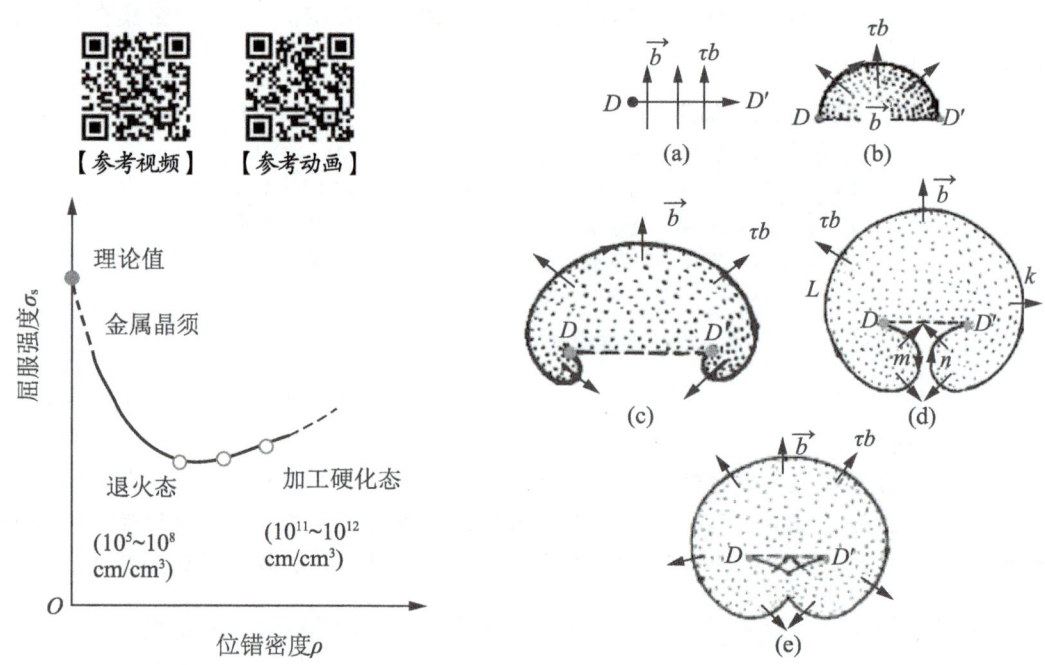

图 4.39　晶体的位错密度与强度

图 4.40　Frank–Read 源增殖机制

2. 位错的塞积

位错塞积的原因：位错滑移时，在滑移面上遇到障碍物(如晶界、不可变形的硬质颗粒等)，将塞积在障碍物的前面。若同一位错源不断产生一系列位错，就会产生位错塞积群(图4.41(a))。

位错塞积的后果如下。

(1)位错塞积群引起晶格的严重畸变，在塞积群前端产生应力集中。

(2)若应力集中较大，超过材料的键合强度，可能在此处形成裂纹(图4.41(b))。

(3)晶界处的应力集中达到一定程度，可开动相邻晶粒的位错滑移，从而松弛应力集中。

位错塞积，产生应力集中，并形成裂纹的思想是断裂力学中重要的裂纹萌生机理。

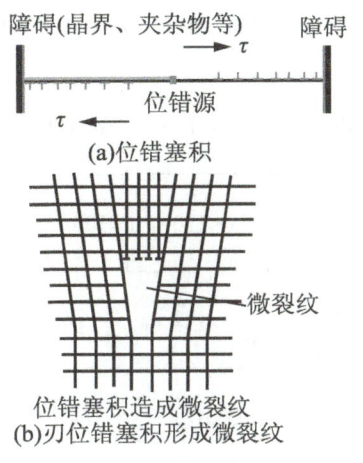

【参考图文】

图 4.41　位错的塞积

4.2.7　实际晶体中的位错 (Dislocation in Real Crystals)

问题的引出：前面讨论的是位错的普遍性质，是结合简单立方点阵讨论的，而实际晶体大多为面心立方fcc、体心立方bcc和密排六方hcp结构等，实际晶体中的位错更复杂，除了具有位错的共性之外，还有一些特性，和晶体的性能密切相关。

位错存在的条件：实际晶体结构中，位错的柏氏矢量不是任意的，要符合晶体的<u>结构条件</u>和<u>能量条件</u>。

(1) <u>晶体结构条件</u>：位错的柏氏矢量要连接原子的一个平衡位置到另一个平衡位置。

(2) <u>能量条件</u>：位错能量E正比于b^2，能量较高的位错不稳定，常通过位错反应分解为能量较低的位错组态，因此，位错的柏氏矢量b要小，即实际晶体中位错的柏氏矢量一般取短的点阵矢量。

1. 基本概念

1) 全位错 (Whole Dislocation)

➤ 全位错是指柏氏矢量等于点阵矢量或其整数倍的位错。

➤ b 为最短点阵矢量的位错称为单位位错。

➤ 单位位错的能量最低，最稳定。表 4-9 和图 4.42 为不同晶体结构的典型位错。**体心立方结构的 $\frac{1}{2}a<111>$ 和面心立方结构的 $\frac{1}{2}a<110>$ 都是最稳定的单位位错。**

全位错的滑移特点：如图4.43(a)所示，全位错滑移时，原子从一个点阵位置到另一个点阵位置，不破坏上下原子排列的完整性，即滑移区与未滑移区有相同的晶体结构，又称完整位错。

表 4-9 典型晶体结构中的全位错与不全位错

结构	位错类型	柏氏矢量
体心立方 bcc	全位错	$\frac{1}{2}a<111>$, $a<100>$, $a<111>$, $a<110>$
	不全位错	$\frac{1}{3}a<111>$, $\frac{1}{6}a<111>$, $\frac{1}{2}a<110>$, $\frac{1}{3}a<110>$
面心立方 fcc	全位错	$\frac{1}{2}a<110>$, $a<100>$, $a<110>$
	不全位错	$\frac{1}{6}a<11\bar{2}>$, $\frac{1}{2}a<111>$, $\frac{1}{3}a<111>$
密排六方 hcp	全位错	$c<0001>$, $\frac{1}{3}a<11\bar{2}0>$
	不全位错	$\frac{1}{3}a<10\bar{1}0>$, $\frac{1}{2}c<0001>$

【参考图文】

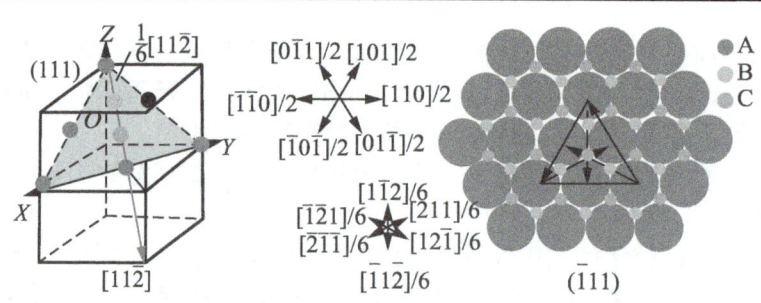

图 4.42 面心立方结构中的全位错和不全位错

【参考图文】

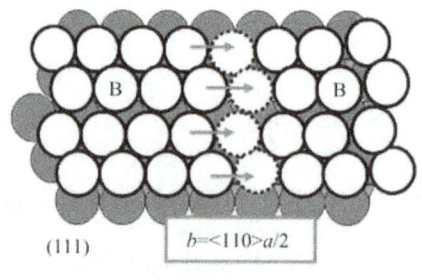
(a) 全位错的滑移

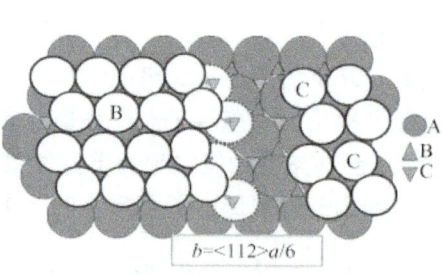
(b) 不全位错的滑移

图 4.43 面心立方结构中全位错和不全位错的滑移

2)不全位错 (Partial Dislocation)
➢ 不全位错是指柏氏矢量不等于点阵矢量整数倍的位错。
➢ 柏氏矢量小于点阵矢量的位错称为部分位错 (表 4-9)。面心立方结构中最重要的不

全位错是 $\frac{1}{6}a<11\bar{2}>$ 和 $\frac{1}{3}a<111>$。图 4.42 为面心立方结构中的全位错 $\frac{1}{2}a<110>$ 和不全位错 $\frac{1}{6}a<11\bar{2}>$ 之间的关系。

> 不全位错 $\frac{1}{6}a<11\bar{2}>$ 称为肖克莱 (Shockley) 不全位错。

不全位错的滑移特点：如图4.43(a)所示，面心立方结构是最密排面{111}按…ABCABC…顺序堆垛，其同层原子间(同一红球A层，或同一篮球B层，或同一绿球C层)点阵位置的滑移为全位错滑移 $\frac{1}{2}a<110>$。图4.43(b)中，原子从B层点阵位置通过 $\frac{1}{6}a<11\bar{2}>$ 的滑移移动到C层原子位置，在滑移区边界上的原子产生错排，错排的程度即为肖克莱(Shockley)不全位错 $\frac{1}{6}a<11\bar{2}>$。

3) 堆垛层错 (Stacking Fault)

> 不全位错滑移时，已滑移区滑移面上下的原子产生错排 (B 层排列变为 C 层排列)，使原子正常的堆垛顺序被破坏，形成了堆垛层错。由于不全位错滑移时破坏了原子排列的完整性，也称不完整位错。

堆垛层错的形成方法：堆垛层错的形成有位错滑移法和抽去/插入法两种方法。

(1) 位错滑移法。

如图4.43(b)中原子滑移 $\frac{1}{6}a<11\bar{2}>$ 形成，称为Shockley不全位错滑移。

(2) 抽去/插入法。

在最密排面{111}的ABCABC…堆垛中抽去或插入一层密排面。如图4.44所示，插入一层面(111)，…ABC┊B┊ABC…在C┊B┊A处发生层错；抽去一层(A层)，…ABC┊BCABC…在C┊B处发生层错。

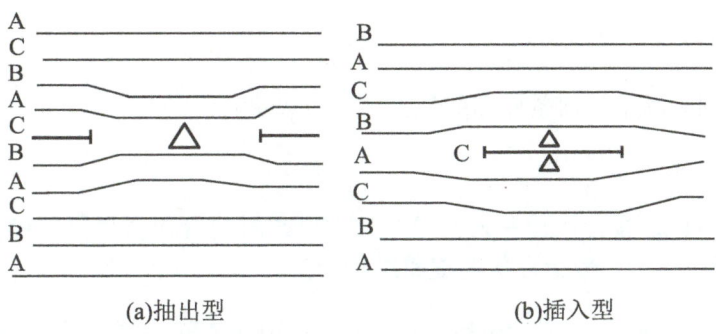

(a) 抽出型　　　　(b) 插入型

图 4.44　面心立方的堆垛层错

无论插入还是抽出一层，畸变的大小和方向(即层错矢量)都是 $\frac{1}{3}a<111>$，称为Franker不全位错。

Shockley不全位错和Franker不全位错的特点如下。

(1)Shockley不全位错：只能通过不均匀滑移 $\frac{1}{6}a<11\bar{2}>$ 形成。可以是刃位错、螺位错或混和位错。柏氏矢量 **b** 在滑移面{111}上，可以滑移。

(2)Franker不全位错：由于柏氏矢量 **b**$=\frac{1}{3}a<111>$，和滑移面{111}垂直，所以Franker不全位错为纯刃位错。此外，$\frac{1}{3}a<111>$ 不是fcc晶体的滑移方向，因此Franker不全位错不能滑移，只可攀移。

2. 位错反应(Dislocation Reaction)

位错反应的基本概念：位错之间的相互转化称为**位错反应**。

位错反应的条件：位错反应能否进行，取决于两个条件。

(1)**几何条件**：反应前的柏氏矢量和等于反应后的柏氏矢量和。即 $\sum b_{前}=\sum b_{后}$。这是柏氏矢量的守恒性所要求的。

(2)**能量条件**：反应后位错的总能量小于反应前位错的总能量，即位错能量降低，这是位错反应的热力学条件要求的。位错的能量正比于 b^2，因此位错反应的能量条件为 $\sum b_{前}^2 > \sum b_{后}^2$。

位错反应的类型：位错反应主要包括位错的分解、合并和重组等。

(1)位错分解：如在面心立方晶体(fcc)中全位错分解为2个shockley不全位错。

【例题4-3】判断位错反应 $\frac{1}{2}a[110] \to \frac{1}{6}a[211]+\frac{1}{6}a[12\bar{1}]$ 能否进行？

解：几何条件：$\sum b_{后}=\frac{1}{6}a[211]+\frac{1}{6}a[12\bar{1}]=\frac{1}{6}a[330]=\frac{1}{2}a[110]=\sum b_{前}$

能量条件：$\sum b_{前}^2 = \frac{1}{4}a^2(1^2+1^2)=\frac{1}{2}a^2$

$\sum b_{后}^2 = \left(\frac{1}{6}a\sqrt{2^2+1^2+1^2}\right)^2 + \left(\frac{1}{6}a\sqrt{1^2+2^2+(-1)^2}\right)^2 = \frac{1}{3}a^2$

$\sum b_{前}^2 > \sum b_{后}^2$

该位错反应同时满足几何条件和能量条件，可以进行。

分析：

从图 4.43 中可以看出，原子沿全位错 [110] 方向的滑移会和上下相邻的原子发生显著碰撞，局部晶格畸变较大，能量显著增加。

通过肖克莱(Shockley)不全位错 $\frac{1}{6}a<11\bar{2}>$ 的两步滑移，原子滑移到间隙位置，从两个原子间的低谷通过，引起的晶格畸变较小，能量增加小。

因此，一个全位错的滑移由两个不全位错分解为两步完成，在结构和能量上是合理的。

(2) 位错合并：例如，在面心立方晶体(fcc)中1个shockley和1个Franker不全位错合并为全位错：

$$\frac{1}{6}a[112] + \frac{1}{3}a[11\bar{1}] \rightarrow \frac{1}{2}a[110]$$

在面心立方晶体(fcc)中2个全位错合并为1个全位错：

$$\frac{1}{2}a[011] + \frac{1}{2}a[10\bar{1}] \rightarrow \frac{1}{2}a[110]$$

(3) 位错重组：在体心立方(bcc)晶体中，有如下位错反应：

$$a[100] + a[010] \rightarrow \frac{1}{2}a[111] + \frac{1}{2}a[11\bar{1}]$$

3. 扩展位错(Extended Dislocation)
（1）基本概念：
- fcc 结构中全位错分解为 2 个 shockley 不全位错，这**两个不全位错间夹着一片层错，称为扩展位错**。如图 4.45 所示。

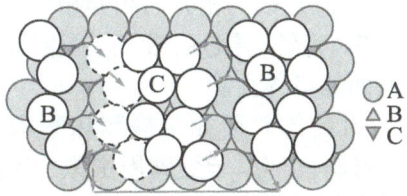

不全位错+层错+不全位错=扩展位错

图 4.45 扩展位错

- 扩展位错整体滑移引起的变形和一个全位错滑移的效果相同。

（2）层错能：
- 层错是一种晶体缺陷，**层错破坏了晶体的完整性和周期性，引起能量升高。产生单位面积的层错所需的能量称为层错能** (Stacking Fault Energy)，以 γ 表示。表 4-10 是一些金属的层错能。
- 层错能越小，出现层错的概率越大。层错的边界即为不全位错。

表 4-10 某些金属的层错能

金属	Ni	Al	Cu	Au	Ag	不锈钢
层错能 /(J·cm^{-2})	4×10^{-5}	2×10^{-5}	7×10^{-6}	6.6×10^{-6}	2×10^{-6}	1.3×10^{-6}

扩展位错的平衡宽度：
- 由于位错的分解使能量降低，而形成层错使能量增加，当两种能量平衡时，不全位错间的层错区不再扩展，达到平衡宽度。
- 扩展位错的平衡宽度 d 与层错能 γ 成反比，即

$$d = \frac{Gb_1b_2}{2\pi\gamma}$$

- 层错能低的材料（如不锈钢），具有宽的扩展位错；
- 层错能高的材料（铝）具有窄的扩展位错。

4.3 面缺陷 (Surface Defects)

面缺陷在共面的各方向上缺陷的尺寸可与晶体或晶粒的线度相比拟，而在穿过该面的任何方向上缺陷区的尺寸都远小于晶体或晶粒的线度。

面缺陷主要包括表面(Surface)、晶界(Grain Boundary)(图4.46)、亚晶界(Sub-grain Boundary)、孪晶界(Twin Boundary)、层错(Stacking Fault)和相界(Phase Boundary)等。

Grain Boundary: The interface separating two adjoining grains having different crystallographic orientations.

1. 表面与界面

➢ 根据物质分界面的聚集状态，有固-气、液-气、固-固、液-固、液-液5种情况。通常将分界面一侧为气体(或真空)的情况称为表面，其余则称为界面。

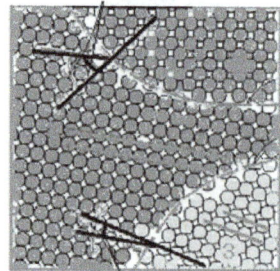

➢ 表面是指在晶体最表面大约几个原子层的物质。
➢ 界面包括同相界面和异相界面两类，同相界面主要有晶界、孪晶界、畴界、堆垛层错等；异相界面主要是相界、固-液界面等。

2. 表面能与界面能

➢ 材料的表面在结构和化学组成上与内部本体有明显的差别，材料内部原子受到周围原子的相互作用是相同的，而处在材料表面的原子所受到的力场是不平衡的，使表面原子的能量升高，产生了表面能。
➢ 界面结构不同于晶体内部，是二维晶体缺陷，能量较高，会形成界面能。界面能主要有晶界能、相界能及层错能等。

图4.46 晶界

> **阅读材料** 研究表面与界面的意义(Significance of Surface and Interface Research)

表面与界面是构成材料固体组织的重要组成部分。任何材料都有与外界接触的表面或与其他材料区分的界面。对于不同组分构成的复合材料，组分与组分之间可形成界面，某一组分也可能富集在材料的表面上。即使是单组分的材料，由于内部存在的缺陷(如位错等)或晶态的不同形成晶界，也可能在内部产生界面。

材料的表面与界面对材料整体性能具有决定性的影响，材料的腐蚀、老化、硬化、破坏、印刷、涂膜、黏结、复合等，无不与材料的表界面密切有关。界面对晶体生长、摩擦、润滑、磨蚀、表面钝化、催化、吸附、扩散及各种表面的热粘附、光(电子)吸收和反射等有重要影响；晶体中的界面迁移、异类原子在晶界的偏聚、界面的扩散率、材料的力学和物理性能等也都和界面结构有直接的关系。

表面与界面研究是现代材料学科中一个活跃的课题，材料表面与界面科学得到了迅速发展，国内外定期召开材料表界面学术年会，有关金属材料、无机非金属材料、高分子材料和复合材料的期刊和专著等都刊有大量材料表面与界面的研究专题。

4.3.1 晶体表面 (Crystal Surface)

1. 表面能的来源

➤ 表面能来源于表面原子的断键。形成表面时，割断最近邻的原子的结合键(断键)，配位数减少，表面原子一侧无原子键结合，能量增高，形成表面能 γ。表 4-11 是部分材料的熔点和表面能。

表 4–11　部分材料的熔点和表面能

晶体	熔点 /℃	表面能 γ/(CJ·m^{-2})	晶体	熔点 /℃	表面能 γ/(CJ·m^{-2})
Sn	232	0.68	δ-Fe	1535	1.72
Cu	1084	2.08	W	3407	2.65

➤ 单位面积的表面能就是表面张力，即增加单位表面积所做的功。

2. 断键数与晶体结构

➤ 不同晶面上原子的排列不同,形成表面时的断键数不同,表面能不同。如图4.47所示，在面心立方 fcc 晶体中，{100} 面作表面时，断键数为 4 个；{110} 表面的断键数为 5 个；{111} 表面的断键数为 3 个。

➤ 割断的键数越多，表面能越高。断键数越少，表面能越低。

➤ 同一晶体，最密排表面的断键数少，表面能最低。因此，晶体的外表面，一般是最密排面。

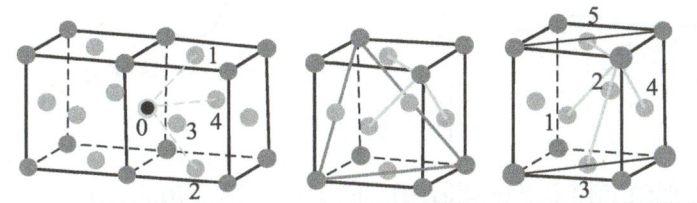

(a){100}晶面,断键数4　　(b) {111}晶面,断键数3　(c) {110}晶面,断键数5

图 4.47　fcc 晶体中不同晶面做表面的断键数

3. 表面的结构

表面结构分为理想表面、清洁表面和吸附表面结构。

(1)理想表面：结构与晶体内部结构完全相同的表面。

(2)清洁表面：无污染的化学纯表面(图4.48)，表面无吸附、催化反应、杂质扩散等物理化学效应，其包括弛豫表面和表面重构。

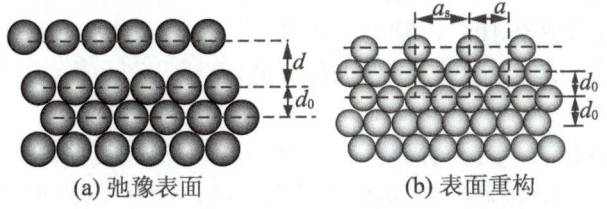

(a) 弛豫表面　　　　　(b) 表面重构

图 4.48　清洁表面结构

> **弛豫表面**：表面晶体结构与体内基本相同但点阵参数略有不同，可向外膨胀或向内收缩。
> **表面重构**：表面层结构与体内有本质的不同。二维晶胞的基矢按整数倍扩大，形成表面超结构。

(3)**吸附表面**：原子沾集在表面，降低表面自由能。

4. 表面能与晶体外形

> 不同晶面原子排列不同，表面能不同。
> 晶体的表面张力 γ 强烈依赖于表面的取向即晶面类型 (hkl)。
> 晶体外形可根据 Wulff 定律确定。

图4.49(a)中，用一个矢量表示表面能γ：其方向平行于表面法线，模与γ大小成正比。

图4.49(b)中，在γ图上每一点作垂直于矢量γ的平面。

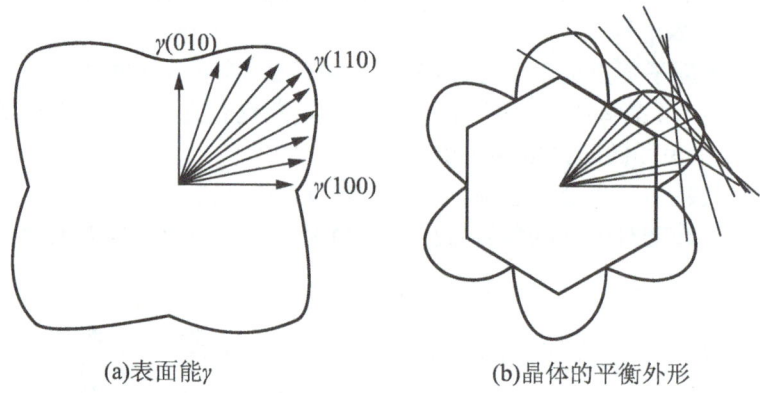

(a)表面能γ (b)晶体的平衡外形

图 4.49　Wulff 定律

平衡晶体的外形就是去掉重叠区域后围成的形状，称为**Wulff定律**。
> 平衡条件下晶体的外形是由 γ 最小的面构成的。
> 密排面作表面，晶体的表面能最低。

4.3.2　晶界结构与能量 (Structure and Energy of Grain Boundary)

晶界的分类：
> 晶界的原子结构和晶粒间的取向有关，晶粒间取向差越大，晶界结构越复杂。
> 根据晶粒间的取向差大小，晶界分为小角晶界 (Low Angle Grain Boundaries) 和大角晶界 (High Angle Grain Boundaries)。

(1) 两个晶粒的位向差$\theta<10°$，称为小角晶界；其中，位向差$\theta<2°$，称为亚晶界。
(2) 两个晶粒的位向差$\theta>10°$，称为大角晶界。

1. 小角晶界结构

小角晶界包括倾转晶界与扭转晶界两类。倾转晶界又包括对称倾转晶界和不对称倾转晶界。如图4.50所示，若u是旋转轴，n是晶界面法线，则对于倾转晶界，旋转轴与晶界面法线垂直，即$u \perp n$；对扭转晶界，旋转轴与晶界面法线平行，即$u // n$。

小角晶界的类型与结构特点见表4-12。

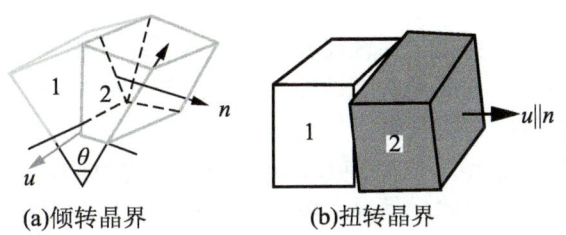

(a) 倾转晶界　　　(b) 扭转晶界

图 4.50　小角晶界

表 4-12　小角晶界的类型与结构特点

类型		晶界结构	位错间距
倾转晶界	对称倾转晶界	由一系列平行刃位错组成(图4.51)。大多原子和两侧点阵匹配很好，只有位错核心匹配不好	$D = b / \left(2\sin\dfrac{\theta}{2}\right) = b/\theta$
	不对称倾转晶界	晶界偏离对称面位置。由两组不同的刃位错组成(图4.52)	$D_\perp = \dfrac{b}{\theta\sin\phi}; D_T = \dfrac{b}{\theta\cos\phi}$
扭转晶界		由螺位错网络组成(图4.53)	$D = b/\theta$

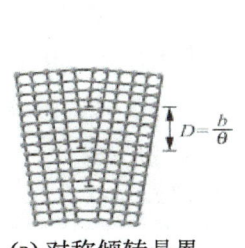

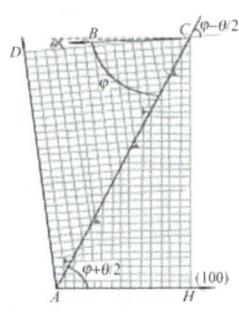

(a) 对称倾转晶界　　(b) 对称倾转晶界电镜像

图 4.51　对称倾转晶界　　　图 4.52　不对称倾转晶界

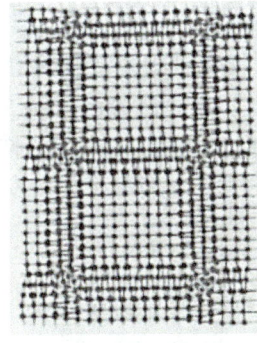
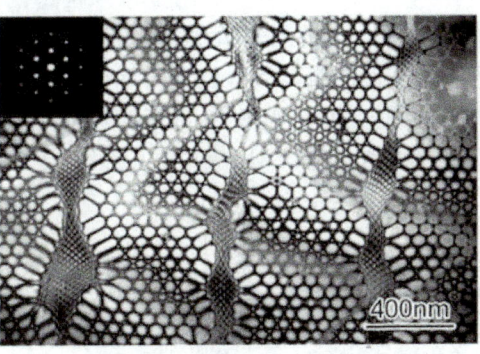

(a) 扭转晶界示意　　(b) α-Al₂O₃晶体中的扭转晶界

图 4.53　扭转晶界

图 4.53(b) 为 α-Al₂O₃ 晶体沿 [0001] 晶带轴 (0001) 面上的小角扭转晶界的 TEM 明场像。晶界为六角位错网络，沿 [1$\bar{2}$10] 方向形成波浪带状结构。左上角为选取电子衍射花样。
（文献：E. Tochigi, Y. Kezuka, N. Shibata，etc., Structure of screw dislocations in a (0001)/[0001]

low–angle twist grain boundary of alumina (a–Al$_2$O$_3$), Acta Materialia, 60 (2012): 1293 1299.)

2. 小角晶界的能量

晶界能是由晶界长程应变场的弹性能和晶界小区域原子相互作用的核心能组成。小角晶界中，晶界能主要是晶界应变场的弹性能。小角晶界的结构是位错网络，因此，小角晶界的能量就是晶界上位错组的总能量。

对于对称倾转晶界，是由一组间距 $D = b/\theta$ 的平行刃位错组成，离开位错距离大于 D 处的弹性应力场基本抵消，因此，晶界上单位长度的刃型位错能量为

$$E = \frac{Gb^2}{4\pi(1-\nu)} \ln\frac{D}{b} + E_c \tag{4-8}$$

式中，G 为剪切模量；b 是柏氏矢量；ν 是泊松比；D 为位错间距；E_c 为位错中心能量。

单位面积的界面能为 $\gamma_{gb} = E/D$，即

$$\gamma_{gb} = \left[\frac{Gb\theta}{4\pi(1-\nu)}\right]\ln(1/\theta) + \frac{E_c\theta}{b} \tag{4-9}$$

简化为

$$\gamma_{gb} = \gamma_0 \theta (A - \ln\theta) \tag{4-10}$$

晶界能是取向差的函数。如图4.54所示，实线为晶界能的测量值，虚线为计算值。

测量值与计算值在小于15°～20°时，两者符合很好，γ_{gb} 随 θ 增大而增大，γ_{gb} 在小角时与位向敏感，大角度时晶界能为常数。

式(4-10)只适用于小角晶界。

3. 大角晶界结构与能量

当晶界取向差大于15°时，晶界结构不能用位错来构造。

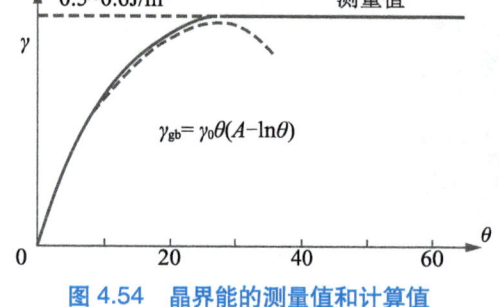

图 4.54 晶界能的测量值和计算值

一般认为，大角晶界有3~4个原子间距厚，晶界原子匹配差，断键严重，原子排列松散无规则，能量较高。为降低能量，晶界处于与两侧晶粒有尽可能多适配位置的位置。

大角晶界原子排列可看做两个具有取向差的晶体点阵相互穿插形成的(图4.55)，其理论模型有岛屿模型、重合位置点阵(CSL)模型、O点阵模型、完整性位移(DSC)点阵模型等，可参考相关专业书籍。

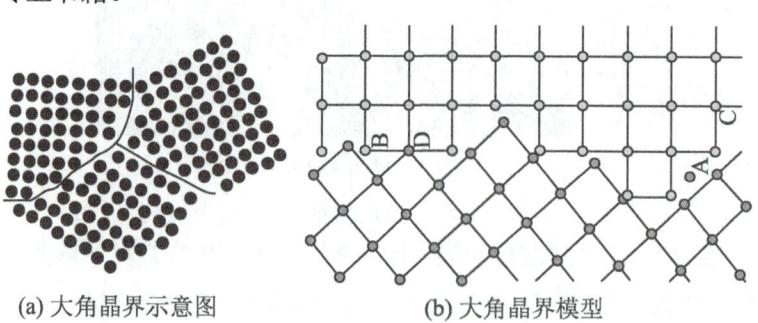

(a) 大角晶界示意图　　　　(b) 大角晶界模型

图 4.55 大角晶界

对于大角晶界，核心能占晶界能的主要部分，一般晶界能和取向差θ关系不大，近似为常数。晶界能是表面能的1/3，即$\gamma_b = \gamma_s/3$。典型金属的晶界能在$0.32 J/m^2$(Al)和$0.87 J/m^2$(Ni)之间。但是对于一些特殊取向的大角晶界，晶界能量大大降低(表4-13)。

表4-13 一些金属不同结构的晶界能

晶体	共格孪晶界 /(J/m²)	非共格孪晶界 /(J/m²)	晶界能 /(J/m²)
Cu	0.021	0.498	0.623
Ag	0.008	0.126	0.337
不锈钢	0.019	0.209	0.835

在晶体变形或热处理中，晶界上原子完全共格匹配，两侧的晶体以界面为对称面呈镜面对称关系，这样的晶体称为孪晶，对称界面称为孪晶面或孪晶界。共格孪晶界的原子相互匹配(图4.56)，晶界能最低(图4.57)。

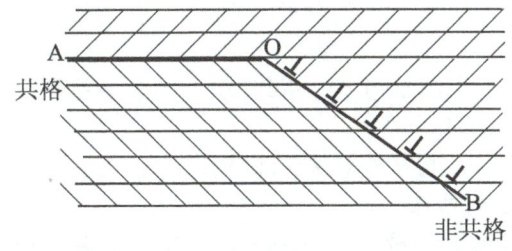

图4.56 共格孪晶界与非共格晶界结构示意图　　图4.57 Al 旋转轴<110>的对称倾转晶界能

4.3.3 单相多晶体中的晶粒形貌 (Grain Morphology of Single-phase Polycrystals)

晶界为高能区，有向平衡状态过渡的趋势。从热力学角度看，晶界面积应减少到极小，因此，材料在经过长时间处理后应长成单晶体。但事实上，一般晶体材料以多晶体状态存在。这是由于从动力学考虑，晶界通过自身能量的调整，在晶界处产生亚稳平衡，晶界能是控制显微组织形貌的重要影响因素。

图4.58是Ni-Fe-Mo合金退火后的单相显微组织照片，其中有大角晶界、小角晶界、共格和非共格孪晶界等。组织的形貌取决于各晶粒在空间的连接方式。

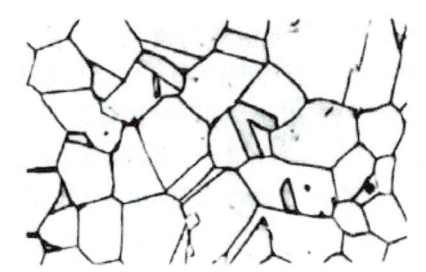 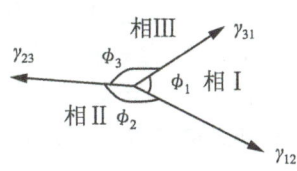

图 4.58 Ni-Fe-Mo 合金退火后显微组织 (X85)　　图 4.59 界面张力与界面夹

在晶界能(界面张力)的作用下，达到平衡时的晶粒堆积规律如下。
(1)两个晶粒相遇于1个面(晶面);
(2)3个晶粒相遇于1条线(晶棱);
(3)4个晶粒相遇于一点(晶粒角隅)。

3个晶粒交汇于1条晶棱上，从垂直棱的截面看(图4.59)，晶界能(界面张力)达到平衡时，界面张力与界面间的夹角的关系为

$$\frac{\gamma_{12}}{\sin\phi_3}=\frac{\gamma_{23}}{\sin\phi_1}=\frac{\gamma_{31}}{\sin\phi_2} \tag{4-11}$$

从式(4-11)可以看出，**如果各晶粒的晶界能相同(单相晶粒)，平衡时 $\phi_1=\phi_2=\phi_3=120°$。**

单相多晶体中的平衡晶粒形貌。

(1) 单相多晶体平衡时，与晶棱垂直的金相磨面上的晶界相交于三线结点，夹角接近于120°。

(2) 为满足120°的要求，晶粒边数不同，晶界的弯曲程度不同(图4.60)。

(3) 晶粒的边数为6时，晶界交角恰好为120°(图4.60(a))，因此，最理想的晶粒形状为正六边形晶粒。

(4) 晶粒的边数小于6时，晶界的曲率中心在晶粒内(图4.60(b))。对于小晶粒，边数少，曲率中心在小晶粒内，因此，小晶粒凹面向内。

(5) 晶粒的边数大于6时，晶界的曲率中心在晶粒外(图4.60(c))。对于大晶粒，边数多，曲率中心在大晶粒外，因此，大晶粒的凹面向外。

(6) 若4个晶粒相交于一条棱，是能量不稳定的情况，在一定条件下会分解为两条三晶界交汇的棱(图4.61)，即一个四棱结点要分解为两个三棱结点。

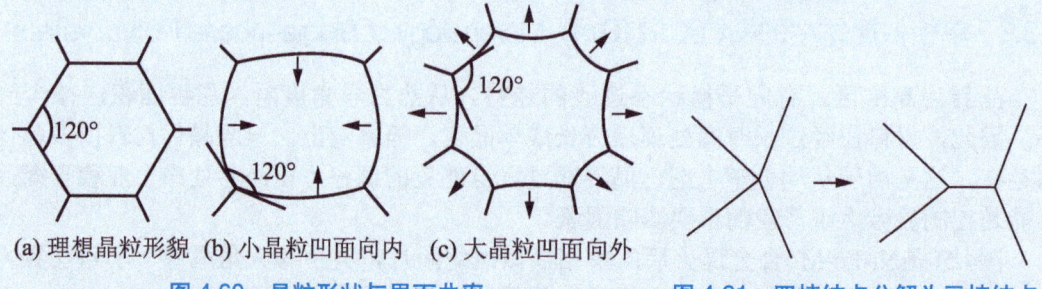

(a) 理想晶粒形貌　(b) 小晶粒凹面向内　(c) 大晶粒凹面向外

图 4.60　晶粒形状与界面曲率　　　　图 4.61　四棱结点分解为三棱结点

根据上述的平衡规律，单相多晶体平衡时，在4个棱相交的角隅上，两晶棱间的交角应是109.5°。没有一种规则多面体符合此平衡条件，最接近的是规则十四面体(图4.62(a))，它们能填满空间，但棱之间角度不符合平衡条件。把规则十四面体的面和棱弯曲，使各棱之间夹角为109.5°，分别称为开尔文(Kelvin)α十四面体和β十四面体(图4.62(b)、(c))，它们可以堆垛填满空间又满足平衡条件。α和β十四面体为单相多晶体的完整晶粒形状模型。图4.62(d)是实际多晶体晶粒的扫描电镜形貌。

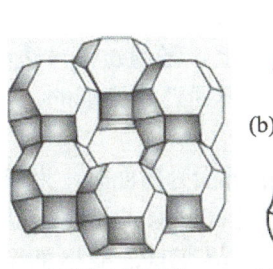

(a) 规则十四面体　　(b) α十四面体　　(c) β十四面体　　(d) 实际晶体中的晶粒

图 4.62　晶粒的形貌

4.3.4　晶界偏析与晶界迁移 (Segregation and Moving of Grain Boundary)

1. 晶界偏析 (Segregation of Grain Boundary)

1) 平衡偏析

一般地，晶界结构比晶内结构松散，溶质原子处在晶内的能量比处在晶界的能量高，因此，溶质原子有自发地偏聚在晶界的趋势，即发生晶界偏析，从而降低系统能量，是一种平衡偏析。如添加1%Sn的Cu-Sn合金，Sn置换Cu处在晶格位置时引起晶格畸变，能量升高，而Sn处于晶界时畸变能明显降低。

晶界偏析的驱动力为溶质原子在晶内和晶界的内能差ΔE。

平衡偏析浓度为

$$C = C_0 \exp\frac{\Delta E}{RT} \tag{4-12}$$

式中，C为晶界上溶质原子浓度；C_0为晶内溶质原子浓度；ΔE为晶界与晶内能量差。

2) 影响晶界偏析的因素

(1) 温度：温度升高时，由于溶质原子在晶内和在晶界的能量差别减小，晶界偏析减弱。

(2) 溶质原子的固溶度：低溶解度溶质原子在晶界偏析的程度大。

(3) 溶质元素引起的界面变化：若溶质原子偏聚在晶界，降低系统能量，称为正吸附。如Ni、B、C加入Fe中。如果溶质原子使界面能提高，则溶质原子在晶界的浓度低，称为负吸附。如Al加入Fe中。

3) 晶界偏析的意义

原子在晶界的偏析对材料的很多物理化学过程起重要作用，如不锈钢的敏化、晶界腐蚀、粉末烧结过程、应力腐蚀、蠕变断裂、淬透性和回火脆性等，从而对材料的力学、物理及化学性能有着重要影响(图4.63)。

有害影响：氧、磷及脆性夹杂物在晶界的偏析，可以降低晶界结合力，使材料脆性增大。

有益影响：钢中0.1%B在晶界偏聚可以提高室温塑性。中、低碳钢中加入0.0005%~0.003%B，偏聚在晶界，可降低晶界能，提高淬透性。

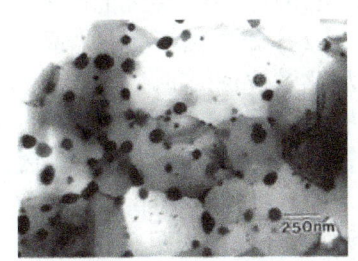

图 4.63　Mo/Al$_2$O$_3$ 复合材料的 TEM 像
（纳米 Mo 颗粒沉积在 Al$_2$O$_3$ 晶界上。Mo 的含量和尺寸决定了其分布于晶内还是晶界）

2. 晶界迁移 (Moving of Grain Boundary)

晶界迁移可理解为晶界在其法线方向上的位移，微观上，是通过晶粒边缘上的原子向邻近晶粒的跳动实现的。结晶过程中晶粒的长大就是通过界面迁移实现的。

➢ **晶界迁移的驱动力为晶界两侧的化学位差。**

图 4.64 晶界迁移

如图4.64所示，晶粒1和2之间的界面为曲面时，为保持界面平衡，界面凹侧压力大于凸侧，晶粒1化学位高，原子易跳入晶粒2，晶界向晶粒1方向即曲率中心方向移动，使晶界变直，减小总界面能。因此，对于单相合金三叉晶棱上的角为120°（图4.60(a)）。若晶界两侧的晶粒状态相同，晶界平直，则晶界两侧无化学位差，晶界无迁移。

➢ **晶界移动的结果：**

在图4.60(b)、(c)中，一个弯曲的晶界会受到一个指向曲率中心的力，**晶界向凹侧移动，使系统能量降低**。因此，晶界向小晶粒一侧移动，**使小晶粒更小，大晶粒更大**，即晶界移动的结果是大晶粒吞并小晶粒。

图4.65中，边数大于6的晶粒，晶界外凹；边数小于6的晶粒，晶界外凸。由于界面张力作用，晶界总是向曲率中心移动。因此，边数大于6的晶粒趋于长大(如晶粒2和3)，边数小于6的晶粒趋于缩小(如晶粒1、4和5)。

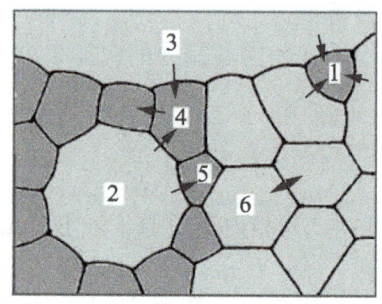

图 4.65 晶界移动与晶粒长大

➢ **影响界面迁移的因素如下。**

(1) 温度：温度对晶界迁移率影响很大。温度升高，原子扩散速率增加，晶界迁移率显著提高。

(2) 溶质或杂质原子：少量溶质或杂质原子就会对晶界迁移产生显著影响。如极微量的Sn(0.002%)就使Pb的晶界迁移速率降低为原来的千分之一。

(3) 第二相颗粒：当晶界上存在第二相颗粒时，一般会阻碍晶界的迁移。当阻力与动力(化学位)相等时，晶界迁移停止。**第二相的体积分数越大、颗粒尺寸越小、均匀弥散分布，对晶界迁移的阻力越大，使材料强度提高，称为第二相强化，也称为沉淀强化或弥散强化**，是材料强化的四大机制之一。

(4) 晶粒的位向：小角晶界主要由位错组成，晶界迁移是以位错的滑移和攀移方式进行的，所需原子扩散的距离是晶界位错间的距离；大角晶界的迁移主要是通过原子的热激活跳动进行，原子扩散距离只约为晶界宽度。因此，大角晶界迁移速度快，小角晶界迁移速度慢。

4.3.5 相界 (Interphase Boundary)

若相邻晶粒界面两侧属于不同的相，则它们之间的界面称为**相界**。

1. 相界的分类

由于不同相的结构对称性、点阵参数或键合类型的不同，使相界结构较为复杂。根据界面上原子排列结构的不同，可把固体中的相界分为共格、半共格和非共格相界3类。

1) 共格相界

界面上原子同时处于两个相邻点阵的结点上，即界面原子完全相互匹配，称为共格相界(图4.66)。

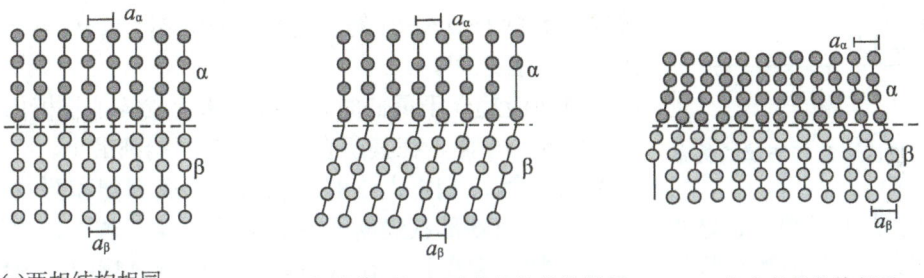

(a)两相结构相同，无应变的共格相界　　(b)两相结构不同，无应变的共格相界　　(c)有应变的共格相界

图 4.66　共格相界

图4.66(a)中，α和β两相结构完全相同，晶格常数相等，即$a_\alpha=a_\beta$，形成无应变的共格相界。图4.66(b)中，α和β两相结构不同，但在界面上点阵参数相同，原子间距相同，形成无应变的共格相界面。例如，Cu-Si合金中，fcc结构的富Cu相(111)面和hcp结构的富Si相(0001)面上的点阵参数和原子间距相同，因此，这两相沿密排面和密排方向形成共格相界，有取向关系：$(111)_{fcc}//(0001)_{hcp}$。图4.66(c)中，界面上原子间距不同，通过一个或两个点阵畸变后保持共格，引起共格畸变。新相与母相比容不同产生弹性应变和应力而增加的能量，称为**弹性应变能**。

2) 半共格相界

如图4.67所示，当界面两侧α和β两相的结构相似，原子间距a_α和a_β相差不大时(<25%)，原子间的错配可通过刃位错周期地调整补偿，使大部分区域仅有很小的弹性畸变形成共格关系，这样的相界称为半共格相界。

半共格相界的相界结构与小角晶界类似。

3) 非共格界面

两相α和β在相界面处的原子排列相差很大时(>25%)，形成非共格界面。非共格相界与大角晶界相似(图4.55(b))，界面基本无序，可看做是原子不规则排列的很薄的过渡层。

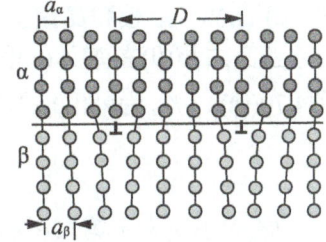

图 4.67　半共格相界

2. 多相组织形貌

相界和晶界一样都是高能区，从热力学上，应尽可能减少相界面积，相界能对控制材料的显微组织形貌有重要作用。由基体和第二相组成的多相组织中，第二相在基体中有4种位置：晶粒内部、晶界、晶棱和晶角。

1) 晶粒内部的第二相

假设第二相与基体间的总的界面能为$\sum A_i\gamma_i$，形成第二相时引起的弹性应变能为ΔG_s；当总界面能$\sum A_i\gamma_i + \Delta G_s$最小时，第二相达到稳定形貌。

晶粒内部的第二相会长成什么形状？其形貌由什么因素决定呢？

➢ 第二相的形貌由表面能和弹性应变能两个相互竞争的因素决定，即表面能和弹性应变能各自都趋向于最小值。

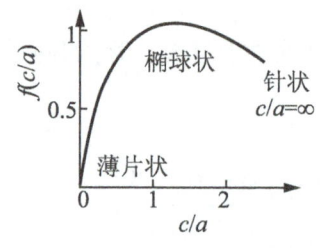

图4.68 弹性应变能与形状的关系

图4.68是弹性应变能与形状的关系，考虑一个半轴分别为c和a的椭球状第二相，$f(c/a)$函数是考虑形状影响的弹性应变能因子。

➢ 当体积一定时，球状 ($c/a = 1$) 的弹性应变能最高，薄片状或圆盘状 ($c/a \to 0$) 的应变能很低，针状 ($c/a = \infty$) 的应变能在二者之间。

➢ 当表面能趋向于最低时，易形成球状或等轴状析出物，并且出现小平面，在其所有面上比表面能都最小。

➢ 因此，第二相析出物的形状取决于表面能和弹性应变能哪个更占优势：为减小表面能，析出物形状趋向于球状或等轴状；若要使弹性应变能最小，析出物形状趋向于薄片状或圆盘状。在共格和半共格析出物中，弹性应变保证共格界面处晶格之间的平滑匹配 (图4.69)。

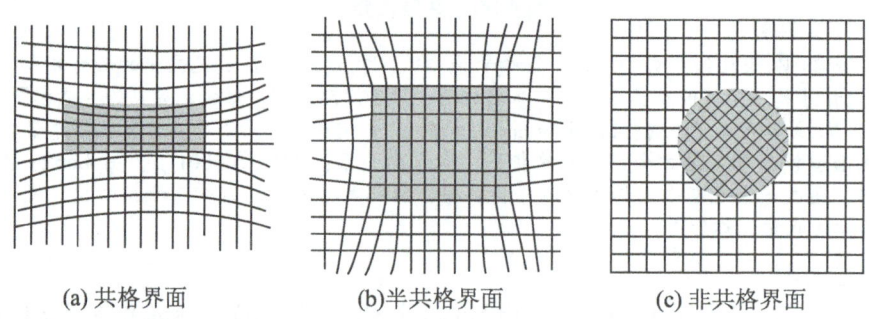

(a) 共格界面　　　　(b) 半共格界面　　　　(c) 非共格界面

图 4.69 析出物形状与界面结构

2) 晶界、晶棱和晶角上的第二相

当第二相(β)在基体(α)的晶界存在时，第二相在两个晶粒间张开的角度θ称为二面角 (图4.70(a))。$\gamma_{\alpha\alpha}$为α相间的界面张力，$\gamma_{\alpha\beta}$为α相和β相间的界面张力，在平衡条件下，有

$$\gamma_{\alpha\alpha} = 2\gamma_{\alpha\beta}\cos\frac{\theta}{2} \tag{4-13}$$

θ的大小决定了第二相的形貌，如图4.70(b)所示。

➢ $\theta=180°$时，α相和β相完全不润湿，β呈球状。

➢ $\theta=0°$，即$\gamma_{\alpha\beta}\leq\gamma_{\alpha\alpha}$时，α和β相完全润湿，β相在α相晶界上完全铺展开来，形成连续薄膜。

➢ 当θ角从0°逐渐增加时，β相在α相的晶界分布逐渐变为在α相的晶棱和角隅上的分布。

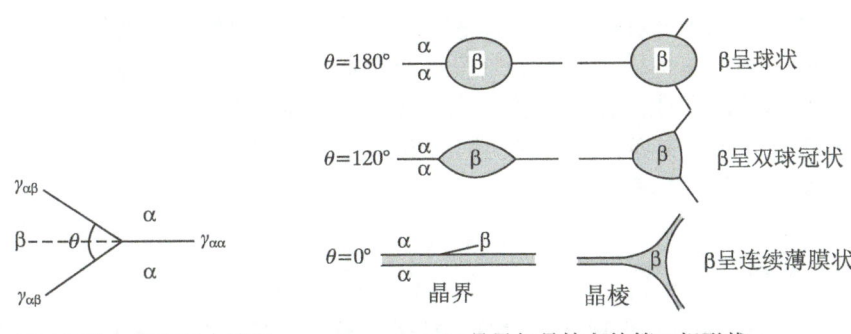

(a) 二面角与界面张力平衡　　(b) 晶界与晶棱上的第二相形状

图 4.70　晶界上的第二相貌

(1) $\theta=60°$ 时，β 相沿晶棱渗入，形成 β 相的网络骨架(图4.71(a))。
(2) $\theta=120°$ 时，β 相为双球冠状，形成曲面四面体(图4.71(b))。

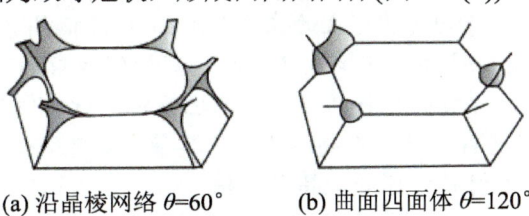

(a) 沿晶棱网络 $\theta=60°$　　(b) 曲面四面体 $\theta=120°$

图 4.71　晶棱和晶角上第二相的形貌

第二相设计的应用

第二相的形态、大小、数量、分布对材料的力学、物理和化学性能有着重要影响。如果第二相呈细、小、匀(均匀分布)、圆(圆润、无尖锐棱角)状态，可提高材料的强度。例如，镍基合金有很好的抗晶间腐蚀和应力腐蚀性能，广泛用于核电厂的水反应堆和蒸汽发生器管道等，其组织中碳化物的形态及其在晶界的分布对材料的耐蚀性能有重要影响(图4.72)。

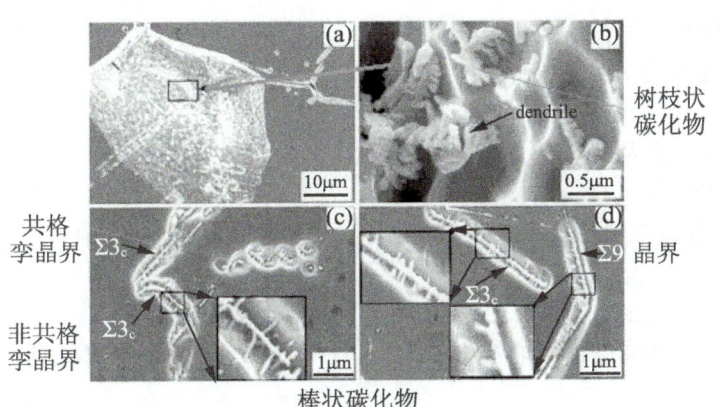

图 4.72　Ni-30Cr-10Fe 合金中碳化物晶界沉积形貌(电子背散射衍射像(EBSD))

第二相的分布设计对粉末冶金及陶瓷材料的液相烧结很重要。液相烧结的关键是选择一种合适的助烧剂,在烧成温度初始阶段形成合适黏度的液相,使它与晶粒有互溶作用,增加液相与晶粒的浸润性,使材料致密化。在烧成后期,随成分的变化,固液两相θ角增大,液相聚集到晶粒的交界处,使材料进一步致密化。在硬质合金烧结时,也是利用了黏结金属Co对WC的良好浸润性。

> **晶界的性质**
>
> (1) 晶界原子排列不规则,有空位、位错、键变形等缺陷,处于应力畸变状态。
> (2) 晶界易受腐蚀(热侵蚀和化学腐蚀),可依此制备显微镜试样,观察组织的微观形貌(包括晶粒的大小、形状、分布、晶界特点等)。
> (3) 晶界处于高能态,成为新相的形核区域。
> (4) 晶界是原子(离子)快速扩散的通道,是扩散的机制之一。
> (5) 晶界易引起杂质原子(离子)的偏聚(析),以降低晶界能。
> (6) 当位错滑移到晶界时,直接越过晶界达到相邻晶粒的可能性非常小,因此,晶界阻碍位错的运动,可提高材料的强度。细化晶粒是材料的强化机制之一。
> (7) 晶界处熔点低于晶粒内,在高温下,晶界强度首先降低,晶界先熔化。因此,对于高温下使用的晶体材料,应减少晶界面积。
> (8) 晶界向小晶粒一侧移动,使大晶粒吞并小晶粒而长大。

【习题】Question

基础练习

一、填空题

1. 按几何组态,晶体中的缺陷分为_____、_____、_____和体缺陷。
2. 点缺陷主要包括_____、_____、_____;线缺陷有_____;面缺陷包括_____等。
3. 描述位错性质及特征的是_____。
4. 位错的类型有_____、_____、_____和_____。
5. 位错线与柏氏矢量垂直的位错为_____,位错线与柏氏矢量平行的位错称为_____。
6. 位错的基本运动方式有_____和_____。
7. _____位错可以滑移和攀移,_____位错可以滑移而不攀移,能进行交滑移的位错必然是_____。
8. 位错滑移一般沿着晶体的_____(面)和_____(方向)进行。
9. 柏氏矢量实际上反应了位错线周围区域_____的大小和方向。
10. 两平行同号螺位错间的作用力为_____(引力或斥力)。

11. 全位错是_____；不全位错是_____。

12. 体心立方和面心立方晶格的单位位错的柏氏矢量分别可表示成_____和_____。

13. 面心立方晶体的不全位错类型主要有_____和_____，柏氏矢量分别为_____、_____。只能发生攀移运动的位错是_____。

14. 位错间转化(位错反应)要满足的条件有_____和_____。

15. 两个不全位错夹一片层错的位错称为_____位错。

16. 表面能来源于_____；一般地，割断的键数_____，表面能越高。表面割断的键数_____，表面能最低。因此，晶体的外表面一般为_____。

17. 根据晶粒取向差的大小，晶界分为_____和_____。

18. 小角晶界分为_____和_____。倾转晶界由_____位错构成，扭转晶界由_____位错构成。

19. 晶界迁移的驱动力是_____。晶界移动的结果是小晶粒_____，大晶粒_____。

20. 具有不同结构的两相之间的界面称为_____。

21. 根据两相界面上的原子排列，相界分为_____、_____和_____。

22. 在晶粒内部形成第二相时，若第二相和基体之间的界面能大，则其形状一般为_____，若要减少弹性应变能，一般会长成_____形状。

23. 单相多晶体平衡时一般规律是两个晶粒相遇于_____，三个晶粒相遇于_____，四个晶粒相遇于_____。

二、分析题

1. 画一个方形位错环，(1)在此平面上画出柏氏矢量，使其平行于位错环的其中一边，任意选择并画出位错线方向，据此指出位错环各段的性质。(2)能否使该位错环处处为刃位错？ (3)能否使该位错环处处为螺位错？

2. 在滑移面上有一位错环，柏氏矢量为**b**，位错环的方向和柏氏矢量的方向如图4.73所示。
(1)指出位错环各段的性质。(2)能否使该位错环处处为刃位错？ (3)能否使该位错环处处为螺位错？ (4)该位错环滑移出晶体后，晶体有怎样的滑动(大小和方向)？

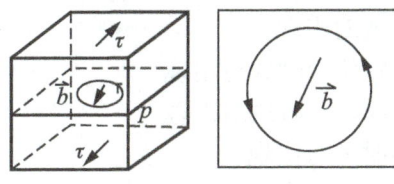

图 4.73　分析题 2 图

3. 试分析在fcc中，下列位错反应能否进行?并指出其中3个位错的性质类型？反应后生成的新位错能否在滑移面上运动？

$$\frac{1}{2}a[101]+\frac{1}{6}a[\bar{1}2\bar{1}] \rightarrow \frac{1}{3}a[111]$$

4. 比较刃位错和螺位错的异同点。

拓展练习

一、选择题

1. 按照晶体结构缺陷形成的原因，可将晶体结构缺陷的类型分为( )。
   A. 热缺陷   B. 杂质缺陷
   C. 非化学计量缺陷   D. A+B+C

2. 点缺陷与材料的电学性质、光学性质、材料的高温动力学过程等有关，以下点缺陷中属于本征缺陷的是( )。
   A. 弗兰克尔缺陷   B. 肖脱基缺陷   C. 杂质缺陷   D. A+B

3. 原子迁移到间隙中形成空位-间隙对的点缺陷称为( )。
   A. 肖脱基缺陷   B. Frank缺陷   C. 堆垛层错

4. 对于形成杂质缺陷而言，低价正离子占据高价正离子位置时，该位置带有负电荷，为了保持电中性，会产生( )。
   A. 负离子空位   B. 间隙正离子   C. 间隙负离子   D. A或B

5. 对于形成杂质缺陷而言，高价正离子占据低价正离子位置时，该位置带有正电荷，为了保持电中性，会产生( )。
   A. 正离子空位   B. 间隙负离子   C. 负离子空位   D. A或B

6. 晶体中的热缺陷的浓度随温度的升高而增加，其变化规律是( )。
   A. 线性增加   B. 呈指数规律增加
   C. 无规律   D. 线性减少

7. 热缺陷也称本征缺陷，是指由热起伏的原因所产生的空位或间隙质点(原子或离子)。当离子晶体生成肖脱基缺陷时，( )。
   A. 正离子空位和负离子空位是同时成对产生的，同时伴随晶体体积的缩小
   B. 正离子空位和负离子空位是同时成对产生的，同时伴随晶体体积的增加
   C. 正离子空位和负离子间隙是同时成对产生的，同时伴随晶体体积的增加
   D. 正离子间隙和负离子空位是同时成对产生的，同时伴随晶体体积的增加

8. 热缺陷也称本征缺陷，是指由热起伏的原因所产生的空位或间隙质点(原子或离子)。生成弗兰克尔缺陷时，( )。
   A. 间隙和空位质点同时成对出现
   B. 正离子空位和负离子空位同时成对出现
   C. 正离子间隙和负离子间隙同时成对出现
   D. 正离子间隙和位错同时成对出现

9. 位错的具有重要的性质，下列说法不正确的是( )。
   A. 位错不一定是直线   B. 位错是已滑移区和未滑移区的边界
   C. 位错可以中断于晶体内部   D. 位错不能中断于晶体内部

10. 位错的( )是指在热缺陷的作用下，位错在垂直滑移方向的运动，结果导致空位或间隙原子的增殖或减少。
    A. 攀移   B. 滑移   C. 增殖   D. 减少

11. 位错的运动包括位错的滑移和位错的攀移，其中（　　）。
    A. 螺位错只作滑移，刃位错既可滑移又可攀移
    B. 刃位错只作滑移，螺位错只作攀移
    C. 螺位错只作攀移，刃位错既可滑移又可攀移
    D. 螺位错只作滑移，刃位错只作攀移

12. 刃位错的滑移方向与位错线之间的几何关系是（　　）。
    A. 垂直　　　　　　B. 平行　　　　　　C. 交叉

13. 能进行攀移的位错必然是（　　）。
    A. 刃位错　　　　　B. 螺位错　　　　　C. 混合位错

14. 位错在切应力作用下可沿着滑移面移动，位错线的运动方向为（　　）。
    A. 和柏氏矢量方向相同
    B. 和位错线的方向相同
    C. 与位错线的方向垂直
    D. 刃位错与位错线垂直，螺位错与位错线平行

15. 位错的滑移是指位错在（　　）作用下，在滑移面上的运动，结果导致永久形变。
    A. 外力　　　　B. 热应力　　　　C. 化学力　　　　D. 结构应力

16. 晶体在滑移过程中，（　　）。
    A. 由于位错不断滑出滑移面，位错密度随形变量的增加而减少
    B. 由于位错的增殖，位错密度随形变量的增加而增加
    C. 由于晶界不断吸收位错，位错密度随形变量的增加而减少
    D. 由于位错的消失（移出滑移面）和增殖的共同作用，位错的密度基本不变

17. 强化金属材料的各种手段，考虑出发点都在于（　　）。
    A. 制作无缺陷的晶体或设置位错运动的障碍
    B. 使位错增殖
    C. 适当减少位错

18. 层错和不完全位错之间的关系是（　　）。
    A. 层错和不完全位错交替出现
    B. 层错和不完全位错能量相同
    C. 层错能越高，不完全位错柏氏矢量的模越小
    D. 不完全位错总是出现在层错和完整晶壁的交界处

19. 位错交截后原来的位错线为折线，若（　　）。
    A. 折线和原来的位错线柏氏矢量相同，则称为扭折，否则称为割阶
    B. 折线和原来的位错线柏氏矢量不同，则称为扭折，否则称为割阶
    C. 折线在原来的滑移面上，则称为扭折折线和原来的滑移面垂直称为割阶
    D. 折线在原来的滑移面上，则称为割阶折线和原来的滑移面垂直称为扭折

20. 位错上的割阶是在（　　）过程中形成的。
    A. 交滑移　　　　B. 复滑移　　　　C. 孪生　　　　D. 交割

21. 下列关于晶界的说法错误的是(　　)。
    A. 晶界上原子与晶体内部的原子是不同的
    B. 晶界上原子的堆积较晶体内部疏松
    C. 晶界是原子、空位快速扩散的主要通道
    D. 晶界易受腐蚀
22. 大角晶界具有(　　)个自由度。
    A. 3　　　　　　　　B. 4　　　　　　　　C. 5
23. 亚晶界一般是由位错构成的，通常(　　)。
    A. 亚晶界位相差越大，亚晶界上的位错密度越高
    B. 亚晶界位相差越大，亚晶界上的位错密度越低
    C. 亚晶界上的位错密度的高低与亚晶界位相差关系不大
    D. 以上都不对

二、判断题

1. 对于螺位错，其柏氏矢量平行于位错线，因此纯螺位错只能有一条直线。　(　　)
2. 以晶界能降低为晶粒长大驱动力时，晶界迁移总是向着晶界曲率中心方向。(　　)
3. 晶粒长大过程中，大角晶界具有比较快的迁移速度。　　　　　　　　　　(　　)
4. 肖脱基缺陷是原子迁移到间隙中形成的空位-间隙对。　　　　　　　　　　(　　)
5. 位错线只能终止在晶体表面或界面上，而不能中止于晶体内部。　　　　　(　　)
6. 滑移时，刃位错的运动方向始终平行于位错线，而垂直于柏氏矢量。　　　(　　)
7. 晶体表面一般为原子密度最小的面。　　　　　　　　　　　　　　　　　(　　)

三、结合高分子材料的结构特点，分析其缺陷类型。

第 5 章　非晶体与准晶结构
Chapter 5　Amorphous and Quasicrystal Structure

>>> 金属一定是晶体吗？
金属一定是晶体吗？5次旋转对称性吗？
材料中真的没有5次旋转对称性吗？

本章知识构架

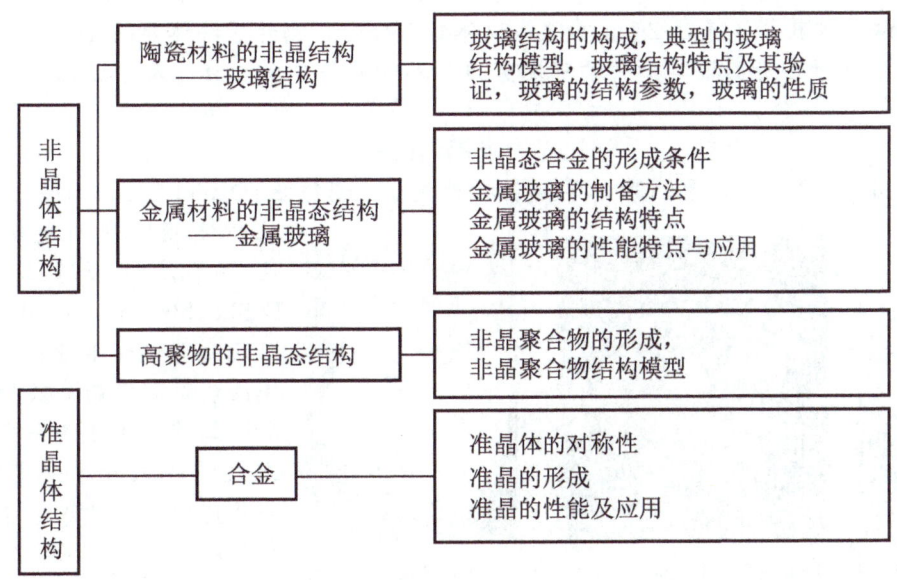

材料科学基础

> **导入案例** 金属玻璃和准晶体的发现 (Discovery of Metallic Glass and Quasicrystals)

金属玻璃的发现

1934 年,德国科学家克雷默 (Kramer) 第一次用气相沉积法制备出金属玻璃薄膜。1950 年,冶金学家布伦纳 (Brenner) 等人用电沉积法制出了 Ni-P 金属玻璃。1960 年,美国加州理工学院的**皮·杜威** (Pol Duwez) 和他的博士生 William Klement 等首先发现某些液相**贵金属合金**熔体喷射到高速旋转的铜辊上,以每秒一百万度的冷却速度快速冷却熔体,第一次制备得到了不透亮的 Au75Si25 **非晶态金属**玻璃条带。当时的一位物理学家曾嘲讽地说这是一种"愚蠢的合金"。半个世纪以来,金属玻璃已经从当初"愚蠢的合金",发展成为如今航天、航空等高技术领域和高档手表、手机等时尚品争相选用的材料。

Pol Duwez

1971 年,美国陈鹤寿等采用快冷连铸轧辊法制成多种铁基非晶态合金的薄带和细丝,并正式命名为"金属玻璃 (Metglas™)",以商品形式出售。但除了少数贵金属合金体系,如 Pd-Ni-P 等能获得块体非晶合金外,其他合金体系的临界尺寸仍局限在毫米量级以下。1995 年,日本东北大学的井上明久 (A.Inoue) 等利用铜模喷铸法首次获得了直径 2mm 的铁基块体非晶合金,揭开了块体非晶合金蓬勃发展的序幕。经过研究者们近二十年的不懈努力,不少非晶合金的临界尺寸已相继突破厘米量级。

准晶体的发现

2011 年 10 月,以色列理工学院教授丹尼尔·谢德曼 (Daniel Shechtman) 凭借"在准晶体领域内的发现"独自获得年度诺贝尔化学奖。D.Shechtman 1941 年出生在以色列港口城市特拉维夫,在美国能源部埃姆斯实验室从事研究工作,还是美国艾奥瓦州立大学的教授。他曾于 1998 年获得以色列物理学奖,1989 年获得沃尔夫物理学奖。

【参考图文】

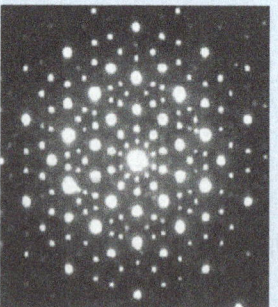

Daniel Shechtman 文章中的五重对称性电子衍射斑

Daniel Shechtman

1982 年 4 月 8 日,D.Shechtman 在融化后急冷凝固的 Al-Mn 合金中发现了一种二十面体的奇特结构,原子以一种非周期性的有序排列方式组合,具有五重旋转对称性但并无平移周期性。1984 年,Daniel Shechtman 发表论文"一种长程有序但是不具有平移对称性的金属相"(Metallic Phase with Long-Range Orientational Order and No Translational Symmetry)。

这种结构因为缺少空间周期性所以不是晶体,但又不像非晶体,该结构具有完美的长程有序,称为准晶体。

第 5 章　非晶体与准晶结构

当时，提出准晶体假设后，D.Shechtman 受到了圈内人嘲笑并被所属研究团体要求另谋高就。被美国化学泰斗鲍林 (Linus Pauling，两次诺贝尔奖获得者) 为代表的科学家们评为"准科学家"，Pauling 认为准晶其实是普通晶体按五次对称性生成的孪晶现象。但随着其他研究组类似化合物的报道，如中国已逝院士郭可信的研究组发现的 10 次准晶，法日科学家在实验室成功合成出的可以用 X 射线研究的准晶，以及深入研究从实验和理论上否定了五次对称性孪晶现象对准晶电子衍射图的解释，D.Shechtman 的准晶说法终于获得了科学界的认可。1992 年，晶体的定义"拥有规则有序，重复三维图案的固体"被改写为"衍射图谱具有明确图案的固体"。

背景知识

1. **非晶体：原子不规则排列的固体材料的总称。**

> 非晶体在外观上不具有特定的形状，远程无序，近程有序。非晶态材料的短程有序范围约为 15 Å (1.5nm)。

> 非晶态物质包括玻璃、凝胶、非晶态金属和合金、非晶态半导体、无定型碳及某些聚合物等。

> 非晶态是一种亚稳态。该状态下系统自由能高，有向平衡态转变的趋势。从亚稳态转变到平衡态需克服一定的势垒，因此非晶态具有相对的稳定性。

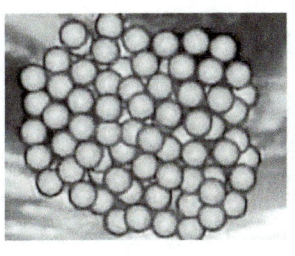

【参考动画】

2. **材料是晶态还是非晶态与化学组成无关。**
相同或相近化学组成的物质由于制备条件的不同可以形成晶态材料，也可以形成非晶态材料。

> 金属材料由于其晶体结构比较简单，且熔融时的黏度小，冷却时很难阻止结晶过程的发生，故固态下的金属大多为晶体；但如果冷速很快时，能阻止某些合金的结晶过程，此时，过冷液态的原子排列方式保留至固态，原子在三维空间则不呈周期性的规则排列。随着现代材料制备技术的发展，蒸镀、溅射、激光、溶胶凝胶法和化学镀法也可以获得玻璃相和非晶薄膜材料。

> 陶瓷材料晶体结构一般比较复杂。尽管大多数陶瓷材料可进行结晶，但也有一些是非晶体，主要是指玻璃和硅酸盐结构。

> 高聚物也有晶态和非晶态之分。大多数聚合物容易得到非晶结构，结晶只起次要作用。

3. **准晶体的发现颠覆了传统的晶体概念。**
准晶具有传统晶体所不允许的 5、8、10 和 12 次旋转对称性，具有长程有序结构，但不具有长程平移对称性。准晶材料强度特别大、硬度很高，表面摩擦力很小，具有特殊的热、电性能。5 次对称性和准晶相的发现震惊了晶体学界，为微观结构和新材料的研究开拓了新领域。

> 准晶的形成与合金成分、晶体结构类型密切相关。并非所有的合金都能形成准晶。

> 控制冷速：冷速过慢，形成结晶相；冷速过大，形成非晶态。

4. 晶体、准晶与非晶态的鉴别方法。

(1) X 射线衍射 (X-Ray Diffraction)、电子衍射、中子散射。
- 晶体：在特定角度有尖锐的衍射峰，每个衍射峰都与特定晶面对应。电子衍射有明锐的亮点，显示对称性。
- 准晶体：电子衍射花样有明锐的亮点，显示对称性。高质量的准晶单晶有明锐的衍射峰。
- 非晶体：无特定间距的晶面，无尖锐的衍射峰，出现宽化平坦的衍射峰。

(2) 在透射电子显微镜 (TEM) 下直接观察和鉴别。

本章将讨论非晶材料与准晶态材料的结构特点，为理解材料加工、材料性能和材料表征等学科内容奠定基本的理论基础。

5.1 非晶态结构 (Amorphous Structure)

5.1.1 玻璃结构 (Glass Structure)

狭义的玻璃一般是指无机玻璃，是由熔体过冷硬化而获得的非晶无机固体材料，习惯上常称玻璃为"过冷液体"。常见的玻璃类型有氧化物玻璃，包括硅酸盐玻璃、硼酸盐玻璃、铝硅酸盐玻璃、磷酸盐玻璃、锗酸盐玻璃等。此外，还有卤化物玻璃，如氟化物玻璃等。

广义的玻璃则包括整个固体非晶态物质，又称非晶态材料，是原子不规则排列的固体材料的总称。在很多情况下，人们将非晶态与玻璃态等同。

玻璃结构是指离子或原子在空间的几何配置以及它们在玻璃中形成的结构形成体。

1. 玻璃结构的构成

玻璃中的氧化物主要有 SiO_2、B_2O_3、P_2O_5、GeO_2、Na_2O、MgO、Al_2O_3 等，具有 3 类不同的性质和作用。

1) 网络形成体

网络形成体是构成玻璃网络的主体骨架，如 SiO_2、B_2O_3、P_2O_5、GeO_2 等，在结构中以 $[SiO_4]$ 四面体、$[BO_3]$ 三角形、$[PO_4]$ 四面体形式存在，如图 5.1(b) 所示。

2) 网络变性体

网络变性体是分布在网络间隙的阳离子，可以中和氧 (O) 离子的负电荷，改变玻璃的性质，常见的有 Li_2O、Na_2O、K_2O、CaO、SrO、BaO 等的阳离子，如图 5.1(c) 中的 Na^+。

3) 网络中间体

网络中间体是既可成为网络形成体，又可成为网络变性体的阳离子。如 BeO、MgO、ZnO、Al_2O_3 等中的阳离子，既可取代 Si^{4+} 成为网络形成体，又可取代 Na^+ 等进入网络间隙位置，成为网络变性体。

- 在 SiO_2 玻璃中，只有网络形成体，没有网络变性体和网络中间体。
- 在 $Na_2O·2SiO_2$ 玻璃中，Na_2O 是网络变性体，SiO_2 是网络形成体。
- 在 $Na_2O·Al_2O_3·2SiO_2$ 玻璃中，Na_2O、Al_2O_3、SiO_2 分别是网络变性体、网络中间体和网络形成体。

2. 玻璃结构模型

玻璃结构指玻璃中质点在空间的几何配置、有序程度及它们彼此间的结合状态。

在玻璃研究的漫长历史中，关于玻璃的结构有晶子学说、无规则网络学说、凝胶学说、五角型对称学说及高分子学说等，但由于玻璃结构的复杂性，目前还不能直接观察到玻璃的微观结构，关于玻璃结构的信息是间接获得的，至今没有一致的结论。

目前较好地解释玻璃性质的假说是晶子学说和无规则网络学说。

➢ 晶子学说以近程有序性为出发点，强调微观上的有序性、微观不均匀性和不连续性。
➢ 无规则网络学说以远程无序性为出发点，强调宏观上的无序性、统计均匀性与连续性。

1) 晶子学说

1921年，苏联学者列别捷夫(А.А.Лебедев)提出了晶子学说。他在研究硅酸盐玻璃时发现：玻璃加热到573℃时折射率发生急剧变化，而石英正好在573℃发生α⇔β型的转变(图3.53)。

基本观点：①玻璃结构是一种不连续的原子集合体，是由无数"晶子"组成；②"晶子"是带有晶格变形的有序区域；在"晶子"中心，质点排列较有规律，越远离中心则变形程度越大。③"晶子"分散在无定型介质中，逐步过渡，两者间无明显的界限。

优点：揭示了玻璃的微观不均匀性和近程有序性的结构特点。

缺点：晶子学说有许多重要的原则问题未能解决，"晶子"的大小、化学组成、含量等都未能得到合理的确定。晶子的大小估计在0.7～2.0nm之间波动，只相当于1～2个多面体作规则排列。晶子的含量只占10%～20%。

2) 无规则网络学说

1932年，德国的查哈理阿森(Zachariasen)提出了无规则网络学说。

基本观点：玻璃是由(氧)离子多面体以顶角相连的形式在三维空间形成网络，网络中多面体的排列是拓扑无序的。

该观点认为玻璃结构单元与相应的晶体结构单元相同，都是离子多面体(四面体或三角形)，不同的是晶体结构是由多面体无数次有规律周期重复而构成，玻璃结构中多面体的重复是不规则、无周期性的，如图5.1所示。

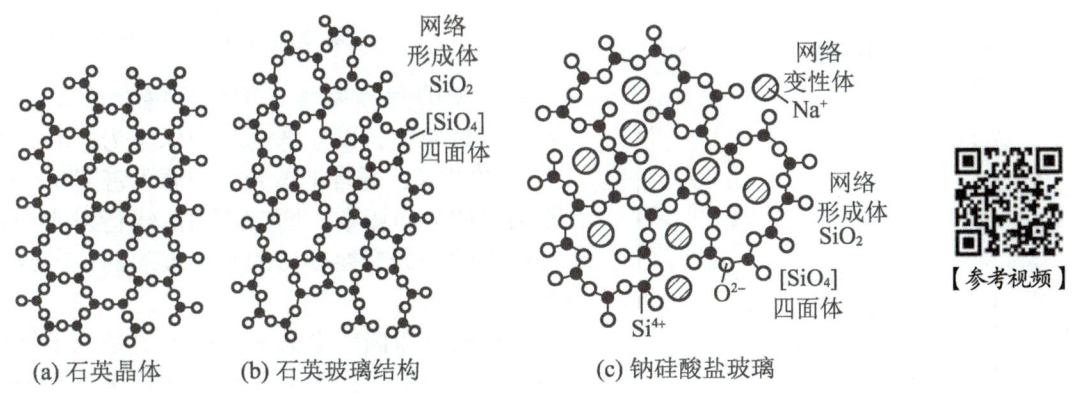

(a) 石英晶体　　(b) 石英玻璃结构　　(c) 钠硅酸盐玻璃

图 5.1　石英晶体和玻璃结构

石英晶体和石英玻璃都是通过基本结构单元[SiO_4]对顶连接成三维空间网络结构：
(1)石英晶体结构中[SiO_4]四面体严格规则排列。
(2)石英玻璃中网络形成体是SiO_2，[SiO_4]四面体排列无序，呈无对称性和周期性的重复。
(3)钠硅酸盐玻璃($Na_2O·2SiO_2$)结构中网络形成体是SiO_2，Na^+为网络变性体。

优点：无规则网络学说强调了玻璃体中离子与多面体相互间排列的均匀性、连续性及无序性等方面，解释了各向同性、均匀性/性质变化的连续性等，它占据玻璃结构学说的主流。

缺点：对玻璃的分相和不均匀等现象无法给出合理解释。例如，在硼硅酸盐玻璃中发现分相与不均匀现象。用电子显微镜观察玻璃时发现在肉眼看来似乎是均匀一致的玻璃，实际上都是由许多0.01～0.1μm的各不相同的微观区域构成的。

3. 玻璃结构的验证

玻璃是凝固下来的过冷液体，保持了液体的长程无序结构，即在较大距离上不存在原子的周期排列。但是，在1~10nm的范围内，玻璃和液体存在短程有序。

1)X射线衍射分析

瓦伦(B.E.Warren)采用X射线衍射光谱(XRD)对玻璃的结构进行了一系列研究，使查哈理阿森(Zachariasen)理论获得了有力的实验证明，图5.2是方石英晶体、石英玻璃和石英凝胶的XRD图。

➢ (b) 中石英玻璃衍射峰与方石英晶体特征衍射峰(a)重合，说明石英玻璃中含有极小的方石英晶体，峰的宽化(漫散射)说明晶体的微小尺寸。

➢ (b) 中石英玻璃没有小角度散射，说明玻璃是一种密实体，没有不连续粒子或粒子之间无大空隙。

➢ (c) 中石英凝胶有明显的小角度散射，是由于凝胶由尺寸为1.0～10.0nm的不连续粒子组成，粒子间有间距和空隙，物质的不均匀性引起强烈的散射。

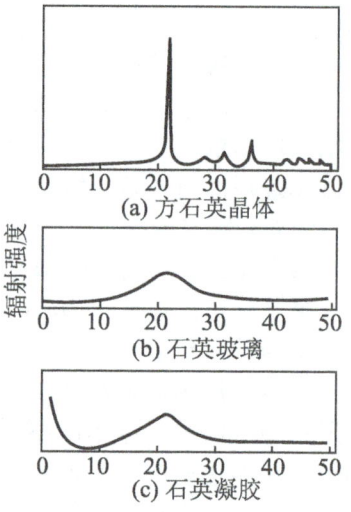

图5.2 石英在不同状态下的X线衍射

2)径向分布函数

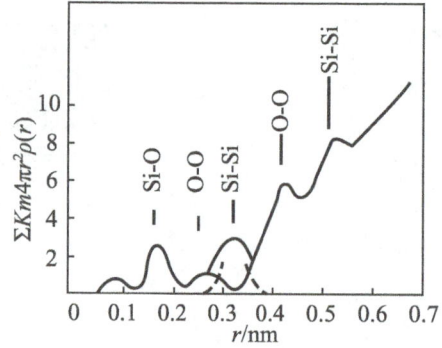

图5.3 石英玻璃的径向分布函数

玻璃的短程有序，可以用径向分布函数表示。在玻璃中，以任选的一个原子为中心，作一半径r的球壳，通常把球壳上的原子密度$4\pi r^2 \cdot \rho(r)$称为径向分布函数。图5.3是用X线衍射法测定并经傅里叶积分变换得出的石英玻璃的径向分布函数。

径向分布曲线上第一个极大值是原子与近邻原子间的距离，极大值曲线下面积是该原子的配位数。

图5.3中，第一个极大值表示Si-O距离为0.162nm，与结晶硅酸盐中的SiO_2平均间距

0.160nm非常接近；按第一个极大值曲线下的面积计算出配位数为4.3，接近Si原子的配位数4。表明石英玻璃中的每一个Si原子周围有平均约4个O原子以大致0.162nm的距离围绕。因此在短距离内原子排列是有一定规律的，即近程有序。

图5.3中，随着原子径向距离的增加，径向分布函数连续上升，极大值逐渐模糊，说明在距离大时，不存在有序结构，显示出长程无序的特点。

4. 玻璃的结构参数

石英玻璃中加入碱金属氧化物Me_2O、碱土金属氧化物RO或其他氧化物时形成相应的二元、三元甚至多元硅酸盐玻璃，此时，硅氧比下降，使桥氧断裂，原有的三维网络结构被破坏，三维网络结构向二维层状及一维链状变化，玻璃性质也随之变化。

为了表示硅酸盐网络结构特征，以方便比较玻璃的物理特性，通常引入X、Y、Z、R四个基本结构参数。

> X——每个多面体中非桥氧离子的平均数。
> Y——每个多面体中桥氧离子的平均数。
> Z——每个多面体中氧离子的平均总数（硅酸盐玻璃—4，硼酸盐玻璃—3)，即网络形成正离子的氧配位数。
> R——氧硅比。

它们之间有如下关系。

$$X + Y = Z \qquad X = 2R - Z$$
$$X + Y/2 = R \qquad Y = 2Z - 2R$$

每个多面体中平均桥氧数Y又称结构参数，（表5-1）反映了玻璃体中三维网络的聚集程度。

> 石英玻璃中Y为4，呈现结构紧密的三维网络。随其他氧化物的加入，非桥氧离子增多，Y值下降，网络聚集变小，结构也变得较松并随之出现较大的间隙，网络变性离子的运动较容易，导致黏度减小、热膨胀系数和电导增加。
> 因此，Y值也可作为衡量玻璃性质的参数，相同Y值的玻璃具有非常相近的热稳定性（表5-1）。当Y小于2时，硅酸盐玻璃就已经不能构成三维网络。

表 5–1 结构参数Y对玻璃性质的影响

玻璃组成	Y值	熔融温度/℃	膨胀系数 $\alpha \times 10^7$
$Na_2O \cdot 2SiO_2$	3	1523	146
P_2O_5	3	1573	140
$Na_2O \cdot SiO_2$	2	1323	220
$Na_2O \cdot P_2O_5$	2	1373	220

5. 玻璃的性质

一般无机玻璃具有较高的硬度，脆性大，破碎时具有贝壳状断面，对可见光有良好的透明度。玻璃态物质还具有以下五大通性。

(1)各向同性。折射率/导电性/硬度/热膨胀系数等物理化学性质是各向同性的。

(2)热力学介(亚)稳性。

> **热力学：** 晶体是热力学的稳定相，玻璃是热力学上的介稳态，它有向低能状态转变的趋势，有析晶的可能。

> **动力学：** 常温下玻璃的黏度很大，结晶速率非常缓慢，能长时间保持玻璃结构而不变化，这种特性称为介稳性。

(3)状态转化的渐变性。熔体向玻璃态的转变过程是在一定温度区间进行，无固定的熔点，系统内能和体积变化是一个渐变过程。

如图5.4所示，熔体从高温快速冷却时，当温度降到T_g温度时，熔体开始固化，内能曲线出现缓慢连续转折，T_g为玻璃转变温度(或脆性温度)。T_g是一个与系统的组成和动力学冷却速度有关的参数，处于一定的范围，对应的黏度为$10^{12} \sim 10^{13}$Pa·S。当黏度为10^8Pa·S时对应的温度T_f称为玻璃的软化温度。

> 玻璃的特征温度是规定黏度时的温度。

(4)性质随温度变化的连续性与可逆性。如图5.5所示，在T_g与T_f之间，性质随温度的变化呈非线性变化，$T_g \sim T_f$的温度是转化温度范围或"反常间距"。

(5)物理化学性质随成分变化的连续性。晶体化合物有固定的原子或分子比，其性质变化是非连续的。而玻璃的化学成分在一定范围内可以连续逐渐变化，其性质也可以连续逐渐变化(图5.6)，因此，玻璃的性质具有加和性。

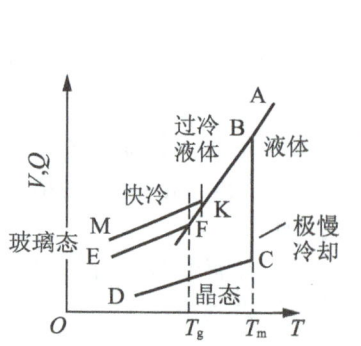

图 5.4 内能和体积随温度变化

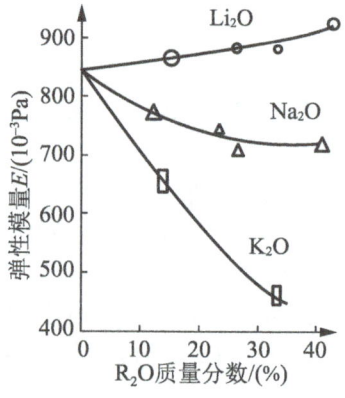

图 5.5 玻璃性质随温度的变化

图 5.6 R_2O-SiO_2 玻璃弹性模量变化

5.1.2 金属玻璃 (Metallic Glass)

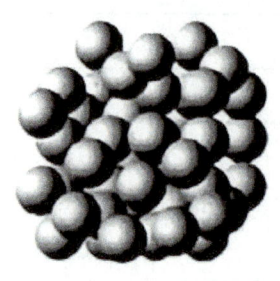

在一般冷却条件下，大多数金属合金原子很容易规则排列，凝固成晶体。当以大于10^6℃/s的速度将熔融的合金冷却时，由于冷凝速度极高，原子或原子团的结构重排和组分调整的动力学过程极其困难，使金属原子无法按照相应晶体结构要求进行重排，原子处在杂乱无章的状态，来不及排列整齐就被"冻结"而形成了同玻璃一样的非晶态合金，称为金属玻璃(Metallic Glass)，也称液态金属(Liquid Metal)或非晶态合金(Amorphous Alloy)。图5.7是Cu-Zr-Al合金的非晶结构。晶体和非晶态合金的原子排列模型如图5.9((a)、(b))所示，**晶体原子排列长程有序，非晶态原子排列短程有序、长程无序**。

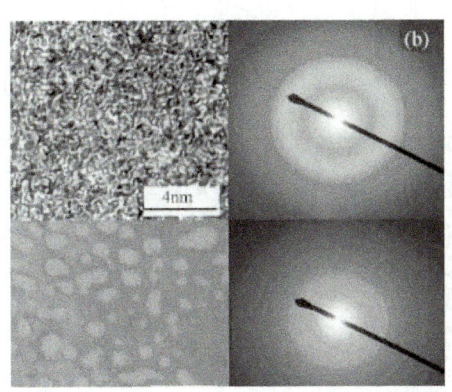

$Cu_{12.6}Zr_{40.5}Al_{46.9}$ 合金的 (a) 高分辨 TEM 像和（b）选区电子衍射花样；$Cu_{32.7}Zr_{6.7}Al_{60.6}$ 合金的 (c) TEM 明场像和（d）选区电子衍射花样

文　献：X. Bai, J.H. Li, Y.Y. Cui, Formation and structure of Cu-Zr-Al ternary metallic glasses investigated by ion beam mixing and calculation, Journal of Alloys and Compounds 522 (2012) 35–38

图 5.7　Cu-Zr-Al 合金的非晶结构

1. 金属玻璃的形成条件

➢ 冷却速度：非晶形成是亚稳相之间的转变 (图 5.8)，冷却速度要足够大，以"冻结"液相的无序结构。

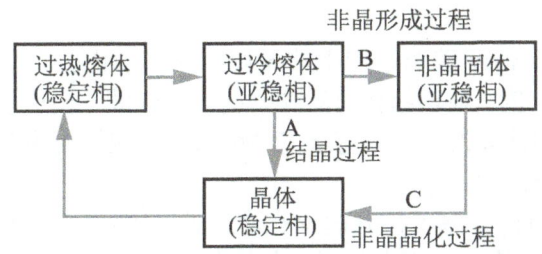

图 5.8　熔体冷却时晶体与非晶体的形成过程

➢ 化学成分：组元间电负性与原子尺寸相差越大 (10%~20%)，越容易形成非晶体。因此，过渡族金属 (Fe、Cr、Ni、Zr、Ti、Co 等) 或贵金属 (Au、Ag、Pt、Rh、In 等) 与类金属 (B、C、N、Si、P)，稀土金属与过渡族金属，后过渡族金属与前过渡族金属组成的合金易于形成非晶。如临界冷却速度较低的 La 系、Zr 系、Mg 系、Pd 系、Ti 系、Fe 系和 Cu 系等，可制备三维尺寸都达到毫米到厘米量级的块体非晶合金。

➢ 熔点和玻璃化温度之差 ΔT：$\Delta T = T_m - T_g$，ΔT 越小，越易保留液相的无序结构，形成非晶倾向越大。因此，成分位于共晶点附近的合金易于形成非晶；多元复杂系合金的熔点降低，更易形成非晶。日本学者 A. Inoue 提出了块体非晶合金形成的三条经验原则：①至少含有 3 种元素的多组元体系；②主要组成元素间原子半径差大于 12%；③主要组成元素之间拥有大的负混合焓。

2. 金属玻璃的制备方法

金属玻璃的制备方法可归纳为原子沉积法和液体急冷法两大类。

(1) **原子沉积法**：包括溅射法、真空蒸发法，辉光放电分解法，化学沉积法等。原子沉积法的冷却速度高。

(2) **液体急冷法**：包括喷枪法、离心法、吸铸法、吹铸法、甩带法和水淬法等。该方法是将液态金属急冷，在液体金属中比较紊乱的原子排列保留到固体，则可获得金属玻璃。为提高冷却速度，采用良好的导热体(铜模)作基板，并使液体薄层与基板接触良好，短时凝固。

3. 金属玻璃的结构特点

金属玻璃的结构模型有"微晶"无序模型和拓扑无序模型两种(图5.9(c)、(d))。

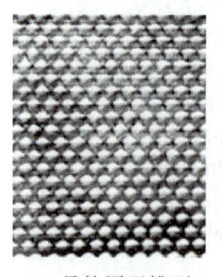  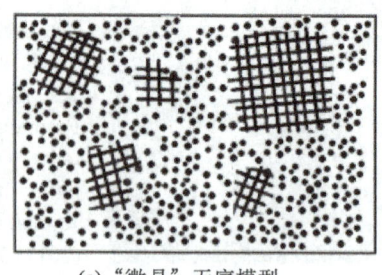 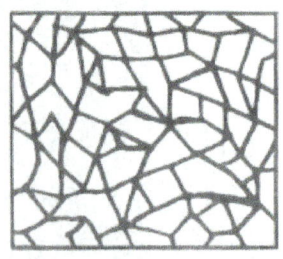

(a) 晶体原子排列　　(b)非晶原子排列　　(c)"微晶"无序模型　　(d) 拓扑无序模型

图 5.9　金属玻璃结构模型

(1)"微晶"无序模型：非晶结构中有尺寸在1~1.9nm的微晶粒分散在无定形介质中。该"微晶"不同于一般的晶体，是指有晶格变形的有序区域，在其中心质点排列较规律，远离中心变形程度较大。

(2)拓扑无序模型：类似于玻璃结构中的无规则网络学说，只不过以金属原子代替了硅氧多面体。该观点认为金属玻璃结构可看作一些均匀连续、致密填充、混乱无规的原子硬球的堆积。根据该模型计算的结果更符合实测结果，故应用更为普遍。

4. 金属玻璃的特点与应用

金属玻璃为非晶态结构，原子排列短程有序、长程无序，不存在亚微观(即微米数量级)的各向异性。显微组织均匀，不含晶界、位错等缺陷，大大提高了金属玻璃的力学性能、电磁性能和抗腐蚀性等。金属玻璃为"敲不碎、砸不烂"的"玻璃之王"，被称为"21世纪的材料"。

(1) **独特的力学性能**。金属玻璃具有很高的强度和硬度，原因是金属玻璃结构中不存在位错，无滑移面，不易滑移，非晶合金屈服时是整体屈服，具有一定的韧性和刚性。金属玻璃的强度与其他金属合金的比较如图5.10所示。图5.11是$Zr_{63.4}Ni_{16.2}Cu_{15.4}Al_5$块体金属玻璃的结构和压缩变形断口特征。

> - 金属玻璃是迄今为止最强的金属材料和最软、最容易加工成形的金属材料之一，最强的钴基金属玻璃的强度达到创纪录的6.0GPa，最软的锶基金属玻璃的强度低至300MPa。
> - 非晶态铁钽硅硼合金线材，拉伸强度高达4000MPa，为一般钢丝的10倍。
> - 军事上可以用于制造枪炮子弹、导弹和装甲车、防弹车身和战舰等。
> - 体育上，适合于许多体育用品，如高尔夫球杆。20世纪90年代初，皮·杜威的学生威廉·约翰逊创建了液态金属技术公司，研制了名为Vitreloy的Zr-Ti-Cu-Ni-Be非晶合金，它比钢更具弹性，锻造温度仅400℃(钢的锻造温度1000℃)，制造的第一件产品是高尔夫球杆，良好的反弹性可以将球击得更远。
> - 电脑和手机的外壳，更轻便、美观、坚硬。
> - 2004年，美国橡树岭国家实验室的研究人员研制出直径为12mm的非晶钢管。其超强度、重量轻、弹性好、不变质、不易断裂的特性，开拓了金属玻璃空前的应用前景。

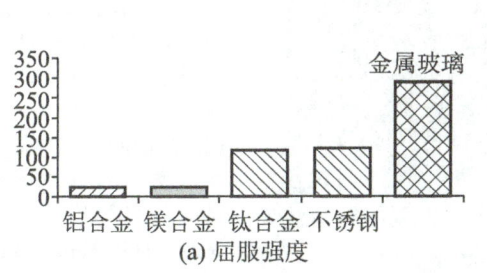
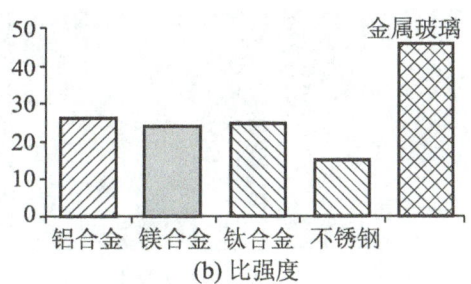

(a) 屈服强度　　　　　　　　　　(b) 比强度

图 5.10　金属玻璃的强度与其他金属合金的比较

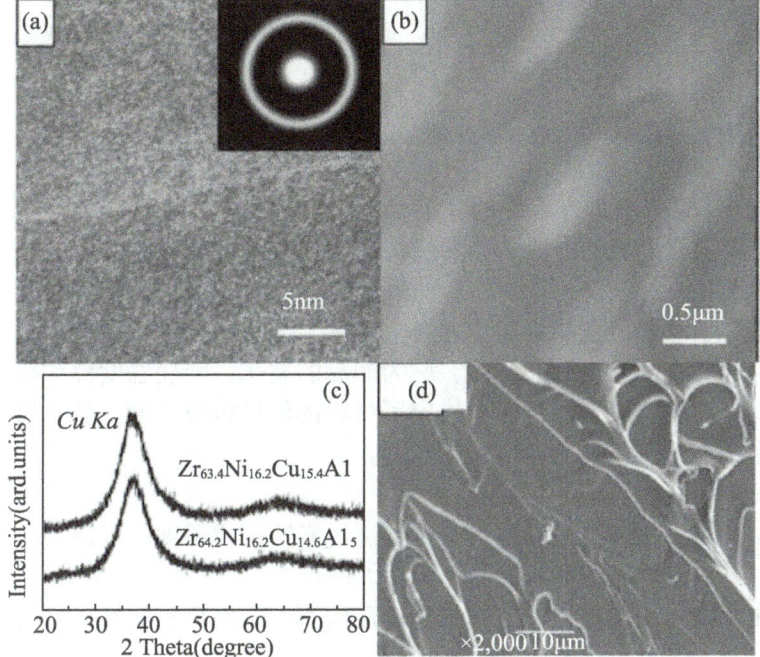

(a)HREM 高分辨像与选取电子衍射 SEAD 花样

(b) TEM 明场像(亮区和暗区显示非均匀结构,使合金的热稳定性和抗蚀性降低,但单向压缩试验表现出大塑性应变量(>25%)和很高的屈服强度(>1.6 GPa))

(c) XRD 衍射

(d)SEM 断口形貌(脉状花样,黏性流动变形)

文　献:W.H. Li, etc., Thermodynamic corrosion and mechanical properties of Zr-based bulk metallic glasses in relation to heterogeneous structures, Materials Science and Engineering, 2012(A 534): 157-162.

图 5.11　$Zr_{63.4}Ni_{16.2}Cu_{15.4}Al_5$ 块体金属玻璃的结构和压缩变形断口

(2)优异的抗腐蚀性能。图 5.12 是 Zr_2Ni 合金非晶、单晶结构特征及其经 NaCl 水溶液腐蚀后的表面形貌。Zr_2Ni 非晶态(金属玻璃)的耐蚀性优于晶态。Zr_2Ni 金属玻璃的表面钝化膜更致密,缺陷少,钝化膜中含有更多的 ZrO_2,NiO 较少,这说明非晶结构影响着钝化膜的成分和致密性。

(3)优异的电磁性能。金属玻璃具有高饱和磁感应、低铁损等优点,用于制造高压容器、火箭等关键部位的零部件及机械振荡器、电流脉冲变压器、磁泡器件、收录机的磁头等。

> 1980 年 6 月美国的爱理德·西格诺公司首先研制成功非晶态铁芯变压器,开创了非晶态合金最主要的应用领域——软磁性能的应用。其中最有经济效益的是以铁基合金玻璃作为磁性材料来制造变压器。日本、西欧和中国主要在高频开关电源家用电器及电子器件方面应用较多。中国每年都有百万只非晶铁芯用于漏电开关。
> 2003 年,美国维吉尼亚大学的约瑟夫·普恩和加里·西弗赖特利用碳、铁和少量锰,成功研制出没有磁性的"钢玻璃",更易躲避雷达探测。

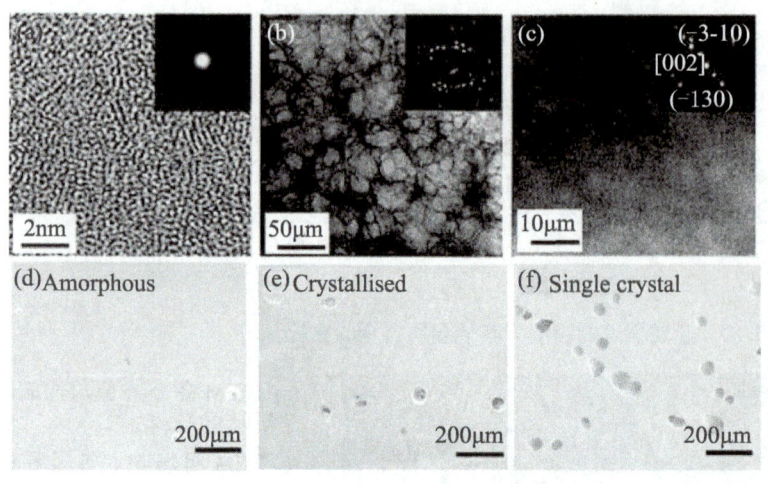

图 5.12　Zr_2Ni 合金非晶、单晶结构特征及经 NaCl 水溶液腐蚀后的表面形貌

(4) **记忆性能**。德国在2010年研究出具有特殊的"记忆"特性的非晶体铜锆合金。北京航空航天大学成功制备出用于卫星太阳能电池阵伸展机构的钛基金属玻璃材料，其20cm长螺旋状的盘压伸杆打开后能达2m长。

(5) **不稳定性**。金属玻璃是亚稳态，在热力学上是不稳定的，在加热到某一温度时，通过形核和长大过程向晶体相转变，即发生结晶转变，称为非晶的**晶化**，转变温度称为**晶化温度**；晶化使材料的某些优良性能消失，晶化温度决定了材料的使用极限温度。晶化温度越高，非晶材料的稳定性越好。

目前限制该领域发展的一些问题如下。

➢ 非晶合金材料是一种亚稳态材料，其使用容易受到环境因素特别是温度的限制，同样也受到非晶形成能力限制，目前还不能制备大厚度部件；

➢ 材料本身缺乏拉伸塑性和加工硬化能力，应用受到一定限制，其脆性和塑性机制有待阐明；

➢ 材料的强度随晶体的尺寸减小而增强，但存在峰值，然后随尺寸的减小强度反而减少，但非晶又表现出非常高的强度，从纳米到非晶力学性质转变的机理需要进一步阐明；

➢ 材料的工艺成本仍旧较高，导致该类材料还缺乏大规模的工业应用。

5.1.3　高聚物的非晶态结构 (Amorphous Structure of Polymers)

1. 非晶态聚合物的形成

从**分子链结构角度**，非晶态聚合物包括：

(1)高分子链结构规整性很差，不能形成结晶，如无规立构聚合物。

(2)链结构具有一定的规整性，可以结晶，但结晶速度十分缓慢，在通常冷速下，呈现玻璃态结构，如聚碳酸酯等。

(3)链的规整性很好，但分子链十分柔软而不易结晶，在常温呈现橡胶态结构，在低温时才能形成可观的结晶。

2. 非晶态聚合物结构模型

从**聚集态结构角度**有两种非晶态聚合物结构模型：Flory的无规线团模型(Random Coil

Model)和Yeh的折叠链缨状胶束粒子模型(Folded-chain Fringed Micellar Grain Model)。

1) 无规线团模型

提出：Flory用统计热力学理论推导并实验测定了高分子链的均方末端距和回转半径及其与温度的关系，提出了单相无规线团模型(图5.13(a)和彩图9)。

- **观点**：该模型认为非晶态聚合物结构犹如羊毛杂乱排列而成的毛毡，不存在任何有序的区域结构。中子散射技术已证明PS链在T_g以下的非晶态中有无规线团结构。
- **应用**：这一模型可以解释橡胶的弹性等行为，但难于解释有些聚合物(如聚乙烯)几乎能瞬时结晶的现象。很难设想，原来杂乱排列无规缠结的高分子链能在很短的时间内达到规则排列。

2) 折叠链缨状胶束粒子模型

提出：Yeh等人对大量非晶态高聚物的电镜观察发现，在非晶高聚物中存在几到几十纳米大小的球粒结构，于1972年提出了"折叠链缨状胶束粒子模型"，简称两相球粒模型。如图5.13(b)所示。

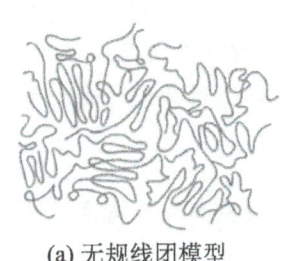
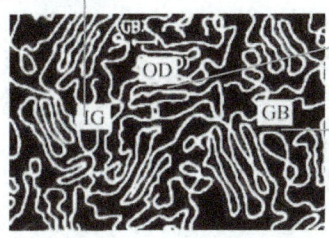

粒间相(IG相)完全无规，尺寸约1~5nm，主要由无规线团、低相对分子质量物质、缠结点、分子链末端、连结链及一个"粒子"的部分链节组成。

有序区(OD区)折叠链排列的有序性比晶态小得多。

粒界区(GB区)是围绕着有序区为核心形成的明显粒界，由折叠链弯曲部分、链端、缠结点组成，由一个有序区伸展到另一个粒间相。

(a) 无规线团模型　　(b) 折叠链缨状胶束粒子模型

图 5.13　两种非晶态聚合物结构模型

观点：该模型认为非晶态聚合物存在无序和有序两个部分：一是由高分子链规整折叠而成的"球粒"或"链结"，其尺寸约为3~10nm，球粒由两个主要单元组成，即粒子相(G相)和粒间相(IG相)所组成，而G相又包含有序区(OD区)和粒界区(GB区)。

应用：这一模型可解释为什么非晶高聚物的密度要比分子链按无规线团计算的密度高，以及从熔体冷却快速结晶时可形成由较规则的折叠片晶组成的球晶。

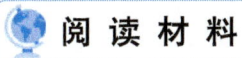 **阅读材料**　高聚物的其他聚集态结构（Other Aggregation Structure of Polymers）

高分子的聚集态结构是指高分子链之间的几何排列状态和堆砌结构，主要包括非晶态结构、晶态结构、液晶态结构、取向结构、织态结构等。

1. 高聚物的取向态结构

无论结晶或非晶高聚物，在外场作用下(如拉伸力)均可发生取向(Orientation)，取向与结晶不同，取向仅是一维或二维的有序化。

取向在生产中有重要的应用如下。

(1) 纤维的牵伸和热处理(一维材料): 牵伸使分子取向, 大幅度提高纤维强度; 热定型(热处理)使部分链段解取向, 使纤维获得弹性。

(2) 薄膜的单轴或双轴取向(二维材料): 单轴拉伸极大提高了一个方向的强度, 常用作包装带。双轴拉伸使薄膜平面上两个方向的强度均提高, 双轴拉伸聚丙烯(BOPP)、双轴拉伸聚酯(BOPET)等应用广泛。一般吹塑膜也有一定程度的双轴取向效果。

(3) 塑料成型中的取向效应(三维材料): 取向虽然提高了制品强度, 但取向结构的冻结形成的残存内应力却是有害的。

2. 高聚物的液晶态结构

高分子液晶(Liquid Crystal)态是在熔融态或溶液状态下所形成的有序流体的总称, 这种状态是介于液态和结晶态的中间状态。

(1) 按分子排列方式分为近晶型、向列型和胆甾型, 它们存在一维至二维的有序结构。

(2) 按生成方式分为热致性液晶和溶致性液晶, 前者通过加热在一定温度范围内(从 T_m 到清亮点)得到有序熔体, 后者在纯物质中不存在液晶相, 只有在高于一定浓度的溶液中才能得到。

(3) 按介晶元在分子链中的位置可分为主链型液晶和侧链型液晶。液晶有特殊的黏度性质, 在高浓度下仍有低黏度, 利用这种性质进行"液晶纺丝", 不仅极大改善了纺丝工艺, 而且其产品具有超高强度和超高模量, 最著名的是称为凯夫拉(Kevlar)纤维的芳香尼龙。

另外, 高分子侧链液晶的电光效应还用于显示。

3. 共混高聚物的织态结构

实际高分子材料常是多组分高分子体系或复合材料, 这里只讨论高分子与高分子的混合物, 通称共混高聚物(Polyblend or Blend), 它们是通过物理方法将不同品种高分子掺混在一起的产物, 由于共混高聚物与合金有许多相似之处, 也被人形象地称为"高分子合金"。

共混的目的是为了取长补短, 改善性能, 最典型的用橡胶共混改性塑料的例子是高抗冲聚苯乙烯和 ABS(有共混型或接枝型)。

5.2 准晶态结构 (Quasicrystal Structure)

5.2.1 准晶体的对称性 (Quasicrystal Symmetry)

1. 准晶体对称性的特点

准晶是一种介于晶体和非晶体之间的固体。准晶具有长程有序的结构, 具有晶体所不允许的5、8、10、12次等旋转对称性, 但不具有晶体所应有的长程平移对称性。

2. 准晶体对称性的研究进展

(1) 伊朗一座500年前古老的清真寺上的砖片图案就是按照准晶样式排列的(图5.14(a)), 伊斯兰建筑外墙上所装饰的girih花砖具有10重旋转对称, 它是由十边形、六角形、五边形、菱形和三角形组合而成(图5.14(b))。

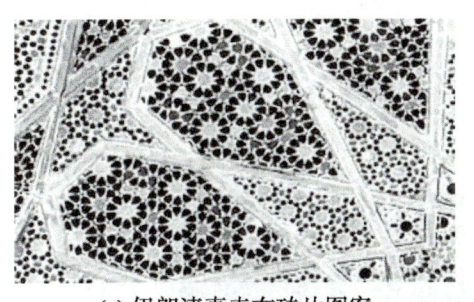
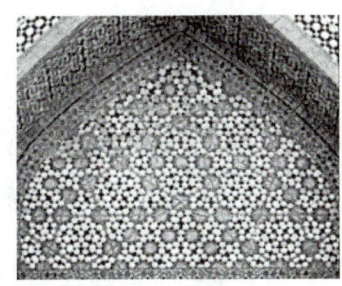

(a) 伊朗清真寺在砖片图案　　　　　(b) girih 图案

图 5.14　具有准晶结构的建筑图案

(2)1961年，美籍华裔数学家王浩提出了用不同形状的图形铺满平面的拼图问题。数学家们已经知道，可以用单一形状的拼图拼满一个平面，如任意形状的四边形或者正六边形，但是当增加拼图单元的种类时，就能够构造出更多的拼满一个平面的方法。两年后，王浩的学生美国数学家Robert Berger构造了一系列不具有周期性的拼图方法。

(3)1976年牛津大学数学家彭罗斯(Roger Penrose)构造了一系列只需要两种拼图的三维空间准晶体结构方法，拼出来的图案具有5次对称性。如图5.15所示，二维空间的彭罗斯拼图由内角为36°、144°和72°、108°的两种菱形组成(图5.15(a)，分别称为"瘦菱形"和"胖菱形")，能够无缝隙无交叠地排满二维平面，实现具有5次旋转对称的非周期铺砌。图5.15(b)(彩图10)中准晶体由内角为72°的"风筝"和内角分别为36°、72°的"飞镖"铺满。

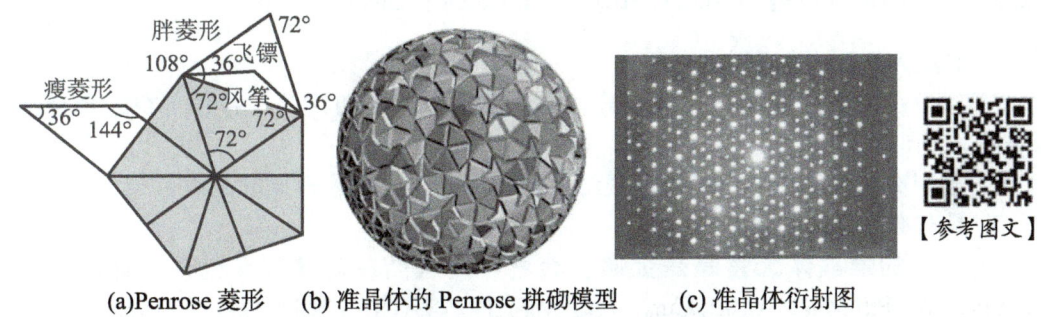

(a)Penrose 菱形　　(b) 准晶体的 Penrose 拼砌模型　　(c) 准晶体衍射图

图 5.15　准晶体 Penrose 拼砌模型及对称性

(4)研究者陆续对其他旋转对称性的图形(8、10、12次)实现了非周期铺砌，还发展了多种能直接产生非周期铺砌的方法(高维空间投影法、对偶方法、自相似膨胀法等)。1995年德国科学家提出覆盖理论，该理论设想用一种画有特殊图案的花砖实现非周期铺砌，被很多实验验证。

(5)基于二维的Penrose拼砌，Steinhardt发现利用三基矢夹角分别为63.43°和116.57°的两种菱形六面体(瘦菱面体和胖菱面体)，可以构造出三维的Penrose准周期结构(图5.16，正五边形十二面体、正三角形二十面体和菱形三十面体等)。它们外观不同，但拥有完全相同的旋转对称性(6个5次轴、10个3次轴和15个2次轴)，都包含传统晶体理论所不允许的5次轴。这样的对称结构不仅存在于日常生活(如足球)，还存在于自然中(如碳60和病毒等)。

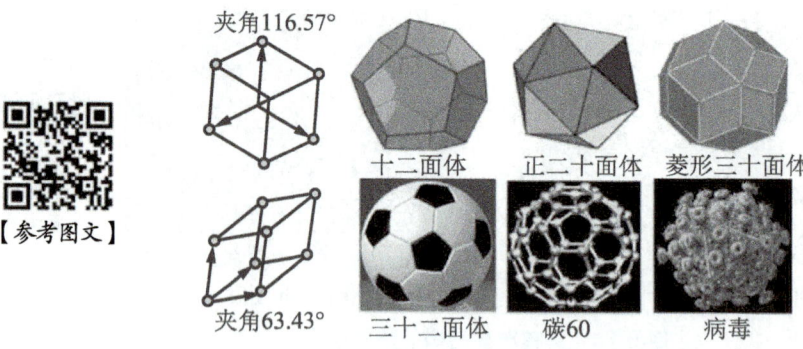

图 5.16 三维的 Penrose 准周期结构模型

3. 准晶体研究的意义

5次对称性和准晶相的发现对传统晶体学产生了强烈的冲击，推翻了晶体学已建立的概念，对长程有序与周期性等价的基本概念提出了挑战，以至于国际晶体学联合会建议把晶体定义为衍射图谱呈现明确图案的固体(Any Solid Having an Essentially Discrete Diffraction Diagram)来代替原先的微观空间呈现周期性结构的定义。

有关准晶体的组成与结构规律尚未完全阐明，它已成为物理学家、材料学家、数学家以及晶体学家的重要研究领域。

5.2.2 准晶体的制备 (Preparation of Quasicrystals)

1. 准晶体的形成条件

(1)成分：准晶的形成与合金成分、晶体结构类型密切相关，并非所有的合金都能形成准晶。

(2)控制冷速：冷速过慢时，形成结晶相；冷速过大时，形成非晶态。

2. 具有准晶结构的材料

(1)已知的准晶体大多是是金属化合物，具有凸多面体规则外形。如 $Al_{65}Cu_{23}Fe_{12}$、$Cd_{57}Yb_{10}$、$Al_{70}Pd_{21}Mn_9$、$Al_{60}Li_{30}Cu_{10}$、$Zn_{56.8}Mg_{34.6}Ho_{8.7}$ 等(图5.17和彩图11)。1985年，Ishimasa等报道了Ni-Cr颗粒中的12次对称性。之后在V-Ni-Si和Cr-Ni-Si合金中又发现了8次对称衍射图。目前已经发现了几百种具有多种组成和对称性的准晶体。图5.18 是 $Mg_{67}Zn_{30}Y_3$ 合金中的准晶相。

(2)准晶的概念不仅在合金中，科学家已人工合成了一些高分子准晶，如Liquid Quasicrystal，纳米粒子自组装成准晶结构的纳米结构。

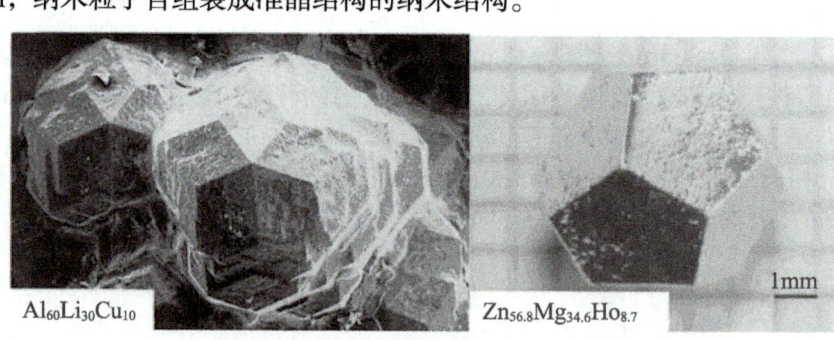

$Al_{60}Li_{30}Cu_{10}$ $Zn_{56.8}Mg_{34.6}Ho_{8.7}$

图 5.17 准晶体

(3)我国准晶体研究也居于世界前列。1983—1985年间，中国科学院沈阳金属研究所郭可信研究小组人员通过电子衍射方法，在Ti-V-Ni合金中发现二十面体准晶体，获得了国家自然科学一等奖，并陆续发现了多种不同准晶体合金。

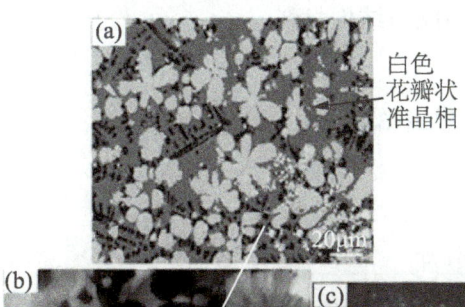
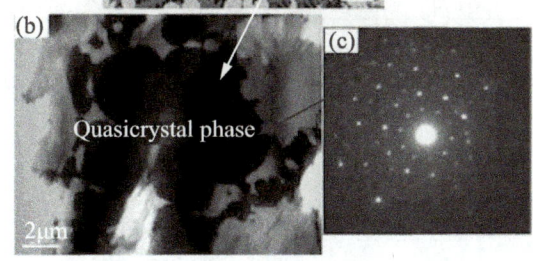

(a) EBSD像(白色花瓣状准晶相)
(b) 花瓣状准晶相的TEM明场像
(c) 准晶相的SAED衍射花样(5次对称性)
文献：Bo Gao, etc., Surface modification of Mg67-Zn30-Y3 quasicrystal alloy by high current pulsed electron beam, Surface & Coatings Technology, 2012.

【参考图文】

图 5.18　$Mg_{67}Zn_{30}Y_3$ 合金准晶

(4)在生物学中，Bernal和Fankuchen(1937)对纯化的TMV(烟草花叶病毒)制剂研究表明：病毒沉淀产生的有规则二维排列的针形体为准晶体(Paracrystal)而非真晶体。

(5)2009年，在俄罗斯科尔亚克山脉的一块铝锌铜矿上发现了结晶程度非常好的$Al_{63}Cu_{24}Fe_{13}$组成的准晶颗粒，起初认为准晶能在自然条件下形成。但美国《大众科学》杂志2012年1月3日报道，美国普林斯顿大学的研究人员对这种矿石的化学成分进行了分析后表示，该准晶体可能来自外太空，很可能是陨石的一部分，在陨石与地球的撞击中遗落到地球上。对这些天然准晶体进行质谱分析(MS)后，发现其含有地球上的矿物质中所不可能生成的氧同位素，还含有只能在极端条件下才会产生的二氧化硅，这些极端条件包括地幔中存在的高压或流星落地时所产生的冲击力。

5.2.3　准晶的性能及应用（Applications and Properties of Quasicrystal）

(1)**密度和熔点**：准晶体原子排列的规则性低于晶态，准晶的密度和熔点低于同成分的晶态相。

(2)**导热性**：准晶的比热容比晶态大，低导热率、负的温度系数，接近陶瓷的隔热性能，与普通合金截然不同。

(3)**导电性**：电阻率甚高而电阻温度系数甚小。作为热和电的不良导体，准晶体可用于制作温差电材料，把热能转换为电能。

(4)**力学性能**：准晶体的强度特别大，硬度很高(与陶瓷相当)，脆性大，表面基本没有摩擦力，耐磨性好。

(5)**表面抗氧化**，不易与其他物质发生反应，不易氧化生锈，不易损伤，使用寿命长，可应用于制造眼外科手术微细针头、刀刃等硬度较高的工具。

(6)**表面不黏**。准晶体材料无黏着力并且导热性较差，可制造不黏锅具、柴油发动机等。例如，Al-Cu-Fe-Cr的准晶体具有低摩擦系数、高硬度、低表面能以及低传热性，可作炒菜锅的表面涂层；Al65Cu23Fe12十分耐磨，被开发为高温电弧喷嘴的镀层。

(7)准晶有稳态和亚稳态。大块准晶尚难以制成，对准晶的研究多集中在其结构方面，对性能的研究少。室温下，准晶都很脆，尚不能作结构材料。

【习题】Question

填空题

1. 关于玻璃的结构模型，主要有_____和_____学说等。
2. 玻璃结构的构成包括_____、_____和_____。
3. 无规则网络学说的要点是_____，网络中多面体的排列是_____的。该观点以_____为出发点，强调_____。
4. 金属玻璃是_____，也称_____。
5. 从聚集态结构角度出发，非晶态聚合物结构模型有_____和_____。
6. 准晶是_____。

下篇

相图与相变
Phase Diagram and Phase Transformation

第6章 相图
Chapter 6　Phase Diagram

第7章 固体扩散
Chapter 7　Solid Diffusion

第8章 凝固与结晶
Chapter 8　Solidification and Crystallization

第9章 烧结与聚合
Chapter 9　Sintering and Polymerization

第10章 固态相变
Chapter 10　Solid Phase Transformation

第6章 相图
Chapter 6　Phase Diagram

>>> 如何表示相和结构在不同成分、温度及压力下的不同?

本章知识构架

```
                    ┌─ 相图基本知识 ─┬─ 相与组织 ──── 组元、相、组织的基本概念
                    │                └─ 相图与相律 ── 相图,相平衡,自由度与相律
                    │
                    ├─ 单元相图 ── H₂O、Fe、SiO₂、聚合物的相图
                    │
                    │                ┌─ 匀晶相图与杠杆定律 ────────── 相图构成,相转变与组织转变,杠杆定律,
                    │                │                                匀晶相图的其他形式
                    │                │
                    │                ├─ 二元共晶相图与共析相图 ────── 相图构成,合金的平衡凝固过程及其组织,
                    │                │                                共析转变与共析相图
                    │                │
                    │                ├─ 包晶相图与包析相图 ────────── 相图构成,合金的平衡凝固过程及其组织,
                    │                │                                包析转变与包析相图
                    │                │
       相图 ────────┤── 二元相图 ──┤─ 其他类型二元相图 ──────────── 形成(不)稳定化合物的相图,含双液共
                    │                │                                存区的相图,具有熔晶转变的相图,固溶
                    │                │                                体发生有序-无序转变的相图
                    │                │
                    │                ├─ 二元相图的几何规律及分析方法
                    │                │
                    │                ├─ 铁碳相图 ──────────────────── Fe-Fe₃C相图构成分析,铁碳合金平衡结晶
                    │                │                                分析,碳对铁碳合金的组织与性能的影响,
                    │                │                                铁-石墨相图
                    │                │
                    │                └─ 无机材料相图 ──────────────── CaO-SiO₂系二元相图, Al₂O₃-SiO₂系统相图
                    │
                    │                ┌─ 等边成分三角形的表示方法
                    │                │
                    │                ├─ 三元相图中的基本法则 ──────── 等含量规则,等比例规则,背向规则,直线
                    │                │                                法则和杠杆定律,重心法则和杠杆定律
                    │                │
                    │                ├─ 三元匀晶相图 ──────────────── 相图构成,三元固溶体合金的结晶过程,等
                    │                │                                温截面图(水平截面图),变温截面图(垂直
                    │─ 三元相图 ────┤                                截面图),投影图
                    │                │
                    │                ├─ 固态互不溶解的三元共晶相图 ── 相图构成,等温截面图(水平截面图),
                    │                │                                变温截面图(垂直截面图),投影图
                    │                │
                    │                ├─ 三元相图的几何规律及分析方法 ─ 相区接触法则三元相图的基本特点
                    │                │
                    │                └─ 三元相图应用举例 ──────────── Fe-C-Si, Fe-C-N, Fe-Cr-C, MgO-Al₂O₃-SiO₂,
                    │                                                  CaO-Al₂O₃-SiO₂, 聚合物相图
                    │
                    │                ┌─ 单元相图热力学
                    │                │
                    └─ 相图热力学 ──┤─ 二元相图热力学 ────────────── 固溶体的吉布斯自由能,混合相的
                                     │                                自由能,公切线原理
                                     │
                                     └─ 相图与吉布斯自由能曲线 ────── 二元匀晶、二元共晶相图
```

第6章 相图

导入案例　水的三种状态 (Three Phase State of Water)

水 (H_2O) 是由氢、氧两种元素组成的无机物，是地球上最常见的物质之一，是包括人类在内所有生命生存的重要资源，也是生物体最重要的组成部分。在中国传统文化中，水是金、木、水、火、土五种元素中排名第三的元素，是最早出现的元素。"天一生水，地六成之"。西方古代的四元素(土、气、水、火)说中也有水。

水在不同温度和压力条件下能形成液、固、气三种存在状态。

瓦特 (J. Watt, 1736—1819)

远在公元前四百多年，对于黄河的冰情，已有详细的记载："孟冬之月，水始冰，地始冻。仲冬之月，冰益坚，地始坼。季冬之月，冻方盛，水泽腹坚，命取冰，冰以入。孟春之月，东风解冻，蛰虫始振，鱼上冰。"这是世界上最早的有关结冰、封冻和解冻的冰情文字记录。

水蒸气指特定空间的水存在形态是气－液二相。蒸汽机是将蒸汽的能量转换为机械功的往复式动力机械。1769年，瓦特 (J. Watt) 制造了早期的工业蒸汽机，引起了18世纪的工业革命。直到20世纪初，它仍然是世界上最重要的原动机，后来才逐渐让位于内燃机和汽轮机等。

在不同温度和压力条件下，测出水－气、冰－气和水－冰两相平衡时相应的温度和压力，然后，以温度为横坐标、压力为纵坐标作图。在图上标出每一个数据点，再将这些点连接起来，得到表示水的状态的相图，如图6.1所示。

➢ O 点是水、冰、气三相共存的状态，温度和压力恒定。
➢ AO、BO、CO 线分别是冰/水、冰/气、水/气两相共存的平衡线。
➢ AO、BO、CO 线将整个相图分为水、冰、气三个状态区。

熔点 T_m 处为冰/水两相共存，沸点 T_b 处为水/气两相共存。

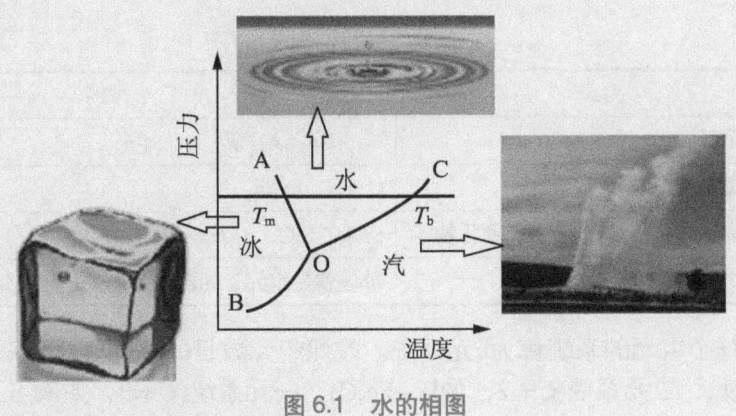

图 6.1　水的相图

> 如何方便地描述材料在什么成分、什么温度、什么压力下，形成什么相和结构，有什么性能？
>
> 如同人们用地图来表达地球上各种自然物（土地、山川、河流、森林等地理形貌）和社会经济现象（国家、民族、人口、文化等）的空间分布、联系及发展变化状态一样，材料研究者用相图来表征材料在不同温度、压力条件下的相和组织状态。
>
> 相图是分析研究材料的第三结构层次——相和显微组织的有力工具。正如麻省理工学院J.E.Elliott教授所比喻的："相图相当于冶金学家的地图，冶金学家利用它在陌生的地方指引道路"。无论是材料科学家、地质学家、硅酸盐学家、化学工程师、物理学家还是化学家，在他们的工作中都常常应用相图以帮助解决科学实验和工业生产中的实际问题。

本章主要探讨相图的基础理论和在不同材料研究中的应用，深入理解材料的结构的概念，为进一步综合理解金属材料、无机非金属材料和高分子材料的结构特点与加工工艺、材料性能和应用之间的关系奠定基本的理论基础。

6.1 相图的基本知识（Basic Knowledge of Phase Diagram）

6.1.1 相与组织 (Phase and Microstructure)

1. 组元

> 组元 (Composition) 是系统中每一个能单独分离出来并能独立存在的化学纯物质，是组成材料最基本的、独立存在的物质。

组元的类型见表6-1。例如，在盐水溶液中，NaCl和H_2O都是组元，因为它们都能分离出来并独立存在。而Na^+、Cl^-、H^+、OH^-等离子就不是组元，因为它们不能独立存在。

表 6-1 组元的类型

类型		构成	举例
组元	化学元素	金属元素	Fe、Cu、Al 等
		非金属元素	C、N、O 等
	化合物	氧化物、碳化物、氮化物、硼化物等	SiO_2、SiC、Si_3N_4 等
		聚合物材料	单体就是组元，如乙烯、丙烯、苯乙烯等碳氢化合物

通常把具有 n 个组元的系统称为 n 元系统。按照组元数目的不同，可将系统分为单元系统($C=1$，如纯铁)、二元系统($C=2$，如Fe-Fe_3C)、三元系统($C=3$，如Fe-Si-C)等。

2. 相

> 相 (Phase) 是系统中成分、结构相同，性能一致的均匀的组成部分。
> 一个系统中所含相的数目，叫做相数 (Number of phases)，以符号 P 表示。

相的特点如下。

(1) 一个相必须在物理性质和化学性质上都是均匀的。例如，水和水蒸气共存时，其组成虽同为H_2O，但因有完全不同的物理性质，所以是两个不同的相。

(2)相可以是单质，也可以是由几种物质组成的均匀熔体(溶液)或化合物。单一成分元素构成的是单一相，两种以上元素形成的相包括固溶体和化合物两类。

> 对于气体物质，一般为一相。
> 对于液体，根据互溶程度，可为一相或两相。例如，乙醇和水能以分子形式按任意比例互溶，尽管它含有两种物质，但整个系统只是一个液相。
> 对于固态物质，有几种物质就有几个相。
> 固溶体和非晶态玻璃是一种单相。
> 金刚石与石墨虽然成分相同，但结构不同，是同素异构体，属于不同的相。

(3)不同相之间有界面分开，相界处物质的性能发生突变。由界面分开的并不一定是两个不同的相。如水中的许多冰块，所有冰块的总和为一相(固相)。晶界面两侧性质不变化的是同一种相，如图6.2(a)所示，工业纯铁由同一种铁素体相(α)组成。

(4)一种物质可以有几个相，如水可有固相(冰)、气相(水蒸气)和液相(水)。

根据相的数目，系统可以分为单相系统、二相系统、三相系统和多相系统。

3. 组织

组织 (Microstructure) 是指由各种不同含量及形貌的相所构成的微观图像，是一种或多种相按一定方式相互结合所构成的整体的总称。

组织特点如下。

(1)"相"构成了"组织"。相的种类、数量、形状、尺寸、分布构成了不同的组织形貌。

(2)组织决定了材料的性能。材料的开发研究和制备如同炒菜一样，同样的原材料，如黄瓜和鸡蛋，不同的相的数量、形状、尺寸大小、分布，黄瓜和鸡蛋的量不同，片、块或丝等形状不同，或摆盘分布不同，可以制作出多种多样的，色、香、味不同的菜品。因此，钢铁的冶炼最初也称炒钢(Fried Steel)。

(3)组织是用肉眼或借助于放大镜、显微镜观察到的相的形态、分布的图像。其中用肉眼和放大镜观察到的为宏观组织，用显微镜观察到的为显微组织。如图6.2是不同钢的显微组织。

(4)在材料研究中，组织一般是指显微组织，即显微尺度下的材料结构。

例如，砖头、石子和水三种东西混在一起，那么这里面就至少有3个相，每一种具有不同的结构，三种相是如何混合的，就是组织。

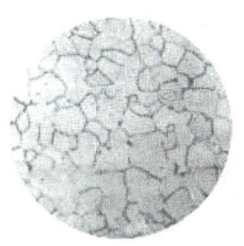  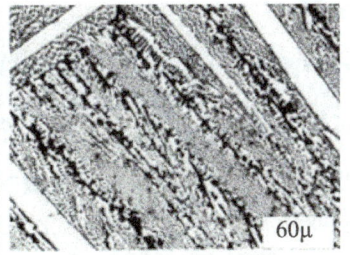

(a) 工业纯铁　　　　　(b) 共析钢　　　　　(c) 过共晶白口铁

图 6.2　钢的显微组织

Composition: Composition is the chemically pure substance in a system, each can be individually isolated and can exist independently, the basic constituent material of independent existence substances. Other words: component, constitution, constituent, ingredient, element.

Phase: Any portion, including the whole of a system, which is physically homogenous within it and bounded by a surface so that it is mechanically separable from any other portions.

Microstructure: A microscopic image composed by a variety of different morphologies and content of phase. The phase types, quantities, shape, size and distributions constitute a microstructure of material.

6.1.2 相图与相律 (Phase Diagram and Phase Rule)

1. 相图

> 相图 (Phase Diagram) 是具体描述在平衡条件下材料的相平衡状态与成分和温度、压力等外部条件之间的关系的图解，又称状态图或平衡图。

Phase Diagram: Diagram showing phases present under equilibrium conditions and the phase compositions at each combination of temperature and overall composition. Sometimes phase diagrams also indicate metastable phases.

相图是各相之间平衡后热力学变量轨迹的几何表达。

根据组元的数目，相图分为单元相图(图6.1)、二元相图(图6.6)、三元相图及多元相图。

> 二元相图是应用最广的一类相图，其中铁碳相图是工业应用最广的二元相图。Fe-C相图是钢铁工业的理论基础，也是实践的指南。

> 三组元材料在工程中也相当普遍，如合金钢、铸铁、铝镁铜合金、ZrO_2-Al_2O_3-Y_2O_3陶瓷等。

2. 相平衡

> 相平衡 (Phase Equilibrium) 是指各相的化学热力学平衡，即同时达到系统的机械平衡、热平衡和化学平衡。

相平衡是一种动态平衡。相平衡条件是dG=0。处于平衡状态下的多相(P个相)体系中，每个组元(共有C个组元)在各相中的化学势都彼此相等。

3. 自由度

> 自由度 (Freedom) 是指平衡系统中独立可变而不影响体系平衡状态的因素，如温度、压力、组分的浓度、电场、磁场、重力场等。

这种变量的最大数目叫做自由度数。这些独立变量在一定范围内可以任意改变而不引起旧相消失或新相产生。平衡系统的自由度数用f表示。

Freedom: Freedom is a independent variable factors in the balancing system without affecting the equilibrium state of the system.

4. 相律

> 相律 (Phase Law) 是表示在平衡条件下，系统的自由度数 f 和组元数目 c、相的数目 p 以及对系统平衡状态产生影响的外界因素数目 n 之间存在的关系，是系统的平衡条件的数学表达式。

Phase Law is expressed under equilibrium conditions, the relationship exists between the number of degrees of freedom of the system f and the number of component c, the number of phases p and the number n of the impact of external factors on the system equilibrium

相律是1876年吉布斯(J.W.Gibbs)首先推导出的，称为 Gibbs 相律。

$$f=c-p+n \tag{6-1}$$

在一般情况下只考虑温度和压力对系统平衡状态的影响，即

$$f=c-p+2 \tag{6-2}$$

对于凝聚系统，压力对系统相的平衡影响很小，在常压下，相律可写为

$$f=c-p+1 \tag{6-3}$$

在平衡态下，$f \geq 0$，$p \geq 1$。系统的自由度数，在相数一定时随着独立组分数的增加而增加；在独立组分数一定时，随着相数的增加而减少。

1) **单元系统相律**
- 在单元系统中只含有一种纯物质，组元数 $c=1$，影响系统平衡状态的外界因素是温度和压力。根据相律，$f=c-p+n=1-p+2=3-p$。
- $p=1$，则 $f=2$；$p=2$，则 $f=1$；$p=3$，则 $f=0$。
- 系统中可能出现最大的相数为3，最大可能的自由度数为2。

2) **二元系统相律**

对于二元凝聚系统，组元数 $c=2$，不考虑压力变化，影响平衡的外界因素是温度。则 $f=c-p+n=2-p+1=3-p$。
- $p=1$，$f=2$。可独立改变温度和成分而保持原状态，对应单相区。
- $p=2$，$f=1$。温度和成分中只有一个独立变量，对应两相区。
- $p=3$，$f=0$。三个平衡相的成分和温度都不变，属恒温转变，相图上为三相水平线。

3) **三元系统相律**

对于三元凝聚系统，组元数 $c=3$，不考虑压力变化，影响平衡的外界因素是温度。则 $f=c-p+n=3-p+1=4-p$。
- $p=1$，$f=3$。可独立改变温度和两个成分而保持原状态，对应单相区。
- $p=2$，$f=2$。对应两相区。
- $p=3$，$f=1$，对应三相区。
- $p=4$，$f=0$。四相平衡区，成分和温度都不变，属恒温转变。

6.1.3 相图研究的意义 (Significance of Phase Diagram Research)

相平衡和相图虽然描述的是热力学平衡条件下的变化规律，但对非平衡状态下的实际生产过程是有着非常重要的参考价值和指导意义的。

(1) 研制、开发新材料，确定材料成分。根据研制材料应用的工况条件和性能要求，

利用已有材料的相图与性能关系的知识，可选定材料的系统和确定材料的成分。例如对陶瓷材料，根据Al_2O_3-SiO_2系统相图，可以找出铝硅质耐火材料的合适组成，根据CaO-Al_2O_3-SiO_2系统相图设计容易烧成的、性能优良的水泥熟料配方。水相-油相-乳化剂三元相图用于确定形成乳剂的区间和配比，指导乳剂的生产和化妆品的生产等。三元相图也是制备纳米材料、特别是纳米药物制剂的重要工具。

(2) **利用相图制订材料生产和处理工艺**。在材料的生产和处理中，诸如金属材料的熔炼温度、热变形温度范围、热处理类型以及陶瓷材料的烧结温度、工艺参数等均可由该合金或陶瓷材料的相图作为依据来制订。

(3) **利用相图分析平衡态的组织和推断不平衡态可能的组织**。根据相图可确定形成单相组织或多相组织，组织中相的分布和数量；不平衡状态下组织的可能变化趋势和特征。

(4) **利用相图与性能关系预测材料性能**。相图与材料的力学性能、物理性能以及工艺性能都有一定关系，因而可根据材料的相图预测其有关性能。

(5) **利用相图进行材料生产过程中的故障分析**。如工件在热加工中出现的一些缺陷、废品，可根据某些杂质元素在相图中可能的反应加以分析和控制。

阅读材料　相图的研究历史 (Research History of Phase Diagram)

J.W. Gibbs

吉布斯(J.W. Gibbs，1839—1903)，美国物理学家和化学家，在热力学方面作出了划时代的贡献。

1875年，吉布斯发表论文《论复相物质的平衡》，提出了相律、吉布斯自由能(即吉布斯函数)及化学势，在热力学平衡理论中采用能与熵来表达平衡的普遍条件，奠定了相律在复相平衡中的重要作用。相律是平衡相图的理论基础，是描述物相变化和多相系平衡条件的重要规律。

20世纪初叶，平衡图工作已受到普遍的注意。在1897—1905年间，英国的海科克(Heycock)和内维尔(Neville)在测定二元系由液相开始凝固为固相的平衡温度(液相线)工作中，应用了熟炼、淬炼和显微镜观察的方法，其测定的准确度相当高，为固相合金的结构研究树立了一个非常高的标准。

在第一次世界大战之后，由于英国国立实验室的提倡，在罗森汉(Rosenhain)的指导下，平衡图的测定质量有普遍的提高，参加这项工作的有盖勒(Ggyler)、霍顿(Haughton)和汉森(Max Hansen)。此后，由于在实验工作中应用了X射线分析方法，又由于牛津学派的休谟-饶塞里(Hume-Rothery)、索末菲(Sommerfeld)、布洛赫(Bloch)、布里渊(Billouin)、莫脱(Mott)和琼斯(Jones)等在合金相理论工作方面的努力，平衡图工作在很多国家中得到了蓬勃的发展。

X射线衍射技术、显微镜技术和传统的热分析技术的联合应用，是测定合金或氧化物等系统平衡图的最常用方法。

相图的测定工作量巨大，目前有二元相图：4000个(81%)(4950)；三元相图：8000(5%)(161700)；四元相图：1000(0.1%)(3921225)。相图测定中的主要问题是：成分难控制，高熔点，难以达到相平衡，测定不准确需校准。

6.2 单元相图 (Unit Phase Diagram)

6.2.1 纯铁相图 (Pure Ironphase Diagram)

外界压力为1个大气压，且只有温度变动时，纯铁的相图如图6.3(a)所示。图中几个温度点，反映了纯铁固态下的几种同素异构转变温度，其特征见表6-2。

当温度与压力都变动时，纯铁的相图如图6.3(b)所示。

铁的几种同素异晶体中，γ-Fe是面心立方晶格，而α-Fe和δ-Fe都是体心立方晶格。

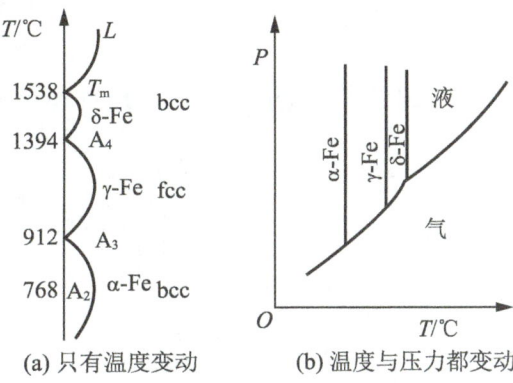

图 6.3 纯铁的相图

表 6-2 纯铁的特征转变

特征转变	特征点	平衡临界温度 /℃	属性
A_4 转变	A_4 点	1394	$\gamma-Fe \rightleftharpoons \delta-Fe$
A_3 转变	A_3 点	912	$\alpha-Fe \rightleftharpoons \gamma-Fe$
A_2 转变（磁性转变）	居里点	770	顺磁性 $\rightleftharpoons$ 铁磁性

6.2.2 SiO$_2$ 相图 (SiO$_2$ Phase Diagram)

SiO$_2$在工业上应用极为广泛。石英砂是玻璃、陶瓷、耐火材料工业的基本原料，特别是在熔制玻璃和生产硅质耐火材料中用量更大。石英玻璃可做光学仪器，也可做耐高温、化学稳定性良好的石英坩埚。以鳞石英为主晶相的硅砖是一种重要的耐高温材料，用于冶金和玻璃工业。石英可做压电晶体用在各种换能器上，而透明的水晶可用来制造紫外光谱仪棱镜、补色器、压电元件等。SiO$_2$相图对上述各种材料的制备和使用有着重要的指导作用。

SiO$_2$相图如图6.4所示。SiO$_2$具有复杂的多晶转变。忽略压力的影响，在573℃以下，只有α-石英是热力学稳定的变体，这说明在自然界或在低温时最常见的是α-石英。当温度达到573℃时，α-石英很快地转变为β-石英。β-石英继续加热到870℃应转变为β-鳞石英，但因这一类转变速度较慢，当加热速度较快时，就可能过热，到1600℃时熔融。

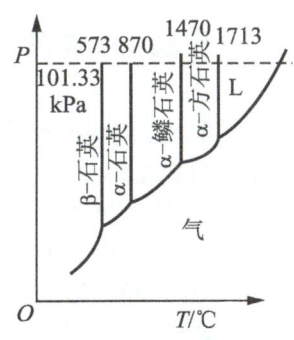

图 6.4 SiO$_2$ 相图

【例题6-1】 石英(水晶)晶体的生长需要用水热法进行，为什么不能从熔体中用提拉法直接拉出石英晶体呢？

解： 从相图上很容易找到这个问题的答案。因为SiO_2有多种变体，从熔体中提拉出的是方石英晶体，它在冷却过程中要发生多次相变，引起晶体碎裂，所以无法得到完整的石英晶体。水热法能在低于573℃直接生长出石英晶体，可避免因高温相变引起晶体碎裂。

6.2.3　聚合物相图 (Phase Diagram of Polymers)

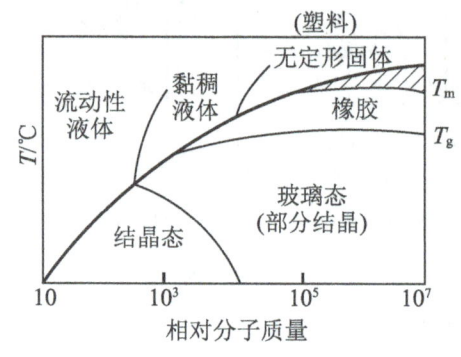

聚合物相图一般是指聚合物的状态和温度及相对分子质量之间的关系，如图6.5所示。

T_g是玻璃态与高弹态(橡胶态)之间的转变温度，称为**玻璃化转变温度**。

图 6.5　聚合物相图

6.3　二元相图 (Binary Diagram)

二元相图中用纵轴表示温度，横轴表示成分。成分有**质量分数**(w)和**摩尔分数**(x)两种表示方法。但通常多数用质量百分数表示，在没有特别注明时，合金成分都是指质量百分数。

建立二元系相图的方法有**实验测定法**和**理论计算法**两种。

目前大部分相图是利用实验测定法，根据各种成分材料的**临界点**(物质结构状态发生本质变化的相变点)而绘制的。测定材料临界点有动态法(热分析法、膨胀法、电阻法、磁性法等)和静态法(金相法、X射线结构分析等)两种方法。相图的精确测定必须由多种方法配合使用。

【参考视频】

典型的二元相图有匀晶相图、共晶/共析相图、包晶/包析相图等。

6.3.1　匀晶相图与杠杆定律 (Isomorphous Phase Diagram and Lever's Law)

> **匀晶相图** (Isomorphous Phase Diagram) 是两组元在液态和固态都能无限互溶的二元合金系相图。
>
> **匀晶转变** (Isomorphous Transition) 是指由液相直接结晶出单相固溶体的转变。
>
> **平衡凝固** (Equilibrium Solidification) 是指凝固过程中的每个阶段都能达到平衡，即在相变过程中有充分时间进行组元间的扩散，以达到相图上的平衡相的成分。工艺上是指极其缓慢冷却的条件。平衡凝固可参考相图分析组织。

Isomorphous Phase Diagram is the binary alloy phase diagram with two components in the liquid and solid can be infinitely miscible.

Isomorphous Change is crystallizing out directly from the liquid phase transformation of the single-phase solid solution.

如图6.6所示，匀晶转变结晶时，从液相中结晶出单相固溶体α(Cu、Ni形成的置换固溶体)。

➢ 属于二元匀晶相图的二元合金有Cu-Ni、Au-Ag、Au-Pt、Fe-Cr、Cr-Mo、Fe-Ni、Gd-Mg、Mo-W等。
➢ 属于二元匀晶相图的二元陶瓷有NiO-CoO、CoO-MgO、NiO-MgO等。
➢ 几乎所有二元合金相图都包含有匀晶转变部分。

1. 匀晶相图的构成

匀晶相图的构成见表6-3。

表 6-3 匀晶相图构成分析

二元匀晶相图	成元素	特 征		说 明
	点	纯相熔点		a点、b点
	线	液相线		a1b 线
		固相线		a2b 线
	区	单相区	液相区	L，液相线以上区域，合金处于液态，$f=2$
			固溶体区	α，固相线以下区域，合金处于固态，$f=2$
		双相区	液、固平衡区	L+α，液相线与固相线之间区域，$f=1$

2. 平衡凝固过程

典型合金x的平衡凝固过程如图6.6所示。

(1)1点以上：液相(L相)冷却。

(2)1点：开始凝固，从L相中开始结晶出固溶体相(α相，Cu-Ni合金形成的是无限置换固溶体)。

(3)1～2之间：L相减少，α相数量增加，L相和α相的成分分别沿液相线和固相线变化，如T_1温度下，L相成分为a，α相的成分为c。

(4)2点：α相成分回到合金原始成分x，凝固完成。

(5)2点以下：α相冷却，无组织变化。

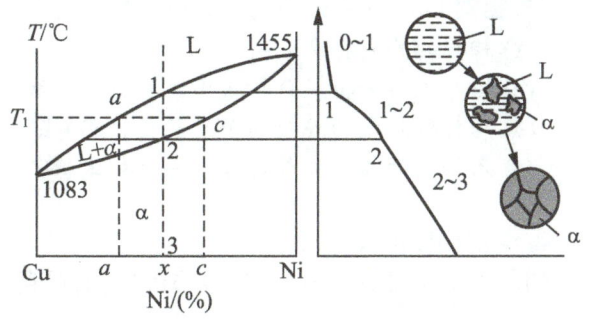

图 6.6 Cu-Ni 二元匀晶相图及结晶过程

室温相：α相，含量100%；
室温组织：α组织，含量100%。

【例题6-2】 匀晶合金凝固到室温获得的相和组织各是什么？含量是多少？

解： 如图6.6所示结晶过程，匀晶合金凝固到室温获得的相是α相，含量100%；组织是由单一α相组成的α组织，含量100%。

匀晶转变的特点如下。
(1) 结晶过程包括形核和长大，是在一定的过冷度下进行的。
(2) 凝固过程中随着温度的变化液体和固体的成分在不断变化。液体的成分沿着液相线变化，结晶出固体的成分按固相线变化。
(3) 在给定温度下，处于平衡的两个相的成分已完全确定，不能随意改变，此时液相和固相的成分分别是在此温度刚开始凝固和开始熔化的成分。
(4) 固溶体结晶是在一个温度范围内完成的。随着温度的降低，液相量逐渐减少，固相量逐渐增加。可以利用杠杆定律计算两相区中两相的相对含量。

3. 杠杆定律

如果系统中存在两相平衡区，则两个相的质量与总组成点到两个平衡相的组成点之间的线段长度成反比，称为杠杆定律。

两相区中两相的相对含量可以根据质量守恒进行计算。以 T_1 温度为例，设液相质量为 m_L，固相质量为 $m_α$，液相浓度为 C_L (wt%)，固相浓度为 $C_α$ (wt%)。

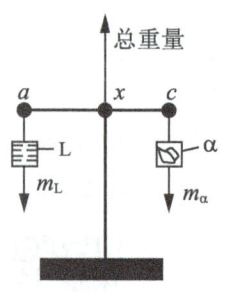

图6.7 杠杆定律

$$m_L C_L + m_α C_α = (m_L + m_α) C$$
$$m_α (C_α - C) = m_L (C - C_L)$$
$$\frac{m_L}{m_α} = \frac{C_α - C}{C - C_L} = \frac{xc}{ax}$$

液相的百分含量：L%=xc/ac，固相的百分含量：α%=ax/ac

这个关系式与以x为支点，以a、c二点为受力端点的杠杆平衡时的关系类似(图6.7)，因此称为杠杆定律。

注意： 杠杆定律的推导仅是基于相平衡的基本原理，不涉及相图的性质，因此杠杆定律适用于所有相图中的两相平衡区中相对含量的计算。

根据对 Cu-Ni 合金相图的分析过程，对相图分析的一般包括如下内容：
(1) 相图的构成特点分析。
(2) 结晶过程分析。分析凝固到室温的相和组织。
(3) 两相区两相的成分的确定及变化趋势。
(4) 两相区两相的含量计算——杠杆定律。

4. 匀晶相图的其他形式

匀晶相图还可有其他形式。如图6.8为有晶型转变的相图，图6.9为有极点的相图。

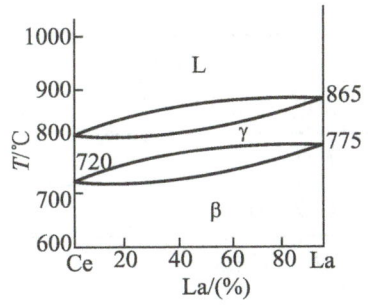

图 6.8　有晶型转变的 Ce–La 相图

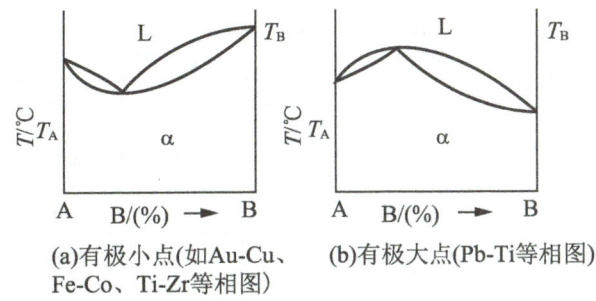

图 6.9　有极点的匀晶相图

（极点处：液固两相成分相同，属于恒温结晶，$f=0$）

6.3.2　二元共晶相图与共析相图 (Binary Eutectic and Eutectoid Phase Diagram)

> 共晶转变 (Eutectic Transformation) 是指在一定条件下（温度、成分），由一个均匀液体中同时结晶出两种不同成分固相的过程，也称共晶反应 (Eutectic Reaction)。
> 共晶组织是指共晶转变的产物是两个固相的混合物，也称共晶体 (Eutectics or Eutectic)。
> 共晶温度是指发生共晶转变的温度。
> 共晶点是指发生共晶转变的液相成分点，或称为共晶成分。
> 共晶相图 (Eutectic Phase Diagram) 是指当两个组元在液态下无限互溶，而在固态下互不相溶或有限互溶并发生共晶转变，形成共晶组织的相图。

Eutectic Reaction: Under certain conditions (temperature and component), from a homogeneous liquid crystallining the two different components of the solid phase, known as the eutectic or eutectic reaction.

*Eutectic transformation product is a mixture of the two solid phases, known as **eutectics or eutectic**.*

具有共晶转变相图的二元合金有Pb-Sn、Pb-Sb、Al-Si、Al-Cu、Al-Mg、Ni-Cr、Ag-Cu、Ag-Bi、Mg-Si、MgO-CaO、SiO_2-Al_2O_3等。

1. 相图构成
共晶相图构成见表6-4。

2. 平衡凝固过程
现以Pb-Sn合金为例，分别讨论各种典型成分合金的平衡凝固及其显微组织。根据相变特点和组织特征将共晶系合金分为端部固溶体合金、共晶合金(Eutectic Alloy)、亚共晶合金(Hypoeutectic Alloy)、过共晶合金 (Hypereutectic Alloy)4类，如图6.10所示。

表 6-4 共晶相图构成分析

共晶相图	构成元素		特 征	说 明
	点		纯相熔点	A 点、B 点
			共晶点	E 点
			最大溶解度点	C 点、D 点
	线		液相线	AE、BE 线
			固相线	AC、BD 线
			共晶线	CED 线
			溶解度线	CG、DH 线
	区	三个单相区	液相区	L，液相线以上区域，合金处于液态，$f=2$
			固溶体区	α、β，合金处于固态，$f=2$
		三个双相区	液、固两相平衡区	$L+α$、$L+β$，$f=1$
			固、固两相平衡区	$α+β$，$f=1$
		一个三相区	共晶反应区	$L+α+β$，即 CED 水平共晶线，$f=0$

1) 端部固溶体合金（Ⅰ，Sn＜19％的合金）

w(Sn)=10％的 Pb-Sn 合金平衡凝固过程示意图如图 6.11 所示。

【参考图文】

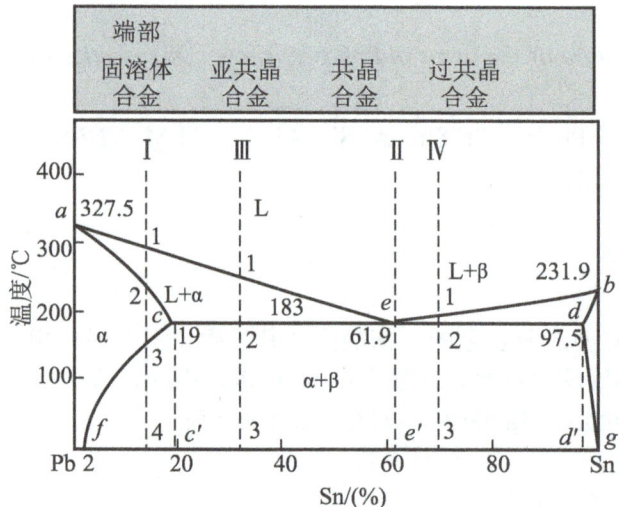

图 6.10 Pb-Sn 共晶相图

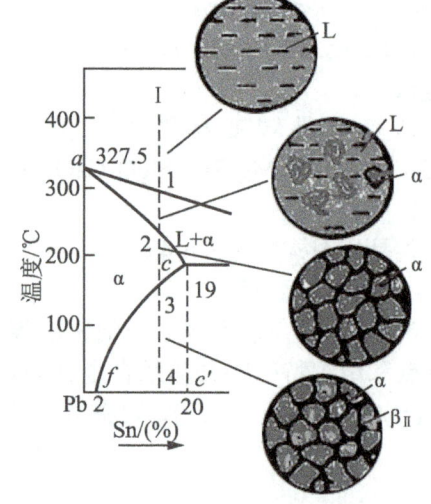

图 6.11 Pb-10％Sn（Ⅰ）合金的平衡凝固过程

(1)结晶过程分析。

➢ 1点以上：液体冷却。

➢ 1~2点之间温度：从1点开始凝固，从液相L中结晶出固溶体α(Sn溶在Pb中的固溶体)；随温度降低，液相L减少，固相α数量增加，L和α相成分分别沿液相线和固相线变化；到2点温度，固体成分回到合金原始成分，形成单一的α相；匀晶转变完成。

➢ 2~3点之间温度：α相冷却，无组织变化。

➢ 3~4点温度：随温度的降低，α相中溶解Sn的能力降低，α处于过饱和状态，多余的Sn并不单独析出，而是以Sn为溶剂、Pb为溶质形成β固溶体(Pb溶在Sn中的固溶体)，以β固溶体的形式析出；α相成分沿cf线变化，相对量逐渐减少；β固溶体成分沿dg变化，相对量逐渐增加。冷到室温，凝固完成。

脱溶与次生相：从一个固溶体中析出另一个固相称为脱溶，即过饱和固溶体的分解，又称二次结晶。二次结晶析出的相称为次生相或二次相。由固溶体α次生的β固溶体以$β_{II}$表示，以区别于从液相直接结晶出来的β固溶体。

(2)结晶过程。

示意如下。

$$L \xrightarrow{匀晶反应} L+α \xrightarrow{脱溶转变} α+β_{II}$$

结晶后的室温相为α+β，室温组织为α+$β_{II}$。

合金Ⅰ的平衡结晶的显微组织如图6.12所示。

(3)室温相和组织相对含量的计算。

室温相α+β，室温组织：α+$β_{II}$。室温相和室温组织的相对含量相同，可以利用杠杆定律求出：

$$w(α) = \frac{g4}{fg} \times 100\%, \quad w(β, β_{II}) = \frac{f4}{fg} \times 100\%$$

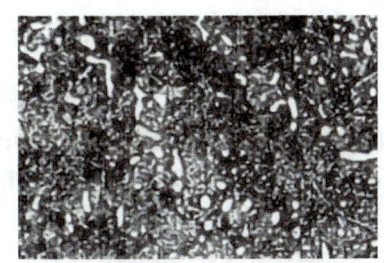

图 6.12 Pb-10% Sn 合金的平衡结晶显微组织 500×

【例题6-3】计算w(Sn)=10%的Pb-Sn合金平衡凝固到室温后组织组成物的含量。

解：室温组织：α+$β_{II}$。

$$w(α) = \frac{g4}{fg} \times 100\% = \frac{100-10}{100-2} \times 100\% = 92\%, \quad w(β_{II}) = \frac{f4}{fg} \times 100\% \frac{10-2}{100-2} \times = 100\% = 8\%。$$

w(Sn)>97.5%的合金的平衡凝固过程与上述合金基本相似，但凝固后的平衡组织为β+$α_{II}$。

2)共晶合金(Ⅱ，w(Sn)=61.9%的合金)

图6.13(彩图12)为Pb-Sn共晶合金平衡凝固过程示意图。

(1)结晶过程分析。

➢ T_e温度(183℃)以上：液相L缓慢冷却。

➢ T_e温度：从e点成分的液相中同时结晶出c成分的α和d成分的β两种固溶体，即合金在共晶点e发生恒温共晶反应：$L_e \xrightleftharpoons{183℃} (α_c + β_d)$

【参考图文】

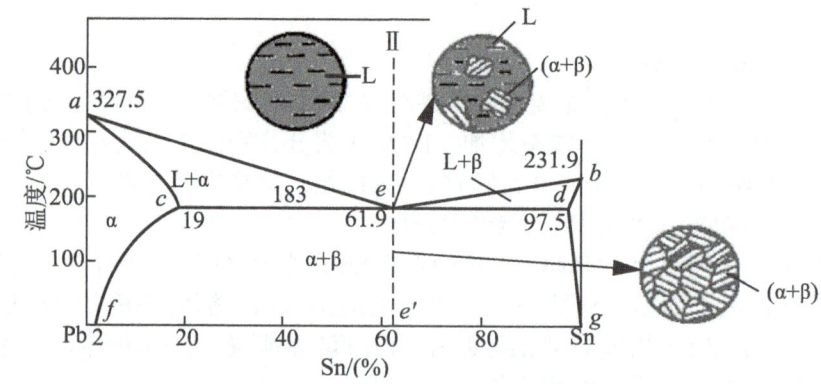

图 6.13　Pb-Sn 共晶合金的结晶过程

这个转变一直在共晶温度下进行，直到液相L_e全部凝固完毕为止。在共晶温度得到的$α_c$和$β_d$两个相组成的混合物，称为**共晶组织，记为**(α+β)，其中α和β的相对量可由杠杆定律求得：

$$w(α)=\frac{ed}{cd}=\frac{97.5-61.9}{97.5-19}=45.4\%，\quad w(β)=\frac{ce}{cd}=\frac{61.9-19}{97.5-19}=54.6\%$$

➤ T_e温度以下：随着温度降低，α相中溶解Sn的能力持续降低，析出次生相$β_Ⅱ$，α相成分沿cf线变化；β相中溶解Pb的能力持续降低，析出次生相$α_Ⅱ$，β相成分沿dg变化，直到室温。由于共晶组织中的次生相往往与共晶组织中的同类相混在一起，在显微镜下难以分辨，一般不作具体区分，忽略$α_Ⅱ$、$β_Ⅱ$，室温组织为(α+β)。

(2)结晶过程。

示意如下。

$$L \xrightarrow{共晶反应} L+(α+β) \longrightarrow (α+β)$$

结晶后的室温相和组织：

室温相为α+β，室温组织为(α+β)。

图6.14是Pb-Sn共晶合金Ⅱ的平衡结晶的显微组织，α和β呈层片状交替分布，其中黑色为α相，白色为β相。根据合金成分和工艺的不同，共晶组织形貌还有棒状、针状、球状、放射状、螺旋状等多种丰富的形态。

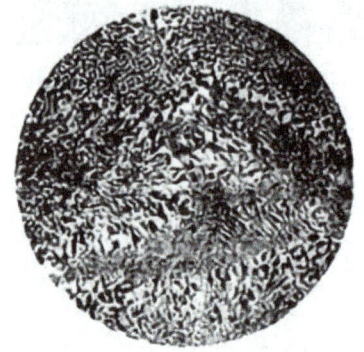

图 6.14　Pb-Sn 共晶合金平衡组

【例题6-4】分析w(Sn)=61.9%的Pb-Sn共晶合金结晶后的室温相和组织各是什么？计算其含量。

解：共晶合金结晶后的室温相为α+β，其相对含量分别为

$$α\%=\frac{e'g}{fg}=\frac{100-61.9}{100-2}=39\%；\quad β\%=\frac{fe'}{fg}=\frac{61.9-2}{100-2}=61\%$$

室温组织为(α+β)，含量100%。

3)亚共晶合金(Ⅲ，w(Sn)=19%～61.9%的合金)

图6.15为w(Sn)=30%的Pb-Sn合金的结晶示意图。

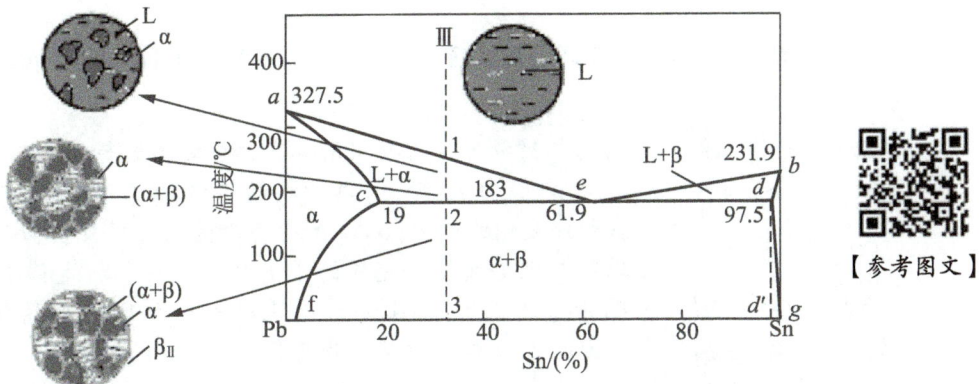

图 6.15　30%Pb-Sn 亚共晶合金结晶过程

(1)结晶过程分析。

➢ **1点以上**：液体冷却。

➢ **1~2点之间**：**匀晶转变**过程。随着温度的缓慢下降，α固溶体的数量不断增加，液相数量逐渐减少，α相和液相的成分分别沿固相线ac和液相线ae变化。

➢ **2点**：当温度降至2点即共晶温度时，α相和剩余液相的成分分别达到c点和e点，此时两相的含量分别为

$$w_\alpha = \frac{2e}{ce} = \frac{61.9-30}{61.9-19} = 74.4\%, \quad w_{L_e} = \frac{c2}{ce} = \frac{30-19}{61.9-19} = 25.6\%$$

在T_e温度下，e点成分的液相L全部发生共晶转变 $L_e \xrightleftharpoons{183℃} (\alpha_c + \beta_d)$。

共晶转变之前形成的相叫做**初晶或先共晶相**。亚共晶合金共晶转变刚刚结束之后的组织由初晶α初和共晶组织($\alpha_c+\beta_d$)组成，共晶组织($\alpha_c+\beta_d$)的含量即为共晶转变前剩余液相的含量。

➢ **2点以下**：合金继续冷却时，从α(**包括初晶α和共晶组织中的α**)中不断析出β_{II}，从β固溶体(共晶组织中)中析出α_{II}。忽略共晶组织($\alpha_c+\beta_d$)中析出的次生相，α相和β相成分分别沿cf和dg线变化，直到室温。

(2)结晶过程。

示意如下。

$$L \xrightarrow{匀晶反应} L+\alpha_初 \xrightarrow{共晶反应} L+\alpha_初+(\alpha+\beta)_共$$
$$\xrightarrow{共晶转变完成，液相消失} \alpha_初+(\alpha+\beta)_共 \xrightarrow{脱溶转变} \alpha+\beta_{II}+(\alpha+\beta)_共$$

结晶后的室温相为α+β，$\alpha\% = \frac{3g}{fg}$，$\beta\% = \frac{f3}{fg}$

室温组织：$\alpha+\beta_{II}+(\alpha+\beta)_共$，其组织组成物含量的计算见阅读材料6-2。图6.16是Pb-30%Sn合金的显微组织。

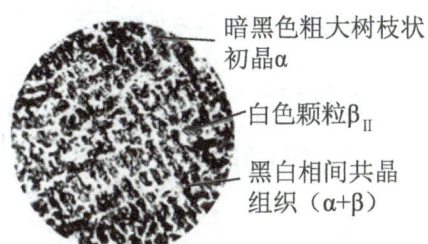

暗黑色粗大树枝状初晶α

白色颗粒β_{II}

黑白相间共晶组织（α+β）

图 6.16　30%Pb-Sn 合金显微组织

阅读材料　二次杠杆定律的应用 (Lever Rule Application by Two Times)

亚共晶合金组织组成物的相对量计算需要运用二次杠杆定律进行计算。

亚共晶合金的室温组织为 $\alpha+\beta_{II}+(\alpha+\beta)_{共}$，其中共晶组织 $(\alpha+\beta)_{共}$ 的含量即为共晶转变前剩余液相的含量，$\alpha+\beta_{II}$ 的含量即为共晶转变前初晶 α 的含量，因此可以根据共晶转变前的平衡状态运用杠杆定律求出 $(\alpha+\beta)_{共}$ 和 $(\alpha+\beta_{II})$ 的含量，再进一步分别求出 α 和 β_{II} 组织的含量。

由图 6.17 运用杠杆定律可得

$$(\alpha+\beta)_{共}\% = L\% = \frac{c2}{ce}, \quad (\alpha+\beta_{II})\% = \frac{e2}{ce}$$

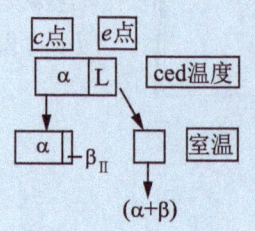

图 6.17　二次杠杆定律

因为 β_{II} 是从初晶 α 中析出的，所以共晶反应结束后，随着温度的下降，β_{II} 和剩余的 α 达成一种平衡，即组织 α 和 β_{II} 的总和等于初晶 α 的量，如图 6.17 所示。对该平衡体系第二次运用杠杆定律即可分别求得 α 和 β_{II} 组织的含量

$$\alpha\% = \frac{c'g}{fg} \times \frac{e2}{ce}, \quad \beta_{II}\% = \frac{fc'}{fg} \times \frac{e2}{ce}$$

由此，通过应用二次杠杆定律求得了室温下亚共晶合金的室温组织 α、β_{II}、$(\alpha+\beta)_{共}$ 各自的含量。

【例题6-5】 分别计算 $w(Sn)=40\%$ 的 Pb-Sn 亚共晶合金平衡凝固后的室温相和组织组成物的含量。

解： 结晶后的室温相为 $\alpha+\beta$。

$$\alpha\% = \frac{100-40}{100-2} = 61\%, \quad \beta\% = \frac{40-2}{100-2} = 39\%$$

室温组织为 $\alpha+\beta_{II}+(\alpha+\beta)_{共}$。

$$(\alpha+\beta)_{共}\% = \frac{c2}{ce} = \frac{40-19}{61.9-19} = 49\%,$$

$$\alpha\% = \frac{c'g}{fg} \times \frac{e2}{ce} = \frac{100-19}{100-2} \times \frac{61.9-40}{61.9-19}$$
$$= 82.7\% \times 51\% = 42\%,$$

$$\beta_{II}\% = \frac{fc'}{fg} \times \frac{e2}{ce} = \frac{19-2}{100-2} \times \frac{61.9-40}{61.9-19}$$
$$= 17.3\% \times 51\% = 9\%$$

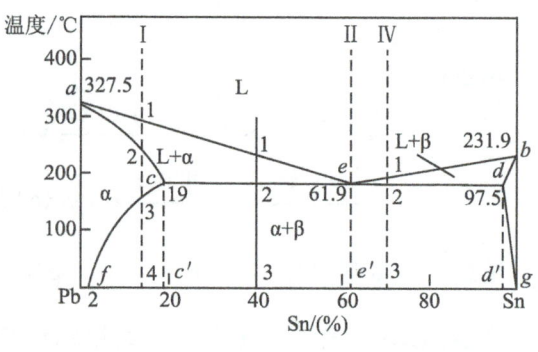

（例题 6-5）

4)过共晶合金 (Ⅳ，w(Sn)=61.9% ～ 97.5%的合金)

图6.18为过共晶Pb-Sn合金平衡凝固过程示意图。

(1)结晶过程分析。

过共晶合金的平衡凝固过程与亚共晶合金相似，所不同的只是初晶为β固溶体而不是α固溶体。

(2)结晶过程。
示意如下：

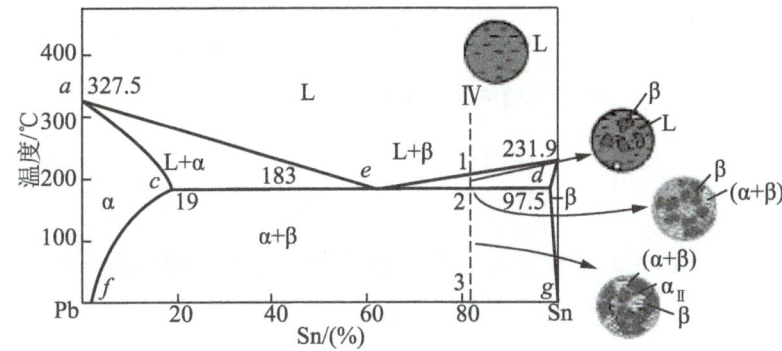

图 6.18 过共晶 Pb-Sn 合金的结晶过程

结晶后的室温相为α+β，室温组织为β+$α_{II}$+(α+β)$_共$，如图6.19所示。

(3)室温相和组织相对含量的计算。

与亚共晶合金结晶过程相似，过共晶合金的室温相为：α+β，$α\% = \dfrac{3g}{fg}$，$β\% = \dfrac{f3}{fg}$。

过共晶合金的室温组织为：β+$α_{II}$+ (α+β)$_共$。
运用二次杠杆定律，求得它们各自的含量如下。

$$(α+β)\% = L\% = \dfrac{d2}{de}, \quad (β+α_{II})\% = \dfrac{e2}{de},$$

$$α_{II}\% = \dfrac{d'g}{fg} \times \dfrac{e2}{de}, \quad β\% = \dfrac{fd'}{fg} \times \dfrac{e2}{de}$$

图6.20是Pb-Sn合金分别标注相和标注组织组成物的相图。

★为便于分析研究，把合金平衡结晶后的组织直接标到相图上，利用相图，可以进行如下分析。

➢ 相与组织状态分析：分析任一成分合金在任一温度下的相或组织状态；

➢ 凝固或加热过程分析：分析合金在凝固结晶过程或加热熔化过程中的组织变化。

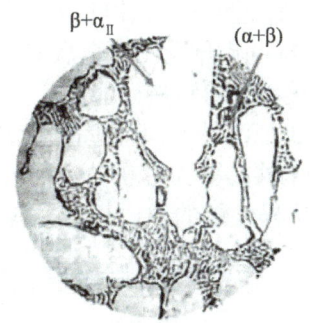

图 6.19 过共晶 Pb-Sn 合金凝固组织

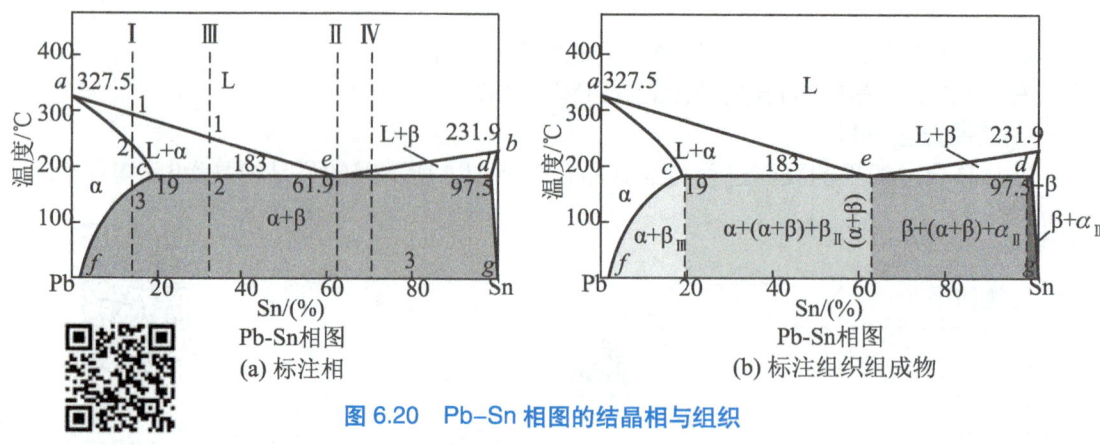

图 6.20　Pb-Sn 相图的结晶相与组织

【参考图文】

3. 共析转变与共析相图

共析转变 (Eutectoid Transformation) 是指由一个固相同时析出成分和晶体结构均不相同的两个新固相的过程。

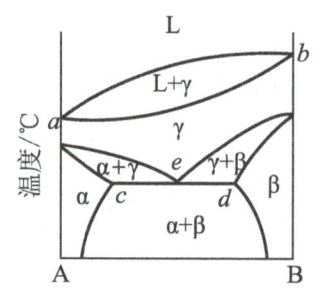

图 6.21　具有共析转变的二元相图

共析转变的相图形状与共晶相图相同，如图6.21所示。共析反应如下：

$$\gamma_e \Leftrightarrow (\alpha_c + \beta_d)$$

共析转变的产物称为<u>共析体或共析组织</u>。发生共析转变的温度称为<u>共析温度</u>，发生共析转变的成分点 e 称为<u>共析点</u>。

> 共析合金：成分为 e 点的合金。
> 亚共析合金：成分为 ce 之间的合金。
> 过共析合金：成分为 ed 之间的合金。

★共晶合金在铸造工业中是非常重要的，其原因在于它有一些特殊的性质：
(1)合金的熔点比纯组元熔点低，简化了熔化和铸造的操作。
(2)共晶合金比纯金属有更好的流动性，其在凝固之中防止了阻碍液体流动的枝晶形成，从而改善铸造性能。
(3)恒温转变(无凝固温度范围)减少了铸造缺陷，如偏聚和缩孔。
(4)共晶凝固可获得多种形态的显微组织，尤其是规则排列的层状或杆状共晶组织可能成为优异性能的原位复合材料。

6.3.3　包晶相图与包析相图 (Peritectic and Peritectoid Phase Diagram)

包晶转变 (Peritectic Transformation) 是指在一定温度下，已结晶的一定成分固相与一定成分的剩余液相发生反应生成另一种一定成分的新固相的恒温转变过程。

二元包晶相图是指两个组元在液态下无限互溶，而在固态下只能部分互溶并具有包晶转变的相图。

具有包晶转变的二元合金有：Cu-Sn、Fe-C、Cu-Zn、Ag-Sn、Ag-Pt 等。

Peritectic Transformation refers to the transition process that the solid phase and the remaining liquid phase of a certain component at a certain temperature has been crystallized to form another component of the new solid phase.

1. 相图构成

包晶相图的构成见表6-5。

表 6–5 包晶相图构成分析

二元包晶相图	构成元素	特征		说 明
	点	纯相熔点		a 点、b 点
		包晶点		p 点
		最大溶解度点		d 点
	线	液相线		ac、bc 线
		固相线		ad、bp 线
		包晶转变线		dpc 线
		溶解度线		df、pg 线
	三个单相区	液相区		L，液相线以上区域，合金处于液态，$f=2$
		固溶体区		α、β，合金处于固态，$f=2$
	三个双相区	液、固两相平衡区		$L+\alpha$、$L+\beta$，$f=1$
		固、固两相平衡区		$\alpha+\beta$，$f=1$
	一个三相区	包晶反应区		$L+\alpha+\beta$，即 dpc 水平包晶线，$f=0$

之所以称为包晶转变，这与β相的形核与长大特点有关。

➤ β相成分介于L和α相之间，如图6.22所示，β相在α/L相边界形核，β相倾向于依附初生相α的表面形核，以降低形核功，沿边界同时消耗L和α相长大。

➤ 形成的β相包围在α相外围，将α相与液体分隔开，称为**包晶转变**或**包晶反应**。

液相L和α相同时消耗完毕，得到单一的β相晶体。根据杠杆定律，两相的相对含量为：$\dfrac{W_L}{W_\alpha} = \dfrac{\overline{dp}}{\overline{pc}}$

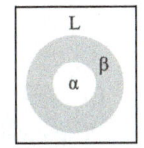

图 6.22 包晶示意图

2. 平衡凝固过程

Pt-Ag相图中的3个系统的平衡结晶过程如图6.23～图6.25所示。

【参考视频】

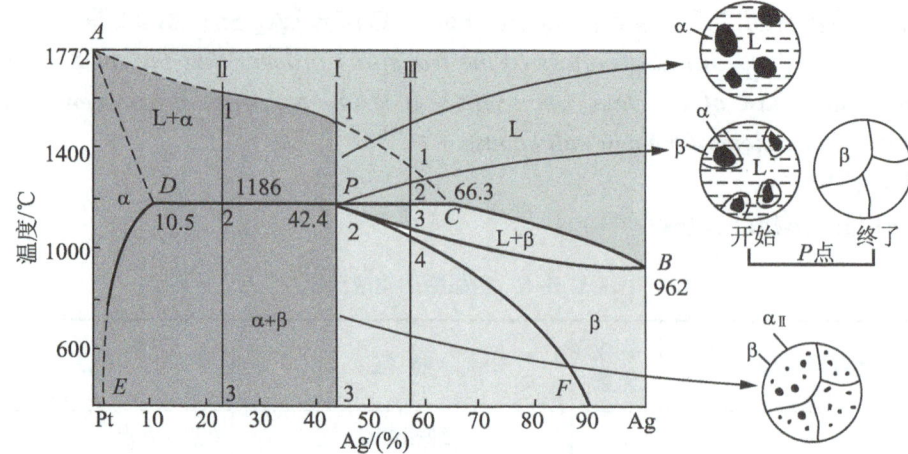

图 6.23 Pt-Ag 包晶合金 I 的结晶过程

1) $w(Ag)=42.4\%$ 的Pt-Ag包晶合金(合金I)

合金 I 在包晶点 P 发生恒温包晶反应：$L_C + \alpha_D \xrightarrow{1186℃} \beta_P$

生成单一的β相，随温度降低，从β相中析出α_{II}。

结晶过程：

$$L \xrightarrow{匀晶反应} L+\alpha$$

$$\xrightarrow{包晶反应} L+\alpha+\beta \to \beta$$

$$\xrightarrow{脱溶转变} \beta+\alpha_{II}$$

结晶后的室温相和组织：室温相为α+β，室温组织为β+α_{II}，相对含量可用杠杆定律计算。

2) $10.5\% < w(Ag) < 42.4\%$ 的 Pt-Ag亚包晶合金(合金II)

如图6.24所示，合金 II 在包晶转变前α相的相对量大于包晶反应所需的量，液相L量少，包晶反应后，除了新形成的β相外，还有剩余的α相存在。

在包晶温度以下，β相中将析出α_{II}，而α相中析出β_{II}。

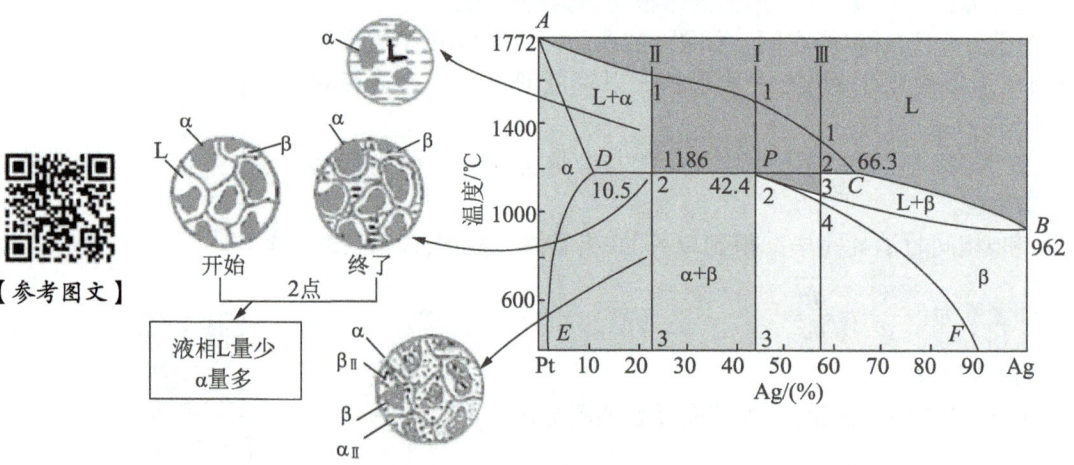

图 6.24 合金 II 的结晶过程示意图

结晶后的室温相为α+β，室温平衡组织为α+β+α$_{II}$+β$_{II}$。相对含量可用杠杆定律计算。

结晶过程：L $\xrightarrow{匀晶反应}$ L+α $\xrightarrow{包晶反应}$ L+α+β → α+β $\xrightarrow{脱溶转变}$ α+β+α$_{II}$+β$_{II}$

3) 42.4％＜w(Ag)＜66.3％的Pt–Ag过包晶合金(合金Ⅲ)

如图6.25所示，合金Ⅲ缓冷至包晶转变温度2时，液相L的相对量大于包晶反应所需的相对量，α相的相对量少，包晶转变后有液相L剩余。

继续冷却时，剩余的液相按匀晶转变方式结晶出β相，L相成分沿CB液相线变化，β相的成分沿PB线变化，直至3点温度全部凝固为β相。在4点温度以下，β相中析出α$_{II}$。

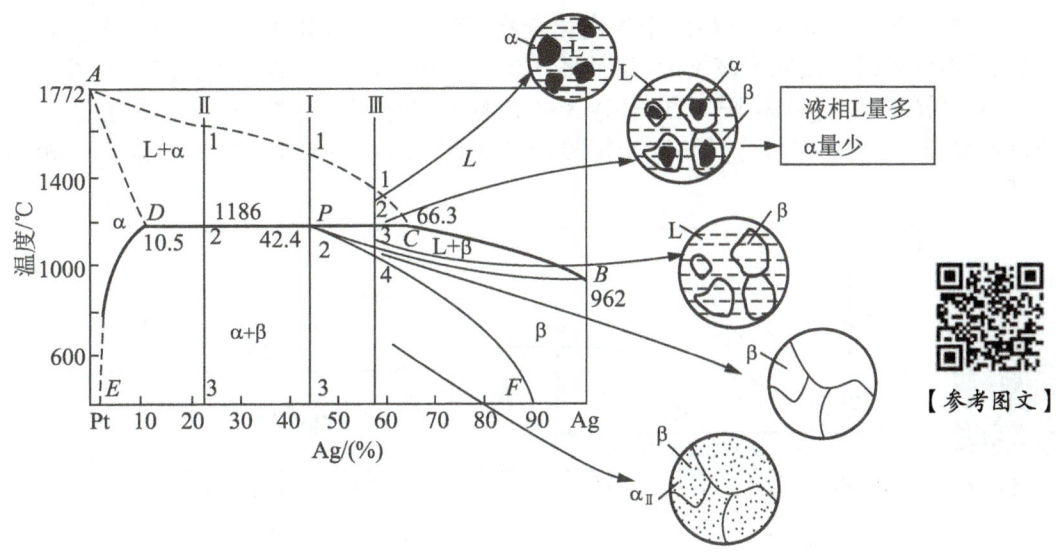

图 6.25 合金Ⅲ的平衡结晶过程

结晶后的室温相和组织：
室温相为α+β，室温组织为β+α$_{II}$，相对含量可用杠杆定律计算。

结晶过程：L $\xrightarrow{匀晶反应}$ L+α $\xrightarrow{包晶反应}$ L+α+β → L+β $\xrightarrow{匀晶反应}$ β $\xrightarrow{脱溶转变}$ β+α$_{II}$

【参考图文】

3. 包析转变与包析相图

包析转变或包析反应是在一定温度下由一个固相与另一个固相相互作用而生成第三个新固相的过程。

包析反应类似于包晶转变时所发生的反应，如图6.26所示。在包析温度发生如下的恒温包析反应。

$$\gamma_c + \alpha_d \rightarrow \beta_p$$

6.3.4 其他类型二元相图
(Other Types of Binary Phase Diagrams)

中间相 (Intermediate Phase)：在某些二元系中，可形成一个或多个化合物，位于相图的中间位置，称为中间相。

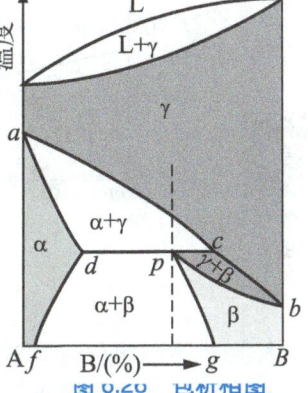

图 6.26 包析相图

One or more compounds may be formed in some binary system, an intermediate position in the phase diagram, called an **intermediate phase.**

相图中的化合物：根据化合物的稳定性可分为**稳定化合物**和**不稳定化合物**。

1. 形成稳定化合物的相图

> 稳定化合物是指具有一定熔点，在熔点以下保持固有结构而不分解的化合物。

相图特征包括2种情况。
- 形成成分固定的化合物，在相图上表现为一条垂线（图6.27，Mg-Si 相图）；
- 形成以化合物为基的固溶体（图6.28，Mg-Cu相图），化合物有一定成分范围，但有确定的熔点。

分析方法：当系统中存在 n 个稳定化合物而使相图复杂化时，只要以稳定化合物的等组成线为分界线，便能将该复杂相图划分成 $n+1$ 个简单系统，再讨论其结晶过程。

- 图6.27为Mg-Si相图，在 $w(Si)=36.6\%$ 时形成稳定化合物 Mg_2Si。可把稳定化合物 Mg_2Si 看作一个独立组元，把Mg-Si相图分成 Mg-Mg_2Si 和 Mg_2Si-Si 两个独立二元相图进行分析。

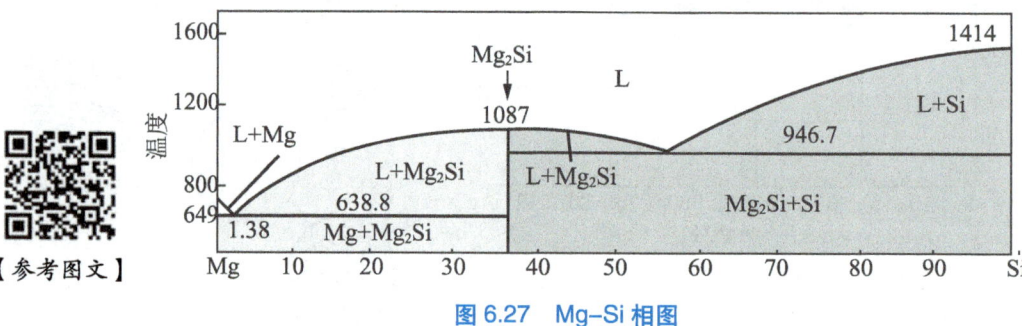

图 6.27 Mg-Si 相图

- 图6.28为Mg-Cu相图，存在两个稳定化合物 Mg_2Cu 和 $MgCu_2$，以 $MgCu_2$ 为基形成γ固溶体。以 Mg_2Cu 和 $MgCu_2$ 为界，把相图划分为3个独立的二元相图。

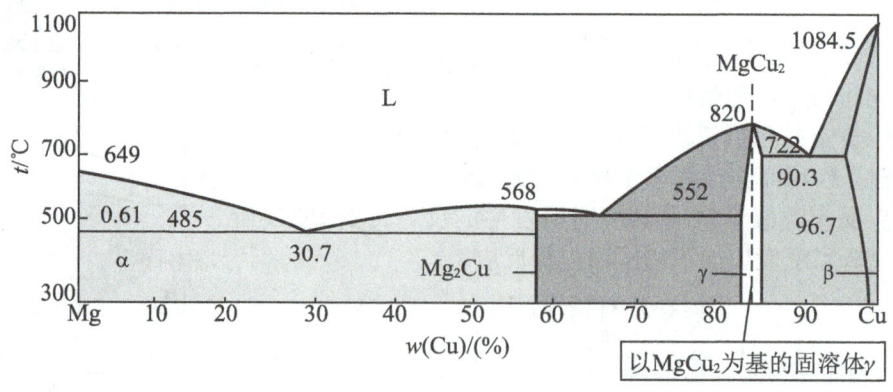

图 6.28 Mg-Cu 相图

2. 形成不稳定化合物的相图

不稳定化合物是指不能熔化成与固态相同成分的液体，当加热到一定温度时会发生分解，转变为两个相的化合物，如图6.29所示。

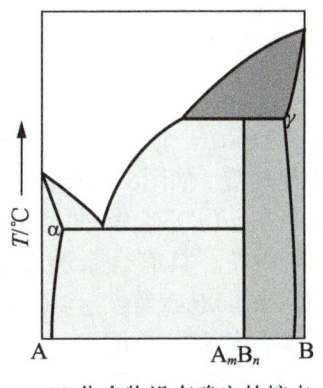 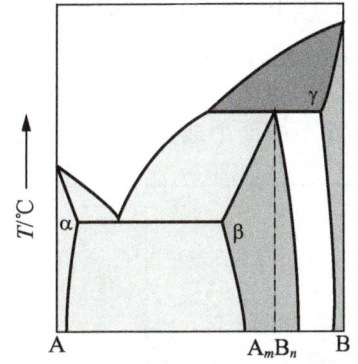 

(a) 化合物没有确定的熔点
（如K-Na相图）

(b) 不稳定化合物有一定的溶解度，在相图上表现为一个单相区

【参考图文】

图 6.29　形成不稳定化合物的相图

包晶反应所形成的中间相均属于不稳定化合物，他们不能视为独立组合而把相图划分为简单相图。

3. 含双液共存区的相图

前面所讨论的各类二元系统中两个组元的液相都是完全互溶的，但实际中有些系统两个组元在液态并不完全互溶，只能有限互溶，这时就会出现液相分层的现象。两层液相中，一层是组元B在组元A中的饱和溶液，另一层是组元A在组元B中的饱和溶液。

> 具有偏晶转变的相图

> 偏晶转变是在一定温度下由一个液相分解为一个固相和另一成分的液相的恒温转变过程。

如图6.30和图6.31所示。具有偏晶转变的二元系有Li-Na、Cu-Pb、Bi-Zn等。

【参考图文】

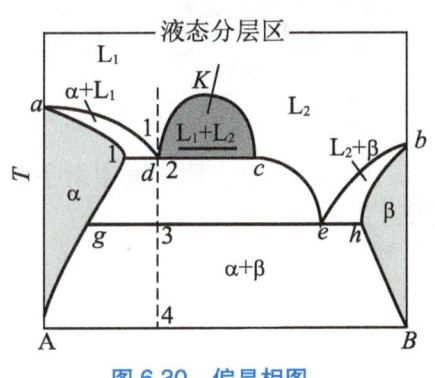

图 6.30　偏晶相图

图 6.31　Cu–Pb 相

图6.30中在fdc水平偏晶线上发生偏晶反应如下：$L_d \Leftrightarrow \alpha_f + L_c$

图6.31中955℃发生偏晶转变：$L_{36} \Leftrightarrow Cu + L_{87}$

> 具有合晶转变的相图

合晶转变是在一定温度下由两个成分不同的液相相互作用形成一个固相的恒温转变过程，也称综晶转变，如图6.32所示。

图6.32中在cfd水平合晶线上发生合晶反应：$L_d + L_c \Leftrightarrow r_f$。具有合金转变的合金有Na-Zn、K-Zn、Mn-Y等。

4. 具有熔晶转变的相图

熔晶转变是在一定温度下由一个固相分解为一个液相和另一个固相的转变，即发生了固相的再熔现象。图6.33是具有熔晶转变的Fe-B二元相图。具有熔晶转变的合金很少，如Fe-S、Ga-Mn等合金系具有熔晶转变。

5. 固溶体发生有序-无序转变的相图

图6.34是具有有序-无序转变的Cu-Zn相图。

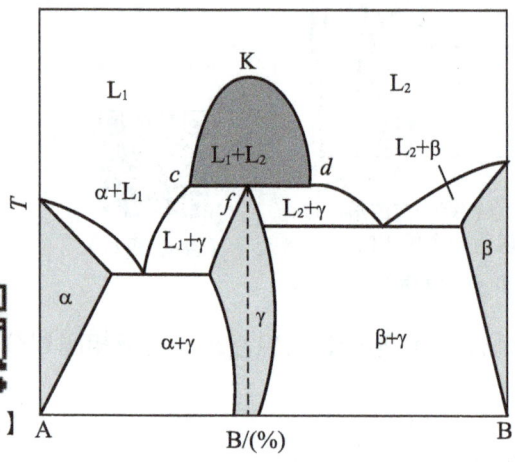

图6.32 具有合晶转变的相图

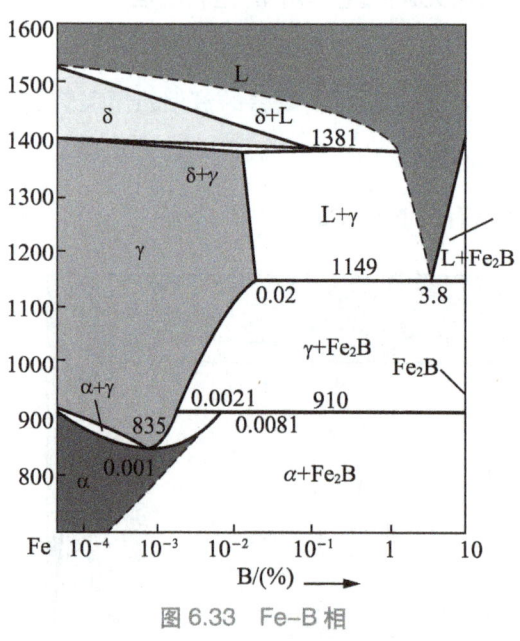

图6.33 Fe-B相

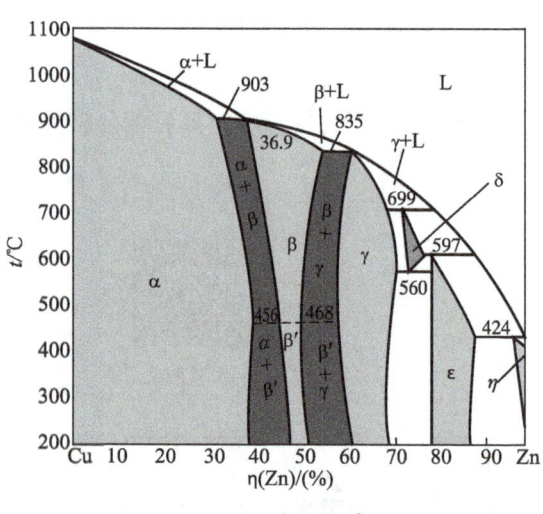

图6.34 Cu-Zn相

图6.34中1381℃水平线即为熔晶线，熔晶反应为$\delta \Leftrightarrow \gamma + L$。在456℃附近发生无序固溶体β和有序固溶体β'的转变。

6.3.5 二元相图的几何规律及分析方法
(Geometric Rules and Analysis Methods of Binary Phase Diagrams)

1. 二元相图的几何规律

(1)相区接触法则：在二元相图中，相邻相区的相的数目只能相差一个(点接触除外)。

> 两个单相区只能交于一点，而不能交成线段。
> 两个单相区之间，必定是一个由这两个单相构成的两相区，而不能以一条线接界。
> 两个两相区必须以单相区或三相水平线分开。

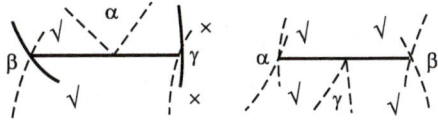

图 6.35　二元相图的几何规律

(2)三相共存区必定是一条水平线，该水平线必须与由这3个相组合而成的3个两相区相邻。

(3)当两相区和单相区的分界线与三相等温水平线相交时，分界线的延长线应进入另一个两相区内，而不会进入单相区。三元相图的几何规律如图6.35所示。

2. 二元相图的分析方法

(1)先看相图中是否存在稳定化合物，如有，则以这些化合物为界，把相图分成几个区域进行分析。

如图6.36所示Ni-Be相图，可以X、Y为界划分为3个子相图分别进行分析。

(2)根据相区接触法则，认清各相区的组成相。

(3)找出所有的三相共存水平线及与其接触的3个单相区，由3个单相区与水平线的相互位置分析这些恒温转变的类型，写出转变式。这是分析复杂相图的关键步骤。表6-6列出了二元相图各类三相恒温转变的图型。

(4)分析具体合金随温度改变而发生的相转变和组织变化规律。

> 在单相区内：该相的成分与原合金相同。
> 在两相区内：不同温度下两相的成分均沿其相界线变化。根据所考察的温度画出连接线，其两端分别与两条相界线相交，由此根据杠杆法则可求出两相的相对含量。
> 三相平衡共存时：3个相的成分是固定的，可用杠杆法则求出恒温转变前、后各组成相的相对含量。

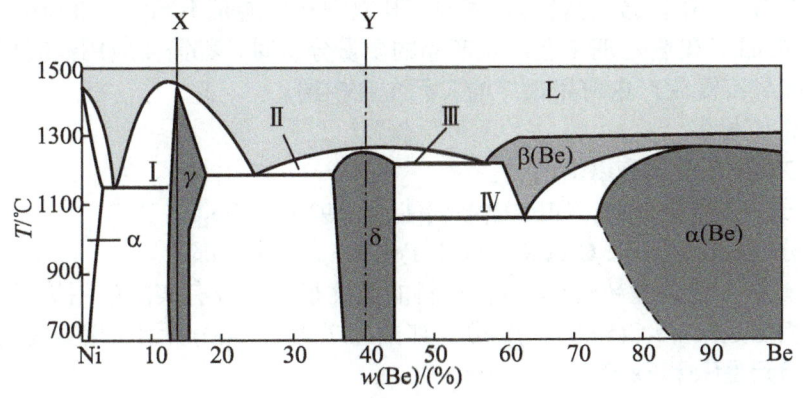

图 6.36　Ni-Be 相图

表 6-6 二元相图各类三相恒温转变的图型

恒温转变类型		反应式	相图特征
分解型	共晶转变	$L \rightleftharpoons \alpha + \beta$	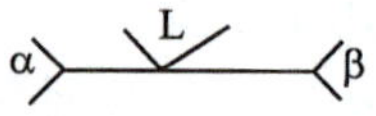 α⟍L⟋β
	共析转变	$\gamma \rightleftharpoons \alpha + \beta$	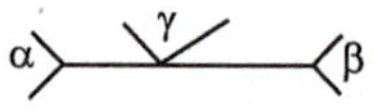 α⟍γ⟋β
	偏晶转变	$L_1 \rightleftharpoons L_2 + \alpha$	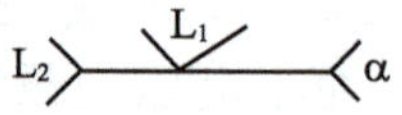 L_2⟍L_1⟋α
	熔晶转变	$\delta \rightleftharpoons L + \gamma$	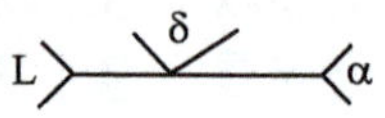 L⟍δ⟋α
合成型	包晶转变	$L + \beta \rightleftharpoons \alpha$	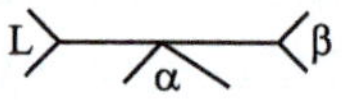 L⟋α⟍β
	包析转变	$\gamma + \beta \rightleftharpoons \alpha$	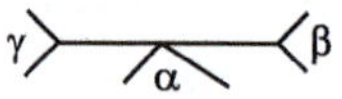 γ⟋α⟍β
	合晶转变	$L_1 + L_2 \rightleftharpoons \alpha$	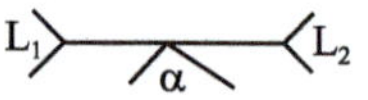 L_1⟋α⟍L_2

(5)注意：相图只给出体系在平衡条件下存在的相和相对量，并不能表达示出相的形状、大小和分布。相图只表示平衡状态的情况，而实际生产条件下合金和陶瓷很少能达到平衡状态，因此要特别重视它们在非平衡条件下可能出现的相和组织。尤其是陶瓷，其熔体的黏度较合金大，组元的扩散比合金慢，因此，许多陶瓷凝固后极易形成非晶体或亚稳相。

(6)相图的建立由于试验或计算模拟条件限制而可能存在误差和错误，其正确与否可用相律来判断。

6.3.6 铁碳相图 (Iron–carbon Phase Diagram)

钢和铸铁是使用最为广泛的金属材料，它们的基本组成成分都是铁(Fe)和碳(C)两种元素，故统称为铁碳合金。不同成分的碳钢和铸铁，其组织和性能是不同的。在研究和使用钢铁材料、制订其热加工和热处理工艺以及产品的质量分析时，都需要应用铁碳相图。可以说，铁碳相图是指导实际生产中应用最广的二元合金相图。

1)铁碳合金相图的双重性

在铁碳合金中，C的存在形式有以下两类。

(1) Fe与C可以形成一系列化合物，如Fe_3C(渗碳体，6.69%C)、Fe_2C、FeC。
Fe-C相图可以划分成Fe-Fe_3C、Fe_3C-Fe_2C、Fe_2C-FeC和FeC-C 4个部分。
工业上使用的铁碳合金含碳量超过5%后，材料的脆性很大，没有实际应用价值。因此，通常所说的铁碳相图是Fe-Fe_3C(6.69%C)部分。如图6.37(彩图14(a))所示，用实线表示。Fe–Fe_3C相图的基本组元是Fe和Fe_3C。

(2) 石墨(以C或G表示)。热力学上，石墨是稳定相，Fe_3C是亚稳相。在一定条件下，

Fe₃C分解为石墨:Fe₃C→3Fe+C(石墨)。Fe-C(石墨，100%C)相图用虚线表示，相图的基本组元是Fe和C。

因此，铁碳相图有两种形式：Fe-Fe₃C相图和Fe-C相图，铁碳相图通常是指Fe-Fe₃C相图。为便于应用，通常将两者画在一起，称为铁碳双重相图。

由于石墨的表面能很大，形核需要很高的能量，需要在高温、极慢冷却条件下才能优先形成。因此，在一般生产条件下，铁碳合金中的碳大多以渗碳体Fe₃C形式存在，如工业纯铁、钢和白口铸铁中的碳以Fe₃C形式存在；灰口铸铁中的碳以石墨形式存在。所以，首先介绍Fe-Fe₃C亚稳系相图，随后介绍Fe-C(石墨)相图。

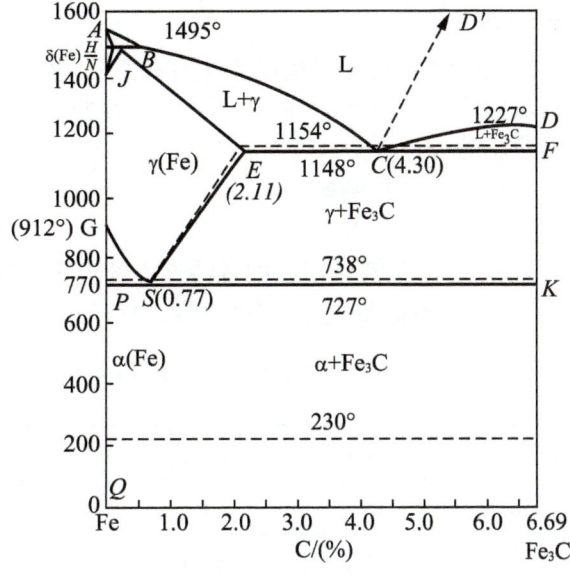

图 6.37 Fe-Fe₃C 相图

2) 组元与相

Fe-Fe₃C相图的基本组元是Fe和Fe₃C。纯铁Fe是过渡族元素，熔点为1538℃，密度为7.87g/cm³。有3种同素异构体：体心立方的α-Fe和δ-Fe，面心立方结构的γ-Fe。纯铁的强度低，塑性好(软)，很少用于结构材料，主要利用其铁磁性制作仪器仪表的铁芯。

在Fe-Fe₃C相图中，铁与碳主要形成5个基本相(表6-7)：液相L、α相、γ相、δ相和Fe₃C相。液相L是铁和碳在液态无限互溶形成的均匀的液溶体。Fe₃C既是组元，又是能稳定存在的化合物相。

【参考图文】

表 6-7 铁碳合金的基本相

名称	符号	晶体结构	类型	定义	$w(C)$ / (%)	存在温度范围 /℃	主要力学性能	相应组织
铁素体	α	BCC	间隙固溶体	C溶于α-Fe中	≤ 0.0218	≤ 912	塑、韧性良好	铁素体 F (Ferrite)
奥氏体	γ	FCC	间隙固溶体	C溶于γ-Fe中	≤ 2.11	≥ 727	塑、韧性良好	奥氏体 A (Austenite)
高温铁素体	δ	BCC	间隙固溶体	C溶于δ-Fe中	≤ 0.09	≥ 1394	/	/
渗碳体	Fe₃C(或Cm)	正交晶系	间隙化合物	铁与碳形成的金属化合物	6.69	≤ 1227	硬度高塑性差	渗碳体 (Cementite)

> **铁素体的溶碳能力比奥氏体小得多。**因为奥氏体晶格间隙大，可以溶解较多的碳。铁素体含碳量非常低，所以其性能与纯铁基本相同，铁素体的显微组织也与工业纯铁相同。

> 渗碳体中C原子周围有6个Fe原子，构成一个八面体，Fe：C=3：1，一个渗碳体晶胞含有12个铁原子和4个碳原子。Fe_3C在230℃以下具有铁磁性，渗碳体在230℃的磁性转变称为A_0转变。

1. Fe–Fe₃C相图构成

1) 特性点

表6-8列出了铁碳相图中各特性点的温度、碳浓度及意义，其中以 P、S、E、C、K 这5个成分点最为重要。**表中各特性点的符号是国际通用的，不能随意变更。**

表 6–8 铁碳相图中各点的温度、含碳量及意义

点的符号	温度 /℃	含碳量 /(%)	特性说明
A	1538	0	纯铁的熔点
B	1495	0.53	包晶反应时的液相成分
C	1148	4.30	共晶点，$L_C \rightleftharpoons \gamma_E + Fe_3C$
D	1227	6.69	渗碳体的熔点
E	1148	2.11	碳在 γ-Fe 中的最大溶解度
F	1148	6.69	Fe_3C 的成分
G	912	0	$\alpha-Fe \rightleftharpoons \gamma-Fe$ 的同素异构转变点 (A_3)
H	1495	0.09	碳在 δ-Fe 中的最大溶解度
J	1495	0.17	包晶点，$L_B + \delta_H \rightleftharpoons \gamma_J$
K	727	6.69	Fe_3C 的成分
N	1394	0	$\gamma-Fe \rightleftharpoons \delta-Fe$ 的同素异构转变点 (A_4)
P	727	0.0218	碳在 α-Fe 中的最大溶解度
S	727	0.77	共析点 (A_1)，$\gamma_S \rightleftharpoons \alpha_P + Fe_3C$
Q	室温	0.008	室温时碳在 α-Fe 中的溶解度

2) Fe–Fe₃C相图的线

Fe-Fe₃C相图中有一些重要的特性线，见表6-9。

表 6-9 铁碳合金相图的线

类型	符号	温度/℃	特 征	反应式	说 明
液相线	ABCD	1538~1148	L 中析出 δ、γ 或 Fe₃C 相	$L \rightleftharpoons L+\delta$（或 γ、Fe₃C）	温度降到 ABCD 线时，开始有固相析出
固相线	AH	1538~1495	L 中析出 δ 相的固相线	$L \leftrightarrow L+\delta$	
	JE	1495~1148	L 中析出 γ 相的固相线	$L \rightleftharpoons L+\gamma$	
三条水平恒温转变线	HJB	1495	包晶转变线	$L_{0.53}+\delta_{0.09} \rightleftharpoons \gamma_{0.17}$（即 $L_B+\delta_H \rightleftharpoons \gamma_J$）	J 点为包晶点，$w_C=0.09\% \sim 0.53\%$
	ECF	1148	共晶转变线	$L_{4.30} \rightleftharpoons \gamma_{2.11}+Fe_3C$（即 $L_C \rightleftharpoons \gamma_E + Fe_3C$）	C 点为共晶点，$w_C=2.11\% \sim 6.69\%$
	PSK	727	共析转变线	$\gamma_{0.77} \rightleftharpoons \alpha_{0.0218}+Fe_3C$（即 $\gamma_S \rightleftharpoons \alpha_P + Fe_3C$）	S 点为共析点，$w_C>0.0218\%$
两条磁性转变线	A_0	230	渗碳体 Fe₃C 的磁性转变线		230℃以上 Fe₃C 无磁性，230℃以下为铁磁性
	A_2	770	铁素体 α 的磁性转变线		居里点。770℃以上无铁磁性，770℃以下为铁磁性
三条重要的固溶度曲线	A_3 (GS)	912~727	γ、α 相转变	$\gamma \rightleftharpoons \gamma+\alpha$	奥氏体中开始析出铁素体 α（降温时）或 α 全部溶入奥氏体 γ（升温时）的转变线
	A_{cm} (ES)	1148~727	碳在 γ 中的溶解度曲线（二次渗碳体的开始析出线）	$\gamma \rightleftharpoons \gamma+Fe_3C_{II}$	低于 A_{cm} 温度，奥氏体中将析出次生的渗碳体（二次渗碳体，Fe₃C$_{II}$）
	PQ	727℃以下	碳在铁素体 α 中的溶解度曲线	$\alpha \rightleftharpoons \alpha+Fe_3C_{III}$	铁素体冷却时析出少量渗碳体，称为三次渗碳体（Fe₃C$_{III}$）。室温下量很少，常忽略

3) Fe–Fe₃C 相图的区

Fe–Fe₃C 相图中有 5 个单相区，7 个两相区，3 个三相共存区。

5 个单相区：ABCD 以上——液相区(L)
     AHNA——δ 固熔体区(δ)
     NJESGN——奥氏体区(γ 或 A)
     GPQG——铁素体区(α 或 F)
     DFK——渗碳体区(Fe₃C 或 Cm)

7 个两相区：L+δ、L+γ、L+Fe₃C、δ+γ、γ+α、α+Fe₃C、γ+Fe₃C。

3 个三相共存区：L+γ+Fe₃C(ECF 线)、L+δ+γ(HJB 线)、γ+α+Fe₃C(PSK 线)。

阅读材料 铁碳相图的发展历史 (Development History of Iron-carbon Phase Diagram)

铁碳相图，又称铁碳平衡图 (Iron-carbon Equilibrium Diagram) 或铁碳状态图。它以温度为纵坐标，碳含量为横坐标，表示在接近平衡条件（铁-石墨）和亚稳条件（铁-渗碳体）下（或极缓慢的冷却条件下）以铁、碳为组元的二元合金在不同温度下所呈现的相和这些相之间的平衡关系。**相图的出现，是金属学发展的一个里程碑。**

早在 1868 年，俄国学者切尔诺夫 (Д.к.Чернов) 就注意到只有把钢加热到某一温度"a"以上再快冷，才能使钢淬硬，从而有了临界点的概念。1887—1892 年，奥斯蒙 (F.Osmond) 等利用热分析法和金相法发现铁的加热和冷却曲线上出现两个驻点，即临界点 A_3 和 A_2。奥斯蒙称在室温至 A_2 温度之间保持稳定的相为 α 铁；A_2～A_3 间为 β 铁；A_3 以上为 γ 铁。1895 年，他又进一步证明，如铁中含有少量碳，则在 690℃或 710℃左右出现临界点，标志在此温度以上碳溶解在铁中，而在低于这一温度时，碳以渗碳体形式由固溶体中分解出来。1904 年又发现 A_4 至熔点间为 δ 铁。

1899 年英国金相学家罗伯茨·奥斯汀 (W.C.Roberts-Austen, 1843—1902) 制订了第一张铁碳相图。奥斯汀 18 岁时进入皇家矿业学院，在造币厂从事金、银和合金成分的研究，率先使用显微镜照相法研究金属的金相形貌。在造币厂的工作使他成为了举世闻名的铸币权威。他用量热计法测定银铜合金的凝固点，并首先用冰点曲线表示实验成果。1875 年他当选为英国皇家学会会员，1885 年开始研究钢的强化，同时着手研究少量杂质对金的拉伸强度的影响，成为早期用元素周期表解释一系列元素特性的范例。奥斯汀采用 Pt／(Pt-Rh) 热电偶高温计测定了高熔点物质的冷却速度，并创立共晶理论。奥斯汀是第一个用定量试验验证菲克扩散定律的人，与法国的勒夏忒列 (Henry-Louis Le Chatelier, 1850—1936) 同时被称为差热分析的鼻祖。

1900 年德国人巴基乌斯·洛兹本 (H.W.Bakhius Roozeboom) 首先在合金系统中应用吉布斯 (J.W. Gibbs, 美国, 1839—1903) 相律修订了铁碳相图，制订出较完整的铁碳平衡图。平衡图中绝大多数线是根据实验测得的数据绘制的；有些线，如 Fe_3C 的液相线及石墨在奥氏体中溶解度等是由热力学计算得出的。随着科学技术的发展，铁碳平衡图不断得到修订，日臻完善。

铁碳相图中的组织如下。

铁素体 (Ferrite) 命名自拉丁文的铁 (Ferrum)。

珠光体 (Pearlite)，得名自其珍珠般 (pearl-like) 的光泽。

渗碳体 (Cementite)，发现者称其为水泥（法语 Ciment），以描述它在凝固过程中黏结先析出的晶胞的作用而得名。

渗碳体不易受硝酸酒精溶液的腐蚀，在显微镜下呈白亮色，但受碱性苦味酸钠的腐蚀，在显微镜下呈黑色，而铁素体仍为白色，由此可区别开铁素体和渗碳体。

铁碳相图是研究碳钢和铸铁的基础，也是研究合金钢的基础，它的许多基本特点即使对于复杂合金钢也具有重要的指导意义，如在简单二元 Fe-C 系中出现的各种相，往往在复杂合金钢中也存在。因此研究所有钢铁的组成和组织问题都必须从铁碳平衡图开始。其他在制订钢铁材料的铸造、锻轧和热处理工艺等方面，也常以铁碳平衡图为依据。

2. 铁碳合金平衡结晶过程

根据有无共晶转变及室温组织的不同,将铁碳合金按含碳量划分为7种类型(表6-10)。

从每类合金中各选择一种分析其平衡凝固过程,所选合金在相图上的位置如图6.38所示。

【参考视频】

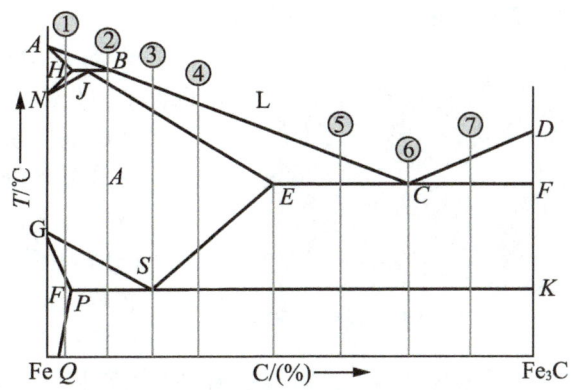

图 6.38　7 种典型铁碳合金划分图

表 6-10　铁碳合金的分类

总类	分类名称	碳量 w_C/(%)	总类	分类名称	碳量 w_C/(%)
铁	工业纯铁	< 0.0218	白口铸铁	亚共晶白口铸铁	2.11 ~ 4.3
碳钢	亚共析钢	0.0218 ~ 0.77		共晶白口铸铁	4.3
	共析钢	0.77		过共晶白口铸铁	4.3 ~ 6.69
	过共析钢	0.77 ~ 2.11			

1) 工业纯铁

图6.38中合金①是$w(C)=0.01\%$的工业纯铁,其结晶过程示意图如图6.39所示。

(1)结晶过程分析。

①在 1 ~ 2 温度区间,液态合金按匀晶转变结晶出δ固溶体。

②冷却到3点,开始发生固溶体同素异晶转变δ→γ,这一转变在4点结束,合金全部为单相奥氏体。

③奥氏体冷却到5点,发生γ固溶体的同素异晶转变γ→α。当温度降至6点时,奥氏体全部转变为铁素体。

④铁素体冷却到7点时,碳在铁素体中的溶解度达到饱和,多余的碳以Fe_3C形式析出,将从铁素体中析出的渗碳体称为三次渗碳体(Fe_3C_{III})。

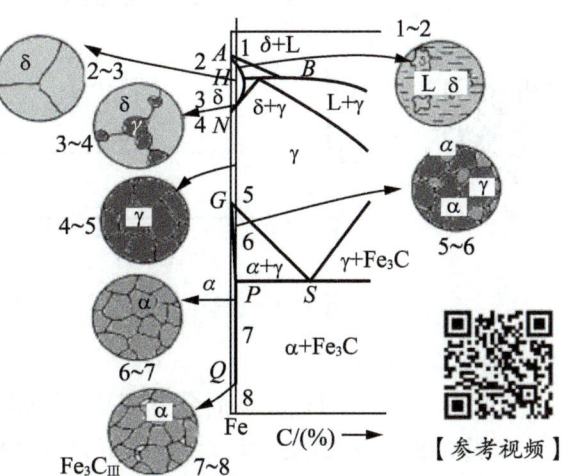

图 6.39　工业纯铁结晶过程示意图

其结晶转变过程如下:

$$L \xrightarrow[L \to \delta]{t_1 \sim t_2} L+\delta \xrightarrow[\text{无变化}]{t_2} \delta \xrightarrow[\text{无变化}]{t_2 \sim t_3} \delta \xrightarrow[\delta \to \gamma]{t_3 \sim t_4} \delta+\gamma \xrightarrow{t_4} \gamma \xrightarrow[\text{无变化}]{t_4 \sim t_5} \gamma \xrightarrow[\gamma \to \alpha]{t_5 \sim t_6} \gamma+\alpha \xrightarrow{t_6} \alpha \xrightarrow[\text{无变化}]{t_6 \sim t_7} \alpha$$

$$\xrightarrow[\alpha \to Fe_3C_{III}]{t<t_7} \alpha+Fe_3C_{III}$$

(2)结晶后的室温相及室温组织。

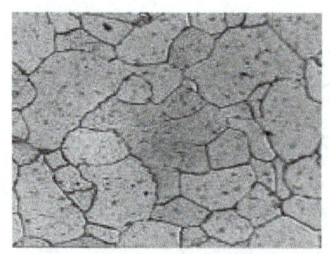

图 6.40 工业纯铁室温组织图 (200×)

室温相为 α+ Fe_3C；结晶后的室温组织为 F+ Fe_3C_{III}，如图 6.40 所示。

从 α-Fe 中析出三次渗碳体 Fe_3C_{III} 的转变大多被抑制，形成微量的过饱和状态，常忽略。通常的组织为单一铁素体 F。

(3)室温相和组织相对含量的计算。

忽略 Fe_3C，为 100%的 α 相，100%的铁素体组织(F)。

注意：

在实际钢铁生产中，最重要的相和组织转变是从单相 γ 中开始的，左上角区(包括包晶转变)的转变最终都为单一的 γ 组织，因此，常常忽略 Fe-Fe_3C 相图左上角的包晶转变区，相图变为简易的 Fe-Fe_3C 相图(图 6.41)，相和组织转变分析从单相 γ 中开始即可。

2) 共析钢：

合金③是 $w(C)=0.77\%$ 的共析钢，其结晶过程的示意图如图 6.42 所示。

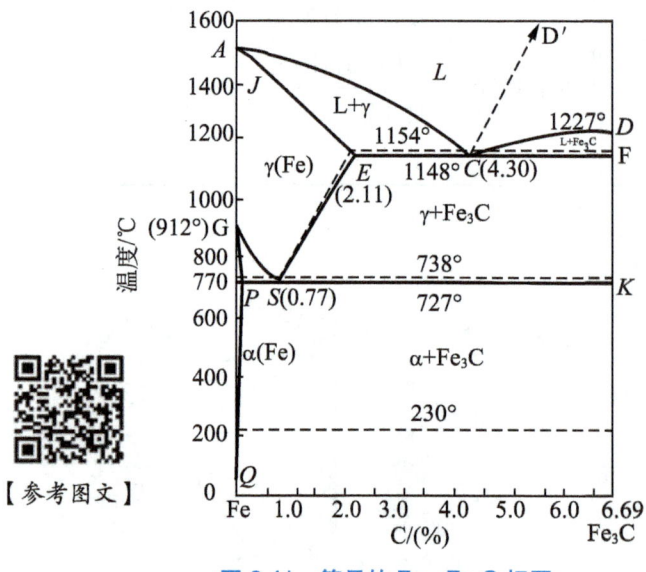

图 6.41 简易的 Fe-Fe_3C 相图

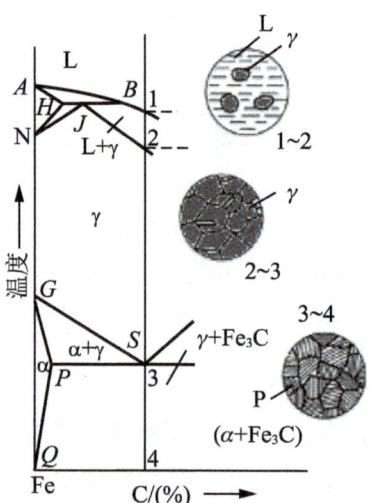

图 6.42 共析钢结晶过程示意图

(1)结晶过程分析。

①在 1～2 点温度区间，该合金按匀晶转变结晶出奥氏体，于 2 点结晶完毕，全部转变为奥氏体。

②冷却到 3 点(727℃)时，在恒温下发生共析转变：$\gamma_S \Leftrightarrow (\alpha_P + Fe_3C) \Leftrightarrow P$，形成珠光体，直到共析转变完成。

③3 点以下：继续冷却时，铁素体的含碳量沿着 PQ 线变化，因此共析铁素体析出 Fe_3C_{III}。

其结晶转变过程如下：

$$L_{0.77} \xrightarrow[L \to \gamma]{t_1 \sim t_2} L+\gamma \xrightarrow{t_2} \gamma_{0.77} \xrightarrow[\text{无变化}]{t_2 \sim t_3}$$

$$\gamma_{0.77} \xrightarrow[\gamma_{0.77} \Leftrightarrow (\alpha_{0.0218} + Fe_3C)]{t_3 = 727℃} (\alpha + Fe_3C)$$

$$\xrightarrow{t < t_3} (\alpha + Fe_3C + Fe_3C_{III})$$

(2)结晶后的室温相和室温组织。

共析转变产物为铁素体和渗碳体组成的机械混合物(α+ Fe₃C)，**两相层片交替分布的共析体组织**，称为**珠光体P**。共析钢组织图如图6.43所示。室温组织 P 含量 100%。

(a)500×　　　　　　　(b)2500×

图 6.43　T8 共析钢片状珠光体组织

共析转变温度常用A_1(PSK线温度)表示。

珠光体中的渗碳体称为共析渗碳体。Fe_3C_{III}与共析渗碳体连在一起，在显微镜下难以分辨，数量也很少，对珠光体组织和性能无明显影响，一般忽略不计。

【例题6-6】计算珠光体(P)中α相和Fe_3C相的相对含量。

解：由杠杆定律：

$$w(\alpha) = \frac{SK}{PK} = \frac{6.69 - 0.77}{6.69 - 0.0218} = 88.7\%，\quad w(Fe_3C) = 1 - 88.7\% = 11.3\%$$

3)亚共析钢

以$w(C)=0.40\%$的亚共析钢为例。

(1)结晶过程分析。

由于包晶转变发生在高温，在随后的冷却过程中组织还会变化，故此转变通常不作讨论，以简化Fe-Fe₃C相图。因此，忽略Fe-Fe₃C相图左上角的包晶转变区，从单相γ区开始分析，结晶过程如图6.44所示。

①1点以上温度，合金为单相奥氏体γ。

②在1～2点之间：当单相奥氏体冷却至GS线上的1点时，开始析出先共析铁素体，其成分随温度的降低沿GP线变化，而奥氏体的成分沿GS线变化。

③2点：在727 ℃的恒温下发生共析转变：$\gamma_S \Leftrightarrow (\alpha_P + Fe_3C) \Leftrightarrow P$，形成珠光体。

④在2点以下：先共析铁素体和珠光体中的共析铁素体析出Fe_3C_{III}。反应生成的Fe_3C_{III}数量很少，一般忽略不计。

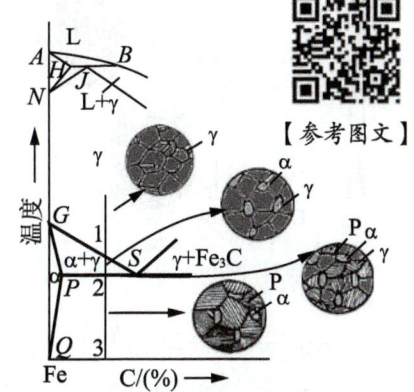

图 6.44　亚共析钢的平衡结晶过程示意图

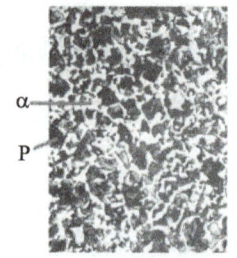

图 6.45　40 钢组织金相图

结晶转变过程：$\gamma \to \alpha + \gamma \xrightarrow{\text{共析转变}} F + P$。

(2)结晶后的室温相和室温组织。

亚共析钢室温下的平衡组织为 F+P，如图 6.45 所示。

在共析转变之前生成的 α 称为先共析铁素体。室温相是 $\alpha + Fe_3C$。

(3)室温相和组织相对含量的计算。

亚共析钢中组织组成物与相组成物的数量均可利用杠杆定律计算得到。

【例题6-7】 计算40钢室温相和组织的量。

解： $w(C)=0.40\%$ 的碳钢组织组成物含量为

$$w(F) = \frac{0.77 - 0.40}{0.77 - 0.0218} = 49.5\%；\quad w(P) = 1 - 49.5\% = 50.5\%$$

其相组成物含量为

$$w(\alpha) = \frac{6.69 - 0.40}{6.69} = 94.0\% \quad w(Fe_3C) = 1 - 94.0\% = 6.0\%$$

4) 过共析钢

$w(C)=1.2\%$ 的过共析钢，其结晶示意图如图 6.46(彩图16)所示。

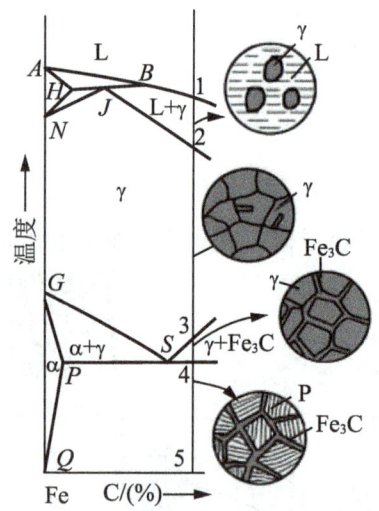

图 6.46　过共析钢的平衡结晶过程示意图

(1)结晶过程分析。

① 1～2点按匀晶转变由液态结晶出奥氏体，在2点全部变为单相奥氏体。

② 3～4点：冷却至ES线上的3点时，奥氏体中的含碳量处于饱和状态，3～4点从奥氏体中将不断析出二次渗碳体。在共析转变之前生成的二次渗碳体Fe_3C_{II}又称先共析渗碳体。奥氏体的含碳量随温度下降沿ES线变化。

③ 4点：当温度降至 *PSK* 线上的4点时，奥氏体的含碳量正好达到0.77%，在恒温(727℃)下奥氏体发生共析转变，形成珠光体。

④ 在4点以下：珠光体中的共析铁素体析出Fe_3C_{III}，量很少，常忽略。

结晶转变过程如下。

$$L \xrightarrow[\text{匀晶转变，}L\to\gamma]{t_1\sim t_2} L+\gamma \xrightarrow[\text{无变化}]{t_2} \gamma \xrightarrow[\text{脱溶转变，}\gamma\to Fe_3C_{II}]{t_3\sim t_4} \gamma + Fe_3C_{II} \xrightarrow[\text{共析转变，}\gamma\Leftrightarrow P]{t_4=727℃} P + Fe_3C_{II}$$

(2)结晶后的室温相和室温组织。

室温下的平衡组织为 $P + Fe_3C_{II}$，如图 6.47 所示。

二次渗碳体呈网状分布(图 6.47(a))，脆性的渗碳体网分隔了材料，使材料的强度、塑性和韧性降低，脆性增加。

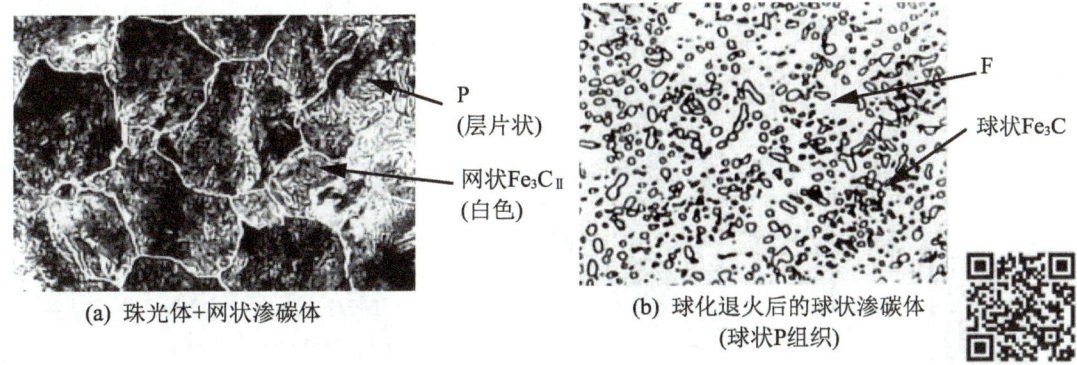

(a) 珠光体+网状渗碳体　　(b) 球化退火后的球状渗碳体
　　　　　　　　　　　　　（球状P组织）

图6.47　过共析钢T12组织金相图

工程中可对过共析钢进行球化退火，使渗碳体球化［图6.47(b)］，形成球状珠光体组织，避免出现网状渗碳体，从而提高材料的强度、塑性和韧性。

【**例题6-8**】计算过共析钢T12(1.2%C)室温相和组织的量。

解：$w(C)=1.2\%$的碳钢组织组成物含量为

$$w(P) = \frac{6.69-1.2}{6.69-0.77} = 93\%, \quad w(Fe_3C_{II}) = \frac{1.2-0.77}{6.69-0.77} = 7\%$$

其相组成物含量为

$$w(\alpha) = \frac{6.69-1.2}{6.69} = 82\%, \quad w(Fe_3C) = 1-82\% = 18\%$$

5) 共晶白口铸铁

$w(C)=4.3\%$的共晶白口铸铁结晶过程如图6.48所示。

(1) 结晶过程分析。

① 1点：共晶ECF线上，发生恒温共晶转变 $L_{4.3} \xrightarrow[L_{4.3} \Leftrightarrow L_d]{1148℃} (\gamma_{2.11} + Fe_3C_{共晶})$，转变产物 $(\gamma_{2.11} + Fe_3C_{共晶})$ 称为莱氏体L_d(Ledeburite)(或高温莱氏体)，是为纪念德国冶金学家莱德堡(K.H.A. Ledebur, 1837—1906)而命名。Fe₃C是一个连续分布的基体相，γ呈颗粒状分布在Fe₃C基体上。

② 1~2点：随温度降低，从L_d中的奥氏体中不断析出二次渗碳体，与共晶渗碳体 $Fe_3C_{共晶}$ 连成一片，难以分辨。奥氏体的含碳量随温度下降沿ES线变化。

③ 2点：PSK共析转变温度下，共晶奥氏体γ含碳量降低到0.77%，共析转变为珠光体P。

(2) 结晶后的室温相和室温组织。

室温相为α+Fe₃C两相，相对含量可用杠杆定律计算。

室温组织100%为 $(P + Fe_3C_{II} + Fe_3C_{共晶})$，用$L_d'$表示，称为低温莱氏体(变态莱氏体)。共晶白口铸铁的组织金相图如图6.49所示。图6.48和图6.49中黑色颗粒为P，基体为Fe₃C。

因为渗碳体Fe₃C很脆，所以莱氏体L_d'是一种高硬度、塑性很差的组织。在铸铁组织中，L_d'可提高硬度和耐磨性。

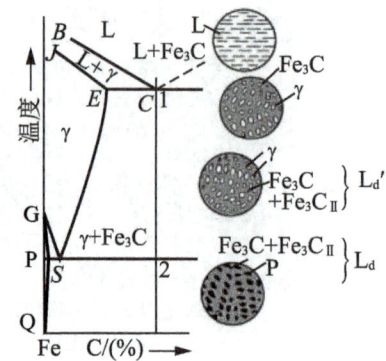
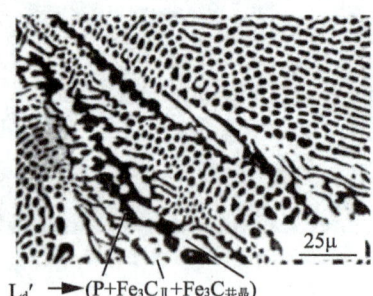

【参考图文】　　　图6.48　共晶白口铸铁的平衡结晶过程　　　图6.49　共晶白口铁组织金相图

结晶转变过程如下。

$$L_{4.3} \xrightarrow[L_{4.3}\Leftrightarrow L_d]{1148℃} (\gamma_{2.11} + Fe_3C_{共晶})L_d \xrightarrow[\gamma \to Fe_3C_{II}]{t_1\sim t_2} (\gamma + Fe_3C_{II} + Fe_3C_{共晶}) \xrightarrow[\gamma \Leftrightarrow P]{t_2=727℃} L_d'(P + Fe_3C_{II} + Fe_3C_{共晶})$$

6)亚共晶白口铸铁

合金⑤是$w(C)=3.0\%$的亚共晶白口铸铁，平衡结晶过程如图6.50所示。

(1)结晶过程分析。

①1～2点：按匀晶转变从L相中结晶出初晶γ(先共晶γ)，由于结晶温度高，初晶γ呈较粗大树枝状。L相成分沿BC线变化，初晶γ成分沿JE线变化。

②2点：共晶转变温度，L相成分达到C点，发生共晶转变为高温莱氏体L_d。

③2～3点：随温度降低，从初晶γ和共晶γ中不断析出二次渗碳体，γ含碳量沿ES线下降。

④3～4点：共析转变温度下，所有γ转变为P，形成L_d'。

(2)结晶后的室温相和室温组织。

室温相为$\alpha + Fe_3C$两相，相对含量可用杠杆定律计算。

室温平衡组织为$P + Fe_3C_{II} + L_d'$，如图6.51所示。

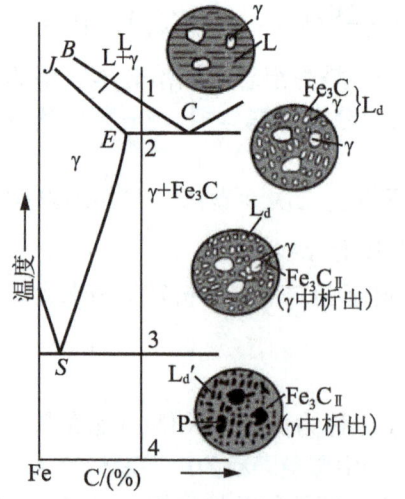

【参考图文】
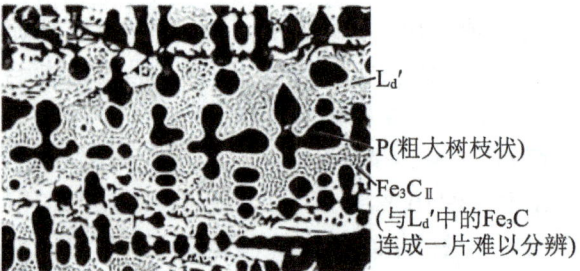

图6.50　亚共晶白口铸铁的平衡结晶过程　　　图6.51　亚共晶白口铸铁组织金相图

结晶转变过程如下。

$$L \xrightarrow[L \to \gamma]{t_1 \sim t_2} L + \gamma \xrightarrow[L_{4.3} \Leftrightarrow L_d]{t_2 = 1148℃} \gamma_{2.11} + L_d$$

$$\xrightarrow[\gamma \to Fe_3C_{II}]{t_2 \sim t_3} \gamma + Fe_3C_{II} + L_d$$

$$\xrightarrow[\substack{\gamma_{0.77} \Leftrightarrow P \\ L_d \Leftrightarrow L_d'}]{t_3 = 727℃} P + Fe_3C_{II} + L_d'$$

组织组成物的含量可利用杠杆定律(2次)计算得到。

7)过共晶白口铸铁

图6.52为$w(C)=5.0\%$的过共晶白口铸铁的结晶转变过程。

(1)结晶过程分析。

⑤1～2点：按匀晶转变从L相中结晶出Fe_3C，称为一次渗碳体Fe_3C_I或先共晶渗碳体。由于结晶温度高，Fe_3C_I呈较粗大平直条状。L相含碳量沿CB线降低。

⑥2点：共晶转变温度，L相成分降到C点，发生共晶转变为高温莱氏体L_d。

⑦2～3点：随温度降低，从L_d中的共晶γ中不断析出二次渗碳体，γ含碳量沿ES线下降。

⑧3～4点：共析转变温度下，所有γ转变为P，形成L_d'。

(2)结晶后的室温相和室温组织。

室温相为α+ Fe_3C两相，相对含量可用杠杆定律计算。室温平衡组织为$Fe_3C_I+L_d'$，如图6.53所示。

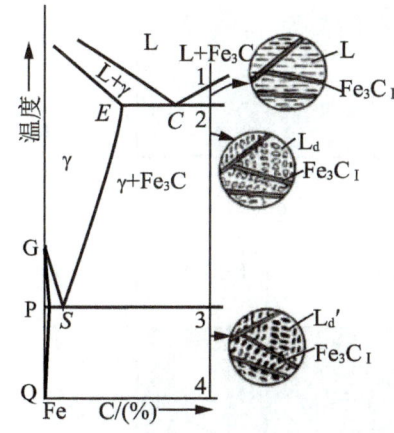
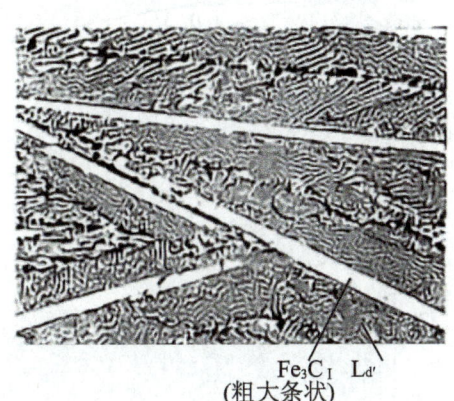

图6.52 过共晶白口铸铁的平衡结晶过程   图6.53 过共晶白口铸铁组织金相图

结晶转变过程如下。

$$L \xrightarrow[L \to Fe_3C_I]{t_1 \sim t_2} L + Fe_3C_I \xrightarrow[L_{4.3} \Leftrightarrow L_d]{t_2 = 1148℃} L_d + Fe_3C_I$$

$$\xrightarrow[L_d中，\gamma \to Fe_3C_{II}]{t_2 \sim t_3} L_d + Fe_3C_I \xrightarrow[\gamma \Leftrightarrow P]{t_3 = 727℃} L_d' + Fe_3C_I$$

组织组成物的含量可利用杠杆定律(2次)计算得到。

图6.54分别是标注相(a)和标注组织组成物(b)的Fe–Fe_3C相图。

【参考图文】

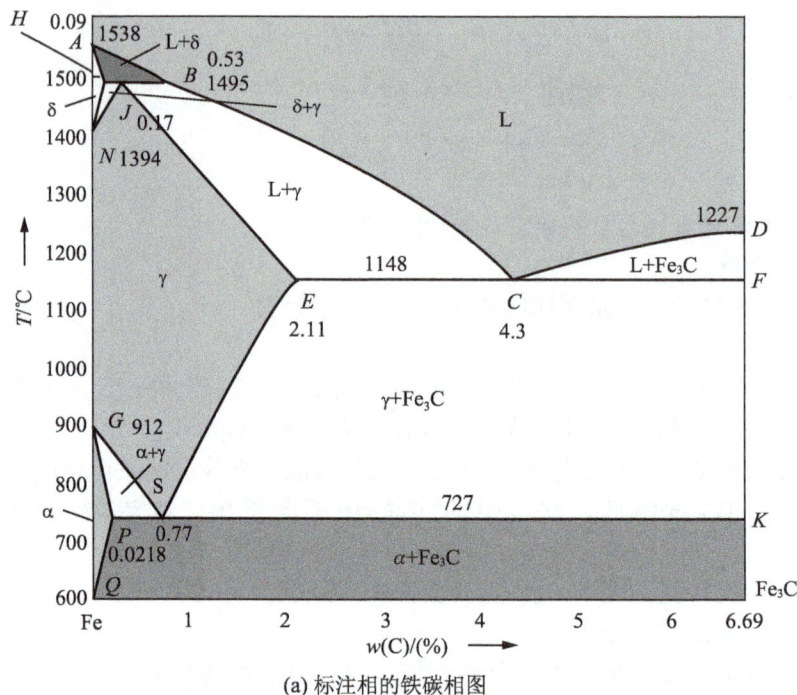

(a) 标注相的铁碳相图

(b) 标注组织的铁碳相图

图 6.54 Fe-Fe$_3$C 合金平衡相图

Fe₃C的形式有一次渗碳体Fe_3C_I、二次渗碳体Fe_3C_{II}、三次渗碳体Fe_3C_{III}、珠光体中的共析渗碳体$Fe_3C_{共析}$、莱氏体中的共晶渗碳体$Fe_3C_{共晶}$5种形式。

3. 碳对铁碳合金的组织与性能的影响

1)碳含量对铁碳合金平衡组织的影响

如图6.55所示，随着含碳量的增加，铁碳合金的组织组成发生了下列变化。

$\alpha + Fe_3C_{III} \rightarrow \alpha + P \rightarrow P \rightarrow P + Fe_3C_{II} \rightarrow P + Fe_3C_{II} + L_d' \rightarrow L_d' \rightarrow L_d' + Fe_3C_I$

图 6.55 含碳量与 Fe-Fe₃C 合金相组成物相对量、组织组成物相对量的关系

2)碳含量对机械性能的影响

在铁碳合金中，铁素体软而韧，渗碳体硬而脆，故Fe-C合金的力学性能取决于α和Fe₃C两相的相对量及它们的相互分布特征，如图6.56所示。

(1)强度(σ_b)。

➢ 随C%的增加使Fe-C合金强度升高，当$w(C) > 0.77\%$时，合金强度增加变缓。

➢ 当$w(C)$达到0.90%时，由于沿晶界上形成网状Fe₃C分布，强度开始迅速下降。

➢ 当$w(C)$达到2.11%时，出现L_d'，强度降到最低。

(2)硬度(HB)

随着碳含量的增加而增大。

(3)塑性\韧性($\delta \backslash \varphi \backslash a_k$)

完全由α相来提供，随C%的增加使α减少，故塑性和韧性下降，当Fe₃C成为基体相时，塑性就接近于0。为保证合金有足够的强度和适当的韧性，其$w(C)$一般不超过1.3% ~ 1.4%。

3)碳含量对工艺性能的影响

碳含量对工艺性能的影响如图6.57所示。

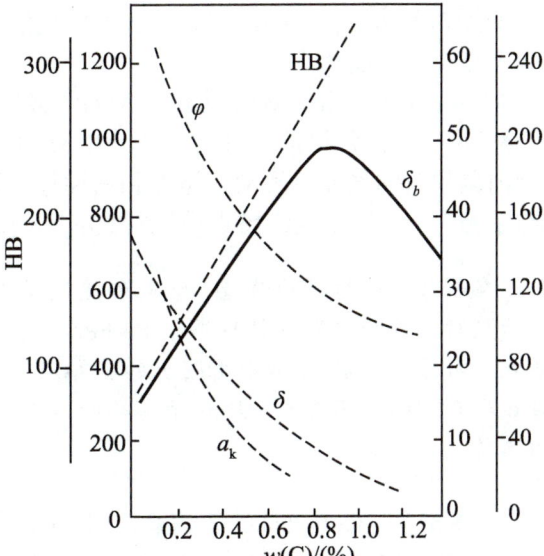

图 6.56 含碳量对机械性能的影响

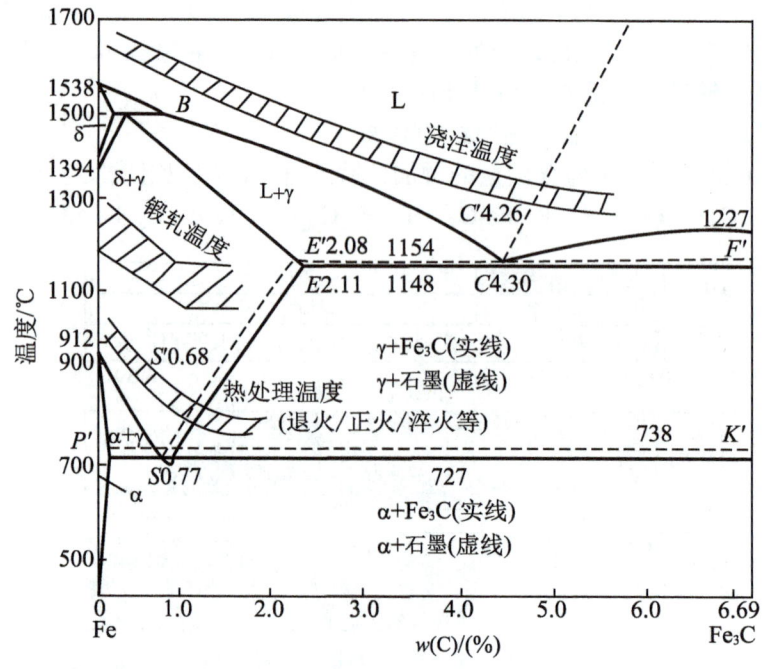

【参考图文】

图 6.57　铁碳相图与工艺性能

➢ **铸造性**：铸铁的流动性比钢好，易于铸造，特别是靠近共晶成分($w(C) \approx 4.3\%$)的铸铁结晶温度低，流动性好，具有良好的铸造性能。相图上，液/固相线温差越大，凝固温度区间越大，越容易形成分散缩孔和偏析，铸造性能越差。

➢ **锻造性**：钢加热呈单相奥氏体γ状态时，塑性好、强度低，便于塑性变形，所以一般锻造都是在奥氏体γ状态下进行。低碳钢的F相含量高，锻造性比高碳钢好。锻造时必须根据铁碳相图确定合适的温度，始轧和始锻温度不能过高，以免产生过烧；始轧和始锻温度也不能过低，以免产生裂纹。

➢ **焊接性**：一般含碳量越低，钢的焊接性能越好，所以低碳钢比高碳钢易焊接。

➢ **热处理**：常用钢材(0.0218% ~ 1.3%)可通过热处理(退火、正火、淬火、回火等)大范围内调整钢的强度、硬度、塑性和韧性等性能，是因为在不同的加热和冷却过程中有固态组织相变，不同的组织特点使钢材具有不同的性能。

> 在制订钢铁材料的铸造、锻轧和热处理工艺等方面，也常以铁碳平衡图为依据。实际加热时钢铁的临界点往往高于 Fe-Fe₃C 平衡图上的临界点，冷却时则低于平衡图的临界点。习惯上以 A 表示平衡图上的临界点，沿用奥斯蒙(F.Osmond)以法文加热的首字母 c 及冷却的首字母 r 分别表示加热和冷却，Ac 表示加热时的临界点，Ar 表示冷却时的临界点。

➢ **冷塑变**：C<0.25%的低碳钢，F相含量高，变形阻力小，易于冷加工变形。

➢ **切削加工性**：一般认为中碳钢的塑性比较适中，硬度在HB200左右，切削加工性能最好。含碳量过高或过低，都会降低其切削加工性能。

4. Fe–C相图
1) Fe–C相图概况
图6.58由虚线和部分实线构筑的相图为铁-石墨相图。

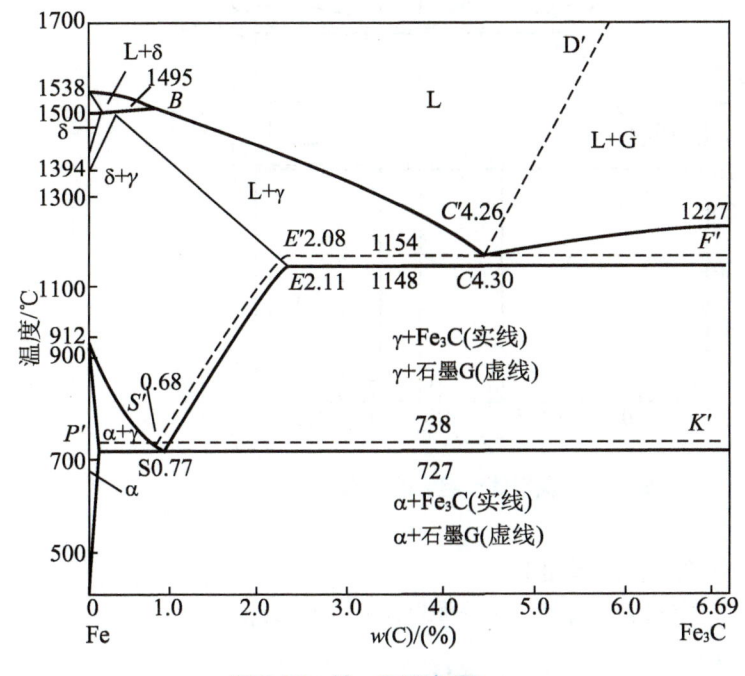

图 6.58 铁 – 石墨相图

【参考图文】

热力学上，石墨是稳定相，Fe_3C是亚稳相，Fe-C相图位于$Fe-Fe_3C$相图左上方，极慢冷却条件下或加入促石墨化的元素，石墨优先析出。

铁-石墨相图中的液相线是$ABC'D'$，固相线是$AHJE'C'F'$。

$Fe-Fe_3C$相图中凡有渗碳体存在的相区，在Fe-C相图中都将由有石墨的相区取代。凡是析出渗碳体的点、线在Fe-C相图中都将析出石墨(G)，只是位置稍有变化。

➤ G_I：液相L缓慢冷却到$C'D'$线析出一次石墨。
➤ G_{II}：γ相冷到$E'S'$线析出二次石墨。
➤ G_{III}：α相冷到$P'Q'$线析出三次石墨。
➤ $G_{共晶}$：在1154℃的$E'C'F'$共晶线上发生共晶反应$L_{C'} \Leftrightarrow (\gamma_{E'} + G_{共晶})$。
➤ $G_{共析}$：在738℃的$P'S'K'$线上发生共析反应$\gamma_{S'} \Leftrightarrow (\alpha_{P'} + G_{共析})$。

2) 灰口铸铁组织的形成
按铁-石墨相图，结晶的铸铁组织中，碳是以游离的石墨形式存在，铸铁断裂时断口是暗灰色，故称其为灰口铸铁。其结晶过程分析如图6.59所示。由于没有渗碳体Fe_3C相而只有石墨G相，结晶过程分析变得简单。

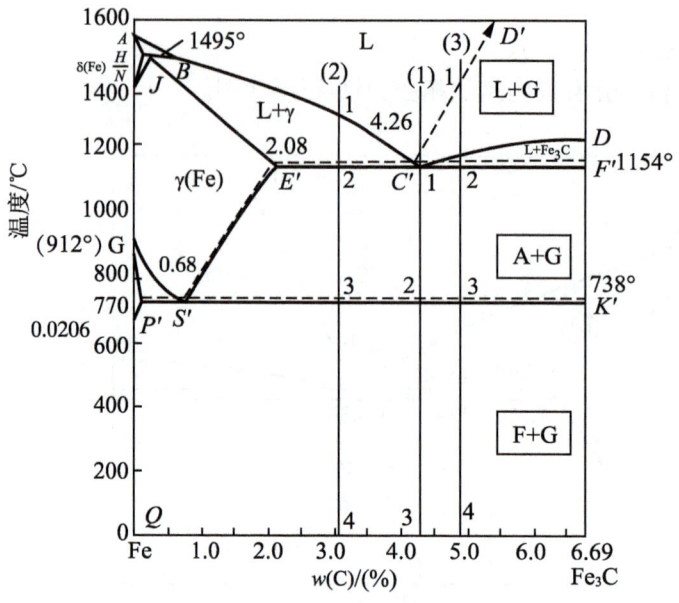

图 6.59　灰口铸铁组织的结晶

(1)共晶合金。

$w(C)=4.26\%$ 的共晶合金的结晶过程如下。

$$L_{C'} \xrightarrow[1(1154℃)]{共晶转变} (A_{E'}+G_{共晶}) \xrightarrow[1\sim2]{脱溶转变} A+G_{II}+G_{共晶}$$

$$\xrightarrow[2(738℃)]{共析转变}(F+G_{共析})+G_{共晶}+G_{II}$$

$$\xrightarrow[2\sim3]{脱溶转变}F+G_{共析}+G_{共晶}+G_{II}+G_{III}$$

室温相和组织：铁素体+片状石墨。

(2)亚共晶合金。

$w(C)<4.26\%$ 的亚共晶合金结晶过程如下。

$$L\xrightarrow[1\sim2]{匀晶转变}L+A_{先}$$

$$\xrightarrow[2(1154℃)]{共晶转变}A_{先}+(A_{共晶}+G_{共晶})$$

$$\xrightarrow[2\sim3]{脱溶转变}A+G_{II}+G_{共晶}$$

$$\xrightarrow[3(738℃)]{共析转变}(F+G_{共析})+G_{共晶}+G_{II}$$

$$\xrightarrow[3\sim4]{脱溶转变}F+G_{共析}+G_{共晶}+G_{II}+G_{III}$$

室温相和组织：铁素体+片状石墨。

(3)过共晶合金。

$w(C)>4.26\%$ 的过共晶合金结晶过程如下。

$$L\xrightarrow[1\sim2]{匀晶转变}L+G_{先}$$

$$\xrightarrow[2(1154℃)]{共晶转变}G_{先}+(A_{共晶}+G_{共晶})$$

$$\xrightarrow[2\sim3]{脱溶转变}G_{先}+A+G_{II}+G_{共晶}$$

$$\xrightarrow[3(738℃)]{共析转变}G_{先}+(F+G_{共析})+G_{II}+G_{共晶}$$

$$\xrightarrow[3\sim4]{脱溶转变}F+G_{共析}+G_{先}+G_{共晶}+G_{II}+G_{III}$$

室温相和组织：铁素体＋片状石墨。

按铁–石墨相图，铸铁的平衡结晶组织都是铁素体(基体)＋片状石墨。

灰口铸铁的组织依石墨化的程度不同而呈现不同的状态。如图6.60所示，铸铁石墨化过程分为液态石墨化和固态石墨化两个过程，包括3个石墨化阶段。

根据各阶段石墨化的程度，铸铁的组织如表6-11和图6.61所示。

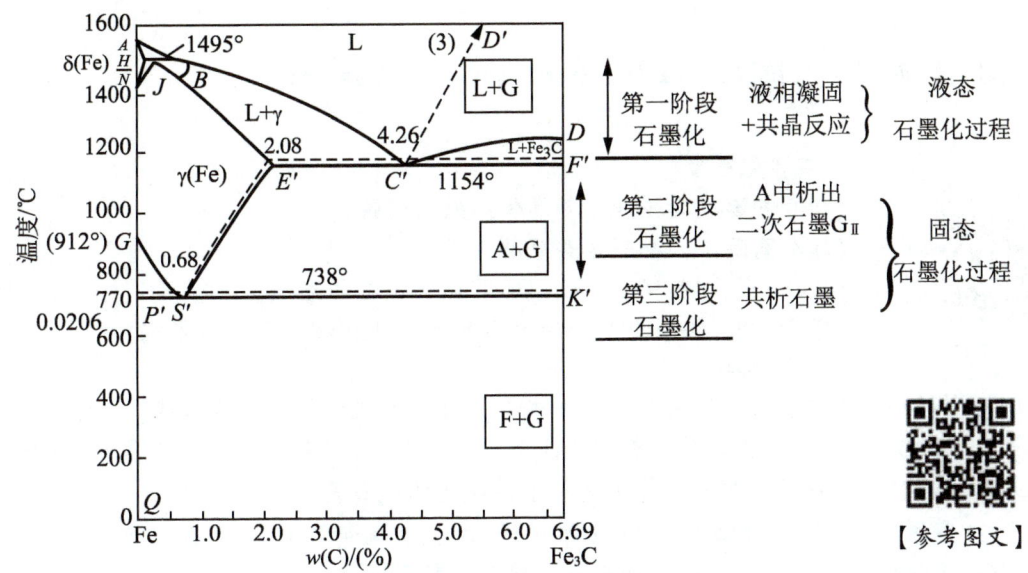

图 6.60 石墨化阶段

表 6-11 石墨化程度与显微组织

名 称	程 度			显微组织
	第一阶段	第二阶段	第三阶段	
灰口铸铁	充分进行	充分进行	充分进行	F + G
	充分进行	充分进行	部分进行	F + P + G
	充分进行	充分进行	不进行	P + G
麻口铸铁	部分进行	部分进行	不进行	$L_{d'} + P + G$
白口铸铁	不进行	不进行	不进行	$L_{d'} + P + Fe_3C$

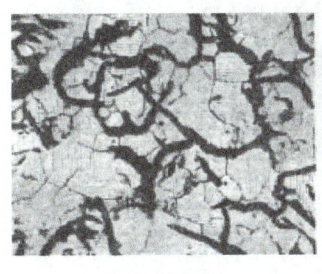
(a) F+片状G

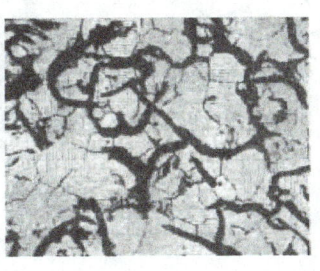
(b) F+P+G

(c) P+G

图 6.61 不同基体的灰口铸铁

图6.61(a)中第一、二、三阶段石墨化均充分进行，形成以铁素体F为基体的组织。

图6.61(b)中第一、二阶段石墨化充分进行，但第三阶段共析石墨化进行的不够充分，即被部分抑制，此时形成以铁素体和珠光体(F+P)为基体的灰口铸铁。

图6.61(c)中第一、二阶段石墨化充分进行，但共析石墨化被完全抑制，得到以珠光体P为基体的灰口铸铁。

阅读材料　铸铁的石墨化 (Graphitization of Cast Iron)

【参考图文】

1. 石墨化程度
(1) 冷却速度越缓慢，石墨化的效果越强。
(2) 在高温下，渗碳体易分解为石墨。
(3) C、Si、Al、Cu、Ni、Co 将促进石墨的形成。
(4) Cr、W、Mo、V、Mn 能和碳形成碳化物，阻碍石墨化。

2. 石墨形状与石墨铸铁分类

石墨的形状除片状外，还可通过不同的工艺处理形成细片状、蠕虫状、团絮状、球状等，如图6.62所示。按石墨形态，铸铁分为灰口铸铁（片状石墨）、蠕墨铸铁（蠕虫状石墨）、可锻铸铁（团絮状石墨）和球墨铸铁（球状石墨）。

(1) 变质处理（孕育处理）：加少量孕育剂（硅铁、硅钙等），使石墨细化。
(2) 球化处理：加 Mg 或 Re-Mg 合金，得到球状石墨；
(3) 加入稀土硅铁或稀土镁钛等，获得蠕虫状石墨。

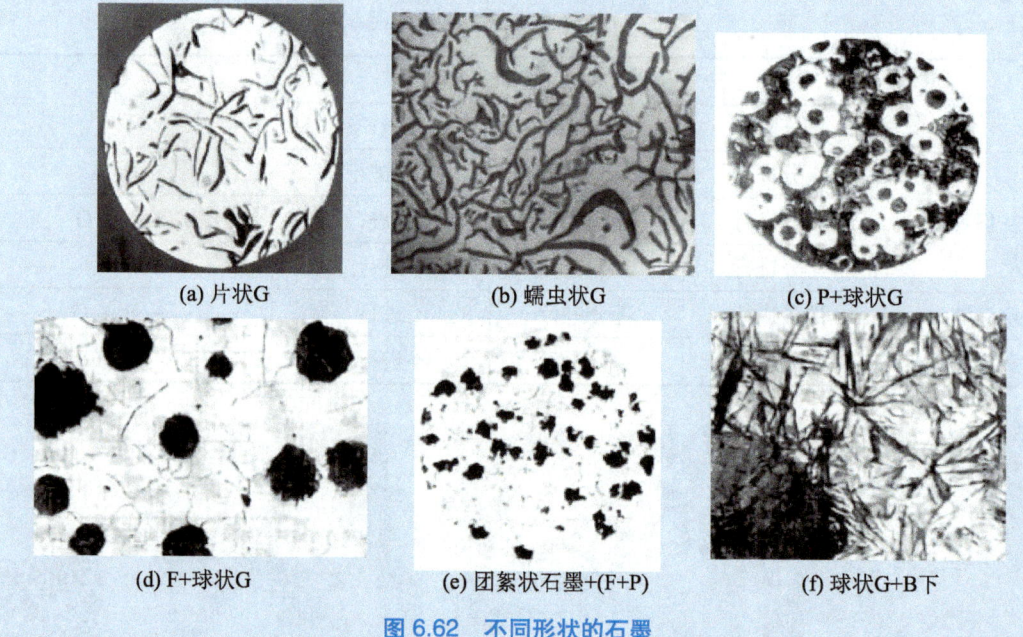

图 6.62　不同形状的石墨

3. 石墨与基体对铸铁机械性能的影响
(1) 石墨对铸铁机械性能的影响。石墨是一种松软而脆弱的固态物质，会分割削弱

(2) 基体对铸铁机械性能的影响。 在铸铁中，一般来说，**基体中铁素体的数量增多，塑性、韧性提高**；珠光体数量增加，塑性、韧性降低，但是强度、硬度却相应有所增高。

4. 石墨铸铁的性能特点与应用

灰口铸铁具有一定的强度和良好的减振性、耐磨性、切削加工性和铸造性，但塑性和冲击韧性较低，用于制造机床床身和发动机缸体等。

可锻铸铁的铸造性能优于铸钢，韧性接近铸钢，用于制造汽车、拖拉机、铁道零件、管路连接件、五金工具及家庭用具等。

球墨铸铁的抗拉强度可达1200～1450MPa，延伸率可达17%，冲击值可达60J/cm²，性能可媲美钢，"以铁代钢"指的就是球墨铸铁，可用于制造汽车、拖拉机、内燃机等的曲轴、凸轮轴、阀门及输水、输气、输油管道等。

★铸铁的组织特点是在不同基体上分布有不同形态的石墨，因此分析铸铁的组织，可按基体和石墨形态分别进行分析。

6.3.7 无机材料专业相图 (Inorganic Material Phase Diagram)

1. CaO–SiO₂ 相图

CaO-SiO₂相图对硅酸盐水泥的生产、高炉矿渣的利用、石灰质耐火材料以及含CaO高的玻璃的生产都有指导意义。

图6.63是CaO-SiO₂相图，CaO-SiO₂相图中有4个化合物，包括**硅灰石**CS(CaSiO₃，CaO·SiO₂)、**硅酸二钙**C₂S(Ca₂SiO₄，2CaO·SiO₂)、**硅钙石**C₃S₂(Ca₃Si₂O₇，3CaO·2SiO₂)和**硅酸三钙**C₃S(Ca₃SiO₅，3CaO·SiO₂)。其中CS和C₂S是稳定化合物，C₃S₂和C₃S为不稳定化合物。

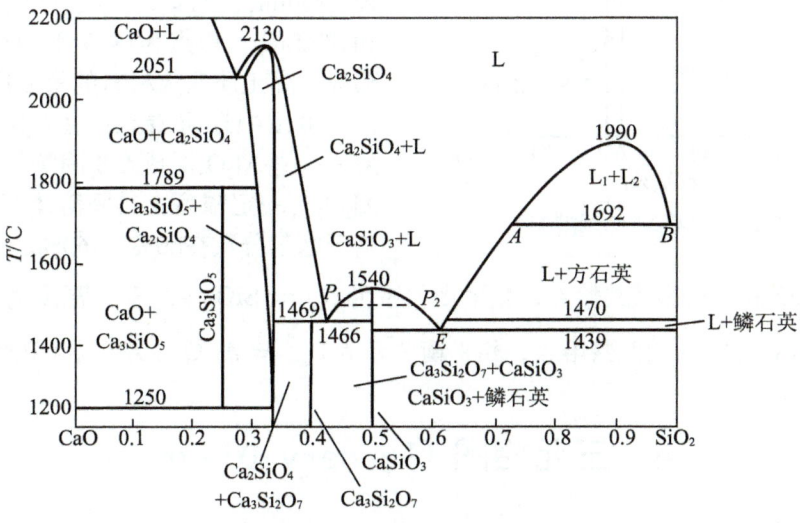

图 6.63 CaO–SiO₂ 相图

以CS和C₂S为分界线，可将较复杂的CaO-SiO₂系统划分为3个分二元系统分别进行分析，即SiO₂-CS系统、CS-C₂S系统和C₂S-CaO系统。图6.63中8条水平线代表的特征恒温转变见表6-12。

表 6-12　CaO–SiO₂ 相图中的恒温转变

序号	水平线位置	反应类型	反应式
1	2051℃	共晶转变	$L \underset{}{\overset{2051℃}{\rightleftharpoons}} CaO + Ca_2SiO_4$
2	1789℃	包析转变	$CaO + Ca_2SiO_4 \underset{}{\overset{1789℃}{\rightleftharpoons}} Ca_3SiO_5$
3	1692℃	偏晶转变	$L_B \underset{}{\overset{1692℃}{\rightleftharpoons}} L_A + SiO_2$
4	1469℃	包晶转变	$L + Ca_2SiO_4 \underset{}{\overset{1469℃}{\rightleftharpoons}} Ca_3Si_2O_7$
5	1466℃	共晶转变	$L \underset{}{\overset{1466℃}{\rightleftharpoons}} CaSiO_3 + Ca_3Si_2O_7$
6	1439℃	共晶转变	$L_E \underset{}{\overset{1439℃}{\rightleftharpoons}} CaSiO_3 + SiO_2$
7	1250℃	共析转变	$Ca_3SiO_5 \underset{}{\overset{1250℃}{\rightleftharpoons}} CaO + Ca_2SiO_4$
8	1470℃	多晶型转变	SiO_2：鳞石英 $\rightleftharpoons$ 方石英

2. Al₂O₃–SiO₂ 相图

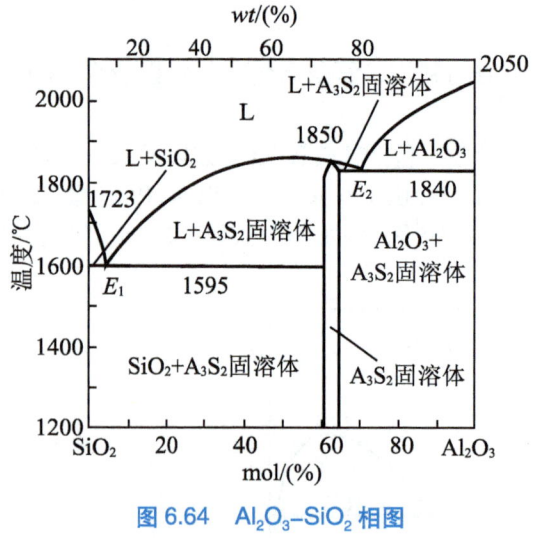

图 6.64　Al₂O₃–SiO₂ 相图

Al₂O₃-SiO₂系统相图与许多常用的耐火材料的制造和使用有着密切关系，在陶瓷工业中也得到广泛应用。因此，该系统相图是研究硅酸盐材料的基本相图之一。

图6.64是Al₂O₃-SiO₂相图。在该相图上只存在着一个稳定化合物$3Al_2O_3 \cdot 2SiO_2$(莫来石Mullite，A_3S_2)，其质量组成是72%Al_2O_3和28%SiO_2，熔点为1850℃。莫来石是普通陶瓷、黏土质耐火材料的重要成分。

由图中还可看到：在A_3S_2晶格中尚可溶入一些Al_2O_3形成A_3S_2固溶体，但溶入的Al_2O_3有一定限度，其固溶体组成在图中相当于摩尔分数在60% ~ 63%之间。

E_1点为SiO_2和A_3S_2的低共熔点，相平衡关系为$L_{E_1} \rightleftharpoons SiO_2 + A_3S_2$，温度为1595℃。

E_2点是A_3S_2和Al_2O_3的低共熔点，相平衡关系为$L_{E_2} \rightleftharpoons Al_2O_3 + A_3S_2$，温度为1840℃。

6.4　三元相图 (Ternary Diagram)

1. 表示方法

三元系统有3个组元，在三元凝聚系统中有3个变量，用平面图形已无法表示，因此采用空间中的三方棱柱体(空间立体图)表示，三棱柱的底面三角形表示三元系统的组成，三棱柱的高(纵轴)是温度坐标，如图6.65所示。

表示三元系成分的点位于三棱柱底面两个坐标轴所限定的三角形内,这个三角形叫做成分三角形或浓度三角形,有等边三角形、直角三角形和等腰三角形等方法,常用等边三角形。

2. 分析方法

三元相图的立体图形看起来比较直观,但要实测一个完整的三元相图,工作量很繁重,加之立体图形使用起来并不方便。因此,在研究和分析材料时,实际使用的都是三元相图中的某些等温截面图(水平截面)、变温截面图(垂直截面)和投影图。

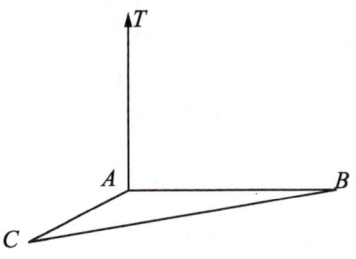

图 6.65 三元相图的表示方法

3. 类型

基本的三元相图类型和二元相图一样,有三元匀晶相图、三元共晶相图、三元包晶相图等。三元共晶相图包括固态互不溶解的三元共晶相图和固态有限互溶的三元共晶相图。本节主要介绍三元匀晶相图和固态互不溶解的三元共晶相图的特点及分析方法。

6.4.1 等边三角形的成分表示法 (Composition Representation of Equilateral Triangular)

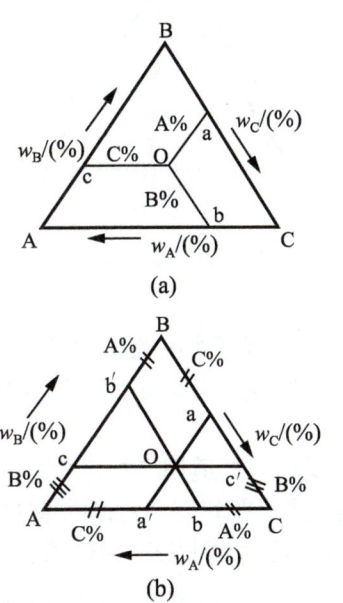

图 6.66 成分的等边三角形表示

如图6.66(a)所示,在等边成分三角形ABC中,三个顶点分别代表三个纯组元A、B、C,即顶点A表示组元A为100%,顶点B表示组元B为100%,顶点C表示组元C为100%;三角形的3个边的长度定为0%～100%,分别表示3个二元系(A-B系、B-C系、C-A系);位于三角形内的点代表三元系的成分。数值的标注要方向一致,顺时针或逆时针都可以。

对于三角形内任一点合金O,其成分确定有两种方法。

(1) 如图6.66 (b) 所示,O合金中A含量的确定是通过O点做平行于BC边 (A点对边) 的平行线,与AB边和AC边的交点分别是b′和b,则Bb′和Cb都代表A的含量。以此类推,B含量的确定是通过O点做平行于AC边 (B点对边)的平行线,与BA边和BC边的交点分别是c和c′,则Ac和Cc′都代表B的含量。C含量的确定是通过O点做平行于AB边 (C点对边) 的平行线,与CA和CB边的交点分别是a′和a,则Aa′和Ba都代表C的含量。

(2) 由浓度三角形内所给定点O,依次沿AB、BC、CA作平行线Oa、Ob和Oc,【参考视频】相交于BC、CA、AB三边的a、b、c点,Oa、Ob、Oc分别表示组元A、B、C的质量分数,则有Oa+Ob+Oc=AB=BC=CA=100%。A%=Oa=Bb'=Cb,B%=Ob=Ac=Cc',C%=OC=Ba=Aa。

6.4.2 三元相图中的基本法则 (Basic Rules of Ternary Diagram)

1. 等含量规则

等含量规则是指在浓度三角形中,平行于三角形任一边的直线上所有各点的组成中所含的此边对面顶点组元的含量(质量分数、浓度)相等。

如图6.67所示,MN线平行于AC边,MN线上的O、P、Q等各点中含B组元的量都相等,同为B%,变化的只是A、C的含量。

2. 等比例规则

等比例规则是指从浓度三角形某顶点向其对边作射线(或与其对边上任一点的连线)，线上所有各点的组成中含另两个组元的量的比例为定值。

如图6.68所示，通过顶点B向对边AC作射线BD(D是AC边上任一点)，BD线上各点O_1、O_2、O_3三组分的含量皆不同，但A与C组元含量的比值是不变的，都等于DC/AD，即

$$\frac{w_A}{w_C} = \frac{Ba_1}{Bc_1} = \frac{Ba_2}{Bc_2} = \frac{Ba}{Bc} = \frac{DC}{AD}$$

3. 背向规则

背向规则是指在浓度三角形中，若有一熔体在冷却时析出某一顶点所代表的组元，则液相组成点必定沿着该顶点与熔体组成点的连线向背离该顶点的方向移动，背向规则是等比例规则的推论。

如图6.69所示，根据等比例规则可以推知，当从三元熔体中析出组元C时，因A、B的含量比例不变，故剩余熔体的组成点必然沿着CD线由原组成点M向D方向移动。

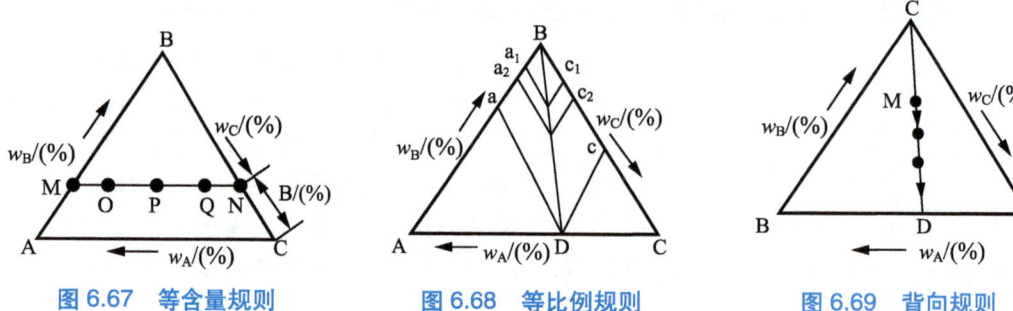

图 6.67 等含量规则　　　图 6.68 等比例规则　　　图 6.69 背向规则

4. 直线法则和杠杆定律

在一定温度下，三组元材料两相达到平衡时，材料的成分点和其两个平衡相的成分点必然位于成分三角形内的同一条直线上，且合金成分点位于两平衡相成分点之间。该规律称为**直线法则**或三点共线法则。

两相的质量之比与它们的组成点到总组成点之间的距离成反比，即适用杠杆定律。

如图6.70所示，a、b组成点所表示的α、β两相在某温度下达到了平衡状态，总组成点O与两个相点a、b必在一条直线上，且a、b位于O点的两边。这个规律称为直线法则或三点共线法则，它适用于两相平衡的情况。α和β相的含量可用杠杆定律计算：$w_\alpha + w_\beta = 1$，$\frac{w_\alpha}{w_\beta} = \frac{Ob}{Oa}$，则

$$w_\alpha = \frac{bO}{ab} \times 100\% = \frac{b_1 O_1}{a_1 b_1} \times 100\% = \frac{b_2 O_2}{a_2 b_2} \times 100\%$$

$$w_\beta = \frac{aO}{ab} \times 100\% = \frac{a_1 O_1}{a_1 b_1} \times 100\% = \frac{a_2 O_2}{a_2 b_2} \times 100\%$$

5. 重心法则和杠杆定律

在一定温度下，若三元合金分解为三相(或由三相组成)，即三元合金三相平衡时，则合金的成分点必然落在3个平衡相的成分点组成的三角形的重心处，称为**重心法则**。

如图6.71所示，O点成分的合金处于三相平衡，D、E、F分别为α、β、γ相的成分。由

直线法则，α 和 β 两相的合成成分点f应在DE线段上；再和γ混合后的成分在FO线上。O点所处的这种位置称为重心位置。

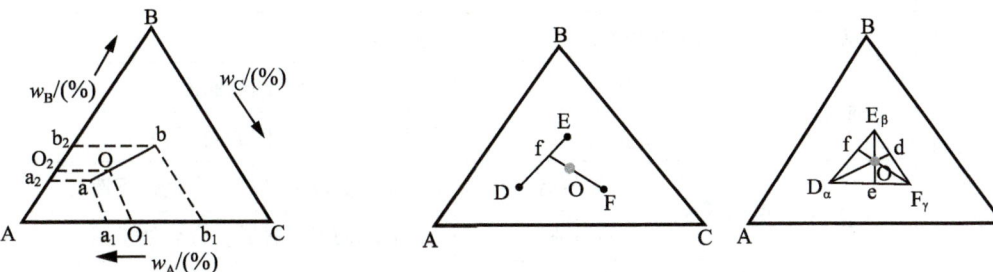

图 6.70　直线法则和杠杆定律　　　　图 6.71　重心位置及重心法则

应用杠杆定律可求出各平衡相的含量

$$w_\gamma = \frac{Of}{Ff} \times 100\%,\quad w_\alpha = \frac{Od}{Dd} \times 100\%,\quad w_\beta = \frac{Oe}{Ee} \times 100\%$$

重心法则的意义：合金O可以通过成分分别为D、E、F的α、β、γ三相合成而得，反之，从O相可以分解出成分分别为D、E、F的α、β、γ三相。O相的数量等于α、β、γ三相数量的总和，O相的组成点处于D、E、F三相所构成的三角形内，其确切位置可用杠杆定律求得。

6.4.3　三元匀晶相图 (Ternary Isomorphous Phase Diagram)

> 三元匀晶相图是 3 个组元在液态下和固态下均无限溶解的相图。
> 等温截面图是以一定温度下所作的平面与三元立体相图相截，截得的图形投影到成分三角上所得到的图形，又称水平截面图。
> 变温截面图是以垂直于成分三角形的平面截三元立体相图所得到的截面图。

<u>Ternary Isomorphous Phase Diagram:</u> *is the diagram that the three elements dissolved in liquid and solid-state infinitly.*

1. 相图构成

三元匀晶相图如图6.72所示。构成分析见表6-13。

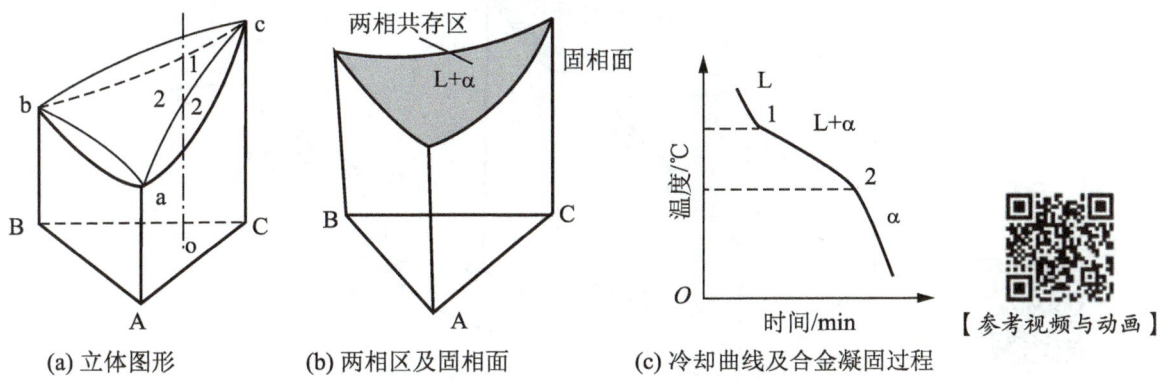

(a) 立体图形　　(b) 两相区及固相面　　(c) 冷却曲线及合金凝固过程

图 6.72　三元匀晶相图

表 6-13 三元匀晶相图构成分析

相图类型	构成元素	特 征		说 明
三元匀晶相图	点	三个纯组元的熔点		a点、b点、c点
	面	液相面		位于上面的向上凸的曲面abc
		固相面		位于下面的向下凹的曲面a'b'c'
	区	单相区	液相区	L，液相面以上区域，合金处于液态，$f=3$
			固溶体区	α，固相面以下区域，合金处于固态，$f=3$
		两相区	液、固两相平衡区	L+α，液相面与固相面之间包围的区域，$f=2$

★三元相图中A、B、C三个组元，任意两个组元都形成一个二元匀晶相图，构成三元匀晶相图三棱柱的3个侧面。

2. 三元固溶体合金的结晶过程

如图6.73所示，三元匀晶相图中典型合金的平衡凝固过程和二元匀晶相图的结晶过程类似。

1点以上：液体冷却；

1点：开始凝固；

1～2点之间：液体减少，固体量增加，成分沿液相面和固相面变化；

2点：固体成分回到合金原始成分，凝固完成；

2点以下：固体冷却，无组织变化。

其结晶过程可以表示为：L→L+α→α，结晶在一定温度范围内完成。

★**两相平衡成分变化规律**

如图6.73所示，三元固溶体合金结晶过程中液相成分沿液相面、固相成分沿固相面变化，液相和固相的浓度随温度变化的轨迹是液相面和固相面上两条空间曲线。在投影图中，两个平衡相的平衡关系为一系列绕成分点X旋转的线段，X点分连接线两线段的比随结晶过程不断变化，类似一只蝴蝶，所以称为**蝴蝶形变化规律**。

在给定温度下，三元相图中两个平衡相的成分点的连接线称为共轭连线。如图6.73中的$L_1α_1$或$L_2α_2$等，是由试验测定数据标出来的。

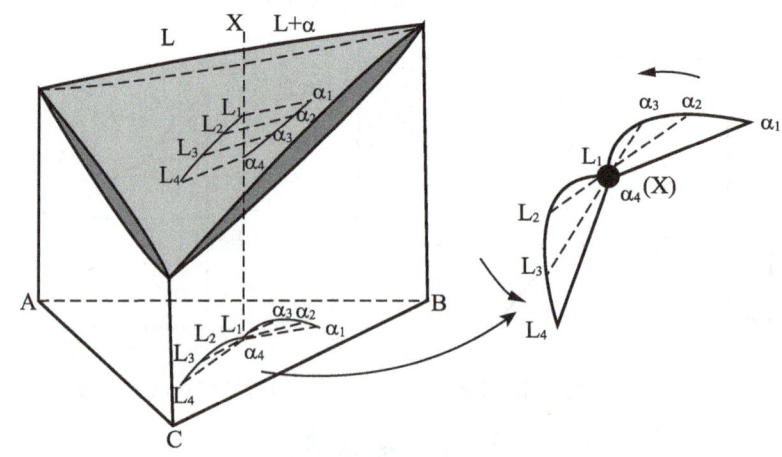

图 6.73 三元固溶体在结晶过程中液、固成分的变化

【参考图文】

3. 等温截面图

图6.74是三元匀晶相图的等温截面图(Isothermal Section)，也称水平截面图(Horizontal Section)。由截面图分析可知，它包含3个相区：L、α、L+α；2条相线：l_1l_2、S_1S_2(l_1l_2和S_1S_2是一对共轭曲线，也称液相等温线和固相等温线)。

一个合金的成分确定后，其一定温度下的共轭连线只能是唯一的，所以两个相的相对量也就确定了。如图6.74(b)中合金o的共轭连接线为mn，即在t_1温度时，成分为o的三元合金处于成分为m的固相α和成分为n的液相L的平衡共存状态。

两个平衡相的含量可用杠杆定律求得

$$w_\alpha = \frac{no}{mn} \times 100\%, \quad w_L = \frac{mo}{mn} \times 100\%, \quad \frac{w_L}{w_\alpha} = \frac{\overline{om}}{\overline{no}}。$$

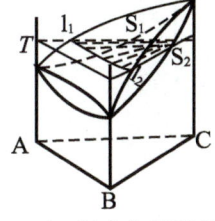
(a) 在T温度作等温截面

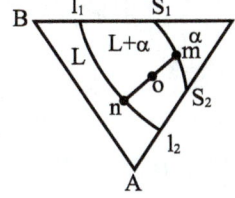
(b) 等温截面上的共轭连线

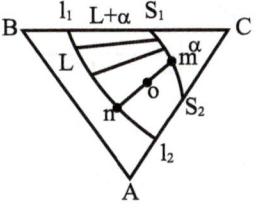

【参考视频】

图 6.74　三元匀晶相图的等温截面

共轭连接线的特点：(1)一定温度下，同一成分的合金有固定的平衡相；连接线不可能相交，一般不平行于三角形的边；连接线由试验数据标出。(2)柯氏法则：连接线的走向受组元熔点制约，高熔点组元先结晶，$\left(\dfrac{高熔点组元}{低熔点组元}\right) > \left(\dfrac{高熔点组元}{低熔点组元}\right)_{液相}$。如图6.75(a)所示，过o点和某一顶点连线$BS_2$：①则连接线mn的两端点在这直线的两边；②其中固相点m在直线分隔的另两组元的高熔点那一边。③液相点n应在直线分隔的另两组元的低熔点那一边。因此，可以判断C组元的熔点高于A组元。同理，可以判断B组元的熔点高于A组元(图6.75(b))，C组元的熔点高于B组元(图6.75(c))。

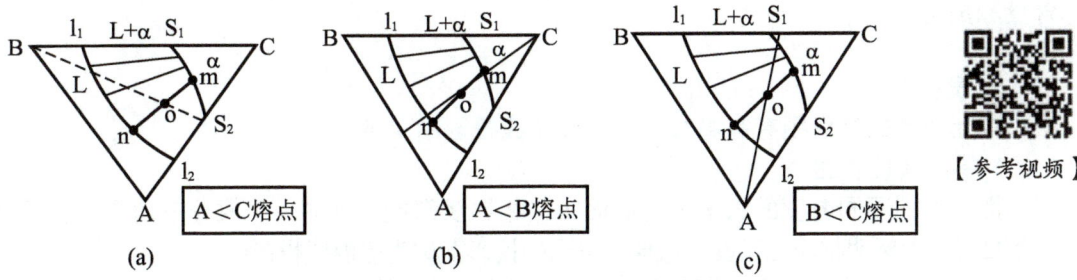

图 6.75　共轭连接线的特点

4. 变温截面图

变温截面图(Temperature Section)又称垂直截面图(Vertical Section)，常用的有两种。

1)平行于成分三角形一边的变温截面

如图6.76(a)所示,平行于某条边的直线做垂直面,一个组元成分固定、其他两个组元成分可相对变动。变温截面两边开口。

2)过某一组元的成分点的变温截面

如图6.76(b)所示,经通过浓度三角形某一顶点的直线做垂直面,其他两组元的含量比固定不变。截面一边闭合。

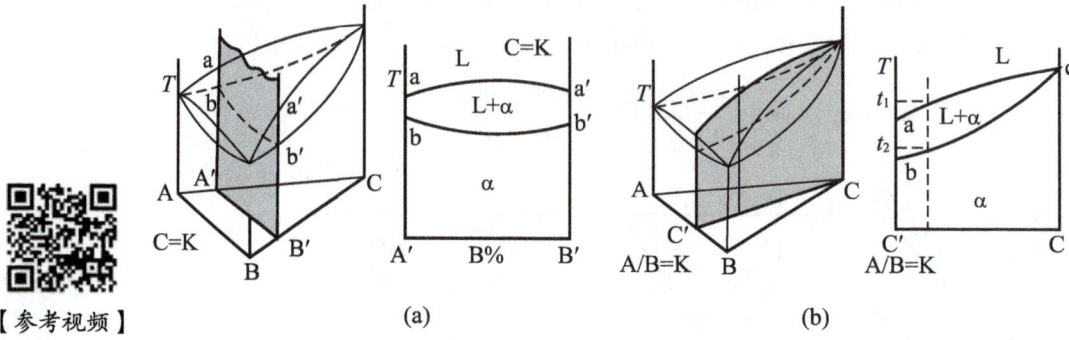

图 6.76　三元匀晶相图的变温截面图

变温截面图常用于结晶过程的分析。 如图6.76(b)所示,在垂直截面上任意做一垂线,其与液相线和固相线两曲线的交点即为合金凝固开始和结束温度,给出了冷却过程经历的各种相平衡,可以分析结晶过程。

【例题6-9】在三元相图的变温截面图中(图6.76(b)),是否可用杠杆定律确定两相的相对含量和成分?

解:三元相图的变温截面与二元相图的形状相似,但它们之间存在着本质上的差别。二元相图的液相线与固相线表示合金在平衡凝固过程中液相与固相浓度随温度变化的规律,而在三元相图中,液相和固相的成分变化是空间曲线,并不都在同一垂直截面上(蝴蝶规律),变温截面上的液/固相线走向不代表相成分随温度而变化的关系,只能用于了解凝固开始和结束温度,不能应用直线法则和杠杆定律来确定两相的相对含量和成分。

5. 投影图

三元相图的投影图有等温线投影图和交线投影图两种。

1)等温线投影图

把一系列不同温度的水平等温截面中的相界线都投影到同一个成分三角形中,并在每一条投影线上标明相应的温度,这样所得到的投影图称为等温线投影图。

如图6.77所示,匀晶相图即采用这种投影方式,等温线类似于地图上的等高线,能够反映空间相图中各种相界面的变化趋势,投影图上的等温线距离越密,说明这个相界面的温度变化越快。用投影图还可以分析特定合金进入或离开特定相区的大致温度。

若 $t_1 > t_2 > t_3 > t_4 > \cdots$,对于合金o,$t_4 \sim t_3$ 温度开始凝固,$t_6 \sim t_5$ 温度凝固终了。

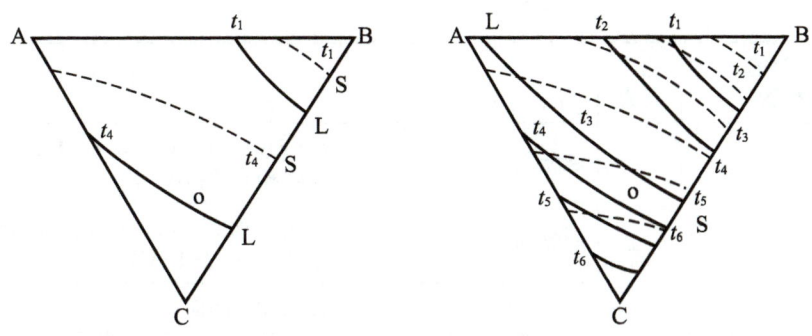

图 6.77　三元匀晶相图的等温线投影图

2) 交线投影图

把立体相图的所有相区之间的交线都投影到成分三角形中，就得到了三元相图的投影图。共晶相图、包晶相图适用这种投影方法。三元匀晶相图的液相面和固相面没有任何相交的点和线，作这种投影图无意义。

6.4.4　固态互不溶解的三元共晶相图 (Solid Mutual Insolubilized Ternary Eutectic Phase Diagram)

> 固态互不溶解的三元共晶相图是指三组元在液态下无限互溶，而在固态下完全互不溶解，三组元各自从液相分别析晶，不形成固溶体，不生成化合物，而且两两组元均发生共晶反应的三元共晶相图。

<u>Solid Mutual Insolubilized Ternary Eutectic Phase Diagram</u> *refers to the ternary eutectic phase diagram that the three constituents are unlimited miscible in the liquid state, while they does not dissolve completely in the solid state, the three groups each crystallization from the liquid phase, respectively, does not form a solid solution, and does not generate a compound, and the two groups are eutectic reaction.*

1. 相图构成

固态互不溶解的三元共晶相图构成分析见表6-14。

表 6-14　三元共晶相图构成分析

固态互不溶解的三元共晶相图	构成元素	特　征	说　明
（图）	点	三个纯组元的熔点	t_A 点、t_B 点、t_C 点
		侧面二元共晶系统的共晶点	E_1、E_2、E_3 点
		三元共晶点	$E(L \leftrightarrow A+B+C, f=0)$
	线	三条三相平衡共晶线	$E_1E(L \leftrightarrow A+B)$、$E_2E(L \leftrightarrow B+C)$、$E_3E(L \leftrightarrow A+C)$

续表

固态互不溶解的三元共晶相图	构成元素	特 征		说 明
	面	液相面		$t_AE_1EE_3t_A$、$t_BE_1EE_2t_B$、$t_CE_2EE_3t_C$ 三块曲面，初生相开始析出
		固相面		$A_1B_1C_1$ 面（三元共晶面，即四相平衡共晶平面，$L\leftrightarrow A+B+C$)
		中间面		即二元共晶面：$A_3E_1EA_1A_3$、$B_3E_1EB_1B_3$、$A_2E_3EA_1A_2$、$C_2E_2EC_1C_2$、$C_3E_2EC_1C_3$、$B_2E_2EB_1B_2$
	区	单相区（1个）	液相区	L，液相面以上区域，合金处于液态，$f=3$
		两相区（3个）	液、固两相平衡区	$L+A$、$L+B$、$L+C$，位于液相面和二元共晶曲面之间，$f=2$
		三相区（4个）	3个液固三相区	位于二元共晶面与三元共晶面之间：$L+A+B$、$L+B+C$、$L+C+A$，$f=1$
			一个固相三相区	固相面以下区域：$A+B+C$，$f=1$
		四相区（1个）	三元共晶反应区	$L+A+B+C$，即过E点水平面（$A_1B_1C_1$面），$f=0$

注：三元共晶相图中，任意两个组元形成一个二元共晶相图，对应的是三棱柱的一个侧面（A-B、B-C、A-C 系统）。

2. 等温截面分析

图6.78是三元共晶相图在几个温度下的等温截面图。**由等温截面图可以分析合金在该温度下所处的相平衡状态，并可运用杠杆定律和重心法则，确定合金中各相的成分及其含量。** 利用系列等温截面图可分析合金冷却时的相转变过程。

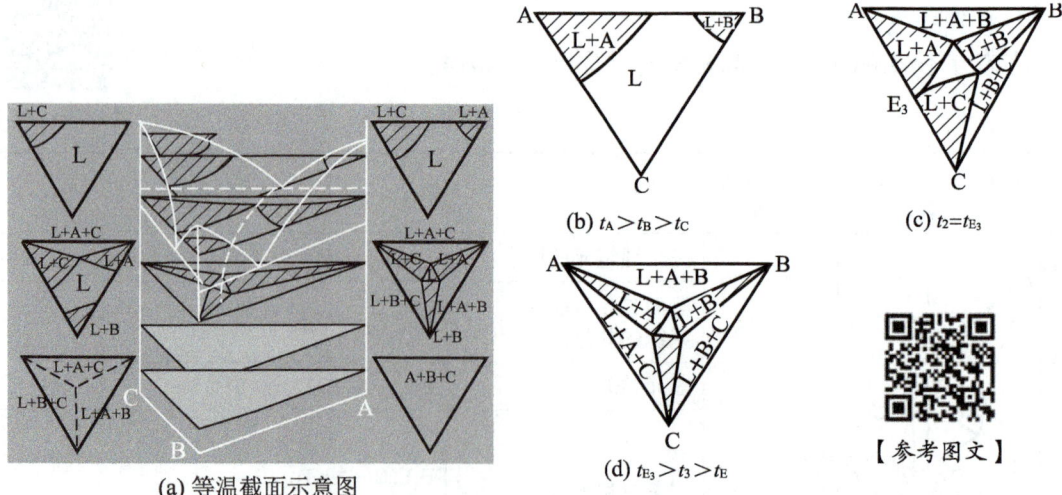

图 6.78 不同温度下的等温截面示意图

等温截面中的三相平衡区都是直边三角形。直边三角形的边与两相区邻接，它的3个顶点与单相区相接，分别代表在该温度下3个平衡相的成分。在直边三角形内可以运用重心法则求各相的相对含量。

3. 变温截面分析

图6.79是平行于AB边的cd变温截面和通过成分三角形顶点A的Ab变温截面。**利用垂直变温截面图可以方便地分析合金的平衡凝固过程，并可确定其相变临界温度。**

由图6.79(a)可见，c_3e_1、d_3e_1是垂直平面与液相面的交线；c_2p_1、p_1e_1、e_1g_1、g_1d_2是垂直平面与4个二元共晶曲面的交线；c_1d_1是垂直平面与三元共晶面的交线。图中合金o的结晶过程如见表6-15所示。室温平衡组织是：初晶A+二元共晶(A+C)+三元共晶(A+B+C)。

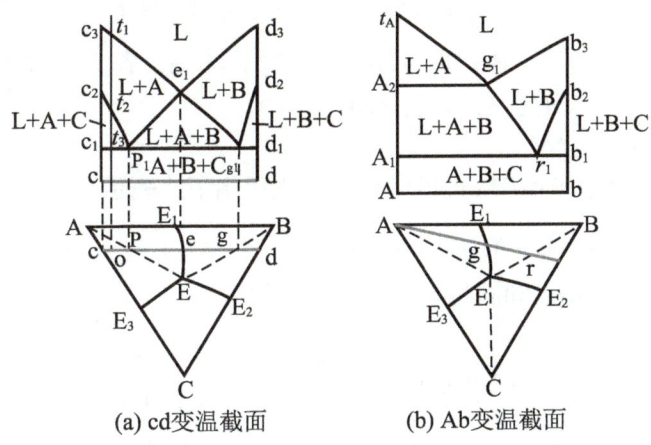

(a) cd变温截面　　　(b) Ab变温截面

图6.79　垂直截面图

表6-15　合金 o 的结晶过程

温度范围	现象	相数	自由度数
t_1	从液相凝固出初晶 A	2	2
$t_1 \sim t_2$	L+A 两相共存	2	2
t_2	发生 L↔(A+C) 二元共晶转变	3	1
$t_2 \sim t_3$	L+A+C 三相共存	3	1
t_3	L↔(A+B+C) 三元共晶转变，直到凝固完毕	4	0

图6.79(b)中的t_Ag_1、g_1b_3是垂直截面与液相面的交线，A_2g_1、g_1r_1、r_1b_2分别是垂直截面与3个二元共晶面的交线，A_1b_1是垂直截面与三元共晶面的交线。A_2g_1水平线并不表示等温转变，它只表示Ag线段上的所有合金都在A_2g_1温度发生二元共晶转变L→A+B。

在变温截面上，四相平衡区(等温转变)一定是一条水平线，但是变温截面上的水平线却并不一定就是四相平衡区，只有水平线上下都有三相平衡区与之相邻接时，才可以确定此水平线为四相平衡区。

4. 投影图

把三元共晶空间立体相图的所有相区之间的交线都投影到成分三角形中，就可以得到三元相图的投影图。图6.80即为该三元共晶相图的投影图。

图6.80中，实线e_1E，e_2E和e_3E是3条共晶转变线的投影，它们的交点E是三元共晶点的投影；AE、BE、Ce 3条虚线为二元共晶曲面与三元共晶面的交线。实线把投影图划分成3个区域，分别表示3个液相面的投影。

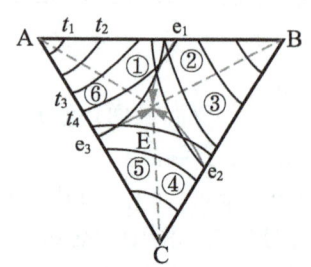

图6.80 固态完全不溶的三元共晶相图的投影图

利用投影图既能分析合金的结晶过程，又能确定平衡相的组成和含量。下面分4种情况讨论典型合金的平衡结晶过程。

1) 具有四相平衡共晶成分的合金 E

该合金的结晶过程可如下。$L \xrightarrow{\text{三元共晶反应}} L+(A+B+C) \rightarrow (A+B+C)$，结晶过程只经过了四相平衡共晶点E，合金在室温下的平衡组织是三元共晶体(A+B+C)。

2) 位于液相面内的合金o

如图6.81所示，投影图中熔体o的冷却析晶过程可用下式表示。

$$L \rightarrow L + A_{初} \xrightarrow{\text{二元共晶反应}} L + A_{初} + (A+B) \xrightarrow{\text{三元共晶反应}} L + A_{初} + (A+B) + (A+B+C)$$

冷却析晶过程中，液相点和固相点的变化路径如下

$$\text{液相：} o \xrightarrow[f=2]{L \rightarrow A_{初}} m \xrightarrow[f=1]{L \rightarrow A+B} E \begin{pmatrix} L \rightarrow A+B+C \\ f=0, \; L消失 \end{pmatrix}$$

$$\text{固相：} A \xrightarrow{\quad A \quad} A \xrightarrow{\quad A+B \quad} g \xrightarrow{\quad A+B+C \quad} o$$

合金o在室温下的平衡组织为$A_{初}+(A+B)+(A+B+C)$。可以将成分三角形划分为6个部分，合金结晶过程及室温组织依成分点所处的位置不同而有所差异，见表6-16。

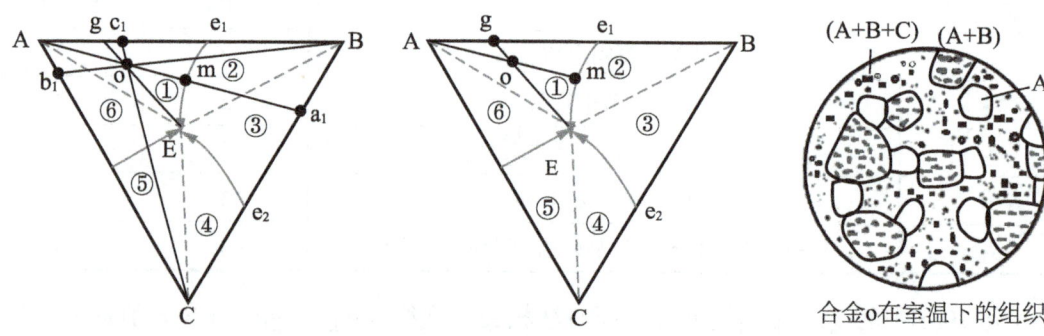

图6.81 位于液相面内的合金及其平衡结晶组织

杠杆定律的应用如下。

相为A+B+C。
相对量为

$$w_A = \frac{oa_1}{Aa_1} \times 100\%, \quad w_B = \frac{ob_1}{Bb_1} \times 100\%, \quad w_C = \frac{oc_1}{Cc_1} \times 100\%$$

组织的相对量为

$$w_{\text{初A}} = \frac{\text{oM}}{\text{AM}} \times 100\%, \quad w_{(A+B+C)} = w_{L_E} = \frac{\text{og}}{\text{Eg}} \times 100\%, \quad w_{(A+B)} = \left(1 - \frac{\text{oM}}{\text{AM}} - \frac{\text{og}}{\text{Eg}}\right) \times 100\%$$

3) 位于三相平衡共晶线(e_1E、e_2E、e_3E)上的合金

成分点位于e_1E线上的合金的结晶过程如下。

$$L \xrightarrow{\text{二元共晶}} L+(A+B) \xrightarrow{\text{三元共晶}} L+(A+B+C)+(A+B) \to (A+B+C)+(A+B)$$

经历了二元共晶面和三元共晶面,室温下的平衡组织为(A+B)+(A+B+C)。合金结晶过程及室温下的平衡组织依成分点所处的共晶线不同而有所差异,见表6-16。

4) 位于二元共晶曲面和三元共晶曲面交线上的合金

成分点位于AE线上的合金的结晶过程如下。

$$L \to L+A_{\text{初}} \xrightarrow{\text{三元共晶反应}} L+A_{\text{初}}+(A+B+C) \to A_{\text{初}}+(A+B+C)$$

室温下的平衡组织为$A_{\text{初}}$+(A+B+C)。合金结晶过程及室温下的平衡组织依成分点所处的交线不同而有所差异,见表6-16。

表 6-16 典型三元合金的平衡结晶产物

合金成分	位置	相组成	组织组成物
四相平衡共晶成分合金	E	A+B+C	(A+B+C)
液相面内 6个	①	A+B+C	$A_{\text{初}}$+(A+B)+(A+B+C)
	②	A+B+C	$B_{\text{初}}$+(A+B)+(A+B+C)
	③	A+B+C	$B_{\text{初}}$+(C+B)+(A+B+C)
	④	A+B+C	$C_{\text{初}}$+(C+B)+(A+B+C)
	⑤	A+B+C	$C_{\text{初}}$+(A+C)+(A+B+C)
	⑥	A+B+C	$A_{\text{初}}$+(A+C)+(A+B+C)
三相平衡共晶线	e_1E 线上	A+B+C	(A+B)+(A+B+C)
	e_2E 线上	A+B+C	(B+C)+(A+B+C)
	e_3E 线上	A+B+C	(A+C)+(A+B+C)
二元共晶曲面和三元共晶曲面交线	AE 线上	A+B+C	$A_{\text{初}}$+(A+B+C)
	BE 线上	A+B+C	$B_{\text{初}}$+(A+B+C)
	CE 线上	A+B+C	$C_{\text{初}}$+(A+B+C)

6.4.5 三元相图的几何规律及分析方法 (Geometric Rules and Analysis Methods of Ternary Diagrams)

1. 三元相图的几何规律

相区接触法则(Phasecontact Law):相邻相区相的数目差等于1。

相邻相区在三元立体相图中指彼此以面为界的相区;在等温截面图和垂直截面图上指

彼此以线为界的区。
> **三元相图的空间图形**：以面(曲面或连接三角形)相邻的两相区相数差1(单双、双三、三四)；以线(变温线或连接线)相邻的两相区相数差2(单三、双四)；以点(四相区平衡点)相邻的两相区相数差3(单四)。
> **三元相图的截面图中(水平/垂直截面)**：以线相分隔的两相邻相区相数差1；以点相接的两相邻相区相数差2。

注意：应用相区接触法则时，对于立体图只能根据相区接触的面，而不能根据相区接触线或点来判断；对于截面图只能根据相区接触的线，而不能根据相区接触的点来判断。

根据相区接触法则，除了截面截到四相水平面外，截面图中每个相界线交点必定有4条相界线相交，这也是判断截面是否正确的几何法则之一。

2. 三元相图的分析方法

完整的三元相图是由温度和成分构成的三维立体模型，3个成分参数构成两个独立变量。一系列空间曲面及平面将三元相图分隔成单相区、两相区、三相区和四相区。

1) 单相区

三元系处于单相时，自由度数为3，单相空间的形状不受温度、成分对应关系的制约，单相区的截面可以是多种形状的平面图形。

2) 两相平衡区

三元系处于两相平衡时，自由度数为2，其两相区以一对共轭曲面为边界。
> 等温截面截得的是一对共轭曲线，可以应用杠杆定律。
> 变温截面截得的两条曲线并非是共轭曲线，它只能反映两相转变的温度范围，并不能代表平衡相的成分，因此不能使用杠杆定律。

3) 三相平衡区

三元系三相平衡时自由度数为1，三相平衡反应是一个变温过程。三相平衡区域是由3个相的成分单变量线构成的不规则三棱柱体，其棱边与单相区连接，柱面与两相区为邻。
> **共轭连线三角形**：任何三相平衡区的等温截面都是一个直边三角形(共轭连线三角形)，其顶点连接单相区并代表该相成分，连接两个顶点的共轭连线就是三相区和两相区的边界线。
> **曲边三角形**：三相平衡区的变温截面，如果截过3个柱面则是曲边三角形。

三相平衡转变类型的判断：三元系的三相平衡转变有共晶型和包晶型两类，其空间区域都是一个三棱柱体。利用以下方法可判定其转变类型：
> 在立体相图中，利用共轭三角形从高温到低温位置的移动规律来判定。

单变量线是共轭连线三角形顶点的移动轨迹，通常总是反应相的单变量线在前，而生成相的单变线在后，如图6.82所示。
> 利用变温截面上曲边三角形的特征来判定。

如图6.83所示，变温截面曲边三角形顶点分别与3个单相区相连，如果居中的单相区在曲边三角形上方，那么该三相平衡区内发生的是共晶反应，反之则是包晶反应。

注意：若曲边三角形3个顶点邻接的不是单相区，不能以此判定转变类型。

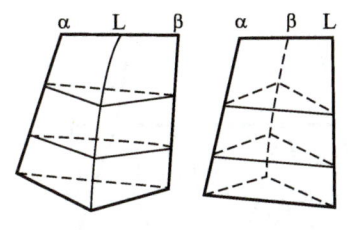

图 6.82 共轭连线三角形的移动规律

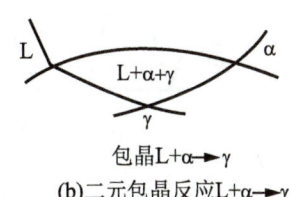

图 6.83 曲边三角形的特征

4) 四相平衡区

三元系四相平衡时,自由度数为0,发生3种类型的恒温转变,即三相共晶转变 $L \rightleftharpoons \alpha+\beta+\gamma$,包共晶转变 $L+\alpha \rightleftharpoons \beta+\gamma$ 和三相包晶转变 $L+\alpha+\beta \rightleftharpoons \gamma$。判别其转变类型的方法有3种。

(1) **在立体相图中,由三相平衡区的邻接关系判别四相平衡转变类型**。根据相区接触法则,四相平衡平面上下都与三相平衡区相衔接,见表6-17。

➤ 三相共晶转变:四相平衡水平面上邻3个三相区,下邻1个三相区。四相平衡呈现为1个三角形平面,三角形顶点代表3个生成相成分,反应相成分点位于三角形之中。

➤ 包共晶转变:四相平衡水平面上下各邻接2个三相区。四相平衡呈现为一个四边形平面,两反应相和两生成相分别位于四边形两条对角线的端点上。

➤ 三相包晶转变:四相平衡水平面上邻1个三相区,下邻3个三相区。四相平衡也呈现为一个三角形水平面,三角形的顶点分别代表3个反应相的成分,生成相的成分点位于三角形之中。

表 6-17 三元系四相平衡时的反应类型

反应类型	四相平衡	应前三相平衡	反应后三相平衡
三元共晶反应 $L \rightleftharpoons \alpha+\beta+\gamma$	α—L—β 三角形含γ	α—L—β 三角形分三部分含γ	α—β—γ 三角形
包共晶反应 $L+\alpha \rightleftharpoons \beta+\gamma$	α—β—L—γ 四边形	α—β—L—γ	α—β—L—γ
三元包晶反应 $L+\alpha+\beta \rightleftharpoons \gamma$	α—β 三角形含γ,L	α—β—L 三角形	α—β—γ—L 含γ

(2) **由变温截面判别四相平衡转变类型**。如果代表四相平衡区的水平线上下与之邻接的三相平衡区的数目为4时,可以由其邻接关系判定四相平衡转变的类型,如图6.84所示。

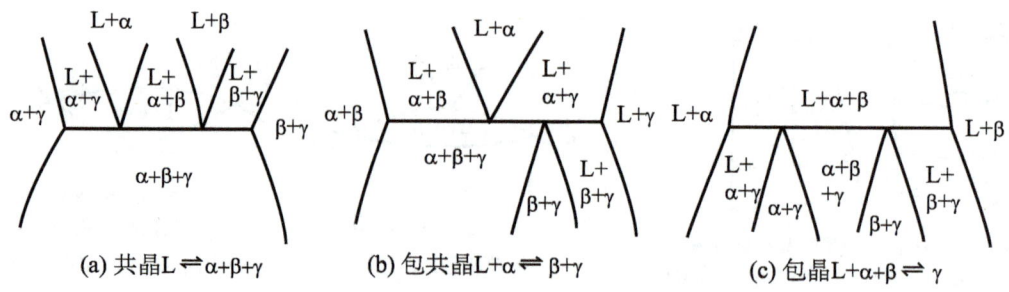

图 6.84 由截过 4 个三相区的变温截面判别四相平衡转变类型
三相平衡区的数目分别为：上三下一、上二下二、上一下三。

(3)利用投影图上的液相单变量线的走向判断四相平衡转变的类型。当3条液相单变量线相交于一点时，在交点所对应的温度必然发生四相平衡转变，如图6.85所示。

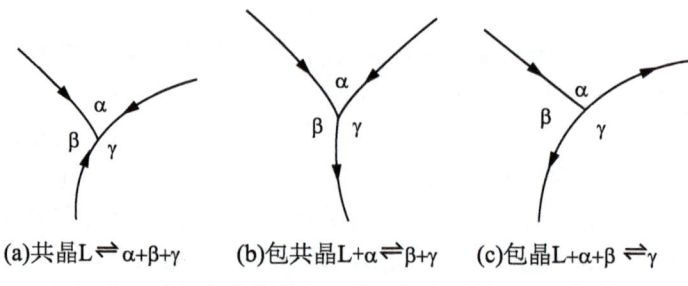

图 6.85 由三条液相单变量线的走向判断四相平衡类型

➤ **三相共晶转变**：3条液相单变量线上的箭头同时指向交点；**三相共晶反应**是液相生成由这3个单变量线组成的3个液面所对应的相。

➤ **三相包共晶转变**：两条液相单变量线上的箭头指向交点，一条背离交点；**包共晶反应**是由液相和箭头指向交点的那两条单变量线所围的液相面对应相，生成另两个液相面所对应的相。

➤ **三相包晶转变**：一条液相单变量线的箭头指向交点，两条背离交点。**三相包晶反应**是液相和箭头背离交点的2条单变量线外侧的2个液相面所对应的相反应，生成另一个液相面所对应的相。

6.4.6 典型的三元相图 (Typical ternary Diagram)

由于三元相图的复杂性，在实际应用时，针对不同的材料组成系统，需综合运用投影图、变温截面图和等温截面图或局部特征图等进行一系列的综合分析，从而进行材料成分、结构和工艺研究。

1. Fe–C–Si相图

图6.86(a)是Fe-C-Si三元相图的投影图，平行于Fe-C-Si成分三角形的Fe-C边，Si含量分别为2.4%和4.8%的两个变温截面如图6.86(b)和(c)所示。这些垂直截面是研究灰口铸铁组元含量与组织变化规律的重要依据。

图6.86(b)和(c)的两个垂直截面中有液相L、铁素体α、高温铁素体δ和奥氏体γ 4个单相区，还有7个两相区和3个三相区。它们和铁碳二元相图有些相似，只是包晶转变(L+δ⇌γ)、

共晶转变(L⇌γ+C)及共析转变(γ⇌α+C)等三相平衡区不是水平直线，而是由几条界线所限定的三相区。同时，由于加入Si，包晶点、共晶点和共析点的位置都有所移动，且随着Si含量的增加，包晶转变温度降低，共晶转变和共析转变温度升高，γ相区逐渐缩小。

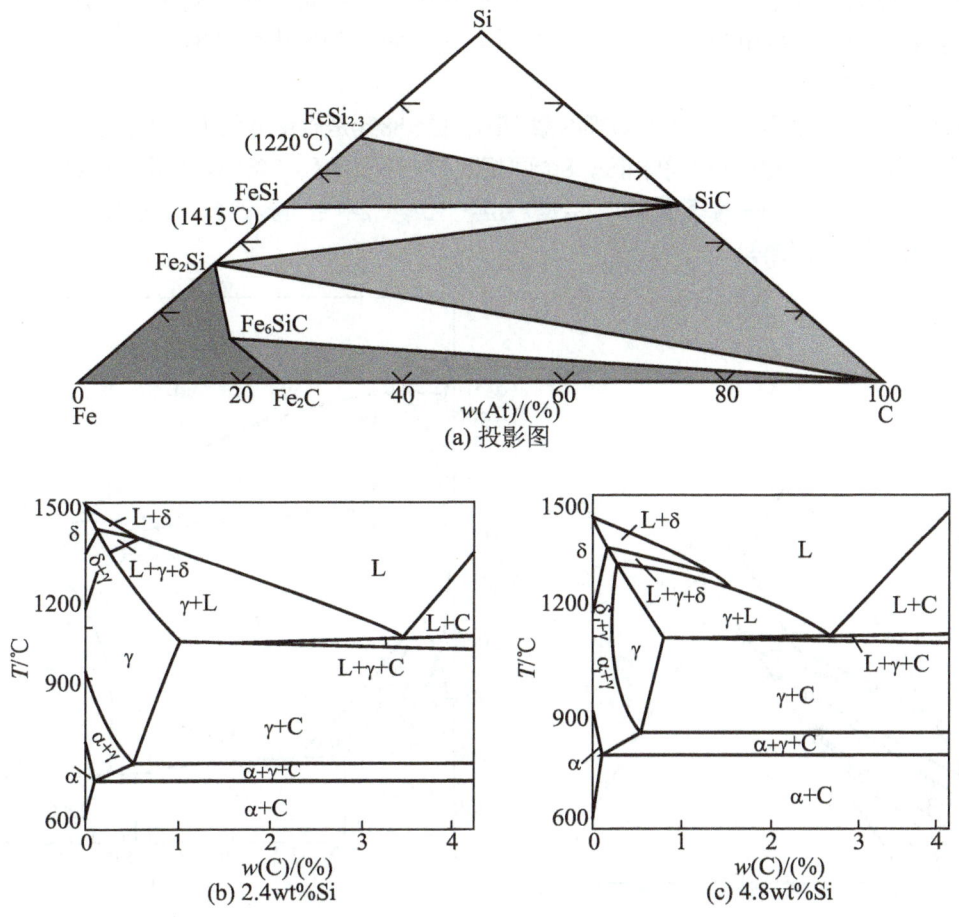

图 6.86　Fe–C–Si 三元系变温截面

2. Fe–C–N相图

图6.87为Fe-C-N三元系575℃的水平等温截面。对碳钢渗氮或碳氮共渗处理后渗层进行组织分析时，常使用这些水平截面，可以分析不同温度下氮化时由表及里各分层的相组成。

图6.87中有一个四边形(阴影区，两条对角线为虚线)，其4个顶点都与单相区相接(γ、γ'、Fe_3C和ε)，4个边均与两相区相邻。

图6.87中以两条虚线将四边形划分成两对三角形，由相区接触法则可知，与两相区相接的只能是单相区或三相区。

在四边形的成分内，存在4种三相平衡，

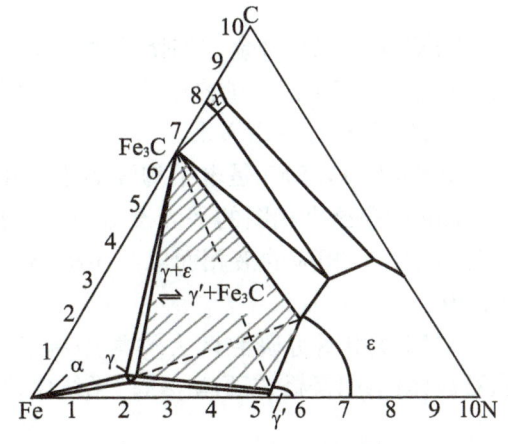

图 6.87　Fe–C–N 相图的等温截面 (575℃)

即 $\gamma+\varepsilon+Fe_3C$、$\gamma+\varepsilon+\gamma'$、$\gamma'+\gamma+Fe_3C$、$\gamma'+Fe_3C+\varepsilon$。这种现象只能出现在四相平衡过程之中，因此这个等温截面就是Fe-C-N三元相图中的四相平衡平面，属于包共析转变，两对三角形分别是包共析转变前后的两对三相平衡区。

在575℃附近温度，只存在其中一对三相平衡区，每一对三相平衡区中间应以一个两相区将其隔开，这个两相区中存在的平衡相就是这一对三相区中的共有相。

3. Fe-Cr-C相图

图6.88(a)是Fe-Cr-C相图在1150℃的等温截面图，图6.88(b)是质量分数为13% Cr的Fe-Cr-C三元系的变温截面图，图6.88(b)有4个单相区、8个两相区和8个三相区，3条四相平衡水平线。

C_1是Fe溶于Cr_7C_3中的碳化物，C_2是Fe溶于$Cr_{23}C_6$中的碳化物，C_3是以Fe_3C为基、溶有Cr原子的合金渗碳体。

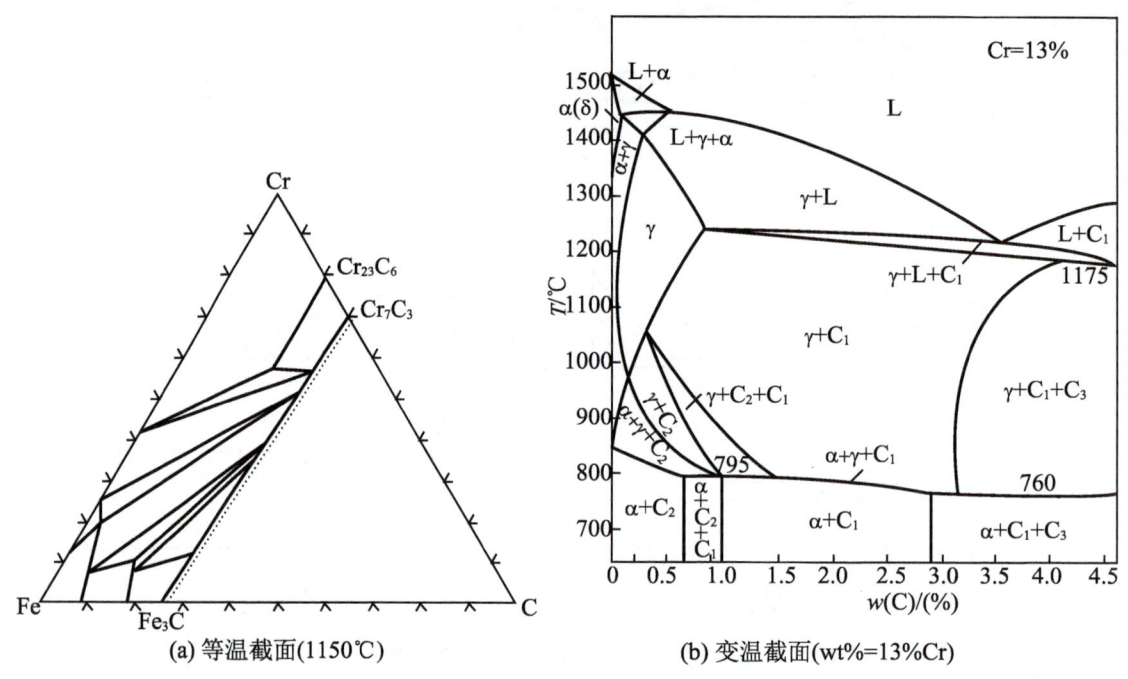

(a) 等温截面(1150℃) (b) 变温截面(wt%=13%Cr)

图6.88 Fe-Cr-C 相图的截面图

Fe-Cr-C系三元合金，如铬不锈钢0Cr13、1Cr13、2Cr13以及高碳高铬型模具钢Cr12等在工业上被广泛应用。此外，其他常用钢种也有很多是以Fe-Cr-C为主的多元合金。

4. MgO–Al₂O₃–SiO₂相图

MgO-Al₂O₃-SiO₂是电子陶瓷的主要化学组元，构成的三元相图是研究电子陶瓷的基础。图6.89是这个相图的平面投影图，固相名称、分子式和代号见表6-18，各相的成分点以代号示出，相应的液相面以汉字标出。图中四相平衡点所代表的反应及平衡温度等见表6-19。

利用该相图可研究两大类常用制品：高级耐火材料，如镁砖(方镁石，MgO)、尖晶石砖(MA)和镁橄榄石(M_2S)；无线电高频镁制陶瓷，如滑石瓷、堇青石瓷和镁橄榄石瓷等。

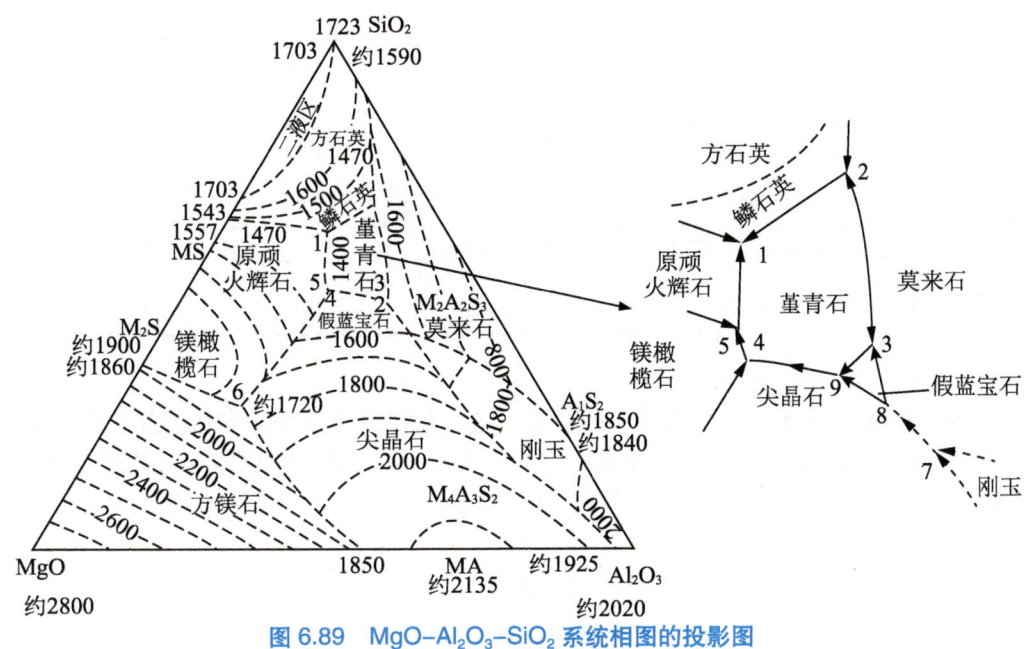

图 6.89 MgO–Al$_2$O$_3$–SiO$_2$ 系统相图的投影图

表 6–18 常见矿物的分子式和代号

名称	分子式	代号	名称	分子式	代号
方石英	SiO$_2$	S	硅灰石	CaO·SiO$_2$	CS
鳞石英	SiO$_2$	S	硅酸二钙	2CaO·SiO$_2$	C$_2$S
刚玉	Al$_2$O$_3$	A	硅酸三钙	3CaO·SiO$_2$	C$_3$S
方镁石	MgO	M	二硅酸三钙	3CaO·2SiO$_2$	C$_3$S$_2$
假蓝宝石	4MgO·5Al$_2$O$_3$·2SiO$_2$	M$_4$A$_5$S$_2$	七铝酸十二钙	12CaO·7Al$_2$O$_3$	C$_{12}$A$_7$
堇青石	2MgO·2Al$_2$O$_3$·5SiO$_2$	M$_2$A$_2$S$_5$	铝酸一钙	CaO·Al$_2$O$_3$	CA
镁橄榄石	2MgO·SiO$_2$	M$_2$S	二铝酸一钙	CaO·2Al$_2$O$_3$	CA$_2$
尖晶石	MgO·Al$_2$O$_3$	MA	铝酸三钙	3CaO·Al$_2$O$_3$	C$_3$A
原顽火辉石	MgO·SiO$_2$	MS	六铝酸钙	CaO·6Al$_2$O$_3$	CA$_6$
莫来石	3Al$_2$O$_3$·2SiO$_2$	A$_3$S$_2$	钙长石	CaO·Al$_2$O$_3$·3SiO$_2$	CAS$_2$
生石灰	CaO	C	钙铝黄长石	2CaO·Al$_2$O$_3$·SiO$_2$	C$_2$AS

表 6–19 MgO–Al$_2$O$_3$–SiO$_2$ 系统的四相平衡点

图 6.89 中点编号	相间平衡	平衡性质	平衡温度 /℃	组成 /(%)		
				MgO	Al$_2$O	SiO
1	液 ⇌ MS + S + M$_2$A$_2$S$_5$	共晶反应	1355	20.5	17.5	62
2	A$_3$S$_2$ + 液 ⇌ M$_2$A$_2$S$_5$ + S	包共晶反应	1440	9.5	22.5	68
3	A$_3$S$_2$ + 液 ⇌ M$_2$A$_2$S$_5$ + M$_4$A$_5$S$_2$	包共晶反应	1460	16.5	34.5	49
4	MA + 液 ⇌ M$_2$A$_2$S$_5$ + M$_2$S	包共晶反应	1370	26	23	51
5	液 ⇌ M$_2$S + MS + M$_2$A$_2$S$_5$	共晶反应	1365	25	21	54

续表

图6.89中点编号	相间平衡	平衡性质	平衡温度/℃	组成/(%) MgO	Al_2O	SiO
6	液 $\rightleftharpoons M_2S + MA + M$	共晶反应	1710	51.5	20	28.5
7	$A + 液 \rightleftharpoons MA + A_3S_2$	包共晶反应	1578	15	42	43
8	$MA + A_3S_2 + 液 \rightleftharpoons M_4A_5S_2$	包晶反应	1482	17	37	46
9	$M_4A_5S_2 + 液 \rightleftharpoons M_2A_2S_5 + MA$	包共晶反应	1453	17.5	33.5	49

5. $CaO-Al_2O_3-SiO_2$ 相图

$CaO-Al_2O_3-SiO_2$是无机非金属材料的重要系统，包括许多重要硅酸盐制品、高炉矿渣和某些矿物岩石，本系统对硅酸盐工业具有很大的实际意义。$CaO-Al_2O_3-SiO_2$相图如图6.90 (a) (彩图17)所示。各种材料的组成范围用图6.90 (b)表示。

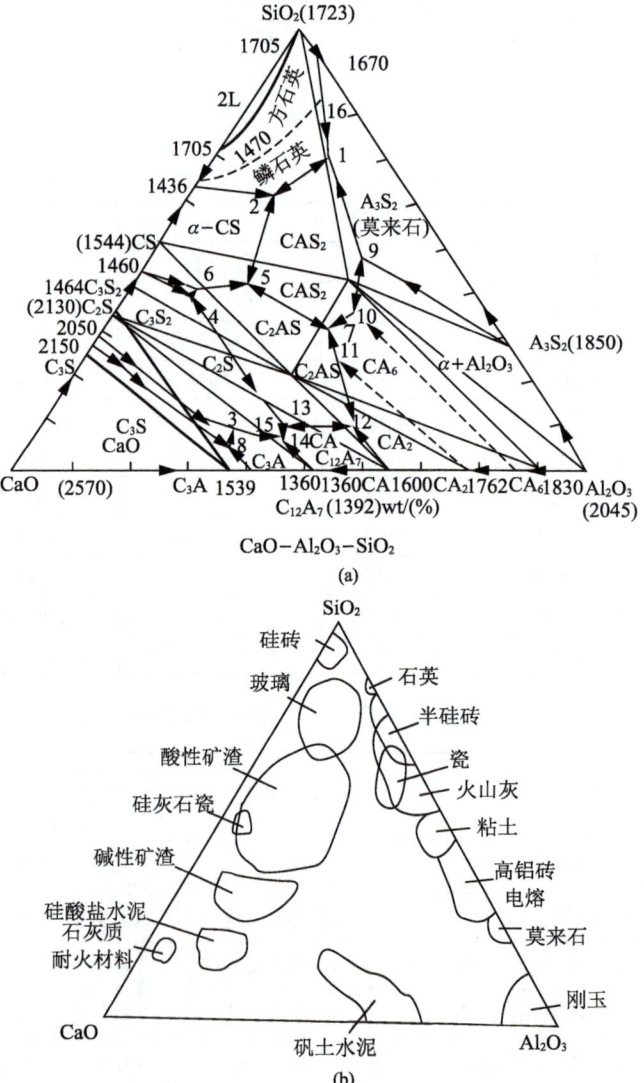

图 6.90 $CaO-Al_2O_3-SiO_2$ 系统相图

CaO-Al$_2$O$_3$-SiO$_2$系统共有15种化合物,包括3种纯组分、10种二元化合物和2种三元化合物(分子式和代号见表6-18)。3种纯组分为CaO、Al$_2$O$_3$和SiO$_2$,熔点分别为2570℃、2045℃和1723℃。10种二元化合物中4种是一致熔化合物:CS、C$_2$S、C$_{12}$A$_7$、A$_3$S$_2$,6种为不一致熔化合物:C$_3$S$_2$、C$_3$S、C$_3$A、CA、CA$_2$、CA$_6$。两种三元化合物都是一致熔化合物:CAS$_2$及C$_2$AS。15种化合物都有自己对应的初晶区,SiO$_2$的初晶区被1470℃的多晶转变等温线分为方石英和鳞石英两个相区,而且在靠近SiO$_2$处还有一个液相分层的二液区。相图中有16个三元无变量点(表6-20)。

CaO-Al$_2$O$_3$-SiO$_2$系统中的富钙部分即高钙区对硅酸盐水泥的生产有重要意义。应用最多的是CaO-C$_2$S-C$_{12}$A$_7$系统,硅酸盐水泥中的主要矿物:C$_2$S、C$_3$S、C$_3$A都在此系统内。CaO-C$_2$S-C$_{12}$A$_7$系统相图在硅酸盐水泥配料的选择、产品性能的估计以及生产工艺的控制等方面均有重要的指导意义。

表 6-20 CaO-Al$_2$O$_3$-SiO$_2$ 系统中三元无变量点

图上点号	相间平衡	平衡性质	衡温度/℃	组成/(%)		
				CaO	Al$_2$O$_3$	SiO$_2$
1	L ⇌ 鳞石英+CAS$_2$ + A$_3$S$_2$	低共熔点	1345	9.8	19.8	70.4
2	L ⇌ 鳞石英+CAS$_2$ + α – CS	低共熔点	1170	23.3	14.7	62.0
3	C$_3$S+L ⇌ C$_3$A + α – C$_2$S	双升点	1455	58.3	33.0	8.7
4	α′–C$_2$S + L ⇌ C$_3$S$_2$ + C$_2$AS	双升点	1315	48.2	11.9	39.9
5	L ⇌ CAS$_2$ + C$_2$AS + α – CS	低共熔点	1265	38.0	20.0	42.0
6	L ⇌ C$_2$AS + C$_3$S$_2$ + α – CS	低共熔点	1310	47.2	11.8	41.0
7	L ⇌ CAS$_2$ + C$_2$AS + CA$_6$	低共熔点	1380	29.2	39.0	31.8
8	CaO + L ⇌ C$_3$S + C$_3$A	双升点	1470	59.7	32.8	7.5
9	Al$_2$O$_3$ + L ⇌ CAS$_2$ + A$_3$S$_2$	双升点	1512	15.6	36.5	47.9
10	Al$_2$O$_3$ + L ⇌ CA$_6$ + CAS$_2$	双升点	1495	23.0	41.0	36.0
11	CA$_2$ + L ⇌ C$_2$AS + CA$_6$	双升点	1475	31.2	44.5	24.3
12	L ⇌ C$_2$AS + CA + CA$_2$	低共熔点	1500	37.5	53.2	9.3
13	C$_2$AS + L ⇌ α′ – C$_2$S + CA	双升点	1380	48.3	42.0	9.7
14	L ⇌ α′ – C$_2$S + CA + C$_{12}$A$_7$	低共熔点	1335	49.5	43.7	6.8
15	L ⇌ α′ – C$_2$S + C$_3$A + C$_{12}$A$_7$	低共熔点	1335	52.0	41.2	6.8
16	方石英 $\xrightleftharpoons{L, A_3S_2}$ 鳞石英	多晶转变	1470			

6. 聚合物三元相图

测定某些高聚物的平均相对分子质量，有时需要对高聚物进行逐步沉淀分级。高聚物逐步沉淀分级是聚合物-溶剂-沉淀剂三元系相图决定的。

图6.91是聚合物-溶剂-沉淀剂形成的三元系相图。x是高分子中链段数，其值与相对分子质量成正比。

由图6.91可知，在恒温的溶液中，逐渐加入能与溶剂互溶的沉淀剂，则溶剂分子对高分子的溶解能力减小，不足以克服高分子间的内聚能。这样在给定的温度下，把沉淀剂逐渐加到聚合物-溶剂体系中，就会发生相分离；高分子含量高的一相为浓相，另一相为很稀的溶液相，称为稀相。

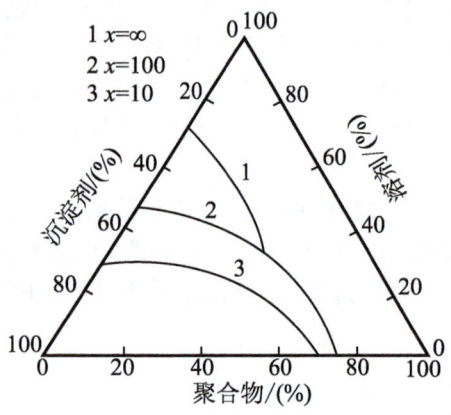

图6.91　聚合物－溶剂－沉淀剂三元系相图

由图6.91可见，当沉淀剂的组成逐渐增大时，相对分子质量x较大的高分子首先分成两相，将浓相取出，称为第一级分；然后在稀相中再加入沉淀剂，又产生相分离，取出浓相，称为第二级分。如此继续下去，就把多分散性的聚合物分离成相对分子质量由大到小的若干级分，对每一级分分别称重，测出相对分子质量后，就可求出该聚合物的平均相对分子质量。

6.5　相图热力学 (Thermodynamics of Phase Diagram)

相图是相平衡时热力学变量轨迹的几何表达，而平衡状态是指系统吉布斯自由能最低时所对应的状态，因此，一方面可从相图上获取某些热力学数据，对相图作出热力学解释；另一方面，依据吉布斯自由能随成分的变化可以计算某一温度下的自由能，从而找出能量最低的平衡态组成相，确定相图的结构，即由热力学数据可以合成相图。

6.5.1　单元相图热力学 (Thermodynamics of Unit Phase Diagram)

为了确定在不同温度下稳定存在的相或平衡共存的相，需研究和计算系统自由能随温度的变化。

由热力学可知，吉布斯自由能$G=H-TS$，对于质量和成分均不发生变化的系统，当温度和压力改变时，其吉布斯自由能的变化为：$dG=-SdT+VdP$。在恒压下有$\left(\dfrac{\partial G}{\partial T}\right)_P=-S$，随温度$T$的升高，吉布斯自由能$G$将以$-S$的速率降低。

如图6.92所示，液相的自由能G^L比固相的自由能G^S下降的速度更快(液相L大于固相S)，二者有一个交点e，对应的温度为T_m。

➤ 当$T<T_m$时，$G^L>G^S$，固相是稳定相。

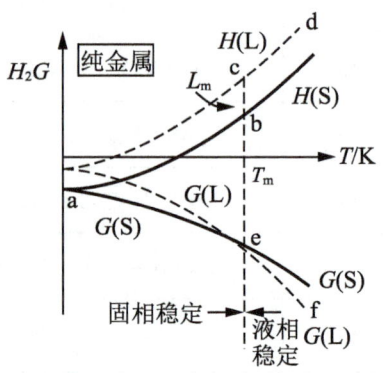

图6.92　纯金属自由能(G)随温度的变化

- 当$T=T_m$时,$G^L=G^S$,液、固两相处于平衡共存状态;T_m是相图上固、液的相变点。
- 当$T>T_m$时,$G^L<G^S$,液相是稳定相。

图6.93是具有同素异构转变的纯铁的自由能曲线。

在常压下,铁素体的自由能曲线和奥氏体的自由能曲线有两个交点,对应的温度分别是912℃和1394℃。

- 在912℃以下铁以α-Fe的形式存在。
- 在912~1394℃以γ-Fe的形式存在。
- 在1394℃以上则以δ-Fe的形式存在。
- 在912℃,α-Fe和γ-Fe相平衡共存。
- 在1394℃,γ-Fe和δ-Fe相平衡共存。

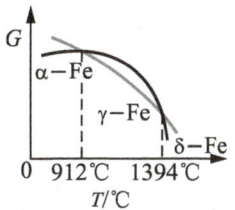

图6.93 铁的自由能(G)随温度的变化关系

6.5.2 二元相图热力学 (Thermodynamics of Binary Diagram)

1. 固溶体的吉布斯自由能

二元系统比单元系统多了一个变量,因而其吉布斯自由能除了依赖于温度和压力之外,还依赖于成分(或浓度)。相图一般都是在常压下绘制的,这里主要讨论自由能随温度和成分的变化关系。

在A和B原子组成的二元系统中,设A、B二组元的晶体结构相同,而且二者能以任何比例形成无限固溶体。根据热力学的知识可知,固溶体的自由能为

$$G(x) = G^0 + \Delta H_m - T\Delta S_m = x_A \mu_A^0 + x_B \mu_B^0 + \Omega x_A x_B + RT(x_A \ln x_A + x_B \ln x_B) \quad (6\text{-}1)$$

式中:G^0为A、B原子混合前的自由能之和;ΔH_m为混合后焓的变化值;ΔS_m为混合后的熵变值;x_A和x_B分别为固溶体中A、B两组元的摩尔分数;μ_A^0、μ_B^0分别是A、B的摩尔自由能;R为普适气体常数。

$\Omega = NZ\varepsilon$,称为**相互作用参数**,表示A、B之间的作用大小。N为阿伏加德罗常数,Z为一个原子周围最近邻的原子数(配位数)。$\varepsilon = \varepsilon_{AB} - \frac{1}{2}(\varepsilon_{AA} + \varepsilon_{BB})$,称为**混合能参量,它表示形成一个A-B键热焓(内能)的变化**。ε_{AA}、ε_{BB}、ε_{AB}表示A-A、B-B、A-B 3种类型原子键的结合能。

2. 固溶体的自由能-成分曲线

固溶体的自由能G是一个成分和温度的函数$G(x、T)$。在恒温下固溶体的自由能-成分曲线将因Ω的不同而有所变化,如图6.94所示。

(1)$\Omega<0$ 在全部成分范围内,曲率$\frac{d^2G}{dx^2}$均为正值,曲线具有简单的∪形,只有一个极小值。

$\varepsilon<0$,异类原子的结合力大,A-B键稳定,A、B原子一般均匀混合。

(2)$\Omega=0$ 自由能-成分曲线也呈现∪形。

$\varepsilon=0$,原子随机分布,为理想固溶体。

(3)$\Omega>0$ $\varepsilon>0$,A-B对结合不稳定,同类原子趋向于偏聚。系统自由能-成分曲线有两个最小值点E、F和一个最大值点。拐点q、r处,$\frac{d^2G}{dx^2}=0$;q、r之间,$\frac{d^2G}{dx^2}<0$,曲线呈∩形;

q、r之外，曲线呈U形。

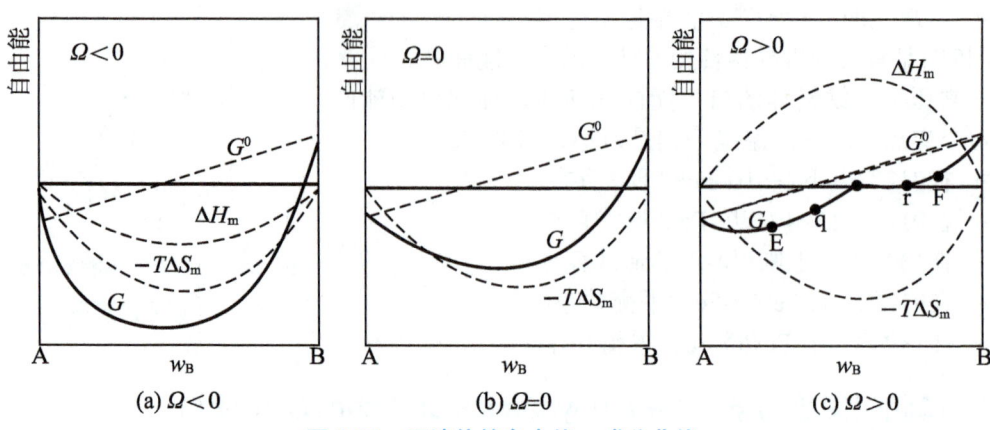

图 6.94　固溶体的自由能 – 成分曲线

应用式(6-1)分别对不同温度进行计算，即可绘制出不同温度下的固溶体的自由能-成分曲线。

3. 混合相的自由能

设A、B两组元形成α和β两个固溶体，两相的成分为x_1、x_2，摩尔自由能分别为G_1和G_2，两相混合物(α+β)中α、β所占比例分别为N_1和N_2，则混合相(α+β)的浓度和摩尔自由能可表示为

$$x = x_1 N_1 + x_2 N_2, \quad G = N_1 G_1 + N_2 G_2$$

(1)由于$N_1 + N_2 = 100\%$，可得

$$N_1 = \frac{x_2 - x}{x_2 - x_1}, \quad N_2 = \frac{x - x_1}{x_2 - x_1}$$

此为杠杆法则。

(2)可得关系式

$$\frac{G - G_1}{x - x_1} = \frac{G_2 - G}{x_2 - x}$$

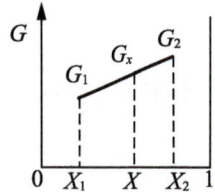

图 6.95　混合相自由能图示法

根据此式将摩尔自由能对应于成分作图，如图6.95所示。在G-X的图形中，α、(α+β)、β三者的对应点G_1、G、G_2在一直线上。也就是说，**在某一温度下混合相的自由能与两个组成相的自由能同在一条直线上。两相的相对含量服从杠杆定律。**

4. 多相平衡的公切线原理

图6.96是α、β两相在某一温度T_1下的自由能-成分曲线。图中α相与β相的两个自由能-成分曲线的公切线的切点为P和Q，P点对应α相成分x_1，Q点对应β相成分x_2。

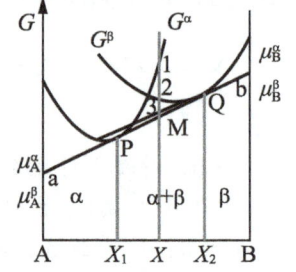

图 6.96　两相平衡公切线法则

➤ 合金浓度$\leq x_1$时：α固溶体的自由能最小，故α相为稳定存在的相。

➤ 合金浓度$\geq x_2$时：β相的自由能最小，β相为稳定相。

- PQ之间的合金：浓度在$x_1 \sim x_2$间，以x_1浓度的α相和x_2浓度的β相组成的混合相的自由能为最小，因为由这两相组成的混合相的自由能位于直线PQ上(M点)，它不仅低于α相(1点)或β相(2点)的自由能，而且也低于其他浓度的(α+β)混合相的自由能(3点)。即合金由P点的α相和Q点的β相组成，它们是平衡相，两相混合自由能在M点自由能最低。

合金浓度在$x_1 \sim x_2$变动时，两平衡相浓度x_1、x_2维持不变，只是相对量作相应的改变，可由杠杆法则求得。

1)两相平衡公切线法则
两相平衡的条件是能作出这两相自由能曲线的公切线，系统混合相是以公切线对应的切点作为成分点的两相构成，两相的量满足杠杆定律。

2)推论
三相平衡共存的条件：在给定温度下，三相的自由能-成分曲线有**一条公切线**，3个切点的成分坐标是这3个平衡相在给定温度下的成分，如图6.97所示。

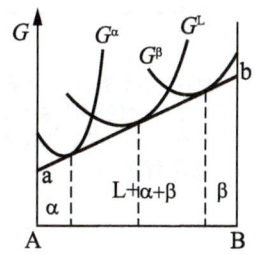

图 6.97　三相平衡公切线法则

6.5.3　相图与吉布斯自由能曲线 (Diagram and Gibbs Free Energy Curve)

根据热力学原理，由自由能-成分曲线合成相图的步骤为：
- 求出各相在不同温度和成分时的自由能，作出相应的自由能-成分曲线。
- 应用公切线法则作自由能-成分曲线的公切线，找出平衡相存在的温度和成分范围，即切点。
- 将切点综合绘制到温度-成分坐标图上，并将相同意义的点连接起来，合成相图。

1. 二元匀晶相图

如图6.98所示，在A、B两组元形成的二元系统中，若液、固两相都是理想溶体，利用相关公式可求得液、固两相在T_1、T_2、T_3、T_4、T_5各温度时的自由能并作出自由能-成分曲线。

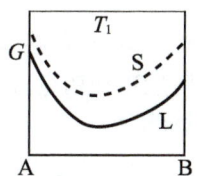 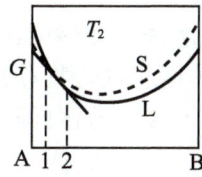 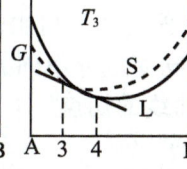 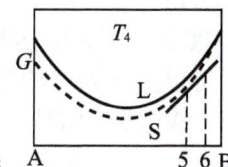

(a)在T_1温度以上：任何液相L的自由能都比固相S的低,L相是稳定相

(b)在T_2、T_3、T_4温度下,两相的自由能-成分曲线相交。应用公切线法则,对T_2、T_3和T_4温度时的自由能-成分曲线分别引公切线,得到各切点及其对应的成分(分别为1\2、3\4、5\6点)

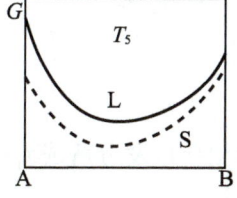 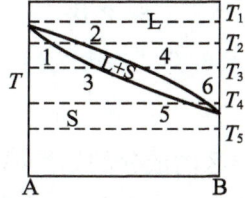

(c)在T_5以下则相反,固相的自由能低,S相是稳定相

(d)将各温度下存在的平衡相及其成分绘制在温度-成分的坐标中,得到匀晶相图

图 6.98　匀晶相图与吉布斯自由能曲线

2. 二元共晶相图

图6.99是二元共晶体系液、固两相在T_1、T_2、T_3、T_4、T_5各温度时的自由能-成分曲线。

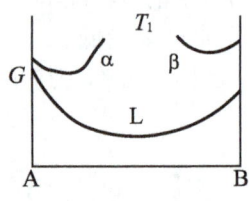 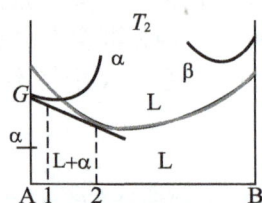 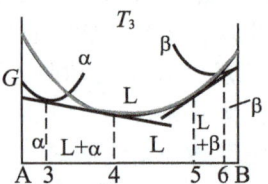

(a)在T_1时任何成分下液相L的自由能都比固相α和β的低,所以在T_1以上温度L相是稳定相

(b)在T_2温度时L相和α相的自由能-成分曲线相交,应用公切线法则可对两者的自由能-成分曲线引公切线,得到两个切点及其对应的成分

(c)在T_3温度时L相和α相、β相的自由能-成分曲线分别相交,分别作L、α和L、β的公切线,共得4个切点,但须注意这些切点不在一条直线上

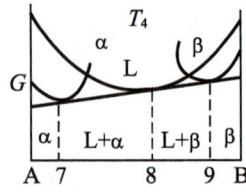 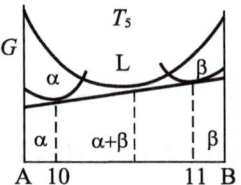 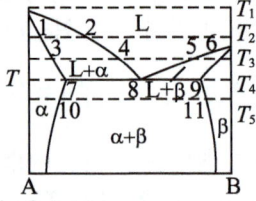

(d)在T_4温度时,L、α、β三相的自由能-成分曲线有一条公切线,表示该温度下处于三相平衡状态,三个切点所对应的浓度分别是L、α、β三个平衡相的成分

(e)T_5温度下可引α、β两相的自由能-成分曲线的公切线,得两个切点及其对应的成分

(f)将各温度下存在的平衡相及其成分绘制在温度-成分的坐标中即得共晶相图

图6.99　共晶相图与吉布斯自由能曲线

3. 调幅分解

如图6.100所示,无限溶解固溶体的自由能-成分曲线中部上凸,单一固溶体的自由能不是最低,可以分解为结构相同而成分不同的两相混合物(成分对应P_1和P_2点),这时固溶体呈偏聚态。成分S_1、S_2对应曲线的拐点。$S_1 \sim S_2$成分区间称为**调幅区**。

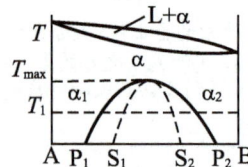 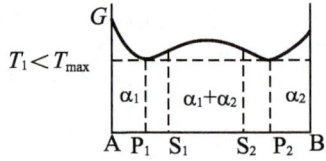

图6.100　有调幅分解的相图和自由能曲线

调幅区内:

如图6.101所示,在调幅区内成分的偏离都使自由能下降,α相会自发分解成$α_1$和$α_2$两相,称为**调幅分解**(Spinodal Decomposition),原子发生**上坡扩散**。

调幅分解时成分的变化如图6.102所示。

调幅区外:如图6.103所示,调幅区外的分解,造成能量的提高。

相图中位于实线和虚线之间的固溶体(图6.100)处于亚稳态,随温度降低从过饱和α固溶体中将析出第二相。形核时要求有一定的临界尺寸和能量起伏。

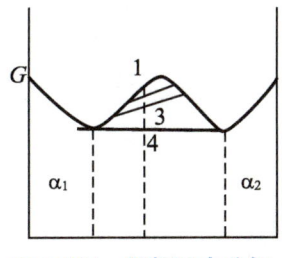

图6.101　调幅区内分解

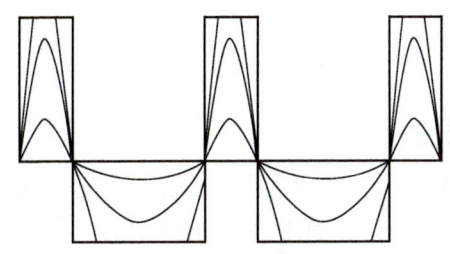

图6.102　调幅分解时成分的变化

如图6.104所示,调幅分解的组织呈布纹状,非常细小,只在高倍电子显微镜下才能观察到。

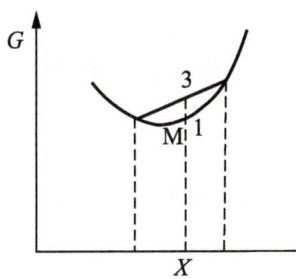

图6.103　调幅区外分解

图6.104　Cu-Ni-Fe合金调幅分解组织
亮区富Cu,暗区富Ni,×70000

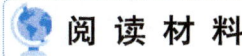 阅读材料　金展鹏——中国的霍金 (Jin Zhanpeng——Chinese Hawking)

金展鹏(1938.11—2020.11)是中南大学材料科学与工程学院教授、博士生导师、中国科学院院士,主要从事相图热力学与相变动力学研究,构筑了一系列金属合金、氧化锆基陶瓷及人工晶体材料的相图。1998年,因严重颈椎病金展鹏全身瘫痪后,一直被禁锢在轮椅上。

在国际相图界,有一个金展鹏"以1胜52"的美谈。通过反复试验,金展鹏把传统的材料科学与现代信息科学巧妙结合,首创了在一个试样上测量三元相图整个等温截面的方法,而当时德国科学家做同样的试验却用了52个试样,还没得到想要的相图。这个方法就是后来饮誉世界的"三元扩散偶—电子探针微区成分"分析法,又称"金氏相图测定法",国际同行称为"中国金"。它使材料科学工作者在绘制"地图"时,不仅更简便、更精确,而且效率是常规方法的几十倍。现在,这一方法已被国外50多种著名杂志的作者引用,为美国洛斯阿拉莫斯国家实验室、橡树岭国家实验室以及加州大学、俄罗斯科学院、英国皇家学会等科研单位广泛采用。

金展鹏建立了阶段性亚稳相变理论,揭示了某些铁合金中依次出现各种亚稳相的相变机制。他以不同热力学变量为坐标的相图为背景来研究各类动力学通道,建立了模拟材料组织演化过程的理论框架,并用于预测和阐明合金的非晶形成区、复合材料的界面反应过程及热腐蚀产物的形成条件。

【习题】Question

基础练习

一、填空题

1. 组元是_____，组元一般是_____或_____。
2. 相是_____。相平衡是指各相的_____平衡。
3. 组织是_____。平衡凝固是指_____冷却条件下的凝固。
4. 在二元系合金相图中，杠杆法则只能用于_____相区。
5. 珠光体是_____和_____相混合在一起形成的机械混合物。
6. 根据渗碳体的形状，钢中珠光体分为_____和_____两种。
7. 根据含碳量，钢分类为_____、_____和_____钢。随着碳含量的增加，钢的硬度和塑性的变化规律是_____。
8. 在三元系浓度三角形中，凡成分位于_____上的合金，它们含有另两个顶角所代表的两组元含量之比相等。平行于一边的任一直线上的合金，其成分共性为_____。
9. 根据三元相图的垂直截面图，可以分析_____。
10. 根据三元相图的水平(等温)截面图，可以_____。
11. 二元合金相图三相平衡转变的类型主要有_____和_____。三元合金相图四相平衡转变的类型主要有_____、_____和_____。
12. 在等压条件下(或忽略压强的影响)，若自由度为零，则在单元、两元和三元相图中对应的相的数目分别为_____、_____和_____。
13. 由一个固相同时析出成分和晶体结构均不相同的两个新固相的过程称为_____转变。
14. 在合金平衡相图中，确定一定温度和合金组分下合金内存在的各相的比例时，可以通过等温连接线，利用_____定律进行计算。

二、改错题

1. 指出习题图6.1相图中的错误，说明原因并加以改正，画出正确的相图。

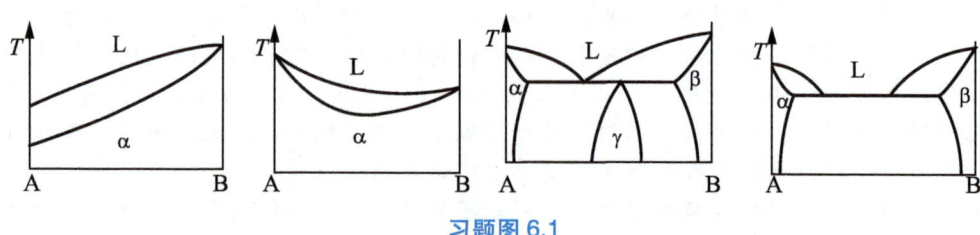

习题图6.1

2. 指出习题图6.2相图中的错误，说明理由并改正。

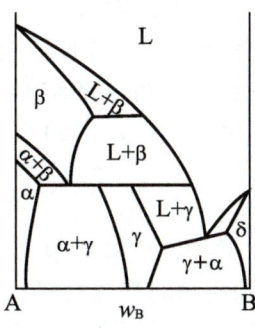

习题图 6.2

三、分析计算题

1. 习题图6.3为A-B固溶体合金的相图，试根据相图确定：

(1) 成分为$w(B)=40\%$的合金首先凝固出来的固溶体成分。

(2) 若首先凝固出来的固溶体成分含60%B，合金的成分为多少？

(3) 成分为70%B的合金最后凝固的液体成分。

(4) 合金成分为50%B，凝固到某温度时液相含有40%B，固体含有80%B，此时液体和固体各占多少比例？

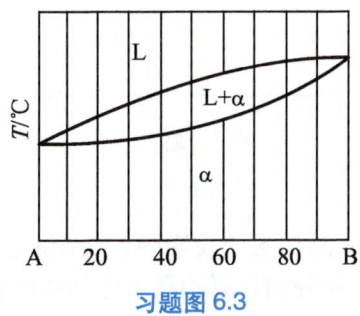

习题图 6.3

2. 根据Pb-Sn相图，指出组织中含$β_{II}$最多和最少的合金成分，指出共晶体最多和最少的合金成分。

3. 根据Pb-Sn相图，说明$w(Sn)=30\%$的Pb-Sn合金在下列温度时，其组织中存在哪些相，并求相的相对含量。(1)高于300℃；(2)刚冷至183℃，共晶转变尚未开始；(3)在183℃共晶转变完毕；(4)冷到室温。

4. 画出简易的铁碳相图，(1)指出PSK、ECF各点成分、各线的反应特征及反应式；(2)标出各相区的相组成物；(3)标出各相区的组织组成物。

5. 指出$w(C)=0.2\%$、$w(C)=0.6\%$、$w(C)=1.0\%$的铁碳合金从液态平衡冷却到室温的相组成物和组织组成物，并分别计算相和组织的相对含量。

6. 根据习题图6.4相图，确定：

(1)该相图的组元是什么？

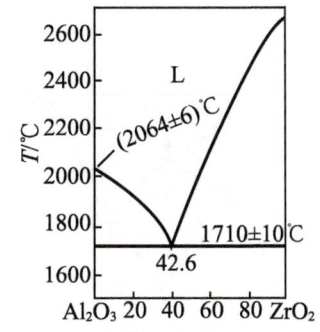

习题图 6.4

(2)标出所有相区的组成相。
(3)指出该相图中有何特征反应，写出反应式。
(4)指出含80%的Al_2O_3时的室温平衡组织，并计算组织组成物的相对含量。

7. 习题图6.5为使用高纯原料在密封条件下的Al_2O_3-SiO_2相图，A_3S_2($3Al_2O_3 \cdot 2SiO_2$)为莫来石固溶体，共晶成分E_1点为10wt%Al_2O_3，含60%摩尔分数Al_2O_3的A_3S_2的质量分数为75%。

要求：(1)填写空白相区的相组成。
(2)写出2个水平反应线的反应，并指出反应类型。
(3)一种由SiO_2-30%Al_2O_3(wt%)构成的耐高温材料，分析其平衡凝固后的室温组织是什么，并计算组织组成物的含量。该材料能否用来盛装熔融态的钢(1600℃)？在此情况下有百分之多少的耐热材料会熔化？

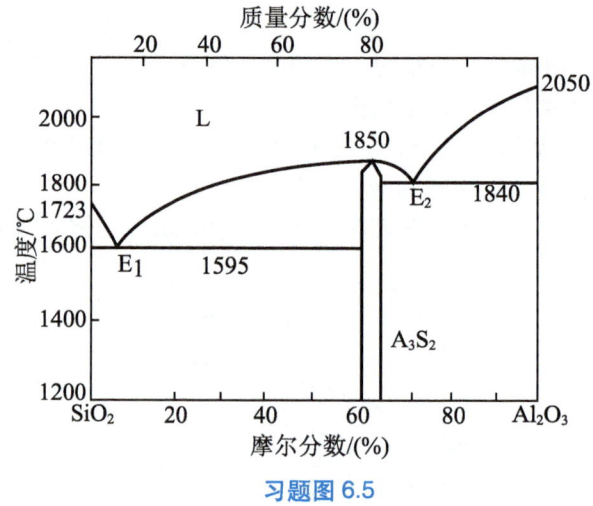

习题图6.5

8. 习题图6.6为A-B-C三元共晶相图的投影图，指出n_1、n_2、n_3(E)、n_4点从液态平衡冷却结晶的室温相和组织组成物，并分别计算相和组织的相对含量。

9. 习题图6.7为某三元相图投影图上3条液相单变量线及其温度走向，判断四相平衡反应类型，写出反应式。

10. 习题图6.8是MgO-Al_2O_3-SiO_2三元系相图的平面投影局部放大图，写出四相平衡点处代表的反应特征及反应式。

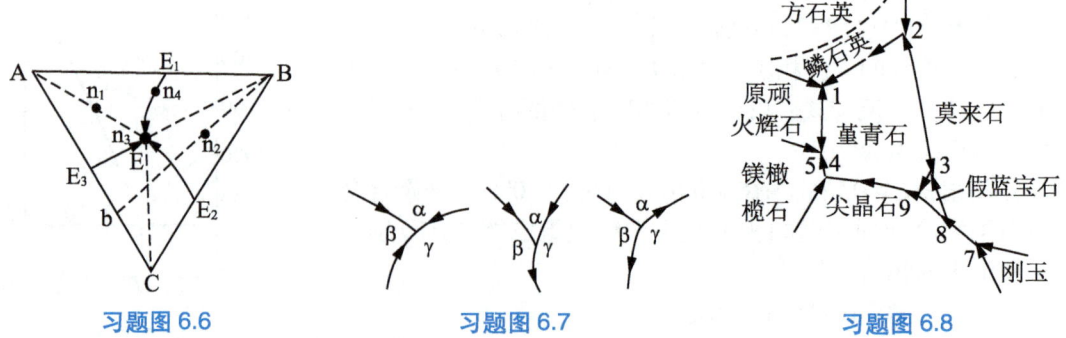

习题图6.6   习题图6.7   习题图6.8

拓展练习

一、单项选择题

1. 对于三元相图,杠杆定理可以用于(　　)。
   A. 水平截面,以计算三相平衡时各相的百分数
   B. 水平截面,以计算两相平衡时各相的百分数
   C. 垂直截面,以计算三相平衡时各相的百分数
   D. 垂直截面,以计算两相平衡时各相的百分数

2. (　　)四相平衡反应结束后可能有液相剩余?
   A. 共晶和包晶　　　　　　　　B. 共晶和包共晶
   C. 包晶和包共晶　　　　　　　D. 包晶和包析

3. 在三元相图的水平截面的两相区中,连接线之间(　　)。
   A. 必定相交　　　　　　　　　B. 必定平行
   C. 可以相交或平行　　　　　　D. 不能相交也不能平行

4. 以下关于匀晶转变和匀晶相图,正确的叙述应是(　　)。
   A. 两组元在固相和液相都完全互溶才可能形成匀晶系,只有匀晶相图中才可能出现匀晶转变
   B. 只有匀晶和包晶相图中才可能出现匀晶转变
   C. 只有匀晶和共晶相图中才可能出现匀晶转变
   D. 只有系统中存在液-固两相区,才可能出现匀晶转变,但不一定是匀晶相图

5. 相平衡是指在多相体系中,物质在各相间分布的平衡。相平衡时,各相的组成及数量均不会随时间而改变,是(　　)。
   A. 绝对平衡　　B. 静态平衡　　C. 动态平衡　　D. 暂时平衡

6. 二元凝聚系统平衡共存的相数最多为3,而最大的自由度数为(　　)。
   A. 2　　　　　　B. 3　　　　　　C. 4　　　　　　D. 5

7. 二元凝聚系统的相图中,相界线上的自由度为(　　)。
   A. 3　　　　　　B. 2　　　　　　C. 1　　　　　　D. 0

8. 三元相图中,相界线上的自由度为(　　)。
   A. 3　　　　　　B. 2　　　　　　C. 1　　　　　　D. 0

二、简答题

1. 固体硫有两种晶型,即单斜硫、斜方硫,因此,硫系统可能有4个相,如果实验得到这4个相平衡共存,试判断这个实验有无问题?

2. 在SiO_2系统相图中,找出两个可逆多晶转变和两个不可逆多晶转变的例子。

3. $Fe-Fe_3C$合金中的一次渗碳体、二次渗碳体、三次渗碳体、共晶渗碳体、共析渗碳体的主要区别是什么?根据$Fe-Fe_3C$相图计算二次渗碳体和三次渗碳体的最大百分含量。

4. 莱氏体与变态莱氏体的主要区别是什么?变态莱氏体的共晶渗碳体和共析渗碳体的含量各为多少?

5. 所有成分的白口铁在加热到高温后(低于1148℃)，经长时间保温再冷却后，硬度会大为降低，为什么？

6. 三元相图的垂直截面与二元相图有何不同？为什么二元相图中可以应用杠杆定律而三元相图的垂直截面的两相区内杠杆定律却不适用？

三、分析计算题

1. Mg-Ni系的一个共晶反应为： $L_{0.235} \xrightleftharpoons{570℃} (\alpha_{(纯Mg)} + Mg_2Ni_{0.546})$

设 $w_{Ni}^1 = C_1$ 为亚共晶合金，$w_{Ni}^2 = C_2$ 为过共晶合金，这两种合金中的先共晶相的质量分数相等，但 C_1 合金中的α总量为 C_2 合金中的2.5倍，试计算 C_1 和 C_2 的成分。

2. 已知A(熔点600℃)与B(熔点500℃)在液态无限互溶，固态时A在B中的最大固溶度(质量分数)为 w_A=30%，室温时为 w_A=10%，但B在固态和室温时均不溶于A。在300℃时，含 w_B=40%的液态合金发生共晶反应。试绘出A-B合金相图，并计算 w_A=20%、w_A=45%、w_A=80%的合金在室温下组织组成物和相组成物的相对量。

3. 在习题图6.9相图中，请指出：
(1)水平线上反应的性质。
(2)各区域的相和组织组成物。
(3)分析合金Ⅰ、Ⅱ的冷却过程。
(4)合金Ⅰ、Ⅱ室温时组织组成物的相对量表达式。

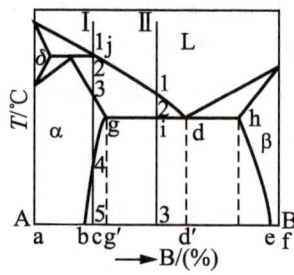

习题图6.9

第7章 固体扩散
Chapter 7　Solid Diffusion

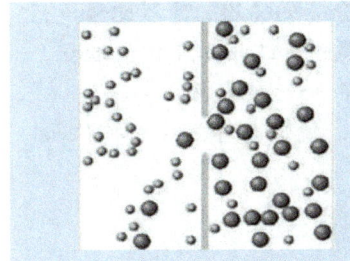

>>> 固体中物质传输的方式是什么？

 本章知识构架

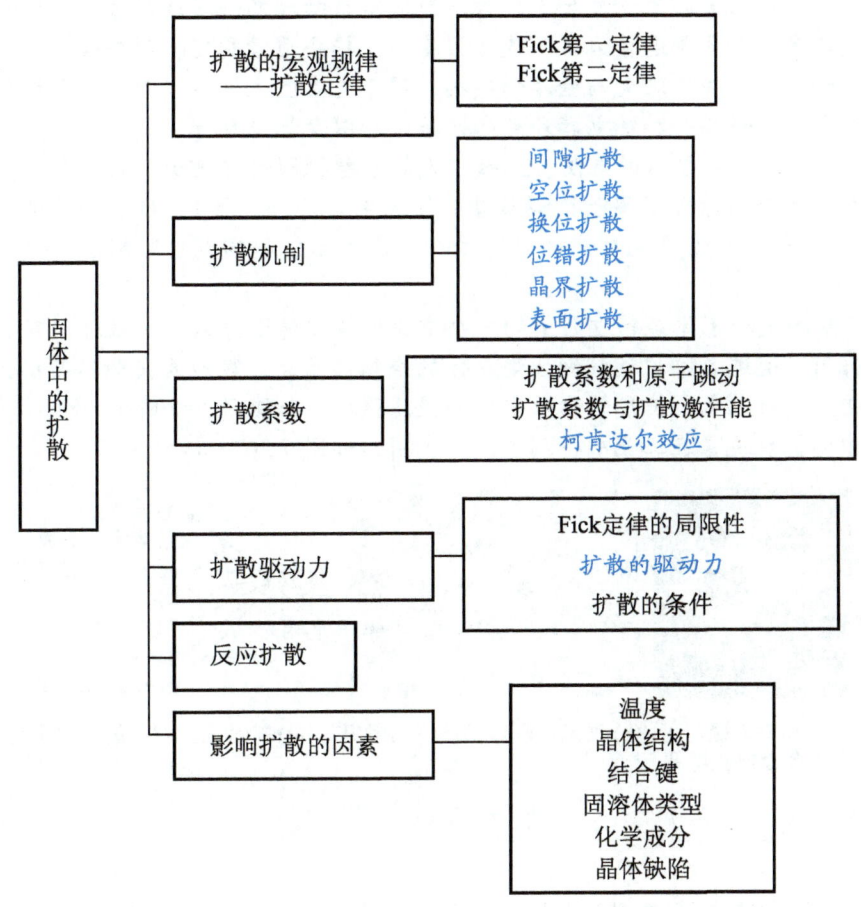

> **导入案例** 扩散现象 (Diffusion Phenomenon)

扩散是构成物质的微粒(离子、原子、分子)由于热运动而产生的物质迁移现象。扩散的宏观表现是物质的定向输送。扩散现象是普遍存在于日常生活和生产过程中的。气体和液体中的扩散现象很直观，易观察，而固体中的扩散则不易察觉。

➢ 气体中的扩散：大气污染，气体泄漏，闻到酒、食物、花香等的味道，听到说话声。
➢ 液体中的扩散：溶液的形成、洗涤剂的溶解、染色剂的调制等过程都是扩散过程。
➢ 固体中的扩散：放煤的墙角变黑，浅色和深色的衣服放在一起被染色。
➢ 铜与锌的合金化可采用将纯铜和纯锌组成扩散偶的方式，使铜与锌发生互扩散而形成铜锌合金，即黄铜，如图 7.1 所示。

 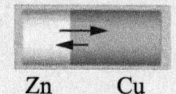 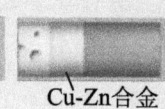 

图 7.1 铜锌互扩散形成合金

➢ 扩散焊接是把经过表面预处理的两种材料紧压在一起，在真空或保护气氛中加热至一定温度，界面两侧的原子发生互扩散而形成冶金结合的一种连接方法。扩散连接是耐高温陶瓷与金属的主要连接方式，连接强度高、接头质量稳定、耐腐蚀性能好，特别适用于高温和耐蚀条件下陶瓷与金属的连接，用于电真空元件、发射管、显像管、开关管、晶体管以及密封插头和继电器外壳的连接，如图 7.2 (a) 所示。

➢ 半导体掺杂对半导体的电阻、热敏、光敏等特性影响非常大。在半导体硅晶体中掺入少量特定的杂质原子或离子可调节硅晶体的电子特性。将 P、B 等杂质通过扩散掺入 Si 基体中，获得所需导电功能的电气元件，在晶体管和集成电路制造中起着非常重要的作用。

➢ 烧结扩散是粉末体烧结过程中的一个重要的物质传递方式。扩散传质对固相烧结起到重要作用，通过各种扩散机制使烧结体的烧结颈长大，颗粒间接触界面扩大，孔隙缩小、圆化，晶粒长大，使烧结体致密化并提高强度，如图 7.2(b) 所示。

固体中的扩散现象在工业中得到了广泛应用，如图 7.2(c) 所示。

 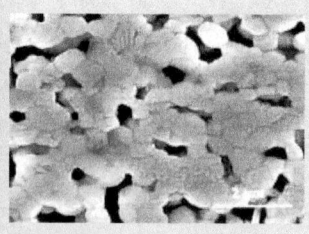 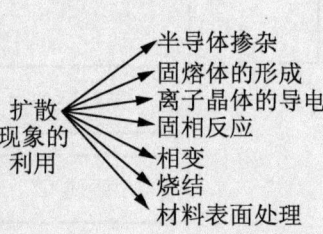

(a) 氧化铝陶瓷与可伐合金扩散焊件　　(b) 纳米钛酸钡微波烧结组织　　(c) 扩散在工业中的主要应用

图 7.2 扩散的应用

晶体中的原子(或离子)总是在不断地热运动，即在其平衡位置上作周期性振动。有些

第7章 固体扩散

能量较高的原子可能脱离周围原子的束缚，离开原来的位置跃迁到另一个位置上去，即发生了原子迁移。

扩散(Diffusion)是物质中的原子或离子由于热运动而产生的物质迁移现象。

Diffusion: The net flux of atoms, ions, or other species within a material caused by temperature and concentration gradient.

原子或离子的扩散是固态传质和反应的基础。

在气体和液体中，物质的传递可以通过扩散、对流等方式进行，而**扩散是固体中物质传输的唯一方式。**

扩散和材料生产工艺与使用中的物理化学过程密切相关，如掺杂、相变、粉末烧结、表面处理、氧化、凝固、偏析、成分均匀化、冷变形金属的再结晶、渗碳、氧化、蠕变等都与扩散密切相关，某些过程甚至受扩散的控制。

因此，扩散是材料中的一种重要现象，研究固体中的扩散现象十分重要。对扩散现象和规律的研究主要从**宏观**和**微观**两个层面进行描述。

(1)宏观描述：扩散定律，描述物质传输的速率和数量等——菲克定律。
- 描述**扩散通量**(单位时间通过单位面积的物质量)和导致扩散流的**热力学力**之间的关系。
- 根据物质守恒，导出物质**浓度**随**时间**变化的**微分方程**。
- 根据一定的**边界条件**可以解出某一瞬间的**浓度场**。

(2)微观描述：扩散机理，描述原子的扩散方式。

描述原子以何种方式从一平衡位置跳到另一平衡位置，即研究扩散过程中**原子**是**如何迁移**的。

固体中扩散的分类见表7-1。

表7-1 固体中扩散的分类

分类方法	名 称	定 义
按扩散介质（浓度变化）	自扩散 (Self-diffusion)	原子在同类原子中进行的扩散，无浓度变化
	互扩散 (Mutual-diffusion)	固溶体中溶质和溶剂原子的反向扩散，有浓度变化
按扩散方向	下坡扩散 (Down-hill Diffusion)	由高浓度区向低浓度区的扩散，如渗碳、扩散退火等
	上坡扩散 (Up-hill Diffusion)	由低浓度区向高浓度区的扩散，如溶质原子的富集、偏聚等
按扩散路径	体扩散	在晶粒内部进行的扩散
	短路扩散 (Short-circuit Diffusion)	沿表面、晶界、位错、层错等晶体缺陷的扩散
按成分是否随时间变化	稳态扩散 (Steady State Diffusion)	固体中各处的成分不随时间变化的扩散
	非稳态扩散 (Nonsteady State Diffusion)	固体中各处的成分随时间变化的扩散

本章主要介绍固体材料中扩散的一般规律、扩散机理和扩散的影响因素等，为理解相变过程奠定理论基础。

7.1 扩散的宏观规律——扩散定律 (Diffusion Laws)

扩散的状态包括稳态扩散和非稳态扩散两种。

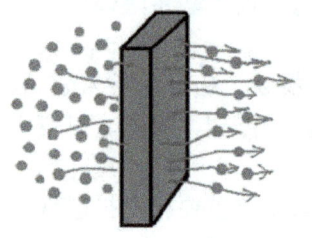

图 7.3 浓度梯度引起的扩散

稳态扩散是指单位时间内通过垂直于给定方向的单位面积的净原子数不随时间变化的扩散。

➤**均匀固溶体**：在均匀固溶体中溶质原子向各个方向的跃迁概率相同，不出现溶质原子的宏观流动。

➤**不均匀固溶体**：固溶体中存在浓度梯度时，在高温加热过程中，溶质原子将由高浓度区向低浓度区扩散(图7.3)，经过长时间保温后溶质原子的分布变得比较均匀，达到稳定状态。

非稳态扩散是指单位时间内通过垂直于给定方向的单位面积的净原子数随时间变化的扩散。

多数的扩散过程是非稳态扩散。

1855年，德国生理学者和发明家菲克(Adolf Fick)提出了描述宏观扩散的规律——**菲克扩散定律**(Diffusion Laws)，包括描述稳态扩散规律的菲克第一定律和描述非稳态扩散规律的菲克第二定律。

由于眼睛散光，菲克萌生了开发隐形眼镜的想法，并于1887年成功生产了第一幅用来佩戴的隐形眼镜片。菲克的研究成果还促进了心血输出量测量技术的发展，他是生物物理学、心脏学、危重病急救医学和视力学等方面的先驱。

Adolf Fick

7.1.1 菲克第一定律 (Fick's First Law)

扩散通量 (Diffusion Flux) 是指单位时间内通过垂直于扩散方向的某一单位面积截面的扩散物质流量。

扩散通量与浓度梯度成正比，这一规律称为菲克第一定律，也称扩散第一定律。
其数学表达式为

$$J = -D\frac{dC}{dx} \tag{7-1}$$

式中，J 为扩散通量，单位为 $g \cdot cm^{-2} \cdot s^{-1}$；$x$ 是沿扩散方向的距离；C 是体积浓度，即单位体积物体中扩散物质的质量，单位为 $kg \cdot m^{-3}$；dC/dx 为体积浓度梯度；D 为**扩散系数** (Diffusion Coefficient)，单位为 $cm^2 \cdot s^{-1}$；负号表示扩散方向与浓度梯度方向(即浓度增加的方向)相反。

Diffusion Coefficient: *A temperature-dependent coefficient related to the rate at which atoms, ions, or other species diffuse. The diffusion coefficient depends on temperature, the composition and microstructure of the host material and also concentration of diffusing species.*

菲克第一定律的适用范围如下。

➢ 菲克第一定律适用于扩散系统的任何位置和扩散过程的任一时刻。只要固体材料中存在浓度梯度，就会引起原子的扩散。在均匀体系中$dC/dx=0$，$J=0$，尽管原子迁移的微观过程仍在进行，但通过指定截面的正、反向通量相等，所以没有原子的净通量。

➢ 菲克第一定律既可适用于稳态扩散，也可适用于非稳态扩散，但在解决稳态扩散问题时更为方便。

➢ 菲克第一定律既可适用于固体扩散，也可适用于气体或液体中原子的扩散。

【例题7-1】一个用来在气流中分隔氢的塑料薄膜，稳态时膜一侧的氢的浓度为0.25 mol/m³，膜的另一侧为0.025 mol/m³，膜的厚度为100 μm。穿过膜的氢的流量是2.25×10^{-6} mol/(cm²·s)，计算氢的扩散系数。

解： 这是稳态膜的问题，可以直接用菲克第一定律求解。

由 $J = -D\dfrac{dC}{dx}$，可知

$$D = -\dfrac{J}{(dC/dx)} = -\dfrac{J}{(C_2-C_1)/\Delta x} = -\dfrac{J}{(C_2-C_1)/\Delta x} = \dfrac{-2.25\times10^{-6}\,\text{mol}/(m^2\cdot s)\times10^4}{(0.025-0.25\,\text{mol}/m^3)/100\times10^{-6}\,m} = 1\times10^{-8}\,m^2/s = 1\times10^{-4}\,cm^2/s$$

【例题7-2】设有一条内径为30mm的厚壁管道，被厚度为0.1mm的铁膜隔开。通过管子的一端向管内输入氮气，以保持膜片一侧氮气浓度为1200mol/m³，而另一侧的氮气浓度为100mol/m³。如在700℃下测得通过管道的氮气流量为2.8×10^{-4}mol/s，求此时氮气在铁中的扩散系数。

解： 此时通过管子中铁膜的氮气通量为

$$J = \dfrac{2.8\times10^{-4}}{\dfrac{\pi}{4}\times0.03^2} = 4.4\times10^{-4}\,\text{mol}/(m^2\cdot s)$$

根据菲克第一定律，则有

$$D = -\dfrac{J}{\Delta c/\Delta x} = 4\times10^{-11}\,m^2/s$$

阅读材料

菲克第一定律的应用—求扩散系数 (Application of Fick's First Law——Diffusion Coefficient Measurement)

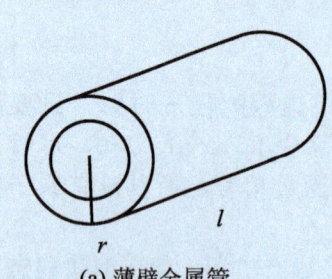

(a) 薄壁金属管

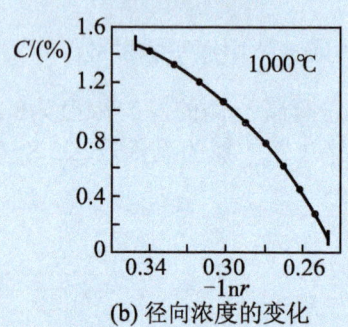

(b) 径向浓度的变化

图 7.4 薄壁铁管稳态扩散

在加热炉中，将一薄壁铁管的管内及管外分别通以压力保持恒定的渗碳及脱碳气氛，并加热保温，直至管壁横截面内各点的碳浓度不再随时间而变，即碳原子的扩散达到稳定状态（图 7.4(a)）。此时，单位时间内通过管壁的碳量 m/t 为常数。然后进行剥层分析，测出碳浓度沿管壁径向的分布，即可求出扩散系数 D。

若薄壁管长度为 l，则碳原子经过半径为 r 的圆柱面由内向外的扩散通量 J 为

$$J = m/2\pi rlt$$

结合菲克第一定律，有：

$$-D(\mathrm{d}C/\mathrm{d}r) = m/2\pi rlt$$

即

$$m = -D(2\pi lt)(\mathrm{d}C/\mathrm{d}\ln r)$$

式中 l，t 为已知，m 可通过测量 t 时间内由炉内流出的脱碳气体中碳的增量求得，故只需测量碳浓度沿管壁的径向分布，从 C-$\ln r$ 图中确定曲线的斜率 $\mathrm{d}C/\mathrm{d}\ln r$（图 7.4(b)），即可求出扩散系数 D。

【讨论】

由于 m/t 为常数，如果 D 不随浓度而变，则 $\mathrm{d}C/\mathrm{d}\ln r$ 也是常数，C-$\ln r$ 图应当是一直线。但实验表明，在浓度高的区域 $\mathrm{d}C/\mathrm{d}\ln r$ 小，D 大；而浓度低的区域 $\mathrm{d}C/\mathrm{d}\ln r$ 大，D 小。可见扩散系数 D 是浓度的函数，只有当浓度很小或浓度差很小时，D 才近似为常数。

7.1.2 菲克第二定律 (Fick's Second Law)

1. 菲克第二定律描述

菲克第二定律描述的是**非稳态扩散**的规律，考虑一维情况。图 7.5 表示存在浓度梯度的固溶体中单位截面的微单元，流入此单元溶质的通量为 J_x，流出此单元溶质的通量为 $J_{x+\Delta x}$，则单位时间内微单元中溶质的增量为 $J_x - J_{x+\Delta x}$，即单元内溶质体积浓度的变化为

$$\frac{\partial C}{\partial t} = \frac{J_x - J_{x+\Delta x}}{\mathrm{d}x}$$

图 7.5 菲克第二定律的推导

因为 $J_{x+\Delta x} = J_x + \left(\frac{\partial J}{\partial x}\right)\mathrm{d}x$，所以 $\frac{\partial C}{\partial t} = -\frac{\partial J}{\partial x}$，即

$$\frac{\partial C}{\partial t} = \frac{\partial}{\partial x}\left(D\frac{\partial C}{\partial x}\right) \tag{7-2}$$

式(7-2)即为一维扩散的**菲克第二定律**的数学表达式或**扩散第二方程**。

如果扩散系数D为常数,则

$$\frac{\partial C}{\partial t} = D\left(\frac{\partial^2 C}{\partial x^2}\right) \tag{7-3}$$

对于三维空间中的扩散,如果固体是各向同性的,即3个坐标方向的扩散系数D_x、D_y、D_z都相同,则得到三维的扩散第二方程。

菲克第二定律(扩散第二方程)的数学表达式为

$$\frac{\partial C}{\partial t} = D\left(\frac{\partial^2 C}{\partial x^2} + \frac{\partial^2 C}{\partial y^2} + \frac{\partial^2 C}{\partial z^2}\right) \tag{7-4}$$

菲克第二定律对于求解非稳态扩散问题较为方便。通常将扩散系数D看成常数。

2. 菲克第二定律的解

1)高斯解(Gauss Solution)

高斯解用于求解<u>薄膜夹层的扩散</u>问题,可以解决半导体掺杂过程中的扩散问题。例如,制作半导体元件时,常先在硅(Si)的表面沉积一薄层硼(B),然后加热使之扩散。

扩散模型一:将总量为M的扩散元素沉积为一薄层,夹在两个"无限厚"的全同试样之间进行扩散(图7.6)。

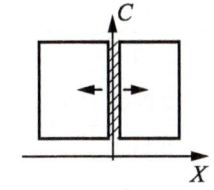

图7.6 极薄夹层的扩散示意图

近似取沉积层厚度为零,对于方程(7-3):初始条件:$t=0$:$x=0$,$C=\infty$;$x\neq 0$,$C=0$;边界条件:$t\geq 0$:$x=\pm\infty$,$C=0$。则方程(7-3)的解为

$$c(x,t) = \frac{0.5M}{\sqrt{\pi Dt}} e^{-x^2/4Dt} \tag{7-5}$$

扩散模型二:若将扩散元素在试样表面沉积一薄层并<u>向试样一侧扩散</u>,则其解为

$$c(x,t) = \frac{M}{\sqrt{\pi Dt}} e^{-x^2/4Dt} \tag{7-6}$$

【例题7-3】已知1100℃时硼(B)在硅(Si)中的扩散系数D为4×10^{-7} m²/s,硼薄膜质量$M=9.43\times 10^{19}$原子,由高斯解求扩散7×10^7s后,求表面硼的浓度。

解:表面处$x=0$,由式(7-6)可知

$$c(0,t) = \frac{M}{\sqrt{\pi Dt}} e^{-0^2/4Dt} = \frac{M}{\sqrt{\pi Dt}} = \frac{9.43\times 10^{19}}{\sqrt{\pi\times 4\times 10^{-7}\times 7\times 10^7}} = 1\times 10^{19} \text{ 原子/m}^3 \text{ 。}$$

2)误差函数解(Error Function Solution)

误差函数解用于求解<u>一维无限长或半无限长扩散偶</u>的扩散问题。

扩散模型三:将浓度分别为C_1、C_2($C_2>C_1$)的等截面长棒焊接在一起,构成一个无限长的一维扩散偶,如图7.7所示。焊接面与长棒轴线方向垂直并定为坐标原点,则初始条件:$t=0$:$x>0$,$C=C_1$;$x<0$,

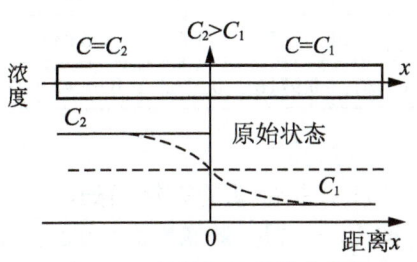

图7.7 扩散偶及其浓度分布

$C=C_2$；边界条件：$t>0$：$x=+\infty$ $C=C_1$；$x=-\infty$ $C=C_2$。

将扩散偶加热到某一温度进行扩散，焊接面附近的浓度随时间不断变化，而长棒两端仍保持初始浓度不变，这是一个非稳态扩散问题，可以利用一维扩散的菲克第二定律求解焊接面附近的浓度变化$C=C(x, t)$。

设扩散系数D为不随浓度改变的常数，利用初始和边界条件求解一维菲克第二方程，可以得到经过t时间扩散后，焊接面附近距离原点x处截面上的浓度C为

$$C = \frac{C_2+C_1}{2} - \frac{C_2-C_1}{2} erf\left(\frac{x}{2\sqrt{Dt}}\right) \tag{7-7}$$

式中，$erf(\beta) = \frac{2}{\sqrt{\pi}} \int_0^\beta e^{-\beta^2} d\beta$为误差函数，其数值可以从表7-2中查出。**包含误差函数形式的解称为误差函数解。**

表7-2 误差函数表

β	0	1	2	3	4	5	6	7	8	9
0.0	0.0000	0.0113	0.0226	0.0338	0.0451	0.0564	0.0676	0.0789	0.0901	0.1013
0.1	0.1125	0.1236	0.1348	0.1439	0.1569	0.1680	0.1790	0.1900	0.2009	0.2118
0.2	0.2227	0.2335	0.2443	0.2550	0.2657	0.2763	0.2869	0.2974	0.3079	0.3183
0.3	0.3286	0.3389	0.3491	0.3593	0.3684	0.3794	0.3893	0.3992	0.4090	0.4187
0.4	0.4284	0.4380	0.4475	0.4569	0.4662	0.4755	0.4847	0.4937	0.5027	0.5117
0.5	0.5204	0.5292	0.5379	0.5465	0.5549	0.5633	0.5716	0.5798	0.5879	0.5979
0.6	0.6039	0.6117	0.6194	0.6270	0.6346	0.6420	0.6494	0.6566	0.6638	0.6708
0.7	0.6778	0.6847	0.6914	0.6981	0.7047	0.7112	0.7175	0.7238	0.7300	0.7361
0.8	0.7421	0.7480	0.7358	0.7595	0.7651	0.7707	0.7761	0.7864	0.7867	0.7918
0.9	0.7969	0.8019	0.8068	0.8116	0.8163	0.8209	0.8254	0.8249	0.8342	0.8385
1.0	0.8427	0.8468	0.8508	0.8548	0.8586	0.8624	0.8661	0.8698	0.8733	0.8168
1.1	0.8802	0.8835	0.8868	0.8900	0.8931	0.8961	0.8991	0.9020	0.9048	0.9076
1.2	0.9103	0.9130	0.9155	0.9181	0.9205	0.9229	0.9252	0.9275	0.9297	0.9319
1.3	0.9340	0.9361	0.9381	0.9400	0.9419	0.9438	0.9456	0.9473	0.9490	0.9507
1.4	0.9523	0.9539	0.9554	0.9569	0.9583	0.9597	0.9611	0.9624	0.9637	0.9649
1.5	0.9661	0.9673	0.9687	0.9695	0.9706	0.9716	0.9726	0.9736	0.9745	0.9755
β	1.55	1.6	1.65	1.7	1.75	1.8	1.9	2.0	2.2	2.7
erf(β)	0.9716	0.9763	0.9804	0.9838	0.9867	0.9891	0.9928	0.9953	0.9981	0.9999

【讨论】

(1)在扩散偶的焊接面处，$x=0$，查表7-2可知$erf(0)=0$，该处的浓度$C_S=(C_1+C_2)/2$，与时间无关，即**扩散偶界面处的浓度恒为扩散偶浓度的平均值，在扩散过程中始终不变。**

(2)扩散模型四：半无限长棒。

一根原始浓度为C_0($C_0 < C_S$)的足够长的棒材，其左端浓度保持恒定值C_S，如图7.8所示。

初始条件：$t=0$；$x>0$，$C=C_0$；
边界条件：$x=0$，$C=C_S$；$x=\infty$，$C=C_0$。
则扩散第二方程的解为

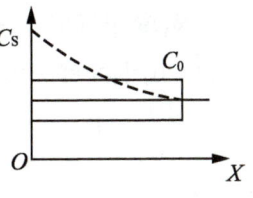

图7.8　半无限长棒

$$C = C_S - (C_S - C_0)erf\left(\frac{x}{2\sqrt{Dt}}\right) \qquad (7\text{-}8)$$

➤ 该模型可用于求解材料表面元素的渗入或脱层问题，如钢的表面渗碳(脱碳)、渗氮、渗金属、硅的掺杂预沉积等。

(3)在半无限长一维扩散问题中，若使棒材中不同位置x处经不同扩散时间t均达到同一浓度C，则$\frac{x}{2\sqrt{Dt}}$必为一常数，即

$$x^2 = kt \qquad (7\text{-}9)$$

式(7-9)说明扩散距离与扩散时间呈抛物线关系。

【例题7-4】低碳钢渗碳过程的计算。

解：某20钢齿轮气体渗碳，渗碳温度为927℃，炉内渗碳气氛控制使齿轮表面含碳量为0.9%wt，则碳自表面向心部的扩散可以视为半径足够长的一维非稳态扩散问题。

(1)试计算距离表面0.5mm处含碳量达到0.4%wt时所需要的时间。

(2)若处理条件不变，把碳含量达到0.4% C处到表面的距离作为渗层深度，推出渗层深度与处理时间之间的关系，并求渗层深度达到1.0mm所需扩散时间。

解：(1)已知927℃时碳的扩散系数$D=1.28\times10^{-11}\mathrm{m^2\cdot s^{-1}}$，$C_S=0.9\%\mathrm{wt}$，$C_0=0.2\%\mathrm{wt}$，$x=5.0\times10^{-4}\mathrm{m}$，$C=0.4\%\mathrm{wt}$，代入式(7-8)得

$$0.4 = 0.9 - (0.9 - 0.2)erf\left(\frac{5\times10^{-4}}{2\sqrt{1.28\times10^{-11}t}}\right)$$

整理得

$$0.7134 = erf(69.88/\sqrt{t})$$

查表7-2并利用内插法求得

$$0.7134 = erf(0.755)$$

即

$$0.755 = 69.88/\sqrt{t}$$

则$t=8567\mathrm{s}=143\mathrm{min}=2.38\mathrm{h}$。

(2)因为处理条件不变，所以$\frac{x}{2\sqrt{Dt}}$为常数，即

$$\frac{x_1}{\sqrt{D_1t_1}} = \frac{x_2}{\sqrt{D_2t_2}}$$

在温度相同时，扩散系数也相同，因此渗层深度与处理时间之间的关系为 $x^2 = kt$，$x \propto \sqrt{t}$。由于渗层深度为原来的2倍，则扩散时间为原来的4倍，即8567s×4=34268s= 9.52h。

7.2 扩散机制 (Diffusion Mechanisms)

扩散机制主要有间隙扩散机制、空位扩散机制、换位扩散机制和缺陷扩散机制(包括表面扩散、晶界扩散和位错扩散等短路扩散)。

1. 间隙扩散

间隙扩散机制主要发生在间隙固溶体中。某些致密度较小的离子晶体中阴离子的扩散也可按间隙机制进行。例如，在CaF_2中，阴离子的扩散就是按间隙机制进行的。

1)直接间隙机制

直接间隙机制是指在间隙固溶体中，尺寸较小的溶质原子从固溶体的一个间隙位置直接跳到其邻近的另一个间隙位置时发生的扩散，如图7.9所示。

2)间接间隙机制(填隙机制)

间隙扩散还可采取间接方式，即填隙机制来进行，如图7.10所示。间隙原子A与点阵原子B同时易位，可采取ABC的共线跳动方式或ABD的非共线跳动方式。

2. 空位扩散

在置换固溶体中，由于溶剂原子与溶质原子半径相差不大，很难进行间隙扩散，溶质原子和溶剂原子的扩散主要是依靠空位机制进行。

纯物质的自扩散也是通过空位机制进行的。

多数离子晶体中扩散是按空位机制进行的。一般地，尺寸较大的阴离子需要有阴离子空位存在时才能移动，尺寸较小的阳离子也需要有阳离子空位存在时才能扩散。

如图7.11所示，晶体中存在一定浓度的热力学平衡空位。

空位扩散机制是扩散原子通过与邻近空位交换位置进行的。空位机制必须在扩散原子近邻先形成空位(空位形成能ΔE_v)，而后原子跳入近邻空位，相当于空位迁移到扩散原子原来的位置上，空位的扩散方向与原子的扩散方向相反。原子跃迁激活能即空位跃迁激活能ΔE。

【参考视频】

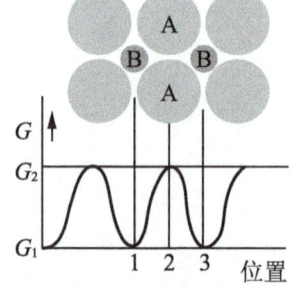

图7.9 直接间隙扩散及所需能量示意图

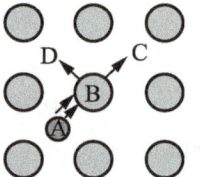

图7.10 间接间隙（填隙）机制

图7.11 空位扩散

3. 换位扩散

换位机制分直接换位机制和环形换位机制。

如图7.12所示，直接换位时点阵畸变很大，能垒太高，未被试验证实。

如图7.13所示，环形换位机制认为，在同一晶面上距离相等的几个原子(≥3个)可以同时轮换位置来进行扩散，其畸变能比两个原子的直接换位机制要低得多，但需多个原子协调运动。

该机制不能解释置换固溶体进行互扩散时出现的柯肯达尔效应。

在间隙固溶体中主要是间隙扩散机制起作用，在置换固溶体中主要是空位扩散机制在起作用。

间隙扩散、空位扩散、换位扩散机制是原子在晶内的体扩散机理。还有原子沿着位错、界面、表面等晶体缺陷进行的短路扩散机理。由于晶体缺陷处畸变大，原子处于高能态，易跳动，故扩散系数较体扩散大(图7.14)。

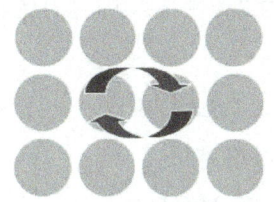

图 7.12　直接换位机制

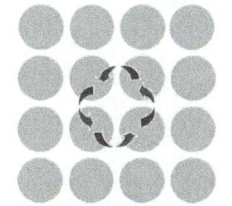

图 7.13　环形换位机制

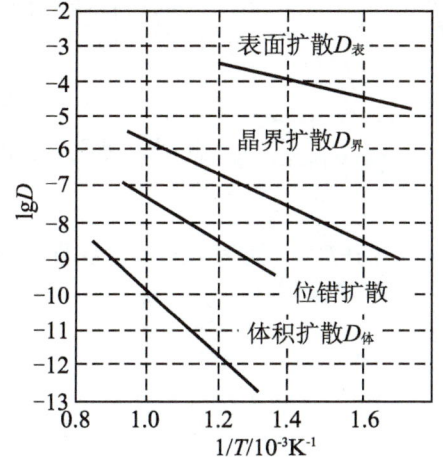

图 7.14　不同晶体缺陷 lg$D$ 与 1/T 的关系

【参考视频】

4. 位错扩散

位错周围的原子离开平衡位置，点阵畸变，尤其是刃型位错线的存在，好像一根具有一定空隙度的管道，如果扩散元素沿位错管道迁移，所需要的激活能只有体扩散激活能的1/2，扩散速率较高。

5. 晶界扩散

晶界原子的排列不规则，点阵畸变严重，空位密度和空位迁移率均比晶内高，扩散激活能较低，借助空位扩散机制的扩散就容易进行。

【参考视频】

6. 表面扩散

沿晶体表面的扩散激活能比晶界扩散激活能还小，扩散速率还要大。在粉末冶金烧结和气相沉积法制备表面薄膜材料中，表面扩散显得很重要。

总之，由于晶体缺陷处畸变大，原子处于高能态，易跳动，故扩散系数较大，而且 $D_{表面} > D_{晶界} > D_{位错} > D_{晶内}$，如图7.14所示。

7.3　扩散系数 (Diffusion Coefficient)

扩散第一定律和第二定律反映了原子扩散的宏观规律，其中，扩散系数是衡量原子扩散能力的非常重要的参数。

> 建立扩散系数与扩散的其他宏观量和微观量之间的联系，是扩散理论的重要内容。
> 宏观扩散现象是微观中大量原子的无规则跳动的统计结果。本节从原子的微观跳动出发，研究扩散的微观理论与宏观现象之间的联系。

7.3.1 扩散系数和原子跳动 (Diffusion Coefficient and Atom Jump)

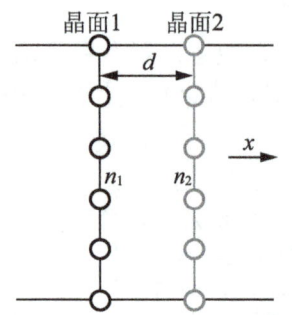

图7.15 相邻晶面间的原子跳动

扩散是微观中大量原子无规则跳动的宏观统计结果。

如图7.15所示，设溶质原子在晶面1和晶面2处的面密度分别为n_1和n_2，晶面间距为d，原子的跳动频率为Γ，而且由面1跳向面2以及由面2跳向面1的概率P相同，则在Δt时间内在单位面积上由面1跳向面2和面2跳向面1的溶质原子数分别为

$$N_{1\to 2} = n_1 P\Gamma \Delta t, \quad N_{2\to 1} = n_2 P\Gamma \Delta t$$

此时，晶面2净增加的溶质原子数为

$$N_{1\to 2} - N_{2\to 1} = (n_1 - n_2) P\Gamma \Delta t$$

于是：$J = (n_1 - n_2) P\Gamma$，因为溶质原子在面1和面2处的体积浓度分别为

$$C_1 = \frac{n_1}{d} \quad ; \quad C_2 C_1 = \frac{n_2}{d} = +\frac{\partial C}{\partial x}$$

则

$$J = -P\Gamma d^2 \frac{\partial C}{\partial x}$$

与菲克第一定律比较有

$$D = P\Gamma d^2 \tag{7-10}$$

> 扩散系数D与原子的跳动频率Γ、跳动概率P和晶面间距d等微观量密切相关。
> 跳动频率Γ决定于温度和晶格类型；跳动概率P决定于扩散机制和晶格类型；
> 晶面间距d决定于晶格类型。

7.3.2 扩散系数与扩散激活能 (Diffusion Coefficient and Activation Energy)

1. 间隙扩散的扩散系数与激活能

如图7.9所示，间隙原子处于间隙位置时吉布斯自由能最低。间隙原子从一个间隙位置跳跃到邻近的另一个间隙位置中，需要克服一个势垒$G_2-G_1=\Delta G$，在温度T下能够克服该势垒跳到邻近间隙的间隙原子分数为$\exp(-\Delta G/kT)$。

设间隙原子周围邻近的间隙数(间隙配位数)为z，振动频率为ν，并假设邻近的间隙是空的，则跳动频率为：$\Gamma = \nu z \exp(-\Delta G/kT)$；代入式(7-10)得

$$D = d^2 P \nu z \exp(-\Delta G/kT)$$

由于$\Delta G = \Delta H - T\Delta S \approx \Delta E - T\Delta S$，其中$\Delta H$为扩散激活焓；$\Delta E$为扩散激活内能；$\Delta S$为扩散激活熵，则有

$$D = d^2 Pvz \exp(\Delta S/k) \exp(-\Delta E/kT)$$

令 $D_0 = d^2 Pvz \exp(\Delta S/k)$，则

$$D = D_0 \exp(-\Delta E/kT) \tag{7-11}$$

实验表明，扩散是一个热激活过程，其扩散系数D与扩散激活能Q符合Arrhenius关系

$$D = D_0 \exp(-Q/kT) \tag{7-12}$$

比较式(7-11)与式(7-12)可知，间隙扩散激活能Q就是间隙原子跃迁的激活内能，即迁移能ΔE。

2. 空位扩散的扩散系数与激活能

与间隙扩散类似，空位扩散的扩散系数为

$$D = D_0 \exp\left[-(\Delta E + \Delta E_v)/kT\right] \tag{7-13}$$

式中ΔE是空位跃迁能；ΔE_v是空位形成能，即空位扩散激活能Q包括空位跃迁能ΔE和空位形成能ΔE_v。

问题：空位扩散与间隙扩散相比，哪个阻力大？

➤ 由于空位激活能中多了一项空位形成能ΔE_v，所以，空位扩散激活能更高，扩散阻力更大。

7.3.3 柯肯达尔效应 (Kirkendall Effect)

互扩散在固溶体合金中是一种普遍的现象。在间隙固溶体中，因间隙原子的扩散系数远大于溶剂原子的扩散系数，所以溶剂原子的扩散可以忽略。在置换固溶体中，溶质原子和溶剂原子发生明显的互扩散，溶剂原子的扩散不能忽略。柯肯达尔(Kirkendall)研究了置换固溶体中的互扩散现象。

1. 柯肯达尔实验

如图7.16所示，1947年，柯肯达尔(Kirkendall)在黄铜(Cu-30%Zn)表面上嵌着很细的几条钼(Mo)丝作为标记面，然后再在黄铜上镀铜，使钼丝包裹在黄铜和铜中间。在785℃保温，1天后，钼丝向合金内漂移0.015mm；56天后，标记漂移了0.125mm，上下两排钼丝距离d减小了0.25mm，在α黄铜上留有一些小洞。

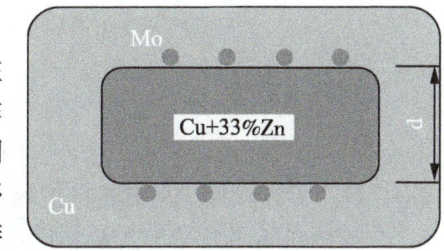

图7.16 柯肯达尔实验

2. 柯肯达尔实验现象分析

➤ 点阵常数的影响：如果Cu和Zn的扩散系数相等，则Cu向黄铜(Cu-30%Zn)扩散和Zn向纯Cu扩散的原子数相等，由于Zn原子尺寸大于Cu，扩散以后外围Cu的点阵常数增大，内部黄铜(Cu-30%Zn)的点阵常数减小，这样也会使钼丝向内移动。但是，经计算出的这种原子大小差异而引起的标记漂移仅仅是实验值的十分之一。显然，点阵常数的变化不是引起钼丝移动的主要原因。

【参考图文】

➤ 标记漂移的原因：扩散过程中Zn的向外扩散通量大于Cu的向内扩散通量(即$J_{Zn} > J_{Cu}$)，Zn原子的扩散系数大于Cu原子的扩散系数(即$D_{Zn} > D_{Cu}$)，是钼丝漂移的主要原因。

➤ 柯肯达尔效应：在置换固溶体中，由于两个组元的原子以不同的速率互扩散而引

起的标记面漂移现象，称为柯肯达尔效应。

➤ 在柯肯达尔效应中，标记向低熔点一方移动。

➤ 柯肯达尔实验中，在标记面附近熔点较低的黄铜一侧会出现一些宏观孔隙。分析认为：在Cu和Zn的互扩散中，由于$D_{Zn}>D_{Cu}$，即Zn与空位的交换比Cu容易，使得Cu进入到黄铜(Cu-30%Zn)的空位数大于黄铜(Cu-30%Zn)进入到Cu中的空位数。当黄铜中的空位超过平衡浓度之后，由于空位的部分聚集而形成孔隙，同时使晶体发生局部体积收缩。而在熔点较高的Cu一侧，空位低于平衡浓度，使晶体发生局部体积膨胀。因此，柯肯达尔实验有力地证明了在置换固溶体中，扩散的主要机制是空位扩散。

Kirkendall Effect is a physical movement of an interface due to unequal rates of diffusion of the atoms within material.

3. 柯肯达尔效应对材料性能的影响

除Cu-黄铜(Cu-30%Zn)外，在Au-Cu、Au-Ag、Ni-Cu、Ni-Co、Ni-Ag、Ag-Cu、Fe-Cr、Ti-Mo等扩散偶中也存在柯肯达尔效应。

在微小的集成电路内，为了提供一个外来的引线，常将金(Au)线与铝(Al)焊接成一体。在电路长时间工作中，发生了Au与Al的互扩散，在熔点较低的Al一侧出现了大量的空位，空位合并成孔隙，随着孔隙的长大，接头处逐渐变弱直到破坏。

4. Darken方程

1948年，达肯(Darken)提出了描述置换固溶体中柯肯达尔扩散现象的方程，称为Darken方程。

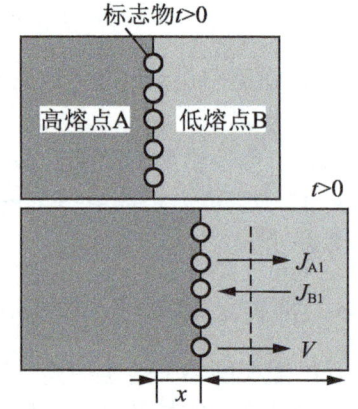

图7.17 柯肯达尔效应中标记的移动

图7.17中A-B扩散偶中标记移动的速度为

$$v = (D_A - D_B)\frac{\partial N_A}{\partial x} = (D_B - D_A)\frac{\partial N_B}{\partial x} \tag{7-14}$$

互扩散系数为

$$D = D_A N_B + D_B N_A \tag{7-15}$$

式中，D_A、D_B为组元A和B的自扩散系数；N_A、N_B为组元A和B的摩尔浓度。

互扩散系数是合金中各组元的本征扩散系数的加权平均值。

7.4 扩散驱动力(Driving Force of Diffusion)

1. 菲克定律的局限性

(1)菲克定律认为：扩散的驱动力是浓度梯度。

在浓度梯度的驱使下，扩散中物质的流动是从浓度高处流向浓度低处，进行下坡扩散；

【参考图文】

当浓度梯度dC/dx=0时，系统达到平衡，不再出现宏观的物质传输(即扩散)现象，最终使成分均匀化。

(2)菲克定律可以解释许多扩散现象，如渗碳、扩散退火等。

(3)不是所有的扩散都是下坡扩散，在固体中，物质会从低浓度向高浓度处聚集(上坡扩散)，即扩散并不导致均匀化，如溶质原子的富集、偏聚等。

➢ 因此，本质上，浓度梯度并非扩散的驱动力。

2. 扩散的驱动力

由热力学可知，系统中的任何过程都是沿着吉布斯自由能 G 降低的方向进行，扩散自发进行的方向也是系统吉布斯自由能 G 下降的方向，固溶体中某组元摩尔原子浓度的微小变化所引起的系统摩尔吉布斯自由能的变化率就是化学位 $\mu_i = \left(\dfrac{\partial G}{\partial n_i}\right)_{T,P}$。

当各组元的化学位 μ_i 在系统中各处相同时，系统达到热力学平衡，而扩散只在化学位不同的两点之间进行，并从高化学位处向低化学位处扩散。因此，扩散的驱动力是化学位梯度 $F = -\dfrac{\partial \mu_i}{\partial x}$，负号表明作用力的方向与化学位降低的方向一致。

➢ 当浓度梯度 $\dfrac{\partial C_i}{\partial x}$ 的方向与化学位梯度 $\dfrac{\partial \mu_i}{\partial x}$ 方向一致时，进行下坡扩散使成分趋向均匀，如铸锭的均匀化退火。

➢ 当浓度梯度 $\dfrac{\partial C_i}{\partial x}$ 方向与化学位梯度 $\dfrac{\partial \mu_i}{\partial x}$ 方向相反时，进行上坡扩散使成分发生区域性的不均匀。例如，过饱和固溶体的分解中，同类原子的聚集可显著降低系统自由能，此时的溶质原子就会朝着与浓度梯度相反的方向迁移；在共析反应中，一个相分解成两个相，其中一相富含A组元，另一相富含B组元，就是上坡扩散。显然，之所以发生上坡扩散，是由于系统中A—A键和B—B键的结合力远大于A—B键结合力的结果。

➢ 此外，温度梯度及应力梯度造成的自由能差、表面自由能差以及电场和磁场的作用也能推动原子进行扩散。

➢ 应力梯度引起的上坡扩散：如果晶体内部有应力场，存在着应力梯度，尺寸较大的组元原子向拉应力区迁移，而尺寸小的则向压应力区域扩散，这也是一种上坡扩散现象。溶质原子在刃型位错处偏聚形成柯垂尔气团以及在晶界的内吸附现象，均是由于应力梯度引起的上坡扩散所致。

【参考图文】

3. 扩散的条件

扩散的条件如下。

(1)驱动力。扩散驱动力是化学位梯度。原子可以进行下坡扩散或上坡扩散。

(2)足够高的温度。固态扩散依靠原子的热激活，当温度过低时，原子被"冻结"。

(3)足够长的时间。扩散原子每次随机跃迁，移动0.3~0.5nm距离，故只有经过相当长的时间才能造成物质的宏观定向迁移。

7.5 反应扩散 (Reaction Diffusion)

在扩散过程中通过化学反应形成新相的现象称为反应扩散，也称相变扩散。

由反应扩散所形成的相，可对照相应的相图来分析，如铁碳相图等。

反应扩散速度
> 是由原子在化合物层中的扩散速度V_D和界面生成化合物层的反应速度V_R两个因素决定的。
> 若$V_D<V_R$,则反应扩散速度受V_D所控制。通常是在化合物层厚度较厚、浓度梯度减小、扩散减慢的情况下发生。此时,化合物层厚度x与时间t呈抛物线关系,即$x^2=kt$,式中k为常数。
> 若$V_R<V_D$,则V_R成为控制因素。通常在化合物层厚度薄时出现。化合物层厚度$x=kt$,呈线性生长规律。

实际上,在反应过程中,两者是互相依存的。在反应扩散初始阶段,由于化合物层很薄,浓度梯度很大,扩散通量较大。这时反应扩散速度受V_R所控制,化合物层的厚度与时间呈直线关系。随着化合物层厚度的增加,浓度梯度减小,扩散速度减慢,此时,化合物层厚度与时间的关系逐渐由直线关系变成抛物线关系。

7.6 影响扩散的因素 (Influence Factors of Diffusion)

扩散速度的大小主要取决于扩散系数,凡是能够改变D_0和Q的内在和外在因素都会影响扩散过程。影响扩散的外因主要是温度T,内因包括成分、结构的变化。

1. 温度

扩散系数强烈地依赖于温度,随温度的升高,扩散系数急剧增大。这是因为:①温度升高,原子可借助热起伏获得足够能量而越过势垒,进行扩散的概率增大;②温度升高,空位浓度增大,有利于扩散。

【参考视频】

低碳钢件渗碳时,采用不同的渗碳温度,渗碳速度也不同。在927℃和1027℃,碳在γ-Fe中的扩散系数分别为$1.76×10^{-11}m^2·s^{-1}$和$5.15×10^{-11}m^2·s^{-1}$。可见,渗碳温度提高100℃,扩散系数约增加3倍,即渗碳速度加快了3倍。所以,生产上各种受扩散控制的过程,首先要考虑温度的影响。

将式(7-12)两边取对数,得

$$\ln D = \ln D_0 - \frac{Q}{kT} \tag{7-16}$$

在半对数坐标系中作图,扩散系数的对数$\ln D$与温度的倒数$1/T$呈直线关系,截距为$\ln D_0$,斜率为$-Q/k$。所以,测出直线的截距和斜率就可求出D_0和Q值。

离子晶体中,由本征点缺陷引起的扩散与温度的关系类似于金属中的自扩散,由掺杂点缺陷引起的扩散与温度的关系类似于金属中间隙溶质的扩散。例如,纯NaCl中阳离子Na^+的扩散率与金属中的自扩散率相差不大,因为在NaCl中肖脱基缺陷比较容易形成。而在非常纯且具有固定化学比的金属氧化物中,因本征点缺陷的形成能很高,致使只有在很高温度时才有足够的浓度,引起明显的扩散。

在中等温度时,少量杂质便可大大加速离子晶体中的扩散。例如,在NaCl晶体中掺入微量的Cd^{2+},由于存在Cd^{2+}离子而造成空位,促使了Na^+离子的扩散,扩散系数随温度的降低较为缓慢。

2. 化学成分

1)扩散组元性质的影响

扩散组元与溶剂组元的电负性相差越大,亲和力越大,则溶质原子的扩散越困难;组元间原子尺寸相差越大，畸变能就越大，扩散激活能越小，扩散系数就越大。通常溶解度越小的元素扩散越容易进行。

2) 扩散组元浓度的影响

扩散系数是随浓度而改变的，只有当浓度很小或浓度差很小时，扩散系数才近似为常数。

如图7.18所示，随着奥氏体中碳浓度的增加，扩散系数也增加。碳浓度的增加还使铁的自扩散系数增加。这是由于浓度改变时扩散激活能发生了改变。若溶质浓度的增加使固溶体的熔点降低（或液相线下降），则扩散激活能减小，扩散系数升高；反之，则扩散系数降低。

3) 第三组元的影响

第三组元对二元合金中组元扩散的影响是比较复杂的。例如，在碳钢中加入强碳化物形成元素W、Mo、V等，会使碳原子在铁中的扩散速率明显变慢；加入能溶入碳化物的合金元素Mn，则对碳原子扩散没有影响；而非碳化物形成元素Co等会加速碳的扩散。在铝镁合金中添加2.7% Zn，可使镁在铝中的扩散速率减小一半。

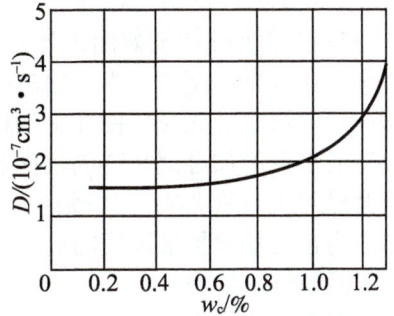

图 7.18 碳在 γ-Fe 中扩散系数与其浓度的关系

3. 结合键

原子迁移时引起局部点阵畸变，部分地破坏了原子结合键。因此，原子间结合键越强，扩散激活能Q越高，原子的扩散能力越低。扩散激活能Q与反映原子结合能的宏观参量（熔点、熔化潜热、升华潜热和膨胀系数等）呈正比关系。

【参考图文】

4. 晶体结构

1) 致密度

原子排列越紧密，原子间的结合力越强，扩散激活能越高，扩散系数越小。例如，在转变点(1183 K)时，体心立方点阵α-Fe的自扩散系数是面心立方点阵γ-Fe的280倍；间隙原子N在α-Fe中的扩散系数是在γ-Fe中的2000倍；Mo、W、Cr等置换原子在α-Fe中的扩散速率也远比其在γ-Fe中快。

【参考视频】

2) 各向异性

沿晶轴各个方向原子间距不同，原子间的结合力不同，扩散系数也不同。例如，具有菱方结构的铋有明显方向性，平行和垂直于c轴的自扩散系数相差约1000倍。密排六方晶系的锌也具有方向性，平行于[0001]方向上的扩散系数小于垂直方向上的扩散系数，因为平行于[0001]方向上的扩散，原子要通过原子排列最密的(0001)面，所以要困难一些，但这种各向异性随温度的升高逐渐减小。

3) 固溶体类型

间隙扩散机制的扩散激活能小于空位扩散机制。间隙固溶体中间隙原子已位于间隙，而置换固溶体中溶质原子通过空位机制扩散时，需要首先形成空位，因而激活能高。例如，溶质原子C、N、H在γ-Fe中形成间隙固溶体，激活能小而扩散快；相反，Al、Cr等形成置换固溶体，激活能大而扩散速率慢。

5. 晶体缺陷

由于晶体缺陷处畸变大，原子处于高能态，易跳动，故晶体缺陷处的扩散系数较大，有$D_{表面} > D_{晶界} > D_{位错} > D_{晶内}$。

1)点缺陷的影响

空位：固溶处理中的快速冷却或对固溶体进行高能辐照，使固溶体中产生大量过饱和空位，可促进置换型溶质原子的扩散。

离子晶体中的扩散：依赖本征点缺陷(Schottky缺陷和Frenkel缺陷)进行的扩散叫本征扩散，由掺入不等价的杂质离子引起的扩散为非本征扩散。

2)线缺陷——位错的影响

位错在整个晶体横截面上所占比例极小，在较高的温度下，位错对晶体总扩散的贡献不大；在较低温度时，沿位错的扩散将起到重要作用。例如，在过饱和固溶体时效脱溶过程中，脱溶相优先在位错线上形核，而且溶质原子沿位错线扩散到脱溶相，使之迅速长大。冷变形会增加金属材料的界面和位错密度，也会加速扩散过程的进行。实验发现，金属钽片经过75％变形后，渗碳速度提高了720多倍。当然，除了位错作用外，界面增加及残余应力也会加速扩散过程的进程。

3)面缺陷的影响

晶界的影响：图7.19表示单晶银和多晶银的自扩散系数与温度的关系。在700℃以下，多晶银的自扩散系数要比单晶银的大，并且温度越低差别越大。这是由于在多晶体中包含着晶界扩散而引起的。

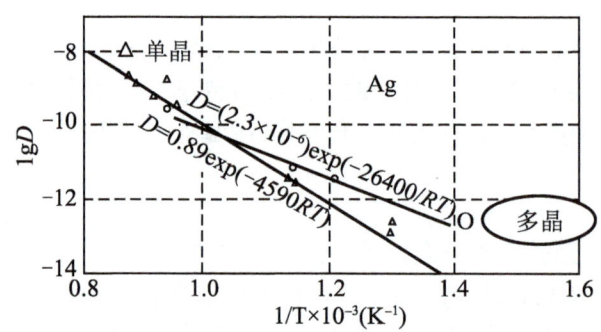

图7.19　多晶银与单晶银的扩散系数与温度的关系

在较高温度下，特别是在熔点附近，体扩散系数较高，晶界在整个试样中所占体积分额很小，因此显不出晶界的快速扩散作用。

在较低温度下，晶界对于纯金属的自扩散和置换固溶体中的互扩散有重要影响，晶粒越细小，即晶界所占体积份额越大，这种影响越显著。

间隙固溶体中间隙原子的体扩散激活能较低，扩散速率比较大，晶界和晶粒大小的影响不明显。

表面扩散：沿晶体表面的扩散激活能，比晶界扩散激活能还小，扩散速率还要大。在粉末冶金烧结和气相沉积法制备表面薄膜材料中，表面扩散显得很重要。

【习题】Question

基础练习

一、填空题

1. 菲克第一定律描述的是_____状态下的扩散规律；菲克第二定律描述的是_____状态下的扩散规律。
2. 稳态扩散是指_____；非稳态扩散是指_____。
3. Fick扩散第二方程的高斯解适合求解_____扩散问题；Fick扩散第二方程的误差函数解适合求解_____扩散问题。
4. 扩散的微观机理有_____、_____、_____、_____等。
5. 空位扩散的阻力比间隙扩散_____，激活能_____。
6. 在表面扩散、晶界扩散、体扩散、位错扩散方式中，扩散系数D最大的是_____。
7. 在间隙固溶体中，H、O、C等原子以_____方式扩散。
8. Cu-Al合金和Cu组成的扩散偶发生柯肯达尔效应，标记向Cu-Al合金一侧漂移，则_____的扩散通量大。
9. 上坡扩散是指_____。
10. 扩散的驱动力是_____。
11. 伴随有反应的扩散称为_____。

二、计算题

1. 含0.85%C的普碳钢加热到900℃在空气中保温1h后外层碳浓度降到零。(1) 推导脱碳扩散方程的解，假定$t>0$时，$x=0$处，$\rho=0$。(2) 假如要求零件外层的碳浓度为0.8%，表面应车去多少深度(900℃时，$Dc^{\gamma}=1.1\times10^{-7}\text{cm}^2/\text{s}$)？
2. 20钢在930℃渗碳，表面碳浓度达到奥氏体中碳的饱和浓度$C_s=1.4\%$，此时$Dc^{\gamma}=3.6\times10^{-2}\text{mm}^2/\text{h}$，若渗层深度定为从表面到碳含量0.4%的位置，求渗层深度与时间的关系。
3. 870℃渗碳与927℃渗碳相比较，优点是热处理产品晶粒细小，淬火后变形小。若已知$D_0=2.0\times10^{-5}\text{m}^2/\text{s}$，$Q=140\text{ kJ/mol}$，求：(1) 在上两温度下，碳在γ铁中的扩散系数。(2) 若忽略不同温度下碳在γ铁中的溶解度差别，870℃渗碳需用多少时间才能获得927℃渗碳10h的渗层厚度？
4. 纯铁渗硼，900℃时4h生成的Fe_2B层厚度为0.068mm，960℃时4h生成的厚度为0.14mm，假定Fe_2B的生长受扩散速度的控制，求硼原子在Fe_2B中的扩散激活能Q。

拓展练习

一、填空题

1. 固体中的原子沿着表面、晶界和位错等晶体缺陷的扩散称为_____；原子在晶体点阵内部进行的扩散称为_____。

2. 在间隙固溶体中，溶质原子的主要扩散机制是_____；在纯金属和置换固溶体中，原子的主要扩散机制是_____。

3. 空位扩散与间隙扩散相比_____的扩散激活能更大。

4. 柯肯达尔效应是在固溶体中发生的一种扩散现象，其成因是组成固溶体两组元的原子具有不同的_____所致，而且埋入的惰性标记总是向_____一方移动。

5. 扩散的驱动力是_____，而不是_____。原子由低浓度区向高浓度区的扩散称为_____。

6. 当浓度梯度方向与化学位梯度方向_____时进行下坡扩散。

二、选择题

1. 在置换固溶体中，原子扩散的方式一般为(　　)。
   A. 原子互换机制　　B. 间隙机制　　C. 空位机制

2. 固体中原子和分子迁移运动的各种机制中，得到实验充分验证的是(　　)。
   A. 间隙机制　　B. 空位机制　　C. 交换机制

3. A和A-B合金焊合后发生柯肯达尔效应，测得界面向A试样方向移动，则(　　)。
   A. A组元的扩散速率大于B组元
   B. B组元的扩散速率大于A组元
   C. A、B两组元的扩散速率相同

4. 扩散之所以能进行，在本质上是由于体系内存在(　　)。
   A. 化学位梯度　　B. 浓度梯度　　C. 温度梯度　　D. 压力梯度

5. 晶体的表面扩散系数D_s、界面扩散系数D_g和体积扩散系数D_b之间存在(　　)的关系。
   A. $D_s > D_g > D_b$　　B. $D_b < D_g < D_s$　　C. $D_g > D_s > D_b$　　D. $D_g < D_s < D_b$

6. 在离子型材料中，影响扩散的缺陷来自两个方面：热缺陷和掺杂点缺陷。由它们引起的扩散分别称为(　　)。
   A. 自扩散和互扩散　　　　　　　B. 本征扩散和非本征扩散
   C. 无序扩散和有序扩散　　　　　D. 稳定扩散和不稳定扩散

7. 稳定扩散(稳态扩散)是指在垂直扩散方向的任一平面上，单位时间内通过该平面单位面积的粒子数(　　)。
   A. 随时间而变化　　　　　　　　B. 不随时间而变化
   C. 随位置而变化　　　　　　　　D. A或B

8. 不稳定扩散(不稳态扩散)是指扩散物质在扩散介质中浓度(　　)。
   A. 随时间和位置而变化　　　　　B. 不随时间和位置而变化
   C. 只随位置而变化　　　　　　　D. 只随时间而变化

9. 一般晶体中的扩散为(　　)。
   A. 空位扩散　　　　　　　　　　B. 间隙扩散
   C. 易位扩散　　　　　　　　　　D. A和B

10. 由肖脱基缺陷引起的扩散为(　　)。
    A. 本征扩散　　　　　　　　　　B. 非本征扩散
    C. 正扩散　　　　　　　　　　　D. 负扩散

11. 空位扩散是指晶体中的空位跃迁入邻近原子，而原子反向迁入空位，这种扩散机制适用于(　　)的扩散。
    A. 各种类型固溶体　　　　　　　　B. 间隙固溶体
    C. 置换固溶体　　　　　　　　　　D. A和B

12. 扩散过程与晶体结构有密切的关系，扩散介质结构(　　)，扩散(　　)。
    A. 越紧密；越困难　　　　　　　　B. 越疏松；越困难
    C. 越紧密；活化能越小　　　　　　D. 越疏松；活化能越大

13. 不同类型的固溶体具有不同的结构，其扩散难易程度不同，间隙固溶体比置换固溶体(　　)。
    A. 难于扩散　　　　　　　　　　　B. 扩散活化能大
    C. 扩散系数小　　　　　　　　　　D. 容易扩散

14. 扩散相与扩散介质性质差异越大，(　　)。
    A. 扩散活化能越大　　　　　　　　B. 扩散系数越大
    C. 扩散活化能不变　　　　　　　　D. 扩散系数越小

15. 在晶体中存在杂质时对扩散有重要的影响，主要是通过(　　)，使得扩散系数增大。
    A. 增加缺陷浓度　　　　　　　　　B. 使晶格发生畸变
    C. 降低缺陷浓度　　　　　　　　　D. A和B

16. 下列哪一个二元系中不可能发生Kirkendall效应？(　　)
    A. Al-Cu系　　　　　　　　　　　B. Fe-Ni系
    C. Fe-N系　　　　　　　　　　　D. Cu-Ni系

第8章 凝固与结晶
Chapter 8　Solidification and Crystallization

金属凝固时，会像水一样形成美丽的"树枝状"晶体吗？

本章知识构架

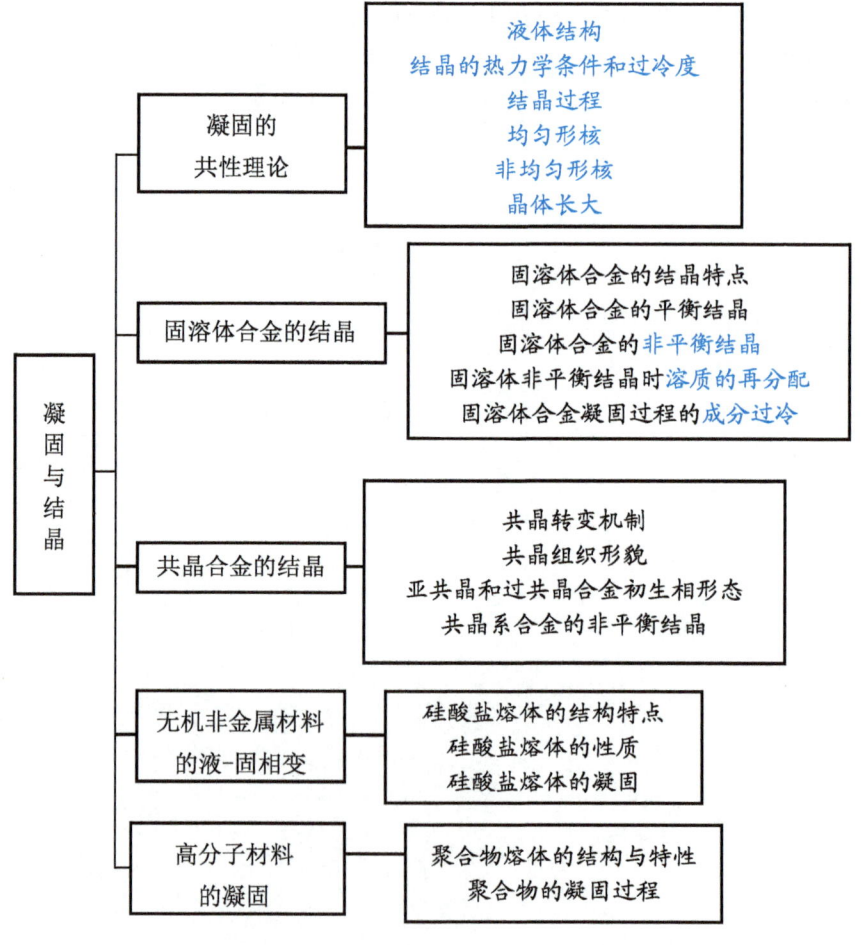

第8章 凝固与结晶

导入案例 我国古代凝固技术的精品 (Fine Antiques of Solidification Technology in Ancient China)

天下第一剑——越王勾践青铜宝剑（图 8.1(a)）

越王勾践青铜宝剑铸于春秋时代，制作极其精美。剑长 55.7 厘米，柄长 8.4 厘米，剑宽 4.6 厘米，剑首外翻卷成圆箍形，内铸间隔仅 0.2mm 的 11 道同心圆，剑身布满黑色菱形暗格花纹，剑格镶有蓝色玻璃和绿松石。靠近剑格的地方有两行鸟篆铭文："越王勾践，自作用剑"。

剑脊含锡 Sn10%，韧性好而不易折断，色泽偏红；剑刃含锡 Sn20%，刚而锋利，色泽黄白，又称<u>双色剑</u>。其菱形纹饰、剑首同心圆和青铜复合剑称为吴越铜兵技术三绝，均属古代科技之谜。

青铜之冠——秦始皇陵铜车马（图 8.1(b)）

秦始皇陵铜车马制作于公元前 221 年～前 210 年间，车长 3.17 米，高 1.602 米，总重达 1241 公斤，由 3500 多个大小零部件组成。主体为青铜所铸，配有一千多个金银饰品，运用了铸造、焊接、镶嵌、黏结以及子母扣、纽环扣、锥度配合、销钉连接等各种工艺，是中国考古史上发现的结构最复杂、形体最大的彩绘古代青铜器，因造型精妙绝伦，工艺高超，被誉为"青铜之冠"。

我国最大的铸铁文物——沧州铁狮子（图 8.1(c)）

沧州铁狮子通高 5.48 米，通长 6.5 米，身躯宽 3.17 米，总重 29.30 吨。铁狮头顶及项下各铸有"狮子王"字，头内有"窦田、郭宝玉"字，左肋有"山东李云造"字，铁狮腹腔内满铸有《金刚经》文，右项及牙边铸有"大周广顺三年铸造"，即铸造于公元 953 年。

铁狮子铸造采用的是中国古代最成熟的金属浇铸法——泥范明铸法，分节叠铸而成的。铁狮腹内光滑，外面拼以长宽三四十厘米不等的范块，逐层垒起，分层浇注，共用范 544 块拼铸而成。沧州铁狮子在世界冶金史上具有里程碑的意义，其制模、冶炼、浇铸工艺充分显示了我国古代铸造工艺的先进性。

(a) 越王勾践青铜宝剑

(b) 秦始皇陵铜车马

(c) 沧州铁狮子

图 8.1 古代凝固技术精品

人类社会的发展历史就是一部制造和利用材料的技术历史，材料技术主要包括制备技术（如粉体制备技术和高分子材料合成等），成形与加工技术（如凝固成形、塑性加工和连接技术等），改质改性技术（如各种热处理和三束改性技术等），防护技术（如涂镀层处理技术等），评价表征技术，模拟仿真技术以及检测与监控技术7类。材料制备工艺水平促进了人类文明的进步。

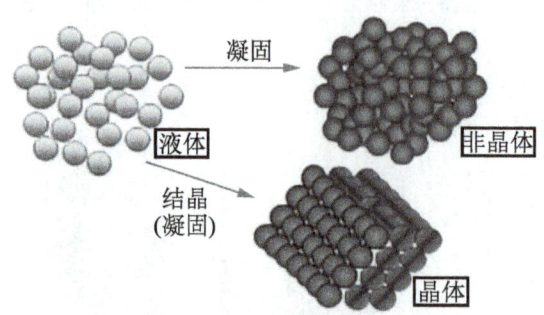

凝固是指材料从液态到固态(晶态、非晶态、准晶态等)的相变过程，其中从液态到晶态的相变称为结晶(如水的结晶，彩图18)。熔化与凝固是大多数材料的生产或成形过程，是最易实现的材料成形工艺之一，结晶相变也是各种相变中最常见的相变。

本章介绍不同材料的凝固与结晶的基本规律，凝固与结晶理论可为其他相变(固态相变、非晶相变、准晶体相变等)的研究提供理论基础，为材料的制备、加工成形、控制产品质量、提高产品性能奠定理论基础。

8.1 凝固与结晶的基础理论
(Basic Theory of Solidification and Crystallization)

虽然不同材料的凝固与结晶过程各不相同，但它们在结晶热力学、结晶动力学及结晶过程等方面遵循着共同的基本规律。例如：结晶的驱动力是液固两相的自由能差 ΔG，ΔG 越大，转变驱动力越大。结晶过程是不断形核和晶核不断长大的过程。

本节首先从结构较简单的纯金属结晶出发，介绍凝固与结晶过程中的一般共性理论。

8.1.1 液态结构 (Liquid-state Structure)

1. 结构起伏和能量起伏

➢ **结构起伏(Structure Undulation)**：液态金属中存在局部规则排列的原子集团，原子集团及其之间的距离在不停变化，会形成的一种结构不稳定现象，如图8.2(a)所示。

➢ **能量起伏(Energy Undulation)**：液态体系中微小体积的能量偏离体系的平均能量，微小体积的能量处于起伏状态，如图8.2(b)所示。

➢ 结构起伏和能量起伏是对应的，造成结构起伏的原因是能量起伏。能量低的区域才能形成有序原子集团，遇到能量高峰又散开成无序状态。

➢ 结晶需要结构起伏和能量起伏作为其核心。

➢ 温度越低，结构起伏的尺寸越大，越容易成为结晶的核心。

2. 液态金属结构模型
1)微晶无序模型(准晶体模型)

1963年，巴克(Banker)提出，在略高于熔点的液态金属中，存在近程密堆的有序原子集团(原子团簇、流动集团)，在这些有序原子集团之间，是宽泛的原子紊乱排列

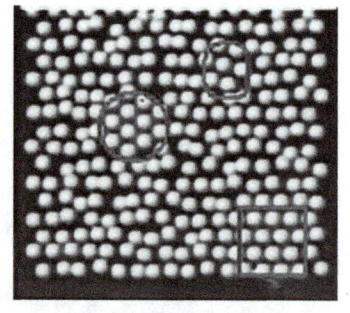

(a) 结构起伏

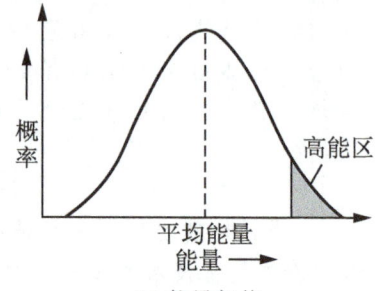

(b) 能量起伏

图 8.2 结构起伏与能量起伏

区。由于有序原子集团尺寸很小(通常小于0.5nm),所以把液态金属的结构特点概括为<u>近程有序(Short Range Order)</u>、<u>远程无序(Long Range Disorder)</u>。这些近程有序的原子集团称为<u>晶胚(Embryo)</u>。温度降低,晶胚尺寸增大,大于一定尺寸的晶胚就会成为<u>晶核(Nucleus)</u>。晶核的出现意味着结晶开始。

Embryo: *A tiny particle of solid forms from the liquid as atoms clustered together. The embryo may grow into a stable nucleus or redissolve.*

Nucleus: *The particle of solid that form from the liquid as atoms cluster together. Because the particle is large enough to be stable, nucleation has occurred and growth of the solid can begin.*

2)随机密堆模型(非晶态模型)

1970年,伯纳尔(Bernal)认为液态结构属于非晶态,假设把许多相同的刚性小球倒入表面光滑的不规则容器中,晃动容器,使小球彼此紧密接触,随机密堆,根据该模型求得的小球近邻数和径向分布函数与实验符合较好。

🌐 阅读材料　液态结构的研究 (Research of Liquid–state Structure)

液态作为物质存在的一种基本形态,与固态、气态相比,具有其特殊的结构、性质及其变化规律。高温液体和熔体具有丰富的物理内涵和重要的应用背景,液体是晶态和非晶态固体材料的母体,因此液体特别是高温熔体的微观结构及物理性质的研究对铸造工艺参数的制订、预测晶体组织性能、判断非晶形成能力等十分重要。

但是,由于高温液态结构实验测试和数据分析上的困难,对高温液态和熔态物质的性质和结构的研究未能像晶态和非晶态固体物质那样深入,还没有建立一个全面完善的理论。

近年来对高温熔体研究较多的是关于熔体的结构及其性质的关系,主要集中于液态半导体、液体的金属 - 非金属转变、表面熔化等方向。

目前,一方面主要利用内耗、黏度、液态X射线衍射、中子衍射、差示扫描量热分析DSC等实验分析方法对物质的液态结构、黏滞特性等进行实验研究;另一方面,随着计算机技术的飞速发展,采用物理概念和物理图像都十分清晰的分子动力学方法,对液态结构和凝固过程进行数值模拟跟踪研究。研究发现:液态Pb-Sn、In-Sn、Pb-Bi、Sb-Bi、Al-Cu及Bi、Pb、Sb等熔体结构敏感物性随温度的升高出现了异常变化,表明了合金熔体发生了温度诱导的液液结构转变,填补了高温区液态金属的现象学空白。

系统中原子的双体分布函数$g(r)$曲线与X射线衍射实验所获得的结构因子$S(q)$互为傅里叶变换,是目前广泛采用的检验液态、非晶态结构的重要手段。

图8.3是液态金属Al在943K时的双体分布函数$g(r)$曲线,与Waseda所做的实验结果

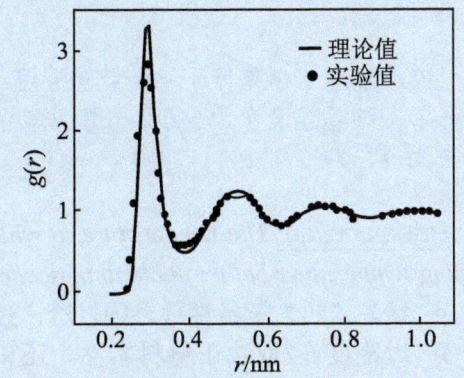

图8.3　液态金属Al的双体分布函数

很相符。研究发现：在液态金属 Al 的凝固过程中，只有十面体原子团及其组合形成的各种团簇结构对微结构的演变起着关键的、决定性的作用。液态金属凝固过程中的团簇结构可按其所包含的基本原子团的数目来进行层次分类，且每一个层次都拥有一定的原子数区段，在每一个层次区段中的团簇结构具有明显的峰值位置。

研究者发现金属液体中存在的近程有序结构（或团簇）与金属液体的脆性具有密切的联系，即液体的脆性是液体中近程有序结构稳定性的体现。

文献来源：

[1] 王桂珍，等. 液态金属结构的研究进展 [J]. 科技创新导报，2008，1.
[2] 刘让苏，等. 液态金属 Al 凝固过程中的团簇结构与幻数特性 [J]. 物理化学学报，2004，20(9):1093-1098.

8.1.2 结晶的热力学条件和过冷度
(Thermodynamic Conditions of Crystallization and Supercooling Degree)

1. 结晶的热力学条件

根据热力学第二定律的最小自由能原理，在等温等压条件下，相变自动进行的方向是体系自由能 G 降低的方向。

$$G=H-TS \tag{8-1}$$

式中，H 为焓；T 为绝对温度；S 为熵。液、固相自由能曲线如图 8.4 所示，自由能 G 随温度 T 的升高而减少，曲线的斜率为熵 S。

➢ 由于液相原子结构更紊乱，原子排列的秩序比固相差，因此液相具有更高的熵值，其自由能随温度变化较陡。

➢ 两条曲线交点处表示液固两相的自由能相等，此时，液固两相共存，处于热力学平衡状态，交点的温度称为平衡结晶温度(或理论结晶温度)T_m。

➢ 只有当温度 $T<T_m$ 时，固相的自由能小于液相自由能，$G_S<G_L$，结晶才能自发进行。

2. 结晶的驱动力

结晶的驱动力是液固两相的自由能差 ΔG，ΔG 越大，转变驱动力越大。

3. 过冷度

结晶温度 T 总是低于平衡结晶温度 T_m 的现象，称为过冷 (Supercooling)。
平衡结晶温度 T_m 与实际结晶温度 T 之差称为过冷度 (Supercooling Degree) ΔT，即 $\Delta T=T_m-T$。

Undercooling: The temperature to which the liquid metal must cool below the equilibrium freezing temperature before nucleation occurs.

➢ 结晶的热力学条件是必须过冷，过冷是结晶的必要条件。
➢ 过冷度 ΔT 取决于材料本性，还和冷却速度有关。如图 8.5 所示，快速冷却时，由于原子来不及充分扩散，结晶被推迟到低温下进行，过冷度增大。

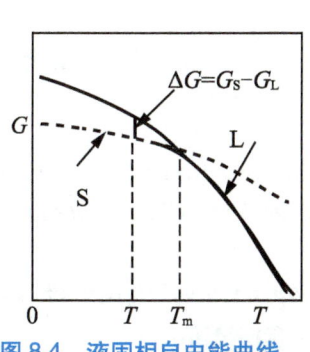

图 8.4 液固相自由能曲线

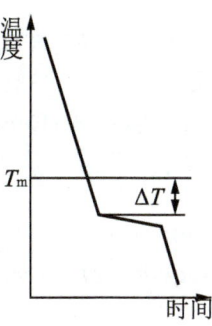

(a) 缓慢冷却　　(b) 快速冷却

图 8.5 纯金属的冷却曲线

4. 结晶的驱动力和过冷度的关系

由于 $\Delta G = \Delta H - T\Delta S$，在 T_m 温度下，$\Delta G=0$，有 $\Delta S = \dfrac{\Delta H}{T_m} = \dfrac{L_m}{T_m}$，$L_m$ 为熔化潜热，ΔS 为熔化熵。$\Delta G = -L_m - T\dfrac{-L_m}{T_m}$，所以有

$$\Delta G = \dfrac{-L_m \cdot \Delta T}{T_m} \tag{8-2}$$

因此，纯金属结晶的<u>驱动力 ΔG 取决于过冷度 ΔT</u>；过冷度越大，液固态自由能差越大，<u>相变驱动力越大，凝固过程加快</u>。

8.1.3 结晶过程 (Crystallization Process)

在结晶温度下，液态金属中首先形成一些稳定的具有一定临界尺寸的微小晶体，称为<u>晶核</u>。随着时间的推移，金属液中的原子不断向晶核表面迁移，已形成的晶核不断长大。同时，又有新的晶核不断形成、长大，直至液态金属全部凝固。凝固结束后，各个晶核长成的晶粒彼此相互接触，形成多边形晶体(图8.6(a) ～ (e))。所以<u>结晶过程就是不断地形核和晶核不断长大的过程</u>。其中晶核的形成方式有<u>均匀形核(自发形核)</u>与<u>非均匀形核(非自发形核)</u>两种。

 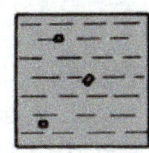 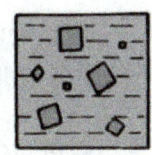  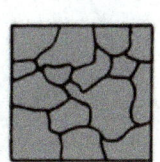

(a) 液相　　(b) 形核　　(c) 晶核长大　　(d) 晶核不断长大接触　　(e) 多边形晶体

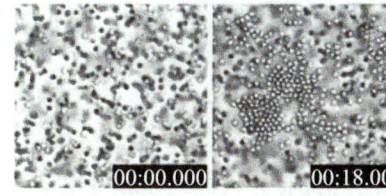

(f) 晶体成核过程示意图

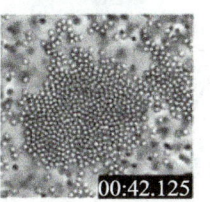

【参考视频】

图 8.6 结晶过程

> **均匀形核 (Homogeneous Nucleation)**：过冷条件下，主要依靠液态金属的结构起伏和能量起伏在均匀的母相中任意形核（图8.6(f)）。
>
> **非均匀形核 (Heterogeneous Nucleation)**：金属液中有自有的细微固态颗粒。或依靠外来核心（容器壁、杂质）作为基底，择优形核。

Homogeneous Nucleation: Formation of a critically sized solid from the liquid by the clustering together of a large number of atoms at a high undercooling (without an external interface).

Heterogeneous Nucleation: Formation of a critically sized solid from the liquid on an impurity surface.

8.1.4 均匀形核 (Homogeneous Nucleation)

1. 晶核形成时体系自由能的变化

过冷液态金属中形成晶胚时，一方面使体系的自由能降低，是相变的驱动力；另一方面又增加了表面能，是相变的阻力。因此，晶胚能否继续存在和长大，取决于自身体积自由能(负值)和表面自由能(正值)的相对大小。

晶胚形成时体系总自由能的变化为：$\Delta G = V \cdot \Delta G_V + A \cdot \sigma$，式中，$\Delta G_V$是体系中液、固两相体积自由能之差，为负值；$\sigma$是单位面积自由能，即比表面能，为正值；$V$和$A$分别是晶胚的体积和表面积。设晶胚为球形，半径为$r$，则总自由能变化为

$$\Delta G = \frac{4\pi}{3} r^3 \cdot \Delta G_V + 4\pi r^2 \cdot \sigma \tag{8-3}$$

【参考图文】

由式(8-3)可知，体积自由能的降低与r^3成正比，而表面能的增加与r^2成正比，因此，ΔG随r的变化关系如图8.7所示。

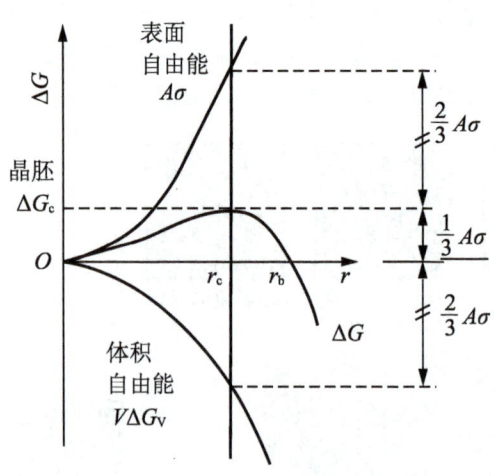

图8.7 ΔG随r的变化关系

当晶体尺寸增大到一个临界大小时，表面自由能与体积自由能相对大小也达到一个转折点，ΔG在晶胚半径为r_c处达到最大值。

➢ 当$r<r_c$时，即晶胚较小时，其进一步长大将引起体系总自由能增加，因此，这种小晶胚会重新熔化，不能成为晶核。

➢ 当$r_c<r<r_b$时，其进一步长大(r增大)将引起体系总自由能ΔG降低，即体积自由能的降低占优势，可以补偿表面能的增加，整个晶胚的自由能将随着晶胚的长大而降低，晶胚长大概率大于消失概率。但此时$\Delta G>0$，晶胚不稳定。

➢ $r>r_b$时，$\Delta G<0$，晶胚能稳定长大成晶核，r_b称为稳定半径。

半径为r_c的晶胚称为临界晶核。r_c称为临界晶核半径，是能成为晶核的最小晶胚半径。只有大于临界尺寸的晶胚才有继续长大的可能，才能发展成稳定的晶核。**形成临界晶核时，体系的**

能量达到最大值，称为临界形核功ΔG_c。

2. 临界晶核半径r_c

对式(8-3)求导，令$d(\Delta G)/dr = 0$，即$\dfrac{d(\Delta G)}{dr} = 4\pi r^2 \Delta G_V + 8\pi r\sigma = 0$，则$r_c = \dfrac{2\sigma}{-\Delta G_V}$，代入式(8-2)，得临界晶核半径为

$$r_c = \dfrac{2\sigma}{-\Delta G_V} = \dfrac{2\sigma \cdot T_m}{L_m \cdot \Delta T} \tag{8-4}$$

3. 临界形核功ΔG_c

临界形核功$\Delta G_c = \dfrac{4}{3}\pi r_c^3 \cdot \Delta G_V + 4\pi r_c^2 \cdot \sigma$，即

$$\Delta G_c = \dfrac{16\pi \sigma^2 T_m^2}{3(L_m \cdot \Delta T)^2} \tag{8-5}$$

临界晶核半径r_c与ΔT成反比，随过冷度增大而减小（图8.8）；形核功与ΔT^2成反比，过冷度增大，所需的形核功减小。

球形临界晶核的表面积为

$$A_c = 4\pi r_c^2 = \dfrac{16\pi \sigma^2 T_m^2}{L_m^2 \cdot \Delta T^2} \tag{8-6}$$

比较式(8-5)和式(8-6)可知

$$\Delta G_c = \dfrac{1}{3} A_c \cdot \sigma \tag{8-7}$$

式(8-7)表明，临界形核功等于表面能的1/3。

4. 均匀形核的3个必要条件

1) 能量起伏

形成临界晶核时，液、固两相自由能差只能补偿表面能的2/3(图8.7)，另外的1/3则靠系统中的能量起伏来补偿。即在液相中高能量的微区形核，可以全部补偿表面能，晶胚尺寸长大到r_b后，$\Delta G<0$，晶核自发长大。

2) 结构起伏

如图8.8所示，过冷液相中存在的结构起伏尺寸r_a随过冷度的增加而增加，即随温度的降低，能稳定存在的有序原子集团尺寸增大。而随温度降低，过冷度增加，形核所需的临界晶核半径r_c减小。当$r_a \geqslant r_c$时，同时获得大于等于ΔG_c的能量起伏，便可作为稳定晶核存在并不断长大。ΔT_c为形核所需最小过冷度，称为临界过冷度。

【参考图文】

3) 足够的过冷度

当过冷度$\Delta T > \Delta T_c$(临界过冷度)，晶核才能稳定存在并不断长大。

图8.8 结构起伏和临界晶核半径与过冷度的关系

5. 均匀形核率

描述结晶进程的2个参数是形核率和长大速度。形核率是指单位时间、单位体积母相

中形成的晶核数目。形核率受两个互相矛盾的因素控制。

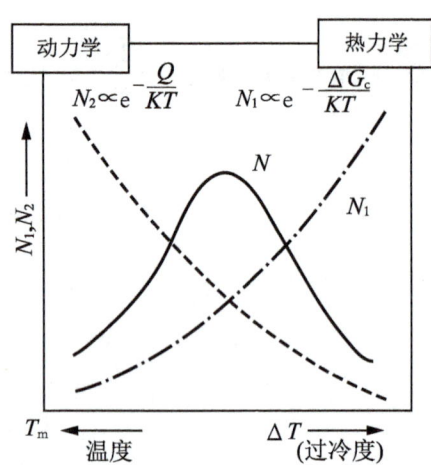

图 8.9 形核率与温度的关系

> **热力学**上：过冷度ΔT越大，晶核的**临界半径r_c及临界形核功**ΔG_c**越小**，需要的**能量起伏小**，满足$r_a \geq r_c$的晶胚越多，稳定晶核越容易形成，形核率就越高，即形核率$N_1 \propto \exp(-\frac{\Delta G_c}{KT})$。

> **动力学**上：**晶核形成需要原子从液相扩散到临界晶核上**，过冷度ΔT越大，原子活动能力越小，原子扩散到临界晶核的概率较小，形核率越低。即形核率**受控于原子扩散因子**，$N_2 \propto \exp(-\frac{Q}{KT})$，$Q$为原子从液相扩散到固相的扩散激活能，$K$为波尔兹曼常数，$T$为绝对温度。因此，总的形核率$N=N_1 \cdot N_2$。

图8.9是形核率与温度的关系，当过冷度ΔT较小时，总形核率N随过冷度增大而增大，主要受N_1项热力学条件控制；当过冷度ΔT很大时，原子扩散能力减弱，形核率受N_2项动力学条件控制，随过冷度增大而迅速减小。

金属材料的结晶能力很强，其形核率与过冷度的关系如图8.10所示，**形核率突然增大的温度称为有效形核温度**，在此温度以上，形核率很小，液体不结晶，处于亚稳定状态。

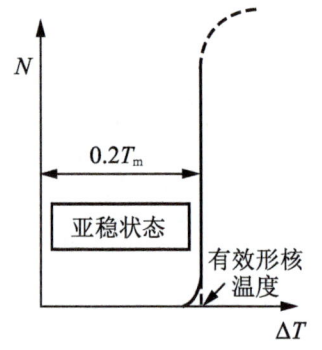

图 8.10 形核率与过冷度的关系

研究表明，将纯金属溶液分散为独立的小液滴(不与容器接触，满足均匀形核条件)，凝固时所需的**临界过冷度**约等于$0.2T_m$(T_m为金属熔点，K)，如纯铁溶液均匀形核的过冷度为295℃，但**实际金属的过冷度一般≤ 20℃**，这是因为实际生产条件下都是非均匀形核。

8.1.5 非均匀形核 (Heterogeneous Nucleation)

在实际生产中，金属中难免含有杂质，而且溶液总是在容器或铸型中凝固，因此，晶核优先依附在现成固态**杂质**表面及容器或铸型**内壁进行，称为非均匀形核**。

1. 非均匀形核的临界晶核尺寸及形核功

如图8.11所示，假如晶核在型壁表面形成，晶核形状是半径为r的球冠，和基底间的润湿角(Wetting Angle)为θ。晶核形成时体系总自由能变化为：$\Delta G = V \cdot \Delta G_V + \Delta G_S$，$V$为晶核体积，$\Delta G_V$为单位体积固液两相自由能之差，$\Delta G_S$为体系增加的表面能。根据立体几何知识，球冠体积$V = \dfrac{2 - 3\cos\theta + \cos^3\theta}{3}\pi r^3$，$\Delta G_S = A_{SL} \cdot \sigma_{SL} + A_{SW} \cdot \sigma_{SW} + A_{LW} \cdot \sigma_{LW}$，其中$A_{SL}$、$A_{SW}$、$A_{LW}$分别是晶核-液相、晶核-型壁、液相-型壁间的界面积；σ_{SL}、σ_{SW}、σ_{LW}分别是晶核-

液相、晶核-型壁、液相-型壁间的单位面积界面能。

根据界面张力平衡，由 $d(\Delta G)/dr=0$，得

$$r^* = \frac{2\sigma}{-\Delta G_V} \tag{8-8}$$

$$\Delta G^*/\Delta G = \frac{2-3\cos\theta+\cos^3\theta}{4} \tag{8-9}$$

令 $f(\theta)=\dfrac{2-3\cos\theta+\cos^3\theta}{4}=\dfrac{(2+\cos\theta)(1-\cos\theta)^2}{4}$，$0 \leqslant f(\theta) \leqslant 1$。

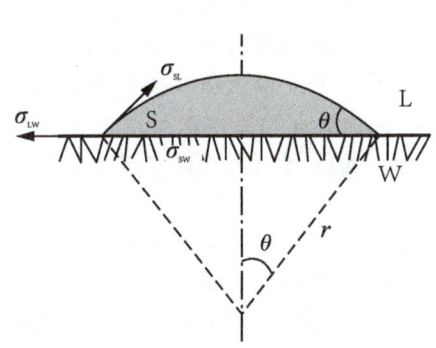

图 8.11　非均匀形核示意图

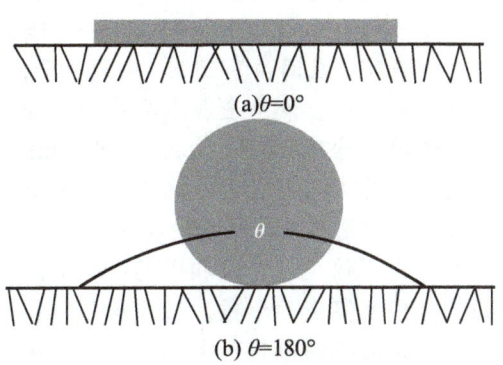

图 8.12　不同润湿角的晶核形貌

2. 非均匀形核的条件和特点

(1) 非均匀形核时，临界球冠的曲率半径与均匀形核时球形晶核的半径是相等的(比较式(8-4)和式(8-8))。

(2) 相同临界半径下，非均匀形核功小于均匀形核功(式(8-9))。

(3) 不同润湿角的晶核形貌。

➢ $\theta=0°$：$f(\theta)=0$，$\Delta G^*_{非}=0$，基底和晶核结构相同，直接长大，外延或籽晶生长(图8.12(a))。

➢ $\theta=180°$：$f(\theta)=1$，$\Delta G^*_{非}=\Delta G^*_{均}$，晶核和背底完全不浸润，相当于均匀形核(图8.12(b))。基底不促进形核，可防止成核。

➢ $0°<\theta<180°$：$\Delta G^*_{非}<\Delta G^*_{均}$，这是非均匀形核的条件和特点(图8.11)。$\theta$角越小，晶核的体积和表面积越小，$\Delta G^*$越小，形核所需过冷度越小，非均匀形核越容易。

3. 非均匀形核的形核率

如图8.13所示，非均匀形核的形核率与均匀形核相似，所不同的是：

(1) **过冷度小**。非均匀形核的形核功小，达到最大形核率所需的过冷度较小，约为$0.02T_m$。

(2) **最大形核率小**。非均匀形核的最大形核率小于均匀形核，这是由于非均匀形核时需要合适的基底，而基底数量有限，当新相晶核覆盖基底时，使适合新相形核的基底大为减少。

(3) **基底的性质对非均匀形核有较大的影响**。不是任何固体杂质均能作为基底促进非均匀形核，需要满足点阵匹

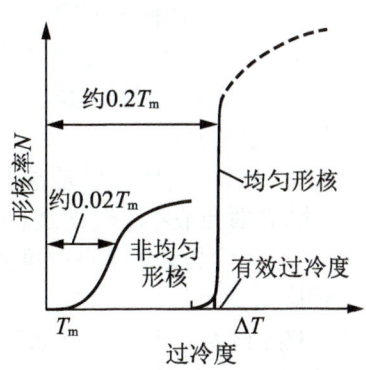

图 8.13　形核率与过冷度的关系

配原理：与晶核晶体结构相似、点阵常数接近的固体杂质才能促进非均匀形核，以减小杂质与晶核间的表面张力，减小θ角，减小形核功$\Delta G^*_{\text{非}}$。例如，Zr能促进Mg的非均匀形核，因为两者都是hcp结构，而且点阵常数相近。WC(六方结构)能促进Au(fcc)的非均匀形核，这是由于六方结构的{0001}面与fcc结构的{111}面原子排列完全相同，而且WC在{0001}面上原子间距为0.2901nm，Au在{111}面上的原子间距为0.2884nm，非常接近。

阅读材料 均匀形核与非均匀形核 (Homogeneous and Heterogeneous Nucleation)

均匀形核完全依靠液相的结构起伏和能量起伏，主要阻力来自晶核表面自由能的增加。减小表面自由能的途径有二：一是增大过冷度，二是减小比表面能σ。

研究表明，在两相界面上，两边原子排列得越相似，则两边原子的能量状态越相近，比表面能就越小。液态金属中存在固相质点，如果它的某个表面上原子排列与晶核某个晶面上的原子排列很相似，且原子间距相近，那么，以这种现成的固体表面为基底来形核，必然能大大降低表面自由能的增大，使形核变得容易，晶核就依附于这些现成固体表面而形成，这就是非均匀形核的成因。

非均匀形核是利用液相中的活性质点或固体界面作基底，同时依靠液相中的相起伏和能量起伏来实现的形核。在非均匀形核时，临界半径只是决定晶核的曲率半径，接触角θ才决定晶核的形状和大小。θ角越小，晶核的体积和表面积也越小，形核越容易。

非均匀形核要克服的能垒比均匀形核小得多，在相变的形核过程中通常都是非均匀形核优先进行。核心总是倾向于以使其总的表面能和应变能最小的方式形成，因而析出物的形状是总应变能和总表面能综合影响的结果。

对于固态转变，除在某些特殊情况下是均匀形核，大多是非均匀形核。液相凝固时形核靠背一般有夹杂物或人为加入的细化晶粒的形核剂及铸模的模壁两类。在固态转变中，非均匀形核地点主要是各类晶体缺陷处，首先是母相的晶界，其次是位错、堆垛层错等晶体缺陷。在这些地方形核可以抵消部分缺陷，消失的那一部分缺陷的自由能可提供克服形核位垒，从而降低形核功。晶体生长所需籽晶，是用自发成核方式获得。

8.1.6 晶体长大 (Crystal Growth)

一旦晶核形成以后，就会继续长大而形成晶粒。那么：晶体长大的驱动力和动力学条件是什么？晶体长大过程、长大速度、长大机理和长大的宏观形态是什么？

1. 晶体长大的驱动力和动力学条件

➢ 晶体长大的热力学驱动力是体系总自由能ΔG随晶体长大而降低。

➢ 晶体长大过程是液相原子向晶核表面迁移、液-固界面向液相移动的过程(图8.14)。

➢ 晶体长大速度即界面推进速度与界面处液相的过冷程度有关。

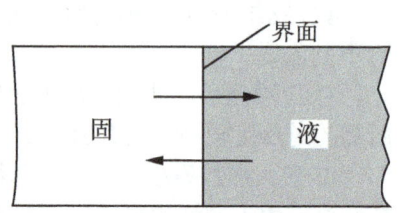

图8.14 液-固界面及原子迁

图8.14为一个正在移动的界面，在界面上同时有液→固和固→液两种原子迁移过程，界面上液固两相平衡共存。

当界面温度T_i小于熔点T_m时，界面向液相中推进，晶核长大。$T_m-T_i=\Delta T_k$，ΔT_k为界面动态过冷度。晶核要长大，必须在界面处有一定的过冷度ΔT_k，即晶核长大的动力学条件是界面动态过冷度$\Delta T_k>0$。

2. 液-固界面的微观结构

晶体长大是液-固界面原子的迁移过程，界面的微观结构会影响晶体生长的方式。界面的平衡结构是界面能最低的结构。液-固界面按其微观结构可分为光滑界面和粗糙界面两种。

Jackson模型：假设在光滑界面上任意增加原子，即界面粗糙化时自由能的相对变化ΔG_S为

$$\frac{\Delta G_S}{NKT_m} = \alpha x(1-x) + x\ln x + (1-x)\ln(1-x) \tag{8-10}$$

式中，N为界面上可能具有的原子位置数；x为界面上被固相原子占据位置的分数；K为波尔兹曼常数；T_m为熔点。Jackson因子$\alpha = \xi\dfrac{\Delta S_m}{R}$，$\Delta S_m$为熔化熵，$R$为气体常数。$\xi$(结晶取向因子)为表面原子平均配位数($Z'$)与晶体配位数($Z$)之比。不同物质具有不同的$\alpha$值。不同$\alpha$值时自由能变化与$x$的关系如图8.15所示。

(1) $\alpha\leq2$时：在$x=0.5$处，界面能有极小值，此时界面上约有一半的原子位置被固相原子占据着，形成粗糙界面(Rough Interface)。如图8.16(a)所示，从微观上看，界面高低不平，无明显边界，有厚度为几个原子间距的过渡层。但从宏观上看，界面呈现平直无曲折的小平面，因此，粗糙界面又称非小平面界面。金属和一些有机化合物的液-固界面为粗糙界面。

(2) $\alpha\geq5$时：在$x\to1$和$x\to0$处，界面能具有两个极小值，表明界面上绝大多数原子位置被固相原子占据或空着，形成光滑界面(Smooth Interface)。如图8.16(b)所示，从微观上看，界面平直光滑，固-液两相截然分开，显示出完整的原子密排面。但从宏观上看，由若干弯折的小平面组成，呈台阶状，又称小平面界面。多数无机非金属的液-固界面为光滑界面。

(3) $\alpha=2\sim5$之间：此时情况比较复杂，形成以上两种类型的混合型界面。某些亚金属(Bi、Sb、Ga、Ge、Si等)的液-固界面为混合界面。

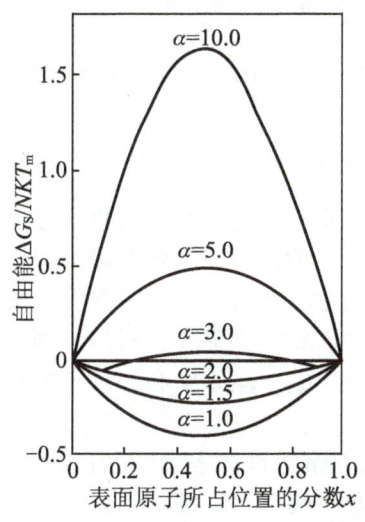

图8.15 不同α值时自由能变化与x的关系

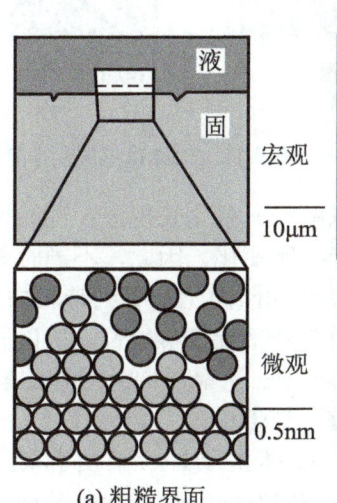

图8.16 粗糙界面和光滑界面结构

3. 晶体长大机理

晶体长大机理是指液态原子以什么方式添加到固相上去，即界面的生长方式，与液-固**界面结构**有关。具有光滑界面的晶体生长方式有两种：二维晶核层状台阶式长大和依靠螺位错台阶生长机制。具有粗糙界面的晶体生长方式为垂直生长机制。

1) 光滑界面晶体的长大

晶体在长大过程中，液-固相界面总是保持比较完整的平面，界面通过台阶式机制长大。

(1) 二维晶核层状台阶式生长：该理论是德国物理学家科塞尔(Walther Kossel)1927年首先提出，后经保加利亚物理化学家斯特兰斯基(Iwan Stranski)发展，也称科塞尔-斯特兰斯基(Kossel-Stranski)理论。如图8.17(a)所示，在理想情况下，光滑界面上原子进入晶格的最佳位置是三面凹角的位置(图8.17(a)中1位)，因为此位置上与晶核结合成键数目最多，释放能量最大。其次是2位置具有二面凹角的阶梯面；最不利的生长位置是自由表面4。因此，晶体生长时先长一条行列，然后长相邻的行列。在长满一层面网后，再开始长第二层面网。晶面是平行向外推移生长的(图8.17(b)、(c)、(d))。该理论也称**层生长(Layer Growth)理论**。

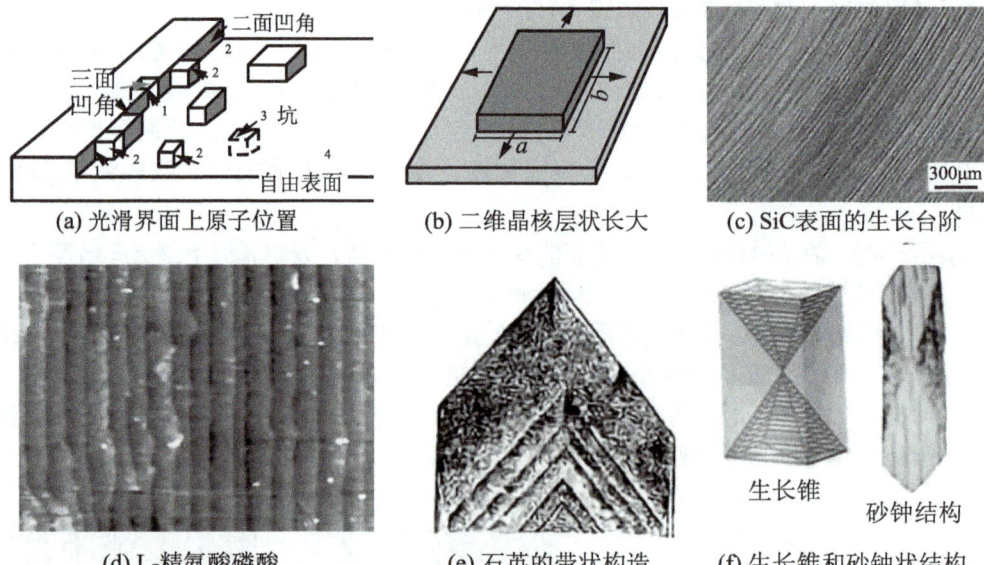

图8.17 二维晶核层状台阶式生长

晶体的层生长理论可以解释一些生长现象：①晶体常生长成为面平、棱直的多面体形态；②晶体生长的环境可能有所变化，因此，不同时刻生成的晶体在颜色和成分等方面可能有细微的变化，因而在晶体的断面上常看到带状构造(图8.17(e))，它表明晶面是平行向外推移生长的。③由于晶面向外平行推移生长，所以同种矿物不同晶体上对应晶面间的夹角不变，即斯丹诺(Stensen)法则。④晶面向外平移的轨迹形成以晶体中心为顶点的锥状体称为生长锥或砂钟状构造(图8.17(f))。

(2) 螺位错长大机制。该模型于1949年由弗朗克(Frank)首先提出，后由Buston和Cabresa等进一步发展，又称BCF(Buston-Cabresa-Frank)理论模型。该模型认为晶体依靠晶体缺陷生长，如图8.18(a)所示，液相原子不断地添加到由螺位错露头处形成的三面凹角及其延伸形成的二面凹角台阶上，晶体围绕螺位错露头点旋转生长(图8.18(b))，按螺旋方式连续地扫过界面，不断形成螺旋新台阶，连续长大。该模型又称为**螺旋生长理论模型**。印度结晶学家弗尔麻(Verma)1951年首先观察到了SiC晶体表面上的生长螺旋纹(图8.18(c))，证实了这个模型在晶体生长中的重要作用。

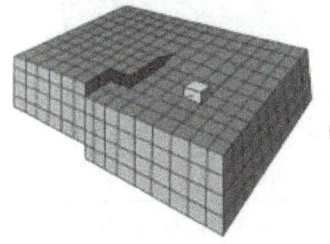

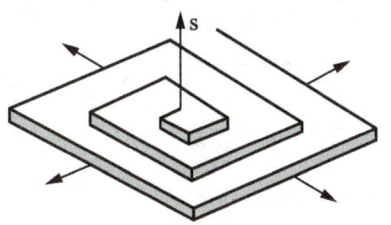

(a) 螺位错处原子添加位置　　　　(b) 螺旋台阶生长　　　　(c) SiC晶体表面的生长螺旋纹

图 8.18　螺位错长大机理

2) 粗糙界面晶体的长大

由于粗糙界面上有一半的空位，可以随机接纳液相原子添加在界面的空位置上，界面连续地沿法线方向推进，称为垂直式长大机制(图8.19)。由于液相原子的附着不需要附加能量，界面的推移是连续的，晶体的长大速度比较快，界面处生长所需的动态过冷度很小，只有10^{-4}℃。

法国结晶学家布拉维(Bravais)于1855年提出：**实际晶体的晶面常常是那些最密排的晶面**。密排面上的原子间距小，但密排面间的间距大、引力小，在晶体生长过程中，密排面平行向外推移就比较困难，因此它的垂直生长速度小，最后被保留下来形成实际晶面，而那些非密排面快速推进长大而逐渐消失。因此，晶面在垂直方向上的生长速度与晶面上结点的密度成反比。各晶面的相对生长速度直接影响晶体的外形。

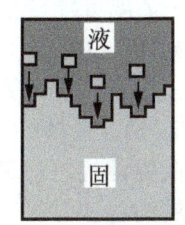

图 8.19　垂直式长大

如图8.20所示，晶面AB的网面上结点的密度最大，网面间距也最大，网面对外来质点的引力小，生长速度慢，晶面横向扩展，最终保留在晶体上；CD晶面次之；BC晶面的网面上结点密度最小，网面间距也就小，网面对外来质点引力大，生长速度最快，横向逐渐缩小以致晶面最终消失；因此，实际晶体的晶面常是网面上结点密度较大的面。

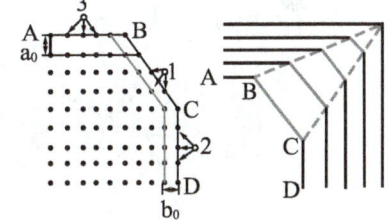

(a) 不同界面密度　　(b) 界面长大速度

图 8.20　不同晶面的生长速度

4. 晶体生长的形态

晶体生长过程中界面的宏观形态取决于界面前沿**温度梯度**(Temperature Gradient)分布。

➢ **正温度梯度**：界面前沿液相温度高于结晶固相(图8.21)，如铸模冷却散热能力好时的情况。

➢ **负温度梯度**：界面前沿液相的温度低于结晶固相(图8.22)，如铸模冷却散热能力低，液相浇铸温度低等情况。

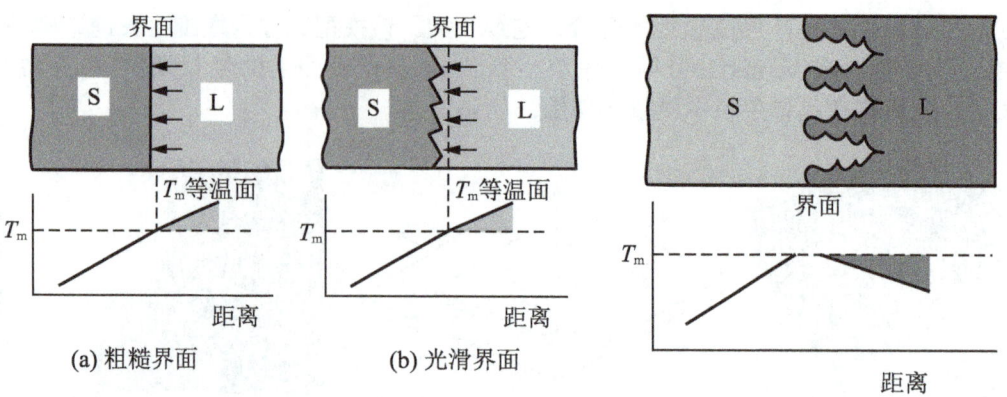

(a) 粗糙界面　　(b) 光滑界面

图 8.21　正温度梯度下界面生长形态

图 8.22　负温度梯度下界面生长形态

1) 正温度梯度下界面形状

由前述可知，粗糙界面以垂直长大方式均匀向前推移，光滑界面以小平面台阶生长方式推进。由于前方液相温度高，这两种界面都不能伸入前方温度高于 T_m 的液体中去，不会产生明显的突起(图8.21)。因此，在正温度梯度下，晶体以平直界面方式生长，称为平面生长。晶体的生长方向与散热方向相反，生长速度取决于固相的散热速度。

2) 负温度梯度下的界面形状

如图8.22所示，由于界面前沿液相的温度低，有更大的过冷度，因此，生长界面优先向前凸出生长，形成许多伸向液体的结晶轴，同时在晶轴上又会发展出二次晶轴、三次晶轴等(图8.23)，晶体的这种生长方式称为树枝状生长。当伸展的晶轴有一定的晶体取向时，可以降低界面能。晶轴的位向和晶体结构类型有关，如fcc和bcc结构主要为<100>。同一晶核发展的各次晶轴上的原子排列位向基本一致，各次晶轴互相接触形成一个充实晶粒。

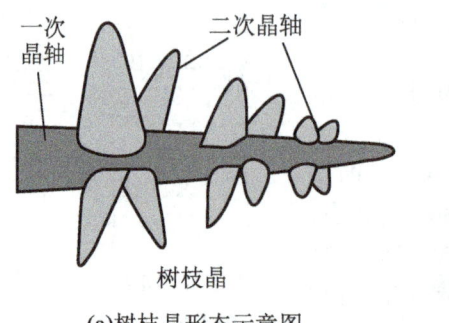

(a) 树枝晶形态示意图

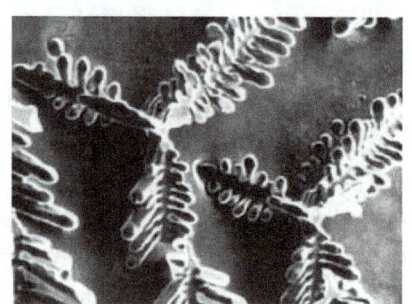

(b) 生长中的树枝晶

图 8.23　树枝晶

8.2　固溶体合金的结晶
(Crystallization of Solid Solution Alloys)

8.2.1　固溶体合金的结晶特点 (Crystallization Characteristics of Solid Solution Alloys)

固溶体的结晶过程同匀晶转变过程相似。同纯金属结晶一样，固溶体结晶过程也是形核和长大过程，形核需要过冷度、结构起伏、能量起伏；长大过程需要动态过冷度和原子扩散。除此之外，固溶体结晶还要考虑温度场、浓度场的作用。

由匀晶合金相图可知：

(1)固溶体结晶是在一定温度范围内完成，即存在温度场的作用。

(2)在结晶过程中发生溶质重新分布，生成固相与原液相成分浓度不同。这是由于实际金属大多为二元或多元系合金，由于合金元素、杂质元素和未熔相质点的存在，不同原子集团的浓度不尽相同，即溶液中微小体积的成分偏离溶液平均成分，且处于时起时伏状态，称为浓度起伏(或成分起伏)，因此要考虑浓度场的作用。

8.2.2 固溶体合金的平衡结晶
(Equilibrium Crystallization of Solid Solution Alloys)

> 平衡结晶是指在无限缓慢冷却条件下，液相和固相中的组元间原子都能充分互扩散，每个阶段都达到平衡相的均匀成分，凝固完成后，材料各部分成分均匀，即按平衡相图完成结晶过程。

平衡结晶过程分析：如图8.24所示，对于C_0成分的合金，在稍低于T_0的过冷温度T_1下，满足形核条件时，通过原子扩散形成成分为α_1的晶核，此时与之平衡的界面处液相成分为L_1，高于远处液相的成分C_0(图8.24(b))。由于存在浓度差，液相内B原子由界面向远处扩散。为保持界面浓度平衡，液相又形成α_1相，界面向液相中推进，α_1长大。

随着温度进一步降低，在T_2温度下结晶时，不仅液相内存在L_2-L_1的浓度差，固相内也存在$\alpha_2-\alpha_1$的浓度差(图8.24(c))。因此，在液、固两相内都需要原子的成分扩散过程，使成分均匀，达到α_2-L_2的界面平衡。固相内原子扩散比液相内扩散慢的多(约10^{-3}倍)，结晶速度减慢。

因此，平衡结晶过程是形核→相界平衡→原子扩散破坏平衡→晶核长大→达到新的相界平衡的过程，是局部平衡到整体平衡的过程，此时，才可用杠杆定律计算两相的相对含量。随温度的不断降低，此过程重复进行，直至液相全部转变为浓度为C_0的成分均匀的固溶体。

【参考图文】

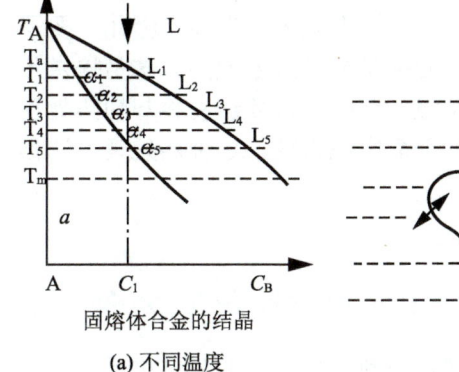

(a) 不同温度下液、固相成分　　(b) T_1温度下界面原子扩散　　(c) T_2温度下界面原子扩散

图8.24 固溶体的平衡结晶

8.2.3 固溶体合金的非平衡结晶 (Non-equilibrium Crystallization of Solid Solution Alloys)

> 在实际生产条件下，冷却速度较快，在各温度下停留的时间有限，液相尤其是固相中的原子不能充分扩散，每个阶段的成分都偏离了平衡成分，这样的结晶过程称为非平衡结晶（又称正常结晶过程）。

如图8.25所示，凝固完成后，结晶晶粒内各部分成分不均匀，先生成的晶核含高熔点组元((图8.25(a)中为A组元)多，低熔点组元(B)少；随温度减低，α内含B组元越来越多，A组元减少。

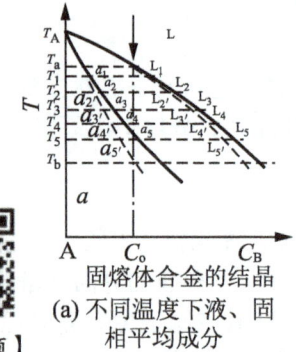
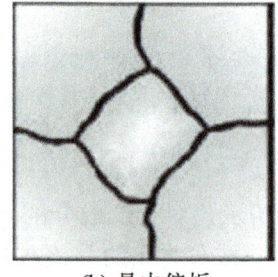
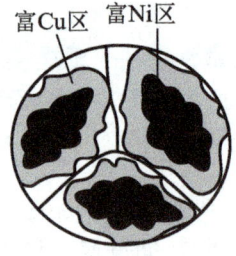

(a) 不同温度下液、固相平均成分　　(b) 晶内偏析（不同颜色代表成分不同）　　(c) Cu-Ni合金的成分偏析

图 8.25　固溶体的非平衡结晶

➤ **非平衡结晶的结果——晶内偏析**：在一个晶粒内部出现的成分不均匀现象，称为**晶内偏析** (Crystal Segregation)。对于树枝状生长的晶粒，各次晶轴间存在成分偏析，称为**枝晶偏析** (Dendrite Segregation)。晶内偏析和枝晶偏析都是一种**微观偏析** (Micro-segregation)。

➤ **影响晶内偏析的因素：①冷却速度**。冷速越大，原子扩散越不充分，成分越不均匀，偏析也越严重。但是，当冷速非常大(激冷技术或快速凝固)，形成非晶时，偏析急剧减小。**②元素的扩散能力**。显然，元素的扩散能力越强，偏析越小。**③相图上液相线与固相线之间的水平距离**。该距离越宽，表明界面处液-固两相的浓度差越大，需要原子的扩散能力越强，越易产生晶内偏析。

➤ **消除晶内偏析方法**：从根源上，晶内偏析是原子扩散不充分产生的，因此，要消除晶内偏析，就需要给原子提供能量，使之充分扩散。而提供能量最方便的方法是提供热能，即对材料进行热处理。把材料加热到一定温度下保温一定时间，并缓慢冷却的热处理方法，可以使原子充分扩散，相变过程充分进行，进行平衡组织转变，这种热处理方法称为**扩散退火**或**均匀化退火**。

8.2.4　固溶体非平衡结晶时溶质的再分配
(Solute Redistribution at Non-equilibrium Crystallization of Solid Solution Alloys)

固溶体合金在正常非平衡结晶时液相和固相的浓度在不断变化中，即溶质进行了**重新分布**。为研究这一现象进行了一些**假设条件**，以简化研究过程，方便规律的探讨。

(1)在**某一温度下，固-液平衡相中溶质浓度之比称为平衡分配系数**(Equilibrium

Partition Coefficient)，即$k_0=C_S/C_L$。为方便讨论，假设相图中的液、固相线均近似为直线，图8.26为两种k_0的合金相图一角，则k_0为恒定值。

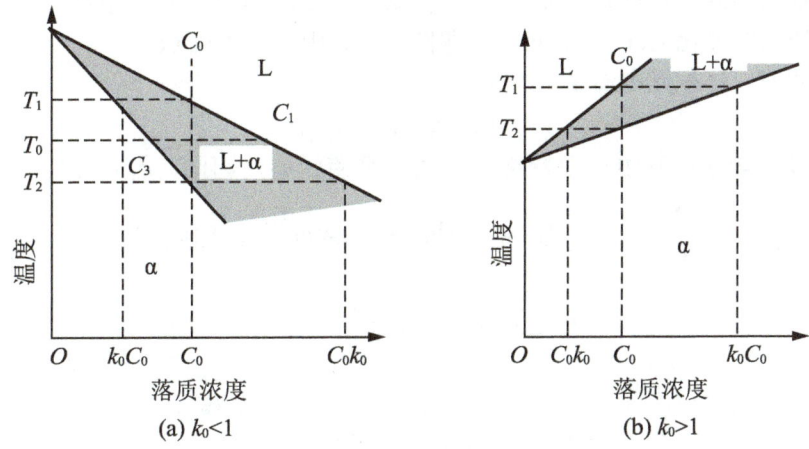

图 8.26 两种 k_0 的合金相图一角

(2)晶体长大过程中界面始终处于局部平衡状态，即界面两侧浓度符合相图的平衡浓度。

(3)忽略固相内扩散：溶质在液体内的扩散系数($10^{-5}\text{cm}^2/\text{s}$)远大于固体($10^{-8}\text{cm}^2/\text{s}$)。仅讨论液相中的溶质原子混合均匀程度问题。一般情况下，凝固过程中液相溶质混合情况分为3种：(A) 充分均匀混合：凝固速度很慢，液相中溶质通过扩散、对流和搅拌很快混合均匀。(B) 完全不混合：凝固速度很快，液相中溶质仅靠扩散混合。(C) 部分混合：凝固速度较快，液相中溶质通过扩散、对流部分混合。

(4)固-液界面生长过程中保持平直界面。没有过冷，也不考虑长大时的动力学过冷。

因此，考虑固溶体合金结晶模型为一成分为C_0的水平圆棒从左向右凝固(图8.27(a))，设水平圆棒长为l，某一时刻液-固界面在距离Z处。固相体积分数为$f_S=Z/L$，液相体积分数$f_L=1-Z/L$。由$k_0=C_S/C_L$，结晶开始时液相成分为均匀的C_0，则刚结晶出的固相成分为$C_S=k_0C_0$。下面分别讨论液-固界面液相溶质3种混合情况下的成分分布。

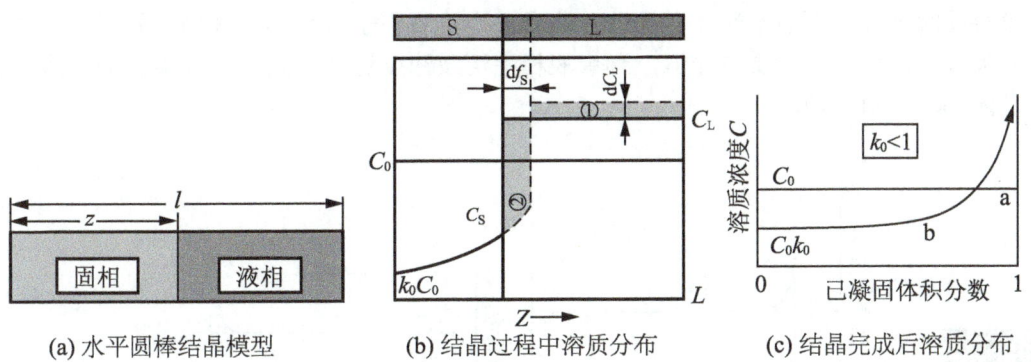

图 8.27 液相充分混合均匀的固溶体结晶

1. 液相中溶质原子充分均匀混合

如图8.27(b)中实线所示，界面两侧固相成分为C_S，液相为C_L。经过一段时间后界面向右推移了dZ距离，固相体积分数增加了df_S，排出多余的组元B

【参考图文】

进入液相中，由于液相中溶质原子充分混合，因此，多余的B组元在液相中充分扩散均匀，引起液相浓度均匀升高dC_L。

形成微量固相df_S排出的溶质量为$(C_L-C_S)df_S$，即图8.27(b)中区域②面积。

液相溶质量的变化为$(1-f_S-df_S)dC_L$，即图8.27(b)中区域①面积。

根据凝固前后体积元中质量不变原理，有

$$(C_L-C_S)df_S=(1-f_S-df_S)dC_L \tag{8-11}$$

根据假设，凝固过程中界面始终处于局部平衡状态，因此有$k_0=C_S/C_L$，并忽略$df_S dC_L$项，得到 $\dfrac{df_S}{(1-f_S)}=\dfrac{dC_L}{C_L(1-k_0)}$，即 $(k_0-1)\ln(1-f_S)=\ln\dfrac{C_L}{C_0}$，因此有

$$C_L = C_0 f_L^{(k_0-1)} = C_0\left(1-\dfrac{Z}{L}\right)^{(k_0-1)} \tag{8-12}$$

$$C_S = k_0 C_0 (1-f_S)^{(k_0-1)} = k_0 C_0\left(1-\dfrac{Z}{L}\right)^{(k_0-1)} \tag{8-13}$$

式(8-12)和式(8-13)分别是**液相完全混合情况下固溶体不平衡凝固过程中液相和固相的溶质分布方程，是著名的Scheil公式，或称非平衡杠杆定律(Non–equilibrium Lever Rule)，表示了凝固过程中液相和固相成分随凝固体积分数的变化规律。**

当$k_0<1$时，随f_S的增大，C_L和C_S均不断升高，凝固结束后，合金棒从左端到右端成分差异很大(图8.27(c)中b曲线)，**左端溶质原子浓度低于平均成分，右端溶质原子严重偏析(富集)。这种沿试样长度方向上存在的溶质偏析现象，称为宏观偏析(Macro–segregation)。**

2. 液相中溶质原子完全不混合

如图8.28(a)所示，固相中溶质浓度由k_0C_0提高到C_0时，排出的溶质原子进入液-固界面前沿液体内，由于凝固速度很快，液相内原子完全不混合，排出的溶质原子在液-固界面处富集，而远处的液相浓度仍为C_0；此紧靠液-固界面、溶质富集的液体薄层称为边界层，厚度为δ。当进入边界层的溶质原子量等于通过扩散流出边界层的溶质量时，液-固界面达到动平衡状态，此时固相浓度$C_S=C_0$，液相浓度$C_L=C_0/k_0$，δ达到极大值。

随凝固的进行，界面不断向右推移，边界层内溶质原子浓度不断升高。凝固接近结束时，剩余液相很少，由于质量守恒，剩余液相中溶质浓度迅速升高，合金棒右端为溶质富集区(图8.28(b)中a曲线)。

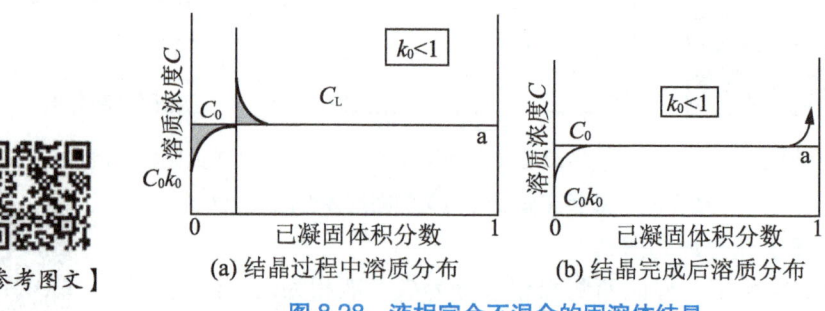

图 8.28 液相完全不混合的固溶体结晶

稳定边界层内溶质分布对晶体生长形态有很大影响，由两个因素决定：一是溶质在边界层内扩散引起的，满足扩散第二定律；二是界面向前推进引起的。界面前沿浓度场的微分方程为

$$\frac{dC_L}{dt} = D_L \frac{d^2 C_L}{dx^2} + R \frac{dC_L}{dx} \tag{8-14}$$

式中，D_L为溶质原子的扩散系数；R为界面推移速率(固相凝固速率)。当界面前沿的浓度场稳定时，即$dC_L/dt = 0$，凝固进入平稳态，$D_L \frac{d^2 C_L}{dx^2} + R \frac{dC_L}{dx} = 0$；解得边界层内溶质浓度分布为

$$C_L = C_0 \left[1 + \frac{1-k_0}{k_0} \exp\left(-\frac{Rx}{D_L}\right)\right] \tag{8-15}$$

3. 液相中溶质原子部分混合

如图8.29(a)所示，当冷速及凝固速度介于上述两种情况之间时，固相排出的溶质原子富集在边界层，通过扩散进入前沿液相中，而前沿液相中的溶质原子可通过对流混合均匀，因此，边界层内溶质原子富集程度比B种情况(仅靠扩散，完全不混合)时降低，边界层厚度δ小。达到平衡时，界面固相成分为$(C_S)_i$，液相成分为$(C_L)_i$，前沿液相成分为$(C_L)_B$。界面局部平衡处有$(C_S)_i = k_0 \cdot (C_L)_i$，设$k_1 = (C_L)_i/(C_L)_B$，则有：$(C_S)_i/(C_L)_B = [(C_S)_i/(C_L)_i] \cdot [(C_L)_i/(C_L)_B] = k_0 \cdot k_1 = k_e$。$k_e$称为有效分配系数，$k_e$与$k_0$的关系为$k_e = \dfrac{k_0}{k_0 + (1-k_0)\exp\left(-\dfrac{R\delta}{D}\right)}$，$R$为界面推移速率(即固相凝固速率)。此阶段的凝固方程为

$$C_S = k_e C_0 (1 - f_S)^{(k_e - 1)} = k_e C_0 \left(1 - \frac{Z}{L}\right)^{(k_e - 1)} \tag{8-16}$$

$$C_L = C_0 f_L^{(k_e - 1)} = C_0 \left(1 - \frac{Z}{L}\right)^{(k_e - 1)} \tag{8-17}$$

凝固结束后合金棒中溶质分布如图8.29(b)中曲线d所示，其宏观偏析程度小于液相中溶质完全混合情况(b曲线)。

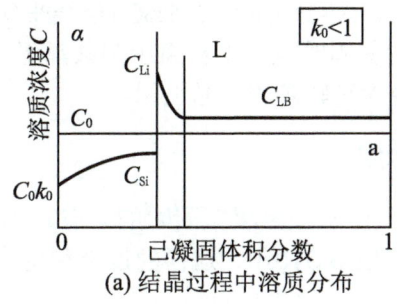
(a) 结晶过程中溶质分布

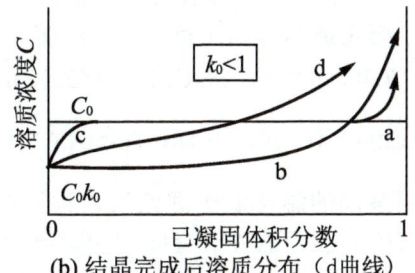
(b) 结晶完成后溶质分布（d曲线）

图 8.29 液相部分混合的固溶体结晶

> **讨论**：k_e 的大小主要**取决于凝固速度 R**。

(1)凝固速度较慢，R很小时，$(R\delta/D)\to 0$，$k_e\approx k_0$，是液相中溶质完全混合的情况(A情况，b曲线)。

(2)若凝固速度很快，R很大时，$(R\delta/D)\to\infty$，$k_e\approx 1$，是液相中溶质完全不混合的情况(B情况，a曲线)。

(3)若凝固速度和R介于上述二者之间，$k_0<k_e<1$，属于液相中溶质部分混合的情况(C情况，d曲线)。

> **小结**：哪种情况偏析最严重？

如图8.29(b)所示，**固溶体不平衡凝固时，凝固速度越慢，液相中溶质混合越充分，则凝固后溶质分布越不均匀，宏观偏析越严重。** 宏观偏析与快冷时由于固相中原子不能充分扩散而产生的枝晶偏析(微观偏析)是两个不同的概念。

【**例题8–1**】Scheil 公式的应用。如图8.30(a)所示，A-B合金$C_0=0.15$，从一端定向凝固，在固态完全不扩散、液相完全混合均匀的情况下，(1) 给出固相的成分分布方程。(2) 求出共晶的相对量是多少。

解：在共晶温度T_E时，固-液界面处固相成分为0.24，余下液相的成分为$C_L=C_E=0.6$，继续冷却，这些液相全部转变为共晶。根据 $C_S=k_0C_0(1-f_S)^{(k_0-1)}$，先求$k_0$。

$$k_0=C_S/C_L=0.24/0.6=0.4$$

(1)$C_0=0.15$合金固相成分方程： $C_S=0.06(1-f_S)^{-0.6}$ 。

(2)共晶温度时，$C_S=0.24$，则： $0.24=0.06f_L^{-0.6}$，求得$f_L=9.92\%$，故共晶的相对量为9.92%。

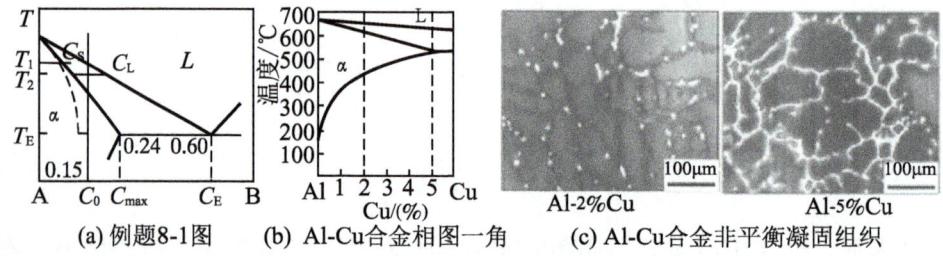

(a) 例题8-1图　　(b) Al-Cu合金相图一角　　(c) Al-Cu合金非平衡凝固组织

图 8.30　非平衡凝固

【参考图文】

图8.30(b)是Al-Cu合金相图一角。Al-2%Cu及Al-5%Cu合金平衡凝固后都应是单相固溶体组织α；而非平衡凝固时获得偏析组织和共晶组织，如图8.30(c)所示，5%Cu合金比2%Cu合金含有较多的共晶组织。

8.2.5　成分过冷 (Constitution Supercooling)

合金实际凝固的温度低于理论T_m，称为过冷。由于**纯金属凝固时的熔点T_m为一定值，其界面前沿液体的过冷取决于液体内实际温度分布(图8.31(b))，这样的过冷称为热过冷。**

1. 成分过冷

合金的熔点随溶质浓度变化而变化。如上所述，固溶体合金结晶时发生溶质再分配，成分是变化的，因此在液-固界面前沿其熔点T_m是变化的，特别是界面边界层的溶质富集($k_0<1$)而使T_m降低很多，如图8.31(c)中T_L线所示，界面前沿液相的熔点随浓度梯度而变化。当界面前沿液体内实际温度为正温度梯度时(图8.31(c)中1线)，低于液相熔点分布曲线，也可形成过冷区(图8.31(c)中阴影区)。

> 由于液相成分变化引起熔点变化，而与实际温度分布之差决定的特殊过冷现象，称为成分过冷。

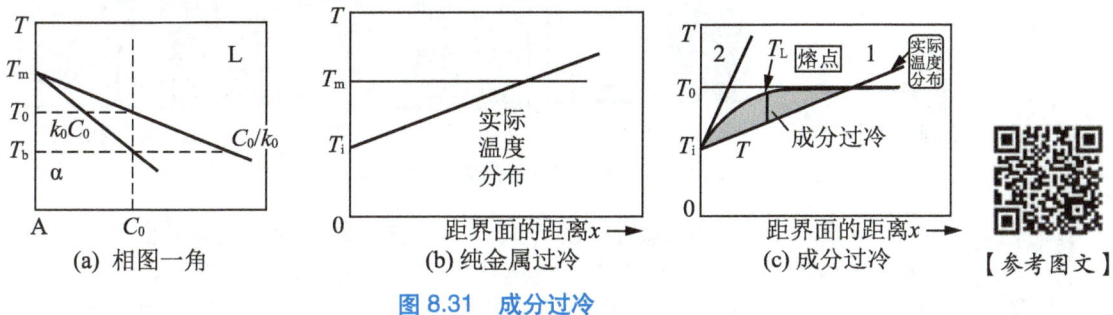

图8.31 成分过冷

2. 成分过冷的条件

成分过冷是与液相内溶质浓度分布相关的过冷。如图8.31(a)所示，假定液相线为直线，斜率为m_L，组元A的熔点为T_m，液相线平衡温度随浓度变化为 $T_L = T_m - m_L C_L$。考虑液相中溶质完全不混合的情况(B情况)，稳定凝固阶段边界层内液相溶质分布C_L(式(8-15)，图8.28(a))为

$$T_L = T_m - m_L C_L = T_m - m_L C_0 \left[1 + \frac{1-k_0}{k_0}\exp\left(-\frac{Rx}{D_L}\right)\right] \tag{8-18}$$

当$x=0$时，为界面处液相温度：$T_i = (T_L)_{x=0} = T_m - m_L C_0 / k_0$。

当液-固界面前沿的实际温度分布为正温度梯度，正温度梯度斜率为G，距界面x处液体实际温度为：$T = T_i + Gx = T_m - m_L C_0 / k_0 + Gx$。

当熔点分布曲线T_L在界面处切线的斜率 $\dfrac{dT_L}{dx} > G$，即形成图8.31(c)中成分过冷区，可求得出现成分过冷的条件为

$$\frac{mC_0}{D} \cdot \frac{1-k_0}{k_0} > \frac{G}{R} \tag{8-19}$$

3. 影响成分过冷的因素

式(8-19)左端m、k_0、C_0、D为合金所固有的参数，是影响成分过冷的内在因素；右端G、R为实验可控参数，是影响成分过冷的外在因素。

(1)当m、C_0越大，D越小，$k_0<1$时k_0越小或$k_0>1$时k_0越大时，式(8-19)左端数值越大，成分过冷倾向越大。一般当溶质浓度>0.2%时，就会出现成分过冷。

(2)界面前沿温度梯度G越小，凝固速度R越大，式(8-19)右端数值越小，成分过冷倾向大。因此，固溶体合金凝固时，在凝固速度很快，液相中溶质仅靠扩散完全不混合(B条

件)情况下，液-固界面前沿溶质富集程度最大，成分过冷最严重。而凝固速度很慢，对流搅拌强烈，液相中溶质充分混合均匀(A条件)时，不易出现成分过冷。

4. 成分过冷与晶体长大形貌

当合金成分和性质确定时，在正温度梯度下，其生长方式主要取决于成分过冷程度。如图8.32(a)所示，由于界面前沿实际温度梯度的不同，成分过冷可分为3个区。

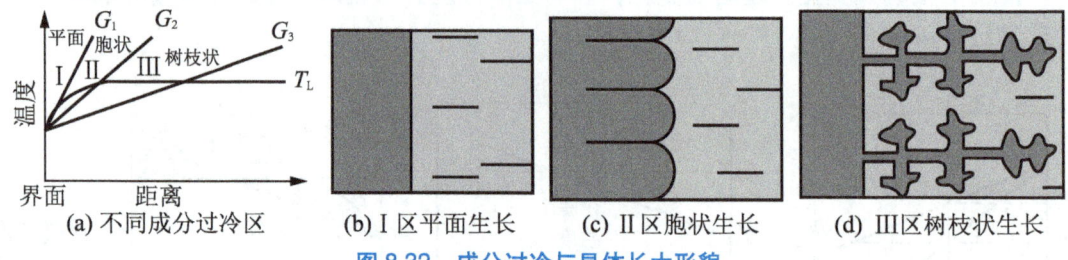

图 8.32　成分过冷与晶体长大形貌

【参考图文】

(1)第Ⅰ区，液相温度梯度很大，不产生成分过冷。远离界面处，过冷度减小，液相内处于过热状态，会熔化界面上小的凸起，因此，晶体以平面方式长大(图8.32(b))，形成稳定的平面界面。G_1为界面稳定的临界状态。界面稳定的条件为 $\dfrac{G}{R} \geq \dfrac{mC_0}{D} \cdot \dfrac{1-k_0}{k_0}$。

(2)第Ⅱ区，液相温度梯度减小，产生小的成分过冷区。在界面处，尽管液相实际温度最低，但此处液相的熔点也最低，因而使界面处液相过冷度极小，几乎接近于零；远离界面的液相反而过冷度较大。因此，平面界面变得不稳定，界面上的凸起可以进入过冷液体而长大，但因过冷区较窄，凸出不会长得很大，也不侧向分枝，而形成胞状组织(图8.32(c))。其纵截面为长条形，横截面为六角形。界面不稳定的条件为 $\dfrac{G}{R} < \dfrac{mC_0}{D} \cdot \dfrac{1-k_0}{k_0}$。

(3)第Ⅲ区，液相温度梯度进一步减小，产生很大的成分过冷区，液相前方很大范围处于过冷状态，平界面更加不稳定，界面上的凸起很容易伸入前方液相而不断长大，并不断分枝，形成树枝晶(图8.32(d))。

因此，随着界面前沿液相温度梯度的减小，成分过冷区增大，晶体的生长形态按平面状—胞状—树枝状而变化。

8.3　共晶合金的结晶(Crystallization of Eutectic Alloy)

8.3.1　共晶转变机制(Mechanism of Eutectic Transformation)

共晶合金的凝固过程也是晶核的形成与长大过程。共晶体中两个组成相不会同时形核，首先形核的一相称为领先相。

1. 共晶核心的形成

共晶转变机理是两相互相激发形成交替的共晶核心。如图8.33(a)所示Pb-Sn合金相图中，e点成分的液相共晶合金在一定的过冷度下发生共晶转变时，先按匀晶转变机制生成5点成分的领先相β，此时β相周围与之平衡的为3点成分的液相，为以β相表面为基底、采用非均匀形核方式形成α相核心提供了浓度和能量上的有利条件,很快在β表面上形成2点成分的α核心,此时与之平衡的界面上为4点成分的液相,又促进了5点成分β相在α表面的形核(图8.33(b))。

2. 共晶核心的长大

如图8.33(b)所示,形成的共晶晶核和前沿液体存在着浓度差,包括L-α、L-β、α-β界面的浓度场,形成了原子扩散流,使α相和β相长大。其中α相和β相分别向液相中排出B和A组元,称为纵向扩散长大;而β相中的A组元向α相,α相中的B组元向β相中扩散,称为横向短程扩散长大(图8.33(c))。由于液-固界面的原子纵向扩散速率很快,因此,典型的共晶形态为层片状(图8.33(d))和棒条状。

3. 共晶转变规律

(1)共晶转变的动力仍是液相和固相的自由能差;共晶转变的阻力包括液相-固相的表面能和α-β相的界面能,比匀晶转变多了一项界面能,因此,共晶转变的阻力比匀晶转变大一些。

(2)实际上形成共晶晶核不需要α相和β相反复形核,而是在生成的α相和β相晶核上分别以搭桥方式连成整体(图8.33(e))。

(3)当组成合金的两相熔点相差悬殊时,平衡共晶成分点通常偏向低熔点相一边。领先相一般是低熔点相,从而更容易满足浓度起伏及原子扩散条件。

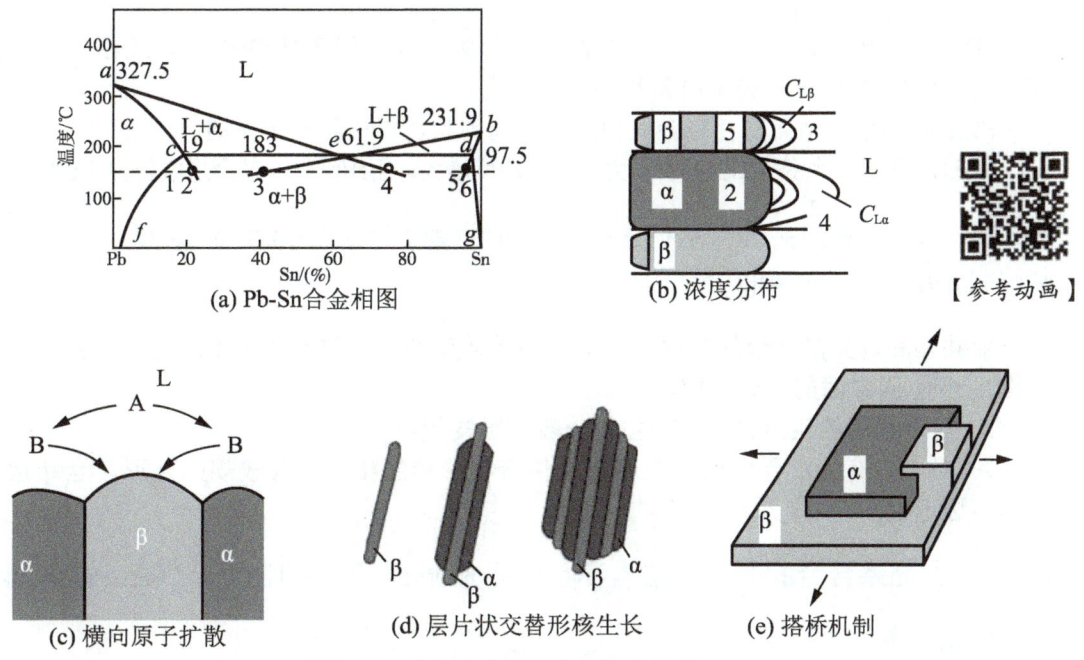

图 8.33 共晶合金的形核与长大机理

(4)层片状共晶体中,两相之间常有一定的晶体学取向关系,以降低界面能。如α(Al)-$CuAl_2$共晶体中,$(111)_α$ // $(211)_{CuAl_2}$,$[101]_α$ // $[120]_{CuAl_2}$,层片交界面//$(111)_α$。

8.3.2 共晶组织形貌 (Eutectic Morphology)

按微观形态特征,共晶组织分为规则共晶和非规则共晶两类。

➢ 规则共晶主要是片层状、棒条状、螺旋状等共晶组织。
➢ 非规则共晶主要是针状、树枝状、骨骼状等共晶组织。
按液-固相界面结构即组成相的Jackson因子分为3类。
➢ 金属-金属型(粗糙-粗糙界面)：两相垂直生长，匹配长大，易形成规则共晶(图8.34(a))。
➢ 金属-非金属型(粗糙-光滑界面)：两相结构和性质差异较大，匹配性差，易形成不规则共晶(图8.34(b))；
➢ 非金属-非金属型(光滑-光滑界面)：两相结构和性质相近，易形成规则共晶组织(图8.34(c)、(d))。

【参考图文】

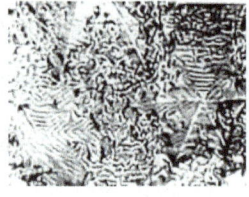
(a) Zn-MgZn 螺旋状

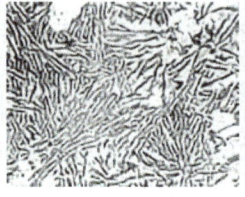
(b) Al-Si 针状

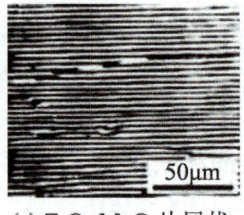
(c) ZrO_2-MgO 片层状

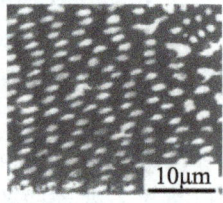
(d) ZrO_2-Al_2O_3 棒条状

图 8.34　共晶组织形貌

影响共晶组织形貌的因素如下。
(1)两相性质与体积分数会影响共晶组织形貌。当一相含量<30%时，此相以棒条状存在；当一相含量在30%~50%时常呈层片状形态。
(2)杂质和第三组元的存在会促使共晶体向胞状、树枝状形态发展。
(3)过冷度。过冷度是相变的驱动力，随过冷度增大，组织细化，甚至形成各种亚稳组织。

8.3.3　亚共晶和过共晶合金初生相形态 (Primary Phasemorphology of Hypoeutectic and Hypereutectic Alloys)

亚共晶和过共晶合金的凝固过程除了共晶转变外，还包括初生相的生成。初生相的形态取决于液-固界面的微观结构。
➢ 对于金属的粗糙界面，初生相一般呈树枝状。
➢ 对于具有光滑界面的非金属相或化合物，初生相一般有较规则外形，呈针状、片状和多边形状。

8.3.4　共晶系合金的非平衡结晶 (Non–equilibrium Crystallization of Eutectic Alloys)

1. 伪共晶

➢ **热力学伪共晶**
共晶点附近的非共晶合金快冷到两液相延长线之间的区域，由于不平衡凝固得到100%的共晶组织，称为伪共晶。如图8.35(a)中C_1、C_2合金，虚线三角形区为热力学伪共晶区。当两组元熔点、固溶度等性质相近时，可生成此类伪共晶。

➢ **动力学伪共晶**
由于两组元原子半径、晶格常数、熔点、扩散系数等性质的差异，可出现3种非平衡凝固现象(图8.35(b))。

(1) 共晶合金C_e得到亚共晶或过共晶组织。
(2) 非共晶合金(C_3)在热力学伪共晶区之外得到100%共晶,即发生伪共晶区偏移。

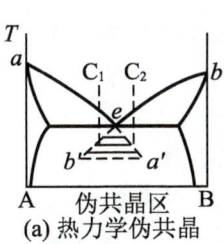
(a) 热力学伪共晶

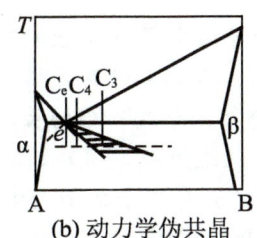
(b) 动力学伪共晶

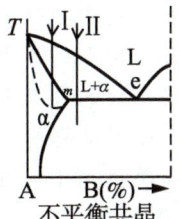
(c) 离异共晶和固溶体中的共晶

图 8.35 非平衡结晶

(3) 非共晶合金(C_4)既得不到100%共晶,也得不到平衡态下的组织,这样的共晶称为<u>动力学伪共晶</u>。

2. 离异共晶

如图8.35(c)所示,成分位于共晶线上左右<u>两端点附近</u>的合金(合金Ⅱ),结晶时初生相α量很大,发生共晶转变时的剩余液相量很少,这样,共晶组织中的α依附在初生相α上生长,而另一相β被推到α相晶界处呈网状存在,<u>失去了共晶组织两相交替分布的组织特征</u>,这样两相分离的共晶组织,称为<u>离异共晶</u>。

3. 固溶体合金中的共晶组织

图8.35(c)中的合金Ⅰ,在平衡凝固条件下,无共晶组织。但在不平衡凝固条件下,可获得少量共晶组织,如例题8-1计算过程。

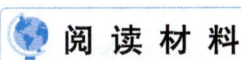 晶粒大小的控制与典型铸锭组织 (Grain Size Control and Typical Ingot Structure)

通过控制结晶过程,结晶后获得只有一个晶粒的组织,称为单晶体。一般材料结晶后获得由许多个外形不规则的晶粒所组成的多晶体。晶体晶粒的大小对力学性能的影响很大,在室温下,一般晶粒越细,其强度、硬度越高,塑性、韧性越好,这种现象称为细晶强化,是改善材料力学性能的重要措施。控制晶粒大小的方法如下。

(1) 增加过冷度,提高冷却速度,使晶粒细化。例如,铸造凝固时,可以采用降低液相浇注温度、采用金属模型、通水冷却、厚部位加冷铁等方法。该方法适用于小件或薄件,不适用于大件,因为冷却速度过快,内外温差大,热应力大,易产生裂纹。

(2) 变质处理。根据材料的不同,在液相中加入不同的形核剂(孕育剂),以增加形核数量,促进非均匀形核,从而达到细化晶粒,改善其组织和性能的方法。

(3) 振动与搅拌。采用机械振动、超声波振动和电磁振动等,可使生长中大的枝晶破碎,提供更多的结晶核心,从而达到细化晶粒的效果。

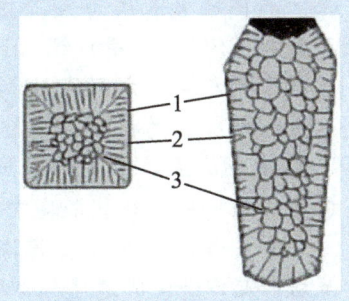

图 8.36 铸锭的三个晶区

如图8.36所示,典型的铸锭组织可分为3个区。

(1) 表层激冷区(表层细晶区):位于铸锭的最外层,由细小等轴晶粒所组成。

(2) 柱状晶区：位于激冷区里边，是由垂直于模壁，彼此平行的柱状晶粒所组成。在此区内，由于溶质原子富集，熔点较低，过冷度较大，散热方向垂直于模壁，生长速度快而形成细长柱状晶形态。

柱状晶有性能上的各向异性，平行于柱状晶方向上的材料强度比较高，垂直方向上即柱状晶区交界处的分界面结合力较弱，在热轧时易开裂，因此，一般情况下不希望获得柱状晶。浇铸温度越高，内外温度越大，冷凝时间越长，越有利于柱状晶的发展；机械振动、磁场搅拌、超声波处理等，可促进形核，减弱柱状晶的发展。

(3) 中心等轴晶区：位于铸锭中心区。有3个方面因素促进等轴晶的形成：①液相中溶质原子富集，形成成分过冷区；②锭壁细晶区部分小晶体随液流卷入铸型中部作为籽晶；③树枝主干周围细颈处熔断/破碎，作为籽晶。加入一定晶粒细化剂，可促进非均匀形核，有利于得到细小的等轴晶粒。

阅读材料　新型凝固技术 (Advanced Solidification Technology)

1. 单晶的制取——垂直提拉法

单晶具有特殊的物理和力学性能。单晶硅、锗是制造大规模集成电路的基本材料，而 TiO_2、$LiTiO_3$、$KNbO_3$ 等近百种氧化物单晶是制备磁存储、光记忆、红外传感等元器件的重要材料。在高温下，由于没有晶界的软化作用，单晶组织的叶片比多晶体叶片具有更好的强度。制备单晶的原理是使溶液凝固时只形成一个晶核并长大成单晶。晶核可以是事先制备的籽晶，也可以在溶液中形成。制备单晶的方法很多，有熔体生长法、固相生长法、气相生长法和溶液生长法。工业中常用垂直提拉法制备单晶。

如图 8.37(a) 所示，先将坩埚中原料加热熔化，将籽晶夹在可以旋转和升降的引晶杆上，降低提拉杆，使籽晶与熔体接触，调节温度使籽晶生长，提升提拉杆，使晶体一面生长，一面转动并被缓慢地拉出，即长成一个单晶。这种方法广泛地用于制取电子工业中应用的单晶硅。

山东大学晶体材料研究所第一次创造性地将具有旋光性的硅酸镓镧 (LGS) 晶体应用于激光器的电光调Q，并取得了多项国际专利，从而开辟了这一压电晶体的电光应用。

我国已发展成为人工晶体大国，中国产人工生长的非线性光学晶体有硼酸钡 BBO、三硼酸锂 LBO、氟代硼铍酸钾 (KBBF) 等，在非线性光学晶体的研制与生产方面居国际领先地位。

【参考图文】

【参考图文】

2. 柱状晶的制取——定向凝固

纯净致密的柱状晶，其纵向性能明显高于横向性能。采用控制冷却方向的方法可以使柱状晶定向排列。

如图 8.37(b) 所示，将铸模放在水冷底板上，材料熔化后注入铸模中，使铸模和水冷底板一起以一定的速度从炉膛下部移出，结晶从下部开始向上进行，形成致密的柱状晶。

1965 年美国普拉特·惠特尼航空公司首先采用高温合金定向凝固技术，其最突出的成就是在航空工业中的应用。该技术可以生产具有优良的抗热冲击性能、较长的疲劳寿命、较好的蠕变抗力和中温塑性的薄壁空心涡轮叶片，使涡轮叶片的使用温度提高

10～30℃，涡轮进口温度提高20～60℃，提高了发动机的推力和可靠性，延长了使用寿命。

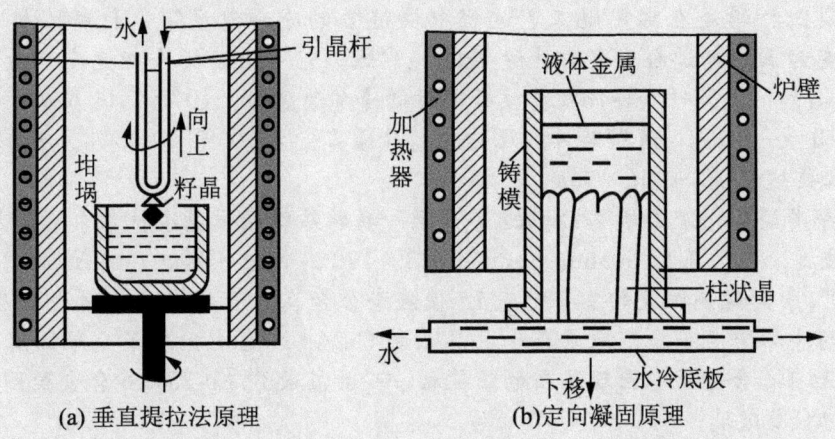

图8.37 凝固技术

3. 高纯材料的制取——区域熔炼

固溶体合金不平衡结晶时发生溶质的再分配，出现大范围内化学成分不均匀的宏观偏析（或区域偏析）现象，在合金棒一端出现溶质贫化区，而另一端为溶质富集区。可以利用此原理进行金属或半导体材料的提纯。

如图8.38(a)所示，将金属棒从一端向另一端进行顺序局部熔化凝固。由于固溶体是有选择的结晶，先结晶的晶体将溶质（杂质）排入熔化部分的液体中。当熔化区域走过一遍以后，杂质就会富集于圆棒另一端，重复几次即可使棒材的纯度大大提高(图8.38(b))，这种方法就是区域提纯。

影响提纯效果的因素有：①熔化区的长短。熔化区越短，提纯效果越好。由于熔化区较长时，会将已经富集到另一端的溶质重新熔化而跑到低的一端。通常熔区长度不大于试样长度的10%；②K_0的大小。$K_0<1$时，K_0越小，液相线和固相线水平距离越远，液、固相浓度差越大，提纯效果越好。③搅拌的激烈程度。搅拌越激烈，液相内溶质浓度越均匀，结晶出的固相成分越低，提纯效果越好。

例如，$K_0=0.1$时，只需5次，就可以使合金棒左半部杂质降低至原来的0.001。因此，区域提纯广泛应用于金属、半导体材料、无机及有机化合物的提纯等。

注意：要顺序熔化和凝固，不能通过第二次全部熔化再凝固的方法提高提纯效果！

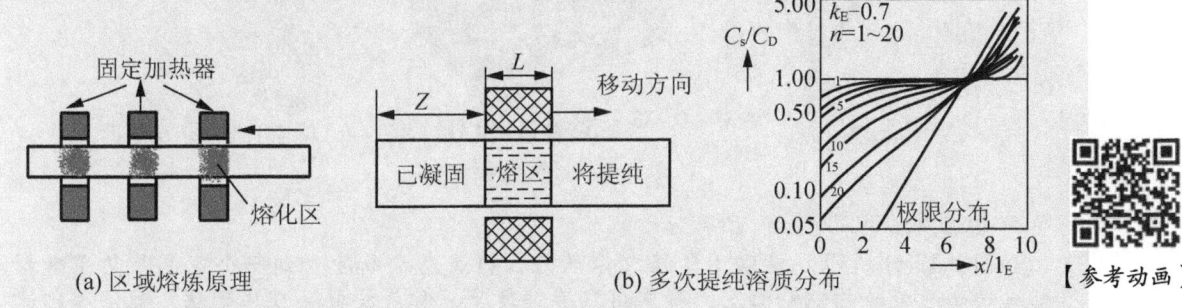

图8.38 区域熔炼与提纯

4. 微晶和非晶的制取——急冷凝固技术

急冷凝固指的是在比常规工艺过程中快得多的冷却速度下，材料以极快的速度从液态转变为固态的过程，也称快速凝固。常规工艺下金属的冷却速度一般不会超过 10^3 ℃/s。例如：大型砂型铸件及铸锭凝固时的冷却速度为：$10^{-6} \sim 10^{-3}$ ℃/s；中等铸件及铸锭为 $10^{-3} \sim 1$ ℃/s；薄壁铸件、压铸件、普通雾化为 $10^0 \sim 10^3$ ℃/s。急冷凝固的冷却速度一般要达到 $10^4 \sim 10^9$ ℃/s。

1960 年美国加州理工学院 Duwez 等采用一种特殊的熔体急冷技术（气枪法），将熔解的合金液滴，在高压（>50atm，1atm=1.013×10^5Pa) 惰性气体流（如 Ar 或 He）的突发冲击作用下，射向纯铜制成的急冷衬底上，使液态合金在大于 10^7 ℃/s 的冷却速度下凝固。在这样快的冷却速度下，本来是属于共晶系的 Cu-Ag 合金中出现了无限固溶的连续固溶体；在 Ag-Ge 合金系中出现了新的亚稳相；而共晶成分 Au-25%Si 合金凝固为非晶态结构，称为金属玻璃。

急冷凝固技术不仅能均匀细化组织，还是制备微晶合金、非晶态合金、准晶态合金等新材料的常用方法。

1) 粉末雾化技术

雾化是熔体在高速流体（水），高压气体（N_2、Ar、He 等）冲击力或离心力等作用下，分散成极小尺寸雾状熔滴，急冷后获得凝固粉末的技术，包括气雾化法、水雾化法（图 8.39(a)）和离心雾化法等。在理想的条件下，可达到 10^6 ℃/s 的冷却速度。用雾化法制得的合金颗粒尺寸一般为 10～100 μm。这些合金粉末通过热压烧结或注射成形等工艺，制成形状复杂的精密成形零件。

2) 高能束流法

如图 8.39(b) 所示，用激光束或高能电子束扫描工件表面，使表面极薄层的金属迅速熔化，热量由下层基底金属迅速吸收，使表面层 (<10 μm) 在很高的冷却速度 (>10^8 ℃/s) 下重新凝固。这种方法可在大尺寸工件表面获得快速凝固层，是一种具有工业应用前景的技术。

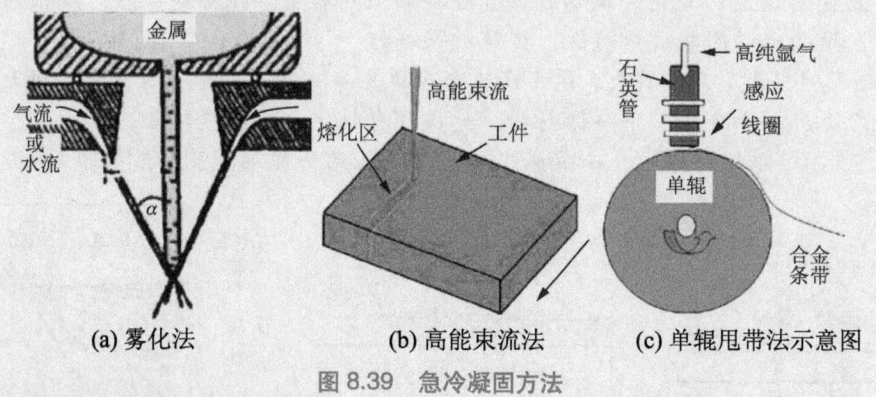

图 8.39 急冷凝固方法

(a) 雾化法　(b) 高能束流法　(c) 单辊甩带法示意图

3) 非晶薄带的制备——旋凝法

如图 8.39(c) 所示，借助于惰性气体压力，将液态金属冲射到一个以高导热系数材料制成的高速旋转的辊轮面上，凝固得到连续薄带，称为旋凝法或甩带法。此法冷却速度为 $10^6 \sim 10^7$ ℃/s，制备的带厚为 20～200 μm，是制取非晶合金条带较为普遍采用的一种方法。

4) 铜模铸造法

此法是在加热装置下方设置一水冷铜模，熔体靠吸铸或其他方法（压差铸造、挤压铸造等）进入水冷铜模冷却形成非晶。由于冷速较高，能制备较大尺寸的非晶样品；可用不同的模具制备出不同形状的非晶样品，也可制备形状复杂的非晶样品。铜模铸造法是目前制备大块非晶最常用的方法。

5. 太空微重力晶体生长

在太空微重力环境下，无对流、无沉降、无流体静压力作用，实现纯扩散控制的晶体生长过程，生长的晶体组分均匀、缺陷少、结构完整、性能优良，可以高精度制造新型材料，实现半导体、光学部件、MEMS（微机电系统）等产品在太空中的原位快速制造。

8.4 无机非金属材料的液-固相变
(Liquid-solid Phase Transformation of Inorganic Materials)

无机非金属材料（广义陶瓷材料）的凝固过程比金属材料的凝固过程复杂，但其结晶的基本规律与金属相同：

(1) 热力学条件与动力学条件（$\Delta G<0$、结构起伏、能量起伏、浓度起伏，质点的扩散）相同。

(2) 陶瓷结晶时也要有一定的过冷度。

(3) 陶瓷结晶过程也是晶核形成与晶体长大的过程。

(4) 形核也分为均匀形核和非均匀形核。

(5) 结晶过程中组织的变化规律与合金相似，也要依据相图来分析。

陶瓷材料的熔体结构和固体结构特点及性质尤其是其黏度性质不同于金属，因此，陶瓷的凝固有其独有的特点，本节只对陶瓷的凝固特点(以硅酸盐为例)作简单概述。

8.4.1 硅酸盐熔体的结构特点 (Structure Characteristics of Silicate Melts)

1. 硅酸盐熔体结构复杂

硅酸盐熔体中除了有1、2价的碱金属或碱土金属阳离子外，还有它们与硅氧四面体形成的各种形式的络合阴离子团，结构复杂。

2. 熔体中离子团分布不均匀

硅酸盐中主要以离子键和共价键结合，Si-O、Al-O等键的键合力很大，熔化时难以完全破坏，只是离子间距增大、键力减弱，而且不同阳离子和络合阴离子团的能量不同，作用力分布不均匀，因此，熔体中离子不均匀分布，作用力大的正负离子形成一定结构的离子团，称为熔体的微观不均匀性。

3. 形状不规则的短程有序区较大

熔体中络合阴离子团结构取决于氧硅比（$x(O)/x(Si)$），温度变化时可分解成简单的或更复杂的结构形式。凝固时形成和固相结构相近的硅氧阴离子团，并聚合成各种形式的网络结构(开放的、封闭的、非等轴的等)，形成尺寸较大的、形状不规则的短程有序区。

8.4.2 硅酸盐熔体的性质 (Properties of Silicate Melts)

1. 熔体黏度高，流动阻力大

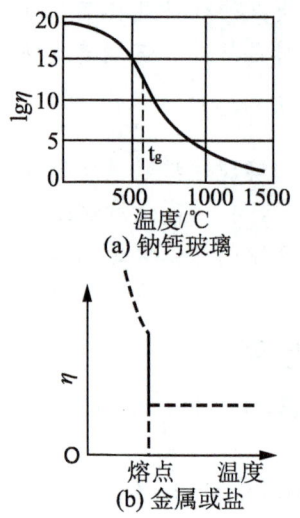

图 8.40 黏度随温度的变化
(a) 钠钙玻璃
(b) 金属或盐

由于熔体中的各种网络结构的络合阴离子团，使熔体流动的摩擦阻力增大，黏度增大。组分和组元数不同熔体的黏度差异很大，一般从 $10 \sim 10^7 \text{Pa·s}$，而金属熔体的黏度一般为 10^{-3} Pa·s。图 8.40 是不同材料黏度随温度的变化。金属凝固结晶时黏度突然直线升高，而硅酸盐熔体黏度与温度的关系为：$\eta = Ae^{B/T}$，其中 A 为与熔体组成有关的常数，B 为黏滞活化能。

2. 表面张力大

工业玻璃熔体的表面张力在 $0.22 \sim 0.32 \text{N/m}$，一般溶剂仅为 $0.02 \sim 0.04 \text{N/m}$。表面张力直接影响非均匀形核的润湿性（$\theta$ 角）。

为改变硅酸盐熔体的黏度和表面张力，可加入添加剂或活性物质。

8.4.3 硅酸盐熔体的凝固 (Solidification of Silicate Melts)

1. 硅酸盐的玻璃化

硅酸盐熔体的黏度大，当冷速较快时，如图 8.41 中 ABEF 所示，在 T_m 以下的结晶过程来不及进行，成为过冷熔体，在冷到 T_g 以下时急剧硬化，形成硬而脆的玻璃态固体。此过程中，体积无突变，玻璃内部结构与熔体是连续的（可看作黏度极大的过冷液体），其能量状态比晶态高，是介稳相。

2. 硅酸盐的结晶

当冷速较慢时，如图 8.41 中 ABCD 所示，在 T_m 以下结晶，除遵循与金属结晶一样的相变规律外，还与硅酸盐熔体的高黏度密切相关。如图 8.42 所示，黏度增大，质点扩散困难，有利于形核而不利于晶核长大。在 T_c 附近的黏度对形核和长大都比较有利，实验证明，硅酸盐结晶最适宜的黏度是 $10^4 \sim 10^3 \text{Pa·s}$，结晶时，应在 $T_a \sim T_b$ 温度范围内缓慢冷却；若冷速过快，结晶过程被抑制，会形成玻璃体。

硅酸盐的熔化熵 ΔS_m 远大于金属，液-固界面结构的 Jackson 因子 $\alpha \geqslant 5$，液-固界面为光滑界面，晶体生长靠缺陷或二维晶核的横向扩展来实现，生长形态大多为树枝状。

3. 影响硅酸盐结晶的因素

硅酸盐结晶倾向的大小主要与其组成有关，不同的组成其结构和黏度也不同，从而结晶倾向不同。当熔体的组成与晶体的分子组成偏离较大时，会降低晶体生长速度，孤岛状结构的结晶倾向大。

陶瓷熔体黏度大，在凝固时结晶困难，更易于以非平衡态结晶和非晶态玻璃形式出现。因此，常规陶瓷制备方法中并不是直接将陶瓷粉末熔融后凝固制备陶瓷固体材料，而是将陶瓷粉体以某种形式先成型，然后在低于陶瓷粉末熔点的温度条件下通过固-固反应或固-液反应烧结制备陶瓷固体。

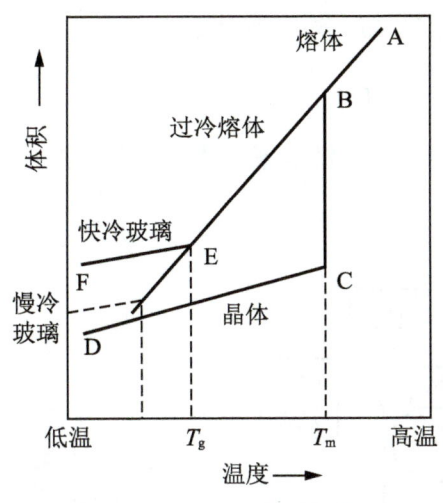
图 8.41 硅酸盐的玻璃化与结晶过程

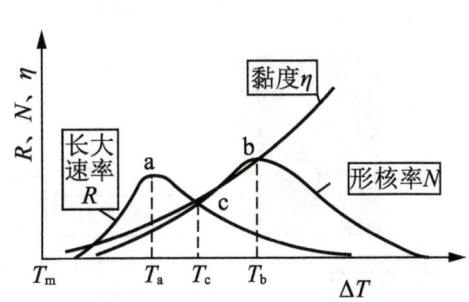
图 8.42 形核率、长大速率、黏度与过冷度关系

确定陶瓷材料的配方、选择陶瓷的烧成制度、预测陶瓷产品的性能、采用提拉法生长陶瓷单晶体和制备高性能玻璃材料等，都要涉及陶瓷熔体的在不同温度下的相变过程和结晶过程。

8.5 高分子材料的凝固 (Solidification of Polymers)

高分子材料也称高聚物或聚合物，聚合物凝固结晶过程是分子链从无序到有序排列的过程，其凝固过程主要由大分子链的结构决定。

聚合物的凝固过程的基本规律与金属和陶瓷材料相同：

(1) 结晶的热力学与动力学条件($\Delta G<0$、结构起伏、能量起伏、浓度起伏，质点的扩散)相同。

(2) 聚合物结晶时也要有一定的过冷度。

(3) 聚合物结晶也是晶核形成与长大的过程。

(4) 聚合物结晶时的形核也分为均匀形核和非均匀形核。均匀形核是大分子链段经热运动而形成有序排列的链束；非均匀形核是外来杂质、容器壁等吸附液体中大分子链段作有序排列而形成晶核。

大分子结构的聚合物材料的熔体结构和固体结构特点及性质，尤其是其黏度性质不同于小分子的金属和陶瓷，由于分子链长、结构复杂和熔体黏度大等原因，使得大多聚合物结晶缓慢，而且难以全部结晶，一般结晶度在50%左右。本节简单概述聚合物的凝固特点。

8.5.1 聚合物熔体的结构与特性 (Structure and Properties of Polymer Melts)

聚合物熔体内是处于混乱无序状态的大分子链，但分子链的动能较高，克服大分子间的范德华力，通过分子链段的运动使整个分子链发生相对位移(类似蚯蚓蠕动)，表现出熔体的黏性流动，此种状态为黏流态。但熔体的黏度仍较大。

影响熔体黏度的内因是分子结构、分子量及其分布，外因是温度。

8.5.2 聚合物的结晶 (Crystalization of Polymers)

聚合物按其结晶程度，可以分为**结晶聚合物**、**部分结晶聚合物**和**非晶态聚合物**3类。聚合物的凝固条件和组织状态如图8.43所示。

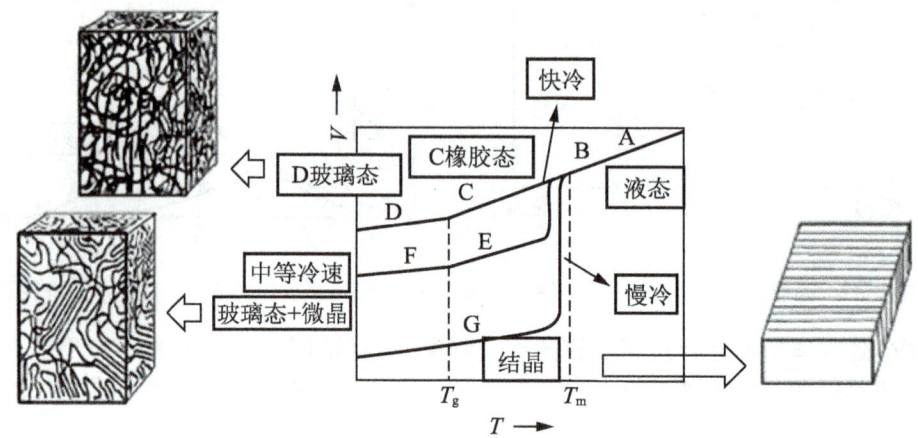

图 8.43 聚合物的凝固条件和组织状态示意图

➤ **非晶态聚合物** 当冷速很快时，沿ABCD冷却。AB区是稳定熔体，冷到C区的过冷熔体，其黏度不断增大，转变为柔韧的橡胶态(或高弹态)；当温度降到玻璃化温度T_g时，黏度急剧增大，成为硬而脆的玻璃态聚合物，保留着熔体聚合物的内部结构。

➤ **部分结晶聚合物** 当以中等冷速凝固时，沿ABEF冷却。在T_m以下的E区的过冷液体中形成一定量的晶核；当温度降到玻璃化温度T_g时，过冷液体转变为硬而脆的玻璃态，室温下(F区)聚合物是由玻璃态基体和分散于其上的微晶群组成。在一般的冷却条件下，结晶性聚合物得不到100%的晶态组织，有一定的结晶度(指晶态聚合物所占的比例)。

➤ **晶态聚合物** 当冷速非常缓慢时，沿ABG冷却。在T_m以下完成结晶，大分子链呈长程有序的规则排列，形成晶态聚合物，体系处于最低能态，凝固过程遵循结晶相变的共同规律。

1. 影响结晶的因素

聚合物的结晶能力和速度取决于其分子结构**能否**和**是否容易**规则排列从而形成高度有序的晶格。

➤ **聚合物结晶的必要条件是分子结构的对称性和规整性**，这是影响结晶能力和速度的主要结构因素。

(1)**链的结构越简单，对称性越高，取代基的空间位阻越小，链的立构规整性越好，则结晶速度越大**。聚乙烯链简单又规整，结晶速度很快，在液氮中淬火，也得不到完全非晶态的样品。脂肪族聚酯和聚酰胺主链上引入酯基和酰胺基，结晶速度明显变慢。

(2)分子链带有侧基时，有规立构的分子链才能结晶。

(3)**对同一种聚合物，分子量对结晶速度影响显著**。分子量大，熔体黏度增大，链段的运动能力降低，限制了链段向晶核的扩散和排列，结晶速度慢。聚合物状态与分子量的关系如图8.44所示。

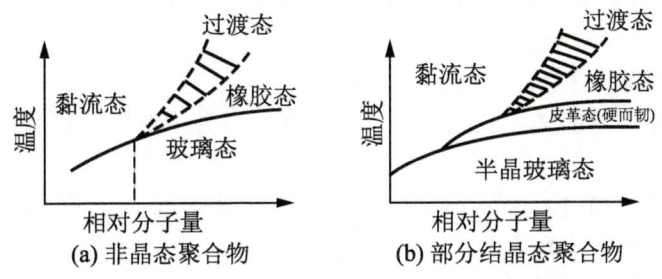

图 8.44　聚合物状态与分子量的关系

(4)**共聚物的结晶能力和共聚单体的结构、共聚物组成、分子链对称性和规整性有关**。无规共聚物的结晶能力降低。

➤ 聚合物结晶的充分条件是温度和时间，即适当的过冷度和冷却速度，使分子链获得足够的驱动力形核并有足够的时间长大。

2. 晶态聚合物的特点

(1)**聚合物有结晶度**，聚合物的结晶度越高，分子间作用力越强，其强度、硬度、刚度和熔点越高，耐热性和化学稳定性也越好；而与结合键的运动能力有关的性能，如弹性、塑性伸长率、冲击韧性则降低。

(2)**聚合物晶体只有6种晶系，没有立方晶系**。由于聚合物的大分子链结构是各向异性的，因此得不到高级晶系，主要是**初级**和**中级晶系**。通常，聚合物中的结构基元由分子链的若干个结构单元组成。

(3)聚合物的几种**晶体形态**——单晶、伸直链晶、串晶、柱晶、球晶、微晶均能用晶体的概念描述。

(4)用**X射线衍射**可以**表征**聚合物晶体。目前国际粉末衍射标准联合会已经收集了50多种聚合物的衍射卡片，可以进行相关结构分析。

【习题】Question

基础练习

填空题

1. 凝固过程包括_____和_____两个过程。若由一个晶核长成的晶体叫作_____，多个晶核长成的晶体叫作_____。
2. 材料凝固的驱动力是_____，阻力是_____。
3. 在过冷液体中，会出现许多尺寸不同的原子小集团称为_____，只有当原子小集团的半径大于_____时，才可作为晶核而长大。

4. 凝固形核的方式有_____和_____，其中_____的临界形核功较小。

5. 在形核时，系统总自由能变化是_____降低和_____增加的代数和，前者是形核的_____，后者是形核的_____。

6. 均匀形核时液固两相自由能差只能补偿表面能的_____，其他靠系统中的_____补偿。

7. 液/固界面的微观结构分为_____和_____。

8. 在正温度梯度下，晶体生长成_____界面；负温度梯度下成长时，一般金属界面都呈_____状。

9. 在正的温度梯度下，纯金属以_____状形式长大，固溶体合金由于存在_____以_____状形式长大。

10. 固溶体结晶的形核条件是_____、_____、_____和_____。

11. 固溶体结晶与纯金属结晶的差异表现为_____、_____及_____现象。

12. 平衡结晶是指_____冷却，组元间互扩散_____，每个阶段都达到_____均匀成分。

13. 晶内偏析(枝晶偏析)是_____。
消除晶内偏析(枝晶偏析)方法为_____。

14. 宏观偏析是_____。

15. 对于$k_0<1$的合金棒，从左端向右端区域提纯，杂质元素会富集于_____端。

16. 固溶体不平衡凝固时，_____条件下凝固后溶质分布越不均匀，宏观偏析越严重。

17. 成分过冷是_____。

18. 界面前沿温度梯度G_____，凝固速度R_____，成分过冷倾向大。

19. 液-固界面前沿成分过冷区越大，晶体越易长成_____形貌。

20. 常见的共晶组织形态有_____、_____、_____、_____等。

21. 铸锭组织包括_____、_____和_____3个晶区。

22. 对于液-固相变过程可通过控制过冷度来获得数量和尺寸不等的晶体，要获得晶粒多而尺寸小的细晶，则ΔT_____。

23. 为获得细晶粒，在金属结晶时通常采用_____、_____和_____等方法。

24. 非均匀形核时临界球冠半径与均匀形核临界晶核半径_____，但非均匀形核的晶核体积比均匀形核时_____，当过冷度相同时，形核率_____，结晶后晶粒_____。

25. 固溶体合金在凝固时会产生成分过冷，成分过冷区的大小与结晶速度R有关，与界面前沿实际温度分布G有关，与溶质浓度C_0大小有关，一般G_____，R_____，C_0_____越容易产生成分过冷。

拓展练习

一、单项选择题

1. 二元单相固溶体凝固时，偏析与相图中液固两相区的形状和成分点的位置有关，以下说法正确的是(   )。

A. 液相线和固相线之间的距离越大，越不容易发生偏析
B. 液相线和固相线之间的距离越大，越容易发生偏析
C. 成分越靠近共晶点，越容易发生偏析
D. 成分越靠近包晶点，越容易发生偏析

2. 形核功的概念是( )。
A. 结晶过程中外界必须为系统提供的能量
B. 结晶过程中系统能量起伏所能达到的最高能量
C. 结晶过程中晶坯要实现稳定的长大所必须克服的能量势垒
D. 系统处于液态和固态时自由焓之差

3. 晶粒尺寸和形核率 I，线长大速度 μ 之间的关系是( )。
A. $I \to$ 大晶粒尺寸越大
B. $I/\mu \to$ 大晶粒尺寸越大
C. $\mu/I \to$ 大晶粒尺寸越大
D. $\mu \to$ 小晶粒尺寸越大

4. 单相固溶体凝时，若 $k_0 < 1$，根据液相混合的程度，有( )。
A. $k_e = k_0$ 时液相混合最充分，铸锭内成分最均匀
B. $k_e = 1$ 时液相混合最充分，铸锭内成分最均匀
C. $k_e = 1$ 时液相混合最不充分，铸锭内成分最均匀
D. $k_0 < k_e < 1$ 时液相混合最充分，铸锭内成分最均匀

5. 纯金属均匀形核时临界半径 r^* 与( )。
A. 该金属的熔点有关，熔点越高，r^* 越小
B. 与该金属的表面能有关，表面能越高，r^* 越小
C. 与过冷度有关，过冷度越大，r^* 越小
D. 与过冷度有关，过冷度越大，r^* 越大

6. 高温下晶粒正常长大时，晶界迁移将受到第二相颗粒的阻碍，有( )。
A. 第二相含量越多，颗粒越大，阻力越大
B. 第二相含量越少，颗粒越大，阻力越大
C. 第二相含量越多，颗粒越小，阻力越大
D. 第二相含量越少，颗粒越小，阻力越大

7. 单相固溶体凝时，若 $k_0 < 1$，则( )。
A. $k_e = 1$ 时，偏析最严重
B. $k_e = k_0$ 时，偏析最严重
C. $k < k_e < 1$ 时，偏析最严重
D. 偏析与 k_0 及 k_e 均无关

8. 任一合金的有序结构形成温度( )无序结构形成温度。
A. 低于
B. 高于
C. 可能低于或高于

9. 凝固时在形核阶段，只有核胚半径等于或大于临界尺寸时才能成为结晶的核心，当形成的核胚半径等于临界半径时，体系的自由能变化( )。
A. 大于零
B. 等于零
C. 小于零

10. 形成临界晶核时体积自由能的减少只能补偿表面能的( )。
A. 1/3
B. 2/3
C. 3/4

11. 临界晶核是能够稳定存在的且能成长为新相的核胚，临界晶核的半径越大，晶核的形成( )。

A. 越容易 B. 需要更低的能量
C. 越困难 D. 不受影响

12. 在相同条件下，非均匀成核与均匀成核比较，非均匀成核(　　)。
    A. 晶核数目更多 B. 晶核大小更均匀
    C. 需要更大的过冷度 D. 均不对

13. 非均匀成核与均匀成核过程的成核势垒比较，有(　　)关系。
    A. 非均匀成核势垒≥均匀成核势垒
    B. 非均匀成核势垒≤均匀成核势垒
    C. 非均匀成核势垒＝均匀成核势垒
    D. 视具体情况而定，以上3种均可能

二、多项选择题

1. 固溶体的平衡凝固包括(　　)等几个阶段。
    A. 液相内的扩散过程 B. 固相内的扩散过程
    C. 液相的长大 D. 固相的继续长大
    E. 液固界面的运动

2. 关于均匀形核，以下说法正确的是(　　)。
    A. 体积自由能的变化只能补偿形成临界晶核表面所需能量的三分之二
    B. 非均匀形核比均匀形核难度更大
    C. 结构起伏是促成均匀形核的必要因素
    D. 能量起伏是促成均匀形核的必要因素
    E. 过冷度ΔT越大，则临界半径越大

3. 以下说法中，(　　)说明了非均匀形核与均匀形核之间的差异。
    A. 非均匀形核所需过冷度更小
    B. 均匀形核比非均匀形核难度更大
    C. 一旦满足形核条件，均匀形核的形核率比非均匀形核更大
    D. 均匀形核是非均匀形核的一种特例
    E. 实际凝固过程中既有非均匀形核，又有均匀形核

4. 晶体的长大方式有(　　)。
    A. 连续长大 B. 不连续长大
    C. 平面生长 D. 二维形核生长
    E. 螺位错生长

5. 控制金属的凝固过程获得细晶组织的手段有(　　)。
    A. 加入形核剂 B. 减小液相过冷度
    C. 增大液相过冷度 D. 增加保温时间
    E. 施加机械振动

三、判断题

1. 非共晶成分的合金在非平衡冷却条件下得到的100%共晶组织，此共晶组织称伪共晶。　　　　　　　　　　　　　　　　　　　　　　　　(　　)

2. 纯金属凝固时，界面前沿液体的过冷区形态和性质取决于液体内实际温度的分布，这种过冷叫作成分过冷。（ ）
3. 结构简单、规整度高、对称性好的高分子容易结晶。（ ）
4. 扩散的决定因素是浓度梯度，原子总是由浓度高的地方向浓度低的地方扩散。（ ）
5. 由于均匀形核需要的过冷度很大，所以液态金属多为非均匀形核。（ ）
6. 形核过程中，表面自由能是液固相变的驱动力，而体积自由能是其阻力。（ ）
7. 粗糙界面的材料一般只有较小的结晶潜热，所以生长速率较高。（ ）
8. 固溶体非平衡凝固情况下，固相内组元扩散比液相内组元扩散慢得多，故偏离固相线的程度大得多。（ ）

第9章 烧结与聚合
Chapter 9 Sintering and Polymerization

>>> 陶瓷和聚合物的组织结构是如何形成的？

 本章知识构架

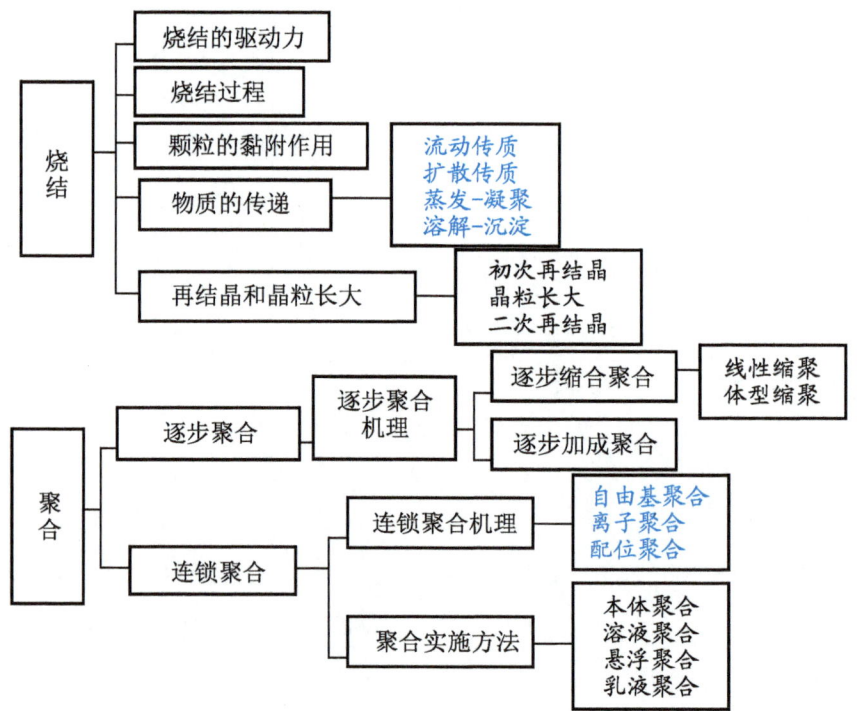

第 9 章 烧结与聚合

 **导入案例** 日用陶瓷和尼龙 (Domestic Ceramics and Nylon)

在八九千年以前，人们把黏土加水混合后，制成各种器物，干燥后经火焙烧，产生质的变化，形成陶器。陶瓷的传统制作工艺如图 9.1 所示。陶器的发明，是人类第一次利用天然物，按照自己的意志，创造出来的一种崭新的东西，是人类文明发展的重要标志，揭开了人类利用自然、改造自然的新篇章。

(a) 混合　　(b) 成型　　(c) 干燥

(d) 烧结　　(e) 冷却　　(f) 陶瓷

图 9.1　陶瓷的传统制作工艺

大约在公元前 16 世纪的商代中期，中国就出现了早期的瓷器。

陶瓷原料是地球上资源丰富的黏土、石英、长石等经过加工而成。低温成陶，高温成瓷。日用陶瓷的产生是因为人们对日常生活的需求而产生的，餐具、茶具、咖啡具、酒具、饭具等是日常生活中人们接触最多，也是最熟悉的瓷器。

尼龙 (Nylon) 是世界上第一种完全人造的纤维，是分子主链上含有重复酰胺基团——[NHCO]——的热塑性树脂总称，是一种缩合聚合物，尼龙的结构模型如图 9.2 所示。

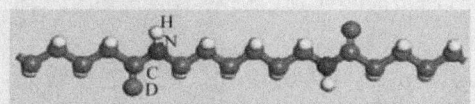

图 9.2　尼龙的结构模型

1935 年 2 月 28 日，尼龙由美国最大的化学工业公司——杜邦公司的华莱士·卡罗瑟斯 (Wallace Hume Carothers，1896—1937) 发明，最早的尼龙制品是牙刷和尼龙袜，后被用于降落伞、飞机轮胎、军服等。

1958 年，尼龙纤维在中国辽宁省锦西化工厂试制成功，被命名为"锦纶"。

一般尼龙在用作塑料时多称作尼龙，而在用作合成纤维时多称作锦纶。锦纶是多种人造纤维的原材料，尼龙是工程塑料中最大最重要的品种，尼龙改性后实现高性能化，如增强尼龙、增韧尼龙、耐磨尼龙、导电尼龙和阻燃尼龙等，在汽车、电气设备、机械部件、交通器材、纺织、造纸机械等方面得到广泛应用。

烧结是把粉状物料转变为致密体。早在公元前 3000 年人类就在粉末冶金技术中掌握了这门工艺，利用这个工艺来生产陶瓷、粉末冶金、耐火材料、超高温材料、耐磨耐热涂层、陶瓷热障涂层等。一般来说，粉体经过成型后，通过烧结得到的致密体是一种多晶材料，其显微结构由晶体、玻璃体和气孔组成。烧结过程直接影响显微结构中的晶粒尺寸、气孔尺寸及晶界形状和分布。

聚合是将一种或几种小分子的物质，合成具有高分子量物质的过程。1909 年工业化的第一种合成树脂和塑料是酚醛树脂，开启了合成高分子材料的先河。

本章主要介绍烧结和聚合的基本机理，了解烧结和聚合过程中的结构变化特点，拓宽对不同工艺过程中相变特点的理解，为材料的制备、加工成型、控制产品质量、提高产品性能奠定理论基础。

9.1 烧结 (Sintering)

烧结是一门古老的工艺，是粉末冶金、陶瓷、耐火材料、超高温材料等行业的重要工序，在许多工业领域得到广泛应用。

> 烧结，一般是指将粉末或粉末原料压坯成型后，在低于其中基本成分的熔点温度下加热，然后以一定的方法和速度冷却到室温，使粉末颗粒之间发生黏结、收缩并致密化的过程。

烧结的结果是把粉末颗粒的聚集体变成晶粒的聚结体，使烧结体的强度增加，从而获得所需的物理、机械性能的制品或材料。烧结理论的研究和发展始于 20 世纪中期。

9.1.1 烧结的驱动力 (Driving Force for Sintering)

烧结是一个自发的不可逆过程，系统表面能降低是推动烧结进行的基本动力。

粉体颗粒的比表面积大，表面能较高。即使在加压成型坯体中，颗粒间接面积也很小，总表面积很大。因此，粉体或粉体坯具有较高能量状态，在烧结过程中将自发地向最低能量状态变化，使系统表面能减少。

> 一般用晶界能 γ_{GB} 与表面能 γ_{SV} 的比值 γ_{GB}/γ_{SV} 来衡量烧结进行的难易程度。比值越小，烧结越容易进行。
>
> 例如：Al_2O_3 粉：γ_{SV} 为 $1J/m^2$，γ_{GB} 为 $0.4J/m^2$，两者之差较大，即较易烧结；共价键化合物，如 Si_3N_4、SiC、AlN 等，γ_{GB}/γ_{SV} 比值高，烧结推动力小，因而不易烧结。清洁的 Si_3N_4 粉，γ_{SV} 为 $1.8J/m^2$，但极易在空气中被氧污染而使 γ_{SV} 降低；同时由于共价键材料原子之间强烈的方向性而使 γ_{GB} 增高，因此，难以烧结。

颗粒堆积后，形成很多细小气孔的弯曲表面，曲率半径很小，表面张力大，产生较大的压力差，也可推动烧结的进行。粉体颗粒越细，由曲率而引起的烧结推动力越大。

9.1.2 烧结过程 (Sintering Process)

烧结用粉体经过压制成型后的坯体一般包含 35%~60% 的气体，颗粒之间只有点接触。在烧结过程中的变化包括：粉体颗粒的相互吸引→颗粒黏结→物质迁移→致密化→再结晶→晶粒长大。烧结过程可分为烧结初期、中期和后期 3 个阶段，见表 9-1。烧结过程中发生的变化包括：①晶粒形状及尺寸的变化；②气孔形状及尺寸的变化。

表 9–1　烧结过程

阶段	特征	图像
烧结初期：	<ul><li>颗粒聚集，颗粒间接触面积增大，接触处键合，形成具有负曲率的接触区，即烧结颈</li><li>空隙变形、缩小，大气孔消失</li><li>烧结速度慢</li></ul>	
烧结中期：	<ul><li>扩散传质迅速增大，逐渐形成晶界；球形晶粒消失，长成十四面体晶粒</li><li>气孔缩小，变形为圆柱形，但仍然连通，形如隧道</li><li>烧结速度快</li></ul>	
烧结后期：	<ul><li>扩散继续进行，晶粒进一步长大</li><li>连通的气孔转变成孤立的封闭球形气孔，并逐渐消失</li><li>致密度提高至95%以上，强度明显提高</li><li>烧结速度快</li></ul>	

烧结温度决定了材料的显微结构、密度、强度等，如图9.3所示。

图9.4是不同烧结温度下得到的AlN烧结体显微结构，随温度的升高，颗粒接触面积扩大、中心距缩小、晶界形成；气孔体积减小、从连通变为孤立；晶粒不断长大。

烧结过程中伴随着复杂的物理化学变化，是材料高温动力学中最复杂的动力学过程。

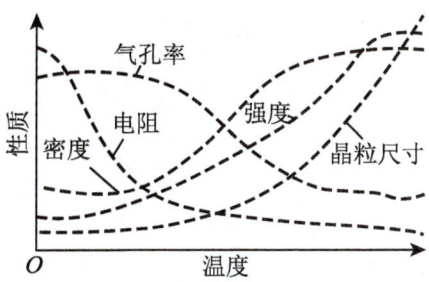

图 9.3　烧结温度对性能的影响

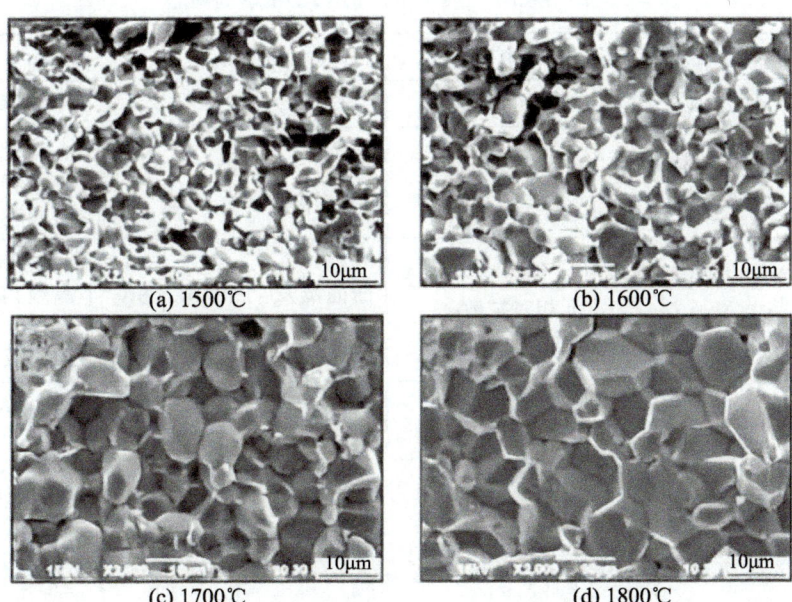

图 9.4　烧结温度对 AlN 烧结体的影响 (SEM)

一般认为，粉体颗粒表面的黏附作用、粉体内部物质的传递与迁移、再结晶和晶粒长大是烧结的基本机理，对烧结过程的顺利进行和烧结体组织与性能控制起到了非常重要的作用。

9.1.3 颗粒的黏附作用 (Interparticle Adherence)

➢ 黏附是固体表面的普遍性质，起因于固体表面力场(表面能)。当两个表面靠近到表面力场作用范围时，即发生键合而黏附。

➢ 黏附力大小直接取决于物质表面能和接触面积，故粉状物料间的黏附作用特别显著。

➢ 在烧结初期，黏附作用机理起主要作用，使粉体颗粒间产生键合、靠拢和重排，并开始形成接触区。

9.1.4 物质的传递 (Transport Phenomenon)

在烧结过程中物质传递的途径是多样的，相应的机理也各不相同，包括流动传质、扩散传质、蒸发–凝聚传质、溶解–沉淀传质，其特点如图9.5和表9-2所示。

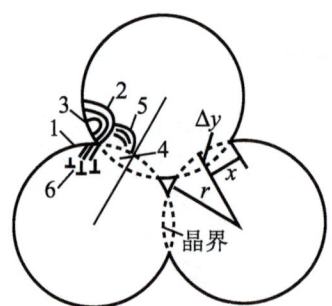

序号	扩散途径	物质来源	抵达位置
1	表面扩散	表面	颈部
2	晶格扩散	表面	颈部
3	蒸发-凝聚	表面	颈部
4	晶界扩散	晶界	颈部
5	晶格扩散	晶界	颈部
6	晶格扩散	位错	颈部

图 9.5　烧结过程中物质传递的途径

表 9-2　烧结过程中不同物质传递机理的特点

传质方式	流动传质	扩散	蒸发–凝聚	溶解–沉淀
原因	应力-应变	空位浓度差	压力差	溶解度
条件	(1) 黏性流动黏度小； (2) 塑性流动 $\tau > \tau_s$	(1) $\Delta C > n_0/N$； (2) $r < 5\,\mu m$	(1) $\Delta P > 10^{-1}\,Pa$； (2) $r < 10\,\mu m$	(1) 可观的液相量； (2) 固相在液相中溶解度大； (3) 固-液润湿
特点	(1) 流动并引起颗粒重排； (2) 致密化速率高	(1) 空位与结构基元相对扩散； (2) 中心距缩短	凸面蒸发-凹面凝聚	(1) 接触点溶解到平面上沉积，小晶粒溶解到大晶粒沉积； (2) 传质同时又是晶粒生长
工艺控制	黏度、粒度	温度、粒度	温度(蒸气压)、粒度	温度、液相数量、黏度、粒度

1. 流动传质

流动传质是在表面张力作用下通过变形、流动引起的物质迁移，包括黏性流动和塑性流动。

1)黏性流动传质

在高温下,依靠坯体中出现的黏性液体(熔融体)的牛顿型流动而产生的传质,称为黏性流动传质,也称黏性蠕变传质。

> 黏性流动传质理论由弗伦克尔(Frankel)在1945年提出,他把高温下的固体看作是一种牛顿型的流体,在表面张力作用下,其流动符合牛顿黏性流动关系:

$$\ln\frac{c}{c_0} = \frac{2M\gamma_{SL}}{\rho RTr}\left(\frac{1}{r_1} + \frac{1}{r_2}\right) \tag{9-1}$$

式中,τ、F/S为剪切应力;η为黏度系数;$\frac{\partial \upsilon}{\partial x}$为流动速度梯度。

> 黏性流动传质要求液相量较大,黏度较低,并存在一定的应力。
> 在高温下,依靠液体黏性流动而致密化,是大多数硅酸盐材料烧结的主要传质过程。在应力作用下,整排原子沿应力方向移动。

2)塑性流动传质

在烧结过程中,当液相量很少时,烧结物质内部质点在高温和表面张力作用下,超过屈服值τ_s后,使晶体产生位错,质点通过整排原子运动或晶面滑移来实现物质传递。其流动服从宾汉(Bingham)型物体的流动规律,即

$$\tau - \tau_s = \frac{F}{S} - \tau_s = \eta\frac{\partial \upsilon}{\partial x} \tag{9-2}$$

式中,τ_s为极限屈服剪切力;τ、F/S为剪切应力;η为黏度系数;$\frac{\partial \upsilon}{\partial x}$为流动速度梯度。

烧结时的黏性流动和塑性流动都出现在含有固、液两相的系统。当液相量较大并且液相黏度较低时,以黏性流动为主;而当固相量较多或黏度较高时则以塑性流动为主。

2. 扩散传质

扩散传质是指质点(或空位)借助于浓度梯度推动而迁移的传质过程。

发生条件:对于多数固体材料,高温下蒸气压低,传质更容易通过固体内质点的扩散进行,因此,扩散传质是大多数固体材料烧结传质的主要方式。

烧结初期由于黏附作用使粒子间接触界面逐渐扩大,双球接触处形成颈部,其凹表面为负曲率半径,如图9.6所示,表面为张应力,合力向外。按照弹性理论,颈部两边受拉,中间必受压应力,在颈部由于曲面特性所引起的毛细孔引力$\Delta \rho \approx \gamma/\rho$。在表面张力的作用下,产生的附加应力使颈部的空位浓度比其他部位的浓度大,存在一个过剩空位浓度。其空位浓度差为

$$\Delta C = C^* - C_0 = \frac{2\gamma a_0^3}{\rho RT}C_0 \tag{9-3}$$

式中,ρ为颈部的曲率半径;a_0为质点(原子或离子)的直径;γ为固体表面张力(下同);R和T分别表示波尔兹曼常数和绝对温度(下同)。

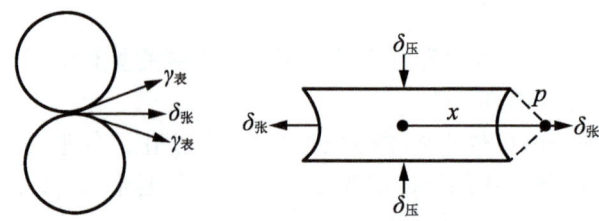

图 9.6 作用于颈部弯曲表面的力

在空位浓度差的推动下，空位从颈部表面不断地向颗粒的其他部分扩散，而固体质点则向颈部逆向扩散。

空位浓度差一般与表面张力成正比，因此以扩散传质机理进行的烧结过程，推动力也是表面张力。

空位扩散既可沿颗粒表面或界面进行，也可通过颗粒内部进行，并在颗粒表面或颗粒间界上消失，这些过程通常被称为<u>表面扩散</u>、<u>界面扩散</u>和<u>体积扩散</u>。有时晶体内部缺陷处也可能出现空位，质点向缺陷处扩散，空位迁移到界面上消失，称为从<u>缺陷</u>开始的扩散。

3. 蒸发-凝聚

发生条件：此传质过程在高温下蒸气压较大的系统内进行，如 FeO、BeO、PbO 的烧结。

传质过程：由于颗粒表面各处曲率不同，则各处相应蒸气压大小也不同。故质点容易从高能的凸处(如表面)蒸发，通过气相传递到低能的凹处(如颈部)凝结，使颗粒接触面增大，颗粒和空隙形状改变，使成型体变成具有一定几何形状和性能的烧结体。

模型：如图 9.7 所示，球形颗粒表面为正曲率半径(凸表面)，两颗粒连接处的颈部为负曲率半径(凹表面)。

若平面表面处的蒸气压为 P_0，则表面张力使凹表面处的蒸气压 P 低于 P_0，凸表面处的蒸气压 P 高于 P_0。<u>对于非球形表面</u>，可用开尔文公式计算：

$$\ln \frac{P}{P_0} = \frac{M\gamma}{dRT}\left(\frac{1}{r_1}+\frac{1}{r_2}\right) \tag{9-4}$$

式中，M 为摩尔质量；d 为物质的量；r_1 和 r_2 表示靠近颗粒的粒径大小。

表面凹凸不平的固体颗粒，其凸处呈正压，凹处呈负压，物质自凸处向凹处迁移(图9.7)。

4. 溶解-沉淀

在烧结时固-液两相之间发生如下传质过程：固相颗粒分散于液相中，并通过液相的毛细管作用在颈部重新排列，成为更紧密的堆积物。细小颗粒以及一般颗粒的表面凸起部分溶解到周围液相中，并通过液相移动到粗颗粒表面而沉淀下来。

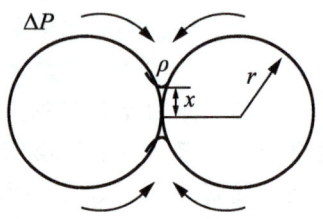

图 9.7 蒸发-凝聚传质过

发生条件：有足够液相的生成；液相能够润湿固相；固相在液相中有适当的溶解度并存在如下关系。

$$\ln \frac{c}{c_0} = \frac{2M\gamma_{SL}}{\rho RTr} \tag{9-5}$$

式中，c、c_0 分别为小颗粒和普通颗粒的溶解度；r 为小颗粒半径；γ_{SL} 为固液相界面张力。

由式(9-5)可见，溶解度随颗粒半径减少而增大，故小颗粒将优先溶解，并通过液相不断向周围扩散，使液相中该位置的浓度随之增加，当达到较大颗粒的饱和浓度时，就会在其表面沉淀析出，使得颗粒边界不断推移，大小颗粒间空隙不断被填充从而导致烧结和致密化，这就是溶解-沉淀的机理。

推动力：细颗粒间液相毛细管作用力是溶解-沉淀传质过程的推动力。

传质过程可归纳为3个阶段。

(1)随着烧结温度的提高，出现足够量的液相。固相颗粒分散于液相中，在液相毛细管作用力下，颗粒相对移动，发生重排，得到紧密堆积的坯体。

(2)颗粒之间形成液膜，使得接触部位在高的局部应力条件下发生塑性变形和蠕变，促进颗粒进一步重排。

(3)液相的重结晶过程。细小颗粒和固体颗粒表面凸起部分溶解，通过液相转移并在粗颗粒表面析出，坯体进一步致密化。

综上所述，烧结的机理是复杂多样的，但都是以表面张力为推动力的。对于不同物料和烧结条件，往往是一种或几种烧结机理占主导地位，当条件改变时，机理可能改变。

9.1.5 再结晶和晶粒长大 (Recrystallization and Grain Growth)

在烧结中，坯体多数是晶态粉状材料压制而成，随着烧结的进行，坯体颗粒间发生再结晶和晶粒长大，使坯体强度提高。所以在烧结进程中，高温下还同时进行着两个过程，再结晶和晶粒长大。尤其是在烧结后期，这两个和烧结并行的高温动力学过程是绝对不能忽视的，它直接影响着烧结体的显微结构(如晶粒大小及气孔分布)和强度等性质。

1. 初次再结晶

初次再结晶是指从塑性变形的、具有应变的基质中，生长出新的无应变晶粒的成核和长大过程。

初次再结晶常发生在金属中，无机非金属材料特别是一些软性材料，如NaCl、CaF_2 等，由于较易发生塑性变形，所以也会发生初次再结晶过程。另外，由于无机非金属材料烧结前都要破碎研磨成粉料，这时颗粒内常有残余应变，烧结时也会出现初次再结晶现象。

初次再结晶过程的推动力是基质塑性变形所增加的能量。

初次再结晶也包括两个步骤：成核和长大。晶粒长大通常需要一个诱导期，它相当于不稳定的核胚长大成稳定晶核所需要的时间。最终晶粒大小取决于成核和晶粒长大的相对速率。

2. 晶粒长大

在烧结中、后期，部分细小晶粒逐渐长大，而另一部分晶粒却逐渐缩小或消失，其结果是平均晶粒尺寸增加。

晶粒长大并不依赖于初次再结晶过程，不是小晶粒的相互黏接，而是晶界移动的结果。其含义的核心是晶粒平均尺寸增加。1600℃下 UO_2 试件中的晶粒长大和气孔长大如图9.8所示。

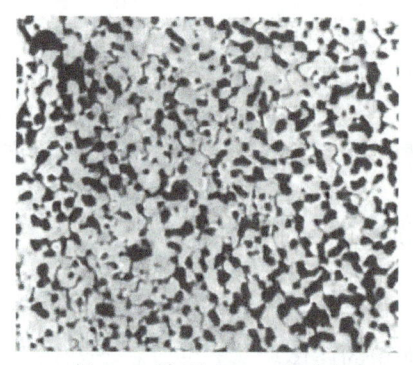
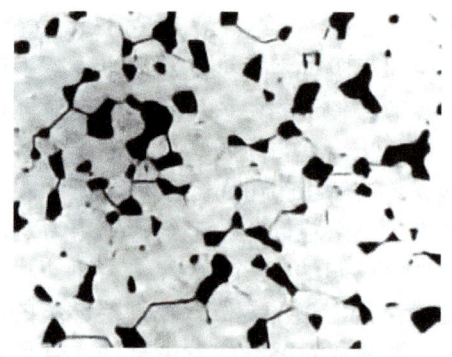

(a) 经 2min 达到 91.5% 的致密度　　　　(b) 经 5h 达到 91.5% 的致密度 (400×)

图 9.8　1600℃下 UO_2 中的晶粒长大和气孔长大

晶粒长大的推动力是晶界过剩的自由能，即晶界两侧物质的自由焓之差是使界面向曲率中心移动的驱动力。

在烧结后期，当晶粒尺寸较大、晶面迁移驱动力较低时，气孔常随界面一起移动，使得晶粒长大变慢。如果形成了少量的界面液体，它也将趋于使晶粒长大变慢，因为它降低了驱动力并使扩散路程加长。

3. 二次再结晶

二次再结晶是坯体中少数大晶粒尺寸的异常增加。

坯体中的少数大晶粒可以成为二次再结晶的晶核，使晶粒异常长大。

二次再结晶推动力：晶界过剩的界面能。

二次再结晶后，气孔进入晶粒内部，成为孤立闭气孔，不易排除，会使烧结速率降低甚至停止。因为小气孔中气体的压力大，它可能迁移扩散到低气压的大气孔中去，使晶界上的气孔随晶粒长大而变大。

二次再结晶的原因：主要是原始物料粒度不均匀、烧结温度偏高、成型压力不均匀、局部有不均匀的液相等。

二次再结晶的利用：开发特种的现代新材料。对于氧化物、钛酸盐和铁氧体陶瓷来说，由于晶粒正常长大常被少量第二相或气孔所抑制，二次再结晶是常见的，图9.9是氧化铝的二次再结晶晶粒，从细晶粒基质中长出 Al_2O_3 大晶粒。

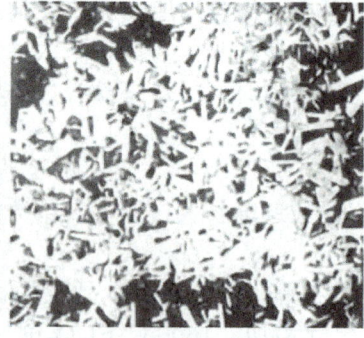
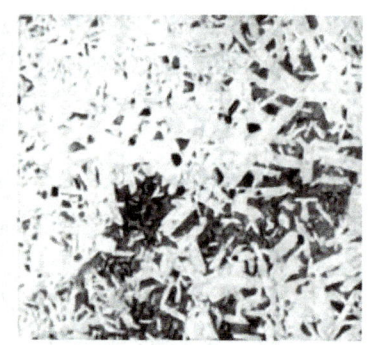

图 9.9　Al_2O_3 二次再结晶

知识扩展：烧结与烧成、熔融、固相反应的关系见表9-3。

表9-3　烧结与烧成、熔融、固相反应的关系

烧成与烧结	(1) 烧成包括多种物理和化学变化，如脱水、坯体内气体分解、多相反应和熔融、溶解、烧结等，一般发生在多相系统内；(2) 烧成的含义及范围更宽
	(1) 烧结指粉料经加热而致密化的过程； (2) 烧结是烧成过程的一个重要部分
烧结与熔融	(1) 烧结和熔融都是由原子热振动而引起； (2) 熔融时全部组元都转变为液相，烧结时至少有一组元处于固态； (3) 烧结温度远低于固态物质的熔融温度； (4) 烧结开始温度 (T_S)：是固体质点显著扩散、烧结速度可以度量的温度。泰曼 (Tammann) 发现 T_S 和熔融温度 T_m 的关系为硅酸盐：$T_S \approx (0.8\sim0.9)T_m$；金属：$T_S \approx (0.3 \sim 0.4)T_m$；盐类：$T_S \approx 0.57\ T_m$
烧结与固相反应	相同点： (1) 均在低于熔点或熔融温度之下进行；(2) 在过程进行中至少有一相是固态
	不同点： (1) 固相反应至少有两组元参加 (如：A 和 B)，并发生化学反应，生成新的化合物 (AB)，其结构与性能不同于原组元 (A 与 B)； (2) 烧结过程可以为单组元或两组元参加，但两组元并不一定发生化学反应，可以仅通过表面能驱动，将固体粉末加热而转变成坚硬密实的烧结体； (3) 烧结体除可见的收缩外，微观晶相组成并未变化，仅仅是晶相显微组织上排列致密和结晶程度更完善，但随着粉末体变为致密体，物理性能随之有相应的变化； (4) 实际生产中不可能是纯物质的烧结，少量添加剂与杂质的存在，使固态物质烧结时可同时伴随固相反应或局部熔融出现液相，烧结与固相反应同时穿插进行

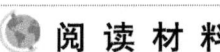 **阅读材料**　热压烧结 (Hot–press Sintering)

热压烧结是将干燥粉料充填入模型内，再从单轴方向一边加压一边加热，使成型和烧结同时完成的一种烧结方法。

1. 技术特点

热压烧结由于加热加压同时进行，粉料处于热塑性状态，有助于颗粒的接触扩散、流动传质过程的进行，因而成型压力仅为冷压的 1/10；还能降低烧结温度，缩短烧结时间，从而抵制晶粒长大，得到晶粒细小、致密度高和机械、电学性能良好的产品。无需添加烧结助剂或成型助剂，可生产超高纯度的陶瓷产品。热压烧结的缺点是过程及设备复杂，生产控制要求严格，模具材料要求高，能源消耗大，生产效率较低，生产成本高。

2. 烧结设备

常用的热压烧结炉主要由加热炉、加压装置、模具和测温测压装置组成。加热炉以电作热源，加热元件有 SiC、MoSi 或镍铬丝、白金丝、钼丝等。加压装置要求速度平缓、保压恒定、压力灵活调节。根据材料性质的要求，压力气氛可以是空气，也可以是还原气氛或惰性气氛。模具要求高强度、耐高温、抗氧化且不与热压材料黏结，模具热膨胀系数应与热压材料一致或近似。根据产品烧结特征模具可选用热合金钢、石墨、碳化硅、

氧化铝、氧化锆、金属陶瓷等。最广泛使用的是石墨模具。

应用实例

中国科学院上海硅酸盐研究所李江等以沉淀法制备的商业 α-Al_2O_3 粉体为原料，自制镁铝硅玻璃为烧结助剂，采用热压烧结工艺低温制备高性能氧化铝陶瓷。同时研究了氧化铝陶瓷的致密化行为、显微结构和力学性能，发现在1400℃烧结的氧化铝陶瓷的相对密度高达98.9%，晶粒细小，平均晶粒尺寸约为0.6 μm(图9.10)，晶界上有莫来石相析出，样品的抗弯强度和断裂韧性分别达442MPa和4.7MPa·$m^{1/2}$(图9.11)。

图9.10　不同温度烧结1h的组织形貌

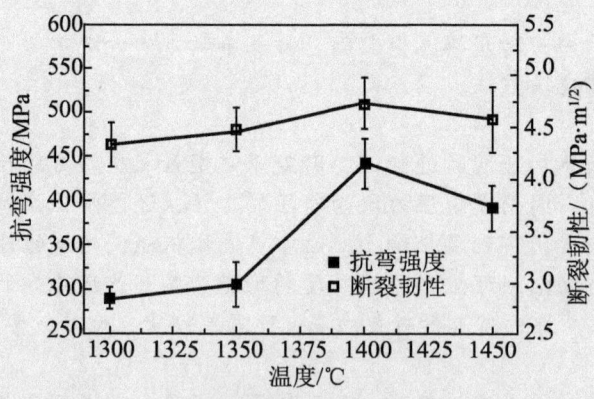

图9.11　不同烧结温度下的抗弯强度和断裂韧性

热等静压烧结(Hot-isostatic-press Sintering)是近年来发展起来的一种新型热压烧结技术，它是指将粉末压坯或装入特制容器的粉末体置入热等静压机高压容器中，施以高温和各向均等气体高压，使粉末体被压制和烧结成致密的零件或材料的烧结过程。该技术特别适用于一些难于烧结的粉末样品。

利用热等静压烧结工艺，R.K. Sadangi 等制备了 Al_2O_3-ZrO_2 纳米复相陶瓷（1400℃，200MPa），S.M.Dong 等制备了 SiC 纳米陶瓷（1850℃，200MPa），这两种陶瓷均体现出了优异的力学性能。

参考文献：Li Jiang, etc. Hot-pressed sintering of fine-grained alumina ceramics [J]. Journal of the Chinese Ceramic Society，2009，37(20):270-274.

阅读材料　透明陶瓷 (Transparent Ceramics)

由于陶瓷内部存在杂质（吸收光）和气孔（令光产生散射），所以不透明。如果选用高纯原料 (99.999%)，通过烧结工艺排除气孔，就可能获得透明陶瓷（图 9.12），如氧化铝、氧化镁、氧化铍等多种氧化物系列透明陶瓷和砷化镓、硫化锌、硒化锌、氟化镁、氟化钙等非氧化物透明陶瓷。

随着纳米陶瓷制备技术和高真空无压烧结工艺的发展，高度透明的激光陶瓷因其优良的激光性能得到广泛应用。

图 9.12　透明陶瓷照片

在高增益激光介质中，掺钕离子 (Nd^{3+}) 的钇铝石榴石 (Yttrium Aluminium Garnet，YAG) 是用于微片激光器最合适的激光材料之一。图 9.13 是高浓度掺杂的 4.0%Nd:YAG 透明陶瓷的断口及热腐蚀抛光表面形貌的扫描电镜 (Scanning Electron Microscope，SEM) 照片，其平均晶粒尺寸为 10 μm 左右且分布均匀，晶粒中和晶界处没有明显的杂质、气孔存在。

透明陶瓷具有优良的透明度、强度、硬度高，耐磨损，耐划伤，耐腐蚀，广泛用于电子、机械、军事等领域，可制造防弹汽车窗，坦克观察窗，高速切削刀，汽轮机叶片、水泵、喷气发动机的零件及雷达天线罩等。

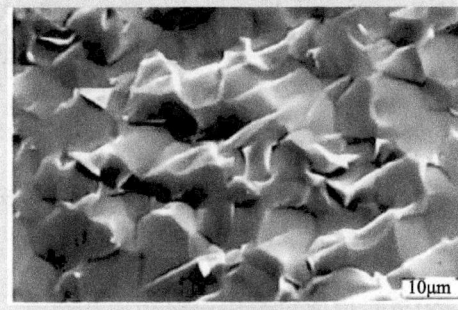
(a) 断口表面形貌

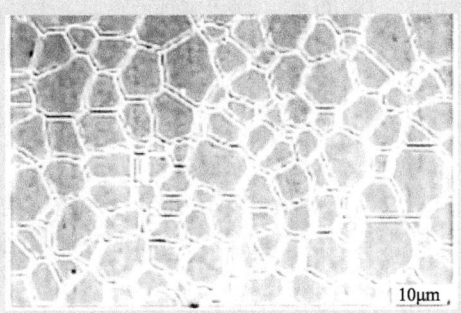
(b) 热腐蚀抛光表面形貌

图 9.13　4.0% Nd:YAG 透明陶瓷 SEM 照片

阅读材料 粉末冶金 (Powder Metallurgy)

与陶瓷烧结制备相似，粉末冶金是用金属粉末（或与非金属粉末的混合物）作为原料，经过成形和烧结，制造金属材料、复合材料等制品的工艺技术。

粉末冶金工艺能够制备多孔、难熔金属、复合材料、非晶、微晶、准晶、纳米晶和超饱和固溶体等一系列高性能非平衡材料。能够实现近净形成形和自动化批量生产，材料利用率超过95%。

粉末冶金工艺适用于粉末冶金齿轮、过滤器、滤芯、含油轴承、刀片、多孔生物材料、多孔分离膜材料、高性能结构陶瓷磨具凸轮、手机零件、笔记本零件、金属按键等，广泛应用于石油、化工、纺织、冶金、电子及原子能等行业中。图9.14是向Fe-Cr-W-Ti-Y高温合金中添加30%Fe/Al(原子比3:1)混合粉，利用Kirkendall效应和Fe、Al反应造孔制备的铁基高温合金多孔材料的组织。

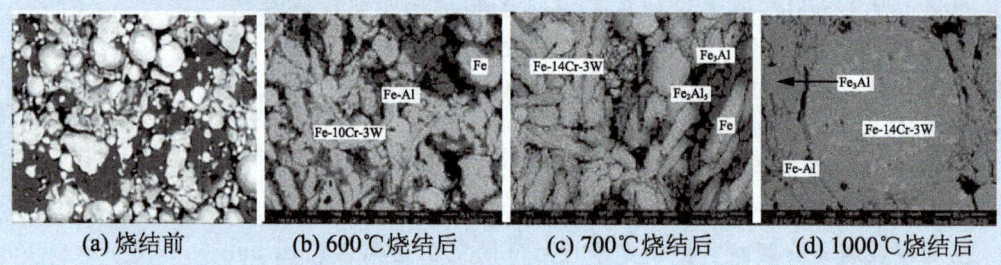

(a) 烧结前　　(b) 600℃烧结后　　(c) 700℃烧结后　　(d) 1000℃烧结后

图9.14　添加30%Fe/Al(原子比3:1)混合粉的铁基高温合金多孔材料烧结组织

参考文献：李江，等. 固相反应法制备高浓度掺杂Nd-YAG激光透明陶瓷及其性能 [J]. 硅酸盐学报，2007，35(12):1600-1604.

9.2 聚合 (Polymerization)

ETFE(乙烯-四氟乙烯共聚物)膜是透明建筑结构中品质优越的替代材料，该膜是由人工高强度氟聚合物制成，其特有的抗黏着表面使其具有高抗污、易清洗的特点。通常雨水即可清除主要污垢。2008年北京奥运会国家体育馆及国家游泳中心等场馆中的外墙就是用ETFE膜制成的。

【参考图文】

> 聚合是由单体合成聚合物的过程，也成为聚合反应，包括多个阶段性的重复反应，其中每个阶段都能得到较稳定的化合物。

1929年，杜邦公司的卡罗瑟斯(W.H. Carothers)按照反应过程中是否析出小分子，把聚合反应分为缩聚反应(Condensation Polymerization)和加聚反应(Addition Polymerization)。

(1)加聚反应　主要指烯类单体在活性种进攻下打开双键、相互加成而生成大分子的聚合反应，单体、聚合物组成一般相同。如：

$$H_2C=CH \longrightarrow \quad \begin{array}{c} \\ | \\ O \\ | \\ C=O \\ | \\ OCH_3 \end{array} \longrightarrow \quad \begin{array}{c} \\ \\ \end{array} H_2C-CH \begin{array}{c} \\ | \\ O \\ | \\ C=O \\ | \\ OCH_3 \end{array} \Big]_n \quad (9\text{-}6)$$

(2)缩聚反应 主要指带有两个或多个可反应官能团的单体，通过官能团间多次缩合而生成大分子，同时伴有水、醇、氯化氢等小分子生成的聚合反应。如：

$$n\left(HO-\overset{O}{\underset{\|}{C}}-(CH_2)_4-\overset{O}{\underset{\|}{C}}\overparen{-OH + H}-HN(CH_2)_6HN_2\right) \longrightarrow HO\Big[\overset{O}{\underset{\|}{C}}-(CH_2)_4-\overset{O}{\underset{\|}{C}}-NH(CH_2)_6NH\Big]_n H + (2n-1)H_2O \quad (9\text{-}7)$$

1953年，美国高分子学家弗洛里(P.J. Flory，1910—1985)按反应机理，把聚合反应分为**逐步聚合**(Step Polymerization)和**连锁聚合**(Chain Polymerization)两大类，见表9-4。

表 9-4 逐步聚合和连锁聚合

种类	逐步聚合	连锁聚合（链式反应）
定义	低分子转变成大分子是一个逐步的过程	大分子的生成通常包括链引发、链增长、链转移和链终止等基元反应
特点	➢ 不需要活性中心； ➢ 是带两个或两个以上可反应官能团的单体间的反应； ➢ 每一步的反应速率和活化能大致相同	➢ 需要活性中心； ➢ 从活性中心形成，链增长能很快传递下去，瞬间（零点几秒到几秒）形成大分子； ➢ 每一步的反应速率和活化能差别很大
聚合机理	(1) 逐步缩合聚合（Polycondensation）： ➢ 线性缩聚； ➢ 体型缩聚。 (2) 逐步加成聚合 (Polyaddition)：	根据**活性中心**不同分为： (1) **自由基聚合**：活性中心为自由基； (2) **离子聚合**（阳离子聚合和阴离子聚合）：活性中心为阳离子、阴离子； (3) **配位聚合**：活性中心为配位离子
聚合方法 (物料组成/配比/工艺条件/场所/过程等)	逐步聚合实施方法： ➢ 熔融聚合 (Melt Polymerization) ➢ 溶液聚合 (Solution Polymerization) ➢ 界面聚合 (Interfacial Polymerization) ➢ 固相聚合 (Sold Polymerization)	自由基聚合实施方法： ➢ 本体聚合 (Bulk Polymerization)； ➢ 溶液聚合 (Solution Polymerization)； ➢ 悬浮聚合 (Suspension Polymerization)； ➢ 乳液聚合 (Emulsion Polymerization)； 离子聚合和配位聚合实施方法： ➢ 本体聚合 (Bulk Polymerization)； ➢ 溶液聚合 (Solution Polymerization)。

9.2.1 逐步聚合 (Step Polymerization)

1. 逐步聚合机理

1) 逐步缩合聚合

> 逐步缩合聚合是含有反应性官能团的单体经缩合反应生成聚合物的反应，反应过程同时生成小分子。

逐步缩合聚合可分为线性缩聚和体型缩聚两种类型。

可进行缩聚的官能团种类很多，如OH、NH_2、COOH、COOR、COCl、$(CO)_2O$、H、Cl、SO_3H、SO_2Cl等。

(1) 线性缩聚。

> 线性缩聚是指单体分子中所含有的反应性官能团数目等于2时（即2或2-2官能度体系），经缩聚反应生成的产物为线性结构聚合物。

线性缩聚主要可用于热塑性塑料、合成纤维、涂料和黏合剂。涤纶树脂、聚酰胺-66、聚酰胺-6、聚碳酸酯、聚砜、聚苯醚等合成纤维和工程塑料都是由线性缩聚或逐步聚合而成的。

线型缩聚机理

2-2官能度体系线性缩聚反应通式如下：

$$naAa + nbBb \rightleftharpoons a\text{—}(AB)_n\text{—}b + (2n-1)ab \tag{9-8}$$

2官能度体系(同一分子带有能相互反应的基团，如羟基羧酸、氨基羧酸等)经自缩聚也能制得线性缩聚物，反应通式如下：

$$naRb \rightleftharpoons a\text{—}(R)_n\text{—}b + (n-1)ab \tag{9-9}$$

缩聚反应无特定的活性种，各步反应的速率常数和活化能均相等，并不存在链引发、增长、终止、转移的基元反应。缩聚早期，单体很快消失，转变成二、三、四聚体等低聚物，此类低聚物间相互缩聚，使分子量逐步增大。

以二元酸和二元醇的缩聚为例，两者第一步缩聚，形成二聚体羟基酸：

$$HO\text{—}R\text{—}O\text{-}(H + HO)\text{-}\overset{O}{\underset{\|}{C}}\text{—}R'\text{—}\overset{O}{\underset{\|}{C}}\text{—}OH \rightleftharpoons HO\text{—}R\text{—}O\text{—}\overset{O}{\underset{\|}{C}}\text{—}R'\text{—}\overset{O}{\underset{\|}{C}}\text{—}OH + H_2O \tag{9-10}$$

二聚体的羟端基或羧端基可以与二元酸或二元醇反应，形成三聚体：

$$HO\text{—}R\text{—}O\text{—}\overset{O}{\underset{\|}{C}}\text{—}R'\text{—}\overset{O}{\underset{\|}{C}}\text{-}(OH + H)\text{-}O\text{—}R\text{—}O\text{—}H \rightleftharpoons HO\text{—}R\text{—}O\text{—}\overset{O}{\underset{\|}{C}}\text{—}R'\text{—}\overset{O}{\underset{\|}{C}}\text{—}R\text{—}O\text{—}H + H_2O \tag{9-11}$$

$$HO\text{—}\overset{O}{\underset{\|}{C}}\text{—}R'\text{—}\overset{O}{\underset{\|}{C}}\text{—}O\text{—}R\text{—}O\text{-}(H + HO)\text{-}\overset{O}{\underset{\|}{C}}\text{—}R'\text{—}\overset{O}{\underset{\|}{C}}\text{—}OH \rightleftharpoons$$
$$HO\text{—}\overset{O}{\underset{\|}{C}}\text{—}R'\text{—}\overset{O}{\underset{\|}{C}}\text{—}O\text{—}R\text{—}O\text{—}\overset{O}{\underset{\|}{C}}\text{—}R'\text{—}\overset{O}{\underset{\|}{C}}\text{—}OH + H_2O \tag{9-12}$$

二聚体也可以自身相互缩聚，形成四聚体：

$$HO\text{—}R\text{—}O\text{—}\overset{O}{\underset{\|}{C}}\text{—}R'\text{—}\overset{O}{\underset{\|}{C}}\text{-}(OH + H)\text{-}O\text{—}R\text{—}O\text{—}\overset{O}{\underset{\|}{C}}\text{—}R'\text{—}\overset{O}{\underset{\|}{C}}\text{—}OH \rightleftharpoons$$
$$HO\text{—}R\text{—}O\text{—}\overset{O}{\underset{\|}{C}}\text{—}R'\text{—}\overset{O}{\underset{\|}{C}}\text{—}O\text{—}R\text{—}O\text{—}\overset{O}{\underset{\|}{C}}\text{—}R'\text{—}\overset{O}{\underset{\|}{C}}\text{—}OH + H_2O \tag{9-13}$$

含羟基的任何聚体和含羧基的任何聚体都可以相互缩聚,如此逐步进行下去,就得到高分子量聚酯,通式如下:

$$n\text{-聚体} + m\text{-聚体} \rightleftharpoons (n+m)\text{-聚体} + H_2O \qquad (9\text{-}14)$$

缩聚速率和分子量是两大重要指标。对各种缩聚物的分子量有着不同的要求,同种缩聚物用作纤维和工程塑料对分子量的要求也有差异(表9-5)。因此,分子量的影响因素和控制就成为线性缩聚中的核心问题。

表 9–5 缩合聚合物的分子量与黏度

聚合物	平均分子量 / 万	重复单元数	特性黏度 [η]
涤纶	2.1~2.3	110~220	0.69~0.72
聚酰胺-66	1.2~1.8	50~90	
聚酰胺-6	1.5~2.3	130~200	2.1~2.3
聚碳酸酯	2~8	70~280	0.7
聚砜	2.2~3.5	50~80	0.45
聚苯醚	2.5	200	0.5±0.3

应用实例——聚天门冬氨酸

聚天门冬氨酸/盐(PASP)具有优异的阻垢性能、缓蚀性能和生物相容性,可降解为二氧化碳和水,是一类新型环境友好聚合物材料,应用于化肥、水处理、洗涤剂、化妆品、抑菌剂、分散剂、螯合剂、制革、医药、农药、水凝胶等。

PASP的合成主要以L-天门冬氨酸为原料(式(9-15),工艺1),通过**逐步缩合聚合**生成中间体聚琥珀酰亚胺(PSI),再经水解得到PASP;为降低成本,还开发出了以马来酸酐为原料生产聚天门冬氨酸的新工艺(式(9-15),工艺2)。

美国Donlar公司于1996年成功实现工业化生产,荣获美国"绿色化学品总统挑战奖"。随后德国Bayer、BASF等公司也相继建成中试、生产装置。我国首先由石家庄开发区德赛化工有限公司与天津大学合作开发成功。

$$(9\text{-}15)$$

(2) 体型缩聚。

> 体型缩聚是指一部分单体分子中所含有的反应性官能团数目大于2时（即2-3、2-4或3-3官能度体系），经缩聚反应生成的产物为体型结构聚合物。

体型缩聚主要可用于热固性塑料、热固性涂料、热固性黏合剂及合成橡胶。

体型缩聚的过程分成两个阶段：①树脂或预聚物合成阶段。部分缩聚成低分子量的线性或支链形的预聚物，含有尚可反应的基团，可溶可熔可塑化；②成型阶段。预聚物受热进一步反应，交联固化成不溶不熔、尺寸稳定的聚合物制品。

体型缩聚制品称为热固性聚合物，主要包括酚醛树脂、脲醛树脂、醇酸树脂等。

酚醛树脂是世界上最早研制成功并商品化的合成树脂，目前在热固性聚合物中仍占据重要位置。

酚醛树脂由苯酚和甲醛缩聚而成，它有两种缩聚方法：①碱催化和醛过量合成热固性酚醛树脂，主要用作黏结剂生产层压板；②酸催化和酚过量合成热塑性酚醛树脂，主要用来生产模塑粉。

线性酚醛树脂合成过程如下。

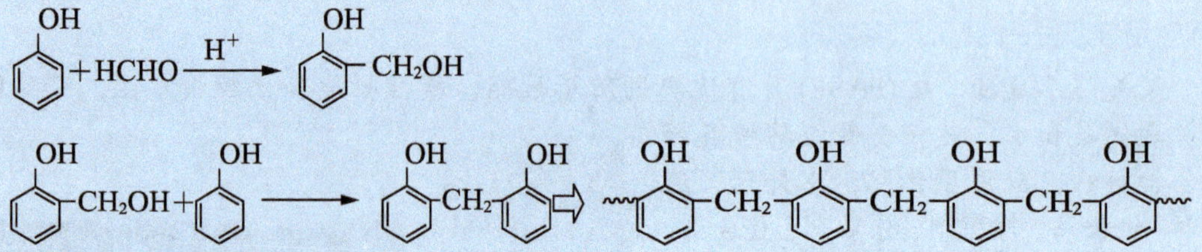

体型酚醛树脂合成过程如下：

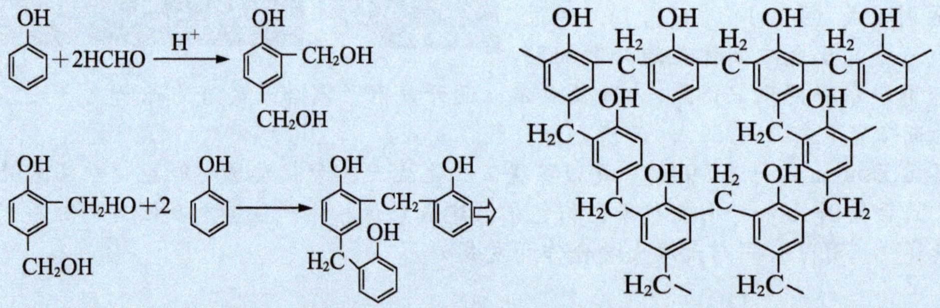

氨基树脂可由尿素或三聚氰胺与甲醛缩聚来制备。其中脲醛树脂可用作模塑粉制作低压电器和日用品，也可用作木粉、碎木的黏结剂，制作木屑板和合成板。三聚氰胺-甲醛树脂俗称密胺树脂，耐水性优良，可以用来制作色彩鲜艳的餐具和电器制品。

醇酸树脂主要由多元酸和多元醇来合成，其中应用最广的单体是邻苯二甲酸酐和甘油。在水乳漆开发应用以前，醇酸树脂漆是应用最广的涂料。

2) 逐步加成聚合

逐步加成聚合是指单体分子的官能团按逐步反应的机理加成而获得聚合物的反应，反应过程不生成小分子。一些典型的逐步加成聚合反应见表9-6。

表 9-6 典型的逐步加成聚合反应

反应物	生成的特征基团	产物
二异氰酸酯 + 二元醇	$-O-\overset{\overset{O}{\|}}{C}-NH-$	聚氨酯
二异氰酸酯 + 二元胺	$-NH-\overset{\overset{O}{\|}}{C}-NH-$	聚脲
二硫异氰酸酯 + 二元胺	$-NH-\overset{\overset{S}{\|}}{C}-NH-$	聚硫脲
双酚 A + 环氧氯丙烷	$-O-\text{C}_6\text{H}_4-\underset{\underset{CH_3}{\|}}{\overset{\overset{CH_3}{\|}}{C}}-\text{C}_6\text{H}_4-O-CH_2-\underset{\underset{OH}{\|}}{CH}-CH_2-$	环氧树脂
二腈 + 二元醇	$-\overset{\overset{O}{\|}}{C}-NH-$	聚酰胺
二乙烯基砜 + 二元醇	$-O-CH_2-CH_2-SO_2-$	聚砜
共轭双二烯烃 + 双亲二烯体	各种结构	如 Diels-Alder 型梯形化合物

现今，工业生产的逐步加成聚合物品种仅有聚氨酯、不饱和聚酯树脂、环氧树脂和聚脲几大类。其中聚氨酯发展最快，产量也最大。

(1)聚氨酯隔音、绝热、耐磨、耐油、耐晒，应用范围甚广，发展极为迅速，在塑料、橡胶、合成纤维、涂料以及黏合剂等各个方面均获得了广泛的应用，目前总量已超过酚醛树脂，居缩聚物种的首位。

(2)不饱和聚酯树脂主要用途包括玻璃钢和复合材料，是产量较大的热固性树脂。

(3)环氧树脂可用于黏合剂、涂料和结构材料，用作结构材料时，主要用于玻璃纤维、硼纤维、碳纤维、芳纶纤维等的增强，高模量的碳纤维环氧复合材料用于军事工业和宇航工业。

(4)聚脲工业产量较小，开发用途不多。

2.逐步聚合方法

逐步聚合所采用的主要方法有熔融聚合、溶液聚合、界面聚合和固相聚合4种方法(表9-7)，可根据单体和聚合物不同特点和要求来选用。

表 9-7 各种逐步聚合方法比较

逐步聚合方法	熔融聚合	溶液聚合	界面聚合	固相聚合
定义	无溶剂，使物料始终保持熔融状态进行缩聚	单体溶解在适当溶剂中进行缩聚	将两种有高度反应活性的单体分别溶于两种互不相容的溶剂中，在两相界面进行缩聚	反应温度在单体或预聚物熔融温度以下进行缩聚
优点	生产工艺过程简单、成本较低，可连续生产	反应温度较低，避免单体和产物分解，反应平稳易控制，聚合物溶液可直接应用	反应条件温和，反应不可逆，对单体配比要求不严格	反应温度低于熔融缩聚温度，反应条件缓和，可提高已生产缩聚物的分子量

续表

逐步聚合方法	熔融聚	溶液聚合	界面聚合	固相聚合
缺点	反应温度高，单体配比严格，物料黏度高，小分子不易脱除。局部过热可能产生副反应，要求聚合设备密封性高	溶剂可能有毒、易燃。如欲得到固态高聚合，增加了分离、精制、溶剂回收等工序，成本提高	必须使用高活性单体，如酰氯，需要大量溶剂，产品不易精制	原料需充分混合，要求达到一定细度，反应效率低，小分子不易扩散
应用范围	大品种缩聚物（合成涤纶、聚酯、聚酰胺等）	芳香族聚合物，芳杂环聚合物（聚砜等）	芳酰胺等特种性能聚合物	聚酯、聚酰胺以及难溶的芳族聚合物

9.2.2 连锁聚合 (Chain Polymerization)

连锁聚合反应包括链引发、链增长和链终止3个过程，如图9.15所示。

聚合时引发剂I在一定条件下形成活性种R*，活性种打开烯类单体M的π键并与之加成，形成单体活性种，再进一步与单体加成，形成高分子长链结构。

自由基、阳离子和阴离子均可成为活性中心，打开烯类单体M的π键，使链引发和增长，分别称为自由基聚合、阳离子聚合和阴离子聚合。

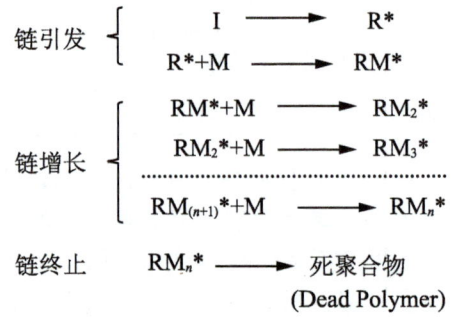

图 9.15 连锁聚合反应过程

1. 连锁聚合机理

1) 自由基聚合

自由基聚合是一类非常重要的化学反应，分为自由基均聚和自由基共聚反应两种类型。自由基聚合的聚合产物约占聚合物总产量的60%。

自由基均聚 (Homopolymerization) 是指由一种有机单体进行的聚合反应，生成的聚合物称为均聚物。

典型的均聚物有PP(式(9-16))、PE、PVC等。

$$\text{CH}=\text{CH}_2\text{-C}_6\text{H}_5 \xrightarrow{\text{聚合}} [\text{CH}_2\text{-CH}(\text{C}_6\text{H}_5)]_n \tag{9-16}$$

自由基共聚 (Copolymerization) 是指将两种或多种化合物在一定的条件下聚合成一种物质的反应。

自由基共聚根据单体的种类，分为二元，三元共聚等；根据聚合物分子结构，分为无规共聚、嵌段共聚、交替共聚和接枝共聚。

典型的共聚物有SBS、ABS等。由丙烯腈(Acrylonitrile)、丁二烯(Butadiene)和苯乙烯(Styrene)共聚生成的嵌段共聚物ABS结构如下。

$$\{CH_2-CH\}_n\{CH_2-CH=C-CH_2\}_n\{CH_2-CH\}_n \quad (9-17)$$

(苯基) CH_3 CN

其他类型的共聚物及其主要用途见表9-8。

表 9-8 典型共聚物

主单体	第二单体	改进的性能及主要用途
乙烯	醋酸乙烯酯	增加柔性，软塑料，用作聚氯乙烯共混料
乙烯	丙烯	破坏结晶性，增加柔性和弹性，用作乙丙橡胶
异丁烯	异戊二烯	引入双键，供交联用，用作丁基橡胶
丁二烯	苯乙烯	增加强度，用作通用丁苯橡胶
丁二烯	丙烯腈	增加耐油性，用作丁腈橡胶
苯乙烯	丙烯腈	提高抗冲强度，用作增韧塑料
氯乙烯	醋酸乙烯酯	增加塑性和溶解性能，用作塑料和涂料
四氟乙烯	全氟丙烯	破坏结构规整性，增加柔性，用作特种橡胶
甲基丙烯酸甲酯	苯乙烯	改善流动性能和加工性能，用作塑料
丙烯腈	丙烯酸甲酯衣康酸	改善柔软性和染色性能，用作合成纤维
马来酸酐	醋酸乙烯酯或苯乙烯	改进聚合性能，用作分散剂和织物处理剂

2) 离子聚合

活性中心是离子的聚合叫作离子聚合。根据中心离子的电荷性质不同又分为**阳离子聚合**和**阴离子聚合**，机理如下。

$$B^{\ominus}A^{\oplus} + M \longrightarrow BM^{\ominus}A^{\oplus} \rightsquigarrow \longrightarrow BM_n^{\ominus}A^{\oplus}$$

$$A^{\oplus}B^{\ominus} + M \longrightarrow AM^{\oplus}B^{\ominus} \rightsquigarrow \longrightarrow AM_n^{\oplus}B^{\ominus} \quad (9-18)$$

例如，钠和萘在四氢呋喃(THF)溶液中引发苯乙烯聚合的过程。

$$Na + \text{(萘)} \xrightarrow{THF} [\text{(萘)}\cdot]^{\ominus}Na^{\oplus} \quad (9-19)$$

萘自由基阴离子

$$[\text{(萘)}\cdot]^{\ominus}Na^{\oplus} + CH_2=CH(\text{苯基}) \longrightarrow Na^{\oplus\ominus}CH-CH_2\cdot(\text{苯基}) + \text{(萘)}$$

苯乙烯自由基阴离子

$$2\,Na^{\oplus\ominus}CH-CH_2\cdot(\text{苯基}) \longrightarrow Na^{\oplus\ominus}CH-CH_2-CH_2-CH^{\ominus\oplus}Na \quad (9-20)$$

苯乙烯双阴离子

离子聚合对单体有较大的选择性，通常带有吸电子基团(如腈基、羧基)的烯类单体有利于阴离子聚合；带有供电子基团(如烷基、烷氧基)的烯类单体有利于阳离子聚合；带有苯基、乙烯基等共轭的烯类单体则既能阴离子聚合，又能阳离子聚合。一些离子聚合单体见表9-9。

表9-9 离子聚合单体

阴离子聚合	阴、阳离子聚合	阳离子聚合
丙烯腈 $CH_2=CH-CN$ 甲基丙烯酸甲酯 $CH_2=C(CH_3)COOCH_3$ 亚甲基丙二酸 $CH_2=C(COOR)_2$ α-腈基丙烯酸酯 $CH_2=C(CN)(COOR)$	苯乙烯 $CH_2=CH-C_6H_5$ α-甲基苯乙烯 $CH_2=C(CH_3)C_6H_5$ 丁二烯 $CH_2=CHCH=CH_2$ 异戊二烯 $CH_2=C(CH_3)CH=CH_2$	异丁烯 $CH_2=C(CH_3)_2$ 3-甲基-1-丁烯 $CH_2=CHCH(CH_3)_2$ 4-甲基-1-戊烯 $CH_2=CHCH_2CH(CH_3)_2$ 烷基乙烯基醚 $CH_2=CH-OR$
ε-己内酰胺	甲醛 $CH_2=O$ 环氧乙烷 环氧烷烃 硫化乙烯	氧杂环丁烷衍生物 四氢呋喃 三氧六环

3) 配位聚合

1953年德国化学家齐格勒(K. Ziegler)研究有机金属化合物与乙烯的反应时发现，在常压下用$TiCl_4$和$Al(C_2H_5)_3$二元体系的催化剂可以使乙烯聚合成高分子量的线性聚合物。

K. Ziegler　　G. Natta

1954年意大利化学家纳塔(G. Natta)用$TiCl_3$-$Al(C_2H_5)_3$催化剂使丙烯聚合成全同立构的结晶聚丙烯，从此开创了定向聚合的新领域，它就是齐格勒-纳塔催化剂。纳塔利用齐格勒-纳塔催化剂，在解释α-烯烃聚合机理时，首次提出了配位聚合的概念。1963年两人共同获得诺贝尔化学奖。

> 配位聚合(Coordination Polymerization)是两种或两种以上的组分所构成的络合催化剂引发的链式聚合反应，又称齐格勒-纳塔聚合(Ziegler–Natta Polymerization)。

配位聚合本质上是一种阴离子聚合反应。配位聚合的过程如图9.16所示。

➤ 单体分子的π电子进入嗜电子的金属(Mt，过渡族金属)空轨道，在活性种的空位处配位，形成某些形式(σ–π)的配位络合物。

➤ π络合物进一步形成四元环过渡态。

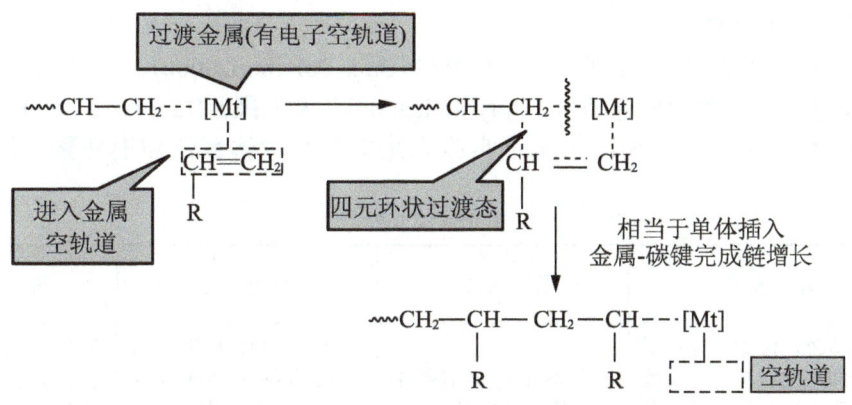

图 9.16 配位聚合的过程

> 单体分子插入金属-碳键,完成链增长,形成大分子。

配位聚合特点如下。

> 活性中心是阴离子性质的(在配位反应机理中,过渡金属呈正电性,碳链呈负电性,聚合的活性种是碳负离子),因此可称为配位阴离子聚合。
> 可形成立构规整聚合物。
> 本质上是单体对增长链端络合物的插入反应,故又称插入聚合(Insertion Polymerization)。

配位聚合引发剂包括Z-N催化剂、π烯丙基过渡金属型催化剂、烷基锂引发剂和茂金属引发剂**4种**。

自由基聚合与离子聚合的特点比较见表9-10。

表9-10 自由基聚合和离子聚合的特点比较

聚合反应	自由基聚合	离子聚合	
		阳离子聚合	阴离子聚合
聚合方法	本体,溶液,悬浮,乳液	本体,溶液	
引发剂(催化剂)	过氧化物,偶氮化合物。本体、溶液、悬浮聚合可用溶于单体的引发剂;乳液聚合可用水溶性引发剂;溶液聚合可用溶于溶剂的引发剂	Lewis酸,质子酸,碳阳离子生成物,亲电试剂	碱金属,有机金属化合物,碳阴离子生成物亲核试剂
单体聚合活性	弱电子基的烯类单体共轭单体	推电子取代基的烯类单体,易极化为负电性的单体	吸电子取代基共轭的烯类单体,易极化为正电性的单体
活性中心	自由基	碳阳离子	碳阴离子
阻聚剂	生成稳定自由基和稳定化合物的试剂	亲核试剂	供给质子的试剂
水、溶剂的影响	水有除去聚合热的作用	要防湿,溶剂的介电常数对聚合有影响	
聚合速率	$k[M][I]^{1/2}$	$k[M]^2[C]$	
聚合度	$k'[M][I]^{-1/2}$	$k'[M]$	
活化能	一般较大	小	

2. 连锁聚合实施方法

自由基聚合实施方法主要有**本体聚合**(Bulk Polymerization)、**溶液聚合**(Solution Polymerization)、**悬浮聚合**(Suspension Polymerization)和**乳液聚合**(Emulsion Polymerization)4种方法(表9-11)。离子聚合和配位聚合实施方法主要有**本体聚合**和**溶液聚合**两种方法。

表9-11　4种连锁聚合方法的特点

聚合方法	本体聚合	溶液聚合	悬浮聚合	乳液聚合
定义	除单体外，仅加有少量引发剂或不加引发剂，依赖受热引发聚合而无反应介质存在的聚合方法	单体溶于适当溶剂中引发聚合的方法	在机械搅拌下使不溶于水的单体分散为油珠状悬浮于水中，经引发剂引发聚合的方法	在乳化剂存在下分散于水中称为乳液，然后被水溶性引发剂引发聚合的方法
体系组成	单体 引发剂	单体 引发剂 溶剂	单体 引发剂 水 分散剂	单体 引发剂 水 乳化剂
聚合场所	本体内	溶液内	单体液滴内	乳胶粒内

1) 本体聚合

(1)优点。

➢ 聚合过程中无其他反应介质，工艺过程较为简单，省去了回收工序。当单体转化率很高时还可省去单体分离工序，直接造粒得到粒状树脂。所得高聚物产品纯度较高。

(2)缺点。

➢ 放热量较大，由于单体和聚合物的比热小，传热系数低，所以聚合反应散热困难，物料温度容易升高甚至失去控制，造成事故。由于反应温度难以控制恒定，所以产品的分子量分布较宽。

在高聚物工业生产中，采用本体聚合方法的有高压聚乙烯、聚苯乙烯、聚甲基丙烯酸甲酯等。聚氯乙烯也可用此方法生产，但所占比重较小。本体聚合的工艺过程、产品特点与应用见表9-12。

表9-12　本体聚合的工艺过程、产品特点与应用

聚合物	引发	工艺过程	产品特点与用途
聚甲基丙烯酸甲酯	BPO AIBN	第一段预聚到转化率10%左右的黏稠浆液，浇模升温聚合，高温后处理，脱模成材	光学性能优于无机玻璃，可用作航空玻璃、光导纤维、标牌等

续表

聚合物	引发	工艺过程	产品特点与用途
聚苯乙烯	BPO 热引发	第一段于80～90℃预聚到转化率30%～35%，流入聚合塔，温度由160℃递增至225℃聚合，最后熔体挤出造粒	电绝缘性好、透明、易染色、易加工，多用于家电与仪表外壳、光学零件、生活日用品等
聚氯乙烯	过氧化乙酰基磺酸	第一段预聚到转化率7%～11%，形成颗粒骨架，第二阶段继续沉淀聚合，最后以粉状出料	具有悬浮树脂的疏松特性，且无皮膜、较纯净
高压聚乙烯	微量氧	管式反应器，180～200℃、150～200MPa连续聚合，转化率15%～30%熔体挤出出料	分子链上带有多个小支链，密度低(LDPE)，结晶度低，适于制薄膜
聚丙烯	高效载体配位催化剂	催化剂与单体进行预聚，再进入环式反应器与液态丙烯聚合，转化率40%出料	比淤浆法投资少40%～50%

2) 溶液聚合

> 反应生成的聚合物溶解于所用溶剂中，称为均相溶液聚合；生成的聚合物不溶于所用的溶剂中(沉淀析出)，称为非均相溶液聚合，又称沉淀聚合。

(1)优点。
- 体系黏度较低，混合和传热较易，温度易控制，较少凝胶效应，可避免局部过热。

(2)缺点。
- 单体浓度较低，致使聚合物速率较慢，生产能力较低。
- 单体浓度低和向溶剂链转移的双重结果，使聚合物分子量降低。
- 溶剂分离回收费用高，除净聚合物中残留溶剂困难。

因此工业上溶液聚合多用于聚合物溶液直接使用的场合，如涂料、胶黏剂、合成纤维纺丝液、继续进行化学反应的溶液等。

溶液聚合所用溶剂主要是有机溶剂或水。根据单体的溶解性质以及所产生的聚合物的溶液用途选择适当的溶剂，常用的有机溶剂有醇、酯、酮、芳烃、苯、甲苯等；此外，脂肪烃、卤代烃、环烷烃等也有应用。自由基溶液聚合示例见表9-13。

表9-13 自由基溶液聚合示例

单体	溶剂	引发剂	聚合温度/℃	聚合液用途
丙烯腈加第二、第三单体	硫氰化钠水溶液	AIBN	75~80	纺丝液
	水	氧化还原体系	40~50	粉料、配制纺丝液
醋酸乙烯酯	甲醇	AIBN	50	醇解成聚乙烯醇
丙烯酸酯类	醋酸乙酯加芳烃	BPO	沸腾回流	涂料、黏结剂
丙烯酰胺	水	过硫酸铵	沸腾回流	絮凝剂

3) 悬浮聚合

反应机理与本体聚合相同，也有均相聚合和沉淀聚合之分。将水溶性单体的水溶液作为分散相悬浮于油类连续相中，在引发剂作用下进行聚合的方法叫作**反相悬浮聚合法**，其应用范围较小。

(1) 优点。
- 体系黏度低，传热和温度容易控制，产品分子量及其分布比较稳定。
- 产品分子量比溶液聚合的高，杂质含量比乳液聚合的少。
- 后序处理工序比乳液聚合和溶液聚合简单，生产成本低，粒状树脂可直接成型。

(2) 缺点。
- 产物中带有少量的分散剂残留物，要生产透明和绝缘性能好的产品，需将这些残留物除净。

由于合成橡胶的玻璃化转变温度低于室温，常温有黏性，所以悬浮聚合法仅用于合成树脂的生产。一些合成树脂的主要品种和聚合条件见表9-14。

表 9-14 悬浮聚合法生产的合成树脂的主要品种和聚合条件

主要品种	剂类型	聚合条件			
		温度 /℃	压力 /kPa	时间 /h	转化率 /(%)
聚氯乙烯	保护胶	45~55	—	6~9	85~90
ABS	保护胶	100~120	350	8~16	99
聚苯乙烯	无机分散剂	110~170	~304	5~9	>95
交联聚苯乙烯白球	保护胶	30~98	常压	3~6	>95
聚甲基丙烯酸甲酯	保护胶	75~95	常压	6~8	>95
聚醋酸乙烯酯	保护胶	70	常压	2	>95
苯乙烯-丙烯腈共聚物	保护胶	60~150	~304	5	—
聚偏二氯乙烯	保护胶	60	常压	30~60	85~90

4) 乳液聚合

乳液聚合生成的固态高聚物分散在水中，转变为固-液乳化体系，这种固体微粒的粒径一般在1μm以下，静置时不会沉降析出。

(1) 优点。
- 以水作为介质，价廉安全。胶乳黏度低，有利于搅拌传热、管道输送和连续生产。
- 聚合速率快，同时产物分子量高，聚合可以在较低的温度下进行。
- 有利于胶乳的直接使用和环境友好产品的生产，如水乳漆、黏结剂、纸张/皮革/织物的处理剂等。

(2) 缺点。
- 需要固体产品时，乳液需经凝聚、洗涤、脱水、干燥等工序，成本升高。

➢ 产品中留有乳化剂等杂质，难以完全除净。

乳液聚合法生产的高聚物的主要品种和聚合条件见表9-15。

表 9-15 乳液聚合法生产的高聚物的主要品种和聚合条件

主要品种	乳化剂类型	聚合条件		
		温度/℃	时间/h	转化率/（%）
丙烯酸酯类	非离子型	25~90	>2.5	>95
ABS	—	55~75	1~6	99
聚醋酸乙烯	非离子型	80~90	4~5	—
聚氯乙烯	阴离子型	45~60	—	60
聚偏二氯乙烯	阴离子型	30	7~8	95~98
SAN	阴离子型	70~100	1~3	>97
丁苯橡胶	阴离子型	5 或 50	连续	~60
丁腈橡胶	阴离子型	5 或 50	连续	—
氯丁橡胶	阴离子型	~40	连续	60~90

【习题】Question

基础练习

一、填空题

1. 烧结是指_____。
2. 烧结的推动力是_____，烧结过程中主要传质方式包括_____、_____、_____和_____。
3. 二次再结晶是指_____，二次再结晶的推动力是_____。
4. 自由基聚合的4种主要实施方法为_____、_____、_____和_____。
5. 逐步聚合反应的主要实施方法为_____、_____、_____和_____。
6. 根据聚合机理，连锁聚合反应可分为_____、_____、_____和_____。
7. 悬浮聚合的体系组成为_____、_____、_____和_____。

二、简答题

1. 材料的许多性能如强度、光学性能等要求其晶粒尺寸微小且分布均匀，工艺上应如何控制烧结过程以达到此目的？
2. 晶界移动遇到夹杂物时会出现哪几种情况？从实现致密化目的考虑，晶界应如何移动？怎样控制？
3. 二次再结晶过程对材料性能有何种影响？

拓展练习

简答题

1. 在烧结时,晶粒生长能促进坯体致密化吗?晶粒生长会影响烧结速率吗?
2. 配位聚合的主要特点是什么?
3. 试比较自由基聚合的4种实施方法的优缺点。
4. 试写出连锁聚合机理。

第 10 章　固态相变
Chapter 10　Solid Phase Transformation

>>> 钢的强韧性是可以大尺度调整的吗？

本章知识构架

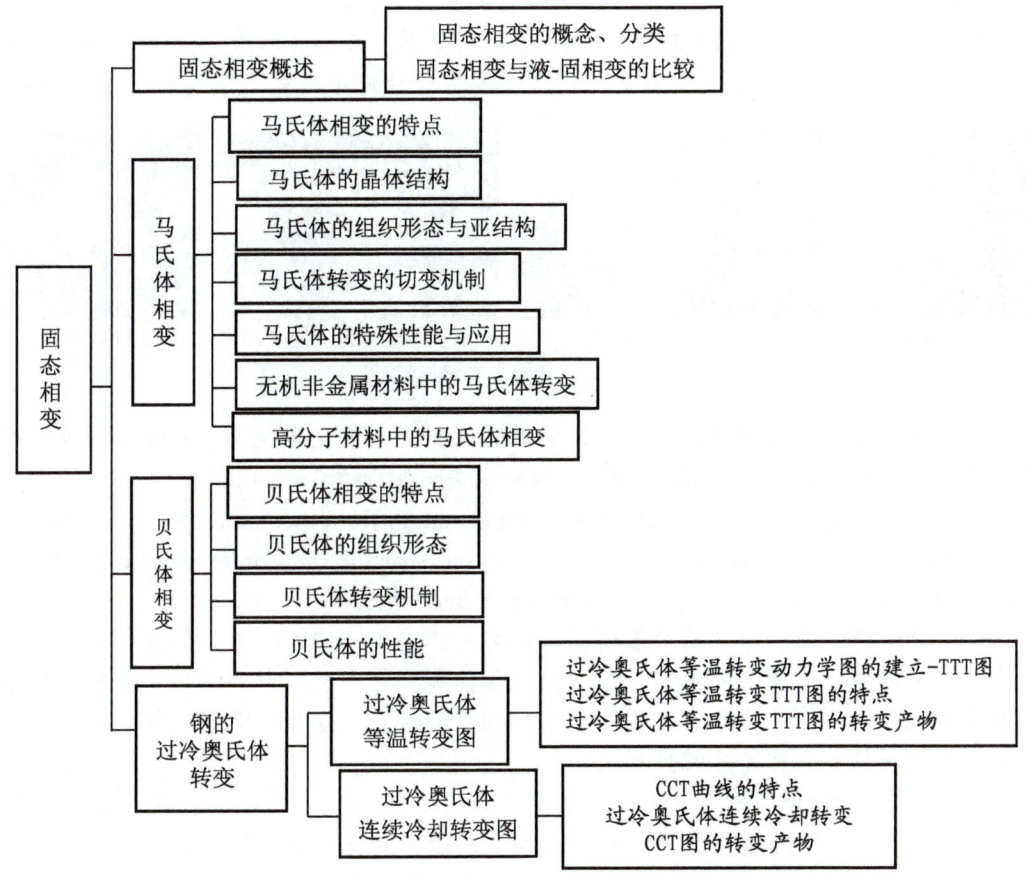

导入案例　钢的淬火 (Steel Quenching)

钢淬火工艺最早的应用见于河北易县燕下都遗址出土的战国时代的钢制兵器。淬火工艺最早的史料记载见于《汉书·王褒传》中的"清水焠其锋"。

早在战国时期，人们已经知道可以用淬火(将钢加热到高温后，再快速放入水中或油中急冷)的方法提高钢的硬度，淬火后的钢制宝剑"削铁如泥"，但不知"淬火硬化"的机理。

通常把钢加热到某一适当温度(亚共析钢为 GS 线以上，过共析钢为 PSK 线以上)，保温一段时间，使之全部或部分奥氏体化，然后快速放入水或油等冷却介质中急速冷却的工艺过程称为淬火。

在金属材料加工和热处理等行业，淬火的行业术语读音为"蘸火"(zhàn huǒ)。因为淬火就是把加热到一定程度的热工件蘸一下介质，以达到要求，工匠们形象地称之为蘸火，淬火工艺应用很广，读法也随之流传开来。

淬火的目的是使过冷奥氏体进行固态相变，得到马氏体或贝氏体组织，使钢获得高强度、高硬度和高耐磨性，然后配合以不同温度的回火(重新加热到不同温度进行固态相变)，进行组织和塑性、韧性调整，以获得具有不同强度、硬度和塑性、韧性配合(综合机械性能)的材料，满足各种机械零件和工具的不同使用要求。也可以通过淬火获得某些特种钢材的铁磁性、耐蚀性等特殊的物理和化学性能。

淬火工艺广泛用于各种工具、模具、量具及要求表面耐磨的零件，宝剑、车刀、铣刀、钻头、锻模、挤压模、齿轮、轧辊、游标卡尺、千分尺等均需淬火热处理(图 10.1)。

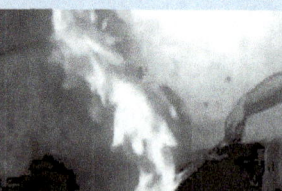

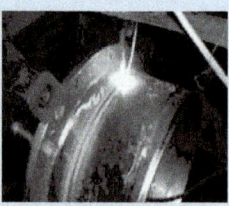

(a) 钢的锻打　　(b) 刀剑的淬火　　(c) 齿轮的感应加热淬火　　(d) 大型零件的激光淬火

图 10.1　钢的淬火

当温度和压力等外部条件改变时，材料在固态下由于化学成分、晶体结构或有序度的改变而发生相状态的改变，称为固态相变(Solid Phase Transformation)。

Solid Phase Transformation: A phase transformation from one solid state of matter to other solid states with the changes of composition, crystal structure and ordering as a result of some external conditions, such as temperature, pressure, and others.

固态相变是材料科学中的重要研究课题之一。在生产中对金属材料进行热处理，主要是利用材料能够发生固态相变的性质，通过加热和冷却工艺来改变其组织结构，从而获得所需要的性能。因此，了解和掌握固态材料相变的特点与规律，对于研制新材料以及充分发挥现有材料的潜力都是非常重要的。

部分固态相变(如共析转变、珠光体相变、平衡脱溶沉淀、调幅分解、伪共析转变等)已经在前面部分章节中有所介绍，本章主要介绍固态相变的分类和特点(与液固相变相比)，重点介绍马氏体相变和贝氏体相变，详细分析钢的TTT和CCT固态相变动力学曲线，为制订材料加工工艺和性能改进奠定理论基础。

10.1 固态相变的分类和特点
(Classification and Characteristic of Solid Phase Transformation)

按不同的标准，固态相变的分类见表10-1。

表 10-1 固态相变的分类

分类标准	类型	定义	特点及示例
热力学	一级相变	新旧两相化学位相等，化学位的一阶偏导数不等	熵和体积发生突变，即有相变潜热和体积的改变； 大多数固态相变：共析相变、马氏体相变等
	二级相变	新旧两相化学位相等，一阶偏导数相等，二阶偏导数不等	无相变潜热和体积改变，热容、压缩和膨胀系数不连续变化； 磁性相变、超导转变、部分有序-无序转变
相变是否达到平衡	平衡相变 (equilibrium transformation)	在足够缓慢加热或冷却条件下，按相图状态进行的相变过程	同素异构转变 (allotropic transformation)、平衡脱溶沉淀 (equilibrium precipitation)、共析转变 (eutectoid transformation)、调幅分解 (spinodal decomposition)、有序转变 (ordering transformation)
	非平衡相变 (nonequilibrium transformation)	加热或冷却速度过快，平衡相变被抑制，产生相图上不存在的非平衡相，得到亚稳组织的相转变过程	马氏体相变 (martensitic transformation)、贝氏体相变 (bainitic transformation)、块状转变 (massive transformation)、伪共析转变 (pseudo-eutectoid transformation)、非平衡脱溶沉淀 (nonequilibrium precipitation)
原子迁移情况	扩散型相变 (diffusional transformation)	相变温度足够高，原子（离子）扩散能力强，发生扩散型相变	共析转变、脱溶沉淀、调幅分解
	非扩散型相变 (diffusionless transformation)	原子（离子）仅作规则迁移的相变，即相邻原子相对位置不变，相对移动距离小于原子间距	马氏体相变
	过渡型转变	兼有扩散型和非扩散型相变特征	贝氏体相变
相变过程是否需要形核	有核相变	形核-长大型相变，新相与母相之间界面明显，且界面前沿成分突变，也称不连续相变	多数相变：珠光体相变、马氏体相变、贝氏体相变、同素异构转变等
	无核相变	依靠母相的成分起伏而连续长大成新相，也称连续型相变	调幅分解

固态相变与液-固相变既有相变驱动力和相变过程上的相同点，又在相变阻力、原子扩散能力、新相形状、新旧两相的位向关系等方面有很多不同的相变特征，见表10-2。

表 10-2 固态相变与液-固相变的比较

	方面	固态相变	液-固相变
相同点	相变驱动力	新相与母相的吉布斯自由能差 ΔG_v	
	相变过程	形核与长大两个过程，形核有均匀形核和非均匀形核两种方式	
不同点	相变阻力	新相与母相的界面能和弹性应变能。固态相变更容易在较大的过冷度下发生	界面能。比固相界面能小得多
	原子扩散能力	固体中原子的扩散系数小，迁移率低，扩散型相变速度较慢	原子扩散能力强，相变速度大
	临界晶核尺寸和形核功	临界晶核尺寸和形核功中，多了一项弹性应变能 ΔG_s①，临界晶核尺寸和形核功都增大。固态相变形核困难，要求的过冷度更大	临界晶核尺寸和形核功都小，相变较易发生
	形核方式	普遍存在非均匀形核。在相界/晶界/层错/位错等晶体缺陷处形核时，缺陷能量的释放提供部分相变驱动力，降低形核功，是有利于形核的位置	均匀和非均匀形核同时存在
	亚稳相	低温相变时易出现亚稳相。固态相变阻力大，原子迁移率低，不易产生平衡相，系统处于亚稳状态	相变阻力小，原子迁移率高，易产生稳态平衡相
	新相形状	新相形状同时受界面能和弹性应变能控制。体积相同时，盘片状、针状、球形的应变能依次增大，而界面能（界面积）却依次减小。当相变阻力以弹性应变能为主时，新相多为碟形（盘片状）或针状；当以界面能为主时，新相多趋于球状	新相一般呈球形。体积一定时，球形的表面积最小，表面能最低
	新/旧两相的位向关系	新/旧两相往往存在惯析面②和位向关系③	没有

注：
①固态相变均匀形核的临界晶核半径和形核功。

与液体结晶相比，固态相变的阻力包括界面能和弹性应变能。对于形成半径为r的球形晶胚，引起系统自由能的变化ΔG为

$$\Delta G = -\frac{4}{3}\pi r^3 \Delta G_v + 4\pi r^2 \sigma + \frac{4}{3}\pi r^3 \Delta G_s \tag{10-1}$$

式中，ΔG_v是形成单位体积晶胚的自由能变化，即相变驱动力；σ是晶胚与母相的界面能；ΔG_s是形成单位体积晶胚所产生的应变能。

令 $\frac{\partial \Delta G}{\partial r}=0$，可以求出临界晶核半径$r^*$和形核功$\Delta G^*$，即

$$r^* = \frac{2\sigma}{\Delta G_v - \Delta G_s}; \quad \Delta G^* = \frac{16\pi\sigma^3}{3(\Delta G_v - \Delta G_s)^2} \tag{10-2}$$

与液体结晶相比，在固态相变的临界晶核尺寸和形核功的公式中，分母多了一项弹性

应变能ΔG_s，即临界晶核尺寸和形核功都增大。说明固态相变形核比液体结晶形核要困难些，所要求的过冷度更大。

②为降低相变阻力，新相往往在母相的一定晶面上形成，母相中的这个晶面称为惯析面(Habit Plane)。惯析面一般为母相中能量最低、原子最密排的低指数晶面，如钢中板条马氏体的惯析面是$\{111\}_\gamma$。

③两相的密排面和密排方向也尽量平行，这种关系称为晶体学位向关系(Crystallographic Orientation)。奥氏体向铁素体转变时，晶体学位向关系为$\{111\}_\gamma // \{110\}_\alpha$，$<110>_\gamma // <111>_\alpha$。

10.2 马氏体相变 (Martensitic Transformation)

将钢加热到一定温度(形成奥氏体)后，经迅速冷却，得到一种能使钢变硬、增强的淬火组织，这种组织最先由德国冶金学家马滕斯(A. Martens，1850—1914)于19世纪90年代在一种硬矿物中发现。1895年，法国人奥斯蒙(F.Osmond)为纪念Martens对钢铁显微组织研究的贡献，把这种组织命名为马氏体(Martensite)，常简写为M，将得到马氏体的相变过程称为马氏体相变(或马氏体转变)或M相变。

1. 马氏体相变的发展历史

➤ 最早只把钢中由奥氏体转变为马氏体的相变称为马氏体相变。人们对钢中马氏体相变进行了深入系统的研究，在M转变的形核机理、长大过程、晶体学和形态学及新材料设计等方面取得了丰硕成果，并大量应用到钢铁的工业生产和性能改进上。

➤ 后来马氏体的研究范围扩大到有色金属、陶瓷材料甚至生物物质方面。

➤ 20世纪以来，又相继发现在某些有色金属及其合金中也具有马氏体相变，如Ce、Co、Hf、Hg、La、Li、Ti、Tl、Pu、V、Zr和 Ag-Cd、Ag-Zn、Au-Cd、Cu-Al、Cu-Sn、Cu-Zn、In-Tl、Ti-Ni等。

➤ 再后来在陶瓷材料和聚合物及生物材料中也发现马氏体相变。

目前广泛地把以晶格畸变为主的切变共格型的无扩散相变统称为马氏体相变(Martensitic Transformation)，其相变产物称为马氏体。

Martensite: A metastable phase formed in steel and other materials by a diffusionless, athermal transformation.

Martensitic Transformation: A phase transformation that occurs without diffusion, same as athermal or displacive transformation. These occur in steels, Ni-Ti and many ceramic materials.

2. 马氏体相变研究的意义

➤ 马氏体相变可以强化金属、韧化陶瓷，是形状记忆合金的基础，还可能在生理和生命过程中起重要作用。

➤ 美国材料学家Cohen教授指出，马氏体转变可能是自然界最为神奇美妙的过程之一。

➤ 马氏体相变被认为是材料科学中最重要的相变之一。

➤ 对马氏体相变的深入研究不仅在于其学术价值，更重要的是马氏体组织在工业上的大量应用及其对材料性能的重大改进。

10.2.1 马氏体相变的特点 (Characteristics of Martensitic Transformation)

马氏体相变的驱动力是：①新相与母相的自由能之差；②母相晶体缺陷提供的非均匀形核能量。

马氏体相变的阻力是：①马氏体相变产生界面所引起的界面能；②马氏体相变时形状和比容变化产生的应变能；③马氏体相变时克服切变抗力所消耗的功；④形成马氏体时产生大量位错、孪晶所需的能量；⑤邻近马氏体的母相中产生塑性变形所消耗的能量。

由于马氏体相变的阻力较大，故需要较大的过冷度以提供足够大的驱动力。当相变驱动力大于相变阻力时，马氏体相变才能进行。M_s 和 M_f 分别表示马氏体转变开始温度和转变终了温度。M_s 的物理意义：新相与母相的自由能差达到相变所需最小驱动力值时的温度。

马氏体相变的特点见表10-3。

表 10-3 马氏体相变的特点

特点	原因	示例
1. 共格切变性	马氏体相变以切变方式进行，母相/M 界面未畸变，界面原子由两相所共有，保持切变共格关系	预先抛光的试样发生马氏体相变后表面倾动，出现表面浮凸，如图 10.2(a) 所示。抛光面上的直线划痕产生位移被折成几段，这些折线在母相与马氏体的界面处保持连续
2. 无扩散性 (diffusionless)	马氏体相变是原子整体切变的结果，相邻原子位移不超过一个原子间距，原子相邻关系不变，且马氏体与母相的成分相同	共析钢马氏体相变温度为 −50~230℃，Fe-Ni 合金为 −196~ −20℃，即相变温度较低，且一片马氏体的形成时间为 $5×10^{-7}$~$5×10^{-5}$s，相变速度极快，原子几乎不能扩散。碳钢中马氏体与母相奥氏体的碳浓度相同，仅发生 A(fcc) 向 M(bct) 的晶格改组
3. 惯析面 (Habit plane)	马氏体相变是以共格切变方式进行的，惯析面在相变过程中不发生应变和转动，为近似的不畸变平面，如图 10.2(b) 所示	不同材料有不同的惯析面。碳钢：奥氏体含碳量低于 0.6% 时，惯析面为 $\{111\}_\gamma$，在 0.6%~1.4% 之间时为 $\{225\}_\gamma$，含碳量高于 1.4% 时为 $\{259\}_\gamma$。有色合金：惯析面通常为高指数面。钛合金中为 $\{344\}_{\beta1}$，Cu-Sn 合金中为 $\{133\}_\beta$
4. 位向关系 (orientation relationship)	新相和母相始终保持切变共格性，因此马氏体相变后的新相和母相之间通常存在着一定的晶体学位向关系	铁基合金中，马氏体相变的位向关系有 3 种：K-S 关系：$\{111\}_\gamma$ // $\{011\}_{\alpha'}$，$<101>_\gamma$ // $<111>_{\alpha'}$；西山关系：$\{111\}_\gamma$ // $\{011\}_{\alpha'}$，$<211>_\gamma$ // $<110>_{\alpha'}$；G-T 关系：与 K-S 关系相似，但有 1°~2° 偏差
5. 变温转变，转变不完全	在 M_s 以下，马氏体转变量随温度的降低而不断增加，当温度不变时，转变不再进行；随后再降低温度，转变又重新开始，直至 M_f 温度完成 M 转变	变温形核，恒温瞬时长大：Fe-Ni、Fe-Ni-C 合金，如图 10.2(c) 所示；变温形核，变温长大：Au-Cd、Cu-Al 合金；恒温转变：Fe-Ni-Mn、高速钢等，不能进行到底
6. 可逆性	冷却时高温母相转变为马氏体，重新加热时已形成的马氏体又可以逆转变为高温母相，在一个温度范围内完成	冷却时马氏体开始形成温度记为 M_s，转变终了温度记为 M_f。逆相变时开始温度记为 A_s，终了温度记为 A_f。A_s 温度高于 M_s 温度

马氏体相变与扩散型相变最本质的区别：**共格切变性和无扩散性。3~6 的特点是由这两个基本特征演变而来的。**

(a) Cu-14.2Al-4.2Ni合金马氏体浮凸

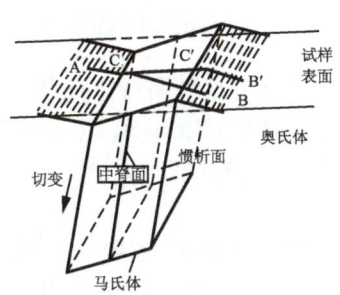
(b) 表面浮凸形成示意图

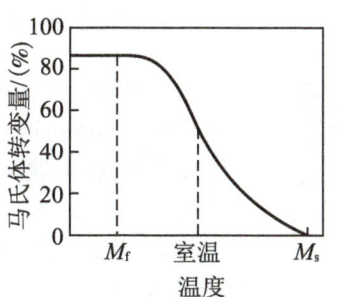
(c) 马氏体变温形成和转变不完全性

【参考视频】

图 10.2 马氏体转变特点

10.2.2 马氏体的晶体结构 (Crystal Structure of Martensite)

不同材料的马氏体晶体结构可能不同，最具代表性并且应用最为广泛的是钢和有色金属中的马氏体。部分金属和合金中马氏体的晶体结构见表10-4。

钢中马氏体是碳在α-Fe中过饱和的间隙固溶体，呈体心正方(bct)结构，如图10.3所示。

钢中马氏体是由面心立方(fcc)结构的高温奥氏体经快速冷却转变而来。在平衡状态下，碳在α-Fe中的溶解度在20℃时不超过0.002%。

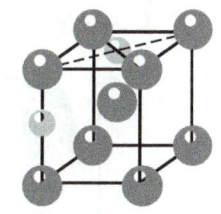

图 10.3 碳在 α-Fe 中的扁八面体间隙位置

在快速冷却条件下，由于铁、碳原子失去扩散能力，马氏体中的含碳量可与原奥氏体含碳量相同，最大可达到2.11%。

过饱和碳原子在α-Fe的c轴扁八面体中有序排列，使α-Fe的体心立方晶格发生正方畸变，c轴伸长，而另外两个a轴稍有缩短，形成体心正方(bct)结构。轴比c/a称为马氏体的正方度，并且随着含碳量的增加，点阵常数c呈线性增加，而a的数值略有减小，马氏体的正方度不断增大。

由于马氏体的正方度取决于马氏体中的含碳量，故马氏体的正方度可用来表示马氏体中碳的过饱和程度。

表 10-4 部分金属和合金中马氏体的晶体结构

合金	转变类型	合金	转变类型
Fe-(0~1.8)%C	fcc → bct	Fe-(27~34)%Ni	fcc → bcc
Fe-(11~19)%Ni-(0.4~1.2)%C	fcc → bct	Fe-(2.8~8)%Cr-(1.1~1.5)%C	fcc → bct
Fe-(0.7~3)%N	fcc → bct	Fe-(13~25)%Mn	fcc → hcp
Fe-(17~18)%Cr-(8~9)%Ni	fcc → bcc	Ti-(2~5.4)%Ni	bcc → hcp
Co	fcc → hcp	Ti	bcc → hcp
Zr	bcc → hcp	Li	bcc → hcp

10.2.3 马氏体的组织形态与亚结构 (Microstructure and Substructure of Martensite)

【参考图文】

在铁基合金中,通常可以观察到两种不同的马氏体形貌,一种为**板条马氏体**(Lath Martensite),另一种为**片状马氏体**(Plate Martensite,也称透镜状马氏体)。其他还有蝶状马氏体、薄片状马氏体等。

1. 板条马氏体

碳钢中奥氏体含碳量低于0.6%时主要是**板条马氏体**。在板条马氏体组织中,一个原始奥氏体晶粒可以形成几个位向不同的板条块,一个板条块内又可以包含几个平行的板条束,每一个板条束内又包括很多近乎平行排列的细长马氏体板条,如图10.4(a)所示。每一个板条为一个单晶体,宽度在0.025~2.2 μm之间,密集的板条之间通常由残余奥氏体隔开。

板条马氏体的亚结构通常为很高密度的位错,其数量级约为$5.0 \times 10^{15} m^{-2}$。板条马氏体又称**位错马氏体**。Fe-21Ni-4Mn合金板条马氏体组织的位错网络的TEM照片如图10.4(b)所示。

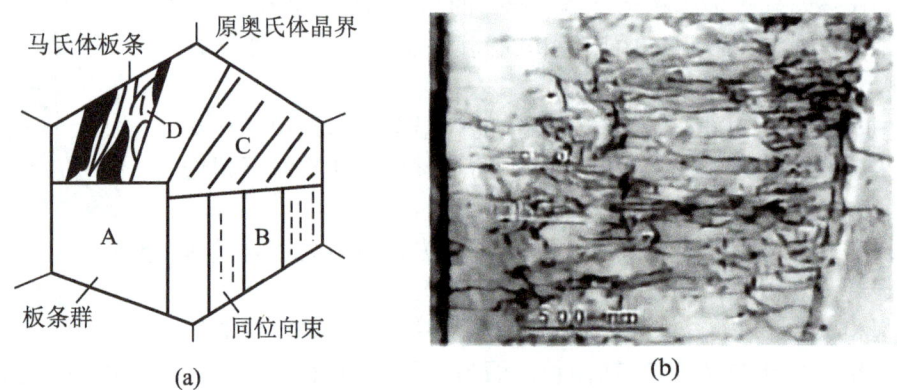

图10.4 板条马氏体示意图 (a) 和 Fe-21Ni-4Mn 合金板条马氏体组织 (b)

图10.5是在共焦激光扫描显微镜下观察低碳钢在连续冷却时板条马氏体的形成过程。

2. 片状马氏体

碳钢中奥氏体含碳量高于0.6%时主要是**片状马氏体**。片状马氏体在光学显微镜下呈针状或竹叶状,马氏体片之间具有明显的角度,相互不平行。在一个奥氏体晶粒内,第一片形成的马氏体往往贯穿整个奥氏体晶粒,使以后形成的马氏体片长度受到限制,所以片状马氏体大小不一,越是后形成的马氏体片尺寸越小。在平行于片状马氏体长轴的中部,有一根或两根平行的直纹,称之为"中脊",如图10.6(a)所示。

片状马氏体的亚结构为孪晶,所以又称**孪晶马氏体**。在铁基合金中这些孪晶很细,需在电镜下才能观察到,但在Au-Cd及In-Tl等合金中,马氏体中的孪晶较宽,在光学显微镜下就可看到,如图10.6(b)所示。

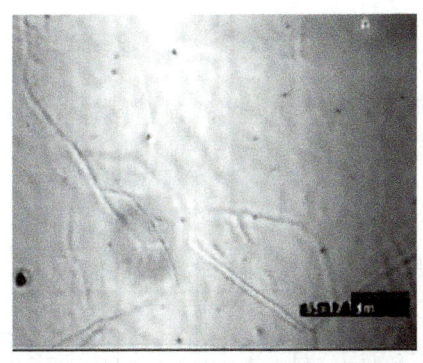
(a) 完全奥氏体化，奥氏体新晶界细窄而平直，晶界夹角接近 120°，有退火孪晶以及一些尚未溶解的碳化物(呈黑色点状)和夹杂物

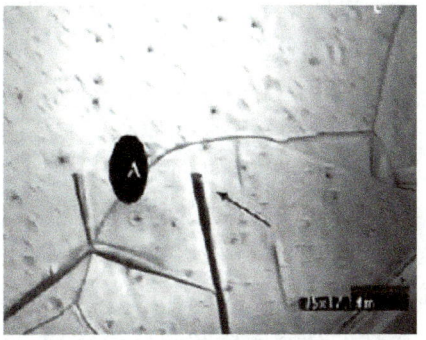
(b) 从奥氏体晶界形成板条状浮凸，标志着马氏体转变的开始

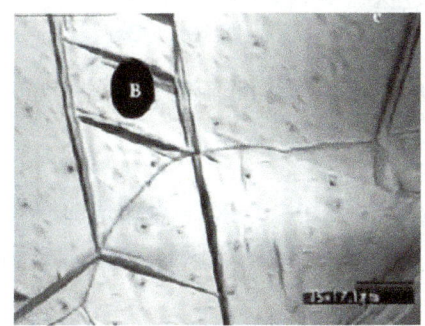
(c) 板条浮凸迅速发展，沿晶界生成一条粗大的板条

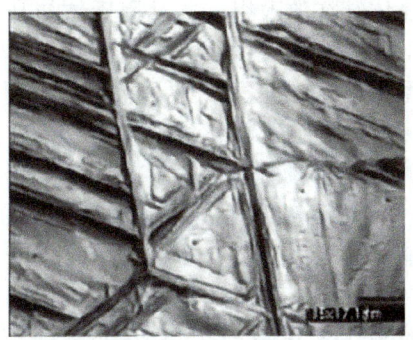
(d) 马氏体转变完成，新生成的浮凸构成大小不同的梯形、正三角形及平行四边形

图 10.5 低碳钢在连续冷却时马氏体的形成过程

(班丽丽，等. 低碳钢在高温共焦激光扫描显微镜下马氏体相变的原位观察研究 [J]. 冶金分析，2011，31(12):1-5.)

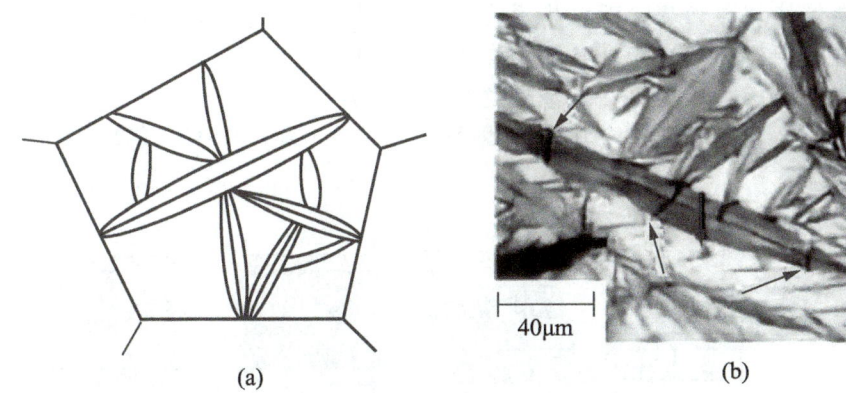

图 10.6 片状马氏体示意图 (a) 和光学显微组织 (b)

10.2.4 马氏体转变的切变机制 (Shear Mechanism of Martensitic Transformation)

马氏体转变不但包括微观的点阵改组及特定的晶体学位向关系，还产生了由于宏观变形引起的表面浮凸。目前，关于马氏体转变机制主要有Bain模型、K-S模型、G-T模型、晶

体学表象理论等，但还没有哪一种机制能完全解释马氏体相变特征。

1. Bain模型

1924年，美国化学家、钢铁热处理理论的奠基者E.C.Bain提出了一个由奥氏体面心立方晶胞转变为马氏体的体心正方晶胞的模型，如图10.7所示。

两个相连接的面心立方晶胞中有一个轴比为1.414(即$\sqrt{2}/1$)的体心正方晶胞。Bain提出，如果这个晶胞沿c轴方向收缩20%，而沿a轴和b轴方向膨胀12%，就可得到与Fe-1.0%C合金的点阵常数(轴比1.05)相符合的体心正方马氏体晶胞。这种通过沿晶轴膨胀和收缩进行马氏体相变的应变称为Bain应变。

Bain机制清晰地说明，只需原子作少量位移就可获得晶体结构的改组，并且奥氏体与马氏体之间大体符合K-S关系，即$\{111\}_\gamma // \{011\}_{\alpha'}$，$<101>_\gamma // <111>_{\alpha'}$。但Bain模型不是切变模型，它不能解释宏观切变所引起的浮凸、惯析面和亚结构等的存在，因此这种理论是不完善的。

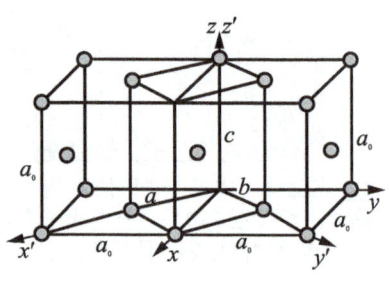

图10.7 Bain模型

2. G-T模型

1949年A.Greninger和A.R.Troiano仔细地研究了Fe-22Ni-0.8C合金单晶马氏体转变的晶体学关系，在此基础上提出了一个"两次切变"的马氏体转变机制，即G-T机制。

如图10.8和图10.9所示，首先沿接近于$\{259\}_\gamma$的惯析面上发生第一次均匀切变，产生全部的宏观变形，在表面形成浮凸。但此阶段的转变产物还不是马氏体，而是复杂的三菱结构，它有一组晶面的间距及原子排列和马氏体的$(112)_{\alpha'}$相同。第二次切变在$(112)_{\alpha'}$晶面沿$[111]_{\alpha'}$方向进行，此切变被限制在三菱点阵范围内，并且是宏观不均匀切变，即它只是在微观的有限范围内保持均匀切变，而在宏观上则形成沿平行晶面的滑移或孪生，切变时只发生点阵改组而不改变第一次切变所形成的浮凸。经过这次切变之后，再作微小的调整，就可使点阵转变成体心正方的马氏体结构。

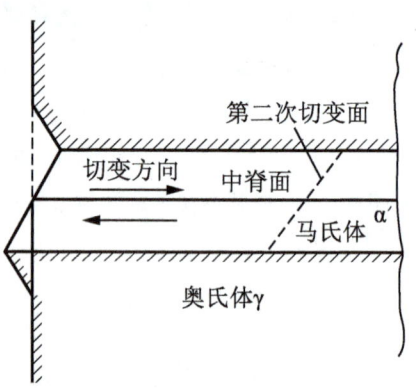

图10.8 G-T机制示意

【参考图文】

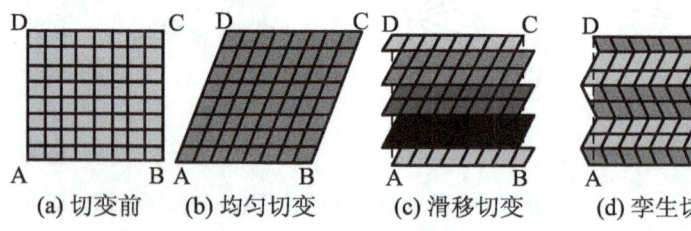

(a) 切变前　(b) 均匀切变　(c) 滑移切变　(d) 孪生切变

图10.9 G-T模型切变过程示意图

G-T机制比以前提出的机制完善，它既可说明马氏体转变时的点阵改组、惯析面、位向关系和浮凸效应，又解释了马氏体内的两种主要亚结构——位错和孪晶，但不能解释惯析面为不变平面。

3. 晶体学表象理论

1953年M.S.Wechsler、T.A.Read和D.S.Lieberman等提出了马氏体转变的晶体学表象理论。该理论只是描述转变初始与终了的晶体学状态，而不涉及转变过程中原子的实际迁移过程。

表象理论把马氏体转变的整个变形看成3种变形的组合。

(1)基于Bain机制的晶格变形。这种变形使母相的点阵改造为马氏体所需的晶体结构，并引起转变区域宏观的形状变化，在晶体表面产生浮凸现象。

(2)点阵不变应变。这是一种晶格不变的切变，是在保持第一个动作所产生的新点阵不再改变的前提下，通过马氏体内部微区中的滑移或孪生来实现的，由此可得到不畸变平面。

(3)晶格的整体刚性转动。这种转动使不畸变平面恢复到原始的位置，从而得到既不旋转又无畸变的惯析面。

马氏体相变的晶体学表象理论可以比较准确地描述更多合金系(包括黑色和有色合金)中马氏体转变的主要特征，由数学物理方法计算得来的相变晶体学关系与实测的比较接近。

10.2.5 马氏体的特殊性能与应用 (Special Properties and Application of Martensite)

1. 钢的硬化

钢中马氏体最主要的特性就是高硬度、高强度。通过淬火得到马氏体是强化钢制工件的重要手段。

淬火钢的强度、硬度与碳含量密切相关，如图10.10所示。当碳含量＜0.6%时，硬化效果随碳含量的增加而增强。当碳含量达到0.6%时，淬火钢的硬度接近最大值。碳含量进一步增高时，虽然马氏体硬度还会有所提高，但由于钢的M_s点随碳含量的增加而下降，致使残留奥氏体量逐渐增多，淬火钢的硬度反而下降。

强化原因：马氏体的强化效应及其对强度的贡献见表10-5。

➤ **固溶强化**：马氏体中间隙碳原子的固溶强化效果非常显著。虽然固溶于奥氏体A与马氏体M中的碳原子均处于Fe原子组成的八面体中心，但C原子溶解在A中的固溶强化效果却不大，这是因为奥氏体中的八面体为正八面体，间隙碳原子的溶入只能使奥氏体点阵产生对称膨胀。而M中的八面体为扁八面体，过饱和的C原子溶入后形成以C原子为中心的畸变偶极应力场，

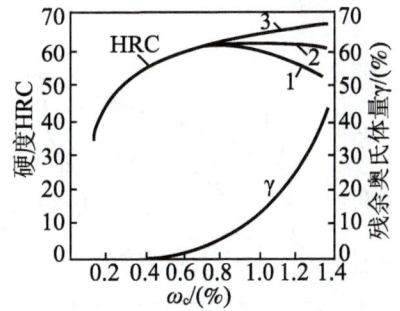

图10.10 淬火钢的最大硬度与含碳量的关系

1—高于Ac_3淬火；2—高于Ac_1淬火；3—马氏体的硬度

这个应力场与位错产生强烈的交互作用，从而使马氏体强度升高。

➤ **位错与晶界强化**：马氏体中含有大量的晶界和位错(或位错加孪晶)，可提高强度。

➤ **碳原子偏聚强化**：由于碳原子极易扩散，在-60℃以上就可以发生碳原子偏聚形成团簇，这些碳原子团簇会产生额外的位错钉扎，使材料强化。

表 10-5 含碳 0.4% 钢中马氏体的强化效应

强化效应 /MP					屈服强度 $\sigma_{0.2}$/MPa
晶界强化	位错强化	固溶强化	碳原子偏聚	其他强化	
620	270	400	750	200	2240

注：由于淬火钢一般需在回火后使用，所以其强度要比表 10-5 中所列举的数据稍低。

2. 热弹性马氏体与伪弹性

1)应力诱发马氏体

在 M_s 以上对母相施加外力可诱发马氏体的形成，称为应力诱发马氏体(Stress-induced Martensite)。这是因为外部应力和应变为相变提供了机械驱动力，使马氏体转变点升高至 M_d，M_d 即发生应力诱发马氏体的最高温度。

2)热弹性马氏体

在冷却转变时呈弹性长大、加热逆转变时呈弹性缩小的马氏体称为热弹性马氏体(Thermoelastic Martensite)。

> 热弹性马氏体相变时的协作形变为弹性形变。

> 热弹性马氏体的热滞要小，即**热弹性马氏体合金必须有很小的**(A_s-M_s)**值**。图10.11中表示Fe-Ni和Au-Cd合金的 M_s 和 A_s，它们所包围的面积称为热滞面积，可见Fe-Ni马氏体相变具有的热滞大，而Au-Cd则很小。

> 具有热弹性马氏体转变的合金已发现的有Cu-Zn、Cu-Al-Ni、Cu-Zn-Al、Cu-Zn-Ga、Cu-Zn-Sn、Cu-Zn-Si、Au-Cd、Ag-Cd、Ni-Ti以及Fe-Pt合金等。

热弹性马氏体的转变机理参考图10.11中Au-Cd合金的相变回线。

> 当马氏体形成时，由于新旧两相的比容不同以及在界面要保持共格联系，马氏体片和基体之间处于一种应变状态。

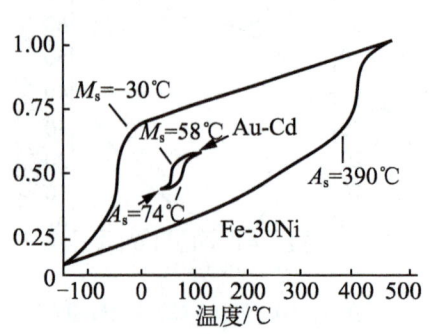

图 10.11 Fe-Ni 和 Au-Cd 合金马氏体相变热滞的比较

> 对于马氏体转变热滞值小、新旧相间比容变化小的合金，在一定温度下，马氏体片长大到一定尺寸后，其弹性应变能已增加到与化学自由能相等，此时马氏体片的长大便暂时停止，达到一种热弹性平衡状态，但此时相变所产生的应力尚未超过母相的屈服点，没有在母相基体内引起塑性变形，因此共格联系未被破坏。

> 如果继续降温或施加外应力，则相变又获得了驱动力，马氏体片重新长大。但是，达到一种新的平衡状态后长大又暂时停止。

> 如果升高温度或取消外应力，因 (A_s-M_s) 值较小，转变很容易向相反的方向进行，即马氏体逆转变为奥氏体，马氏体片就缩小，甚至完全消失。在这种情况下，只要马氏体界面上的共格性未被破坏，则马氏体片可随着驱动力的改变而反复发生长大或缩小，这种马氏体称为热弹性马氏体。

3)伪弹性

伪弹性(Pseudoelasticity)是指由马氏体相变引起的非线性弹性变形，也叫相变伪弹性(Transformation Pseudoelasticity)。

具有热弹性马氏体转变的合金施加外应力会诱发马氏体转变，马氏体片取向排列，产生宏观应变。当外应力解除时，立即产生逆相变，回到母相状态，宏观变形也随逆相变而完全消失。

在图10.12中，A点为应力诱发马氏体的开始点，至B点应力诱发马氏体转变结束并开始卸载，BC表示马氏体的弹性恢复，C点为应力诱发马氏体的逆转变开始点，至D点逆转变结束，应变全部恢复。

伪弹性与热弹性的不同点在于伪弹性用应力的变化代替了温度的变化。

典型热弹性马氏体合金的伪弹性要比普通弹性材料的弹性高10倍以上，在拉伸实验时可逆应变量高达17%以上，在工业生产中具有广泛的用途。

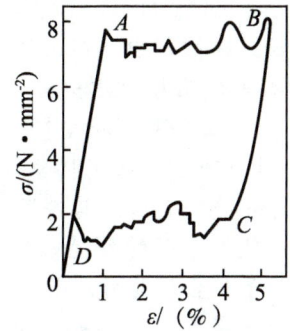

图 10.12 Ag-Cd 合金的伪弹性应力–应变曲线

3. 形状记忆效应

形状记忆效应(Shape Memory Effect，SME)是指将完全或部分马氏体转变的工件形变后加热到A_f以上，恢复到原来母相状态下形状的效应。

形状记忆效应是马氏体转变的典型特性之一。

形状记忆效应是由于形变所引起的组织上的变化在逆转变时完全消除，形成合金的记忆效应。

具有热弹性马氏体可逆转变的合金中，马氏体一般为孪生变形，通过与母相间相界面的移动使马氏体长大或收缩，因此，界面容易按原位向反向移动，完全恢复原来形状，产生形状记忆效应。

根据记忆恢复的次数，形状记忆效应分为**单向形状记忆效应**和**双向形状记忆效应**，如图10.13所示。

马氏体形状记忆材料制成的样品，在低于M_f点的任一温度进行变形(弯曲、扭曲等)，随后再加热到高于A_f的温度，这个样品便恢复到形变前所具有的形状。如果把这个样品再冷却到低于M_s点的温度，而在冷却过程中其形状保持不变，则称为**单向形状记忆效应**；如果在冷却到温度低于M_s点的过程中，样品又自发地形变至接近初始变形后所具有的形状，则称为**双向形状记忆效应**。

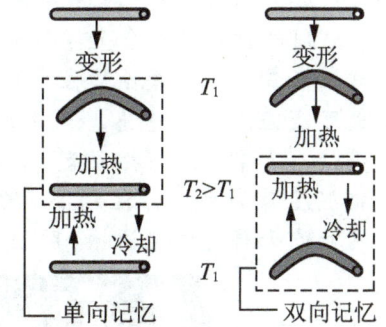

图 10.13 形状记忆效应示意图

目前已发现数十种形状记忆合金，然而仅Ni-Ti、Cu-Zn-Al和Cu-Al-Ni这3类合金系具有商业价值，并在航空航天、能量转变、医疗器械、机械、电子仪器、量具、桥梁建筑、汽车工业及日常生活等方面得到应用。这3类合金的马氏体都是热弹性的。非热弹性的Fe-Mn-Si合金也具有形状记忆效应，其商业价值正在研究之中。

阅读材料　形状记忆合金的应用 (Application of Shape Memory Alloy)

1. Ni-Ti 形状记忆合金宇航天线

Ni-Ti 合金母相为 p 相，很硬。在母相状态下制成宇航天线，然后冷至低温，使其转变为马氏体。Ni-Ti 马氏体很软，极易折叠成团状放入卫星中便于发射。卫星进入轨道后，团状天线被弹出，在太阳照射下，温度升到 A_s 点以上时团状天线逐渐张开，当温度大于 A_f 时恢到母相复初始形状 (图 10.14)。

2. FeMnSi 形状记忆合金管接头

FeMnSi 形状记忆合金母相为奥氏体。在管件使用温度下将母相状态的记忆合金加工成管接头套筒，其内径小于管的外径，然后冷至低温，使其转变为马氏体并扩孔，使其内径大于管的外径以便于安装。装配后加热到 A_s 点以上时套筒内径逐渐缩小，从而对管子产生压紧力，温度越高压紧力越大。当加热至管件使用温度时套筒对管子产生足够大的压紧力，从而形成牢固且密封性良好的管接头 (图 10.15)。FeMnSi 形状记忆合金价格较低廉，其工程应用优势明显。

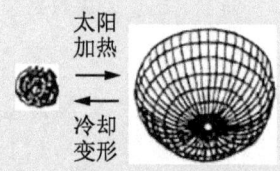
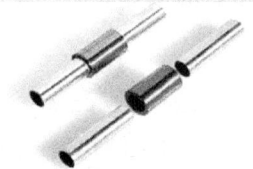

图 10.14　形状记忆合金宇航天线　　　　图 10.15　形状记忆合金管接头

3. 医学领域的应用

记忆合金在临床医疗领域有着广泛的应用，如人造骨骼、伤骨固定加压器、牙科正畸器、各类腔内支架、栓塞器、心脏修补器、血栓过滤器、介入导丝和手术缝合线等。

与医用不锈钢、普通钛合金相比，形状记忆合金医疗器械具有如下优点：①具有形状记忆效应和超弹性，可实现智能安装；②低弹性模量，降低骨内固定器应力屏蔽效应；③超常恢复应力，稳定脊柱和牙齿矫形力；④大弹性回复，提高血管与非血管支架压缩比；⑤失稳刚度高，提高支架冲击载荷下的稳定性。

用超弹性镍钛合金丝作牙齿矫形丝，弹性应变高达 10%，应力诱发马氏体相变使弹性模量呈现非线性特性，即应变增大时矫正力波动很少，不仅操作简单、疗效好，也可减轻患者不适感。采用形状记忆合金制作的脊柱侧弯矫形的哈伦顿棒，只需要进行一次安放矫形棒固定。如果矫形棒的矫正力有变化，通过体外加热形状记忆合金，把温度升高到比体温约高 5℃，就能恢复足够的矫正力。镍钛记忆合金独特的记忆功能使骨科内固定器械(图 10.16)具有持续自加压功能，可大大缩短患骨的愈合周期。

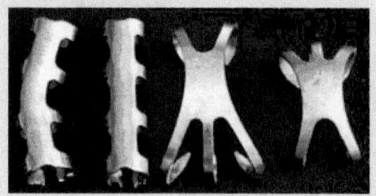
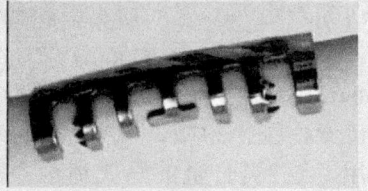

图 10.16　镍钛记忆合金管状骨内固定器

10.2.6 无机非金属材料中的马氏体转变 (Martensite Transformation in Inorganic Materials)

在无机和有机化合物、矿物质、陶瓷以及水泥的一些晶态化合物中也有无扩散切变型转变，也属于马氏体相变，一些非金属材料中的马氏体转变见表10-6。

在无机非金属材料研究中最早使用"马氏体转变"一词的是在陶瓷领域，主要涉及ZrO_2的晶体结构及晶型转变。

表10-6 一些非金属材料中的马氏体转变

化合物种类		化合物分子式	切变型转变
无机化合物	碱金属卤化物和卤砂	MX、NH_4X	NaCl 立方 ⇔ CsCl 立方
	硝酸盐	$RbNO_3$	NaCl 立方 ⇔ 菱形 CsCl 正交
		KNO_3、$TiNO_3$、$AgNO_3$	正交 ⇔ 菱形
	硫化物	MnS	闪锌矿型 ⇔ NaCl 立方
			纤锌矿型 ⇔ NaCl 立方
		ZnS	闪锌矿型 ⇔ 纤锌矿型
		BaS	NaCl 型 ⇔ CsCl 型
矿物质	辉石链硅酸盐	顽辉石 ($MgSiO_3$)	正交 ⇔ 单斜
		硅灰石 ($CaSiO_3$)	单斜 ⇔ 三斜
		铁硅酸盐 ($FeSiO_3$)	正交 ⇔ 单斜
	硅石	石英	三角 ⇔ 六角
		鳞石英	六角与纤锌矿有联系的结构
		方晶石	立方 ⇔ 四方与闪锌矿有联系的结构
陶瓷	氮化硼	BN	纤锌矿型 ⇔ 石墨型
	碳	C	纤锌矿型 ⇔ 石墨
	二氧化锆	ZrO_2	四方 ⇔ 单斜
水泥	二钙硅酸盐水泥	$2CaO·SiO_2$	三角 ⇔ 正交 ⇔ 单斜
有机化合物	链型聚合物	聚乙烯 $(CH_2-CH_2)n$	正交 ⇔ 单斜

1) ZrO_2的晶体结构

如图10.17所示，ZrO_2在低温时为单斜晶系，高温时为四方晶系，更高温为立方晶系(萤石CaF_2型结构)，萤石结构中r^+/r^-=0.732，而锆氧离子半径之比为0.564。在低温下，锆离子趋向于形成配位数小于8的结构，即单斜相；而在高温下，借助于晶格的振动平衡，可形成具有Zr-O八配位结构的四方相和立方相。

2) ZrO_2的晶型转变特点

如图10.18所示，在冷却过程中，ZrO_2的高温立方相在2370℃转变成四方相t，四方相t在950℃转变成单斜相m，伴随产生7%的体积膨胀和约8%的剪切应变，这个t→m转变属于无扩散、切变型的马氏体转变。加热到1170℃附近，单斜相再逆转变为四方相，即m→t，体积收缩。

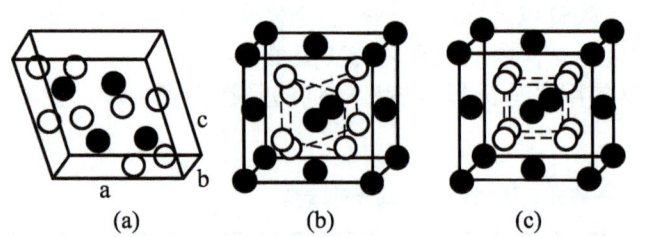

图10.17　ZrO$_2$晶体的单斜晶胞(a) 四方晶胞(b) 和立方晶胞(c)

○—O 氧原子；●—Zr 锆原子

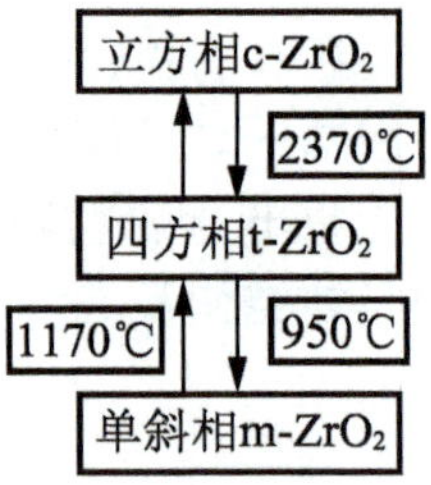

图10.18　ZrO$_2$的晶型转变

1963年，Wolten根据ZrO$_2$中四方相t→单斜相m的转变具有变温、无扩散及热滞的特征，建议将这种转变称为马氏体转变。之后的研究发现，ZrO$_2$中的t→m相变还表现出表面浮凸及相变可逆的特点。

3) ZrO$_2$的马氏体相变对陶瓷材料性能的影响

近年来陶瓷界对于"马氏体转变"一词已经普遍接受，并对含ZrO$_2$陶瓷中的马氏体转变进行了大量研究，在利用马氏体转变来改善陶瓷韧性(相变增韧)方面取得了很大进展。

4) ZrO$_2$的相变增韧原理

在ZrO$_2$中加入某些稳定四方相t的氧化物，如CaO、Y$_2$O$_3$、CeO$_2$等，可使t→m转变的M_s点显著降低，甚至低于室温，使四方相t能在室温下保持。

➤ 应力诱导相变增韧：当这类陶瓷受力出现裂纹扩展时，裂纹尖端处在拉应力作用下会诱发亚稳态的四方相t→m(单斜相)的马氏体转变。由于这种相变使体积膨胀产生压应力，抵消了外力造成的拉应力，阻止了进一步相变，减缓了裂纹尖端的应力集中，推迟了材料的断裂，使陶瓷呈现出较高的强度和韧性。

➤ 微裂纹增韧：在四方相t→m(单斜相)转变过程中，体积膨胀引发微裂纹，能在裂纹扩展过程中吸收能量，起到提高断裂韧性的作用，因而使陶瓷呈现出较高的强度和韧性。

根据ZrO$_2$的相变增韧原理，现已开发出3种增韧的ZrO$_2$陶瓷。

➤ 含有立方相及四方相的部分稳定氧化锆(Partially Stablized Zirconia，PSZ)。

➤ 仅含四方相的多晶体氧化锆(Tetragonal Zirconia Polycrystal，TZP)。

➤ 氧化锆增韧陶瓷：在其他陶瓷(如Al$_2$O$_3$)基础上弥散分布增韧氧化锆的复合型陶瓷(Zirconia Toughened Ceramics，ZTC)。

5) 陶瓷中的形状记忆效应

与合金中的形状记忆效应相似，在一些陶瓷中也表现出形状记忆效应，如MgO-PSZ、CeO$_2$-TZP及CeO$_2$-Y$_2$O$_3$-TZP等。这种效应的发现，不仅促使对陶瓷中马氏体相变的研究长盛不衰，而且也为陶瓷材料利用马氏体相变获得工业上的应用找到了一条新的途径。

6) 具有马氏体相变的其他陶瓷材料

除含ZrO$_2$陶瓷中的马氏体转变外，现已确认在一些其他无机非金属材料中也存在马氏体转变。例如，压电材料PbTiO$_3$、BaTiO$_3$及K(Ta、Nb)O$_3$等钙钛氧化物高温顺电性立方相→低温铁电性正方相的转变，高温超导体YBaCu$_2$O$_{7-x}$高温顺电相→超导立方相的转变均为马氏体转变。

10.2.7 高分子材料中的马氏体相变 (Martensite Transformation in Polymers)

在某些晶态聚合物材料中会出现同素异构转变。

1)聚四氟乙烯(PTFE)中的马氏体转变

在聚四氟乙烯中，满足没有或弱热激活条件的转变，是一种无扩散型转变或马氏体转变。

➤ PTFE聚合物晶体的分子链平行于c轴。由于F原子半径较H稍大，所以相邻的C_2F_4单元不能完全按反式交叉取向，而是形成一个螺旋状的扭曲链，F原子几乎覆盖了整个高分子链的表面，使碳原子骨架F原子包围，F原子相互排斥，有自润滑性、冷流性、不黏性和极强的耐蚀性能，PTFE几乎不受任何化学试剂腐蚀。

➤ 温度低于19℃时，原子沿链排列成螺旋结构$H13_6$，沿c轴的周期在α构型中是13个C_2F_4单元；在19℃发生相变，分子稍微解开，形成β结构，在β构型中是15个C_2F_4单元，形成$H15_7$螺旋。

➤ α螺旋→β螺旋构型的转变过程中，螺旋构型的弛豫并不会导致分子在c轴方向上的比长度增加。而分子直径的增加，致使a轴方向的点阵参数增大，使其比体积增加约10%。如果那些分子已经经塑性变形而取向排列，则观察到的形状变化可能会增加。

➤ PTFE转变是通过自由体积切变引起的无扩散转变。

2)生物材料中的马氏体转变

由结晶蛋白质构成的生物材料，在完成其生命功能的过程中也经历一些马氏体转变。

➤ T4细菌噬菌体中尾翼鞘的收缩可被描述为一种不可逆应变诱发马氏体转变。

➤ 细菌的鞭毛中的多形态转变似乎是应力辅助的马氏体转变，并具有形态记忆效应。

10.3 贝氏体转变 (Bainitic Transformation)

贝氏体转变是由美国冶金学家(E.C. Bain，1891—1971)和达文波特(E.S.Davenport)在1930年研究钢中奥氏体中温等温分解反应时所确认的不同于珠光体转变的一种相变，贝氏体转变的组织产物定名为贝氏体(Bainite)。1939年美国材料学家梅尔(R.F.Mehl)又把在较高温度和较低温度形成的不同形态贝氏体分别称为上贝氏体和下贝氏体。后来，在某些有色合金中也发现有贝氏体转变。由于对贝氏体相变的本质了解不够，贝氏体尚无统一的定义。这里仅介绍研究和应用最为广泛的钢中贝氏体的转变。

【参考视频】

10.3.1 贝氏体转变的特点 (Characteristics of Bainite Transformation)

(1)中温转变：贝氏体转变是在介于珠光体转变和马氏体转变之间的一个温度区间进行的，又称中温转变。

(2)贝氏体转变属于过渡型转变。贝氏体转变时铁原子难以扩散，碳原子可以扩散，但扩散能力降低。

(3)贝氏体转变是形核和长大的过程。转变需要孕育期，形核后再长大。

(4)贝氏体中铁素体F以切变方式长大，奥氏体A/F界面保持切变共格关系，产生表面浮凸现象，转变速度远比马氏体转变低。

(5)惯析面：贝氏体中铁素体沿母相奥氏体特定的晶面长大。
- 中/高碳钢中上贝氏体($B_上$)中铁素体的惯析面近于$\{111\}_\gamma$，下贝氏体中的($B_下$)的惯析面近于$\{225\}_\gamma$，分别与低碳马氏体和高碳马氏体的惯析面相同。

(6)位向关系：贝氏体中铁素体与母相奥氏体保持严格的晶体学取向关系。
- K-S关系：$\{111\}_\gamma // \{011\}_{\alpha'}$，$<101>_\gamma // <111>_{\alpha'}$；下贝氏体中。
- 西山关系：$\{111\}_\gamma // \{011\}_{\alpha'}$，$<211>_\gamma // <110>_{\alpha'}$；上贝氏体中。
- 上贝氏体中渗碳体与母相奥氏体、下贝氏体中渗碳体与铁素体之间有一定的结晶学位向关系。

(7)贝氏体转变的不完全性：
- 在B_s(贝氏体转变开始温度)以下的一定温度范围内保温，通常等温转变到一定程度即停止。
- 随等温温度的降低，贝氏体转变的不完全度减小。

10.3.2 贝氏体的组织形态 (Microstructure morphology of bainite)

贝氏体是由铁素体和渗碳体非片层状排列的两相组织。

【参考图文】

Bainite: A two-phase microconstituent, containing ferrite and cementite, that forms in steels that are isothermally transformed at relatively low temperature.

贝氏体有多种组织形态，最常见的是上贝氏体($B_上$，Upper Bainite)和下贝氏体($B_下$，Lower Bainite)。还有粒状贝氏体、无碳化物贝氏体、准贝氏体、柱状贝氏体及反常贝氏体等。

1. 上贝氏体

1)转变温度区间

上贝氏体是过冷奥氏体在350～550℃形成的。

2)形核与长大过程

过冷奥氏体γ中存在着浓度起伏，铁素体α容易在贫碳区形核并长大。由于上贝氏体的形成温度较高，因此，α相多在奥氏体晶界形核（图10.19(a)），然后自晶界的一侧或两侧向晶内长大（图10.19(b)、(c)）。

在长大过程中，过饱和碳原子从铁素体通过铁素体/奥氏体相界面向周围奥氏体中扩散，由于碳在铁素体中的扩散速度大于在奥氏体中的扩散速度，当铁素体条间奥氏体的碳浓度富集到一定程度时便析出渗碳体（图10.19(d)），得到在铁素体条间分布着断续渗碳体的羽毛状上贝氏体组织。

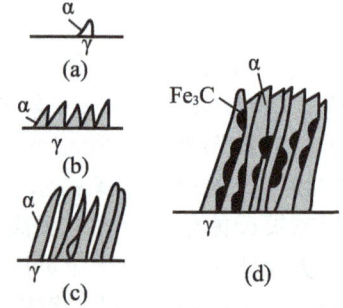

图10.19 上贝氏体的形成示意图

随着钢中碳含量的增加，贝氏体中条状铁素体变薄，渗碳体的数量增加，渗碳体形态依次由颗粒状变为链珠状、短杆状，直至不连续条状。

- 在光学显微镜下观察，上贝氏体中铁素体

 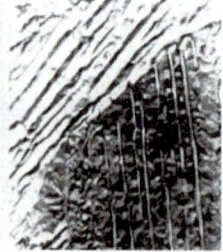

(a) 光学显微照片　　(b) 电镜照片

图10.20 典型上贝氏体

自晶界向晶内延伸，呈羽毛状，但看不清渗碳体的形态，如图10.20(a)所示。
- 在电镜下观察，上贝氏体为一束束大致平行排列的条状铁素体和条间不连续的碳化物，如图10.20(b)所示。
- 上贝氏体中铁素体的亚结构是高密度位错。转变温度越低，位错密度越高。

2. 下贝氏体

1)转变温度区间

下贝氏体是过冷奥氏体在350℃～M_s之间形成的。

2)形核与长大过程

因下贝氏体转变温度较低，铁素体α晶核可在奥氏体γ晶界形成，如图10.21(a)所示，也可在晶内形成，而且碳在奥氏体中扩散更加困难，只能在铁素体中扩散，因此，碳在铁素体片内的某些特定晶面上偏聚并弥散析出细小的、平行排列的ε-碳化物，如图10.21(b)、(c)、(d)所示，得到在铁素体片内弥散析出细小ε-碳化物的针状下贝氏体组织。
- 在光学显微镜下观察，下贝氏体呈黑色针状或竹叶状，针状下贝氏体之间有一定交角，但看不清其中ε-碳化物的形态，如图10.22(a)所示。
- 在电镜下观察，针状或片状铁素体内弥散分布着平行排列的ε-碳化物，这些ε-碳化物与铁素体长轴呈55°～65°取向，如图10.22(b)所示。

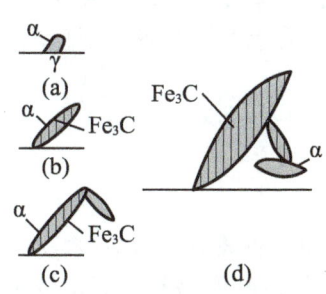

图10.21 下贝氏体的形成示意图

(a) 光学显微照片

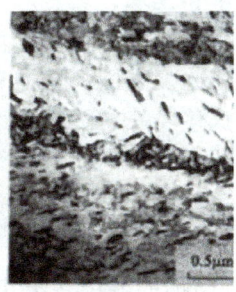

(b) 电镜照片

图10.22 典型下贝氏体

- 下贝氏体的亚结构也是高密度位错，且比上贝氏体的高，未发现孪晶亚结构。

10.3.3 贝氏体转变机制 (Mechanism of Bainite Transformation)

贝氏体转变属于中温转变，具有珠光体形核长大型和马氏体切变型转变的双重特征，但究竟哪一个在相变过程中占主导地位长期以来一直是学术界争论的焦点问题。
- 贝氏体转变的扩散机制

该观点认为贝氏体转变是一种非片层共析反应，贝氏体就是一种非片层状的珠光体。这些人认为贝氏体中铁素体呈台阶式长大，即铁素体台阶的非共格阶面沿α/γ界面运动，而这种台阶运动受控于碳原子的扩散。
- 贝氏体转变的切变机制

其主要依据是贝氏体和马氏体之间在形态上及晶体学方面有很多相似之处。然而，仅由这些相似之处还不能得出贝氏体转变机制肯定是切变的结论。同样，从非片层共析反应的观点出发，也不能很好地解释这些相似性。

> **阅读材料**　贝氏体转变机制之争 (Debate of Bainite Transformation Mechanism)
>
> 关于贝氏体的定义和转变机制，是固态转变理论发展中最有争议的领域之一。它形成了两个对立的学派，即以中国柯俊为代表的切变学派和以美国人阿洛申 (H.I. Aaronson) 为代表的扩散学派，以及介于两个学派之间的一种转化连续性和阶段性理论。
>
> 1952年，在英国伯明翰大学任教的中国材料学家柯俊 (1917—) 及其合作者英国科学家科垂耳 (A.H. Cottrell)，首次用光学金相法研究了钢中贝氏体转变，发现有类似于马氏体转变的表面浮凸效应。当时，表面浮凸效应被公认是马氏体型切变机制的有力证据。据此实验现象，认为贝氏体转变是受碳扩散控制的马氏体型转变，铁和置换式溶质原子是无扩散的切变，间隙式溶质原子 (如C) 则是有扩散的，形成了"切变学派"，是当时贝氏体转变的主导理论。
>
> 20世纪60年代末，美国冶金学家阿洛申 (H.I. Aaronson) 等从合金热力学的研究结果认为：在贝氏体转变温度区间内，相变驱动力不能满足切变机制的能量条件，从热力学上否定了贝氏体转变的切变理论。他们认为贝氏体转变属于共析转变类型，以扩散台阶机制长大，属于扩散型转变。这种观点为中国著名金属学家徐祖耀 (1921—) 等继承和发展，统称为"扩散学派"。
>
> 在两大学派之间，还有一些中间性理论。例如，认为贝氏体转变是介于共析分解和马氏体转变之间的中间过渡性转变，上贝氏体的形成机制接近于共析分解，下贝氏体则与马氏体转变相近。

10.3.4　贝氏体的性能 (Properties of Bainite)

贝氏体的性能主要取决于其组织形态。贝氏体混合组织中铁素体、渗碳体及其他相的相对含量、形态、大小和分布，以及铁素体的过饱和度、位错密度等都会影响贝氏体的性能。

> 上贝氏体的性能特点

通常上贝氏体形成温度较高，铁素体晶粒与碳化物颗粒较粗大，且碳化物呈短杆状平行地分布于铁素体板条之间。铁素体和碳化物分布有明显的方向性。这种组织形态使铁素体条间易产生脆断，因此上贝氏体强度较低、韧性也较差。

> 下贝氏体的性能特点

下贝氏体中铁素体针细小且分布较均匀，铁素体内位错密度较高而且弥散分布着细小的ε-碳化物。这种组织状态使得下贝氏体不仅强度高，而且韧性好，即具有良好的综合力学性能。生产上广泛采用等温淬火工艺就是为了得到下贝氏体组织。

10.3.5　贝氏体在钢铁中的应用 (Application of Bainite in Steel)

贝氏体钢的研究始于20世纪40年代末，60年代开发了一系列采用Ni、Mo、Mn、Cr等元素合金化和Nb微合金化的钢种，这些钢种具有良好的低温韧性，但由于Ni、Mo、Mn等元素含量高又非常昂贵，并需要热处理后使用而无法推广应用。

20世纪80年代以来，随着冶金水平的提高和为了北极石油、天然气和海洋的开发，日本、美国、欧洲等都制订"超级钢"计划，致力于超低碳控轧贝氏体钢的研制。这类钢的成分设计是在原低合金高强钢基础上，大幅度减少碳含量；加入的微合金元素，如Nb、Ti、V、Mo等都是强碳化物元素，采用控轧控冷技术得到极细的含有高密度位错的贝氏体基体组织，综合利用组织细化、微合金元素的析出强化和位错强化等来提高钢的强度和韧性。这类钢的碳含量一般控制在0.02%～0.06%之间，因此具有很好的可焊性。总之，超低碳控轧贝氏体钢具有高强度、高韧性、优良焊接性能和抗氢致开裂能力。我国屈服强度500~800MPa级贝氏体钢已大批量生产，并在输送管线、海洋采油平台、海军舰船、桥梁、建筑、工程机械等工程领域有广泛应用(图10.23)。

发动机曲轴(图10.24)承受周期性气体压力、往复惯性力、离心力以及由此产生的扭矩、弯矩的共同作用。因此要求曲轴具有足够的刚度、疲劳强度和冲击韧性，轴颈部位有较高硬度及耐磨性。

曲轴一般采用优质中碳钢或中碳合金钢锻造而成，生产中许多发动机已采用稀土球墨铸铁铸造曲轴替代锻造曲轴。球墨铸铁经等温淬火得到下贝氏体基体上分布着球状石墨的组织，具有很高的强度、耐磨性、足够的韧性、良好的抗扭振性以及低廉的加工成本。

图 10.23　海军舰艇

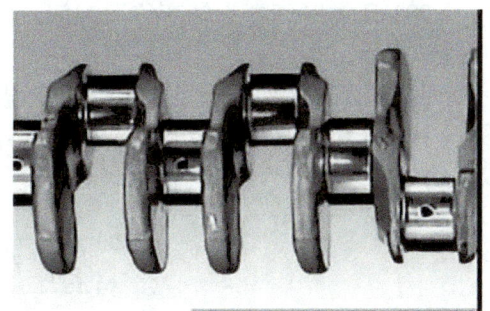

图 10.24　发动机曲轴

10.4　钢的过冷奥氏体转变
(Transformation of Undercooled Austenite in Steel)

将钢件加热到一定温度保温后，以一定的方式冷却，获得所需组织和性能的热加工工艺叫作钢的热处理(Heat Treatment)，如图10.25所示。

➤ 加热是为了获得均匀细小的奥氏体晶粒(Austenite Grain)。

➤ 冷却到A_1以下的不稳定奥氏体，称为过冷奥氏体(undercooled Austenite)。

➤ 冷却方式通常有两种，即等温冷却和连续冷却，如图10.25所示。过冷奥氏体冷却转变后的组织决定着钢的最终性能。

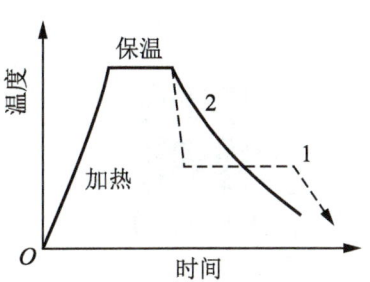

图 10.25　奥氏体的冷却方式

1—等温冷却；　2—连续冷却

➤ 根据加热温度和冷却方式的不同，钢的常规热处理主要有退火、正火、淬火和回火4种，称为"四把火"。

➢ 过冷奥氏体在不同冷却方式下将转变为不同类型的组织，主要有珠光体、贝氏体和马氏体3大类组织。

10.4.1 过冷奥氏体等温转变图 (Isothermal Transformation Diagram)

1. 过冷奥氏体等温转变动力学图的建立——TTT图

过冷奥氏体在A_1点以下不同温度等温时，通过实验可以测定在某一温度等温过程中，转变体积分数与等温时间的关系曲线，即等温转变动力学曲线。测定方法有金相-硬度法、膨胀法、磁性法、热分析法等。

依据所测不同温度的等温转变动力学曲线，可以得到描述转变体积分数与等温时间和等温温度的关系图，称为等温转变动力学图(Time-Temperature-Transformation curve)，简称为TTT图，或IT(Iisothermal Transformation)图。

➢ 图10.26上部为不同温度下共析钢过冷奥氏体等温转变动力学曲线，呈S形。一般将转变体积分数为1%～3%所需要的时间定为转变开始时间，把转变体积分数为95%～98%所需时间视为转变终了时间。经一段时间后，过冷奥氏体才发生转变，这段时间叫做孕育期。

➢ 如图10.26下部所示，将各个等温温度下转变开始和转变终了时间标注在温度-时间坐标系中，分别将所有开始转变点和转变终了点连起来，即得到共析钢过冷奥氏体等温转变动力学图，呈C形，称为C曲线。

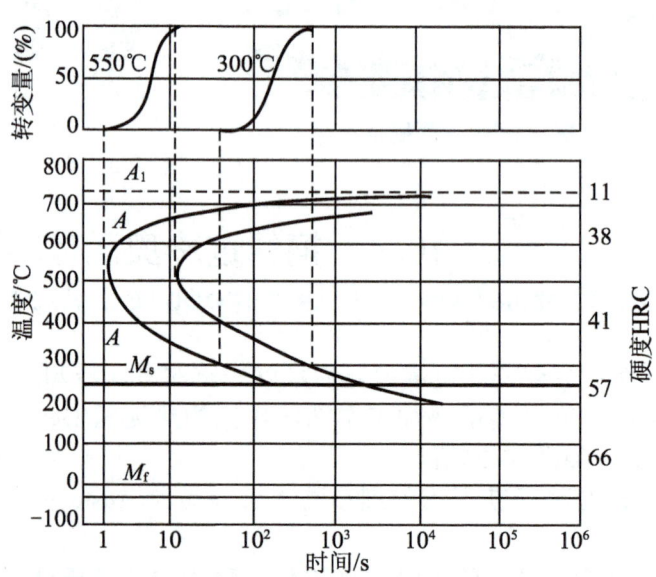

【参考图文】

图10.26 共析钢过冷奥氏体等温转变 TTT 图的建立

2. 过冷奥氏体等温转变TTT图的特点

1)过冷奥氏体等温转变动力学C曲线的特点

如图10.26下部所示，由图看出：

➢ 温度线：C曲线有3条表示温度的水平线，即A_1线、马氏体开始转变温度M_s线、马氏体转变终了温度M_f线。随材料成分的变化，这3条线对应的温度不同。对共析钢而言，A_1为727℃，M_s约为230℃，M_f约为-50℃。

> ➤ **转变线**：C曲线中有两条曲线，分别为转变开始曲线和转变终了曲线。
> ➤ **过冷奥氏体区**：A_1线以下、M_s线以上和转变开始曲线之间区域为过冷奥氏体区（图10.61），即冷到转变温度以下，但还未发生相变的奥氏体，称为过冷奥氏体。
> ➤ **孕育期**：C曲线中转变开始线与纵轴的距离为孕育期，标志着不同过冷度下过冷奥氏体的稳定性。
> ➤ **C曲线的"鼻尖"**：C曲线中孕育期最短的位置，过冷奥氏体最不稳定、最容易分解、转变速度最快，称为C曲线的"鼻尖"。"鼻尖"处对应的温度称为"鼻温"。共析钢的"鼻温"约550℃。

2) **TTT图呈C形的原因**

这是由于扩散型的形核与长大相变的速率同时受相变驱动力和原子扩散能力的控制。随着转变温度的降低，过冷度增大，相变驱动力增加，但是原子的扩散能力降低。

> ➤ 在C曲线的"鼻尖"上部，随着转变温度的降低，过冷度增大，相变驱动力增加，原子的扩散系数降低。但是，在此阶段整体转变温度较高，因而相变驱动力增大的效果超过了扩散系数降低对相变的影响，使相变速度随温度降低而增加。
> ➤ 在C曲线的"鼻尖"下部，在此阶段整体转变温度较低，虽然随着温度降低，过冷度增大，相变驱动力增加，但是原子的扩散能力大大降低。因此，此阶段扩散系数降低的效果超过了相变驱动力增大的影响，导致相变速度减小。
> ➤ 因此，在C曲线的"鼻尖"处，相变驱动力和原子扩散能力达到平衡，此时过冷奥氏体最容易分解、转变速度最快。这就是扩散型形核长大相变的等温冷却转变动力学图呈C形的原因。

3. 过冷奥氏体等温转变TTT图的转变产物

根据转变温度和转变产物不同，共析钢C曲线由上至下可分为3个区，如图10.27所示。

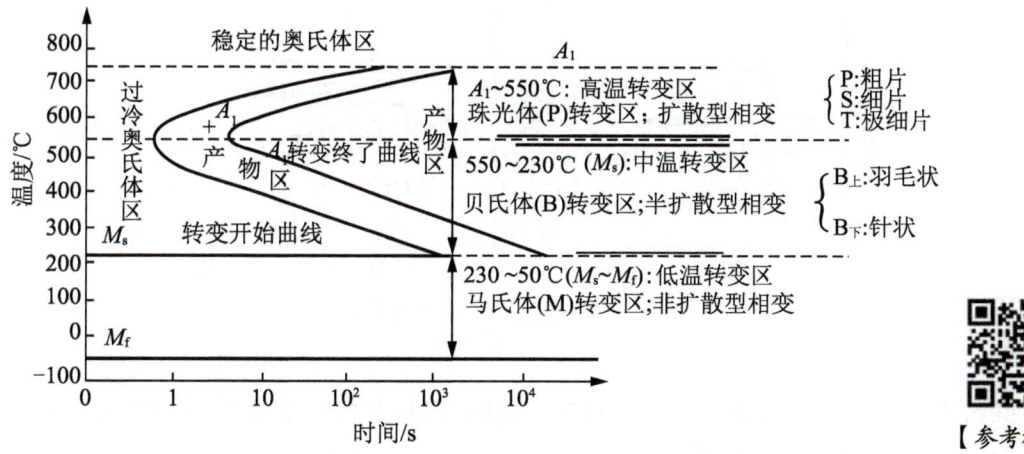

图10.27 共析钢过冷奥氏体等温转变区及产物

1) **珠光体转变区（A_1~550℃）**

珠光体(P)转变在高温阶段发生，过冷度较小。此时，铁、碳原子均能扩散，属于典型的扩散型相变。

> 珠光体(P)由铁素体(F)和渗碳体(Fe_3C)两相组成,由于转变形成的两个新相(F和Fe_3C)之间以及它们和母相(奥氏体A)之间的化学成分差异很大、晶体结构截然不同,因此,在转变过程中必然发生碳的重新分布和铁晶格的改组,通过形核和长大过程转变成珠光体组织。

(1)珠光体的形态:根据材料成分和热处理工艺的不同,珠光体有片状(退火、正火)和球状(球化退火,Fe_3C相呈球状)两种组织形态。铁素体与渗碳体层片相间的组织,称为片状珠光体,且等温温度越低,层片越细,片间距越小。按片间距大小可将其分为3类:

> 珠光体:A_1~650℃之间形成的片层较粗的组织,以符号P表示。
> 索氏体:650~600℃之间形成的片层较细的组织,以符号S表示。
> 屈氏体:600~550℃之间形成的片层极细的组织,以符号T表示。

(2)P、S和T的关系与性能特点:

P、S和T三者同属片层状珠光体类型的组织,其区别仅在于片层粗细不同;

片状珠光体的性能主要取决于珠光体的片层间距,片层间距越小则强度和硬度越高,塑性和韧性也越好,因此S和T的强度和硬度比P高,塑性和韧性也好。

2)贝氏体转变区(550℃ ~M_s)

贝氏体转变在中温区间发生,属于半扩散型相变。对共析钢,在550~350℃等温,可获得羽毛状上贝氏体,在350~230℃等温,获得针片状下贝氏体。

3)马氏体转变区(M_s~M_f)

马氏体转变在很大过冷度的低温阶段发生,属于非扩散型相变。根据材料的成分(含碳量和合金元素含量),可获得的组织主要有板条马氏体和透镜状(针状)马氏体。

4. 影响C曲线的因素

材料的成分不同,其C曲线的形状和位置也不同。如图10.28所示。影响C曲线形状和位置的主要因素是含碳量和合金元素。

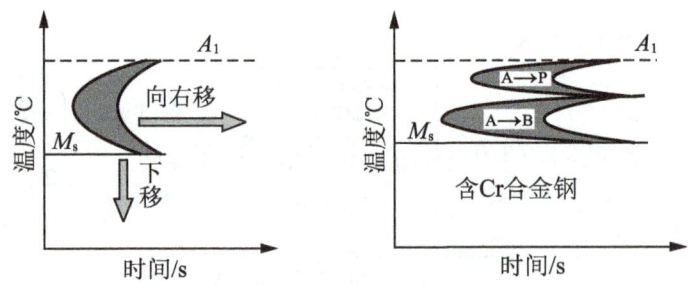

图 10.28 C 曲线的形状和位置变化

> 含碳量

亚共析钢随着含碳量增高,C曲线右移;过共析钢随着含碳量增高,C曲线左移,故共析钢的C曲线处于最右边的位置;

> 合金元素

合金元素对C曲线的形状和位置影响很大,其影响规律如下。

> 除Co、Al以外的合金元素溶入奥氏体时,均使C曲线右移,增大过冷奥氏体的稳定性。
> 非(弱)碳化物形成元素Ni、Mn、Si、Cu、B等都不同程度地降低M_s点,使C曲线右移,

但对C曲线的形状影响不大。

➢ 碳化物形成元素Cr、Mo、W、V、Ti等使C曲线右移,但同时还使珠光体转变C曲线移向高温,使贝氏体转变C曲线移向低温,也降低M_s点。

➢ 若几种合金元素适当搭配,同时加入钢中,可使C曲线显著右移,多种合金元素对转变的综合影响比较复杂,有待深入研究。

➢ 若碳化物形成元素(特别是V、Ti、Nb、Zr等强碳化物元素)的碳化物未溶入奥氏体中,往往会起到非自发晶核的作用,从而促进过冷奥氏体转变,反而使C曲线左移。

10.4.2 过冷奥氏体连续冷却转变图(Continuous Cooling Transformation Diagram)

> 过冷奥氏体在A_1点以下以不同速连续冷却度时,获得不同的组织产物,描述连续冷却转变规律的C曲线,就是连续冷却转变C曲线(Continuous Cooling Transformation),又称CCT曲线,也称热动力学曲线。

1. CCT曲线的特点

图10.29为共析钢过冷奥氏体的CCT曲线和TTT图的比较。

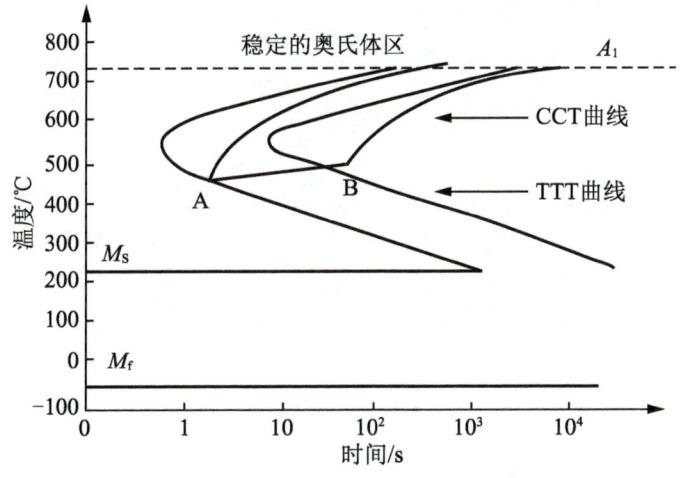

图 10.29 共析钢的 TTT 和 CCT 曲线比较

➢ 同一种材料的CCT曲线处于TTT曲线的右下方。这是由于连续冷却速度较快,转变开始时间被推迟、转变开始温度降低的原因而造成的。

➢ 共析钢连续冷却时,只有珠光体转变区和马氏体转变区,而不发生贝氏体转变。这是由于贝氏体转变的孕育期较长,当冷却速度缓慢时,过冷奥氏体将全部转变为珠光体,当冷却速度过快时,过冷奥氏体在中温区停留时间还未达到贝氏体转变的孕育期,已经降到M_s点开始转变为马氏体。因此,中温贝氏体的转变被抑制。

但有些钢在连续冷却时会发生贝氏体转变,得到贝氏体组织,如某些亚共析钢、合金钢。要注意的是,亚共析钢的连续冷却C曲线与共析钢的大不相同,主要是出现了铁素体的析出线和贝氏体转变区,还有M_s线右端降低等。

连续冷却转变CCT曲线是分析连续冷却过程中转变产物、组织和性能的依据,是制订钢的热处理工艺的重要参考资料。

2. 过冷奥氏体连续冷却转变CCT图的转变产物

图10.30为共析钢过冷奥氏体在不同冷速下连续冷却的转变组织。

> **P类转变**：冷却速度较小时，可得到全部珠光体组织(炉冷)，随冷速增加，转变温度变低，组织也变细小(空冷获得S组织，风冷获得T组织)。

> **临界冷却速度v_c**：获得全部马氏体组织的最低冷速，称为临界冷却速度v_c。冷却速度大于临界冷却速度v_c，奥氏体过冷至M_s点以下发生马氏体转变，冷至M_f点转变终止，最终得到全部马氏体组织。若只冷到室温，则组织中常有未转变的奥氏体，称为残余奥氏体。

> **混合组织**：与等温转变不同，连续冷却时过冷奥氏体在一个温度范围内发生转变。由于在不同温度区间的分解产物不同，先转变的组织较粗，后转变的组织较细，因此连续冷却得到的往往是不均匀的混合组织。如图10.30中以v_4速度冷却(油冷)时，先发生珠光体类(P，S，T)转变，温度达AB线转变终止，继续冷却至M_s点以下，未转变的奥氏体转变为马氏体，最终获得的组织为马氏体(M)+珠光体(P，S，T)。

含碳量和合金元素对CCT曲线形状和位置的影响与对C曲线的影响类似。

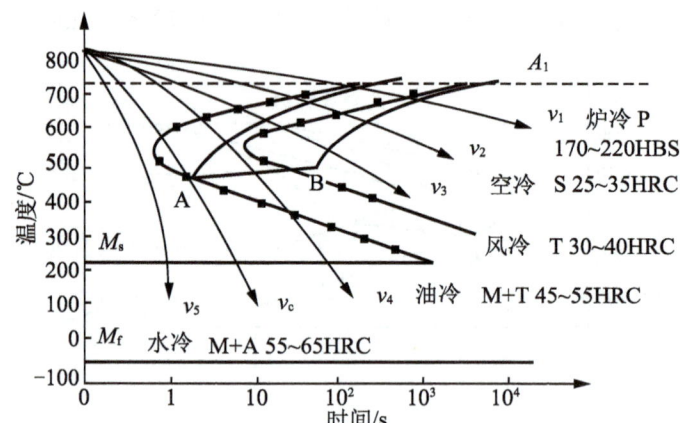

图 10.30 共析钢过冷奥氏体不同冷速下连续冷却的转变组织

P、B、M组织转变特点的比较见表10-7。

表 10-7 P、B、M 转变的比较

内容	P 转变	B 转变	M 转变
转变温度	$A_1 \sim 550℃$	$550℃ \sim M_s$	$M_s \sim M_f$
形成过程	形核与长大	形核与长大	形核与长大
领先相	F 或 Fe_3C	F	无
孕育期	有	有	无
形核部位	晶界	晶界、晶内	晶体缺陷
转变速度	慢	快	极快
切变共格性、浮凸效应	无	有	有
C 原子扩散	有	有	无

续表

内容	P 转变	B 转变	M 转变
Fe 与合金原子的扩散	有	无	无
等温转变的完全性	完全	可以完全、不完全	不完全
转变产物及组成	P(F+F Fe$_3$C)	B (F+Cem)	M
转变产物形态	片状	羽毛 B$_上$、针状 B$_下$;	板条、针片状
转变产物的硬度	低	中	高

10.4.3 过冷奥氏体转变图的应用 (Aplication of TTT and CCT)

对于钢铁材料的研究而言，掌握"**一个相图，两条曲线，四把火**"是进行材料设计与选用、工艺制订、组织和性能分析、材料失效与破坏分析的基础。其中，"一个相图"指的是 Fe–C 相图，"四把火"指的是退火、正火、淬火和回火这4种常规热处理工艺，而"两条曲线"指的就是 TTT 曲线和 CCT 曲线。

过冷奥氏体转变图对了解钢在奥氏体化后冷却过程中的组织和性能变化具有重要的意义，它是各钢种技术资料的重要组成部分。从等温转变TTT图，可以大致估计钢的淬透性，奥氏体化后在不同温度分解转变的产物及其性能等；从连续冷却转变CCT图上，则可定性地，甚至半定量地估计在热处理过程中工件因尺寸不同、奥氏体以不同冷却速率冷却后的性能。

(1) 正确制订淬火的冷却制度和选择淬火剂。淬火时冷却过快易使工件开裂和产生扭曲变形；冷却过慢又不易淬透，难于达到预期的效果。由过冷奥氏体转变CCT图则可以确定最低淬火冷却速度，从而选定合适的淬火剂。

(2) 制订分级淬火规范。从等温转变TTT图(或连续冷却转变CCT图)可以直接读出钢的"鼻子"位置和M_s温度，根据这两者就可以选择适当的淬火剂和淬火剂温度。淬火剂冷却速度应大于临界冷速v_c，淬火剂温度应选择在M_s温度附近。淬火时，工件冷至淬火剂温度后保温一定时间，然后取出，令其在空气中冷却，使工件全部获得马氏体组织，但又不产生过大的淬火应力，以避免工件开裂和产生扭曲变形的危险。在淬火剂温度的保温时间不宜过长，应不大于等温转变开始曲线在该温度的时间坐标所示时间，以防止贝氏体的产生。

(3) 制订等温淬火制度。参考等温转变TTT图或连续冷却转变CCT图上读出的M_s和B_s的温度选择等温淬火温度，并根据在所选定的等温条件下转变开始的时间及开始和终了两曲线的时间间距，确定等温时间；等温保温终了后将工件在空气中冷却。这样，既可保证获得全部贝氏体组织，又可经济有效地确定等温保温时间。

(4) 制订经济合理的退火工艺制度。退火的目的之一是使过冷奥氏体在高温分解，发生转变，因而需要缓冷。从转变图上可以查得或估计过冷奥氏体在高温转变终了所需的最短时间，实行等温退火，待转变终了后即可较快地冷却下来，避免常规退火制度中采用的一直缓冷到较低温度时所需的时间过长问题。这样，既可提高热处理设备的利用率，又可节约热能。

(5) 识别实际淬火过程中产生的转变分解产物的类型并粗略估计其性能。实际生产过程中，工件淬火时其温度连续下降，工件的内、外部温度不一致，因而过冷奥氏体的分解转变是在不同温度下连续发生的；工件的内、外部发生的转变也因冷却速率不同而有差异，结果，工件中各种类型的转变产物常混合存在于工件不同部位，各种转变产物的含量也各不相同，因此要辨认其中各种类型的组织比较困难。等温转变图中在各温度时等温转变的产物及其组织形态是比较单纯的，可以作为对照标准，用来比照淬火工件中的各种不同组织，从而估计工件的性能。

【习题】Question

基础练习

一、填空题

1. 固态相变是指材料在固态下发生了化学成分、_____或_____等相状态的改变。
2. 马氏体点 M_s 的物理意义是：新相与母相的自由能差达到相变所需_____时的温度。
3. 马氏体相变最本质的两个特点是_____和_____。
4. 钢中马氏体是碳在α-Fe中的_____，呈_____结构，常见的组织形态有_____和_____。
5. 板条马氏体也称低碳马氏体，主要存在于含碳量_____的碳钢中，片状马氏体主要存在于含碳量_____的碳钢中。板条马氏体的亚结构为_____，片状马氏体的亚结构为_____。
6. 马氏体的强化机理包括_____、_____、_____、_____等。
7. 钢的 M_s 点随碳含量的增加而_____，淬火后残留奥氏体量_____，淬火钢的硬度_____。
8. ZrO_2 中四方相t→单斜相m的转变属于_____转变，同时伴随着体积_____。
9. 贝氏体转变属于过渡型或半扩散型转变，即铁原子_____，碳原子_____。
10. 贝氏体转变属于过渡型转变，既具有扩散型又具有非扩散型转变的特征，从而形成了长期以来一直存在争议的两种转变机制，即_____机制和_____。
11. 常见的贝氏体的组织形态有_____、_____等。
12. 上贝氏体在光学显微镜下观察呈_____状，上贝氏体中铁素体的亚结构是_____。
13. 在贝氏体的铁素体内弥散析出细小ε-碳化物的组织称为_____。
14. 下贝氏体不仅强度高，而且韧性好，即具有良好的_____。等温淬火就是为了得到_____组织。

二、选择题

1. 按热力学方法分类，相变可以分为一级相变和二级相变，一级相变是在相变时两相化学势相等，其一阶偏微熵不相等，因此一级相变(　　)。
   A. 有相变潜热，无体积改变　　　　B. 有相变潜热，并伴随有体积改变
   C. 无相变潜热，并伴随有体积改变　　D. 无相变潜热，无体积改变
2. 二级相变是指在相变时两相化学势相等，其一阶偏微熵也相等，而二阶偏微熵不等，因此二级相变(　　)。

A. 有相变潜热，无体积的不连续性，有居里点
B. 无相变潜热，有体积的不连续性，有居里点
C. 无相变潜热，无体积的不连续性，无居里点
D. 无相变潜热，无体积的不连续性，有居里点

3. 晶体由一相转化为另一相时，如果该相变为一级相变，则在相变温度时，该过程(　　)。

A. 自由焓相等，等压热容不等　　　B. 自由焓不相等，体积相等
C. 自由焓相等，体积不等　　　　　D. 自由焓不相等，等压热容相等

4. 若某一体系进行二级相变，则在相变温度下，二相的(　　)。

A. 自由焓相等，体积不相等　　　　B. 自由焓不相等，体积相等
C. 自由焓和体积均相等　　　　　　D. 自由焓和体积均不相等

5. 成核-长大型相变是材料中常见的一种相变，如结晶釉的形成。成核-长大型相变是由(　　)的浓度起伏开始发生相变，并形成新相核心。

A. 程度大，范围小　　　　　　　　B. 程度小，范围小
C. 程度大，范围大　　　　　　　　D. 以上均不正确

三、分析题

习题图 10.1 中共析钢不同冷却速度下的组织转变过程，指出图中各点的组织和室温组织。

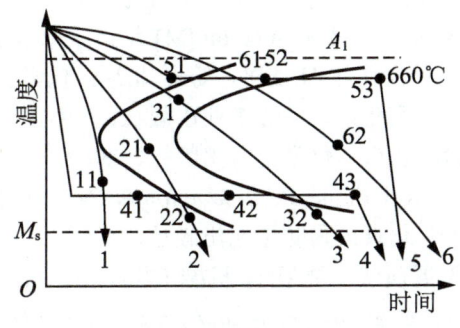

习题图 10.1

拓展练习

简答题

1. 与凝固相比，固态相变有哪些特点？
2. 比较P、B、M转变的特点。
3. 阐述马氏体具有高强度和高硬度的原因。
4. 分析冷却转变的TTT图呈C形的原因。
5. 分析TTT曲线和CCT曲线有何异同。

参考文献

[1] 冯端,师昌绪,刘治国.材料科学导论——融贯的论述[M].北京:化学工业出版社,2002.

[2] 徐恒钧.材料科学基础[M].北京:北京工业大学出版社,2001.

[3] 陶杰.材料科学基础[M].北京:化学工业出版社,2006.

[4] 余永宁.材料科学基础[M].北京:高等教育出版社,2006.

[5] 赵品.材料科学基础教程[M].哈尔滨:哈尔滨工业大学出版社,1999.

[6] 赵品.材料科学基础教程习题与解答[M].哈尔滨:哈尔滨工业大学出版社,1999.

[7] 石德珂.材料科学基础[M].2版.北京:机械工业出版社,2003.

[8] 石德珂.材料科学基础[M].北京:机械工业出版社,1999.

[9] 石德珂.材料科学基础[M].西安:西安交通大学出版社,1995.

[10] 潘金生.材料科学基础[M].北京:清华大学出版社,1998.

[11] 蔡珣.材料科学基础[M].上海:上海交通大学出版社,2003.

[12] 胡赓祥.材料科学基础[M].上海:上海交通大学出版社,2000.

[13] 宋晓岚.无机材料科学基础[M].北京:化学工业出版社,2006.

[14] 范群成.材料科学基础学习辅导[M].北京:机械工业出版社,2005.

[15] 赵杰.材料科学基础[M].大连:大连理工大学出版社,2010.

[16] 陈光.新材料概论[M].北京:科学出版社,2003.

[17] 蒋青.材料科学与工程导论[M].吉林:吉林科学技术出版社,1999.

[18] 郑伟涛.材料科学与工程导论[M].吉林:吉林大学出版社,1999.

[19] Fundamentals of materials science and engineering[M].北京:化学工业出版社,2004.

[20] [英] Robert W·Cahn.走进材料科学[M].杨柯,等译.北京:化学工业出版社,2008.

[21] 黄培元.粉末冶金原理[M].2版.北京:冶金工业出版社,1997.

[22] 潘祖仁.高分子化学[M].4版.北京:化学工业出版社,2007.

[23] W.D. Kingery H.K. Bowen D.R. Uhlmann. *Introduction to Ceramics*[M]. 1976.

[24] 乔英杰.材料合成与制备[M].北京:国防工业出版社,2010.

[25] 谢建新.材料加工技术的发展现状与展望[J].机械工程学报,2003,39(9).

[26] Zhu Y,Murali S,Cai W,et al.*Graphene and graphene oxide: synthesis, properties and applications*[J]. Adv.Mater.,2010,22:3906-3924.

[27] Park S,Ruoff R S.*Chemical methods for the production of graphenes*[J]. Nat.Nanotechnol.,2009,4:217-224.

[28] Kosynkin D V,Higginbotham A L,Sinitskii A,et al.*Longitudinal unzipping of carbon nanotubes to form graphene nanoribbons*[J].Nature,2009,458,872-877.

[29] Sinitskii A,Dimiev A,Kosynkin D V,et al.*Graphene nanoribbon devices produced by oxidative unzipping of carbon nanotubes*[J].ACS Nano,2010,4,5405-5413.

[30] 顾海澄.论服役效能在材料科学与工程中的地位和作用——西安交通大学金属材料强度研究所40年历程的思考[J].科技导报,1999,6.

[31] http://www.imr.cas.cn/kxcb/ 中国科学院金属研究所网站.

[32] http://202.120.6.136/fms/(交大精品课程).

[33] 陈舜麟.计算材料科学[M].北京:化学工业出版社,2005.

[34] Levine,Ira N. *Quantum Chemistry*,1991.
[35] S.K. Estreicher,et al. *Phys. Rev. B*,2004,70: 125209.
[36] H. kawazoe,et al. *Nature*,1997,389: 939–942.
[37] H. Yanagi,et al. J. *Appl. Phys*,2000,88: 4159–4163.
[38] Qi-Jun Liu,et al. *Physica B*,2010,405:2028–2033.
[39] F.M. Gao,et al. *Hardness of covalent crystals*[J]. *Phys.Rev.Lett.*,2003,91: 015502.

【全书习题汇总】　　【全书习题答案】